Kurt Stange

Angewandte Statistik

Zweiter Teil

Mehrdimensionale Probleme

Springer-Verlag

Berlin · Heidelberg · New York 1971

Dr. phil. KURT STANGE
o. Professor der Technischen Hochschule Aachen
Institut für Statistik und Wirtschaftsmathematik

Mit 117 Abbildungen

ISBN-13:978-3-642-80597-4   e-ISBN-13:978-3-642-80596-7
DOI: 10.1007/978-3-642-80596-7

Library of Congress Catalog Card Number 78-133365.

Meiner lieben Frau
Edith Stange, geb. Barkow, †1968

Vorwort

Der hier vorliegende zweite Band der "Angewandten Statistik" befaßt sich (im wesentlichen) mit Theorie und Anwendung statistischer Methoden bei mehrdimensional verteilten Zufallsgrößen. Korrelation und Regression werden zunächst für nur zwei Veränderliche ausführlich behandelt. Der zweidimensionale Fall hat durchaus selbständige Bedeutung: Einmal gibt es im Bereich der Anwendungen zahlreiche Probleme, die mit diesem einfachen mathematischen Modell lösbar sind, zum zweiten wird dem Naturwissenschaftler, dem Ingenieur und Wirtschaftswissenschaftler der Zugang zu mehrdimensionalen Problemen erheblich erleichtert, wenn er die zweidimensionalen bereits beherrscht. Bei den Anwendungen zur Korrelation wird u.a. auch der Einfluß der Autokorrelation auf die Probenahme bei stochastischen Prozessen betrachtet. Die zweidimensionale Regression bringt u.a. einige Sonderformen, wie Regression mit Nebenbedingung und Regression mit veränderlicher Versuchsvarianz.

In die Ausführungen zur mehrfachen Regression wird auch die Theorie der vollständigen Faktorversuche einbezogen, soweit diese Versuche mit Regressionsansätzen ausgewertet werden.

Von theoretischen Verteilungen werden die zwei- und dreidimensionale Normalverteilung und die Trinomialverteilung mit ihren Verallgemeinerungen (Polynomialverteilung und vieldimensionale hypergeometrische Verteilung) erörtert.

Die Stichprobenverfahren des ersten Bandes werden durch Verfahren für mehrstufig gegliederte und für geschichtete Gesamtheiten ergänzt. Schließlich führt ein Abschnitt in die für die moderne Rechentechnik wichtigen Monte-Carlo-Verfahren ein (Berechnung bestimmter Integrale und Integration partieller Differentialgleichungen mit Ja-Nein-Entscheidungen). Mit der Erzeugung von Zufallszahlen, die einer vorgegebenen Verteilung genügen (Exponential-, Cauchy-, Normal-, Dreieck-Verteilung u.a.) , und Beispielen zur Simulation schließt das Buch.

Die wichtigsten für die praktische Arbeit erforderlichen Zahlentafeln sind am Ende des Buches bereitgestellt worden. Diese Tafeln wurden (einschließlich der Bezeichnung C 1 usw.) dem im Springer-Verlag erschienenen Buch GRAF/HENNING/STANGE, Formeln und Tabellen der mathematischen Statistik, entnommen.

Einige Gedanken, von denen sich der Verfasser bei der Abfassung der "Angewandten Statistik" hat leiten lassen, wurden im Vorwort zum ersten Teil ausgedrückt. Sie gelten nahezu unverändert auch hier. Ebenso wie der erste enthält auch der zweite Teil wieder viele Anwendungen mit zahlreichen Abbildungen, "Rechenformeln" und "Testanweisungen".

Schließlich habe ich den gleichen Helfern wie beim ersten Teil für ihre überaus wertvolle Mitarbeit zu danken. Fräulein M.-L. M a n d e l hat die Zeichnungsvorlagen angefertigt. Frau F. S t e i n und Fräulein M a n d e l haben in mühevoller Arbeit gemeinsam die "Druckvorlagen" hergestellt. Meine Mitarbeiter, Dipl.-Math. T. D e u t l e r , Dr.-Ing. P.-Th. W i l r i c h, Dr.rer.nat. K. S p i c h e r und Dipl.-Math. E. B r u n n e r haben mir bei der Korrektur des Entwurfs geholfen. Sie alle haben bei dieser Gelegenheit zahlreiche wertvolle Verbesserungsvorschläge in sachlicher Hinsicht gemacht. Wenn das Buch einigermaßen frei von Unklarheiten und Fehlern sein sollte, so haben die Genannten dazu Wesentliches beigetragen.

Dem Springer-Verlag danke ich für verständnisvolles Eingehen auf manchen Wunsch bei der Gestaltung des Buches und für die stets angenehme und reibungslose Zusammenarbeit.

Dem Benutzer des Buches werde ich für jeden Hinweis auf Ergänzungen dankbar sein, vor allem für solche Aenderungen, die notwendig erscheinen, damit das Werk zu einem brauchbaren und unbedingt zuverlässigen Hilfsmittel für die praktische Verwendung wird.

Aachen, im November 1970   K. S t a n g e

Inhaltsverzeichnis

17. Zweidimensionale Verteilungen, Korrelation

Bisher wurden die Einheiten einer Gesamtheit nur nach <u>einem</u> Merkmal x aufgegliedert. Im folgenden wird eine Gesamtheit von Merkmalträgern unter dem Gesichtspunkt von <u>zwei Merkmalen</u> x und y betrachtet. Es wird vorausgesetzt, daß beide Merkmale x und y Zufallsgrößen sind. Es gibt also für x und y je eine Verteilung, deren kennzeichnende Parameter, Mittelwert und Varianz, mit

$$(\xi\,;\,\sigma_x^{\ 2}) \quad \text{für} \ x \qquad \text{und} \qquad (\eta\,;\,\sigma_y^{\ 2}) \quad \text{für} \ y$$

bezeichnet werden. Gegeben sei eine Probe der Größe n mit den entsprechenden Schätzwerten für die eben genannten Parameter,

$$(\bar{x}\,;\,s_x^2) \quad \text{für} \ x \qquad \text{und} \qquad (\bar{y}\,;\,s_y^2) \quad \text{für} \ y \ .$$

Einige Beispiele zur Erläuterung.

<u>B.</u> Es seien x und y die Fehlzeiten $\left[\text{Arbeitstage/Jahr}\right]$ der Mitarbeiter eines Betriebes, und zwar x für 1967 und y für 1968 .

<u>B.</u> Es sei (im Rahmen einer soziologischen Untersuchung) x das Alter des männlichen und y das Alter des weiblichen Partners bei der Eheschließung.

<u>B.</u> Es sei x die Rückenlänge und y die Armlänge eines Erwachsenen (bei einer Untersuchung über ein zweckmäßiges Größensystem für Fertigkleidung).

Im folgenden wird zunächst vorausgesetzt, daß beide Merkmale <u>stetig</u> veränderlich sind. Eine wichtige Frage bei zwei (und mehr) Merkmalen ist, ob sie <u>unabhängig voneinander</u> sind, oder ob sie miteinander "korrelieren", so daß beispielsweise ein Teil der beobachteten Gesamtvarianz von y durch eine funktionale Beziehung zwischen x und y "erklärt" werden kann.

17.1 Häufigkeit, Häufigkeitsdichte; zeichnerische Darstellung

Eine "einzelne" Beobachtung am gleichen Merkmalträger liefert jetzt ein Wertepaar $(x_\nu ; y_\nu)$. Die Darstellung einer Meßreihe $(x_1 ; y_1)$, $(x_2 ; y_2)$, ... , $(x_\nu ; y_\nu)$, ... , $(x_n ; y_n)$ aus n Wertepaaren in der (x;y)-Ebene gibt als Bild einen aus n Punkten $P_\nu (x_\nu ; y_\nu)$ bestehenden "Punktschwarm" . Abb. 1.1 und 1.2 im Band I sind Beispiele dafür.

Sind die Beobachtungen zahlreich, so ordnet man sie — ebenso wie bei einem Merkmal — in "Klassen" ein. Der in Betracht kommende Bereich der

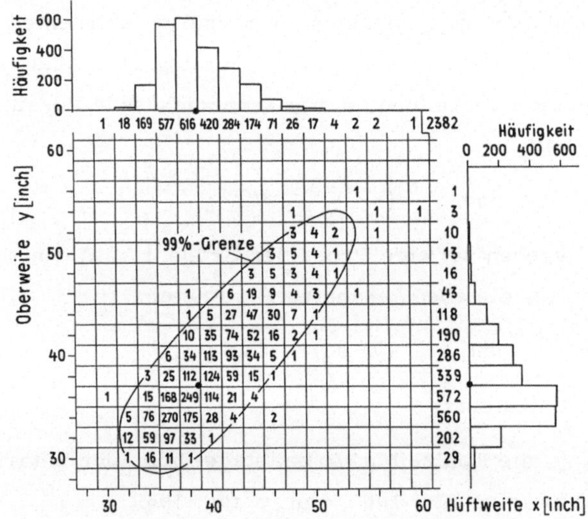

Abb. 17.1.1. Zweidimensionale Verteilung von Hüft-
und Oberweite (nach Messungen an englischen Frauen).

(x, y)-Ebene wird in $k \cdot \ell$ Rechtecke (Zellen oder Felder) aufgeteilt, indem man nach Abb. 17.1.1 auf der x- bzw. y-Achse eine Klassenteilung mit

der laufenden Nr.	i	bzw.	j ,
den Klassenmitten	x_i	bzw.	y_j ,
den oberen Klassengrenzen	x_i'	bzw.	y_j' ,
den Klassenbreiten	Δx_i	bzw.	Δy_j ,
der Gesamtzahl der Klassen	k	bzw.	ℓ

festlegt. Im allgemeinen wählt man feste Klassenbreiten

$$(17.1.1) \quad \Delta x_i = \text{konst} = \Delta x \quad \text{und} \quad \Delta y_j = \text{konst} = \Delta y \; .$$

Die Zelle mit den Klassenmitten $(x_i \, ; \, y_j)$ wird durch das Zahlenpaar $(i \, ; \, j)$ gekennzeichnet. Man zählt aus, wieviele von den n Beobachtungen $(x_\nu \, ; \, y_\nu)$ in die Zelle $(i \, ; \, j)$ fallen und findet so die der Zelle $(i \, ; \, j)$ zugeordnete Besetzungszahl n_{ij} .

Zur zeichnerischen Darstellung einer zweidimensionalen Verteilung benötigt man den Begriff der (mittleren relativen) Häufigkeit

$$(17.1.2) \quad h_{ij} = \frac{n_{ij}}{n}$$

und der (mittleren relativen) <u>Häufigkeitsdichte</u>

$$(17.1.3) \quad f_{ij} = \frac{n_{ij}/n}{\Delta x_i \Delta y_j}$$

in der Zelle $(i \, ; \, j)$.

Bei festen Klassenbreiten Δx und Δy sind f_{ij} , h_{ij} und n_{ij} zueinander verhältnisgleich; infolgedessen darf man f_{ij} oder h_{ij} oder n_{ij} zur zeich-

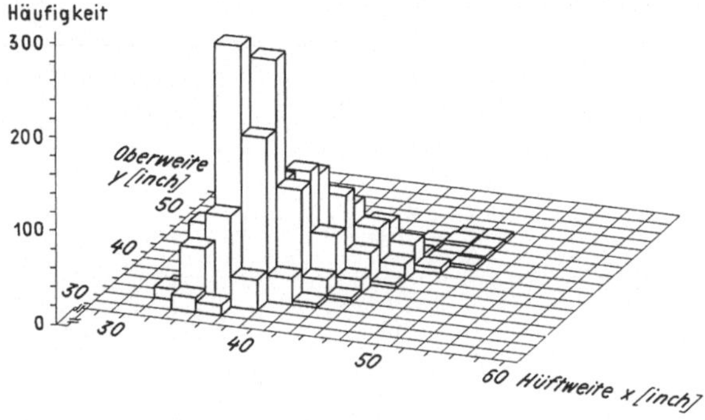

Abb. 17.1.2.   Zweidimensionale Verteilung von Hüft- und Oberweite in räumlicher Darstellung; (vergl. Abb. 17.1.1) .

nerischen Darstellung der Verteilung benutzen, wie es in Abb. 17.1.2 für das Beispiel aus Abb. 17.1.1 geschehen ist.

Bei <u>ungleichen</u> Klassenbreiten Δx_i und/oder Δy_j ist nur die Häufigkeitsdichte f_{ij} zur Darstellung geeignet. Ueber jedem Feld $(i \, ; \, j)$ der $(x ; y)$-Ebene zeichnet man ein Rechtkant mit der Grundfläche $(\Delta x_i \Delta y_j)$ und der Höhe f_{ij} . Das Gesamtvolumen R aller rechtkantigen Säulen ist

$$(17.1.4) \quad R = \sum_{i=1}^{k} \sum_{j=1}^{\ell} f_{ij} \Delta x_i \Delta y_j = \sum_{i=1}^{k} \sum_{j=1}^{\ell} (n_{ij}/n) = 1 \; .$$

Die Darstellung ist also auch im allgemeinen Falle ungleicher Klassenbreiten so _normiert,_ daß der Gesamtraum "unter der Häufigkeitsdichte" f_{ij} den Wert 1 hat.

Läßt man die Zahl n der Beobachtungen über alle Grenzen wachsen, so darf man die Klassenbreiten Δx_i und Δy_j kleiner und kleiner wählen, ohne daß die Besetzungszahlen n_{ij} "zu klein" werden. Strebt die Stufenfunktion $f_{ij} \equiv f(x_i ; y_j)$ dabei gegen eine Grenzfunktion $f(x ; y)$, so heißt $f(x ; y)$ _Wahrscheinlichkeitsdichte_ für das Merkmalpaar $(x ; y)$. Der Grenzübergang bedeutet den Uebergang von der endlichen Probe n zu einer hinter ihr stehenden (großen) Gesamtheit.

17.2 Auswertung einer Häufigkeitstafel

Die Verteilungen.

Die Tafel der Besetzungszahlen n_{ij} (Häufigkeitstafel) enthält insgesamt $(k + \ell + 3)$ Häufigkeitsverteilungen:

Klassifizierte Häufigkeitsverteilung für das Merkmalpaar $(x ; y)$						
$\dfrac{i}{j}$		1	2 ... i ... k			Randverteilung für y
	$\dfrac{x_i}{y_j}$	x_1	x_2 ... x_i ... x_k			
1	y_1	n_{11}	n_{21} ... n_{i1} ... n_{k1}			$n_{.1}$
2	y_2	n_{12}	n_{22} ... n_{i2} ... n_{k2}			$n_{.2}$
⋮	⋮	⋮	⋮ ⋮ ⋮			⋮
j	y_j	n_{1j}	n_{2j} ... n_{ij} ... n_{kj}			$n_{.j}$
⋮	⋮	⋮	⋮ ⋮ ⋮			⋮
ℓ	y_ℓ	$n_{1\ell}$	$n_{2\ell}$ ... $n_{i\ell}$ ... $n_{k\ell}$			$n_{.\ell}$
Randverteilung für x		$n_{1.}$	$n_{2.}$ ... $n_{i.}$ ... $n_{k.}$			n

(1) die <u>zweidimensionale</u> Verteilung mit den Besetzungszahlen n_{ij} der $k\ell$ Zellen; es gilt

$$(17.2.1) \quad \sum_{i=1}^{k} \sum_{j=1}^{\ell} n_{ij} = n \; ;$$

(2) die beiden "Randverteilungen" für x (am unteren Rand) und für y (am rechten Rand) mit den Besetzungszahlen $n_{i.}$ und $n_{.j}$; es gilt

$$(17.2.2) \quad n_{i.} = \sum_{j=1}^{\ell} n_{ij} \qquad \text{für } i = 1, 2, \dots, k \; ;$$

$$(17.2.3) \quad n_{.j} = \sum_{i=1}^{k} n_{ij} \qquad \text{für } j = 1, 2, \dots, \ell \; ;$$

$$(17.2.4) \quad \sum_{i=1}^{k} n_{i.} = n \qquad \text{und} \qquad \sum_{j=1}^{\ell} n_{.j} = n \; ;$$

(3) die ℓ <u>bedingten</u> Häufigkeitsverteilungen für x bei <u>gegebenem</u> y_j (Zeilenverteilungen) mit den relativen Häufigkeiten

$$(17.2.5) \quad f(x_i | y_j) = \frac{n_{ij}}{n_{.j}} \; ,$$

wobei nach (17.2.3)

$$(17.2.6) \quad \sum_{i=1}^{k} f(x_i | y_j) = 1 \qquad \text{für } j = 1, 2, \dots, \ell$$

ist;

(4) die k <u>bedingten</u> Häufigkeitsverteilungen für y bei <u>gegebenem</u> x_i (Spaltenverteilungen) mit den relativen Häufigkeiten

$$(17.2.7) \quad g(y_j | x_i) = \frac{n_{ij}}{n_{i.}} \; ,$$

wobei nach (17.2.2)

$$(17.2.8) \quad \sum_{j=1}^{\ell} g(y_j | x_i) = 1 \qquad \text{für } i = 1, 2, \dots, k$$

ist.

   In Abb. 17.1.1 sind die Randverteilungen für x (ohne Rücksicht auf y) und für y (ohne Rücksicht auf x) am oberen und rechten Rand dargestellt. Diesen Randverteilungen sind die <u>Mittelwerte</u>

$$(17.2.9) \quad \bar{x} = \frac{1}{n} \sum_{i=1}^{k} n_{i.} \, x_i \qquad \text{bzw.} \qquad \bar{y} = \frac{1}{n} \sum_{j=1}^{\ell} n_{.j} \, y_j$$

und die <u>Varianzen</u>

$$(17.2.10) \quad s_x^2 = \frac{1}{n-1} \sum_{i=1}^{k} n_{i.} \, (x_i - \bar{x})^2 \qquad \text{bzw.} \qquad s_y^2 = \frac{1}{n-1} \sum_{j=1}^{\ell} n_{.j} (y_j - \bar{y})^2$$

zugeordnet. Für später berechnet man noch die <u>Kovarianz</u> zwischen x und y , d.h. die Kovarianz der zweidimensionalen Verteilung,

$$(17.2.11) \qquad C_{xy} = \frac{1}{n-1} \sum_{i=1}^{k} \sum_{j=1}^{\ell} n_{ij}(x_i - \bar{x})\,(y_j - \bar{y}) \ .$$

<u>Berechnung der Kovarianz.</u>

In den Abschnitten 2.3 und 2.10 wurden "Rechenformeln" zur Bestimmung von Mittelwerten und Varianzen hergeleitet, die unverändert auch für den Fall einer zweidimensionalen Verteilung gelten. Es fehlen noch zweckmäßige "Rechenformeln" für die Kovarianz.

(a) Hat man die n Beobachtungen $(x_\nu\,;\,y_\nu)$ <u>nicht</u> klassifiziert, so wählt man ein Paar von "glatten" Hilfswerten (a ; b) in der Nähe des Mittelpunktes $(\bar{x}\,;\,\bar{y})$ der Meßreihe und berechnet zunächst das gemischte Moment zweiter Ordnung bezüglich (a ; b) aus

$$(17.2.12) \qquad m_{11}(a\,;b) = \frac{1}{n-1} \sum_{\nu=1}^{n} (x_\nu - a)\,(y_\nu - b) \ .$$

Mit der folgenden Ueberlegung rechnet man $m_{11}(a\,;b)$ auf die gesuchte Kovarianz C_{xy} um. Aus

$$(x_\nu - a)\,(y_\nu - b) = x_\nu\,y_\nu - a\,y_\nu - b\,x_\nu + ab$$

und

$$(x_\nu - \bar{x})\,(y_\nu - \bar{y}) = x_\nu\,y_\nu - \bar{x}\,y_\nu - \bar{y}\,x_\nu + \bar{x}\,\bar{y}$$

folgt durch Summation über ν

$$(n-1)\,m_{11}(a\,;b) = \sum_{\nu=1}^{n} x_\nu\,y_\nu - n\,a\,\bar{y} - n\,b\,\bar{x} + n\,a\,b \ ,$$

$$(n-1)\,C_{xy} = \sum_{\nu=1}^{n} x_\nu\,y_\nu - n\,\bar{x}\,\bar{y} - n\,\bar{y}\,\bar{x} + n\,\bar{x}\,\bar{y} \ .$$

Bildet man die Differenz der letzten beiden Gleichungen, so gilt

$$(n-1)\left[m_{11}(a\,;b) - C_{xy} \right] = n(\bar{x}-a)(\bar{y}-b) \ .$$

Damit hat man die Rechenformel zur Bestimmung der Kovarianz

$$(17.2.13) \qquad C_{xy} = m_{11}(a\,;b) - \frac{n}{n-1}\,(\bar{x}-a)(\bar{y}-b) \ .$$

(b) Hat man die n Beobachtungen $(x_\nu\,;\,y_\nu)$ in $k\ell$ Felder (i ; j) der (x, y)-Ebene eingeordnet, so bezieht man die Klassenmitten $(x_i\,;\,y_j)$ auf ein Paar von glatten Hilfswerten (a ; b) . Im allgemeinen wählt man als Hilfswerte die Klassenmitten x_α und y_β der Zelle $(\alpha\,;\,\beta)$ mit der größten Beset-

zungszahl $n_{\alpha\beta} = (n_{ij})_{max}$. Ferner wählt man als Maßeinheit für x bzw.
y die feste Klassenbreite Δx bzw. Δy , indem man die Klassenmitten x_i
bzw. y_j zu den dimensionslosen Merkmalwerten

$$(17.2.14) \qquad v_i = \frac{x_i - a}{\Delta x} \qquad \text{bzw.} \qquad w_j = \frac{y_j - b}{\Delta y}$$

transformiert. Die v_i bzw. w_j sind "kleine" ganze Zahlen. Mit (17.2.14)
wird das gemischte Moment zweiter Ordnung bezüglich des Hilfspunktes (a ; b)

$$(17.2.15) \qquad m_{11}(a;b) = \frac{1}{n-1} \sum_{i=1}^{k} \sum_{j=1}^{\ell} (x_i-a)(y_j-b)\, n_{ij} = \frac{\Delta x\, \Delta y}{n-1} \sum_{i=1}^{k} \sum_{j=1}^{\ell} v_i\, w_j\, n_{ij}$$

Die auf den Mittelwert $(\bar{x};\bar{y})$ bezogene Kovarianz C_{xy} folgt aus (17.2.13) ,
indem man dort $m_{11}(a;b)$ aus (17.2.15) einsetzt.

Im folgenden werden alle Rechenformeln zur Auswertung einer klassifi-
zierten zweidimensionalen Verteilung noch einmal übersichtlich zusammenge-
stellt. Die <u>Mittelwerte</u> $(\bar{x};\bar{y})$ berechnet man entsprechend zu (2.3.6) aus

$$
\begin{aligned}
\bar{x} &= a + \frac{\Delta x}{n} \left(\sum_{i=1}^{k} v_i\, n_{i.} \right) ; \\
\bar{y} &= b + \frac{\Delta y}{n} \left(\sum_{j=1}^{\ell} w_j\, n_{.j} \right) .
\end{aligned}
$$

$(17.2.16)$

Die <u>Varianzen</u> s_x^2 und s_y^2 findet man entsprechend zu (2.10.6) aus

$$
(n-1)\, s_x^2 = s_{xx} = (\Delta x)^2 \left[\sum_{i=1}^{k} v_i^2\, n_{i.} - \frac{1}{n} \left(\sum_{i=1}^{k} v_i\, n_{i.} \right)^2 \right] ;
$$

$(17.2.17)$

$$
(n-1)\, s_y^2 = s_{yy} = (\Delta y)^2 \left[\sum_{j=1}^{\ell} w_j^2\, n_{.j} - \frac{1}{n} \left(\sum_{j=1}^{\ell} w_j\, n_{.j} \right)^2 \right] .
$$

Die <u>Kovarianz</u> C_{xy} folgt mit (17.2.13) und (17.2.15) aus

$(17.2.18)$

$$
(n-1)\, C_{xy} = s_{xy} = \Delta x\, \Delta y \left[\sum_{i=1}^{k} \sum_{j=1}^{\ell} v_i\, w_j\, n_{ij} - \frac{1}{n} \left(\sum_{i=1}^{k} v_i\, n_{i.} \right)\left(\sum_{j=1}^{\ell} w_j\, n_{.j} \right) \right].
$$

Die Rechenarbeit kommt demnach im wesentlichen auf die Ermittlung der
fünf Summen

$$
\sum_{i=1}^{k} v_i\, n_{i.} \quad , \qquad \sum_{j=1}^{\ell} w_j\, n_{.j} \qquad\qquad \text{und}
$$

$$
\sum_{i=1}^{k} v_i^2\, n_{i.} \quad , \qquad \sum_{j=1}^{\ell} w_j^2\, n_{.j} \quad ; \qquad \sum_{i=1}^{k} \sum_{j=1}^{\ell} v_i\, w_j\, n_{ij}
$$

hinaus.

Zur Berechnung der letzten Summe schreibt man die Produkte $(v_i\,w_j)$ neben die Besetzungszahlen n_{ij}, wie es in Abb. 17.2.1 angedeutet ist.

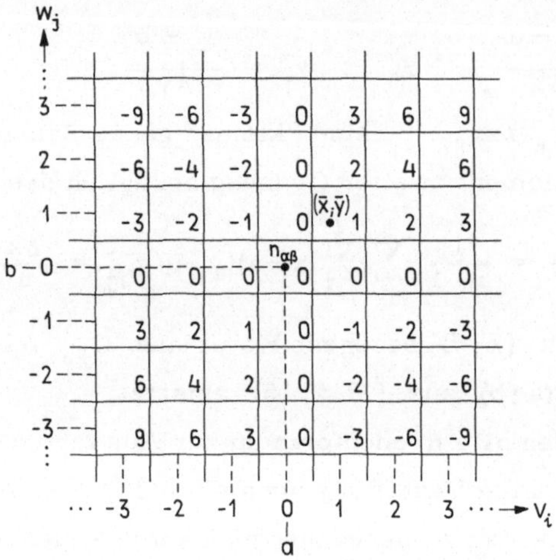

Abb. 17.2.1. Die Produkte $v_i\,w_j$ zur Berechnung der Kovarianz; es ist $n_{\alpha\beta} = (n_{ij})_{max}$.

Dann bildet man die Produkte $(v_i\,w_j)\,n_{ij}$ und summiert über alle besetzten Zellen $(i;j)$.

Da die Summen $(v_i + w_j) = k$ bzw. die Differenzen $(v_i - w_j) = k'$ längs der "Diagonalen" in Abb. 17.2.2 <u>feste</u> Werte annehmen, so läßt sich die Kovarianz auch folgendermaßen berechnen: Man summiert nach Abb. 17.2.2 zunächst die Besetzungszahlen n_{ij} längs <u>einer</u> Diagonalen zu N_k auf.

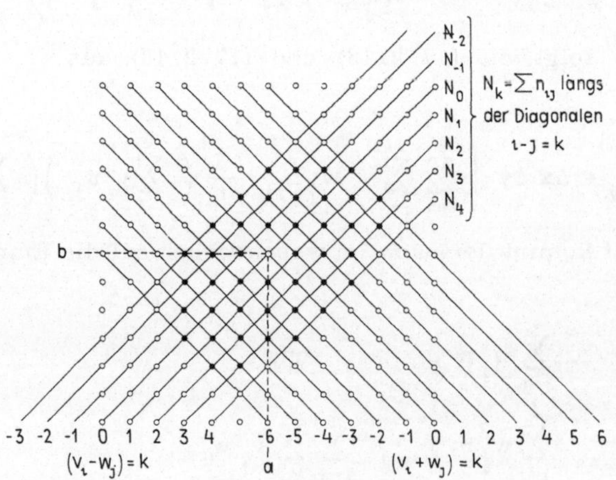

Abb. 17.2.2. Zur Berechnung der Hilfsgrößen S und D zur Ermittlung der Kovarianz.

$\big[$ Welche Diagonale man wählt, hängt von der Verteilung der Punktmenge $(x_i\,;\,y_j)$ in der $(x;\,y)$-Ebene ab.$\big]$ Dann bildet man entweder die Hilfsgröße

$$(17.2.19) \qquad S = \sum_k k^2 N_k \qquad \text{mit} \qquad k = v_i + w_j$$

oder

$$(17.2.20) \qquad D = \sum_k k^2 N_k \qquad \text{mit} \qquad k = v_i - w_j \;.$$

Aus

$$
\begin{aligned}
S &= \sum_i \sum_j (v_i + w_j)^2 \, n_{ij} \\
  &= \sum_i \sum_j (v_i^2 n_{ij} + 2\, v_i\, w_j\, n_{ij} + w_j^2 n_{ij}) \\
  &= \sum_i v_i^2 n_{i.} + 2 \sum_i \sum_j v_i\, w_j\, n_{ij} + \sum_j w_j^2 n_{.j}
\end{aligned}
$$

folgt dann

$$(17.2.21) \qquad 2 \sum_i \sum_j v_i\, w_j\, n_{ij} = S - \sum_i v_i^2 n_{i.} - \sum_j w_j^2 n_{.j} \;.$$

Entsprechend findet man mit $v_i - w_j = k$ und D

$$(17.2.22) \qquad 2 \sum_i \sum_j v_i\, w_j\, n_{ij} = \sum_i v_i^2 n_{i.} + \sum_j w_j^2 n_{.j} - D \;.$$

Jede der Gleichungen (17.2.21) und (17.2.22) ist zur Berechnung der in C_{xy} vorkommenden Doppelsumme geeignet, da die drei "einfachen" Summen der rechten Seiten bekannt sind.

Addiert man (17.2.21) und (17.2.22), so findet man

$$(17.2.23) \qquad 4 \sum_i \sum_j v_i\, w_j\, n_{ij} = S - D \;,$$

eine Gleichung, aus der sich die gesuchte Doppelsumme für die Kovarianz ebenfalls leicht bestimmen läßt, wenn S <u>und</u> D bekannt sind.

In manchen Fällen ist es zweckmäßig, als Hilfspunkt $(a;b)$ den Nullpunkt $(0;0)$ zu wählen. Dann findet man die Varianzen $s_x^2\,;\,s_y^2$ und die Kovarianz C_{xy} —wie man leicht bestätigt — aus den Gleichungen

$$(17.2.24) \qquad (n-1)\, s_x^2 = \sum_{i=1}^{k} x_i^2 n_{i.} - n\,\bar{x}^2 = s_{xx} \;,$$

$$(17.2.25) \qquad (n-1)\, s_y^2 = \sum_{j=1}^{\ell} y_j^2 n_{.j} - n\,\bar{y}^2 = s_{yy} \;,$$

$$(17.2.26) \qquad (n-1)\, C_{xy} = \sum_{i=1}^{k} \sum_{j=1}^{\ell} x_i\, y_j\, n_{ij} - n\,\bar{x}\,\bar{y} = s_{xy} \;.$$

<u>Kovarianz einer "vereinigten" Meßreihe.</u>

Gelegentlich muß man zwei Meßreihen unterschiedlicher Größe zu einer Gesamtreihe zusammenfassen. Dann findet man die Kovarianz der Gesamtreihe nach einer einfachen Formel, die im folgenden hergeleitet wird.

Reihe	Einzelpaare	Zahl der Paare	Mittelwerte	Kovarianz
1	$(x'_\alpha ; y'_\alpha)$	n_1	$(\bar{x}_1 ; \bar{y}_1)$	C_1
2	$(x''_\beta ; y''_\beta)$	n_2	$(\bar{x}_2 ; \bar{y}_2)$	C_2
(1+2)	$(x'_\alpha ; y'_\alpha) ; (x''_\beta ; y''_\beta)$	$n = n_1 + n_2$	$(\bar{x} ; \bar{y})$	C

Zwei Meßreihen der Größe n_1 bzw. n_2 haben die Einzelpaare

$$(x'_\alpha ; y'_\alpha) \quad ; \qquad \text{mit} \qquad 1 \leqq \alpha \leqq n_1$$

und

$$(x''_\beta ; y''_\beta) \qquad \text{mit} \qquad 1 \leqq \beta \leqq n_2$$

ergeben. Man berechnet für jede Reihe zunächst die Summe der "gemischten" Produkte,

$$(17.2.27) \qquad S_1 = \sum_{\alpha=1}^{n_1} (x'_\alpha - \bar{x}_1)(y'_\alpha - \bar{y}_1)$$

und

$$(17.2.28) \qquad S_2 = \sum_{\beta=1}^{n_2} (x''_\beta - \bar{x}_2)(y''_\beta - \bar{y}_2) \; .$$

Dabei sind $(\bar{x}_1 ; \bar{y}_1)$ bzw. $(\bar{x}_2 ; \bar{y}_2)$ die Mittelwerte der ersten bzw. zweiten Reihe.

Faßt man die beiden Versuchsreihen zu einer Gesamtreihe der Größe $n = n_1 + n_2$ zusammen, so gilt für die Mittelwerte $(\bar{x} ; \bar{y})$ dieser Reihe nach (2.3.13)

$$n\bar{x} = n_1 \bar{x}_1 + n_2 \bar{x}_2 \quad \text{und} \quad n\bar{y} = n_1 \bar{y}_1 + n_2 \bar{y}_2 \; .$$

Gesucht wird die Summe S der auf $(\bar{x} ; \bar{y})$ bezogenen gemischten Produkte für die Gesamtreihe,

$$(17.2.29) \qquad S = \sum_{\alpha=1}^{n_1} (x'_\alpha - \bar{x})(y'_\alpha - \bar{y}) + \sum_{\beta=1}^{n_2} (x''_\beta - \bar{x})(y''_\beta - \bar{y}) \; .$$

Aus

$$x'_\alpha - \bar{x} = (x'_\alpha - \bar{x}_1) + (\bar{x}_1 - \bar{x})$$

und

$$y'_\alpha - \bar{y} = (y'_\alpha - \bar{y}_1) + (\bar{y}_1 - \bar{y})$$

folgt durch Multiplikation

$$(x'_\alpha - \bar{x})(y'_\alpha - \bar{y}) = (x'_\alpha - \bar{x}_1)(y'_\alpha - \bar{y}_1)$$
$$+ (\bar{x}_1 - \bar{x})(y'_\alpha - \bar{y}_1) + (\bar{y}_1 - \bar{y})(x'_\alpha - \bar{x}_1) + (\bar{x}_1 - \bar{x})(\bar{y}_1 - \bar{y}) \ .$$

Summiert man über α von 1 bis n_1 , so findet man wegen

$$\sum_\alpha (x'_\alpha - \bar{x}_1) = 0 \quad \text{und} \quad \sum_\alpha (y'_\alpha - \bar{y}_1) = 0$$

einfach

$$(17.2.30) \qquad \sum_{\alpha=1}^{n_1} (x'_\alpha - \bar{x})(y'_\alpha - \bar{y}) = S_1 + n_1(\bar{x}_1 - \bar{x})(\bar{y}_1 - \bar{y}) \ .$$

Entsprechend gilt für die zweite Meßreihe

$$(17.2.31) \qquad \sum_{\beta=1}^{n_2} (x''_\beta - \bar{x})(y''_\beta - \bar{y}) = S_2 + n_2(\bar{x}_2 - \bar{x})(\bar{y}_2 - \bar{y}) \ .$$

Addiert man die letzten beiden Gleichungen, so findet man die gesuchte Beziehung in der Gestalt

$$(17.2.32) \qquad S = S_1 + S_2 + n_1(\bar{x}_1 - \bar{x})(\bar{y}_1 - \bar{y}) + n_2(\bar{x}_2 - \bar{x})(\bar{y}_2 - \bar{y}) \ .$$

Bezeichnet man mit C_i die Kovarianz der Meßreihe i , so gilt

$$(17.2.33) \qquad (n_i - 1) \, C_i = S_i \quad \text{für} \quad i = 1 \, ; \, 2 \ .$$

Entsprechend ist für die Gesamtreihe

$$(17.2.34) \qquad (n-1) \, C = S \ .$$

Damit hat man aus (17.2.32) für die Kovarianz C der Gesamtreihe die Beziehung

$$(17.2.35) \qquad (n-1) \, C = (n_1-1) \, C_1 + (n_2-1) \, C_2 + n_1(\bar{x}_1-\bar{x})(\bar{y}_1-\bar{y}) + n_2(\bar{x}_2-\bar{x})(\bar{y}_2-\bar{y}) \ .$$

Die letzte Gleichung läßt sich leicht auf k Meßreihen der Größe n_i mit den Mittelwerten $(\bar{x}_i \, ; \, \bar{y}_i)$ und den Kovarianzen C_i verallgemeinern. Es wird

$$(17.2.36) \qquad (n-1) \, C = \sum_{i=1}^{k} (n_i-1) \, C_i + \sum_{i=1}^{k} n_i(\bar{x}_i - \bar{x})(\bar{y}_i - \bar{y}) \ .$$

Zu der Summe der Kovarianzen C_i "innerhalb" der Meßreihen kommt die Kovarianz zwischen den Mittelwerten $(\bar{x}_i \, ; \, \bar{y}_i)$ der Meßreihen hinzu.

17.3 Die Mittelwertslinien

Zunächst sei der Zusammenhang zwischen x und y ohne "besondere"
Modellvorstellung untersucht. Häufig sind die meisten Felder der zweidimensionalen Häufigkeitstafel nicht besetzt, wie es beispielsweise in Abb. 17.1.1
der Fall ist. Die Meßwerte verteilen sich vielmehr auf ein mehr oder weniger
breites "Band", das sich "diagonal" über die Häufigkeitstafel hinzieht. Damit
kommt anschaulich bereits ein Zusammenhang zwischen beiden Merkmalen
zum Ausdruck.

Man berechnet zu gegebenem $x = x_i$ den Mittelwert $\bar{y}(x_i)$, d.h. den
Spaltenmittelwert, aus

$$(17.3.1) \quad \bar{y}(x_i) = \sum_{j=1}^{\ell} y_j \, g(y_j | x_i) = \frac{1}{n_{i.}} \sum_{j=1}^{\ell} y_j \, n_{ij} \; .$$

Entsprechend gilt für die Zeilenmittelwerte bei gegebenem y_j

$$(17.3.2) \quad \bar{x}(y_j) = \sum_{i=1}^{k} x_i \, f(x_i | y_j) = \frac{1}{n_{.j}} \sum_{i=1}^{k} x_i \, n_{ij} \; .$$

Die zeichnerische Darstellung der beiden Mittelwertslinien $\bar{y}(x_i)$ für
$1 \leqq i \leqq k$ und $\bar{x}(y_j)$ für $1 \leqq j \leqq \ell$ zeigt besonders deutlich, ob eine
"Abhängigkeit im Mittel" zwischen x und y besteht. Die Streckenzüge,
welche die Punkte $\left[x_i \, ; \, \bar{y}(x_i) \right]$ bzw. $\left[y_j \, ; \, \bar{x}(y_j) \right]$ verbinden, heißen auch empirische Regressionslinien für $\bar{y}$ in Abhängigkeit von x bzw. für $\bar{x}$ in
Abhängigkeit von y .

In Abb. 17.3.1 sind diese empirischen Regressionslinien $\bar{y}(x)$ bzw. $\bar{x}(y)$

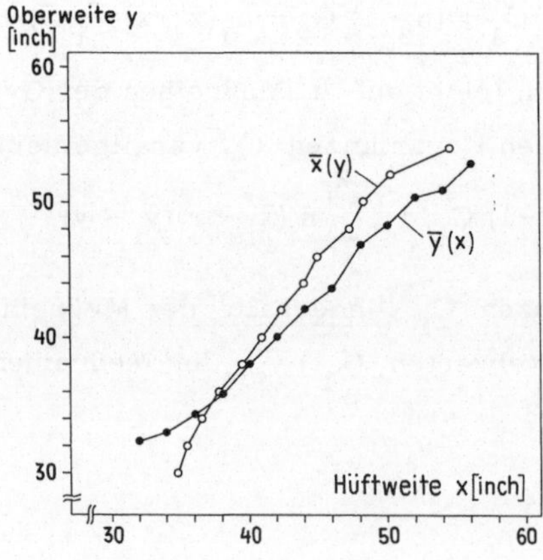

Abb. 17.3.1. Mittelwertslinien für den Zusammenhang
zwischen Hüft- und Oberweite (vergl. Abb. 17.1.1) .

für die Zahlenwerte der Abb. 17.1.1 dargestellt. Die empirischen Funktionen $\bar{y}(x)$ bzw. $\bar{x}(y)$ bilden die Grundlage für die Regressionsanalyse zwischen Zufallsgrößen. Dabei wird untersucht, wie die Variabilität einer "Einflußgröße" x auf die Variabilität einer "Zielgröße" y im Mittel einwirkt. Die Regressionsanalyse ist ein wichtiges Forschungsinstrument für viele Wissensgebiete geworden, in denen an Hand streuender Beobachtungen auf Zusammenhänge zwischen den Merkmalen x · und y geschlossen werden soll.

Die Zerlegung der S.d.q.A.

In Abb. 17.3.2 ist $\bar{y}(x)$ eine beobachtete Mittelwertslinie für y in Abhängigkeit von x . Für die folgende Ueberlegung sei angenommen, daß die ursprünglichen Einzelpaare $(x_\lambda \; ; y_\lambda)$ für $\lambda = 1 , 2 , \dots , n$ verfügbar sind.

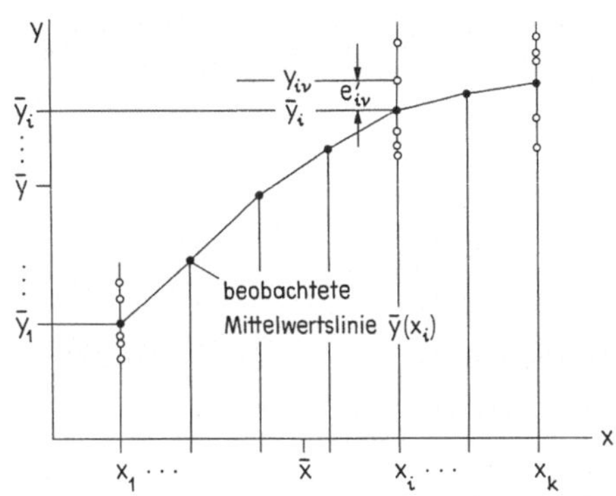

Abb. 17.3.2. Zur Erläuterung der S.d.q.A. ,
s_{yy} , $s_{e'e'}$ und $s_{\bar{y}\bar{y}}$.

Die in der Klasse i der x-Werte mit $x_i - (\Delta x/2) < x \leq x_i + (\Delta x/2)$ beobachteten y-Werte bezeichnet man im folgenden mit $y_{i\nu}$, wobei für i wie bisher gilt $1 \leq i \leq k$; für ν dagegen hat man (abweichend von der bisherigen Bezeichnung) $1 \leq \nu \leq n_{i.} \equiv n_i$. Ferner ordnet man allen y-Werten $y_{i\nu}$ den gleichen x-Wert $x = x_i$ zu. Man denkt sich also die ursprünglichen y_λ der x-Klasse i parallel zur x-Achse auf die Senkrechte bei $x = x_i$ projiziert und vernachlässigt damit die Streuung der x-Werte innerhalb der Klassen. Der Mittelwert der $y_{i\nu}$ ist

$$(17.3.3) \quad \frac{1}{n_i} \sum_{\nu=1}^{n_i} y_{i\nu} = \bar{y}_i \; ;$$

ihre Varianz ist

$$(17.3.4) \qquad \frac{1}{n_i - 1} \sum_{\nu=1}^{n_i} (y_{i\nu} - \bar{y}_i)^2 = s_i^2(y) \ .$$

Der gemeinsame Mittelwert aller n Beobachtungen ist

$$(17.3.5) \qquad \bar{y} = \frac{1}{n} \sum_{i=1}^{k} \sum_{\nu=1}^{n_i} y_{i\nu} = \frac{1}{n} \sum_{i=1}^{k} n_i \bar{y}_i = \sum_{i=1}^{k} (n_i/n) \bar{y}_i \ .$$

Zur Untersuchung des Zusammenhanges zwischen der Variabilität von x und der Variabilität von y berechnet man die drei Summen der quadrierten Abweichungen (S. d. q. A.) :

(a) die S. d. q. A. insgesamt,

$$(17.3.6) \qquad \sum_{i=1}^{k} \sum_{\nu=1}^{n_i} (y_{i\nu} - \bar{y})^2 = s_{yy} \quad \text{mit } (n-1) \text{ Freiheitsgraden ;}$$

(b) die S. d. q. A. "um die Mittelwertslinie" ,

$$(17.3.7) \qquad \sum_{i=1}^{k} \sum_{\nu=1}^{n_i} (y_{i\nu} - \bar{y}_i)^2 = \sum_{i=1}^{k} \sum_{\nu=1}^{n_i} e_{i\nu}'^2 = s_{e'e'} \quad \text{mit } (n-k) \text{ Freiheits-}$$
$$\text{graden ;}$$

(c) die S. d. q. A. zwischen den Gruppenmittelwerten,

$$(17.3.8) \qquad \sum_{i=1}^{k} \sum_{\nu=1}^{n_i} (\bar{y}_i - \bar{y})^2 = \sum_{i=1}^{k} n_i (\bar{y}_i - \bar{y})^2 = s_{\bar{y}\bar{y}} \quad \text{mit } (k-1) \text{ Freiheits-}$$
$$\text{graden.}$$

Die den Summen jeweils zugeordnete Zahl f der Freiheitsgrade findet man, indem man von der Zahl der quadrierten Abweichungen die Zahl der einschränkenden Bedingungen abzieht. Bei s_{yy} hat man n quadrierte Abweichungen $(y_{i\nu} - \bar{y})$ zu addieren, zwischen denen nach (17.3.5) die Beziehung

$$\sum_{i=1}^{k} \sum_{\nu=1}^{n_i} (y_{i\nu} - \bar{y}) = 0$$

besteht. Mithin ist $f\{s_{yy}\} = n-1$. Bei $s_{e'e'}$ hat man n quadrierte Abweichungen $(y_{i\nu} - \bar{y}_i)$ zu addieren, zwischen denen nach (17.3.3) die k Gleichungen

$$\sum_{\nu=1}^{n_i} (y_{i\nu} - \bar{y}_i) = 0 \qquad\qquad \text{für } i = 1 , 2 \ \ldots , k$$

gelten. Mithin ist $f\{s_{e'e'}\} = n-k$. Bei $s_{\bar{y}\bar{y}}$ hat man schließlich k "gewogene" quadrierte Abweichungen $(\bar{y}_i - \bar{y})$ zu addieren, zwischen denen nach (17.3.5) die Beziehung

$$\sum_{i=1}^{k} n_i (\bar{y}_i - \bar{y}) = 0$$

besteht. Mithin ist $f\{s_{\bar{y}\bar{y}}\} = k-1$.

Ferner ist $s_{yy}/(n-1) = s_y^2$ die beobachtete Gesamtvarianz aller n Meß-werte $y_{i\nu}$. Die Varianz der y-Werte an der Stelle $x = x_i$ bzw. innerhalb der "Gruppe" i ist nach (17.3.4)

$$s_i^2(y) = \frac{1}{n_i - 1} \sum_{\nu=1}^{n_i} (y_{i\nu} - \bar{y}_i)^2$$

mit $f_i = n_i - 1$ Freiheitsgraden. Der gewogene Mittelwert der $s_i^2(y)$ über alle Gruppen als Schätzwert für die theoretische Varianz $\sigma_{e'}^2$ wird nach (8.7.6)

$$\frac{\sum_{i=1}^{k} f_i\, s_i^2(y)}{\sum_{i=1}^{k} f_i} = \frac{1}{n-k} \sum_{i=1}^{k} \sum_{\nu=1}^{n_i} (y_{i\nu} - \bar{y}_i)^2 = \frac{s_{e'e'}}{n-k} = s_{e'}^2 \; ,$$

wenn man voraussetzt, daß die theoretische Varianz $\sigma_{e'}^2$ innerhalb der Grup-pen die gleiche ist; $s_{e'}^2$ ist die mittlere Varianz der Meßwerte $y_{i\nu}$ bezüglich der Regressionslinie $\bar{y}(x)$ oder die <u>mittlere Varianz innerhalb der k Gruppen</u> $1 , 2 , \dots , i , \dots , k$.

Von besonderer Bedeutung ist die S.d.q.A. $s_{\bar{y}\bar{y}}$ zwischen den Gruppen-mittelwerten $\bar{y}_i$. Dieser Variabilitätsanteil ist <u>erklärbar</u> durch die Tatsache, daß y sich "im Mittel" gemäß der Regressionslinie $\bar{y}(x)$ mit x ändert und daß damit "zwangsläufig" mit x auch die Zufallsgröße $\bar{y}(x)$ streut.

Für die S.d.q.A. gilt die grundlegende Gleichung

(17.3.9) $s_{yy} = s_{e'e'} + s_{\bar{y}\bar{y}}$.

Zum Beweise folgert man aus

$$y_{i\nu} - \bar{y} = (y_{i\nu} - \bar{y}_i) + (\bar{y}_i - \bar{y})$$

zunächst

$$(y_{i\nu} - \bar{y})^2 = (y_{i\nu} - \bar{y}_i)^2 + 2\,(\bar{y}_i - \bar{y})(y_{i\nu} - \bar{y}_i) + (\bar{y}_i - \bar{y})^2 \; .$$

Summiert man die letzte Gleichung bei festem i über ν , so findet man

(17.3.10) $\displaystyle \sum_{\nu=1}^{n_i} (y_{i\nu} - \bar{y})^2 = \sum_{\nu=1}^{n_i} (y_{i\nu} - \bar{y}_i)^2 + n_i(\bar{y}_i - \bar{y})^2 \; ,$

da das "gemischte" Glied gemäß (17.3.3) verschwindet,

$$2(\bar{y}_i - \bar{y}) \sum_{\nu=1}^{n_i} (y_{i\nu} - \bar{y}_i) = 0 \; .$$

Summiert man (17.3.10) schließlich noch über i , so gilt

$$\sum_{i=1}^{k} \sum_{\nu=1}^{n_i} (y_{i\nu} - \bar{y})^2 = \sum_{i=1}^{k} \sum_{\nu=1}^{n_i} (y_{i\nu} - \bar{y}_i)^2 + \sum_{i=1}^{k} n_i(\bar{y}_i - \bar{y})^2 \; .$$

Aus der letzten Gleichung wird mit (17.3.6) bis (17.3.8) schließlich die grundlegende Beziehung (17.3.9) für die S. d. q. A. , [die im übrigen genau mit Gleichung (2.11.6) übereinstimmt] .

Bestimmtheitsmaß.

Aus (17.3.9) folgt

$$(17.3.11) \qquad \frac{s_{\bar{y}\bar{y}}}{s_{yy}} + \frac{s_{e'e'}}{s_{yy}} = 1 \ .$$

In dieser Gleichung ist $(s_{\bar{y}\bar{y}}/s_{yy})$ der _relative_ Anteil der S. d. q. A. insgesamt, (d. h. der relative Anteil der Gesamtvariabilität der y–Werte), der durch den funktionalen Zusammenhang $\bar{y} = \bar{y}(x)$ zwischen y "im Mittel" und x erklärbar ist; der Rest $s_{e'e'}/s_{yy}$ bleibt "unerklärt" und ist auf Zufallsschwankungen der $y_{i\nu}$ um die Mittelwertslinie $\bar{y}(x)$ zurückzuführen. Man nennt

$$(17.3.12) \qquad \frac{s_{\bar{y}\bar{y}}}{s_{yy}} = \hat{B}_E$$

das beobachtete Bestimmtheitsmaß für den _empirischen_ Zusammenhang (E) zwischen x und y . Nach (17.3.11) gilt

$$(17.3.13) \qquad 0 \leq \hat{B}_E \leq 1 \ .$$

Liegt das Bestimmtheitsmaß $\hat{B}_E$ nahe bei 1 , so läßt sich y bei gegebenem x mit Hilfe von $\bar{y}(x)$ mit _kleiner_ Restvarianz $s_{e'e'}/(n-k)$, also gut, schätzen. Ist im Grenzfalle $\hat{B}_E = 1$ und damit $s_{e'e'}/s_{yy} = 0$, so folgt aus $s_{e'e'} = 0$ mit (17.3.7) auch $e'_{i\nu} = 0$ für alle Wertepaare $(i;\nu)$. Die Meßpunkte $y_{i\nu}$ liegen in diesem Falle ohne jede Streuung auf der Regressionslinie $\bar{y}(x)$. Mit anderen Worten: y ist bei gegebenem x genau bestimmbar.

Liegt das Bestimmtheitsmaß $\hat{B}_E$ jedoch nahe bei 0 , so läßt sich y bei gegebenem x mit Hilfe von $\bar{y}(x)$ nur mit _großer_ Restvarianz $s_{e'e'}/(n-k)$, also schlecht, schätzen. Ist im Grenzfalle $\hat{B}_E = 0$ oder $s_{\bar{y}\bar{y}} = 0$, so folgt aus (17.3.8) auch $\bar{y}_i = \bar{y}$ für alle i . Die Regressionslinie $\bar{y}(x)$ entartet zu einer waagerechten Geraden; in diesem Falle ist y nicht von x abhängig.

Wenn sich die Mittelwertslinien $\bar{y}(x)$ und $\bar{x}(y)$ durch _gerade Linien_ annähern lassen, wie es in Abb. 17.3.1 der Fall ist, so gelangt man zum Sonderfall der _linearen Regression_ zwischen den _Zufallsgrößen_ x und y , der im folgenden Abschnitt eingehend behandelt wird.

17.4 Geradlinige Regression bei zwei Zufallsgrößen; Korrelation

Jetzt liegt der Auswertung die <u>Modellvorstellung</u> zugrunde, daß y im Mittel linear von x (und umgekehrt auch x im Mittel linear von y) abhängt. Im folgenden wird die Bezeichnungsweise der zweidimensionalen Häufigkeitstafel (S. 4) wieder benutzt. Die theoretische Regressionsgerade $\eta(x)$ für den Zusammenhang zwischen x und y im Mittel sei

$$(17.4.1) \quad M\{y\} = \beta_0 + \beta_1 x = \eta(x) \ .$$

Die Faktoren $(\beta_0 ; \beta_1)$ heißen Regressionskoeffizienten. Man findet Schätzwerte $(b_0 ; b_1)$ für $(\beta_0 ; \beta_1)$, indem man die Summe der quadrierten Abweichungen zwischen den beobachteten Mittelwerten $\bar{y}_i$ und den berechneten Werten Y_i,

$$(17.4.2) \quad Y_i = b_0 + b_1 x_i \ ,$$

unter Berücksichtigung der "Gewichte" $n_{i.}$ zu einemMinimum macht. Es soll also gelten

$$(17.4.3a) \quad \sum_{i=1}^{k} (\bar{y}_i - Y_i)^2 \, n_{i.} = \text{Min} \ .$$

Man kann auch von der Forderung ausgehen, daß die S.d.q.A. zwischen den "Beobachtungen" y_{ij} und den "Rechenwerten" $Y_i = b_0 + b_1 x_i$ unter Berücksichtigung der "Gewichte" n_{ij} möglichst klein werden soll,

$$(17.4.3b) \quad \sum_{i=1}^{k} \sum_{j=1}^{\ell} (y_{ij} - Y_i)^2 \, n_{ij} = \text{Min} \ .$$

Die Forderungen (17.4.3a) und (17.4.3b) führen zu dem gleichen Ergebnis, da sich die zu minimierenden Summen nur um den festen (von Y_i und damit auch von b_0 und b_1 unabhängigen) Betrag

$$\sum_{i=1}^{k} \sum_{j=1}^{\ell} (y_{ij} - \bar{y}_i)^2 \, n_{ij}$$

unterscheiden, wie man mit Hilfe der Zerlegung

$$y_{ij} - Y_i = (y_{ij} - \bar{y}_i) + (\bar{y}_i - Y_i)$$

leicht nachweist.

Setzt man Y_i aus (17.4.2) in (17.4.3a) ein, so hat man

$$(17.4.4) \quad \sum_{i=1}^{k} \left[\bar{y}_i - (b_0 + b_1 x_i) \right]^2 \, n_{i.} = \text{Min} \ .$$

Differenziert man (17.4.4) nach b_0 bzw. b_1 , so findet man

$$\sum_{i=1}^{k} \left[\bar{y}_i - (b_0 + b_1 x_i) \right] n_{i.} = 0$$

und

$$\sum_{i=1}^{k} \left[\bar{y}_i - (b_0 + b_1 x_i) \right] x_i n_{i.} = 0 \; ,$$

oder nach b_0 und b_1 geordnet

$$(17.4.5) \qquad b_0 \sum_{i=1}^{k} n_{i.} + b_1 \sum_{i=1}^{k} x_i n_{i.} = \sum_{i=1}^{k} \bar{y}_i n_{i.} \; ,$$

$$(17.4.6) \qquad b_0 \sum_{i=1}^{k} x_i n_{i.} + b_1 \sum_{i=1}^{k} x_i^2 n_{i.} = \sum_{i=1}^{k} \bar{y}_i x_i n_{i.} \; .$$

Mit $\bar{y}_i n_{i.} = \sum_{j} y_j n_{ij}$ wird die rechte Seite von (17.4.5)

$$\sum_{i=1}^{k} \sum_{j=1}^{\ell} y_j n_{ij} = \sum_{j=1}^{\ell} y_j n_{.j} = n \bar{y} \; .$$

Damit folgt aus (17.4.5) nach Division durch n

$$(17.4.7) \qquad b_0 + b_1 \bar{x} = \bar{y} \; ;$$

die Regressionsgerade (17.4.2) geht durch den Schwerpunkt $(\bar{x} ; \bar{y})$ der Meßreihe. Multipliziert man (17.4.7) mit $n\bar{x} = \sum_{i} x_i n_{i.}$ zu

$$(17.4.8) \qquad n \bar{x} b_0 + n \bar{x}^2 b_1 = n \bar{x} \bar{y}$$

und subtrahiert (17.4.8) von (17.4.6) , so findet man als <u>Anstieg</u> b_1

$$b_1 = \frac{\displaystyle\sum_{i=1}^{k} \sum_{j=1}^{\ell} x_i y_j n_{ij} - n \bar{x} \bar{y}}{\displaystyle\sum_{i=1}^{k} x_i^2 n_{i.} - n \bar{x}^2} \; .$$

Mit (17.2.26) und (17.2.24) wird daraus

$$(17.4.9) \qquad b_1 = \frac{s_{xy}}{s_{xx}} = \frac{C_{xy}}{s_x^2} = \frac{s_y}{s_x} r \; ,$$

wobei die Korrelationszahl r nach (5.4.21) die Kovarianz der standardisierten Merkmale $(x - \bar{x})/s_x$ und $(y - \bar{y})/s_y$ ist.

Mit (17.4.9) , (17.4.7) und (17.4.2) lautet <u>die empirische Regressions-
gerade</u> für y in Abhängigkeit von x demnach

$$(17.4.10) \qquad Y(x) = \bar{y} + \frac{s_{xy}}{s_{xx}} (x - \bar{x}) = \bar{y} + r \frac{s_y}{s_x} (x - \bar{x}) \; .$$

Vertauscht man die Rollen von x und y miteinander, so findet man die empirische Regressionsgerade für x in Abhängigkeit von y ,

$$(17.4.11) \quad X(y) = \bar{x} + \frac{s_{xy}}{s_{yy}} (y - \bar{y}) = \bar{x} + r \frac{s_x}{s_y} (y - \bar{y}) \ .$$

In Abb. 17.4.1 sind die beiden Geraden Y(x) und X(y) für das Beispiel "Hüftweite und Oberweite" aus Abb. 17.1.1 dargestellt. Ersichtlich streuen die beobachteten Mittelwerte $\bar{y}(x_i)$ [volle Punkte] bzw. $\bar{x}(y_j)$ [offene Punkte] nur wenig um die zugeordnete Gerade Y(x) bzw. X(y) , so daß die Modellvorstellung eines "im Mittel" linearen Zusammenhangs zwischen den Zufallsgrößen x und y gerechtfertigt erscheint. Später wird ein Test zur Prüfung der Hypothese eines linearen Zusammenhangs hergeleitet werden.

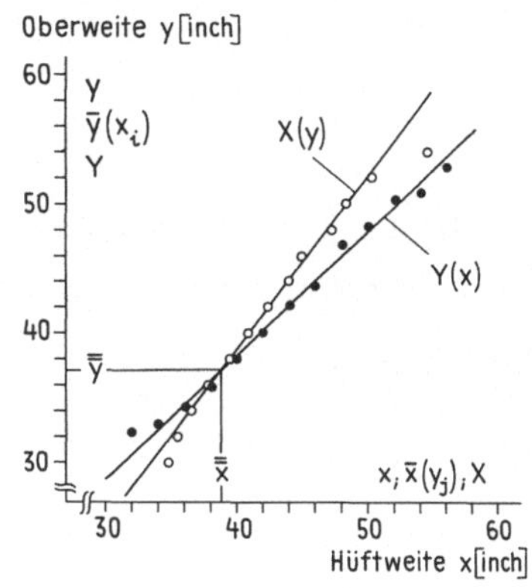

Abb. 17.4.1. Regressionsgeraden für die zweidimensionale Verteilung von Hüft- und Oberweite (vergl. Abb. 17.1.1) .

Sind die n Beobachtungen $(x_\nu ; y_\nu)$ nicht klassifiziert, so ändert sich an den vorausgehenden Ueberlegungen nichts wesentliches. Man hat nur die Summen der quadrierten und der "gemischten" Abweichungen aus (17.2.24) bis (17.2.26) durch

$$(17.4.12) \quad s_{xx} = (n-1) s_x^2 = \sum_{\nu=1}^{n} (x_\nu - \bar{x})^2 = \sum_{\nu=1}^{n} x_\nu^2 - n \bar{x}^2 \ ,$$

$$(17.4.13) \quad s_{yy} = (n-1) s_y^2 = \sum_{\nu=1}^{n} (y_\nu - \bar{y})^2 = \sum_{\nu=1}^{n} y_\nu^2 - n \bar{y}^2 \ ,$$

$$(17.4.14) \quad s_{xy} = (n-1) C_{xy} = \sum_{\nu=1}^{n} (x_\nu - \bar{x})(y_\nu - \bar{y}) = \sum_{\nu=1}^{n} x_\nu y_\nu - n \bar{x} \bar{y}$$

zu ersetzen.

Sucht man zu einem vorgegebenen x-Wert das zugehörige y , so verwendet man die Regressionsgerade Y(x) ; sucht man zu einem vorgegebenen y-Wert das zugehörige x , so verwendet man die Regressionsgerade X(y) .

Standardisiert man die Zufallsgrößen x und y zu

$$(17.4.15) \quad \frac{x - \bar{x}}{s_x} = u \quad \text{und} \quad \frac{y - \bar{y}}{s_y} = v \ ,$$

und setzt man $(X - \bar{x})/s_x = U$ und $(Y - \bar{y})/s_y = V$, so lauten die beiden Regressionsgeraden (17.4.10) und (17.4.11)

$$(17.4.16) \quad V = r\,u \quad \text{bzw.} \quad U = r\,v \ .$$

Das dimensionslose Anstiegsmaß r der Regressionsgeraden in standardisierter Gestalt ist die Korrelationszahl $r(x;y) \equiv r$ zwischen x und y ; es ist

$$(17.4.17) \quad r(x;y) \equiv r = \frac{C_{xy}}{s_x\,s_y} = \frac{s_{xy}}{\sqrt{s_{xx}\,s_{yy}}} \ ,$$

wobei s_{xx} , s_{yy} und s_{xy} für n Einzelbeobachtungen $(x_\nu ; y_\nu)$ aus (17.4.12) bis (17.4.14) und für n klassifizierte Beobachtungen aus (17.2.17) und (17.2.18) zu entnehmen sind. Die Korrelationszahl r hat das Vorzeichen der Kovarianz C_{xy} .

Zerlegung der S.d.q.A.

Von besonderer Bedeutung ist das Quadrat $r^2 = \hat{B}_L$ der Korrelationszahl, wie im folgenden gezeigt wird. Dazu wird vorausgesetzt — ohne die

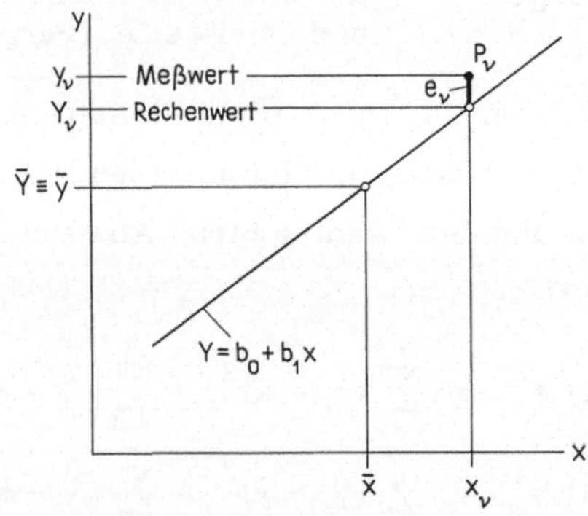

Abb. 17.4.2. Zur Erläuterung der Abweichungen $y_\nu - \bar{y}$, $Y_\nu - \overline{Y}$ und $e_\nu = y_\nu - Y_\nu$, aus denen die S.d.q.A. s_{yy} , s_{YY} und s_{ee} berechnet werden.

Allgemeinheit der Betrachtungen einzuschränken — daß die n Beobachtungen $(x_\nu ; y_\nu)$ <u>nicht</u> klassifiziert vorliegen. Zunächst bestimmt man den Mittelwert $\overline{Y}$ der "Rechenwerte" $Y_\nu = b_0 + b_1 x_\nu$. Es wird mit (17.4.7)

$$n\,\overline{Y} = \sum_{\nu=1}^{n} Y_\nu = \sum_{\nu=1}^{n} (b_0 + b_1 x_\nu) = n(b_0 + b_1 \bar{x}) = n\,\bar{y}$$

oder

$$(17.4.18) \quad \overline{Y} = \overline{y} \ .$$

Die "Rechenwerte" Y_ν haben denselben Mittelwert wie die Beobachtungen y_ν. Ferner berechnet man (ähnlich wie im Abschnitt 17.3) mit Abb. 17.4.2 die folgenden drei Summen von quadrierten Abweichungen (S.d.q.A.):

(a) die S.d.q.A. <u>insgesamt</u> s_{yy} der Meßwerte y_ν bezüglich ihres Mittelwerts $\overline{y}$,

$$(17.4.19) \quad \sum_{\nu=1}^{n} (y_\nu - \overline{y})^2 = s_{yy} \quad \text{mit } (n-1) \text{ Freiheitsgraden ;}$$

(b) die S.d.q.A. s_{ee} <u>um die Regressionsgerade</u> $Y = b_0 + b_1 x$ (der Meßwerte y_ν bezüglich der Rechenwerte Y_ν),

$$(17.4.20) \quad \sum_{\nu=1}^{n} (y_\nu - Y_\nu)^2 = \sum_{\nu=1}^{n} e_\nu^2 = s_{ee} \quad \text{mit } (n-2) \text{ Freiheitsgraden ;}$$

(c) die S.d.q.A. s_{YY} der <u>Rechenwerte</u> Y_ν bezüglich ihres Mittelwerts $\overline{Y} = \overline{y}$,

$$(17.4.21) \quad \sum_{\nu=1}^{n} (Y_\nu - \overline{Y})^2 = \sum_{\nu=1}^{n} (Y_\nu - \overline{y})^2 = s_{YY} \quad \text{mit einem Freiheitsgrad .}$$

Die letzte Summe s_{YY} läßt sich mit Hilfe der Regressionsgeraden $Y - \overline{y} = b_1(x - \overline{x})$ umgestalten. Aus $Y_\nu - \overline{y} = b_1(x_\nu - \overline{x})$ folgt durch quadrieren und summieren über ν

$$\sum_{\nu} (Y_\nu - \overline{y})^2 = b_1^2 \sum_{\nu} (x_\nu - \overline{x})^2$$

oder mit (17.4.12)

$$(17.4.22) \quad s_{YY} = b_1^2 \, s_{xx} \ .$$

Die S.d.q.A. s_{YY} ist demnach vollständig durch die Tatsache erklärt, daß die Rechenwerte Y linear von x abhängen.

Zwischen den drei S.d.q.A. besteht die Beziehung

$$(17.4.23) \quad s_{yy} = s_{ee} + s_{YY} \ ,$$

die man folgendermaßen beweist. Aus

$$e_\nu = y_\nu - Y_\nu = (y_\nu - \overline{y}) - (Y_\nu - \overline{y})$$

folgt durch quadrieren und summieren über ν mit (17.4.22)

$$s_{ee} = s_{yy} + s_{YY} - 2 \sum_\nu (y_\nu - \bar{y})(Y_\nu - \bar{y})$$

$$= s_{yy} + s_{YY} - 2 b_1 \underbrace{\sum_\nu (y_\nu - \bar{y})(x_\nu - \bar{x})}_{s_{xy}} \ .$$

Mit (17.4.22) und $s_{xy} = b_1 s_{xx}$ wird daraus

$$s_{ee} = s_{yy} + b_1^2 s_{xx} - 2 b_1^2 s_{xx} = s_{yy} - b_1^2 s_{xx} = s_{yy} - s_{YY}$$

oder schließlich

$$s_{ee} + s_{YY} = s_{yy} \ ,$$

was zu beweisen war.

Bestimmtheitsmaß.
===

Die beobachtete S.d.q.A. insgesamt s_{yy} läßt sich demnach in zwei
Anteile zerlegen: den durch den linearen Zusammenhang $Y = b_0 + b_1 x$
erklärbaren Anteil s_{YY} und den "nicht erklärten" Rest s_{ee} . Aus (17.4.23)
folgt

$$(17.4.24) \qquad \frac{s_{YY}}{s_{yy}} + \frac{s_{ee}}{s_{yy}} = 1 \ .$$

Dabei ist s_{YY}/s_{yy} der <u>relative Anteil</u> der S.d.q.A. insgesamt, der durch
den linearen Zusammenhang zwischen Y und x erklärt werden kann. Dieser Anteil heißt (wie im Abschnitt 17.3) das beobachtete "<u>Bestimmtheits-</u>
<u>maß</u>" $\hat{B}_L$ für den linearen Zusammenhang (L) zwischen y und x . Es
gilt

$$(17.4.25) \qquad \hat{B}_L = \frac{s_{YY}}{s_{yy}} \quad \text{mit } 0 \leq \hat{B}_L \leq 1 \ .$$

Mit $s_{YY} = b_1^2 s_{xx}$ und $b_1 = s_{xy}/s_{xx}$ wird

$$(17.4.26) \qquad \hat{B}_L = \frac{s_{xy}^2}{s_{xx} s_{yy}} = r^2 \ ,$$

wie man mit (17.4.17) erkennt.

Das Quadrat der Korrelationszahl r ist gleich dem Bestimmtheitsmaß $\hat{B}_L$.
Nach (17.4.25) gilt für $\hat{B}_L$ die Ungleichung $0 \leq \hat{B}_L \leq 1$. Für die Korrelationszahl $r = \sqrt{\hat{B}_L}$ folgt daraus

$$(17.4.27) \qquad -1 \leq r \leq +1 \ .$$

Die Korrelationszahl r liegt stets zwischen den Grenzwerten r' = -1 und
r'' = +1 .

17.5 Die Grenzfälle r = 0 und r = ±1

Hat das Bestimmtheitsmaß $\hat{B}_L$ = r^2 im Grenzfall den Wert 0 , so folgt
aus (17.4.17)

(17.5.1) C_{xy} = s_{xy} = 0 .

Nach (17.4.9) verschwindet auch das Anstiegsmaß b_1 der Regressionsgeraden,

(17.5.2) b_1 = 0 .

Die Gleichungen der Regressionsgeraden lauten nach (17.4.10) und (17.4.11)
in diesem Sonderfall

(17.5.3) $Y(x) = \bar{y}$ und $X(y) = \bar{x}$.

Die beiden Regressionsgeraden stehen aufeinander senkrecht. Sie schneiden
sich im Punkte $(\bar{x};\bar{y})$. Aus $Y(x) = \bar{y}$ findet man für jeden Wert x den gleichen y-Wert $\bar{y}$; d.h. y hängt von x nicht ab. Ebenso findet man aus
$X(y) = \bar{x}$ für jeden Wert y den gleichen x-Wert $\bar{x}$; d.h. x hängt von y
nicht ab. Verschwindende Kovarianz C_{xy} = 0 und Unabhängigkeit der Zufallsgrößen x und y voneinander sind bei geradliniger Regression gleichwertig.

Hat das Bestimmtheitsmaß $\hat{B}_L$ = r^2 im Grenzfall den Wert 1 , so ist
entweder r = r' = -1 oder r = r'' = +1 . Für $\hat{B}_L$ = 1 folgt aus (17.4.25)
s_{YY} = s_{yy} und aus (17.4.23)

(17.5.4) s_{ee} = 0 .

Als Summe von quadrierten Abweichungen e_ν^2 kann s_{ee} nach (17.4.20)
nur dann verschwinden, wenn alle $e_\nu = y_\nu - Y_\nu = 0$ sind. In diesem Sonderfall gilt dann

(17.5.5) $y_\nu = Y_\nu$ für alle ν .

Alle Meßwerte y_ν liegen ohne Streuung auf der Geraden $Y(x) = b_0 + b_1 x$.
Die beiden Regressionsgeraden (17.4.10) und (17.4.11) für r = r' = -1
bzw. r = r'' = +1 ,

$$Y(x) = \bar{y} \pm \frac{s_y}{s_x} (x - \bar{x}) ,$$

(17.5.6)

$$X(y) = \bar{x} \pm \frac{s_x}{s_y} (y - \bar{y}) ,$$

fallen zusammen. Die Zufallsgröße y ist von x linear abhängig und durch x vollständig bestimmt.

Die praktisch vorkommenden Fälle liegen zwischen den genannten Grenzfällen $\hat{B}_L = 0$ und $\hat{B}_L = 1$. Aus $s_{ee} = s_{yy} - s_{YY}$ folgt mit $s_{YY} = \hat{B}_L s_{yy}$ allgemein

$$(17.5.7) \qquad s_{ee} = (1 - \hat{B}_L) s_{yy} = (1 - r^2) s_{yy} .$$

Die S.d.q.A. s_{ee} der Meßwerte y_ν um die Regressionsgerade

$$(17.5.8) \qquad Y(x) = \bar{y} + r(s_y/s_x)(x - \bar{x})$$

wird im Vergleich zur S.d.q.A. insgesamt s_{yy} um so mehr herabgesetzt, je näher das Bestimmtheitsmaß $\hat{B}_L$ bei 1 liegt.

Zur Veranschaulichung skizziere der Leser beispielsweise für $\hat{B}_1 = 0,90$ bzw. $\hat{B}_2 = 0,10$ den Zusammenhang $s_{yy} = s_{YY} + s_{ee}$ zwischen den drei S.d.q.A. Im ersten Falle ist $s_{YY} = \hat{B}_1 s_{yy} = 0,90 s_{yy}$ und $s_{ee} = (1 - \hat{B}_1)s_{yy}$ $= 0,10 s_{yy}$; im zweiten Falle sind die Rollen von s_{YY} und s_{ee} vertauscht.

Die Zufallsgrößen x und y sind um so enger miteinander verknüpft, je näher $\hat{B}_L$ oder r^2 bei 1 liegt.

Zur Veranschaulichung gibt Abb. 17.5.1 eine "Wolke" $(x_\nu; y_\nu)$ von n = 100 Punkten aus einer zweidimensionalen Gesamtheit (Normalverteilung) ohne Korrelation, $\rho = 0$, und Abb. 17.5.2 eine "Wolke" $(x_\nu; y_\nu)$ von n = 100 Punkten, wobei in der Gesamtheit die Korrelation $\rho = 0,8$ herrscht.

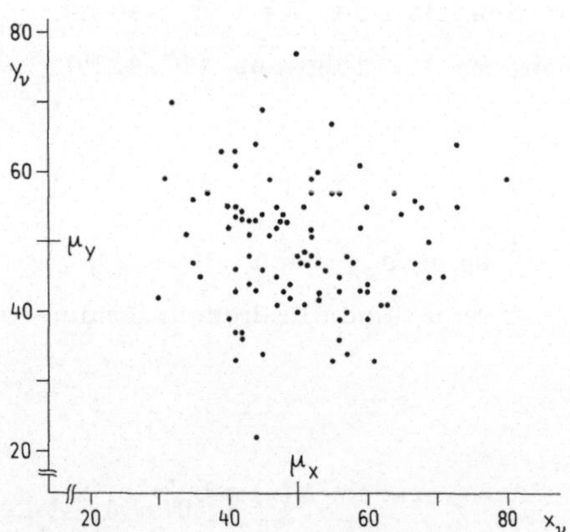

Abb. 17.5.1. Die Punktwolke der Wertepaare $(x_\nu; y_\nu)$ einer Versuchsreihe mit n = 100 Beobachtungen. In der Gesamtheit ist $\rho = 0$.

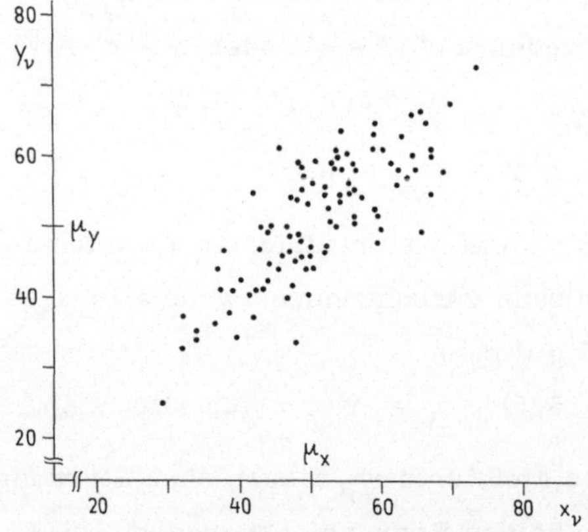

Abb. 17.5.2. Die Punktwolke der Wertepaare $(x_\nu; y_\nu)$ einer Versuchsreihe mit n = 100 Beobachtungen. In der Gesamtheit ist $\rho = 0,8$.

Der Leser vergleiche zur letzten Abbildung auch Abb. 17.7.1 mit den Linien
gleicher Wahrscheinlichkeitsdichte einer zweidimensionalen Normalverteilung.

17.6 Die zweidimensionale Normalverteilung

Die Wahrscheinlichkeitsdichte dieser Verteilung über der (x ; y)-Ebene ist

$$(17.6.1) \quad \psi(x;y \mid \mu_x ; \mu_y ; \sigma_x^2 ; \sigma_y^2 ; \rho) = \psi(x;y) =$$

$$= \frac{1}{2\pi\sigma_x \sigma_y \sqrt{1-\rho^2}} \, \exp\left\{ -\frac{1}{2(1-\rho^2)}\left[\left(\frac{x-\mu_x}{\sigma_x}\right)^2 - 2\rho\left(\frac{x-\mu_x}{\sigma_x}\right)\left(\frac{y-\mu_y}{\sigma_y}\right) + \left(\frac{y-\mu_y}{\sigma_y}\right)^2 \right]\right\}.$$

Dabei sind $(\mu_x ; \mu_y)$ die Mittelwerte und $(\sigma_x^2 ; \sigma_y^2)$ die Varianzen der Zufallsgrößen (x ; y) ; ρ ist die Korrelationszahl zwischen x und y . Diese
Verteilung kann oft als Modellverteilung herangezogen werden.

Zweckmäßig standardisiert man die beiden Merkmale x und y zu

$$(17.6.2) \quad u = \frac{x - \mu_x}{\sigma_x} \quad \text{und} \quad v = \frac{y - \mu_y}{\sigma_y} .$$

Dann gilt für die standardisierten Zufallsgrößen u und v

$$(17.6.3) \quad M\{u\} = M\{v\} = 0 ; \; V\{u\} = V\{v\} = 1 ; \; C\{u;v\} = \rho .$$

Aus

$$(17.6.4) \quad \psi(x;y) \, dx \, dy = \varphi(u ; v) \, du \, dv$$

folgt die Dichtefunktion $\varphi(u ; v)$ über der (u ; v)-Ebene zu

$$(17.6.5) \quad \varphi(u;v \mid \rho) = \frac{1}{2\pi\sqrt{1-\rho^2}} \, \exp\left[-\frac{1}{2} \frac{1}{1-\rho^2} (u^2 - 2\rho u v + v^2) \right].$$

Während die allgemeine zweidimensionale Normalverteilung (17.6.1) von
fünf Parametern abhängt, enthält die standardisierte Form nur noch den
Parameter ρ .

Für $\rho = 0$ zerfällt die Dichtefunktion $\varphi(u;v)$ in das Produkt zweier
Normalverteilungsdichten,

$$(17.6.6) \quad \varphi(u;v) = \frac{1}{\sqrt{2\pi}} \, e^{-u^2/2} \cdot \frac{1}{\sqrt{2\pi}} \, e^{-v^2/2} = \varphi(u) \, \varphi(v) .$$

Daraus folgt, daß u und v für $\rho = 0$ unabhängig voneinander sind. Daß
die Bezeichnung $\varphi(\ )$ für ein- und zweidimensionale Normalverteilungen

in gleicher Bedeutung gebraucht wird, gibt zu Verwechslungen keinen Anlaß.

Für $\rho \neq 0$ gestaltet man den Ausdruck $(u^2 - 2\rho uv + v^2)$ im Exponenten von (17.6.5) um zu

$$u^2 - 2\rho uv + v^2 = u^2(1-\rho^2) + (v-\rho u)^2 .$$

Damit wird

$$\varphi(u;v)\, du\, dv = \frac{1}{\sqrt{2\pi}}\, e^{-u^2/2}\, du\, \frac{1}{\sqrt{2\pi}\sqrt{1-\rho^2}}\, \exp\left[-\frac{1}{2(1-\rho^2)}(v-\rho u)^2\right] dv$$

(17.6.7)

$$= \varphi(u)\, du\, \varphi(v|u)\, dv .$$

$\varphi(u)du$ ist die Wahrscheinlichkeit für u und $\varphi(v|u)dv$ ist die bedingte Wahrscheinlichkeit für v bei gegebenem u . Setzt man abkürzend bei <u>festem</u> u

$$(17.6.8)\qquad \frac{v - \rho u}{\sqrt{1-\rho^2}} = w \quad \text{mit} \quad dw = \frac{dv}{\sqrt{1-\rho^2}} ,$$

so wird

$$(17.6.9)\qquad \varphi(v|u)\, dv = \frac{1}{\sqrt{2\pi}}\, e^{-w^2/2}\, dw .$$

Die Zufallsgröße w ist demnach standardisiert normal verteilt mit $M\{w|u\} = 0$ und $V\{w|u\} = 1$. Aus (17.6.8) folgt damit

$$(17.6.10)\qquad M\{v|u\} = \rho u \quad \text{und} \quad V\{v|u\} = 1 - \rho^2 .$$

Nach (17.6.2) ist

$$(17.6.11)\qquad y = \mu_y + \sigma_y v .$$

Geht man in dieser Gleichung bei <u>festem</u> x bzw. u zu den Mittelwerten bzw. Varianzen über, so findet man aus

$$M\{y|x\} = \mu_y + \sigma_y M\{v|u\} \quad \text{bzw.} \quad V\{y|x\} = \sigma_y^2 V\{v|u\}$$

mit (17.6.10) und (17.6.2)

$$(17.6.12)\qquad M\{y|x\} = \mu_y + \rho\,(\sigma_y/\sigma_x)\,(x - \mu_x) \equiv \eta(x)$$

bzw.

$$(17.6.13)\qquad V\{y|x\} = \sigma_y^2\,(1 - \rho^2) \equiv \sigma_\epsilon^2 .$$

Gleichung (17.6.12) gibt die theoretische Mittelwertslinie für y in Abhängigkeit von x ; sie entspricht der empirischen Beziehung (17.4.10) . Bei

gegebenem x sind die y-Werte der Modellverteilung um die "Regressions-
gerade" (17.6.12) mit der von x <u>unabhängigen</u> Varianz $\sigma_\epsilon^2 = \sigma_y^2 (1 - \rho^2)$
$< \sigma_y^2$ verteilt. Nach (17.6.12) ist die Varianz σ_η^2 der Mittelwerte $\eta(x)$

$$(17.6.14) \quad V\{\eta(x)\} = \sigma_\eta^2 = \rho^2 \; (\sigma_y^2/\sigma_x^2) \; V\{x\} = \rho^2 \sigma_y^2 \; .$$

Damit folgt aus (17.6.13) die Beziehung

$$(17.6.15) \quad \sigma_y^2 = \sigma_\epsilon^2 + \sigma_\eta^2 \; ,$$

die der empirischen Zerlegungsgleichung (17.4.23) entspricht. Die Gesamtvarianz σ_y^2 der y-Werte ist also in ähnlicher Weise zerlegbar wie bei
der empirischen Regressionslinie (17.4.10) .

Vertauscht man die Rollen von x und y miteinander, so findet man als
Mittelwert von x bei gegebenem y entsprechend zu (17.6.12)

$$(17.6.16) \quad M\{x|y\} = \mu_x + \rho \; (\sigma_x/\sigma_y) \; (y - \mu_y) \; .$$

Die zugehörige Varianz der x-Werte bei festem y wird entsprechend zu
(17.6.13) unabhängig von y

$$(17.6.17) \quad V\{x|y\} = \sigma_x^2 (1 - \rho^2) < \sigma_x^2 \quad \text{für } \rho \neq 0 \; .$$

Um zu zeigen, daß der Parameter ρ in der Tat die Korrelationszahl zwischen x und y bzw. u und v darstellt, berechnet man den Mittelwert
$M\{uv\}$ der standardisierten Zufallsgrößen u und v . Mit (17.6.7) wird

$$M\{uv\} = \int\limits_{-\infty}^{\infty} \int\limits_{-\infty}^{\infty} uv \; \varphi(u\,;v) \; du \; dv = \int\limits_{u=-\infty}^{\infty} u \; \varphi(u) \; du \int\limits_{v=-\infty}^{\infty} v \; \varphi(v|u) \; dv \; .$$

Das zweite Integral ist der bedingte Mittelwert von v bei gegebenem u ,
also nach (17.6.10)

$$\int\limits_{v=-\infty}^{\infty} v \; \varphi(v|u) \; dv = u \; \rho \; .$$

Damit wird

$$(17.6.18) \quad M\{uv\} = \rho \int\limits_{u=-\infty}^{\infty} u^2 \; \varphi(u) \; du = \rho \; ,$$

was zu beweisen war.

17.7   Linien gleicher Wahrscheinlichkeitsdichte; Hauptrichtungen; Zufallsbereiche

Die <u>Linien gleicher Wahrscheinlichkeitsdichte</u> findet man aus (17.6.5) , indem man im Exponenten von e

$$(17.7.1) \qquad u^2 - 2\,\rho\,u\,v + v^2 \;=\; k^2 \,,$$

setzt, wobei k^2 ein fester (positiver) Wert ist. Mit (17.6.2) wird

$$(17.7.2) \qquad \left(\frac{x - \mu_x}{\sigma_x}\right)^2 - 2\,\rho\left(\frac{x - \mu_x}{\sigma_x}\right)\left(\frac{y - \mu_y}{\sigma_y}\right) + \left(\frac{y - \mu_y}{\sigma_y}\right)^2 \;=\; k^2 \,.$$

Wegen $|\rho| < 1$ wird durch (17.7.2) eine Schar von Ellipsen definiert, für die im folgenden die Richtungen der <u>Hauptachsen</u> bestimmt werden. Setzt man

$$(17.7.3) \qquad \xi \;=\; (x - \mu_x)\cos\delta + (y - \mu_y)\sin\delta \,,$$

dann ist δ der Winkel zwischen der x-Achse des alten und der ξ-Achse des neuen Achsenkreuzes; (vergl. Abb. 17.7.1) . Aus (17.7.3) folgt $M\{\xi\} = 0$ und

$$(17.7.4) \qquad V\{\xi\} \;=\; M\{\xi^2\} \;=\; \sigma_x^{\,2}\cos^2\delta + \sigma_y^{\,2}\sin^2\delta + 2\,\rho\,\sigma_x\sigma_y\sin\delta\cos\delta \,.$$

Bestimmt man δ aus der Bedingung

$$(17.7.5) \qquad V\{\xi\} \;=\; \text{Extremum in Abhängigkeit von } \delta \,,$$

so folgt aus $dV/d\delta = 0$ leicht

$$(17.7.6) \qquad \tan(2\delta) \;=\; \frac{2\,\rho\,\sigma_x\,\sigma_y}{\sigma_x^{\,2} - \sigma_y^{\,2}} \;=\; \frac{2\,C\{x;y\}}{\sigma_x^{\,2} - \sigma_y^{\,2}} \,.$$

Diese Gleichung hat im Bereich $0 < \delta < \pi$ zwei Lösungen, $\delta = \delta_1$ und $\delta = \delta_2 = \delta_1 + (\pi/2)$.

Zu der gleichen Beziehung gelangt man, wenn man die Kovarianz zwischen $\xi = (x-\mu_x)\cos\delta + (y-\mu_y)\sin\delta$ aus (17.7.3) und

$$(17.7.7) \qquad \eta \;=\; -(x-\mu_x)\sin\delta + (y-\mu_y)\cos\delta$$

bestimmt. Es wird zunächst

$$2\,\xi\,\eta \;=\; \left[(y-\mu_y)^2 - (x-\mu_x)^2\right]\sin(2\delta) + 2(x-\mu_x)(y-\mu_y)\cos(2\delta) \,.$$

Für die Mittelwerte gilt bei festem δ

$$2\,M\{\xi\,\eta\} = (\sigma_y^{\,2} - \sigma_x^{\,2})\sin(2\delta) + 2\,C\{x;y\}\cos(2\delta) = 2\,C\{\xi;\eta\}\;.$$

Bestimmt man δ so, daß die Kovarianz zwischen ξ und η verschwindet, so folgt aus

$$(17.7.8) \quad C\{\xi;\eta\} = 0$$

wiederum Gleichung $(17.7.6)$.

Die Winkel $\delta = \delta_1$ und $\delta = \delta_2 = \delta_1 + (\pi/2)$ geben die Hauptrichtungen mit den beiden "<u>Hauptvarianzen</u>" $\sigma_1^{\,2}$ und $\sigma_2^{\,2}$.

Diese Hauptvarianzen werden im folgenden berechnet. Mit

$$\cos(2\delta) = \cos^2\delta - \sin^2\delta = 1 - 2\sin^2\delta = 2\cos^2\delta - 1$$

findet man aus $(17.7.4)$ für $\delta = \delta_1$

$$\sigma_1^{\,2} = \tfrac{1}{2}\,\sigma_x^{\,2}\left[1 + \cos(2\delta_1)\right] + \tfrac{1}{2}\,\sigma_y^{\,2}\left[1 - \cos(2\delta_1)\right] + \rho\,\sigma_x\,\sigma_y\,\sin(2\delta_1)$$

oder

$$(17.7.9)\quad \sigma_1^{\,2} = \tfrac{1}{2}(\sigma_x^{\,2} + \sigma_y^{\,2}) + \tfrac{1}{2}(\sigma_x^{\,2} - \sigma_y^{\,2})\cos(2\delta_1) + \rho\,\sigma_x\,\sigma_y\,\sin(2\delta_1)\;.$$

Mit den Abkürzungen $\rho\,\sigma_x\,\sigma_y = C\{x;y\} \equiv C$ und $\sigma_x^{\,2} - \sigma_y^{\,2} \equiv D$ folgt aus $(17.7.6)$ mit zunächst unbekanntem λ

$$(17.7.10)\quad \sin(2\delta_1) = 2\,\lambda\,C \quad\text{und}\quad \cos(2\delta_1) = \lambda\,D\;.$$

Für den Faktor λ muß wegen $\sin^2(2\delta_1) + \cos^2(2\delta_1) = 1$ die Beziehung

$$(17.7.11)\quad 1 = \lambda^2(4\,C^2 + D^2) \quad\text{oder}\quad \frac{1}{\lambda} = \sqrt{D^2 + 4\,C^2}$$

gelten. Mit $(17.7.10)$ wird zunächst aus $(17.7.9)$

$$\sigma_1^{\,2} = \tfrac{1}{2}(\sigma_x^{\,2} + \sigma_y^{\,2}) + \frac{\lambda}{2}(D^2 + 4\,C^2) = \tfrac{1}{2}(\sigma_x^{\,2} + \sigma_y^{\,2}) + \frac{1}{2\lambda}$$

oder mit $(17.7.11)$

$$(17.7.12)\quad \sigma_1^{\,2} = \tfrac{1}{2}(\sigma_x^{\,2} + \sigma_y^{\,2}) + \tfrac{1}{2}\sqrt{(\sigma_x^{\,2} - \sigma_y^{\,2})^2 + 4\,C^2\{x;y\}}\;.$$

Entsprechend findet man aus $(17.7.9)$ für $\delta = \delta_2$ wegen

$$\sin(2\delta_2) = \sin(2\delta_1 + \pi) = -\sin(2\delta_1)$$

und $\quad\cos(2\delta_2) = \cos(2\delta_1 + \pi) = -\cos(2\delta_1)$

$$(17.7.13) \qquad \sigma_2^{\ 2} = \tfrac{1}{2}(\sigma_x^{\ 2} + \sigma_y^{\ 2}) - \tfrac{1}{2}\sqrt{(\sigma_x^{\ 2} - \sigma_y^{\ 2})^2 + 4\,C^2\{x;y\}} \ \ .$$

Für die Summe der Hauptvarianzen gilt

$$(17.7.14) \qquad \sigma_1^{\ 2} + \sigma_2^{\ 2} = \sigma_x^{\ 2} + \sigma_y^{\ 2} \ \ .$$

Für das Produkt hat man

$$(17.7.15) \qquad \sigma_1^{\ 2}\,\sigma_2^{\ 2} = \sigma_x^{\ 2}\,\sigma_y^{\ 2}(1 - \rho^2) = \Delta \ \ .$$

Dabei ist Δ die Determinante der <u>Streumatrizen</u> (Kovarianzmatrizen) in der
$(x;y)-$ bzw. $(\xi;\eta)-$ Ebene ,

$$(17.7.16) \qquad \begin{pmatrix} \sigma_x^{\ 2} & \sigma_x\sigma_y\,\rho \\[2ex] \sigma_y\sigma_x\,\rho & \sigma_y^{\ 2} \end{pmatrix} \qquad \text{bzw.} \qquad \begin{pmatrix} \sigma_1^{\ 2} & 0 \\[2ex] 0 & \sigma_2^{\ 2} \end{pmatrix} \ \ .$$

Der <u>Grenzfall</u> $C\{x;y\} = 0$ oder $\rho = 0$ gibt (wie es sein muß) $\delta_1 = 0$
und

$$(17.7.17) \qquad \sigma_1^{\ 2} = \sigma_x^{\ 2} \qquad \text{und} \qquad \sigma_2^{\ 2} = \sigma_y^{\ 2} \ \ ,$$

da in diesem Falle bereits $\sigma_x^{\ 2}$ und $\sigma_y^{\ 2}$ "Hauptvarianzen" der voneinander
unabhängigen Zufallsgrößen x und y sind.

Der <u>Grenzfall</u> $C\{x;y\} = \sigma_x\sigma_y$ oder $\rho = 1$ gibt

$$(17.7.18) \qquad \sigma_1^{\ 2} = \sigma_x^{\ 2} + \sigma_y^{\ 2} \qquad \text{und} \qquad \sigma_2^{\ 2} = 0 \ \ .$$

Der Ursprung des $(\xi;\eta)-$Achsenkreuzes liegt nach Abb. 17.7.1 bei
$(x = \mu_x \,; y = \mu_y)$. Es ist gegen die Achse der "Abweichungen" $(x - \mu_x)$ um

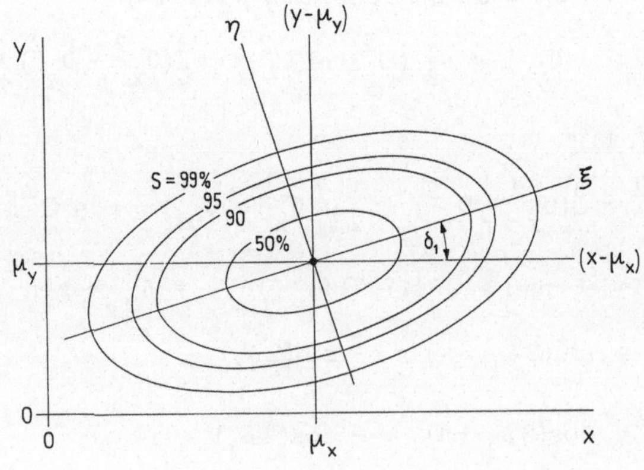

Abb. 17.7.1. Aehnliche Ellipsen mit fester Wahrscheinlichkeitsdichte $\varphi(\xi;\eta) = $ konst und dem Anteil S $= 1-\alpha$ im Innern .

den Winkel $\delta = \delta_1$ gedreht. Im $(\xi ; \eta)$-System hat die Dichtefunktion der zweidimensionalen Normalverteilung die Gestalt

$$(17.7.19) \quad \varphi(\xi ; \eta) = \frac{1}{\sqrt{2\pi}\,\sigma_1} \exp\left[-\frac{1}{2}\left(\frac{\xi}{\sigma_1}\right)^2\right] \frac{1}{\sqrt{2\pi}\,\sigma_2} \exp\left[-\frac{1}{2}\left(\frac{\eta}{\sigma_2}\right)^2\right].$$

Die Dichte zerfällt in das Produkt von zwei Normalverteilungen, die unabhängig voneinander sind. Die Linien gleicher Wahrscheinlichkeitsdichte sind jetzt ähnliche Ellipsen mit der Gleichung

$$(17.7.20) \quad \left(\frac{\xi}{\sigma_1}\right)^2 + \left(\frac{\eta}{\sigma_2}\right)^2 = k^2$$

und den Halbachsen

$$(17.7.21) \quad a = k\,\sigma_1 \quad \text{und} \quad b = k\,\sigma_2 .$$

Elliptischer Zufallsbereich.

Im folgenden wird der Schwellenwert $k = k_{1-\alpha}$ so bestimmt, daß im Innern der Ellipse (17.7.20) der Anteil $S = 1-\alpha$ der Verteilung liegt. Dazu muß gelten

$$(17.7.22) \quad W\{E\} = \iint\limits_{(E)} \varphi(\xi ; \eta)\, d\xi\, d\eta = 1-\alpha ,$$

wobei sich das Integral über die Ellipse E erstreckt. Setzt man

$$(17.7.23) \quad \frac{\xi}{\sigma_1} = u \quad \text{und} \quad \frac{\eta}{\sigma_2} = v ,$$

so wird aus (17.7.22)

$$(17.7.24) \quad W\{E\} = \frac{1}{2\pi} \iint\limits_{(K)} e^{-(u^2 + v^2)/2}\, du\, dv = 1-\alpha ,$$

wobei die Integration über den Kreis K mit der Gleichung

$$(17.7.25) \quad u^2 + v^2 = k^2$$

und dem Halbmesser k zu erstrecken ist. In Polarkoordinaten $(c ; \gamma)$ mit

$$(17.7.26) \quad u = c \cos\gamma \quad \text{und} \quad v = c \sin\gamma$$

wird

$$(17.7.27) \quad W\{E\} = \frac{1}{2\pi} \int\limits_{c=0}^{k} \int\limits_{\gamma=0}^{2\pi} e^{-c^2/2}\, c\, dc\, d\gamma = \int\limits_{t=0}^{k^2/2} e^{-t}\, dt$$

oder

$$(17.7.28) \quad W\{E\} = 1 - e^{-(k^2/2)} = 1-\alpha \ .$$

Daraus folgt $k^2/2 = \ln(1/\alpha)$ oder

$$(17.7.29) \quad k_{1-\alpha} = \sqrt{2\ln(1/\alpha)} \ .$$

Zahlentafel 17.7.1 gibt die Schwellenwerte $k_{1-\alpha}$ in Abhängigkeit von α .

Zahlentafel 17.7.1	
Wahrscheinlichkeit $W\{E(k)\} = (1-\alpha)$ in %	Schwellenwert $k_{1-\alpha}$
0	0,0000
10	0,4590
20	0,6681
30	0,8446
40	1,0108
50	1,1774
60	1,3537
70	1,5518
80	1,7941
90	2,1460
91	2,1945
92	2,2475
93	2,3062
94	2,3721
95	2,4478
96	2,5373
97	2,6482
98	2,7971
99	3,0349
99,5	3,2552
99,9	3,7169
39,35	1
86,47	2
98,89	3

Diese Schwellenwerte lassen sich noch auf andere Weise berechnen. Aus Gleichung (17.7.27) folgt mit $c\,dc = d(c^2/2)$

$$(17.7.30) \quad W\{E\} = \frac{1}{2} \int_{c^2=0}^{k^2} e^{-c^2/2} \, d(c^2) = \Psi_2(k^2) \ ,$$

wobei $\Psi_2(\chi^2)$ die Summenfunktion der χ^2-Verteilung für $f = 2$ Freiheitsgrade darstellt. Aus

$$\Psi_2(k^2) = 1-\alpha = \Psi(\chi^2_{2\,;\,1-\alpha})$$

folgt dann

$$(17.7.31)\quad k^2 = k^2_{1-\alpha} = \chi^2_{2\,;\,1-\alpha}\quad\text{oder}\quad k_{1-\alpha} = \sqrt{\chi^2_{2\,;\,1-\alpha}}\ .$$

Die Schwellenwerte $k_{1-\alpha}$ findet man demnach auch als Quadratwurzel aus
den Schwellenwerten $\chi^2_{2\,;\,1-\alpha}$ der χ^2-Verteilung.

Rechteckiger Zufallsbereich.

In Abb. 17.7.2 ist ein nach den Hauptachsen $(\xi\,;\eta)$ ausgerichtetes Rechteck R mit den Seitenlängen

$$(17.7.32)\quad a_1 = \delta\,\sigma_1\quad\text{und}\quad a_2 = \delta\,\sigma_2$$

dargestellt, dessen Mittelpunkt mit dem Nullpunkt der $(\xi\,;\eta)$-Ebene zusammenfällt. Gesucht wird der Anteil $W\{R\}$ der Verteilung in diesem Rechteck.

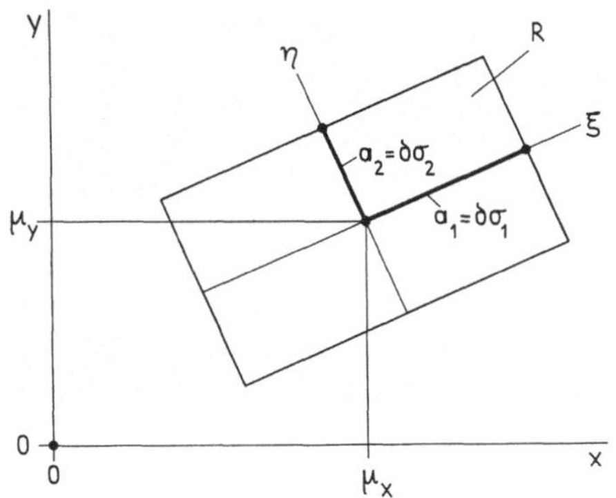

Abb. 17.7.2. Zur Berechnung der Wahrscheinlichkeit $W\{R\}$
für ein Rechteck R .

Da $u \equiv (\xi/\sigma_1)$ und $v \equiv (\eta/\sigma_2)$ unabhängig voneinander im Bereich

$$(17.7.33)\quad -\delta \leq \frac{\xi}{\sigma_1} \leq \delta\quad\text{und}\quad -\delta \leq \frac{\eta}{\sigma_2} \leq \delta$$

liegen, so folgt aus (17.7.19)

$$W\{R\} = \int_{-\delta}^{\delta} \varphi(u)\,du \int_{-\delta}^{\delta} \varphi(v)\,dv\ .$$

Mit

$$(17.7.34) \qquad \int\limits_{-\delta}^{\delta} \varphi(u)\, du \;=\; \Phi_*(\delta) \;=\; 2\,\Phi(\delta) - 1$$

wird[1)]

$$(17.7.35) \qquad W\{R\} \;=\; \Phi_*^2(\delta) \;=\; \left[\, 2\,\Phi(\delta) - 1 \,\right]^2 .$$

Zu gegebenem $W\{R\} = 1-\alpha$ findet man den zugehörigen Schwellenwert $\delta = \delta_{1-\alpha}$ aus der Beziehung

$$(17.7.36) \qquad \Phi_*(\delta) \;=\; \sqrt{1-\alpha}$$

oder aus

$$(17.7.37) \qquad \Phi(\delta) \;=\; \frac{1}{2}\,(1 + \sqrt{1-\alpha}\,) .$$

Angenähert wird

$$\Phi(\delta) \;\approx\; 1 - (\alpha/4) \;=\; \Phi\left[u_{1-(\alpha/4)} \right] .$$

Für "kleine" Werte von α ist demnach ausreichend genau

$$(17.7.38) \qquad \delta_{1-\alpha} \;\approx\; u_{1-(\alpha/4)} .$$

Die folgende Zahlentafel gibt einige zusammengehörende Werte von $W\{R(\delta)\} = (1-\alpha)$ und $\delta = \delta_{1-\alpha}$.

Wahrscheinlichkeit $W\{R(\delta)\} = 1-\alpha$ in % für das Rechteck $-\delta \leqq (\xi/\sigma_1 \,;\, \eta/\sigma_2) \leqq \delta$	Schwellenwert	
	genau $\delta = \delta_{1-\alpha}$	angenähert $\delta_{1-\alpha} \approx u_{1-(\alpha/4)}$
90	1,949	1,960
95	2,237	2,241
99	2,806	2,807
99,5	3,023	3,023
99,9	3,481	3,481
46,61	1	
91,11	2	
99,46	3	

---

1) Die Funktion $\Phi_*(\delta) \equiv \Phi^*(u)$ ist in Tabelle C 3 , S. 474, vertafelt.

17.8 Die f-dimensionale Kugel

Im folgenden Abschnitt braucht man den Rauminhalt R_f und die Oberfläche O_f einer f-dimensionalen Kugel K_f . Es sei

$$(17.8.1) \qquad u_1^2 + u_2^2 + \ldots + u_\nu^2 + \ldots + u_f^2 = \chi_f^2$$

die Summe von f standardisiert normal verteilten quadrierten Zufallsgrößen u_ν^2 . Ferner sei bei fest vorgegebenem χ_f^2 das Gebiet G_f erklärt durch

$$(17.8.2) \qquad 0 \leq \sum_{\nu=1}^{f} u_\nu^2 \leq \chi_f^2 \; .$$

G_f ist das Innere der f-dimensionalen Kugel vom Halbmesser χ_f (einschließ-lich der Oberfläche) . Ihr Rauminhalt ist (wie im folgenden bewiesen wird)

$$(17.8.3) \qquad R_f = \frac{\pi^{f/2}}{(f/2)!} \; \chi_f^f \; .$$

Für $f = 2$ und $f = 3$ ist die Behauptung (17.8.3) richtig. Für $f = 2$ ist $R_2 = \pi \chi_2^2$. Für $f = 3$ hat man zunächst

$$R_3 = \frac{\pi^{3/2}}{(3/2)!} \; \chi_3^3 \; .$$

Mit

$$(3/2)! = (3/2)\,\Gamma(3/2) = (3/2)(1/2)\,\Gamma(1/2) = \frac{3}{4} \sqrt{\pi}$$

wird daraus

$$R_3 = \frac{4}{3} \pi \chi_3^3 \; .$$

Allgemein beweist man die Gültigkeit von (17.8.3) durch vollständige In-duktion. Es ist

$$R_f = \underbrace{\int \int \ldots \int}_{G_f} du_1 \, du_2 \, \ldots \, du_f = 2 \int\limits_{u_f=0}^{\chi_f} du_f \underbrace{\int \ldots \int}_{G_{f-1}} du_1 \, du_2 \, \ldots \, du_{f-1} \; ,$$

wobei das Gebiet G_{f-1} durch

$$0 \leq u_1^2 + u_2^2 + \ldots + u_{f-1}^2 = \chi_f^2 - u_f^2 = \chi_{f-1}^2$$

gegeben ist. Damit wird R_f nach (17.8.3) , wenn man die Gültigkeit der Gleichung für (f-1) voraussetzt,

$$R_f = 2 \int\limits_{u_f=0}^{\chi_f} \frac{\pi^{(f-1)/2}}{[(f-1)/2]!} \left(\chi_f^2 - u_f^2 \right)^{(f-1)/2} du_f \; .$$

Setzt man bei festem χ_f

$$u_f = \chi_f \sin t \quad \text{und} \quad du_f = \chi_f \cos t \, dt \; ,$$

so geht R_f über in

$$R_f = 2 \, \frac{\pi^{(f-1)/2}}{\left[(f-1)/2\right]!} \; \chi_f^f \int\limits_{t=0}^{\pi/2} (\cos t)^f \, dt \; .$$

Das Integral ist

$$\int\limits_{0}^{\pi/2} (\cos t)^f \, dt = \frac{\sqrt{\pi}}{2} \; \frac{\left[(f-1)/2\right]!}{(f/2)!} \; .$$

Damit wird der <u>Rauminhalt</u> R_f der f-dimensionalen Kugel vom Halbmesser χ_f

$$(17.8.3) \quad R_f = \frac{\pi^{f/2}}{(f/2)!} \; \chi_f^f \; .$$

Der Rauminhalt dR_f einer Kugelschicht vom Halbmesser χ_f und der Dicke $d\chi_f$ wird

$$(17.8.4) \quad dR_f = \frac{\pi^{f/2}}{(f/2)!} \; f \; \chi_f^{f-1} \, d\chi_f = O_f \, d\chi_f \; .$$

Damit wird die <u>Oberfläche</u> O_f der f-dimensionalen Kugel vom Halbmesser χ_f

$$(17.8.5) \quad O_f = \frac{\pi^{f/2}}{(f/2)!} \; f \; \chi_f^{f-1} = \frac{2\pi^{f/2}}{\left[(f-2)/2\right]!} \; \chi_f^{f-1} \; .$$

Die Sonderfälle $f = 2$ und $f = 3$ geben die bekannten Formeln $O_2 = 2\pi\chi_2$ und $O_3 = \frac{\pi^{3/2}}{(3/2)!} \, 3\chi_3^2 = 4\pi\chi_3^2$.

Schneidet man die f-dimensionale Kugel K_f vom Halbmesser $\chi_f = \chi$ nach Abb. 17.8.1 durch eine Ebene E_f , die durch den Ursprung U geht, so

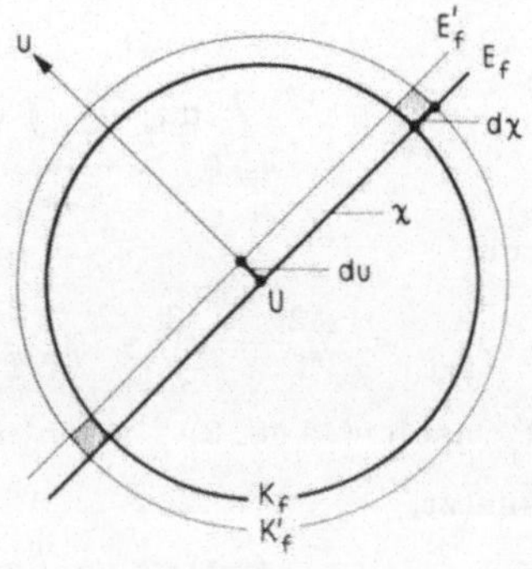

Abb. 17.8.1. Zur Berechnung des geschrafften Rauminhalts Z zwischen den benachbarten Kugeloberflächen K_f und K'_f und den benachbarten Ebenen E_f und E'_f .

ist das Schnittgebilde eine (f-1)-dimensionale Kugel vom gleichen Halbmesser χ , denn es ist dann in (17.8.1) $u_f = 0$. Diese Kugel hat den Rauminhalt

$$(17.8.6) \qquad R_{f-1} = \frac{\pi^{(f-1)/2}}{\left[(f-1)/2\right]!} \; \chi^{f-1} \; .$$

Das in Abb. 17.8.1 schraffierte Schnittgebilde zwischen den Oberflächen der Kugel K_f $\left[$mit dem Halbmesser $\chi\right]$ und der Kugel K_f' $\left[$mit dem Halbmesser $(\chi + d\chi)\right]$ und den Ebenen E_f $\left[$im Abstand 0 vom Ursprung$\right]$ und E_f' $\left[$im Abstand du vom Ursprung$\right]$ hat den Rauminhalt

$$(17.8.7) \qquad Z = dR_{f-1} \; du$$

oder mit (17.8.6)

$$(17.8.8) \qquad Z = \frac{2\pi^{(f-1)/2}}{\left[(f-3)/2\right]!} \; \chi^{f-2} \; d\chi \; du \; .$$

Im dreidimensionalen Raum ist Z ein hohler Kreiszylinder mit dem inneren Halbmesser χ , dem äußeren Halbmesser $(\chi + d\chi)$, der Höhe du und dem Rauminhalt $Z = 2\pi\chi\,d\chi\,du$.

17.9 Die Dichtefunktion der gemeinsamen Verteilung von $(\bar{x};\ \bar{y};\ s_x^2;\ s_y^2;\ r)$

Aus einer zweidimensionalen Normalverteilung mit den Parametern $(\mu_x;\ \mu_y;\ \sigma_x^2;\ \sigma_y^2;\ \rho)$ zieht man Proben der Größe n . Man findet die Wertepaare

$$(x_1;\ y_1)\ ;\ (x_2;\ y_2)\ ;\ \ldots\ldots\ (x_\nu;\ y_\nu)\ ;\ \ldots\ ;\ (x_n;\ y_n)\ .$$

Zweckmäßig standardisiert man x_ν und y_ν zu

$$(17.9.1) \qquad \frac{x_\nu - \mu_x}{\sigma_x} = u_\nu \qquad \text{und} \qquad \frac{y_\nu - \mu_y}{\sigma_y} = v_\nu \; .$$

Dann ist die Wahrscheinlichkeit für das Wertepaar $(x_\nu;\ y_\nu)$ bzw. $(u_\nu;\ v_\nu)$ nach (17.6.5)

$$(17.9.2) \qquad d\,\Phi(u_\nu;\ v_\nu) = \frac{1}{2\pi\sqrt{1-\rho^2}} \; \exp\left[-\frac{1}{2}\,\frac{1}{1-\rho^2}\,(u_\nu^2 - 2\rho\,u_\nu v_\nu + v_\nu^2)\right] du_\nu\,dv_\nu \; .$$

Da die Wertepaare $(x_i;\ y_i)$ und $(x_j;\ y_j)$ für $i \neq j$ voneinander unabhängig sind, so ist die Wahrscheinlichkeit dW für die gesamte Probe

(17.9.3)

$$dW = \prod_{\nu=1}^{n} d\Phi_\nu = \frac{1}{\left(2\pi\sqrt{1-\rho^2}\right)^n} \exp\left[-\frac{1}{2}\frac{1}{1-\rho^2}\sum_\nu(u_\nu^2 - 2\rho\,u_\nu v_\nu + v_\nu^2)\right]\prod_{\nu=1}^{n} du_\nu\,dv_\nu \ .$$

Aus den n Wertepaaren $(u_\nu\,;v_\nu)$ berechnet man in bekannter Weise die Mittelwerte $(\bar{u}\,;\bar{v})$ aus

$$(17.9.4)\quad n\,\bar{u} = \sum_{\nu=1}^{n} u_\nu \quad ; \quad n\,\bar{v} = \sum_{\nu=1}^{n} v_\nu \ ;$$

die Varianzen $(s_u^2\,;s_v^2)$ aus

$$(17.9.5)\qquad
\begin{aligned}
(n-1)\,s_u^2 &= \sum_{\nu=1}^{n} (u_\nu - \bar{u})^2 = \sum_{\nu=1}^{n} u_\nu^2 - n\,\bar{u}^2 \ , \\[2mm]
(n-1)\,s_v^2 &= \sum_{\nu=1}^{n} (v_\nu - \bar{v})^2 = \sum_{\nu=1}^{n} v_\nu^2 - n\,\bar{v}^2
\end{aligned}$$

und die Korrelationszahl r aus

$$(17.9.6)\quad (n-1)\,s_u\,s_v\,r = \sum_{\nu=1}^{n}(u_\nu-\bar{u})(v_\nu-\bar{v}) = \sum_{\nu=1}^{n} u_\nu v_\nu - n\,\bar{u}\,\bar{v} \ .$$

Es sei

$$(17.9.7)\quad d\Psi(\bar{u}\,;\bar{v}\,;s_u^2\,;s_v^2\,;r)$$

die Wahrscheinlichkeit, daß die Beobachtungen $(u_\nu\,;v_\nu)$ den folgenden fünf Ungleichungen genügen (wobei $\bar{u}$, $\bar{v}$, s_u^2, s_v^2, r als feste Werte zu denken sind)

$$(a)\qquad n\bar{u} \;\leqq\; \sum_{\nu=1}^{n} u_\nu \;\leqq\; n(\bar{u} + d\bar{u}) \ ,$$

$$(b)\qquad n\bar{v} \;\leqq\; \sum_{\nu=1}^{n} v_\nu \;\leqq\; n(\bar{v} + d\bar{v}) \ ,$$

$$(17.9.8)\quad (c)\quad (n-1)\,s_u^2 \;\leqq\; \sum_{\nu=1}^{n} (u_\nu-\bar{u})^2 \;\leqq\; (n-1)(s_u + ds_u)^2 \ ,$$

$$(d)\quad (n-1)\,s_v^2 \;\leqq\; \sum_{\nu=1}^{n} (v_\nu-\bar{v})^2 \;\leqq\; (n-1)(s_v + ds_v)^2 \ ,$$

$$(e)\quad (n-1)\,s_u s_v\,r \;\leqq\; \sum_{\nu=1}^{n} (u_\nu-\bar{u})(v_\nu-\bar{v}) \;\leqq\; (n-1)\,s_u s_v\,(r + dr) \ .$$

Man findet $d\Psi$, indem man die Dichte dW aus (17.9.3) über den Bereich B integriert, der durch die fünf Ungleichungen (17.9.8) erklärt ist. Die Summe S im Exponenten von (17.9.3) läßt sich mit (17.9.5) und (17.9.6) umgestalten zu

$$(17.9.9)\quad S = n\,\bar{u}^2 - 2\rho\,n\,\bar{u}\,\bar{v} + n\,\bar{v}^2 + (n-1)\,s_u^2 - 2\rho(n-1)\,s_u s_v\,r + (n-1)\,s_v^2 \ .$$

In dem vorhin genannten Integrationsbereich B hat der Integrand wegen der Ungleichungen (17.9.8) einen festen Wert. Damit findet man

$$(17.9.10) \qquad \mathrm{d}\Psi = \frac{1}{\left(2\pi\sqrt{1-\rho^2}\right)^n}\; e^{-\frac{1}{2(1-\rho^2)}S}\; \underbrace{\int\!\int\ldots \int}_{B} \mathrm{d}u_1\,\mathrm{d}v_1 \ldots \mathrm{d}u_n\,\mathrm{d}v_n \;,$$

wobei S durch (17.9.9) gegeben ist. Es bleibt die Berechnung des (2n)-fachen Integrals über den Bereich B

$$(17.9.11) \qquad I_{2n} = \underbrace{\int\!\int\ldots \int}_{B} \mathrm{d}u_1\,\mathrm{d}v_1 \ldots \mathrm{d}u_n\,\mathrm{d}v_n \;.$$

Dieses Integral wird in zwei Schritten berechnet. Beim ersten Schritt integriert man bei fest gewähltem Wertetupel $(u_1\,;u_2\,;\ldots\,;u_n) \equiv \breve{u}$ über die v_ν ; beim zweiten Schritt integriert man über die u_ν , also

$$(17.9.12) \qquad I_{2n} = \underbrace{\int\!\int\ldots\int \mathrm{d}u_1\,\mathrm{d}u_2 \ldots \mathrm{d}u_n}_{J_n(\breve{u})}\;\; \underbrace{\int\!\int\ldots\int \mathrm{d}v_1\,\mathrm{d}v_2 \ldots \mathrm{d}v_n}_{J_n(w\,|\,\breve{u})} \;.$$

Im folgenden wird zunächst $J_n(w\,|\,\breve{u})$ berechnet. Dabei hat der Vektor $\breve{u}$ einen fest vorgegebenen Wert $\breve{u} = \breve{u}_0$.

Die Meßwerte $(u_\nu\,;v_\nu)$ werden als rechtwinklige Koordinaten in einem (2n)-dimensionalen Raum gedeutet. Die Teilbedingung (17.9.8) ; (d) ,

$$(17.9.13) \qquad \sum_{\nu=1}^{n}(v_\nu - \bar{v})^2 = (n-1)\,s_v^2 \;,$$

definiert bei gegebenem Wertepaar $(\bar{v}\,;s_v^2)$ die Oberfläche einer n–dimensionalen Kugel K_n mit dem Mittelpunkt $\bar{P}(\bar{v}\,;\bar{v}\,;\ldots\,;\bar{v})$ und dem Halbmesser $\sqrt{n-1}\;s_v$.

Die Teilbedingung (17.9.8) ; (b) ,

$$(17.9.14) \qquad \sum_{\nu=1}^{n} v_\nu = n\,\bar{v} \;,$$

definiert bei gegebenem $\bar{v}$ eine Ebene E_n durch den Kugelmittelpunkt $\bar{P}(\bar{v}\,;\bar{v}\,;\ldots\,;\bar{v})$, deren Normalform

$$(17.9.15) \qquad \sum_{\nu=1}^{n} \frac{v_\nu}{\sqrt{n}} - \sqrt{n}\;\bar{v} = 0$$

lautet. Alle Wertetupel $(v_1\,;v_2\,;\ldots\,;v_n)$, die beiden Teilbedingungen genügen, liegen nach Abb. 17.9.1 auf der Oberfläche einer (n-1)-dimensionalen Kugel K_{n-1} vom Halbmesser $\sqrt{n-1}\ s_v$.

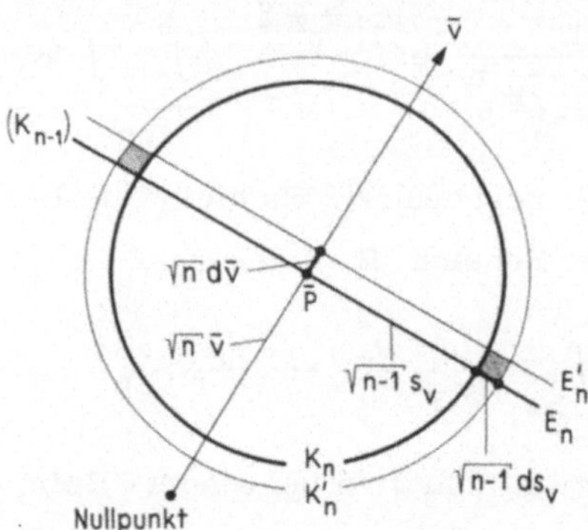

Abb. 17.9.1. Zur Deutung der Ungleichungen (17.9.8) , (b) und (d) .

Jetzt nimmt man die Teilbedingung (17.9.8) ; (e) hinzu,

$$(17.9.16) \qquad \sum_{\nu=1}^{n} (u_\nu - \bar{u})(v_\nu - \bar{v}) = (n-1)\ s_u\ s_v\ r\ .$$

Sie schreibt für $\breve{u} = \breve{u}_0$ das innere Produkt des festen Vektors $\breve{u} \equiv (u_1 - \bar{u}\ ;$ $\ldots\ ;\ u_n - \bar{u})$ mit dem veränderlichen Vektor $\mathfrak{v} \equiv (v_1 - \bar{v}\ ;\ \ldots\ ;\ v_n - \bar{v})$ vor. Wenn die Vektoren $\breve{u}$ und $\mathfrak{v}$ den Winkel δ miteinander bilden, dann ist das innere Produkt

$$(17.9.17) \quad \breve{u}\,\mathfrak{v} = |\breve{u}|\,|\mathfrak{v}|\ \cos\delta = \sum_{\nu=1}^{n} (u_\nu - \bar{u})(v_\nu - \bar{v}) = (n-1)\ s_u\ s_v\ r\ .$$

Mit

$$(17.9.18) \quad |\breve{u}|^2 = \sum_{\nu=1}^{n} (u_\nu - \bar{u})^2 = (n-1)\ s_u^2 \quad \text{und} \quad |\mathfrak{v}|^2 = \sum_{\nu=1}^{n} (v_\nu - \bar{v})^2 = (n-1)\ s_v^2$$

wird aus (17.9.17)

$$\sqrt{n-1}\ s_u \sqrt{n-1}\ s_v\ \cos\delta = (n-1)\ s_u\ s_v\ r$$

oder

$$(17.9.19) \quad \cos\delta = r\ .$$

Die Zusatzbedingung (17.9.16) bzw. (17.9.19) definiert demnach gemeinsam mit den zwei vorausgehenden Bedingungen im (n-1)-dimensionalen Raum einen Kegel L_{n-1} mit der (festen) Achse $\breve{u} = \breve{u}_0$ und dem (festen) Oeffnungswinkel δ . Dieser Kegel schneidet aus der Kugel K_{n-1} eine (n-2)-dimensionale Kugel K_{n-2} heraus. Alle Wertetupel $(v_1\ ;\ v_2\ ;\ \ldots\ ;\ v_n)$, die den drei Teilbedingungen (17.9.13) , (17.9.14) und (17.9.16) gleichzeitig genügen, liegen demnach auf der Oberfläche der (n-2)-dimensionalen Kugel K_{n-2} mit dem Halbmesser

$$(17.9.20) \qquad \sqrt{n-1}\; s_v \sin \delta \;=\; \sqrt{n-1}\; s_v \sqrt{1-r^2} \quad .$$

Ihre Oberfläche O_{n-2} ist nach (17.8.5)

$$(17.9.21) \qquad O_{n-2} \;=\; \frac{2\pi^{(n-2)/2}}{[(n-4)/2]!} \left[\, \sqrt{n-1}\; s_v \sqrt{1-r^2}\, \right]^{n-3} \quad .$$

Die Teilbedingungen (17.9.8) ; (b) , (d) und (e) lauten mit der "rechten" Seite jeweils

$$(17.9.22) \qquad
\begin{aligned}
\sum_{v=1}^{n} \frac{v_v}{\sqrt{n}} \;&=\; \sqrt{n}\,(\bar{v} + d\bar{v}) \;, \\[2mm]
\sum_{v=1}^{n} (v_v - \bar{v})^2 \;&=\; \left[\, \sqrt{n-1}\,(s_v + ds_v) \right]^2 \;, \\[2mm]
\sum_{v=1}^{n} (u_v - \bar{u})(v_v - \bar{v}) \;&=\; (n-1)\, s_u \, s_v \,(r + dr) \quad .
\end{aligned}$$

Sie definieren in der genannten Reihenfolge eine zu E_n parallele "benachbarte" Ebene E'_n im Abstand

$$(17.9.23) \qquad \sqrt{n}\; d\bar{v} \;,$$

eine zu K_n konzentrische Kugeloberfläche K'_n im Abstand

$$(17.9.24) \qquad \sqrt{n-1}\; ds_v$$

und einen zum Kegel L_{n-1} "benachbarten" Kegel L'_{n-1} mit der gleichen Mittellinie $\breve{w} = \breve{w}_0$ und dem Oeffnungswinkel $(\delta + d\delta)$, wobei wegen $r = \cos \delta$ die Beziehung

$$(17.9.25) \qquad |d\delta| \;=\; \frac{|dr|}{\sin \delta} \;=\; \frac{|dr|}{\sqrt{1-r^2}}$$

besteht.

Damit läßt sich das Integral $J_n(\mathfrak{w}|\breve{w})$ der Gleichung (17.9.12) aufschreiben. Es wird nach Abb. 17.9.1 und 17.9.2

$$J_n(\mathfrak{w}|\breve{w}) \;=\; O_{n-2} \cdot (\sqrt{n}\; d\bar{v}) \cdot (\sqrt{n-1}\; ds_v) \cdot (\sqrt{n-1}\; s_v\, d\delta)$$

oder mit $(17.9.21)$ und $(17.9.25)$

$(17.9.26)$

$$J_n(\mathfrak{w}|\check{\mathfrak{u}}) = \frac{2\pi^{(n-2)/2}}{[(n-4)/2]!} \sqrt{n}\,(n-1)^{(n-1)/2}\,s_v^{n-2}\,(1-r^2)^{(n-4)/2}\,d\bar{v}\,ds_v\,]\,dr]\,.$$

$J_n(\mathfrak{w}|\check{\mathfrak{u}})$ ist unabhängig von $\check{\mathfrak{u}}$.

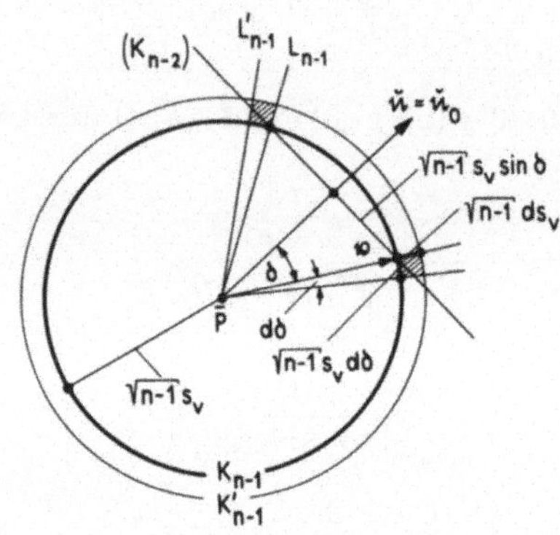

Abb. 17.9.2.   Zur Deutung der "Zusatzbedingung"
(17.9.8) ; (e)   bzw.   (17.9.16) .

Die Berechnung des Integrals $J_n(\check{\mathfrak{u}})$ der Gleichung $(17.9.12)$ ist wesentlich einfacher. Die Bedingungen $(17.9.8)$; (a) ,

$$\sum_{v=1}^{n} \frac{u_v}{\sqrt{n}} = \sqrt{n}\,\bar{u} \quad \text{und} \quad \sum_{v=1}^{n} \frac{u_v}{\sqrt{n}} = \sqrt{n}\,(\bar{u} + d\bar{u}) ,$$

definieren im n-dimensionalen Unterraum der u_v zwei parallele "benachbarte" Ebenen E_n und E'_n im Abstand

$(17.9.23')$ $\sqrt{n}\,d\bar{u}$,

von denen E_n durch den Punkt $(\bar{u}\,;\,\bar{u}\,;\,\dots\,;\,\bar{u})$ geht. Der Leser vergleiche Abb. 17.9.1 mit u anstelle von v . Die Bedingungen $(17.9.8)$; (c) ,

$$\sum_{v=1}^{n} (u_v-\bar{u})^2 = (\sqrt{n-1}\,s_u)^2 \quad \text{und} \quad \sum_{v=1}^{n} (u_v-\bar{u})^2 = \left[\sqrt{n-1}\,(s_u + ds_u)\right]^2 ,$$

definieren zwei konzentrische benachbarte Kugeloberflächen K_n und K'_n mit dem Mittelpunkt $(\bar{u}\,;\,\bar{u}\,;\,\dots\,;\,\bar{u})$ und dem Abstand

$(17.9.24')$ $\sqrt{n-1}\,ds_u$.

Das Schnittgebilde von K_n und E_n ist eine $(n-1)$- dimensionale Kugel K_{n-1} mit dem Halbmesser

$$\sqrt{n-1}\ s_u$$

und der Oberfläche

$$(17.9.27)\qquad O_{n-1} = \frac{2\pi^{(n-1)/2}}{[(n-3)/2]!}\left(\sqrt{n-1}\ s_u\right)^{n-2}\ .$$

Die Wertetupel $(u_1\,;\,u_2\,;\,\dots\,;\,u_n)$, die den zwei Bedingungen $(17.9.8)\,;(a)$ und (c) gemeinsam genügen, liegen in einem "Zylinder" vom Rauminhalt

$$Z = O_{n-1}\ \cdot\ (\sqrt{n}\ d\bar{u})\ \cdot\ (\sqrt{n-1}\ ds_u)\ .$$

Mit $(17.9.27)$ und $Z = J_n(\breve{w})$ wird

$$(17.9.28)\qquad J_n(\breve{w}) = \frac{2\pi^{(n-1)/2}}{[(n-3)/2]!}\ \sqrt{n}\ (n-1)^{(n-1)/2}\ s_u^{n-2}\ d\bar{u}\ ds_u\ .$$

Setzt man die Ausdrücke $J_n(w\,|\,\breve{w})$ und $J_n(\breve{w})$ aus $(17.9.26)$ und $(17.9.28)$ in $(17.9.12)$ bzw. $(17.9.10)$ ein, so findet man die gemeinsame Dichtefunktion von $(\bar{u}\,;\,\bar{v}\,;\,s_u^2\,;\,s_v^2\,;\,r)$ in der Gestalt

$(17.9.29)$

$$d\Psi(\bar{u}\,;\,\bar{v}\,;\,s_u^2\,;\,s_v^2\,;\,r) = \frac{n}{2\pi\sqrt{1-\rho^2}}\ \exp\left[-\frac{n}{2(1-\rho^2)}(\bar{u}^2-2\rho\bar{u}\bar{v}+\bar{v}^2)\right]d\bar{u}\ d\bar{v}\ \text{mal}$$

$$\text{mal }C\ \exp\left[-\frac{n-1}{2(1-\rho^2)}(s_u^2-2\rho s_u s_v r + s_v^2)\right]s_u^{n-2}\ s_v^{n-2}(1-r^2)^{(n-4)/2}\ ds_u\ ds_v\ dr\ ,$$

wobei C die Konstante

$$C = \frac{1}{\sqrt{\pi}}\ (n-1)^{n-1}\ \frac{1}{[(n-3)/2]!\,[(n-4)/2]!}\ \frac{1}{2^{n-3}}\ \frac{1}{(1-\rho^2)^{(n-1)/2}}$$

bedeutet. Mit der "Verdoppelungsformel" der Fakultät,

$$2^{2z}\ z!\ (z-\tfrac{1}{2})! = \sqrt{\pi}\ (2z)!\ ,$$

nimmt C mit $2z = n-3$ die einfachere Gestalt

$$(17.9.30)\qquad C = \frac{1}{\pi}\ \frac{(n-1)^{n-1}}{(n-3)!}\ \frac{1}{(1-\rho^2)^{(n-1)/2}}$$

an. Die Dichtefunktion $d\Psi$ zerfällt in das Produkt zweier voneinander unabhängiger Einzeldichten für die Mittelwerte $(\bar{u}\,;\,\bar{v})$ einerseits und für die Varianzen $(s_u^2\,;\,s_v^2)$ und die Korrelationszahl r andererseits. Die Mittelwerte

$(\bar{u};\bar{v})$ genügen einer zweidimensionalen Normalverteilung, welche die Mittelwerte

$$(17.9.31) \quad M\{\bar{u}\} = 0 \quad ; \quad M\{\bar{v}\} = 0 \ ,$$

die Varianzen

$$(17.9.32) \quad V\{\bar{u}\} = \frac{1}{n} \quad ; \quad V\{\bar{v}\} = \frac{1}{n}$$

und die Korrelationszahl

$$(17.9.33) \quad \rho = M\left\{(\sqrt{n'}\,\bar{u})(\sqrt{n'}\,\bar{v})\right\}$$

besitzt.

Aus (17.9.1) folgt für die Mittelwerte $(\bar{x};\bar{y})$ der ursprünglichen Zufallsgrößen $(x;y)$

$$(17.9.34) \quad \bar{x} = \mu_x + \sigma_x\bar{u} \quad ; \quad \bar{y} = \mu_y + \sigma_y\bar{v} \ .$$

Daraus geht mit (17.9.31) bis (17.9.33) hervor, daß die Probenmittelwerte $(\bar{x};\bar{y})$ ebenfalls einer zweidimensionalen Normalverteilung genügen. Diese Verteilung hat die Mittelwerte

$$(17.9.35) \quad M\{\bar{x}\} = \mu_x \quad ; \quad M\{\bar{y}\} = \mu_y \ ,$$

die Varianzen

$$(17.9.36) \quad V\{\bar{x}\} = \frac{\sigma_x^2}{n} \quad ; \quad V\{\bar{y}\} = \frac{\sigma_y^2}{n}$$

und die Korrelationszahl

$$(17.9.37) \quad M\left\{\frac{\bar{x}-\mu_x}{\sigma_x/\sqrt{n}} \ \frac{\bar{y}-\mu_y}{\sigma_y/\sqrt{n}}\right\} = \rho \ .$$

Die Mittelwerte $(\bar{x};\bar{y})$ sind ebenso korreliert wie die Einzelwerte $(x;y)$.

Die Verteilung der Korrelationszahl r .

Die Dichte $\psi(r|\rho) \equiv \psi(r)$ der Korrelationszahl r findet man, indem man im ersten Teil der Gleichung (17.9.29) über $\bar{u}$ und $\bar{v}$ im Bereich $-\infty < (\bar{u};\bar{v}) < \infty$ integriert, d.h. man integriert die Dichte einer zweidimensionalen Normalverteilung über die ganze $(\bar{u};\bar{v})$-Ebene und findet das "Teilergebnis" 1. Im zweiten Teil der Gleichung (17.9.29) hat man über s_u und s_v im Bereich $0 \leqq (s_u;s_v) < \infty$ zu integrieren. Es wird ohne den Faktor $C(1-r^2)^{(n-4)/2}\,dr$ zunächst

$$(17.9.38) \quad d^2 U = \exp\left[-\frac{n-1}{2(1-\rho^2)}\,(s_u^2 - 2\rho\,s_u\,s_v\,r + s_v^2)\right](s_u\,s_v)^{n-2}\,ds_u\,ds_v \ .$$

Hier setzt man

$$(17.9.39) \quad \xi = s_u\,s_v \quad \text{und} \quad \eta = \ln(s_u/s_v) \ .$$

Aus (17.9.39) folgt

$$\ln\xi = \ln s_u + \ln s_v \quad \text{und} \quad \eta = \ln s_u - \ln s_v \ .$$

Damit gilt

$$\eta + \ln\xi = \ln s_u^2 \qquad \text{und} \quad -\eta + \ln\xi = \ln s_v^2$$

oder

$$(17.9.40) \quad s_u^2 = \xi\,e^{\eta} \quad \text{und} \quad s_v^2 = \xi\,e^{-\eta} \ .$$

Im Exponenten von e in (17.9.38) wird demnach

$$s_u^2 - 2\rho\,s_u\,s_v\,r + s_v^2 = \xi\,e^{\eta} - 2\rho\,r\,\xi + \xi\,e^{-\eta} = 2\,\xi(\cosh\eta - \rho\,r) \ .$$

Aus der Funktionaldeterminante der Substitution (17.9.39),

$$\frac{\partial(\xi\,;\eta)}{\partial(s_u\,;s_v)} = \begin{vmatrix} s_v & s_u \\[2mm] \dfrac{1}{s_u} & -\dfrac{1}{s_v} \end{vmatrix} = -2 \ ,$$

folgt

$$(17.9.41) \quad \left|\,\partial(s_u\,;s_v)/\partial(\xi\,;\eta)\,\right| = \frac{1}{2} \ .$$

Die Integration über s_u bzw. s_v ist im Bereich $0 \leqq s_u < \infty$ bzw. $0 \leqq s_v < \infty$ durchzuführen. Durch (17.9.39) gehen diese Bereiche in

$$0 \leqq \xi < \infty \quad \text{und} \quad -\infty < \eta < \infty$$

über. Damit findet man

$$d^2 U = \frac{1}{2}\,\exp\left[-\frac{n-1}{1-\rho^2}\,(\cosh\eta - \rho\,r)\xi\right]\xi^{n-2}\,d\xi\,d\eta \ .$$

Die Integration über ξ ist ausführbar. Sie gibt mit

$$\frac{n-1}{1-\rho^2}\,(\cosh\eta - \rho\,r)\,\xi = t$$

den Ausdruck

$$dU = \frac{1}{2}\left[\frac{(1-\rho^2)^{n-1}}{(n-1)^{n-1}(\cosh\eta - \rho\,r)^{n-1}}\int_{t=0}^{\infty} e^{-t}\,t^{n-2}\,dt\right]d\eta$$

oder

$$dU = \frac{1}{2} \; \frac{(1 - \varrho^2)^{n-1}}{(n-1)^{n-1}(\cosh \eta - \varrho \, r)^{n-1}} \; (n-2)! \; d\eta \; .$$

Fügt man den Faktor $C(1-r^2)^{(n-4)/2} \, dr$ wieder hinzu, so gilt schließlich für die Dichtefunktion $\psi(r)$ von r

$$(17.9.42) \qquad \psi(r) \, dr = C_0(1-r^2)^{(n-4)/2} \int_{\eta=0}^{\infty} \frac{d\eta}{(\cosh \eta - \varrho \, r)^{n-1}} \; dr \; ,$$

wobei der Faktor C_0 durch

$$(17.9.43) \qquad C_0 = \frac{1}{\pi} \, (n-2)(1 - \varrho^2)^{(n-1)/2}$$

gegeben ist.

Das Integral J in (17.9.42) läßt sich elementar nicht berechnen; jedoch kann man eine nach Potenzen von $(1/n)$ fortschreitende Reihenentwicklung finden, wenn man

$$(17.9.44) \qquad \frac{\cosh \eta - \varrho \, r}{1 - \varrho \, r} = \frac{1}{1 - u}$$

einführt. Dann geht der Bereich $0 \leq \eta < \infty$ für η über in den Bereich $0 \leq u < 1$ für u. Mit

$$\sinh \eta \; d\eta = (1 - \varrho \, r) \frac{du}{(1-u)^2}$$

oder

$$(17.9.45) \qquad d\eta = \frac{\sqrt{1 - \varrho \, r}}{(1-u)\sqrt{u} \; \sqrt{2 - u(1 + \varrho \, r)}} \; du$$

wird aus dem Integral J in (17.9.42)

$$(17.9.46) \qquad J = \frac{1}{\sqrt{2} \, (1 - \varrho \, r)^{n-(3/2)}} \int_{u=0}^{1} \frac{(1-u)^{n-2}}{\sqrt{u} \, \sqrt{1 - u\gamma}} \; du \; ,$$

wobei

$$(17.9.47) \qquad \gamma = \frac{1}{2}(1 + \varrho \, r)$$

gesetzt wurde. Wegen $|\varrho \, r| < 1$ bzw. $|\gamma| < 1$ darf man

$$\frac{1}{\sqrt{1-u\gamma}} = (1 - u\gamma)^{-1/2}$$

in die Reihe

$$1 + \frac{1}{1!\,2}\,u\gamma + \frac{1\cdot 3}{2!\,2^2}\,(u\gamma)^2 + \frac{1\cdot 3\cdot 5}{3!\,2^3}\,(u\gamma)^3 + \dots$$

entwickeln.

Damit wird aus (17.9.46) ohne den festen Faktor

$$J \sim \int_0^1 u^{-1/2}(1-u)^{n-2}\,du + \frac{\gamma}{1!\,2}\int_0^1 u^{1/2}(1-u)^{n-2}\,du + \dots\ .$$

Alle Integrale der rechten Seite lassen sich mit der Formel

$$\int_0^1 u^{k-1}(1-u)^{\lambda-1}\,du = \frac{\Gamma(k)\,\Gamma(\lambda)}{\Gamma(k+\lambda)} \quad \text{mit} \quad (k;\lambda) > 0$$

auswerten. Infolgedessen gilt

$$J \sim \frac{\Gamma(1/2)\Gamma(n-1)}{\Gamma\left(n-\frac{1}{2}\right)} + \frac{\gamma}{1!\,2}\,\frac{\Gamma(3/2)\Gamma(n-1)}{\Gamma\left(n+\frac{1}{2}\right)} + \frac{1\cdot 3\,\gamma^2}{2!\,2^2}\,\frac{\Gamma(5/2)\,\Gamma(n-1)}{\Gamma\left(n+\frac{3}{2}\right)} + \dots$$

oder mit $\Gamma(1/2) = \sqrt{\pi}$; $\Gamma(3/2) = \sqrt{\pi}/2$; $\dots$

$$(17.9.48) \qquad J \sim \sqrt{\pi}\,\frac{\Gamma(n-1)}{\Gamma\left(n-\frac{1}{2}\right)}\left[1 + \frac{1^2}{1!\,2^2}\,\frac{\gamma}{\left(n-\frac{1}{2}\right)} + \frac{1^2\cdot 3^2}{2!\,2^4}\,\frac{\gamma^2}{\left(n-\frac{1}{2}\right)\left(n+\frac{1}{2}\right)} + \dots\right].$$

Setzt man J aus (17.9.48) unter Berücksichtigung aller konstanten Faktoren in (17.9.42) ein, so findet man die Dichte $\psi(r)$ der Korrelationszahl r in der Gestalt

$$(17.9.49) \qquad \psi(r) = C_1\,\frac{(1-\rho^2)^{(n-1)/2}\,(1-r^2)^{(n-4)/2}}{(1-\rho r)^{n-(3/2)}}\left[1 + \frac{1+\rho r}{4(2n-1)} + \dots\right],$$

wobei C_1 der von r unabhängige Faktor

$$(17.9.50) \qquad C_1 = \frac{n-2}{\sqrt{2\pi}}\,\frac{\Gamma(n-1)}{\Gamma\left(n-\frac{1}{2}\right)}$$

ist. Bereits für $n \gtrless 25$ darf man die eckige Klammer in (17.9.49) durch 1 ersetzen, wobei die Größenordnung des begangenen Fehlers für $|\rho r| \approx 1$ bei 1% liegt. Das durch Punkte angedeutete nächste Glied hat für $n \gtrless 25$ die Größenordnung $1/(3n^2) \lessgtr (1/2)\%o$ und ist damit ganz ohne Bedeutung.

17.10 Testverfahren für die Korrelationszahl

(a) Der Sonderfall $\rho = 0$.

Sind die normal verteilten Zufallsgrößen x und y in dem zugrundegelegten Modell einer zweidimensionalen Normalverteilung unabhängig voneinander, so gilt $\rho = 0$. Aus n beobachteten Wertepaaren $(x_\nu ; y_\nu)$ sei die Korrelationszahl $r = C_{xy}/(s_x \, s_y)$ berechnet worden. Die Frage ist, ob die beobachteten Werte $(x_\nu ; y_\nu)$ bzw. r mit der Modellvorstellung $\rho = 0$ verträglich sind oder nicht.

Für $\rho = 0$ wird die Dichtefunktion von r nach (17.9.42)

$$(17.10.1) \quad \psi\{r\} = \frac{n-2}{\pi} (1-r^2)^{(n-4)/2} \int\limits_{\eta=0}^{\infty} \frac{d\eta}{(\cosh \eta)^{n-1}} \; ,$$

wobei hier und im folgenden $\psi\{...\}$ "Dichte für ..." bedeutet. Mit

$$(17.10.2) \quad \int\limits_{\eta=0}^{\infty} \frac{d\eta}{(\cosh \eta)^{n-1}} = \frac{\sqrt{\pi}}{2} \frac{\Gamma\left(\frac{n-1}{2}\right)}{\Gamma(n/2)} \; ; \; n \geq 2 \; ;$$

wird

$$(17.10.3) \quad \psi\{r\} = \frac{1}{\sqrt{\pi}} \frac{\Gamma\left(\frac{n-1}{2}\right)}{\Gamma\left(\frac{n-2}{2}\right)} (1-r^2)^{(n-4)/2} \; .$$

Bezeichnet man die Dichte $\psi\{r\}$ bei der Probengröße n kurz mit $\psi\{r|n\} = \psi_n$, so folgt aus

$$\psi_{n+2} \equiv \psi\{r|n+2\} = \frac{1}{\sqrt{\pi}} \frac{\Gamma\left(\frac{n+1}{2}\right)}{\Gamma(n/2)} (1-r^2)^{(n-2)/2}$$

nach Division durch ψ_n das Verhältnis

$$(17.10.4) \quad \frac{\psi_{n+2}}{\psi_n} = \frac{n-1}{n-2} (1-r^2) \; .$$

Damit hat man eine einfache Rekursionsformel zur Berechnung der Dichte $\psi\{r|n+2\}$ aus $\psi\{r|n\}$. Die "Ausgangswerte" sind

$$(17.10.5) \quad \psi_3 \equiv \psi\{r|3\} = \frac{1}{\pi} \frac{1}{\sqrt{1-r^2}} \quad \text{und} \quad \psi_4 \equiv \psi\{r|4\} = \frac{1}{2} \; .$$

Für $n = 4$ ist r im Bereich $-1 \leqq r \leqq 1$ gleichverteilt. Für $n = 3$ ist die Dichte $\psi\{0|3\} = 1/\pi$ am Erwartungswert ein <u>Minimum</u>. Das auf den ersten Blick überraschende Verhalten der Dichte $\psi\{r|3\}$ ist anschaulich erklärbar: Für $n = 2$ findet man empirisch nur die Werte $r' = 1$ oder $r'' = -1$, da zwei verschiedene Punkte $P_1(x_1 ; y_1)$ und $P_2(x_2 ; y_2)$ <u>stets</u> auf einer Geraden liegen. Danach ist einleuchtend, daß auch für $n = 3$ die Werte $r' = 1$ und $r'' = -1$ im Vergleich zu $r = 0$ noch stark bevorzugt werden.

Zur Durchführung des Tests für $\rho = 0$ transformiert man die Korrelationszahl r mit Hilfe der Gleichung

$$(17.10.6) \qquad \frac{r}{\sqrt{1-r^2}} \, \sqrt{n-2} = t$$

in die Zufallsgröße t . Dann ist

$$\frac{r^2}{1-r^2} = \frac{t^2}{n-2} \qquad \text{oder} \qquad 1 - r^2 = \frac{1}{1 + \left[t^2/(n-2) \right]} \, .$$

Mit $(n-2) = f$ und

$$dr = \frac{1}{\sqrt{f}} \, \frac{dt}{\left[1 + (t^2/f) \right]^{3/2}}$$

wird aus $\psi\{r\}\,dr = \psi\{t\}\,dt$ die Dichtefunktion der Prüfgröße t ,

$$(17.10.7) \qquad \psi\{t\} = C(f) \, \frac{1}{\left[1 + (t^2/f) \right]^{(f+1)/2}} \, ,$$

wobei $C(f)$ der nur von f abhängige Faktor

$$(17.10.8) \qquad C(f) = \frac{1}{\sqrt{\pi f}} \, \frac{\Gamma\!\left(\frac{f+1}{2}\right)}{\Gamma(f/2)}$$

ist. Damit ist gezeigt, daß die Prüfgröße t aus $(17.10.6)$ in der Tat einer t-Verteilung mit $f = (n-2)$ Freiheitsgraden genügt. Um die Hypothese $\rho = 0$ zu testen, berechnet man demnach aus der beobachteten Korrelationszahl r die Prüfgröße $\sqrt{n-2}\; r/\sqrt{1-r^2}$ und entscheidet nach der folgenden Uebersicht:

	Gegenhypothese	Die Hypothese $\rho = 0$ wird verworfen für	
		Prüfgröße	Schwellenwert
(17.10.9)	$\rho > 0$ (einseitig)	$\dfrac{r}{\sqrt{1-r^2}}\sqrt{n-2} \quad >$	$t_{f;1-\alpha}$
	$\rho < 0$ (einseitig)	$\dfrac{r}{\sqrt{1-r^2}}\sqrt{n-2} \quad <$	$-t_{f;1-\alpha}$
	$\rho \neq 0$ (zweiseitig)	$\dfrac{|r|}{\sqrt{1-r^2}}\sqrt{n-2} \quad >$	$t_{f;1-(\alpha/2)}$
	Die Zahl der Freiheitsgrade für t ist $f = n-2$		

Wenn man die Umrechnung der Korrelationszahl r auf die Prüfgröße t

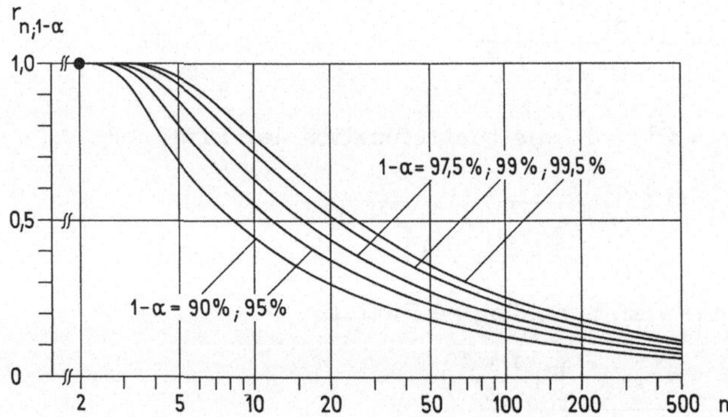

Abb. 17.10.1. Schwellenwerte $r_{n;1-\alpha}$ zum Test der Hypothese $\rho = 0$ bei einer zweidimensionalen Normalverteilung.

vermeiden will, so formt man (17.10.6) um zu

$$(17.10.10) \quad r = \frac{t}{\sqrt{n-2 + t^2}}\;.$$

Erklärt man den Schwellenwert $r_{n;1-ß}$ für r durch

$$(17.10.11) \quad r_{n;1-ß} = \frac{t_{n-2;1-ß}}{\sqrt{n-2 + t^2_{n-2;1-ß}}}\;,$$

dann sind die Entscheidungsregeln (17.10.9) gleichwertig mit den folgenden

	Gegenhypothese	Die Hypothese $\rho = 0$ wird verworfen für	
		Prüfgröße	Schwellenwert
(17.10.12)	$\rho > 0$ (einseitig)	r $>$	$r_{n;1-\alpha}$
	$\rho < 0$ (einseitig)	r $<$	$-r_{n;1-\alpha}$
	$\rho \neq 0$ (zweiseitig)	$\lvert r \rvert$ $>$	$r_{n;1-(\alpha/2)}$

Die Schwellenwerte $r_{n;1-\alpha}$ sind in Abb. 17.10.1 über der Probengröße n dargestellt.

(b) <u>Test der Hypothese $\rho = \rho_0 \neq 0$</u>.

Jetzt setzt man in (17.9.49)

$$(17.10.13) \quad r = \tanh z \quad \text{bzw.} \quad z = \frac{1}{2} \ln \frac{1 + r}{1 - r}.$$

Dann wird der Bereich $-1 < r < 1$ auf den Bereich $-\infty < z < \infty$ abgebildet,

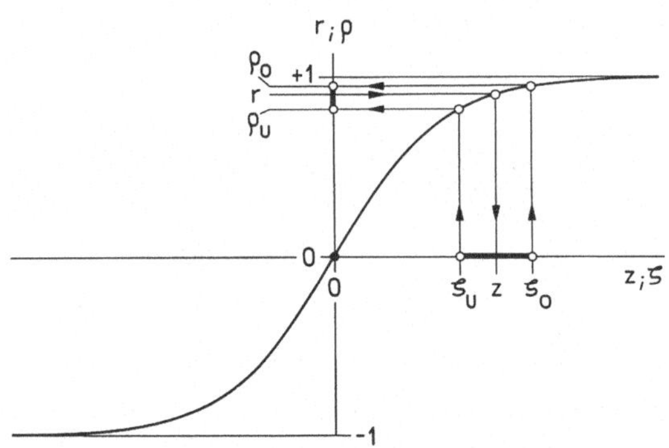

Abb. 17.10.2. Die Transformationsfunktion
$r = \tanh z$ bzw. $\rho = \tanh \zeta$.

wie aus Abb. 17.10.2 anschaulich hervorgeht. Dabei geht die schiefe Dichtefunktion $\psi\{r\}$ aus Abb. 17.10.3 in eine nahezu symmetrische Verteilung über, wie sich noch zeigen wird. Es sei weiter

$$(17.10.13a) \quad \rho = \tanh \zeta \quad \text{bzw.} \quad \zeta = \frac{1}{2} \ln \frac{1 + \rho}{1 - \rho}.$$

Dann gilt, wie man leicht bestätigt,

$$1-r^2 = \frac{1}{(\cosh z)^2} \quad ; \quad 1-\rho^2 = \frac{1}{(\cosh\zeta)^2}$$

und

$$1 - \rho\, r = \frac{\cosh(z-\zeta)}{\cosh z \, \cosh\zeta} \quad .$$

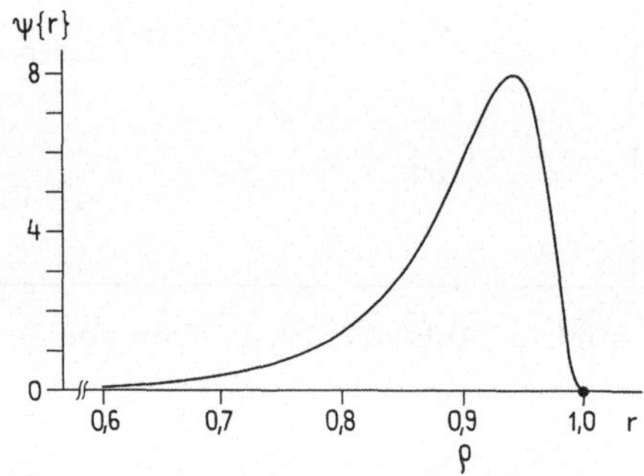

Abb. 17.10.3. Die schiefe Dichtefunktion $\psi\{r\}$ der Korrelationszahl r für $\rho = 0,9$ und $n = 10$.

Mit $dr = dz/(\cosh z)^2$ findet man aus $\psi\{r\}\,dr = \psi\{z\}\,dz$ die Dichtefunktion $\psi\{z\}$ der Zufallsgröße z in der Gestalt

$$(17.10.14) \quad \psi\{z\} = \frac{n-2}{\sqrt{2\pi}}\, \frac{\Gamma(n-1)}{\Gamma\left(n-\frac{1}{2}\right)}\, \sqrt{\frac{\cosh z}{\cosh\zeta}}\, \frac{\sqrt{\cosh(z-\zeta)}}{\cosh(z-\zeta)^{n-1}}$$

$$\text{mal}\; \left[\, 1 + \frac{1+\rho\,\tanh z}{4\,(2n-1)} + \ldots \,\right] \quad .$$

Für große Proben n liegt z nahe bei ζ. Man findet demnach eine mit wachsendem n geltende asymptotische Entwicklung, wenn man in der letzten Gleichung alle von z abhängigen Funktionen an der Stelle $z = \zeta$ in eine Reihe entwickelt und diese an geeigneter Stelle abbricht.

Zunächst folgt aus der für die Γ-Funktion geltenden Beziehung

$$\frac{\Gamma(x+a)}{\Gamma(x)} \approx x^a \left[\, 1 + \frac{a(a-1)}{2x} \,\right] \quad ; \quad x \gg a \quad ;$$

mit $x = n-1$ und $a = 1/2$ für die Kehrwerte der Konstanten

$$(17.10.15a) \quad \frac{\Gamma(n-1)}{\Gamma\left(n-\frac{1}{2}\right)} \approx \frac{1}{\sqrt{n-1}}\left[\, 1 + \frac{1}{8(n-1)} \,\right] \approx \frac{1}{\sqrt{n-1}} \quad .$$

Mit

$$\cosh z = \cosh \zeta + (z - \zeta) \sinh \zeta + \frac{1}{2}(z - \zeta)^2 \cosh \zeta + \ldots$$

wird der Quotient

$$\frac{\cosh z}{\cosh \zeta} = 1 + \rho(z - \zeta) + \frac{1}{2}(z - \zeta)^2 + \ldots$$

und die Wurzel

$$(17.\,10.\,15\mathrm{b}) \qquad \sqrt{\frac{\cosh z}{\cosh \zeta}} = 1 + \frac{\rho}{2}(z - \zeta) + \ldots \quad .$$

Weiter ist

$$(17.\,10.\,15\mathrm{c}) \qquad \sqrt{\cosh(z - \zeta)} = \left[1 + \frac{1}{2}(z - \zeta)^2 + \ldots \right]^{1/2} = 1 + \frac{1}{4}(z - \zeta)^2 + \ldots$$

Wegen

$$\ln\left[\cosh(z - \zeta)\right]^{n-1} = (n-1)\ln\left[1 + \frac{1}{2}(z - \zeta)^2 + \ldots\right] = \frac{1}{2}(n-1)(z - \zeta)^2 + \ldots$$

gilt (mit wachsendem n immer besser)

$$(17.\,10.\,15\mathrm{d}) \qquad \left[\cosh(z - \zeta)\right]^{n-1} = e^{(n-1)(z - \zeta)^2/2 \,+\, \ldots} \quad .$$

In der eckigen Klammer der rechten Seite von (17. 10. 14) wird schließlich

$$1 + \rho \tanh z = 1 + \rho\left[\tanh \zeta + (z - \zeta)(1 - \tanh^2 \zeta) + \ldots\right]$$

oder

$$(17.\,10.\,15\mathrm{e}) \qquad 1 + \rho \tanh z = (1 + \rho^2) + \rho(1 - \rho^2)(z - \zeta) + \ldots \quad .$$

Setzt man die Ausdrücke (17. 10. 15a) bis (17. 10. 15e) in (17. 10. 14) ein
und behält alle Glieder der Größenordnung $(z - \zeta) \sim 1/\sqrt{n}$ bei, so findet man
die gesuchte asymptotische Entwicklung in der einfachen Gestalt

$$(17.\,10.\,16) \qquad \psi\{z\} = \frac{n - 2}{\sqrt{2\pi}}\,\frac{1}{\sqrt{n-1}}\, e^{-(n-1)(z - \zeta)^2/2}\left[1 + \frac{\rho}{2}(z - \zeta)\right] \quad .$$

Ersetzt man im Zähler (n–2) durch (n–1) , so ist ersichtlich in <u>erster</u>
Näherung z normal verteilt mit dem Mittelwert

$$(17.\,10.\,17\mathrm{a}) \qquad M\{z\} = \zeta$$

und der Varianz

$$(17.\,10.\,17\mathrm{b}) \qquad V\{z\} = \frac{1}{n-1} \quad .$$

In zweiter Näherung wird der Mittelwert

$$M\{z - \zeta\} = \int_{-\infty}^{\infty} (z - \zeta)\,\psi(z)\,dz \quad .$$

Mit $\sqrt{n-1}\ (z - \zeta)\ =\ u$ wird aus der letzten Gleichung

$$M\{z - \zeta\} = \frac{n-2}{n-1}\ \frac{1}{\sqrt{n-1}}\ \frac{1}{\sqrt{2\pi}} \int_{-\infty}^{\infty} u\ e^{-u^2/2} \left[1 + \frac{\varrho}{2}\ \frac{u}{\sqrt{n-1}}\right] du$$

$$= \frac{n-2}{(n-1)^2}\ \frac{\varrho}{2}\ \underbrace{\frac{1}{\sqrt{2\pi}} \int_{-\infty}^{\infty} u^2\ e^{-u^2/2}\ du}_{1}$$

oder

$$M\{z - \zeta\} = \frac{n-2}{(n-1)^2}\ \frac{\varrho}{2} \approx \frac{1}{n-1}\ \frac{\varrho}{2}\ .$$

Damit wird in besserer Näherung

$$(17.10.17c) \qquad M\{z\} \approx \zeta + \frac{\varrho}{2(n-1)}\ .$$

Die Verbesserung der Varianz $V\{z\} = 1/(n-1)$ ist mit den berücksichtigten Gliedern nicht sinnvoll. Um bei der Varianz ein weiteres Glied der Größenordnung $1/n^2$ richtig zu finden, müßte man in den vorausgehenden Gleichungen die Reihenentwicklung weiter treiben (wie es R.A. Fisher getan hat). Dann findet man für die Varianz in zweiter Näherung

$$V\{z\} = \frac{1}{n-1} \left[1 + \frac{4 - \varrho^2}{2(n-1)}\right]\ .$$

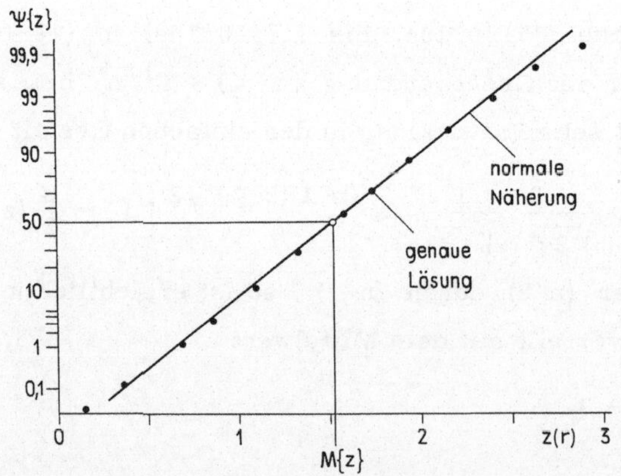

Abb. 17.10.4. Die Summenlinie $\Psi\{z\}$ der transformierten Korrelationszahl z(r) für $\varrho = 0,9$ und n = 10 .

Zahlentafel 17.10.1 zur Transformation der Korrelationszahl
$z(r) = \frac{1}{2} \ln \frac{1+r}{1-r}$ bzw. $\zeta(\rho) = \frac{1}{2} \ln \frac{1+\rho}{1-\rho}$

$r ; \rho$	$z ; \zeta$	$r ; \rho$	$z ; \zeta$	$r ; \rho$	$z ; \zeta$
0,00	0,0000	0,45	0,4847	0,90	1,4722
0,01	0,0100	0,46	0,4973	0,91	1,5275
0,02	0,0200	0,47	0,5101	0,92	1,5890
0,03	0,0300	0,48	0,5230	0,93	1,6584
0,04	0,0400	0,49	0,5361	0,94	1,7380
0,05	0,0500	0,50	0,5493	0,95	1,8318
0,06	0,0601	0,51	0,5627	0,96	1,9459
0,07	0,0701	0,52	0,5763	0,961	1,9588
0,08	0,0802	0,53	0,5901	0,962	1,9721
0,09	0,0902	0,54	0,6042	0,963	1,9857
0,10	0,1003	0,55	0,6184	0,964	1,9996
0,11	0,1104	0,56	0,6328	0,965	2,0139
0,12	0,1206	0,57	0,6475	0,966	2,0287
0,13	0,1307	0,58	0,6625	0,967	2,0439
0,14	0,1409	0,59	0,6777	0,968	2,0595
0,15	0,1511	0,60	0,6931	0,969	2,0756
0,16	0,1614	0,61	0,7089	0,970	2,0923
0,17	0,1717	0,62	0,7250	0,971	2,1095
0,18	0,1820	0,63	0,7414	0,972	2,1273
0,19	0,1923	0,64	0,7582	0,973	2,1457
0,20	0,2027	0,65	0,7753	0,974	2,1649
0,21	0,2132	0,66	0,7928	0,975	2,1847
0,22	0,2237	0,67	0,8107	0,976	2,2054
0,23	0,2342	0,68	0,8291	0,977	2,2269
0,24	0,2448	0,69	0,8480	0,978	2,2494
0,25	0,2554	0,70	0,8673	0,979	2,2729
0,26	0,2661	0,71	0,8872	0,980	2,2976
0,27	0,2769	0,72	0,9076	0,981	2,3235
0,28	0,2877	0,73	0,9287	0,982	2,3507
0,29	0,2986	0,74	0,9505	0,983	2,3796
0,30	0,3095	0,75	0,9730	0,984	2,4101
0,31	0,3205	0,76	0,9962	0,985	2,4427
0,32	0,3316	0,77	1,0203	0,986	2,4774
0,33	0,3428	0,78	1,0454	0,987	2,5147
0,34	0,3541	0,79	1,0714	0,988	2,5550
0,35	0,3654	0,80	1,0986	0,989	2,5987
0,36	0,3769	0,81	1,1270	0,990	2,6467
0,37	0,3884	0,82	1,1568	0,991	2,6996
0,38	0,4001	0,83	1,1881	0,992	2,7587
0,39	0,4118	0,84	1,2212	0,993	2,8257
0,40	0,4236	0,85	1,2562	0,994	2,9031
0,41	0,4356	0,86	1,2933	0,995	2,9945
0,42	0,4477	0,87	1,3331	0,996	3,1063
0,43	0,4599	0,88	1,3758	0,997	3,2504
0,44	0,4722	0,89	1,4219	0,998	3,4534

Zahlentafel 17.10.2 zur Transformation der Korrelationszahl

$r(z)$ = tanh z   bzw. $\rho(\zeta)$ = tanh ζ ; z.B. r(0,26) = 0,2543

z;ζ	0,00	0,01	0,02	0,03	0,04	0,05	0,06	0,07	0,08	0,09	z;ζ
0,0	0,0000	0,0100	0,0200	0,0300	0,0400	0,0500	0,0599	0,0699	0,0798	0,0898	0,0
0,1	,0997	,1096	,1194	,1293	,1391	,1489	,1586	,1684	,1781	,1877	0,1
0,2	,1974	,2070	,2165	,2260	,2355	,2449	,2543	,2636	,2729	,2821	0,2
0,3	,2913	,3004	,3095	,3185	,3275	,3364	,3452	,3540	,3627	,3714	0,3
0,4	,3800	,3885	,3969	,4053	,4136	,4219	,4301	,4382	,4462	,4542	0,4
0,5	,4621	,4699	,4777	,4854	,4930	,5005	,5080	,5154	,5227	,5299	0,5
0,6	,5370	,5441	,5511	,5581	,5649	,5717	,5784	,5850	,5915	,5980	0,6
0,7	,6044	,6107	,6169	,6231	,6291	,6351	,6411	,6469	,6527	,6584	0,7
0,8	,6640	,6696	,6751	,6805	,6858	,6911	,6963	,7014	,7064	,7114	0,8
0,9	,7163	,7211	,7259	,7306	,7352	,7398	,7443	,7487	,7531	,7574	0,9
1,0	,7616	,7658	,7699	,7739	,7779	,7818	,7857	,7895	,7932	,7969	1,0
1,1	,8005	,8041	,8076	,8110	,8144	,8178	,8210	,8243	,8275	,8306	1,1
1,2	,8337	,8367	,8397	,8426	,8455	,8483	,8511	,8538	,8565	,8591	1,2
1,3	,8617	,8643	,8668	,8692	,8717	,8741	,8764	,8787	,8810	,8832	1,3
1,4	,8854	,8875	,8896	,8917	,8937	,8957	,8977	,8996	,9015	,9033	1,4
1,5	,9051	,9069	,9087	,9104	,9121	,9138	,9154	,9170	,9186	,9201	1,5
1,6	,9217	,9232	,9246	,9261	,9275	,9289	,9302	,9316	,9329	,9341	1,6
1,7	,9354	,9366	,9379	,9391	,9402	,9414	,9425	,9436	,9447	,9458	1,7
1,8	,94681	,94783	,94884	,94983	,95080	,95175	,95268	,95359	,95449	,95537	1,8
1,9	,95624	,95709	,95792	,95873	,95953	,96032	,96109	,96185	,96259	,96331	1,9
2,0	,96403	,96473	,96541	,96609	,96675	,96740	,96803	,96865	,96926	,96986	2,0
2,1	,97045	,97103	,97159	,97215	,97269	,97323	,97375	,97426	,97477	,97526	2,1
2,2	,97574	,97622	,97668	,97714	,97759	,97803	,97846	,97888	,97929	,97970	2,2
2,3	,98010	,98049	,98087	,98124	,98161	,98197	,98233	,98267	,98301	,98335	2,3
2,4	,98367	,98400	,98431	,98462	,98492	,98522	,98551	,98579	,98607	,98635	2,4
2,5	,98661	,98688	,98714	,98739	,98764	,98788	,98812	,98835	,98858	,98881	2,5
2,6	,98903	,98924	,98946	,98966	,98987	,99007	,99026	,99045	,99064	,99083	2,6
2,7	,99101	,99118	,99136	,99153	,99170	,99186	,99202	,99218	,99233	,99248	2,7
2,8	,99263	,99278	,99292	,99306	,99320	,99333	,99346	,99359	,99372	,99384	2,8
2,9	0,99396	0,99408	0,99420	0,99431	0,99443	0,99454	0,99464	0,99475	0,99485	0,99496	2,9

	0,0	0,1	0,2	0,3	0,4	0,5	0,6	0,7	0,8	0,9	
3	0,99505	0,99595	0,99668	0,99728	0,99777	0,99818	0,99851	0,99878	0,99900	0,99918	3
4	0,99933	0,99945	0,99955	0,99963	0,99970	0,99975	0,99980	0,99983	0,99986	0,99989	4

Für $\rho = 0$ hat man in der letzten Gleichung

$$\frac{1}{n-1} + \frac{2}{(n-1)^2} = \frac{n+1}{(n-1)^2} \approx \frac{1}{n-3} \quad,$$

da $(n-3)(n+1) \approx (n-1)^2$ ist. Deshalb benutzt man (praktisch für alle ρ) die Näherung

$$(17.10.17\,d) \quad V\{z\} = \frac{1}{n-3}$$

für die Varianz der z-Werte .

Da sich die z-Verteilung mit wachsender Probengröße n rasch einer Normalverteilung nähert, so ist

$$(17.10.18) \quad \frac{z - \zeta}{\sigma_z} = (z - \zeta)\sqrt{n-3} = u$$

für ausreichend große Proben standardisiert normal verteilt. In Abb. 17.10.4 ist die Summenfunktion $\Psi\{z(r)\}$ für das Beispiel aus Abb. 17.10.3 mit $\rho = 0,9$ und n = 10 im Wahrscheinlichkeitsnetz dargestellt. Die Gerade entspricht der normalen Näherung mit dem Mittelwert $M\{z\} = \zeta + [\rho/(2n-2)]$ und der Standardabweichung $\sigma_z = 1/\sqrt{n-3}$. Die Punkte gehören zur genauen Summenfunktion $\Psi\{z(r)\}$. Ersichtlich sind die Unterschiede bereits für $n \approx 10$ ohne jede praktische Bedeutung.

Man testet also die Hypothese $\rho = \rho_0$ mit Hilfe der Prüfgröße u aus Gleichung (17.10.18) , wobei man im allgemeinen $M\{z\} = \zeta$ setzt. Zur Umrechnung von r in z bzw. von ρ in ζ und umgekehrt dienen die Zahlentafeln 17.10.1 und 17.10.2 .

Zu $\rho = \rho_0$ und r bestimmt man die transformierten Werte $\zeta(\rho_0)$ und z(r) mit Hilfe von Zahlentafel 17.10.1 . Die Verträglichkeit des beobachteten Wertes r mit einem vorgegebenen Wert ρ_0 wird dann folgendermaßen entschieden:

Gegenhypothese	Die Hypothese $\rho = \rho_0$ wird verworfen für	
	Prüfgröße	Schwellenwert
$\rho > \rho_0$ (einseitig)	$[\,z(r) - \zeta(\rho_0)\,]\,\sqrt{n-3} \quad >$	$u_{1-\alpha}$
$\rho < \rho_0$ (einseitig)	$[\,z(r) - \zeta(\rho_0)\,]\,\sqrt{n-3} \quad <$	$-u_{1-\alpha}$
$\rho \neq \rho_0$ (zweiseitig)	$\left|\,z(r) - \zeta(\rho_0)\,\right|\,\sqrt{n-3} \quad >$	$u_{1-(\alpha/2)}$
$n \gtrapprox 25\;;\qquad u_{1-\beta}$ sind die Schwellenwerte der standardisierten Normalverteilung.		

(17.10.19) gilt für die Zeilen der Tabelle.

(c) <u>Vertrauensbereich für</u> ρ .

Wird die Hypothese $\rho = \rho_0$ zugunsten der Gegenhypothese $\rho \neq \rho_0$ verworfen, dann findet man den Vertrauensbereich für ρ zur Sicherheit $S = 1-\beta$ folgendermaßen. Zu dem beobachteten $z = z(r)$ bestimmt man den Vertrauensbereich $\zeta_U \leq \zeta \leq \zeta_O$ für ζ . Aus (17.10.18) folgt leicht

$$(17.10.20)\qquad \zeta_U = z(r) - \frac{u_{1-(\beta/2)}}{\sqrt{n-3}} \quad\text{und}\quad \zeta_O = z(r) + \frac{u_{1-(\beta/2)}}{\sqrt{n-3}}\;.$$

Die Grenzen ζ_U und ζ_O liegen symmetrisch zu $z(r)$; Abb. 17.10.2 . Das Wertepaar $(\zeta_U\,;\,\zeta_O)$ transformiert man (mit Hilfe von Zahlentafel 17.10.2) zu

$$\rho_U = \tanh \zeta_U \quad\text{und}\quad \rho_O = \tanh \zeta_O\;.$$

Damit wird der Vertrauensbereich für ρ

$$(17.10.21)\qquad \rho_U \leq \rho \leq \rho_O\;.$$

In den Abb. 17.10.5 und 17.10.6 kann man zu den Sicherheiten $S = 95\%$ bzw. $S = 99\%$ bei gegebenem ρ den Zufallsbereich für r und bei beobachtetem r den Vertrauensbereich für ρ in Abhängigkeit von der Probengröße n ablesen, ohne die genannten Transformationen durchführen zu müssen.

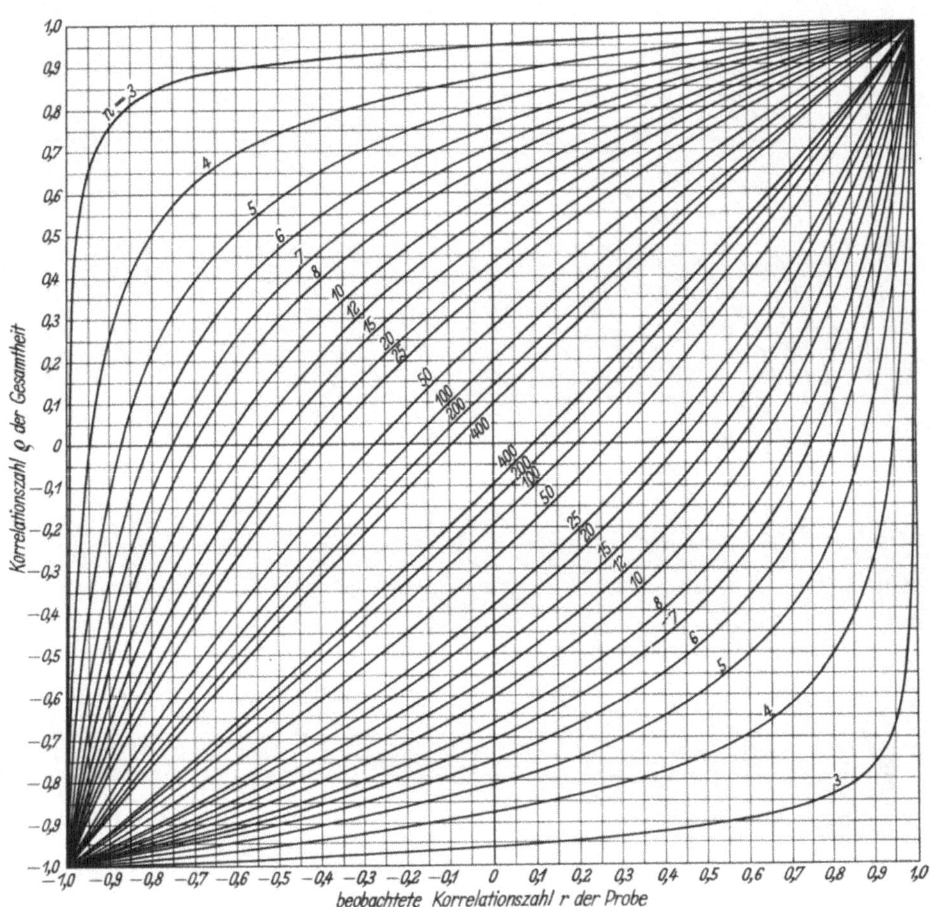

Abb. 17.10.5. Zweiseitige Vertrauensbereiche zur Sicherheit S = 1−α = 95%
für die Korrelationszahl ρ einer zweidimensionalen Normalverteilung.

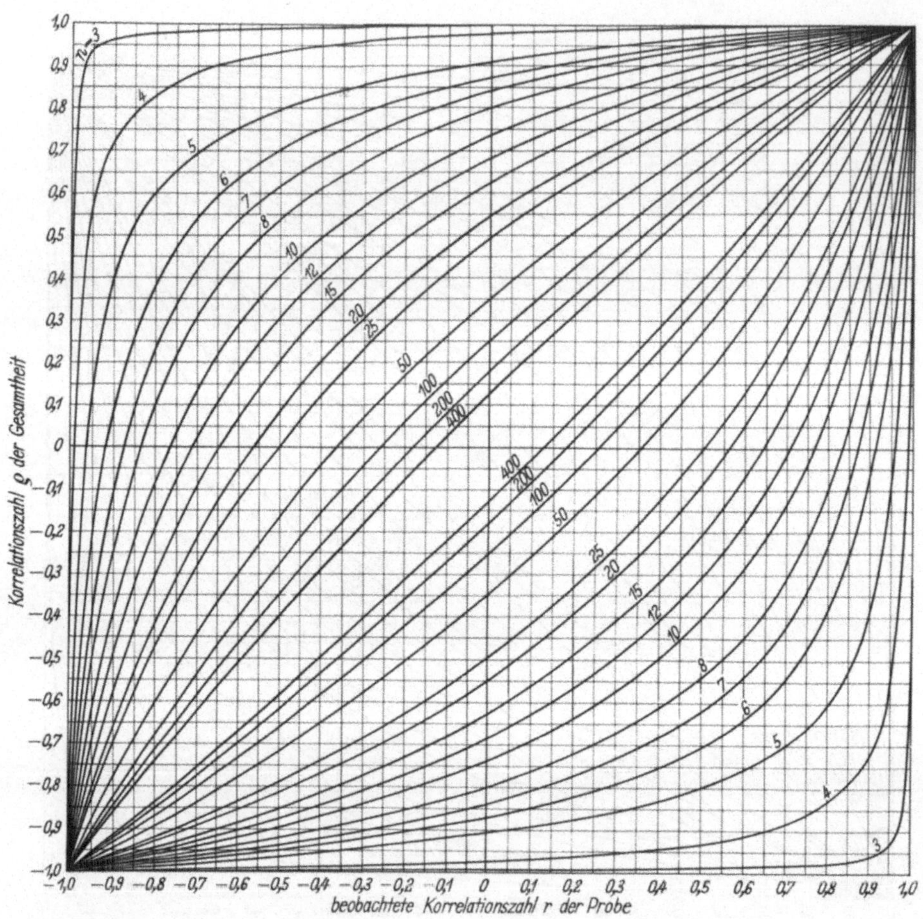

Abb. 17.10.6. Zweiseitige Vertrauensbereiche zur Sicherheit $S = 1-\alpha = 99\%$ für die Korrelationszahl ϱ einer zweidimensionalen Normalverteilung.

<u>B.</u> In einer Probe der Größe n = 50 sei beobachtet r = 0,735 . Dazu gehört (nach Zahlentafel 17.10.1) z(r) = 0,9396 .

Zu testen sei die Hypothese $\rho = \rho_0 = 0,5$ zur Gegenhypothese $\rho > \rho_0$;
S = 95% . Zu $\rho_0 = 0,5$ findet man $\zeta(\rho_0) = 0,5493$.

Die Prüfgröße nach (17.10.19) ,

$$\left[z(r) - \zeta(\rho_0) \right] \sqrt{n-3} \; = \; 0,3903 \sqrt{47} \; = \; 2,6758 ,$$

ist größer als der Schwellenwert $u_{1-\alpha} = u_{95\%} = 1,645$. Nach der Entscheidungsregel (17.10.19) wird die Hypothese $\rho = \rho_0 = 0,5$ zugunsten der Gegenhypothese $\rho > \rho_0$ verworfen.

Den Vertrauensbereich zur Sicherheit S = 1-ß = 95% für die unbekannte Korrelationszahl ρ findet man mit (17.10.20) . Es wird

$$\zeta_{U;O} = 0,9396 \mp \frac{1,960}{\sqrt{47}} = \left\langle \begin{array}{l} 0,654 \\[2mm] 1,226 \end{array} \right. ;$$

Zahlentafel 17.10.2 gibt entsprechend zu Abb. 17.10.2 die transformierten Grenzen $\rho_U = 0,574$ und $\rho_O = 0,841$. Damit hat man

$$0,574 \leq \rho \leq 0,841 .$$

Zu S = 1-ß = 95% , r = 0,735 und n = 50 liest man in Abb. 17.10.5
ohne Rechnung ab $\rho'_U = 0,59$ und $\rho'_O = 0,84$, in ausreichender Uebereinstimmung mit den oben berechneten Werten ρ_U und ρ_O .

(d) Test der Hypothese $\rho_1 = \rho_2$.

Aus einer Zufallsprobe der Größe n_1 , die einer zweidimensionalen Normalverteilung entnommen wurde, berechnet man die Korrelationszahl r_1 .
Eine Probe der Größe n_2 aus einer zweiten Normalverteilung gibt die Korrelationszahl r_2 . Es ist zu prüfen, ob das beobachtete Wertepaar $(r_1 ; r_2)$
mit der Hypothese $\rho_1 = \rho_2$ verträglich ist oder nicht.

Man transformiert $(r_1 ; r_2)$ mit (17.10.13) zu $(z_1 ; z_2)$. Für z_i ,
i = 1 ; 2 , gilt nach (17.10.17a) und (17.10.17b) in erster Näherung

$$(17.10.22) \quad M\left\{z_i\right\} = \zeta_i \quad \text{und} \quad V\left\{z_i\right\} = \frac{1}{n_i - 3} .$$

Die Verteilungen der z_i sind nahezu normal.

Die Differenz $d = (z_1 - z_2)$ ist (noch besser) normal verteilt mit dem Mittelwert

$$(17.10.23) \quad M\{d\} = M\{z_1\} - M\{z_2\} = \zeta_1 - \zeta_2$$

und der Varianz

$$(17.10.24) \quad V\{d\} = V\{z_1\} + V\{z_2\} = \frac{1}{n_1 - 3} + \frac{1}{n_2 - 3} = \sigma_d^2 .$$

Bei Gültigkeit der Hypothese $\rho_1 = \rho_2$ bzw. $\zeta_1 = \zeta_2$ ist $M\{d\} = 0$. Infolgedessen ist

$$(17.10.25) \quad \frac{d}{\sigma_d} = \frac{z(r_1) - z(r_2)}{\sqrt{[1/(n_1 - 3)] + [1/(n_2 - 3)]}} = u$$

standardisiert normal. Damit findet man die folgende Entscheidungsregel:

Gegenhypothese	Die Hypothese $\rho_1 = \rho_2$ wird verworfen für	
	Prüfgröße	Schwellenwert
$\rho_1 > \rho_2$ (einseitig)	$d/\sigma_d \quad >$	$u_{1-\alpha}$
$\rho_1 < \rho_2$ (einseitig)	$d/\sigma_d \quad <$	$-u_{1-\alpha}$
$\rho_1 \neq \rho_2$ (zweiseitig)	$|d|/\sigma_d \quad >$	$u_{1-(\alpha/2)}$
$(n_1 ; n_2) \gtrsim 25$;	Prüfgröße d/σ_d aus (17.10.25)	

(17.10.26)

17.11 Anwendungen der Korrelationsrechnung

(a) Die Mischgüte einer Zufallsmischung .

Im folgenden wird die im Abschnitt 14.11 behandelte Aufgabe, die Mischgüte einer Zufallsmischung zu bestimmen, mit Hilfe einer mehrdimensionalen Verteilung gelöst. Die Bezeichnungen entsprechen der Uebersicht auf Seite 513 des Teils I , die hier wiederholt wird.

Komponente	mittl. Korngewicht	Variationszahl der Korngewichte	Sollwerte		Meßwerte	
			relativer Gewichtsanteil	relative Kornzahl	relativer Gewichtsanteil	relative Kornzahl
			in der Mischung		in der Probe	
(P)	γ_P	C_P	P	p	X	x
(Q)	γ_Q	C_Q	Q	q	Y	y
(R)	γ_R	C_R	R	r	Z	z

Es sei n_x bzw. n_y die Teilchenzahl der Komponente (P) bzw. (Q) in einer Probe der Größe n . Dann gilt für den Zufallsvorgang mit den Wahrscheinlichkeiten (p ; q) , der die Zufallsmischung erzeugt,

$$(17.11.1) \quad M\{n_x\} = np \quad ; \quad M\{n_y\} = nq \ ,$$

$$(17.11.2) \quad V\{n_x\} = V\{n_y\} = npq \ .$$

Der Gewichtsanteil g_x der Komponente (P) in der Probe ist bei n_x Teilchen

$$(17.11.3) \quad g_x = \sum_{i=1}^{n_x} \gamma_i' \ ,$$

wobei γ_i' das (veränderliche) Gewicht der Teilchen (P) ist. Da die γ_i' unabhängig voneinander sind, gilt bei <u>fester</u> Teilchenzahl n_x

$$(17.11.4) \quad M'\{g_x\} = M'\left\{ \sum_{i=1}^{n_x} \gamma_i' \right\} = \sum_{i=1}^{n_x} M'\{\gamma_i'\} = n_x \gamma_P \ ;$$

$$(17.11.5) \quad V'\{g_x\} = V'\left\{ \sum_{i=1}^{n_x} \gamma_i' \right\} = \sum_{i=1}^{n_x} V'\{\gamma_i'\} = n_x \sigma_P^2 \ .$$

Entsprechend gilt für den Gewichtsanteil g_y der Komponente (Q)

$$(17.11.6) \quad M'\{g_y\} = n_y \gamma_Q \quad \text{und} \quad V'\{g_y\} = n_y \sigma_Q^2 \ .$$

Im dreidimensionalen $(n_x ; g_x ; g_y)$-Raum haben die diskreten Zufallsgrößen n_x die Wahrscheinlichkeiten (einer Binomialverteilung mit den Parametern p und n)

$$(17.11.7) \quad W\{n_x\} = b_n(n_x|p) \equiv b(n_x) \ .$$

Bei gegebenem n_x gelten für g_x und g_y die bedingten Wahrscheinlichkeits-dichten $\alpha(g_x|n_x)$ und $\beta(g_y|n_x)$ bzw. die Wahrscheinlichkeiten

$$(17.11.8) \qquad W\{g_x|n_x\} = \alpha(g_x|n_x)\, dg_x$$

und

$$(17.11.9) \qquad W\{g_y|n_x\} = \beta(g_y|n_x)\, dg_y \; .$$

Der Mittelwert $M\{g_x\}$ wird demnach

$$M\{g_x\} = \int\limits_{g_x=0}^{\infty} \sum_0^n g_x\, b(n_x)\, \alpha(g_x|n_x)\, dg_x$$

$$= \sum_0^n b(n_x) \int\limits_0^{\infty} g_x\, \alpha(g_x|n_x)\, dg_x \; ,$$

wobei die Summe $\sum\limits_0^n$ hier (und später) über n_x im Bereich $0 \leq n_x \leq n$ zu bilden ist. Mit

$$\int\limits_0^{\infty} g_x\, \alpha(g_x|n_x)\, dg_x = M'\{g_x\} = n_x\, \gamma_P$$

und $M\{n_x\} = np$ wird

$$(17.11.10) \qquad M\{g_x\} = np\, \gamma_P \; .$$

Entsprechend gilt

$$(17.11.11) \qquad M\{g_y\} = nq\, \gamma_Q \; .$$

Zur Berechnung der Varianz $V\{g_x\}$ bestimmt man zunächst das auf den Hilfswert $g_x = 0$ bezogene Moment zweiter Ordnung $V_0\{g_x\}$ der g_x. Es wird

$$V_0\{g_x\} = \int\limits_{g_x=0}^{\infty} \sum_0^n g_x^2\, b(n_x)\, \alpha(g_x|n_x)\, dg_x$$

$$= \sum_0^n b(n_x) \int\limits_0^{\infty} g_x^2\, \alpha(g_x|n_x)\, dg_x \; .$$

Das Integral der letzten Gleichung ist das auf den Hilfswert $g_x = 0$ bezogene Moment zweiter Ordnung $\mu_2(0)$ der g_x bei festem n_x ; nach dem Verschiebungssatz gilt mit (17.11.4) und (17.11.5)

$$\mu_2(0) = n_x\, \sigma_P^2 + (n_x\, \gamma_P)^2 \; .$$

Damit hat man

$$V_0\{g_x\} = \sum_0^n (n_x \sigma_P^2 + n_x^2 \gamma_P^2)\, b(n_x)$$

oder mit (17.11.1) und (17.11.2)

$$V_0\{g_x\} = np\,\sigma_P^2 + (npq + n^2 p^2)\,\gamma_P^2 \; .$$

Die gesuchte Varianz $V\{g_x\}$ wird nach dem Verschiebungssatz

$$V\{g_x\} = V_0\{g_x\} - M^2\{g_x\} \; ,$$

also

$$(17.11.12) \quad V\{g_x\} = np\left(\sigma_P^2 + q\,\gamma_P^2\right) = np\,\gamma_P^2\left(q + C_P^2\right) ,$$

wobei $C_P = \sigma_P/\gamma_P$ die Variationszahl der Korngewichte γ_P' ist. Entsprechend findet man

$$(17.11.13) \quad V\{g_y\} = nq\,\gamma_Q^2\left(p + C_Q^2\right) \quad \text{mit } C_Q = \sigma_Q/\gamma_Q \; .$$

Ferner benötigt man die Kovarianz zwischen g_x und g_y. Es wird

$$M\{g_x\,g_y\} =$$

$$= \int\limits_{g_x=0}^{\infty} \int\limits_{g_y=0}^{\infty} \sum_0^n g_x\, g_y\, b(n_x)\, \alpha(g_x|n_x)\, \beta(g_y|n_x)\, dg_x\, dg_y$$

$$= \sum_0^n b(n_x) \int_0^\infty g_x\, \alpha(g_x|n_x)\, dg_x \int_0^\infty g_y\, \beta(g_y|n_x)\, dg_y$$

$$= \sum_0^n b(n_x)\left[M'\{g_x\}\, M'\{g_y\} \right] \; .$$

Mit (17.11.4) und (17.11.6) wird daraus

$$M\{g_x\,g_y\} = \sum_0^n n_x\, \gamma_P\, (n-n_x)\, \gamma_Q\, b(n_x)$$

$$= \gamma_P\,\gamma_Q\left[n \sum_0^n n_x\, b(n_x) - \sum_0^n n_x^2\, b(n_x) \right] \; .$$

Mit (17.11.1) und (17.11.2) findet man weiter

$$M\{g_x\,g_y\} = \gamma_P\,\gamma_Q\left[n^2 p - (npq + n^2 p^2) \right]$$

oder

$$(17.11.14) \quad M\{g_x\,g_y\} = n(n-1)\, pq\, \gamma_P\,\gamma_Q \; .$$

Die <u>Kovarianz</u> $C\{g_x ; g_y\}$ zwischen g_x und g_y ist

$$C\{g_x ; g_y\} = M\{g_x g_y\} - M\{g_x\} M\{g_y\}$$

$$= n(n-1)\, pq\, \gamma_P \gamma_Q - (np\, \gamma_P)(nq\, \gamma_Q)$$

oder

$$(17.11.15) \quad C\{g_x ; g_y\} = - npq\, \gamma_P \gamma_Q \; .$$

Die Korrelationszahl ρ zwischen g_x und g_y folgt aus

$$\rho\, \sigma\{g_x\}\, \sigma\{g_y\} = C\{g_x ; g_y\}$$

zu

$$(17.11.16) \quad \rho = - \sqrt{\frac{pq}{(q + C_P^2)(p + C_Q^2)}} \; .$$

Für $\sigma_P = \sigma_Q = 0$ bzw. $C_P = C_Q = 0$ ist $\rho = -1$, was auch anschaulich einleuchtend ist. In dem Falle haben alle Teilchen γ_P' bzw. γ_Q' das gleiche Gewicht γ_P bzw. γ_Q. Damit ist $g_x = n_x \gamma_P$, $g_y = n_y \gamma_Q$ und

$$\gamma_Q\, g_x + \gamma_P\, g_y = n\, \gamma_P \gamma_Q \; ,$$

d.h. g_y ist bei festem n linear von g_x abhängig. Im allgemeinen Fall (17.11.16) wird die Korrelationszahl ρ dem Betrage nach umso kleiner, je mehr die Korngewichte γ_P' und γ_Q' der Komponenten streuen.

Der relative Gewichtsanteil der Komponente (P) in der Mischung ist

$$X = \frac{g_x}{g_x + g_y} \; .$$

Es wird

$$1/X = 1 + (g_y/g_x) \quad \text{und}$$

$$V\{1/X\} = V\{g_y/g_x\} \; .$$

Die Formel für die Varianz eines Quotienten liefert für Proben mit "genügend großer" Teilchenzahl n

$$V\{1/X\} = \frac{M^2\{g_y\}}{M^2\{g_x\}} \left[\frac{V\{g_x\}}{M^2\{g_x\}} + \frac{V\{g_y\}}{M^2\{g_y\}} - \frac{2\, C\{g_x ; g_y\}}{M\{g_x\}\, M\{g_y\}} \right] \; .$$

Setzt man hier die Mittelwerte, die Varianzen und die Kovarianz ein, so findet man nach einfacher Rechnung

$$V\{1/X\} = \frac{1}{npq} \left(\frac{q\,\gamma_Q}{p\,\gamma_P}\right)^2 \left[1 + p\,C_Q^2 + q\,C_P^2\right].$$

Mit $V\{X\} = P^4\,V\{1/X\}$ wird daraus

$$V\{X\} = \frac{P^4}{npq} \left(\frac{q\,\gamma_Q}{p\,\gamma_P}\right)^2 \left[1 + p\,C_Q^2 + q\,C_P^2\right].$$

Die letzte Gleichung stimmt mit (14.11.21a) überein. Damit ist man auf ganz anderem Wege als im Abschnitt 14.11 zu dem gleichen Ergebnis gelangt.

(b) Beispiel. Deutung eines hohen Bestimmtheitsmaßes .

In einer Spinnerei wurde die Zahl y_ν der Maschinenschäden je Monat und die durchschnittliche Außentemperatur $x_\nu\left[{}^\circ F\right]$ beobachtet. Da nur wenige

Zahlentafel 17.11.1			
Monat	Nr.	mittlere Außentemperatur $x_\nu\left[{}^\circ F\right]$	Zahl der Maschinenschäden $y_\nu\left[1/\text{Monat}\right]$
Nov.	1	49	240
Dez.	2	44, 5	228
Jan.	3	49	232
Febr.	4	43	212
März	5	45	250
April	6	53	238
Mai	7	64	272
Juni	8	73, 5	292
Juli	9	76	330
Aug.	10	74	364
Sept.	11	70	344
Summe		641	3002
Mittelwert		$\bar{x} = 58,3$	$\bar{y} = 273$

Einzelwerte vorliegen, berechnet man die Summen s_{xx} , s_{yy} und s_{xy} einfach aus den Definitionsgleichungen (17.4.12) bis (17.4.14) . Die Zahlentafel 17.11.2 gibt zu den Abweichungen $(x_\nu - \bar{x})$ und $(y_\nu - \bar{y})$ die Quadrate und das "gemischte" Produkt. Daraus findet man

$$s_{xx} = 1762,7 \quad ; \quad s_{yy} = 27203 \quad ; \quad s_{xy} = 6285,3 \ .$$

Zahlentafel 17.11.2

ν	$x_\nu - \bar{x}$	$y_\nu - \bar{y}$	$(x_\nu - \bar{x})^2$	$(y_\nu - \bar{y})^2$	$(x_\nu - \bar{x})(y_\nu - \bar{y})$
1	− 9,3	− 33	86,5	1089	306,9
2	− 13,8	− 45	190,4	2025	621,0
3	− 9,3	− 41	86,5	1681	381,3
4	− 15,3	− 61	234,1	3721	933,3
5	− 13,3	− 23	176,9	529	305,9
6	− 5,3	− 35	28,1	1225	185,5
7	5,7	− 1	32,5	1	− 5,7
8	15,2	19	231,0	361	288,8
9	17,7	57	313,3	3249	1008,9
10	15,7	91	246,5	8281	1428,7
11	11,7	71	136,9	5041	830,7
Summe	− 0,3	− 1	1762,7	27203	6285,3
			$s_{xx} =$ $(n-1)\, s_x^2$	$s_{yy} =$ $(n-1)\, s_y^2$	$s_{xy} =$ $(n-1)\, C_{xy}$

Der Anstieg b_1 der Mittelwertsgeraden $Y(x)$ wird nach (17.4.9) $b_1 = s_{xy}/s_{xx} = 3,57 \approx 3,6$. Mit diesem Anstieg geht die Gerade durch den Mittelpunkt $(\bar{x} = 58,3 \ ; \ \bar{y} = 273)$. Die Dimension $[b_1]$ von b_1 ist

$$[b_1] = [y/x] = \left[\frac{\text{Schäden/Monat}}{{}^{\circ}F} \right] \ ,$$

d.h. eine Steigerung der mittleren Monatstemperatur um $1^{\circ}F$ erhöht die Zahl der Schäden je Monat um etwa 3,6 . Das Bestimmtheitsmaß $\hat{B}_L$ für diesen Zusammenhang wird nach (17.4.26) $\hat{B}_L = s_{xy}^2/(s_{xx}\, s_{yy}) = \left[C_{xy}/(s_x s_y) \right]^2 = 0,82$, und die Korrelationszahl ist $r = \sqrt{\hat{B}_L} = 0,91$. Von der S.d.q.A. insgesamt s_{yy} der y-Werte ist der Anteil 82% durch den linearen Zusammenhang zwischen x und $Y(x)$ erklärbar. Das Ergebnis deutet auf einen kausalen Zusammenhang zwischen der Außentemperatur x und der Zahl der Maschinenschäden y hin. Da die Maschinen in Räumen standen, die durch eine Klima-Anlage auf konstanter Temperatur gehalten wurden, erschien der Zusammenhang überraschend und zunächst unerklärlich. Eine weitergehende Untersuchung ergab, daß über die Temperatur des (nicht "klimatisierten") Kühlwassers in der Tat ein Zusammenhang zwischen der Außentemperatur und den Maschinenschäden bestand.

In Abb. 17.11.1 ist der Verlauf von $x(t)$ und $y(t)$ über der Zeit t dargestellt. Der "zeitliche Gleichlauf" beider Funktionen ist unverkennbar.

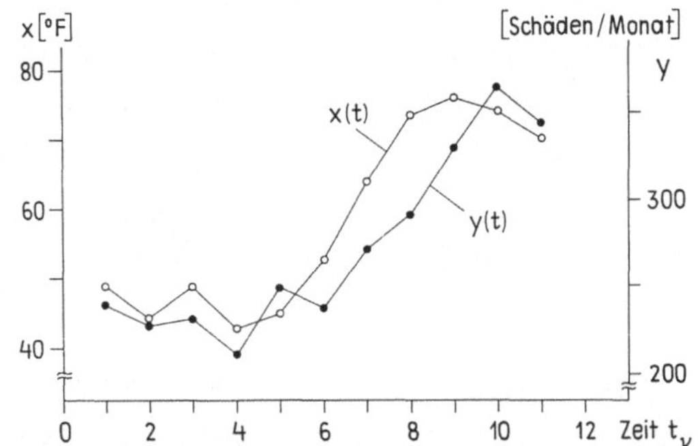

Abb. 17.11.1. Der zeitliche Verlauf der Funktionen $x(t)$ und $y(t)$ aus Zahlentafel 17.11.1 .

Abb. 17.11.2 gibt die beobachteten Punkte $(x_\nu; y_\nu)$ und die ihnen zugeordnete Mittelwertslinie $Y(x) \approx \bar{y} + 3,6\,(x - \bar{x})$.

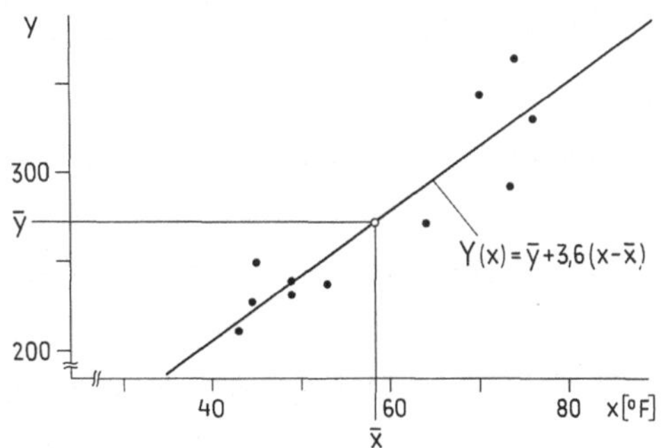

Abb. 17.11.2. Die Punktwolke der $P_\nu\,(x_\nu; y_\nu)$ aus Zahlentafel 17.11.1 .

Ein hohes Bestimmtheitsmaß $\hat{B}_L$ darf auf keinen Fall dazu verleiten, ohne weitere Untersuchung eine kausale Verknüpfung zwischen x und y anzunehmen. $\hat{B}_L$ sagt darüber gar nichts aus. Die Tatsache, daß $\hat{B}_L$ nahe bei 1 liegt, besagt lediglich, daß man im beobachteten Bereich der (x;y)-Werte zu einem vorgeschriebenen x-Wert die zugeordneten y-Werte mit geringer Restvarianz (also sehr genau) mit Hilfe der Mittelwertsgleichung $Y(x) = b_0 + b_1 x$ bestimmen kann. In manchen Fällen wird allerdings ein hohes Bestimmtheitsmaß $\hat{B}_L$ zu weiteren Untersuchungen Anlaß geben, bei denen man prüft, ob y von x "kausal" abhängt. Keinesfalls darf man "enge stochastische Verbundenheit" ($\hat{B}_L \approx 1$) und "kausale Abhängigkeit" ohne weiteres einander gleichsetzen. Man kann nur auf Grund vieler Erfahrungen sagen, daß ein hohes Bestimmtheitsmaß nicht selten auf kausale Abhängigkeit hindeutet, die jedoch erst durch weitere Untersuchungen (!) nicht statistischer Art bestätigt werden kann.

Verknüpft man zwei von der Zeit t abhängige Größen x(t) und y(t) durch Elimination der Zeit t unmittelbar zu (x;y) miteinander, wie es von Abb. 17.11.1 zu 17.11.2 geschehen ist, so beobachtet man – auch wenn x(t) und y(t) kausal völlig unabhängig voneinander sind – immer dann ein hohes Bestimmtheitsmaß, wenn die Funktionen x(t) und y(t) "zeitlichen Gleichlauf" (wie in Abb. 17.11.1) oder "zeitlichen Gegenlauf" haben. Im ersten Falle steigen (oder fallen) beide Funktionen, im letzten Falle steigt bzw. fällt je eine der beiden Funktionen mit der Zeit.

(c) Beispiel für eine Korrelationsanalyse .

Es ist zu untersuchen, ob die Drehung x [Zahl der Drehungen je 50 cm] und die Einzwirnung y [mm je 25 cm Einspannlänge] an einem Kreppgarn bestimmter Art miteinander korreliert sind. Eine Probe der Größe n = 50 ergab die in Zahlentafel 17.11.3 enthaltenen Wertepaare $(x_\nu; y_\nu)$.

Die Beobachtungen werden mit den Klassenbreiten $\Delta x = 5$ und $\Delta y = 0,5$ in der Korrelationstafel 17.11.4 zusammengefaßt. In den Zellen (i j) des stark umrandeten Teils der Tafel stehen links unten die Besetzungszahlen, am unteren Rand aufsummiert zu $n_{i.}$, am rechten Rand aufsummiert zu $n_{.j}$. Die ganzzahligen Hilfswerte nach (17.2.14)

$$v_i = \frac{x_i - a}{\Delta x} \qquad \text{und} \qquad w_j = \frac{y_j - b}{\Delta y}$$

sind mit

$$a = 1135 \quad \text{und} \quad b = 33,0$$

gebildet worden. In der rechten oberen Ecke jeder Zelle (ij) ist das Produkt $(n_{ij}\, v_i\, w_j)$ eingetragen. Am unteren bzw. rechten Rand der Tabelle

<table>
<tr><td colspan="10" align="center">Zahlentafel 17.11.3</td></tr>
<tr><td>x</td><td>y</td><td>x</td><td>y</td><td>x</td><td>y</td><td>x</td><td>y</td><td>x</td><td>y</td></tr>
<tr><td>1094</td><td>30,5</td><td>1153</td><td>33,8</td><td>1103</td><td>30,2</td><td>1155</td><td>33,4</td><td>1140</td><td>33,0</td></tr>
<tr><td>1118</td><td>32,2</td><td>1137</td><td>33,0</td><td>1153</td><td>33,2</td><td>1113</td><td>32,8</td><td>1136</td><td>33,8</td></tr>
<tr><td>1129</td><td>32,5</td><td>1123</td><td>32,2</td><td>1129</td><td>34,0</td><td>1118</td><td>31,3</td><td>1138</td><td>31,7</td></tr>
<tr><td>1144</td><td>32,6</td><td>1123</td><td>31,0</td><td>1137</td><td>31,7</td><td>1140</td><td>32,5</td><td>1092</td><td>32,1</td></tr>
<tr><td>1130</td><td>32,7</td><td>1149</td><td>33,9</td><td>1137</td><td>31,8</td><td>1125</td><td>31,0</td><td>1120</td><td>33,2</td></tr>
<tr><td>1095</td><td>31,8</td><td>1134</td><td>33,1</td><td>1141</td><td>31,3</td><td>1138</td><td>31,2</td><td>1155</td><td>32,1</td></tr>
<tr><td>1144</td><td>33,7</td><td>1117</td><td>30,8</td><td>1144</td><td>33,2</td><td>1116</td><td>31,5</td><td>1147</td><td>33,3</td></tr>
<tr><td>1156</td><td>33,2</td><td>1157</td><td>33,3</td><td>1150</td><td>33,5</td><td>1147</td><td>33,3</td><td>1119</td><td>31,0</td></tr>
<tr><td>1146</td><td>34,0</td><td>1128</td><td>30,8</td><td>1097</td><td>32,1</td><td>1121</td><td>32,3</td><td>1146</td><td>32,8</td></tr>
<tr><td>1111</td><td>32,2</td><td>1139</td><td>31,9</td><td>1133</td><td>33,2</td><td>1117</td><td>31,7</td><td>1110</td><td>30,0</td></tr>
</table>

stehen die Spalten- bzw. Zeilensummen der Produkte $n_{ij}\, v_i\, w_j$. Summiert man diese Spalten- bzw. Zeilensummen wiederum auf, so findet man in beiden Fällen (Rechenkontrolle !)

$$\sum_i \sum_j n_{ij}\, v_i\, w_j = 272 \ .$$

Mit den weiteren Hilfsgrößen

$$\sum_i v_i\, n_{i.} = -40 \ ; \qquad \sum_i v_i^2\, n_{i.} = 632 \ ;$$

$$\text{und} \quad \sum_j w_j\, n_{.j} = -66 \ ; \qquad \sum_j w_j^2\, n_{.j} = 314$$

findet man aus (17.2.17) und (17.2.18)

$$n\, s_{xx} = 30\,000\ (\Delta x)^2 \ ; \quad n\, s_{yy} = 11\,344\ (\Delta y)^2 \ ;$$

$$n\, s_{xy} = 10\,960\ \Delta x\ \Delta y \ .$$

Nach (17.4.17) wird die gesuchte Korrelationszahl

$$r = \frac{C_{xy}}{s_x\, s_y} = \frac{s_{xy}}{\sqrt{s_{xx}\, s_{yy}}} = \frac{10\,960}{\sqrt{30\,000 \cdot 11\,344}} = 0,594 \ .$$

Zahlentafel 17.11.4

Kl. Nr. j	Kl. Nr. i	1	2	3	4	5	6	7	8	9	10	11	12	13	14					
	y_j \ x_i	1090	1095	1100	1105	1110	1115	1120	1125	1130	1135	1140	1145	1150	1155	50		-66	314	272
1	30,0				36 1	30 1										2	- 6	-12	72	66
2	30,5		40 1													1	- 5	- 5	25	40
3	31,0						16 1	12 1	16 2	4 1		- 4 1				6	- 4	-24	96	44
4	31,5						24 2	9 1			0 1	- 6 2				6	- 3	-18	54	27
5	32,0	18 1	32 2			10 1		6 1	4 1		0 1	- 2 1			- 8 1	9	- 2	-18	36	60
6	32,5							3 1		2 2		- 1 1	- 2 1			5	- 1	- 5	5	2
7	33,0						0 1	0 1			0 3	0 1	0 2		0 2	10	0	0	0	0
8	33,5												6 3	3 1	8 2	6	1	6	6	17
9	34,0									- 2 1	0 1		4 1	6 1	8 1	5	2	10	20	16
	50	1	3	0	1	2	4	5	3	4	6	6	7	2	6	$n_{i.}$ \ $n_{.j}$	w_j	$n_{.j} w_j$	$n_{.j} w_j^2$	
		- 9	- 8	- 7	- 6	- 5	- 4	- 3	- 2	- 1	0	1	2	3	4	v_i				
	- 40	- 9	- 24	0	- 6	- 10	- 16	- 15	- 6	- 4	0	6	14	6	24	$n_{i.} v_i$				
	632	81	192	0	36	50	64	45	12	4	0	6	28	18	96	$n_{i.} v_i^2$				
	272	18	72	0	36	40	40	30	20	4	0	- 13	8	9	8	$\sum_j n_{ij} v_i w_j$				

Es ist die Hypothese $\rho = 0$, daß Drehung und Einzwirnung voneinander unabhängig sind, gegen die Hypothese $\rho \neq 0$ zu prüfen. Zum Testen wird die Sicherheit $S = 1-\alpha = 95\%$ gewählt. Für die Prüfgröße ergibt sich aus (17.10.9)

$$\frac{|r|}{\sqrt{1-r^2}} \sqrt{n-2} = 5,12 .$$

Der Schwellenwert der t-Verteilung ist $t_{n-2;97,5\%} = t_{48;97,5\%} = 2,01$. Da die Prüfgröße den Schwellenwert übersteigt, so wird die Hypothese $\rho = 0$ verworfen. Drehung und Einzwirnung sind miteinander korreliert.

Aus Abb. 17.10.5 findet man zu $r = 0,59$ den Vertrauensbereich zur Sicherheit $S = 95\%$ für ρ bei $n = 50$ Beobachtungen zu

$$0,40 \lessgtr \rho \lessgtr 0,75 .$$

Rechnerisch findet man diesen Bereich, indem man aus Zahlentafel 17.10.1 zu $r = 0,594$ den transformierten Wert $z(r) = 0,684$ bestimmt. Gleichung (17.10.20) gibt dann mit $u_{1-(\beta/2)} = 1,960$ die untere Grenze ζ_U ,

$$\zeta_U = 0,684 - \frac{1,960}{\sqrt{47}} = 0,398 ,$$

und die obere Grenze ζ_O ,

$$\zeta_O = 0,684 + \frac{1,960}{\sqrt{47}} = 0,970 ,$$

des Vertrauensbereichs für $\zeta(\rho)$. Transformiert man das Wertepaar $(\zeta_U ; \zeta_O)$ mit Zahlentafel 17.10.2 wieder zu $(\rho_U ; \rho_O)$, so findet man schließlich

$$0,38 \leqslant \rho \leqslant 0,75 .$$

Meist ist die zeichnerische Lösung für praktische Zwecke ausreichend genau.

(d) <u>Korrelation zweier Meßverfahren</u> .

Von besonderer praktischer Bedeutung ist die Korrelationszahl $r_{xy} \equiv r$ zwischen zwei Zufallsgrößen x und y , wenn folgender Sachverhalt vorliegt: Die Größe x sei "einfach" und die Größe y sei "schwierig" meßbar, d.h. die Messung von x gelingt mit einfachen (billigen) Meßgeräten in kurzer Zeit, während die Messung von y komplizierte (teure) Meßgeräte erfordert und viel Zeit beansprucht. Wenn y und x "hoch korreliert" sind, dann kann man aus einer Messung $x = x_1$ auf den zugeordneten Wert $y = y_1$ schließen. Das kostspielige Meßverfahren für y ist dann überflüssig.

Zahlentafel 17.11.5

$y\,[\%]$ \ $(x-1)10^3$	64	68	72	76	80	84	88	92	96	100	104	108	112	116	120	124	128	132	136	140	Σ
9,5	1																				1
10,5	1	1																			2
11,5			5	1																	6
12,5		1	5	2	3	1															12
13,5			1	2	7	9															19
14,5					6	9	11														26
15,5						3	19	18	6												46
16,5							11	30	43	10											94
17,5							1	11	33	54	6	1									106
18,5								2	4	39	43	22									110
19,5										2	22	35	16	1							76
20,5											1	6	22	9	1						39
21,5														11	3						14
22,5														1	1	4	1				7
23,5															1						1
24,5																					0
25,5																				1	1
Σ	2	2	11	5	16	22	42	61	86	105	72	64	38	22	5	5	1	0	0	1	560

Als Beispiel ist in Zahlentafel 17.11.5 der Zusammenhang zwischen dem spezifischen Gewicht $x\left[\text{g/cm}^3\right]$ und dem Stärkegehalt $y\left[\%\right]$ von Kartoffeln[1) gegeben. Die Auswertung liefert die Mittelwerte

$$\bar{x} = 1{,}099 \text{ g/cm}^3 \quad ; \quad \bar{y} = 17{,}55\,\% \quad ;$$

die Standardabweichungen

$$s_x = 0{,}0106 \text{ g/cm}^3 \quad ; \quad s_y = 2{,}22\,\%$$

und die (hohe) Korrelationszahl

$$r_{xy} = r = 0{,}95 \quad ,$$

bzw. das Bestimmtheitsmaß

$$r^2 = \hat{B}_L = 0{,}90 \quad .$$

Nach Abb. 17.11.3 wächst der <u>mittlere</u> Stärkegehalt $Y(x)$ bei vorgegebenem x in guter Näherung linear mit x. Die Varianz s_e^2 der (nicht eingezeichneten) Einzelmeßwerte y_ν um die Gerade $Y(x)$ wird entsprechend zu (17.5.7)

$$s_e^2 = s_y^2(1 - \hat{B}_L) = 0{,}493 \left[\%\right]^2 \quad .$$

Daraus folgt $s_e = 0{,}70 \left[\%\right]$. Wenn man eine Standardabweichung in dieser Größenordnung für den Stärkegehalt $y = y(x_1) = y_1$ bei beobachtetem spe-

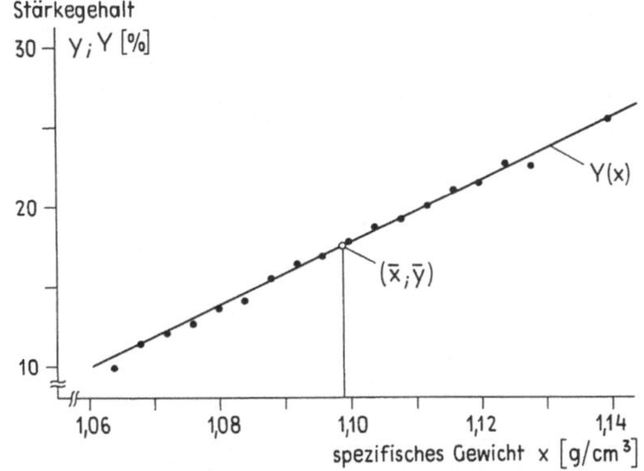

Abb. 17.11.3. Der Zusammenhang zwischen dem spezifischen Gewicht x und dem Stärkegehalt y bei Kartoffeln; $Y(x)$ ist die Regressionsgerade (17.4.10).

---

1) A. Hald. Statistical Theory with Engineering Applications. Wiley, New York, 1952 , S. 82 .

zifischen Gewicht $x = x_1$ in Kauf nehmen kann, so läßt sich die Bestimmung des Stärkegehalts y durch die Messung des spezifischen Gewichts x ersetzen.

Im folgenden wird noch der Vertrauensbereich für $\rho_{xy} \equiv \rho$ bestimmt. Zu r = 0,95 gehört nach (17.10.13) bzw. Zahlentafel 17.10.1 der transformierte Wert

$$z(r) = \frac{1}{2} \ln \frac{1 + r}{1 - r} = 1,832 \ .$$

Gleichung (17.10.20) liefert zu n = 560 , S = 1–ß = 95% und $u_{1-(ß/2)}$ = 1,96 die Vertrauensgrenzen für ζ,

$$\zeta_U = 1,749 \quad \text{und} \quad \zeta_O = 1,915 \ .$$

Transformiert man ζ_U und ζ_O mit Hilfe von $\rho = \tanh\zeta$ bzw. Zahlentafel 17.10.2 wieder zu ρ , so findet man schließlich die Vertrauensgrenzen für ρ ,

$$\rho_U = 0,941 \leq \rho \leq 0,958 = \rho_O \ .$$

Infolge der großen Zahl von n = 560 Wertepaaren $(x_\nu ; y_\nu)$ ist die unbekannte Korrelationszahl ρ "sehr genau" bestimmbar.

Ein weiteres Beispiel ist der in Abb. 17.11.4 dargestellte Zusammenhang zwischen Zugfestigkeit $\left[\text{kp/mm}^2\right]$ und Rockwell-B-Härte. Die Messung der Zugfestigkeit wirkt zerstörend, die andere nicht. Bei ausreichend hohem Bestimmtheitsmaß läßt sich demnach eine zerstörende Prüfung durch eine nicht zerstörende ersetzen.

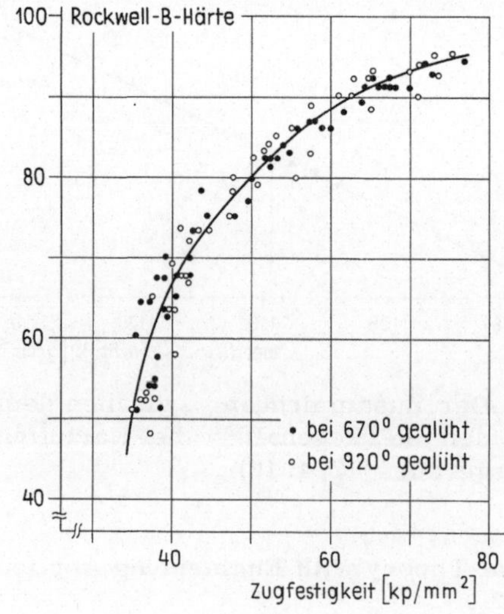

Abb. 17.11.4. Nicht lineare Regression zwischen Zugfestigkeit und Härte.

Der "Verbraucher" formuliert in vielen Fällen seine Qualitätswünsche in recht unbestimmter Form. Er wünscht beispielsweise einen Anzugstoff, der "griffig ist und gut fällt". Jetzt muß der sachkundige Ingenieur technologische meßbare Merkmale x finden, die mit den vom Käufer gewünschten Eigenschaften y hoch korreliert sind, so daß man vom Merkmal x auf y schließen kann. Die nur schwer faßbare Eigenschaft der Griffigkeit eines Stoffes (ob er sich hart oder weich, glatt oder rauh anfühlt), hängt eng mit der "Feinheit" der Wollfasern zusammen, aus denen das Gewebe besteht.

Hat man auf der einen Seite die "wirkliche Beanspruchung" einer Straßendecke durch Verkehrsbelastung, Witterungseinflüsse u.a. und auf der anderen Seite im Labor durchgeführte Prüfverfahren, mit denen man Voraussagen über das Verhalten bestimmter Baustoffe machen will, so sind diese Labor-Verfahren nur dann brauchbar, wenn zwischen ihren Ergebnissen und dem wirklichen Verhalten im "Betrieb" hohe Korrelation besteht, so daß man vom Modellversuch auf die Wirklichkeit schließen kann.

(e) Korrelation bei Doppelmessungen .

Um die Genauigkeit eines bestimmten Verfahrens der Probenahme zu beurteilen, werden häufig "Doppelmessungen" durchgeführt. Beispielsweise entnehmen zwei Partner, Lieferant X und Käufer Y , eine Doppelprobe zur Beurteilung eines Massengutes (Kohle, Erz, Zement, ...) nach Abb. 17.11.5 : Von den Einzelproben ν = 1 , 2 , 3 , 4 , ... werden die ungera-

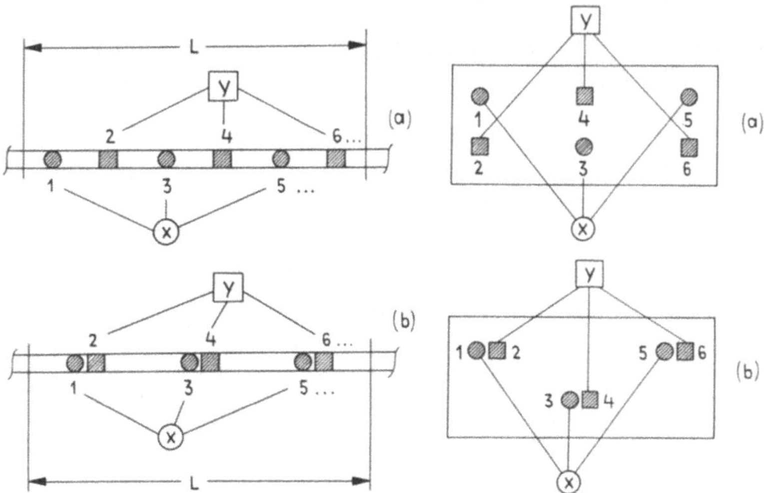

Abb. 17.11.5.   Zur Entnahme einer Doppelprobe (x ; y) vom Band bzw. vom Wagen.

den $1, 3, 5, \ldots$ zur Sammelprobe x für X und die geraden $2, 4, 6, \ldots$ zur Sammelprobe y für Y vereinigt; x und y werden <u>getrennt</u> untersucht. Aus den über längere Zeit beobachteten Unterschieden

$$(17.11.17) \qquad d = x - y$$

schätzt man die unbekannte Varianz σ^2 des Verfahrens.

Führt man solche Doppelmessungen für mehrere Bandabschnitte $i = 1, 2, 3, \ldots$ (gleicher Länge L) bzw. für mehrere Wagen durch, so findet man eine Reihe von Summen z_i und von Differenzen d_i nach folgender Uebersicht:

Nr. des Versuchs (Lieferung)	Einzelwerte der "Doppelmessung"		Summe	Differenz
i	x_i	y_i	$z_i = x_i + y_i$	$d_i = x_i - y_i$
1	x_1	y_1	z_1	d_1
2	x_2	y_2	z_2	d_2
3	x_3	y_3	z_3	d_3
$\vdots$	$\vdots$	$\vdots$	$\vdots$	$\vdots$

Die Einzelproben $\nu = 1, 2, 3, 4, \ldots$ kann man nach Abb. 17.11.5 (a) in (nahezu) gleichen Abständen über das Band verteilen oder man kann (b) die Paare $(1;2)$, $(3;4)$, $\ldots$ in (nahezu) gleichen Abständen entnehmen. Im letzten Falle liegen die Einzelwerte 1 und 2 dicht zusammen, ebenso 3 und 4, usw. Im Falle (a) sind die Merkmalwerte der Proben x und y (nahezu) unabhängig voneinander, wenn der Probenabstand genügend groß ist, im Falle (b) "benachbarter" Proben aber nicht. Im Falle (a) gilt für die Varianzen von z und d

$$(17.11.18) \qquad V\{z\} = V\{d\} = \sigma_x^2 + \sigma_y^2 .$$

Bei gleicher Größe und gleicher Zahl der Einzelproben und bei gleicher Art der "Aufbereitung der Sammelprobe" durch die beiden Partner ist $\sigma_x^2 = \sigma_y^2 = \sigma^2$, und damit

$$(17.11.19) \qquad V\{z\} = V\{d\} = 2\sigma^2 .$$

Im Falle (b) mit korrelativer Verknüpfung der Werte $(x\,;y)$ gilt jedoch allgemein

$$(17.11.20) \quad V\{z\} = \sigma_x^2 + \sigma_y^2 + 2\,\sigma_x\sigma_y\rho \quad \text{und} \quad V\{d\} = \sigma_x^2 + \sigma_y^2 - 2\,\sigma_x\sigma_y\rho\,.$$

Im Sonderfall $\sigma_x^2 = \sigma_y^2 = \sigma^2$ hat man

$$(17.11.21) \quad V\{z\} = 2\,\sigma^2(1+\rho) \quad \text{und} \quad V\{d\} = 2\,\sigma^2(1-\rho)\,,$$

wobei ρ die Korrelationszahl zwischen den Meßreihen x und y ist. Bei positiver Korrelation $(\rho > 0)$ wird die Varianz der Summen vergrößert, die Varianz der Differenzen verkleinert; bei negativer Korrelation $(\rho < 0)$ gilt das Umgekehrte.

Berechnet man aus der Doppelmessung $(x\,;y)$ den Mittelwert m,

$$m = \tfrac{1}{2}(x + y)\,,$$

so ist die Varianz der m-Werte

$$(17.11.22) \quad V\{m\} = \tfrac{1}{2}\sigma^2(1 + \rho)\,.$$

Daraus ergeben sich einige wichtige Folgerungen für die Praxis der Probenahme:

(A) Liegt ρ nahe bei 1, $\rho \approx 1$, was für eng benachbarte Proben zutreffen kann, so ist angenähert $V\{m\} \approx \sigma^2$, d.h. die Genauigkeit des Mittelwerts m einer Doppelmessung $(x\,;y)$ ist <u>nicht</u> (viel) besser, als die einer einzelnen Messung x oder y allein. Der mit der Doppelmessung verbundene Aufwand ist im Hinblick auf die Steigerung der Genauigkeit nicht gerechtfertigt.

(B) Die Einzelprobe sollte "so klein wie möglich" sein, denn eine Verdopplung ihres Gewichts g_1 bedeutet die Entnahme einer zweiten "unmittelbar benachbarten" Probe g_2 gleichen Gewichts, deren Merkmalwerte im allgemeinen so eng mit denen der ersten Probe korreliert sind, daß man (fast) keine zusätzliche Information mit g_2 gewinnt.

(C) Berechnet man aus der beobachteten Varianz s_d^2 der Differenzen einen Schätzwert s^2 für σ^2, so kommt man ohne Berücksichtigung der Korrelation zu völlig falschen Ergebnissen, wenn $\rho \neq 0$ ist. In einem (praktisch beobachteten) Beispiel fand man

$$s_d^2 = 0,40\,[\%\text{-Asche}]^2\,.$$

Daraus wurde entsprechend (17.11.19) (ohne Korrelation) der Schätzwert s^2 für σ^2 ,

$$s^2 = s_d^2/2 = 0,20 \left[\%\text{-Asche}\right]^2 ,$$

berechnet. Da dieser Schätzwert s^2 zu den Schätzwerten aus anderen Meßreihen nicht paßte, wurde durch weitere Beobachtungen die Korrelation zwischen x und y untersucht. Es ergab sich $r = 0,80$. Damit findet man entsprechend (17.11.21) jetzt den richtigen Schätzwert

$$s^2 = \frac{s_d^2}{2(1-r)} = 1,00 \left[\%\text{-Asche}\right]^2 ;$$

das ist ein um den Faktor $5(!)$ größerer Wert als vorher.

(f) <u>Korrelation zwischen Mittelwert und Zentralwert bei Normalverteilung.</u>

Es sei x_1 , x_2 , $\dots$, x_n eine Zufallsprobe und $x_{(1)}$, $x_{(2)}$, $\dots$, $x_{(n)}$ die gleiche <u>geordnete</u> Probe der Größe $n = 2k+1$ aus einer Normalverteilung mit dem Mittelwert μ und der Varianz σ^2 ; die x_ν seien unabhängig voneinander. Der arithmetische Mittelwert $\bar{x} = \sum_\nu x_\nu / n$ und der Zentralwert $\tilde{x} = x_{(k+1)}$ der Probe sind zwei Schätzwerte für μ , die miteinander korreliert sind. Die Korrelationszahl $\rho_n(\bar{x};\tilde{x})$ wird im folgenden berechnet. Es gilt (nach Definition)

$$(17.11.23) \qquad \rho_n^2(\bar{x};\tilde{x}) = \frac{C^2(\bar{x};\tilde{x})}{V\{\bar{x}\} \, V\{\tilde{x}\}} .$$

Dabei sind die Varianzen im Nenner der letzten Gleichung aus (8.2.1) und (8.2.19b) bekannt:

$$(17.11.24) \qquad V\{\bar{x}\} = \frac{\sigma^2}{n} \quad \text{und} \quad V\{\tilde{x}\} = \frac{\sigma^2}{n} c_n^2 .$$

Zu berechnen ist die Kovarianz $C\{\bar{x};\tilde{x}\}$ zwischen $\bar{x}$ und $\tilde{x}$. Zweckmäßig standardisiert man x zu

$$(17.11.25) \qquad u = \frac{x-\mu}{\sigma} ,$$

und bestimmt zunächst $C\{\bar{u};\tilde{u}\}$. Wegen $M\{\bar{u}\} = M\{\tilde{u}\} = 0$ hat man

$$n \, C\{\bar{u};\tilde{u}\} = n \, M\{\bar{u}\,\tilde{u}\} = M\{n\,\bar{u}\,\tilde{u}\} .$$

Mit $n\bar{u} = \sum_{\nu=1}^{n} u_\nu$ wird

$$n \, C\{\bar{u};\tilde{u}\} = M\left\{ \sum_{\nu=1}^{n} u_\nu \tilde{u} \right\} = \sum_{\nu=1}^{n} M\{u_\nu \tilde{u}\} .$$

In der ungeordneten Probe ist der Zentralwert $\tilde{u}$ gleich irgend einem der u_ν, $\tilde{u} = u_i$, wobei $i = 1$ oder 2 oder 3 oder ... oder n sein kann. Mithin ist

$$(17.11.26) \qquad n\, C\{\bar{u}; \tilde{u}\} = \sum_{\nu=1}^{n} M\{u_\nu u_i\} = 1 \;,$$

$$\text{denn} \quad M\{u_\nu u_i\} = \begin{cases} 0 & \text{für } \nu \neq i \;, \\ 1 & \text{für } \nu = i \;. \end{cases}$$

Wie man sich leicht überlegen kann, läßt sich die Beziehung (17.11.26) erheblich verallgemeinern zu

$$(17.11.27) \qquad \sum_{\nu=1}^{n} M\{u_{(\nu)}\, u_{(i)}\} = 1 \;.$$

Aus (17.11.26) findet man die gesuchte Kovarianz zu

$$(17.11.28) \qquad C\{\bar{u}; \tilde{u}\} = \frac{1}{n} \;.$$

Aus

$$\bar{x} - \mu = \bar{u}\, \sigma \quad \text{und} \quad \tilde{x} - \mu = \tilde{u}\, \sigma$$

folgt

$$(\bar{x} - \mu)(\tilde{x} - \mu) = \bar{u}\, \tilde{u}\, \sigma^2$$

und

$$C\{\bar{x}; \tilde{x}\} = M\{(\bar{x} - \mu)(\tilde{x} - \mu)\} = \sigma^2\, M\{\bar{u}\, \tilde{u}\}$$

oder mit (17.11.28)

$$(17.11.29) \qquad C\{\bar{x}; \tilde{x}\} = \frac{\sigma^2}{n} = V\{\bar{x}\} \;.$$

Aus (17.11.23) findet man schließlich die Korrelationszahl $\rho_n(\bar{x}; \tilde{x})$ zu

$$(17.11.30) \qquad \rho_n(\bar{x}; \tilde{x}) = 1/c_n \;.$$

Mit wachsender Probengröße n gilt asymptotisch $c_n^2 \longrightarrow \pi/2$; damit hat man für große n

$$(17.11.31) \qquad \rho_n(\bar{x}; \tilde{x}) \approx \rho_\infty(\bar{x}; \tilde{x}) = \sqrt{2/\pi} = 0{,}7979 \;.$$

Beim Schätzen von μ ist der Schätzwert $\bar{x}$ wirksamer als $\tilde{x}$. Die relative Wirksamkeit von $\tilde{x}$ gegen $\bar{x}$ ist

$$\eta = \frac{1/V\{\tilde{x}\}}{1/V\{\bar{x}\}} = \frac{V\{\bar{x}\}}{V\{\tilde{x}\}} = \frac{1}{c_n^2} \;.$$

Da es beim Schätzen meist auf die Standardabweichungen der Schätzwerte ankommt, so mißt man die "praktische" Wirksamkeit durch $\sqrt{\eta}$. Dann gilt mit (17.11.30)

$$(17.11.32) \qquad \sqrt{\eta} \;=\; 1/c_n \;=\; \rho_n(\bar{x}\,;\,\tilde{x}) \;\approx\; 0,80\;.$$

(g) <u>Korrelation zwischen Standardabweichung und Spannweite bei Normal-verteilung.</u>

Es sei s die Standardabweichung und $R = x_{max} - x_{min} = x_{(n)} - x_{(1)}$ die Spannweite einer Zufallsprobe x_1 , x_2 , $\dots$, x_n der Größe n aus einer Normalverteilung. Nach (12.3.3) und (12.3.2) sind

$$(17.11.33) \qquad s/a_n \;=\; s_1 \qquad \text{und} \qquad R/\alpha_n \;=\; s_2$$

unverzerrte Schätzwerte für die Standardabweichung σ , die für "kleine" n nahezu gleich wirksam sind. Es gilt

$$(17.11.34) \qquad M\{s_1\} \;=\; \sigma \qquad \text{und} \qquad M\{s_2\} \;=\; \sigma\;;$$

ferner nach (12.3.9) und (12.3.8)

$$(17.11.35) \qquad V\{s_1\} \;=\; \left(\frac{b_n}{a_n}\,\sigma\right)^2 \qquad \text{und} \qquad V\{s_2\} \;=\; \left(\frac{\beta_n}{\alpha_n}\,\sigma\right)^2\;.$$

Gesucht wird die Korrelationszahl $\rho_n(s_1\,;\,s_2)$ zwischen den Schätzwerten s_1 und s_2 für Proben der Größe n . Es gilt (nach Definition)

$$(17.11.36) \qquad \rho_n^2(s_1\,;\,s_2) \;=\; \frac{C^2\{s_1\,;\,s_2\}}{V\{s_1\}\,V\{s_2\}}\;,$$

wobei die Varianzen im Nenner bekannt sind. Die Kovarianz $C\{s_1\,;\,s_2\}$ wird im folgenden berechnet.

Dabei wird die (hier ohne Beweis mitgeteilte) Tatsache benutzt, daß"standardisierte"Spannweite (R/s) und Standardabweichung s unabhängig voneinander sind. In dem Falle ist der Mittelwert des Produkts R = (R/s)s gleich dem Produkt der Mittelwerte, also

$$M\{R\} \;=\; M\left\{\frac{R}{s}\,s\right\} \;=\; M\left\{\frac{R}{s}\right\} M\{s\}\;.$$

Daraus folgt

$$(17.11.37) \qquad M\left\{\frac{R}{s}\right\} \;=\; \frac{M\{R\}}{M\{s\}} \;=\; \frac{\alpha_n}{a_n}\;.$$

Aus (17.11.33) hat man $M\{s_2/s_1\} = (a_n/\alpha_n)\, M\{R/s\}$. Also gilt

(17.11.38) $M\{s_2/s_1\} = 1$.

Weiter ist (R/s) auch unabhängig von s^2 bzw. (s_2/s_1) unabhängig von s_1^2 . Damit hat man mit (17.11.38)

$$M\{s_2 s_1\} = M\left\{\frac{s_2}{s_1}\, s_1^2\right\} = M\left\{\frac{s_2}{s_1}\right\} M\{s_1^2\} = M\{s_1^2\} \ .$$

Die gesuchte Kovarianz zwischen s_1 und s_2 wird infolgedessen

$$C\{s_1;s_2\} = M\{s_1 s_2\} - M\{s_1\}\, M\{s_2\} = M\{s_1^2\} - \sigma^2 = M\{s_1^2\} - M^2\{s_1\} \ .$$

Nach dem Verschiebungssatz ist $V\{s_1\} = M\{s_1^2\} - M^2\{s_1\}$, also gilt

(17.11.39) $C\{s_1;s_2\} = V\{s_1\}$.

Damit wird die Korrelationszahl aus (17.11.36)

$$(17.11.40) \quad \rho_n^2(s_1;s_2) = \frac{V^2\{s_1\}}{V\{s_1\}\,V\{s_2\}} = \frac{V\{s_1\}}{V\{s_2\}} \ .$$

Setzt man die Varianzen aus (17.11.35) ein, so nimmt die Korrelationszahl die Gestalt an

$$(17.11.41) \quad \rho_n(s_1;s_2) = \frac{b_n/a_n}{\ss_n/\alpha_n} \ .$$

Für $n = 5$ ist beispielsweise

$$(a_5 = 0,940 \ ; \ b_5 = 0,341) \quad \text{und} \quad (\alpha_5 = 2,326 \ ; \ \ss_5 = 0,864) \ .$$

Damit wird $\rho_5(s_1;s_2) = 0,977$. Zahlentafel 17.11.6 gibt einige Korrelationszahlen $\rho_n(s_1;s_2)$ im Bereich $2 \leq n \leq 20$.
Da die Korrelationszahl bei linearer Transformation der Veränderlichen unverändert bleibt,

$$\rho(a\,x\,;\,b\,y) = \rho(x;y) \ ,$$

. so ist

$$(17.11.42) \quad \rho_n(s_1\,;\,s_2) = \rho_n(s;R) \ .$$

Die relative Wirksamkeit von $s_2 = R/\alpha_n$ gegen $s_1 = s/a_n$ beim Schätzen von σ ist

$$\eta = \frac{1/V\{s_2\}}{1/V\{s_1\}} = \frac{V\{s_1\}}{V\{s_2\}} = \left(\frac{b_n/a_n}{\ss_n/\alpha_n}\right)^2 \ .$$

Ersichtlich gilt mit (17.11.41) die Beziehung

$$(17.11.43) \qquad \eta = \rho_n^2(s_1 ; s_2) \quad \text{oder} \quad \sqrt{\eta} = \rho_n(s_1 ; s_2) \ .$$

Da $\rho_n^2 \leqq 1$ ist, so kann das Schätzverfahren 2 nicht besser als 1 sein.
Die "praktische" Wirksamkeit wird durch $\sqrt{\eta} = \rho_n(s_1 ; s_2)$ gemessen. Aus
Zahlentafel 17.11.6 geht hervor, daß man für "kleine" Proben im Bereich
$2 \lesssim n \lesssim 10$ nicht wesentlich an Wirksamkeit verliert, wenn man eine unbe-

Zahlentafel 17.11.6	
Proben- größe n	Korrelationszahl $\rho_n(s_1 ; s_2) = \rho_n(s ; R)$
2	1,000
3	0,996
4	988
5	977
6	966
7	955
8	943
9	932
10	922
12	902
14	884
16	867
18	851
20	0,837

kannte Standardabweichung σ über die Spannweite R (anstelle von s) schätzt.
Infolgedessen wird in der statistischen Qualitätskontrolle die Standardabweichung σ einer Fertigung ausschließlich mit Hilfe der R-Karte überwacht.

(h) <u>Ein Größensystem für Fertigkleidung</u> .

Der menschliche Körper ist durch eine Reihe von "Längen" (Körpergröße,
Rückenlänge, Armlänge, Kniehöhe, ...) und eine Reihe von "Weiten" (Oberweite, Taillenweite, Hüftweite, Rückenweite, ...) gekennzeichnet. Bei der
Herstellung von Fertigkleidung in der Textilindustrie hat man u.a. zu fragen,
<u>wieviele und welche Maße</u> man zur Festlegung einer bestimmten Größe (z.B.
42) heranziehen soll. Die Maße der "Grundgrößen" dürfen keinesfalls das Er-

gebnis ästhetischer Erwägungen über eine "Idealgestalt" sein, sondern soll-
ten an die in der Bevölkerung wirklich vorhandenen Körpermaße anknüpfen.
Ein Modell bestimmter Größe, z.B. 42, sollte unabhängig vom jeweiligen
Hersteller die gleichen Abmessungen haben. Ein einzelner Käufer muß sich
durch wenige Messungen in das "Größensystem" einordnen lassen.

Ferner hat man die mögliche Fertigungsgenauigkeit bei der Herstellung
großer Serien, die Kosten für Aenderungen am fertigen Kleid, die Kosten
für Verkauf und Lagerhaltung u.a. in Betracht zu ziehen. Schließlich soll
der durch das Größensystem erfaßte Bevölkerungsanteil (der Sättigungsgrad)
ausreichend groß sein.

In Abb. 17.11.6 ist das alte Größensystem dargestellt, nach dem die
holländische Textilindustrie (etwa bis 1953) Fertigkleidung für Frauen her-

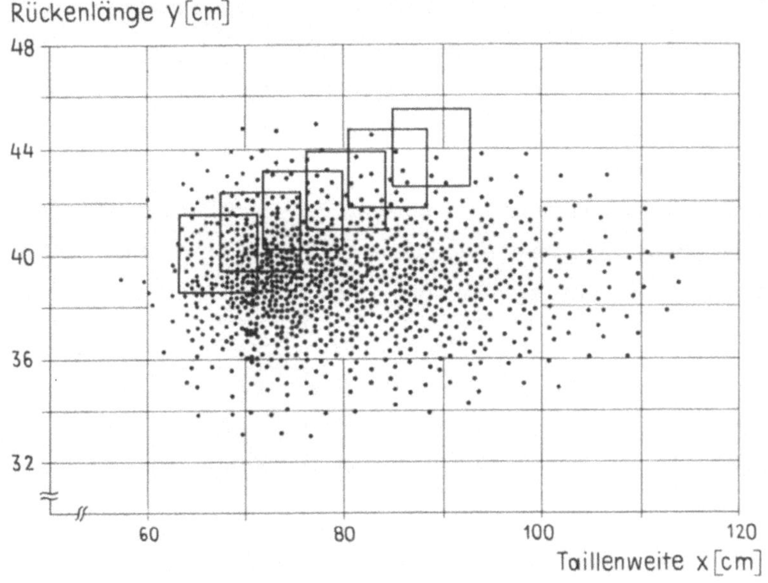

Abb. 17.11.6. Das alte Größensystem für Fertigkleidung vor
Durchführung der Messungen. Jeder Punkt entspricht 5 Messungen.

gestellt hat. Ersichtlich wächst die Rückenlänge mit der Taillenweite linear
an. Dieses Größensystem ist wirklichkeitsfremd. Es nimmt keine Rücksicht
auf die Verteilung der Längen und Weiten, die tatsächlich vorhanden sind. Für
den größten Teil der (erwachsenen weiblichen) Bevölkerung, nämlich rund
73% (!), gab es nach diesem System gar keine passenden Größen an Fertigkleidung auf dem Markt.

Weiter stellte sich heraus, daß man sich beim Kauf eines Fertigkleides nicht auf die eingeheftete Größen-Nr. verlassen konnte. Beispielsweise betrug die Standardabweichung $\sigma\{x_\nu\}$ der Taillenweiten x_ν bei <u>fester</u> Größen-Nr. und <u>festem</u> Hersteller $\sigma\{x_\nu\} \approx 2,2$ cm . Die Standardabweichung $\sigma\{\bar{x}_i\}$ zwischen den Mittelwerten $\bar{x}_i$ der in die Untersuchung einbezogenen k Hersteller i = 1 , 2 , ... , k war von der Größenordnung $\sigma\{\bar{x}_i\} \approx 3,8$ cm . Die von der Textilindustrie angebotenen Kleider der <u>gleichen</u> Größen-Nr. hatten demnach Taillenweiten z mit einer Gesamtvarianz der Größenordnung

$$\sigma^2\{z\} \approx (3,8)^2 + (2,2)^2 \approx 19,3 \text{ cm}^2 \, ,$$

bzw. einer Standardabweichung

$$\sigma\{z\} \approx 4,4 \text{ cm} \, .$$

Da der Unterschied für zwei aufeinander folgende Größen nur $\Delta x = 4$ cm betrug, mußte man im allgemeinen mehrere Größen anprobieren, bevor man eine passende fand, und etwa 30% aller verkauften Kleider mußten geändert werden, um sie passend zu machen. Das alte Größensystem hatte demnach ganz erhebliche Mängel.

Vor Einführung eines neuen Größensystems wurden etwa 5000 erwachsene Frauen (über 18 Jahre) "vermessen". Dabei zeigte sich, daß die "Längen" folgendermaßen miteinander korreliert waren:

	Körpergröße	Rückenlänge	Armlänge	Kniehöhe
Körpergröße	1,00	0,59	0,79	0,83
Rückenlänge		1,00	0,46	0,44
Armlänge			1,00	0,78
Kniehöhe				1,00

Noch besser waren die "Weiten" miteinander korrelativ verknüpft:

	Oberweite	Taillenweite	Hüftweite	Rückenweite
Oberweite	1,00	0,92	0,87	0,78
Taillenweite		1,00	0,90	0,73
Hüftweite			1,00	0,71
Rückenweite				1,00

Dagegen war die Korrelation zwischen Längen und Weiten ohne praktische
Bedeutung:

j i	1 Oberweite	2 Taillenweite	3 Hüftweite	4 Rückenweite
1 Körpergröße	− 0,08	− 0,16	− 0,01	0,06
2 Rückenlänge	0,07	0,03	0,11	0,25
3 Armlänge	0,09	0,03	0,13	0,17
4 Kniehöhe	− 0,01	− 0,05	0,03	0,07

Die Verteilungen der Längen (i) und Weiten (j) sind nahezu normal.
Da alle Korrelationszahlen r_{ij} sich nur geringfügig vom Wert 0 unterscheiden, sind Längen und Weiten nahezu unabhängig voneinander. Der im alten
Größensystem der Abb. 17.11.6 vorausgesetzte lineare Zusammenhang
zwischen Längen und Weiten ist demnach nicht gerechtfertigt. Man muß vielmehr ein zweidimensionales Größensystem einführen, in dem man mindestens
eine Länge und mindestens eine Weite als Kenngrößen wählt. Damit das
System möglichst einfach wird, muß man sich auf zwei Grundmaße (z.B. die
Rückenlänge x und die Taillenweite y) beschränken.

Welche Länge und welche Weite man zur Kennzeichnung des Größensystems heranzieht, entscheidet man, indem man die "Kosten für notwendige

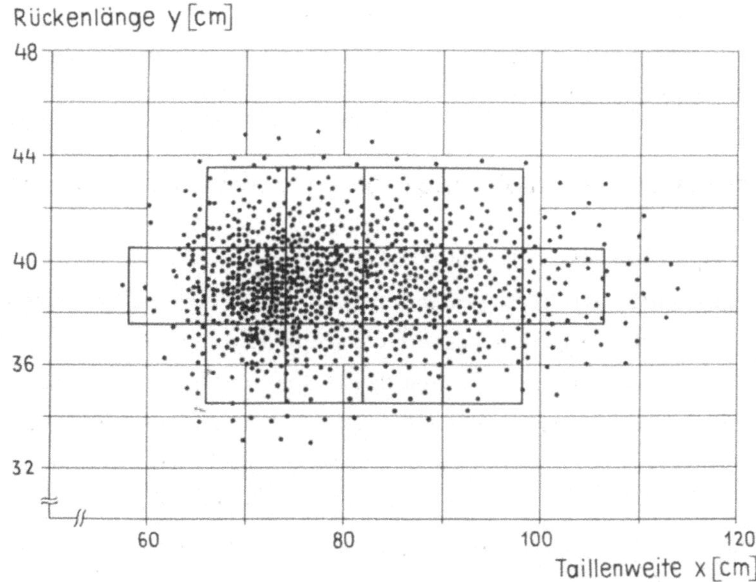

Abb. 17.11.7. Das neue Größensystem nach Durchführung
der Messungen.

Aenderungen am fertigen Kleid" untersucht. Die Auswahl der genannten Maße Rückenlänge und Taillenweite war mit den geringsten Aenderungskosten für die übrigen Maße verknüpft. Abb. 17.11.7 zeigt den Vorschlag für ein neues System mit insgesamt 14 Größen, bei dem etwa 91% der erwachsenen weiblichen Bevölkerung passende Fertigkleidung vorfinden.

Die meisten Sachverständigen aus Handel und Industrie waren vor der genannten Untersuchung und "Vermessung" überzeugt, daß das ursprüngliche System nicht wesentlich verbessert werden könnte. Trotzdem führte die "Vereinigung der Textilhäuser" im Jahre 1952 einen Versuch[1] durch. Es wurden 5000 Kleider nach dem neuen System gefertigt und in wenigen Wochen verkauft mit dem Ergebnis:

(1) Die Verkaufszeit je Kleid war erheblich kleiner als vorher, da weniger anprobiert werden mußte.

(2) Nur 4% dieser Kleider mußten geändert werden, während es vorher etwa 30% waren.

Damit waren wesentliche Voraussagen der Untersuchung bestätigt worden. Insbesondere versprach der höhere "Sättigungsgrad" von rund 91% (gegen vorher 27%) erheblich größeren Absatz.

Das neue System wurde in den Jahren 1954/55 eingeführt. Die Einführung war eng mit weiteren technischen, organisatorischen und wirtschaftlichen Fragen verbunden. Eine Voraussetzung ist, daß man bei der Fertigung größerer Stückzahlen bestimmte vorgegebene Toleranzgrenzen für die Abmessungen einhält, was sich mit Hilfe "statistischer Methoden in der Qualitätskontrolle" überwachen läßt.

17.12 Korrelation bei Zufallsvorgängen (stochastischen Prozessen)

Als Beispiel für einen "stochastischen Prozeß" aus dem Bereich der Technik wird ein kontinuierlich ablaufender Erzeugungsvorgang der chemischen Technik betrachtet, beispielsweise die Aufbereitung von Kohle oder Erz. In diesen Fällen wird sowohl der Rohstoff als auch das fertige Erzeugnis auf einem Band zu- und weggeführt. Abb. 17.12.1 zeigt die Ergebnisse einer Versuchsreihe am Band einer Aufbereitungsanlage, wobei zahlreiche Proben

---

1) J. Sittig en H. Freudenthal. De juiste maat. Stafleu, Leiden 1951 .

vom Gewicht $g \approx 3$ kp in festen zeitlichen Abständen entnommen und auf

Aschegehalt x_ν [Gew.-%-Asche] geprüft wurden.

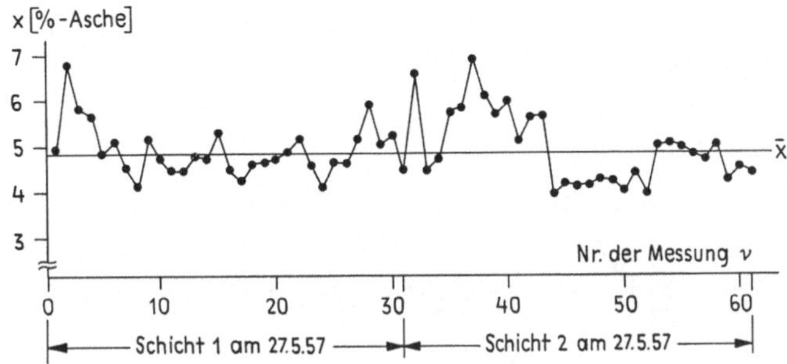

Abb. 17.12.1. Der zeitliche Verlauf des Aschegehalts x . Die gesamte Meßreihe bestand aus n = 304 Punkten, von denen nur die 60 Messungen der ersten zwei Schichten dargestellt sind.

Der Aufbereitungsvorgang erzeugt "zufallsmäßig" Werte x_ν , die um

einen mittleren Wert

$$(17.12.1) \quad M\{x_\nu\} = a$$

mit der Varianz

$$(17.12.2) \quad V\{x_\nu\} = \sigma^2$$

streuen. Als Modellvorstellung wird a = konst und σ^2 = konst vorausge-

setzt. Auf Grund der Kenntnisse über den Aufbereitungsvorgang vermutet

man, daß die Aschegehalte "nahe benachbarter" Proben nicht unabhängig von-

einander sind.

Die Korrelationszahl zwischen Proben x_ν und $x_{\nu+k}$ mit dem zeitlichen

Abstand t_k sei $\rho(t_k)$. Aus der Meßreihe x_ν werden Schätzwerte $r(t_k)$

für die Korrelationszahlen $\rho(t_k)$ berechnet. Es sei n die Gesamtzahl der

Proben, die in der Reihenfolge x_1 , x_2 , ... , x_n gezogen werden und $k \ll n$

der "Abstand" der (n–k) Paare $(x_\nu ; x_{\nu+k})$ mit $\nu = 1$, 2 , ... , (n–k) . Die

Kovarianz zwischen x_ν und $x_{\nu+k}$ wird entsprechend zu (17.4.14)

$$(17.12.3) \quad C_{\nu;\nu+k} = C_k = \frac{1}{n-k} \sum_{\nu=1}^{n-k} (x_\nu - \bar{x})(x_{\nu+k} - \bar{x}) \ ,$$

da die Mittelwerte von x_ν und $x_{\nu+k}$ (nahezu) übereinstimmen, wenn $k \ll n$

bleibt, was hier der Fall sein soll. Unter dieser Voraussetzung darf man

weiter die beobachteten Varianzen von x_ν und $x_{\nu+k}$ für $1 \leq \nu \leq$ (n–k) durch die Varianz s^2 der ganzen Meßreihe,

$$(17.12.4) \quad s^2 = \frac{1}{n-1} \sum_{\nu=1}^{n} (x_\nu - \overline{x})^2 \approx \frac{1}{n} \sum_{\nu=1}^{n} (x_\nu - \overline{x})^2$$

ersetzen. Dann wird die Korrelationszahl entsprechend zu (17.4.17)

$$(17.12.5) \quad r(t_k) = \frac{C_k}{s^2} \; .$$

Ist s_d^2 die Varianz der n–k Differenzen $x_{\nu+k} - x_\nu = d_\nu$,

$$(17.12.6) \quad s_d^2 = \frac{1}{n-k} \sum_{\nu=1}^{n-k} d_\nu^2 = \frac{1}{n-k} \sum_{\nu=1}^{n-k} (x_{\nu+k} - x_\nu)^2 \, ,$$

so gilt entsprechend zu (17.11.21) auch

$$(17.12.7) \quad r(t_k) = 1 - \frac{1}{2} \left(\frac{s_d}{s} \right)^2 \; .$$

Der Verlauf der beobachteten Korrelation r(t) über dem zeitlichen Abstand der Meßpunkte geht aus Abb. 17.12.2 hervor. Für t = 0 ist r(0) = 1 .

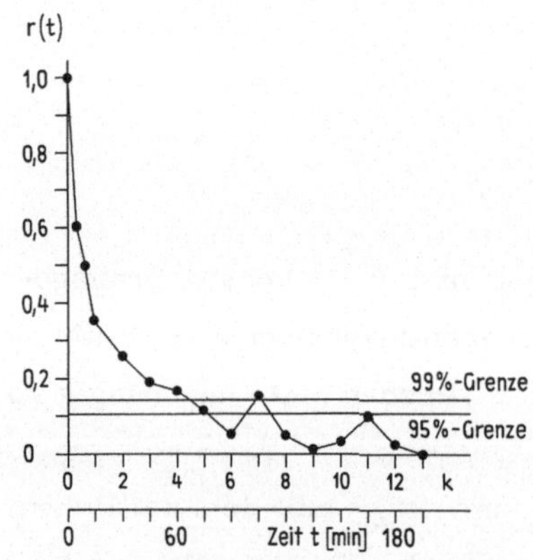

Abb. 17.12.2. Eine beobachtete Korrelationsfunktion r(t) für Aschegehalte.

Benachbarte Proben im zeitlichen Abstand t_1 = 5 min sind noch hoch miteinander korreliert, $r(t_1) \approx 0,6$. Mit wachsendem Abstand nimmt die Korrelation rasch ab.

Wenn man die letzten 6 Werte in Abb. 17.12.2 einzeln testet, so sind sie für S = 99% nicht mehr signifikant von ρ = 0 verschieden. Da sie aber <u>alle</u> positiv sind, so wird man den Verlauf der beobachteten Punkte (t ; r) durch eine mittlere Kurve $\rho(t)$ glätten, die bei t $\approx$ 180 min den Wert ρ = 0 erreicht. Für t $\gtrless$ 180 min ist ρ = 0 , d.h. Proben mit einem zeitlichen Abstand von mehr als drei Stunden sind unabhängig voneinander. Im übrigen ist die Korrelationsfunktion symmetrisch zu t ,

$$(17.12.8) \quad \rho(-t) = \rho(t) \; .$$

Die Varianz innerhalb von Bandabschnitten der Länge L .

Im folgenden wird der Einfluß der Korrelation ρ auf die Varianz der Meßwerte in Abschnitten der festen Länge L erörtert. Nach der "Modellvorstellung" streuen die Merkmalwerte a_1 , a_2 , a_3 , ... , a_ν , ... der auf dem Band liegenden Elemente ν um den Mittelwert $M\{a_\nu\}$ = a mit der Varianz σ^2 . Die zwischen zwei Werten a_α und a_β im "Abstand" $|\alpha-\beta|$ bestehende Korrelation $\rho_{\alpha\beta}$ kennzeichnet man durch die gerade Funktion $\rho(z)$ bzw. $\rho(y)$ des zeitlichen bzw. räumlichen Abstands z bzw. y der Proben. Die Korrelation erstreckt sich von einer Stelle (a_ν) aus nach beiden Seiten über einen endlichen Bereich, die "Korrelationslänge" λ bzw. die "Korrelationszeit" τ . Außerhalb dieses Bereichs ist

(17.12.9) $\rho(y) \equiv 0$ für $|y| \geq \lambda$ bzw. $\rho(z) \equiv 0$ für $|z| \geq \tau$.

Die Elemente a_ν entstammen einem "Zufallsprozeß mit Erhaltungsneigung".

 Nach Abb. 17.12.3 wird ein Bandabschnitt herausgegriffen, den man wahlweise

durch die Zahl N der auf ihm liegenden Elemente,

durch die Länge L

oder die Laufzeit T

kennzeichnet. Der Laufzahl ν der Elemente wird die Länge y oder die

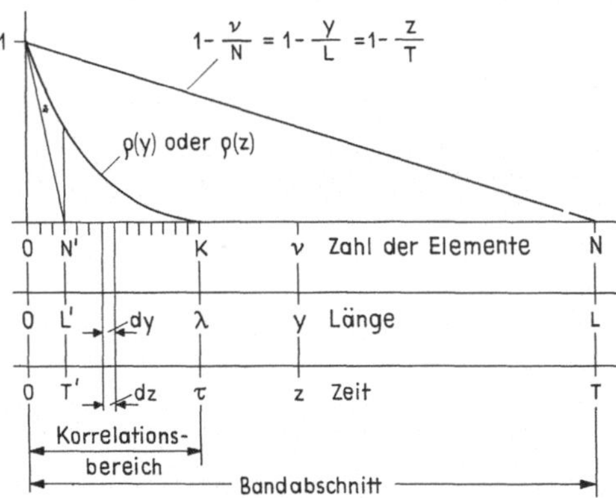

Abb. 17.12.3. Zur Kennzeichnung eines Bandabschnitts der
Länge L > λ bzw.   L' < λ .

Zeit z zugeordnet. Ferner entsprechen sich nach Abb. 17.12.3 die Werte K (Zahl der Elemente im Korrelationsbereich), λ (Korrelationslänge) und τ (Korrelationszeit) .

Im folgenden wird die Varianz σ_L^2 der N Merkmalwerte des Bandabschnitts L berechnet. Man kann a_ν in der Gestalt

$$(17.12.10) \qquad a_\nu = a + \epsilon_\nu$$

ansetzen, wobei ϵ_ν die Abweichung vom Mittelwert des Prozesses darstellt. Die ϵ_ν haben den Mittelwert

$$(17.12.11) \qquad M\{\epsilon_\nu\} = 0$$

und die Varianz

$$(17.12.12) \qquad V\{\epsilon_\nu\} = M\{\epsilon_\nu^2\} = \sigma^2 \;.$$

Ferner besteht zwischen zwei Werten ϵ_α und ϵ_β die Korrelation $\rho_{\alpha\beta}$, die nur vom Abstand $|\alpha-\beta|$ der Elemente abhängen soll. Es gilt

$$(17.12.13) \qquad M\{\epsilon_\alpha \epsilon_\beta\} = \sigma^2 \, \rho_{\alpha\beta} = \sigma^2 \, \rho_{|\alpha-\beta|} \;.$$

Die N Merkmalwerte a_ν haben den Mittelwert

$$(17.12.14) \qquad \bar{a}_N = \frac{1}{N} \sum_{\nu=1}^{N} a_\nu = a + \frac{1}{N} \sum_{\nu=1}^{N} \epsilon_\nu = a + \bar{\epsilon}_N \;.$$

Ihre Varianz s_N^2 ist

$$s_N^2 = \frac{1}{N-1} \sum_{\nu=1}^{N} (a_\nu - \bar{a}_N)^2 = \frac{1}{N-1} \sum_{\nu=1}^{N} (\epsilon_\nu - \bar{\epsilon}_N)^2 \;.$$

Gesucht wird der Erwartungswert σ_N^2 für s_N^2. Dazu bildet man

$$N(N-1)\, s_N^2 = N \sum_{\nu=1}^{N} (\epsilon_\nu - \bar{\epsilon}_N)^2 = N \sum_{\nu=1}^{N} \epsilon_\nu^2 - (N\,\bar{\epsilon}_N)^2$$

$$(17.12.15)$$

$$= N \sum_{\nu=1}^{N} \epsilon_\nu^2 - (\epsilon_1 + \epsilon_2 + \ldots + \epsilon_N)(\epsilon_1 + \epsilon_2 + \ldots + \epsilon_N) \;.$$

Führt man die Multiplikation der Klammerausdrücke auf der rechten Seite aus und ordnet die Ergebnisse in Form einer Matrix an, so erhält man

$$(N \, \bar{\epsilon}_N)^2 = \epsilon_1^2 + \epsilon_1 \epsilon_2 + \epsilon_1 \epsilon_3 + \ldots + \epsilon_1 \epsilon_N$$
$$+ \, \epsilon_2 \epsilon_1 + \epsilon_2^2 + \epsilon_2 \epsilon_3 + \ldots + \epsilon_2 \epsilon_N$$
$$+ \, \epsilon_3 \epsilon_1 + \epsilon_3 \epsilon_2 + \epsilon_3^2 + \ldots + \epsilon_3 \epsilon_N$$
$$\vdots \qquad \vdots \qquad \vdots \qquad \qquad \vdots$$
$$+ \, \epsilon_N \epsilon_1 + \epsilon_N \epsilon_2 + \epsilon_N \epsilon_3 + \ldots + \epsilon_N^2 \; .$$

Geht man in dieser Gleichung zu den Mittelwerten (Erwartungswerten) über, so findet man mit (17.12.12) für die N Glieder ϵ_ν^2 der Hauptdiagonale

$$N \, \sigma^2 \; .$$

Für die beiden der Hauptdiagonale benachbarten Linien, die je (N-1) Produkte $\epsilon_\alpha \epsilon_\beta$ mit $|\alpha-\beta| = 1$ enthalten, gilt mit (17.12.13)

$$2 \, (N - 1) \, \sigma^2 \, \rho_1 \; .$$

Entsprechend findet man für die $2(N - 2)$ Produkte der nächsten beiden Parallelen die Summe

$$2 \, (N - 2) \, \sigma^2 \, \rho_2 \; ,$$

usw. Insgesamt erhält man demnach

$$M\left\{ (N \, \bar{\epsilon}_N)^2 \right\} = N \, \sigma^2 \left[1 + 2 \left(1 - \frac{1}{N} \right) \rho_1 + 2 \left(1 - \frac{2}{N} \right) \rho_2 + \ldots \right]$$

oder

$$M\left\{ (N \, \bar{\epsilon}_N)^2 \right\} = N \, \sigma^2 \sum_{\nu=-N}^{N} \left(1 - \frac{|\nu|}{N} \right) \rho_\nu \; .$$

Damit folgt aus (17.12.15) , wenn man zu den Erwartungswerten übergeht,

$$(17.12.16) \quad N(N-1) \, \sigma_N^2 = N^2 \, \sigma^2 - N \, \sigma^2 \sum_{\nu=-N}^{N} \left(1 - \frac{|\nu|}{N} \right) \rho_\nu$$

oder

$$(17.12.17) \quad \sigma_N^2 = \frac{N}{N-1} \, \sigma^2 \left[1 - \frac{1}{N} \sum_{\nu=-N}^{N} \left(1 - \frac{|\nu|}{N} \right) \rho_\nu \right] \; .$$

Damit ist der Erwartungswert σ_N^2 der Varianz s_N^2 von N aufeinanderfolgenden Elementen bekannt. Für die praktische Verwendung formt man die letzte Gleichung um.

Der räumliche bzw. zeitliche Abstand "benachbarter" Elemente sei dy bzw. dz . Mit

$$(17.12.18) \quad \frac{\nu}{N} = \frac{y}{L} = \frac{z}{T} \quad \text{und} \quad N \, dy = L \quad \text{bzw.} \quad N \, dz = T$$

wird die "Korrelationssumme" K_S in (17.12.17)

$$(17.12.19) \quad K_S = \frac{1}{N} \sum_{\nu=-N}^{N} \left(1 - \frac{|\nu|}{N}\right) \rho_\nu \, ,$$

durch das "Korrelationsintegral"

$$(17.12.20) \quad J(L) = \frac{1}{L} \int_{y=-L}^{L} \left(1 - \frac{|y|}{L}\right) \rho(y) \, dy = \frac{1}{T} \int_{z=-T}^{T} \left(1 - \frac{|z|}{T}\right) \rho(z) \, dz$$

angenähert. Die Varianz σ_L^2 der N Merkmalwerte auf einem Bandabschnitt der Länge L wird demnach mit $N/(N-1) \approx 1$

$$(17.12.21) \quad \sigma_L^2 = \sigma^2 \left[1 - \frac{1}{L} \int_{y=-L}^{L} \left(1 - \frac{|y|}{L}\right) \rho(y) \, dy \right] \, .$$

Zur Veranschaulichung des Zusammenhanges zwischen Bandlänge L und Varianz σ_L^2 betrachtet man einige <u>Sonderfälle</u> der Gleichung (17.12.21) .

(A) Wenn der Zufallsvorgang <u>keine "Erhaltungsneigung"</u> hat, so ist $\rho(y) \equiv 0$ für $y \neq 0$. Dann wird $\left(\sigma_L^2/\sigma^2\right)_{\rho \equiv 0} = 1$; der Erwartungswert σ_L^2 der Varianz hängt in dem Falle nicht von der Bandlänge L ab.

(B) Die <u>Bandlänge</u> L sei <u>groß gegen die Korrelationslänge</u> λ ,
$$L \gg \lambda \quad \text{oder} \quad \lambda/L \ll 1 \, .$$
Der Bereich $-L \leqq y \leqq L$ zur Berechnung des Korrelationsintegrals darf durch den Bereich $-\lambda \leqq y \leqq \lambda$ ersetzt werden, da $\rho(y)$ für $|y| \geqq \lambda$ verschwindet. Im Integrationsbereich gilt demnach

$$1 \geqq 1 - \frac{|y|}{L} \geqq 1 - \frac{\lambda}{L}$$

oder wegen $\lambda/L \ll 1$

$$1 - \frac{|y|}{L} \approx 1 \, .$$

Das Korrelationsintegral $J(L)$ wird damit

$$(17.12.22) \quad J(L) \approx \frac{1}{L} \int_{-\lambda}^{\lambda} \rho(y) \, dy = \frac{2\lambda}{L} \rho_m \, ,$$

wobei

$$(17.12.23) \quad \rho_m = \frac{1}{2\lambda} \int_{-\lambda}^{\lambda} \rho(y) \, dy$$

die mittlere Korrelation im Bereich $-\lambda \le y \le \lambda$ darstellt. Aus (17.12.21) findet man

$$(17.12.24) \qquad \left(\sigma_L/\sigma\right)^2_{L \gg \lambda} \approx 1 - \frac{2\lambda}{L}\,\rho_m \; .$$

Die Varianz σ_L^2 der Merkmalwerte a_ν auf dem Bandabschnitt L strebt mit wachsendem L gegen σ^2 . Für die eingangs erwähnte Meßreihe der $n = 304$ Ausgangswerte ist $\rho_m \approx 0,14$ und $L \approx 23\,\lambda$. Damit wird $2(\lambda/L)\,\rho_m \approx 0,01$ vernachlässigbar gegen 1 . Die aus der Gesamtreihe berechnete Varianz $s^2 = 0,28\,\left[\%\text{-Asche}\right]^2$ ist demnach ein guter Schätzwert für σ^2 .

(<u>C</u>) Ist die <u>Bandlänge</u> L <u>klein gegen die Korrelationslänge</u> λ ,

$$L \ll \lambda \; ,$$

wie es in Abb. 17.12.3 durch (N' ; L' ; T') angedeutet wird, so ändert sich die Korrelationsfunktion $\rho(y)$ im halben Integrationsbereich $0 \le y \le L$ nur wenig. Man ersetzt sie dort durch die in $\beta = y/L$ quadratische Funktion (Parabel)

$$\rho(\beta) \; = \; 1 - \beta\Delta\rho \; - \; 4\,h\,\beta(1-\beta) \; , \quad 0 \le \beta \le 1 \; ,$$

wobei $\Delta\rho = 1-\rho(L)$ und h die aus Abb. 17.12.4 ersichtliche anschauliche Bedeutung haben: $\Delta\rho$ ist der Korrelationsunterschied zwischen $\rho_0 = 1$ und dem "Endwert" $\rho(L)$ und h ist die positive "Pfeilhöhe" der Korrelations-

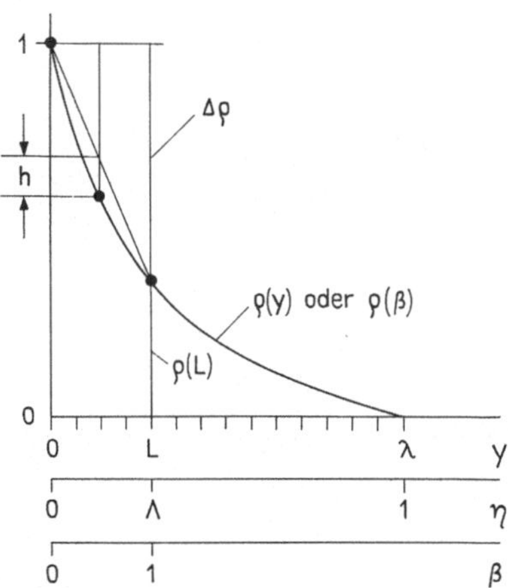

Abb. 17.12.4. Zur Berechnung des Korrelationsintegrals $J(L)$ für "kleine" Bandlängen $L \ll \lambda$ ersetzt man die Korrelationsfunktïon ρ für $0 \le y \le L$ durch eine Parabel.

funktion $\rho(\beta)$ in der "Mitte" bei $\beta = 1/2$ oder $y = L/2$. Dann folgt aus (17.12.21)

$$(\sigma_L/\sigma)^2 = 1 - 2 \int_{\beta=0}^{1} (1 - \beta)\ \rho(\beta)\ d\beta$$

oder nach kurzer Rechnung

(17.12.25) $\left(\sigma_L/\sigma\right)^2_{L \ll \lambda} = \frac{1}{3}(\Delta\rho + 2\ h) \approx \frac{\Delta\rho}{3}$.

Mit abnehmender Bandlänge L strebt die Varianz σ_L^2 wie $\Delta\rho$ gegen 0 .

(D) Der Sonderfall <u>dachförmig abfallender Korrelation</u> .

$$\rho(y) = 1 - \frac{|y|}{\lambda} \quad \text{für} \quad |y| \leq \lambda \ ;$$

(17.12.26)

$$\rho(y) \equiv 0 \quad \text{für} \quad |y| \geq \lambda \ ,$$

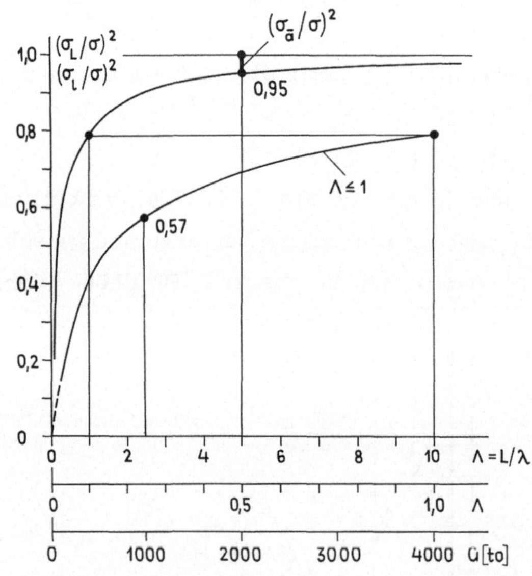

Abb. 17.12.5. Das Varianzverhältnis $(\sigma_L/\sigma)^2$ in Abhängigkeit von der dimensionslosen Bandlänge $\Lambda = L/\lambda$ für die "beobachtete" Korrelationsfunktion $\rho(t)$.

liefert schließlich aus (17.12.21) nach elementarer Rechnung

$$(\sigma_L/\sigma)^2 = 1 - \frac{\lambda}{L} + \frac{1}{3}\left(\frac{\lambda}{L}\right)^2 \quad \text{für} \quad L \geq \lambda \ ;$$

(17.12.27)

$$(\sigma_L/\sigma)^2 = \frac{1}{3}\ \frac{L}{\lambda} \quad \text{für} \quad L \leq \lambda \ .$$

Stimmt die Bandlänge L mit der Korrelationslänge λ überein, dann geben beide Gleichungen (17.12.27) den gleichen Wert

$$(17.12.28) \qquad (\sigma_L/\sigma)^2 = \frac{1}{3} \qquad\qquad \text{für } L = \lambda \ .$$

Kehrt man zum allgemeinen Fall zurück und berechnet $(\sigma_L/\sigma)^2$ aus (17.12.21) , indem man die geglättete Korrelationsfunktion $\rho(y)$ der Versuchsreihe einsetzt, so findet man die Ergebnisse der Abb. 17.12.5 . Dargestellt ist $(\sigma_L/\sigma)^2$ über $\Lambda = L/\lambda$ im Bereich $0 \leq \Lambda \leq 10$, wobei der Teilbereich $0 \leq \Lambda \leq 1$ besonders hervorgehoben wird. Das Varianzverhältnis $(\sigma_L/\sigma)^2$ ist eine mit L monoton steigende Funktion. Will man beispielsweise die "große" Menge $G_1 = 2000\ t$ Kohle beurteilen, so hat man im Zahlenbeispiel die Varianz $\sigma_L^2 = 0,95\ \sigma^2 \approx \sigma^2$ zu erwarten; für die "kleine" Menge $G_2 = 100\ t$ ist jedoch $\sigma_L^2 = 0,57\ \sigma^2$, also viel geringer.

Die Varianz zwischen Bandabschnitten gleicher Länge L .

Schneidet man aus dem endlosen Band zahlreiche Abschnitte $1, 2, 3, \ldots$ der festen Länge L heraus und berechnet für jeden Abschnitt den Mittelwert $\bar{a}$, so findet man eine Folge von Mittelwerten $\bar{a}_1$, $\bar{a}_2$, $\bar{a}_3$, $\ldots$. Für jeden dieser Mittelwerte gilt

$$(17.12.29) \qquad N\bar{a} = a_1 + a_2 + \ldots + a_N \ .$$

Daraus folgt

$$N^2(\bar{a} - a)^2 = \left[(a_1 - a) + \ldots + (a_N - a) \right]^2 = (\epsilon_1 + \epsilon_2 + \ldots + \epsilon_N)^2 \ .$$

Ordnet man die auf der rechten Seite entstehenden Produkte $\epsilon_\alpha \epsilon_\beta$ wieder in Form einer Matrix, so findet man beim Uebergang zu den Erwartungswerten

$$N^2\, M\left\{(\bar{a}-a)^2\right\} = N\ \sigma^2 + 2(N-1)\ \sigma^2\ \rho_1 + 2(N-2)\ \sigma^2\ \rho_2 + \ldots \ .$$

Mit $M\left\{(\bar{a}-a)^2\right\} = V\left\{\bar{a}\right\}$ wird daraus

$$(17.12.30) \qquad V\left\{\bar{a}\right\} = \sigma_{\bar{a}}^2 = \sigma^2 \left[\frac{1}{N} \sum_{\nu=-N}^{N} \left(1 - \frac{|\nu|}{N}\right) \rho_\nu \right] \ .$$

Aus (17.12.17) und (17.12.30) folgt die Beziehung

$$\frac{N-1}{N}\ \sigma_N^2 + \sigma_{\bar{a}}^2 = \sigma^2$$

oder mit $(N-1)/N = 1 - (1/N) \approx 1$ ausreichend genau

$$(17.12.31) \qquad \sigma_N^2 + \sigma_{\bar{a}}^2 = \sigma^2 \ .$$

Die Gesamtvarianz σ^2 ist die Summe aus der Varianz σ_N^2 __innerhalb__ der Bandabschnitte L und der Varianz $\sigma_{\bar{a}}^2$ __zwischen__ den Mittelwerten $\bar{a}$ der Bandabschnitte. In Abb. 17.12.5 ist das Varianzverhältnis $(\sigma_{\bar{a}}/\sigma)^2$ ohne zusätzliche Rechnung ablesbar.

Ersetzt man die Korrelationssumme in (17.12.30) durch das Korrelationsintegral $J(L)$ aus (17.12.20) , so erhält man

$$(17.12.32) \qquad \sigma_{\bar{a}(L)}^2 \Big/ \sigma^2 = \frac{1}{L} \int\limits_{y=-L}^{L} (1 - \frac{|y|}{L}) \, \rho(y) \, dy \ .$$

Ist insbesondere $L \gg \lambda$, so hat man mit (17.12.22) die Näherung

$$(17.12.33) \qquad \sigma_{\bar{a}(L)}^2 \Big/ \sigma^2 \approx \frac{2\lambda}{L} \, \rho_m \ .$$

Daraus ergibt sich eine wichtige Arbeitsregel, die bei der Ermittlung des unbekannten Mittelwerts a zu beachten ist. Wenn man den Mittelwert a "der Fertigung" aus einer Versuchsreihe bestimmen will, dann muß die Bandlänge L ein Vielfaches der Korrelationslänge λ sein. Mit $L \approx 7\lambda$ (das entspricht einer Beobachtungszeit von über 21 Stunden oder 3 Arbeitsschichten) erreicht man im Beispiel mit ρ_m = 0,14 etwa

$$\sigma_{\bar{a}(L)}^2 \Big/ \sigma^2 \approx 0,04 \quad \text{bzw.} \quad \sigma_{\bar{a}(L)} \Big/ \sigma \approx 0,2 \ .$$

Die der Bandlänge $L \approx 7\lambda$ zugeordneten Mittelwerte $\bar{a}(L)$ sind mit der Standardabweichung $0,2\,\sigma$ behaftet, ein Ergebnis, das trotz der langen Beobachtungszeit "enttäuschend" ist.

Da auf der Korrelationslänge λ etwa 400 t liegen, so entspricht die Länge $L = 7\lambda$ nahezu der Menge G_L = 3000 t oder N_L = 10^6 Proben zu g = 3 kg . __Ohne Korrelation__ wäre demnach

$$\sigma_{\bar{a}(L)}^2 \Big/ \sigma^2 = 1/N = 1/10^6 \quad \text{bzw.} \quad \sigma_{\bar{a}(L)} \Big/ \sigma = 1/10^3 \ .$$

Die Gegenüberstellung der Faktoren $0,2$ und $1/10^3$ zeigt den (meist unterschätzten) Einfluß der Korrelation. Bandlängen $L \lessgtr \lambda$ sind zur Schätzung des Mittelwerts a völlig ungeeignet.

Die Beurteilung vorgegebener Mengen.

Eine wichtige Aufgabe der Praxis ist die Bestimmung von mittleren Merkmalwerten für fest abgegrenzte Mengen, die während einer vorgeschriebenen Zeitspanne T über die Bandlänge L laufen. Zu dem Zweck entnimmt man dem Gutstrom in der Zeit T insgesamt n Einzelproben x_1 , x_2 , ... , x_i , ... , x_n mit dem Mittelwert

$$\bar{x} = \frac{1}{n} \sum_{i=1}^{n} x_i \; .$$

Die Merkmalwerte x_i stimmen natürlich mit einem Teil der a_ν-Werte überein. Der Bezeichnungswechsel von a zu x soll den Unterschied zwischen Gesamtheit und Probe deutlich zum Ausdruck bringen. Die vorausgehenden Ergebnisse bezogen sich auf die N Elemente a_ν der Gesamtheit L (bzw. T), die folgenden Ergebnisse gelten für die n Elemente x_i der Proben bzw. deren Mittelwerte $\bar{x}$.

Die "Genauigkeit" der Probenahme, d.h. die Varianz $\sigma_{\bar{x}}^2$ von $\bar{x}$, hängt wesentlich davon ab, wie man die n Einzelproben über die Bandlänge L verteilt. Es gibt (im wesentlichen) drei Möglichkeiten dazu: Die n Einzelwerte x_i bilden

(I)   eine einfache ungeschichtete Zufallsprobe ,

(II)   eine geschichtete Zufallsprobe ,

(III) eine systematische Probe .

Die Einzelheiten gehen aus Abb. 17.12.6 hervor. Im Falle (I) verteilt man die n Einzelwerte x_i rein zufällig (etwa mit Hilfe einer Tafel von Zufallszahlen) auf den Gesamtbereich L . In den zwei anderen Fällen wird die Län-

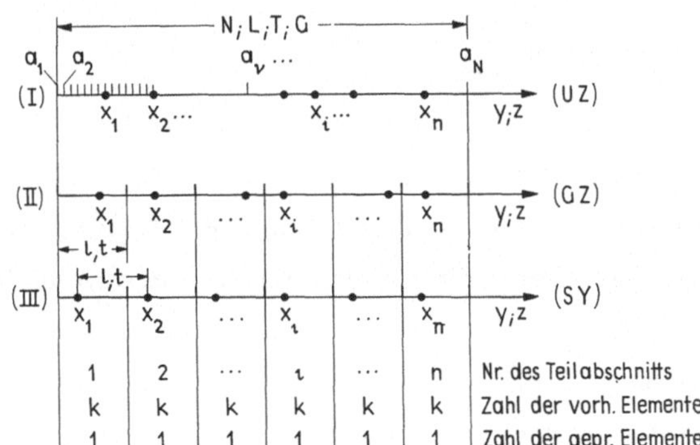

Abb. 17.12.6. Zur Veranschaulichung einer Zufallsprobe (I) , einer geschichteten Zufallsprobe (II) und einer systematischen Probe (III) .

ge L vor der Probenahme in n Teilabschnitte $1, 2, \ldots, i, \ldots, n$ gleicher Länge $\ell = L/n$ unterteilt. Jeder dieser Abschnitte enthält k Elemente,

$$kn = N \; .$$

Jedem dieser Abschnitte entnimmt man eine Einzelprobe, und zwar bei (II) "zufallsmäßig" , bei (III) in gleichen Abständen ℓ , wobei nur die Lage des ersten Elements x_1 zufallsmäßig bestimmt wird. Das Verfahren (I) hat nur

theoretische Bedeutung. Die Praxis bevorzugt im allgemeinen Fall (III) .
Wenn man den gleichen Abstand l von Probe zu Probe jedoch nicht einhalten
kann (oder will) , so entspricht die Probenahme (nahezu) dem Verfahren (II) .

Die einfache Zufallsprobe (I) .

Die Varianz $\sigma_{\bar{x}}^2$ der Mittelwerte $\bar{x}$ wird in diesem Falle

$$(17.12.34) \qquad \sigma_{\bar{x}}^2 = \frac{N-n}{N-1} \frac{\sigma_L^2}{n} \approx (1 - \frac{n}{N}) \frac{\sigma_L^2}{n} \; ,$$

wobei σ_L^2 die in Gleichung (17.12.21) berechnete Varianz der N Elemente a_ν auf dem Bandabschnitt L bedeutet. Da der Auswahlsatz n/N bei
der Prüfung von Massengütern (Kohle, Erz, ...) stets sehr klein gegen 1
bleibt, gilt ausreichend genau $\sigma_{\bar{x}}^2 = \sigma_L^2/n$ oder mit (17.12.21)

$$(17.12.35) \qquad \sigma_{\bar{x}}^2 = \frac{\sigma^2}{n} \left[1 - \frac{1}{L} \int_{y=-L}^{L} (1 - \frac{|y|}{L}) \rho(y) \; dy \right] \; ; \; (I) \; .$$

Die Varianz der Mittelwerte $\bar{x}$ von Zufallsproben sinkt mit $1/n$. Die zwischen "benachbarten" Elementen vorhandene Korrelation geht nur über den
Wert σ_L^2 in das Ergebnis ein.

Die geschichtete Zufallsprobe (II) .

Die Gesamtheit der Länge L besteht jetzt aus $N_1 \equiv n$ "Einheiten erster
Stufe", nämlich den n Teilabschnitten der Länge $l = L/n$. Jeder dieser
Teilabschnitte besteht aus $N_2 \equiv k$ "Einheiten zweiter Stufe", den Einzelproben vom Gewicht g . Man bezeichnet (zunächst allgemein) nach der folgenden
Uebersicht mit $(N_1 ; N_1 N_2)$ die in den Stufen 1 und 2 einer Gesamtheit
insgesamt vorhandenen und mit $(n_1 ; n_1 n_2)$ die Zahl der wirklich zur Prüfung
entnommenen Einheiten. Ferner sei σ_1^2 bzw. σ_2^2 die der Stufe 1 bzw. 2

	Gesamtheit	Probe	
Stufe	Zahl der vorhandenen Einheiten	Zahl der entnommenen Einheiten	Varianz zwischen den Merkmalwerten der Stufe
1	N_1	n_1	σ_1^2
2	$N_1 N_2$	$n_1 n_2$	σ_2^2

zugeordnete Varianz. Dann ist die Varianz der Mittelwerte $\bar{x}$ (wie hier ohne Beweis[1] angegeben wird)

$$(17.12.36) \qquad \sigma_{\bar{x}}^2 = \frac{N_1 - n_1}{N_1 - 1}\,\frac{\sigma_1^2}{n_1} + \frac{N_2 - n_2}{N_2 - 1}\,\frac{\sigma_2^2}{n_1 n_2} \; .$$

Die letzte Gleichung ist die Verallgemeinerung von (17.12.34) auf zwei Stufen. Ueberträgt man die Bezeichnungen gemäß Abb. 17.12.6 auf den hier behandelten Fall, so ist

$$N_1 = n \quad \text{und} \quad n_1 = n \; ,$$

da alle "Einheiten erster Stufe" zur Prüfung herangezogen werden. Weiter gilt

$$N_2 = k = N/n \quad \text{und} \quad n_2 = 1 \; ,$$

da man jedem Teilabschnitt ℓ nur <u>eine</u> Probe entnimmt. Die Varianz σ_1^2 zwischen den Merkmalwerten der Teilabschnitte $1 , 2 , 3 , \ldots, i , \ldots , n$ braucht man nicht zu kennen, da ihr Einfluß wegen $N_1 = n_1 = n$ aus Gleichung (17.12.36) herausfällt; $\sigma_2^2 \equiv \sigma_\ell^2$ ist die Varianz der k Merkmalwerte innerhalb eines Teilabschnitts der Länge ℓ . Mit $n_2 = 1$ folgt aus (17.12.36) einfach

$$(17.12.37) \qquad \sigma_{\bar{x}}^2 = \sigma_\ell^2/n \; .$$

Dabei geht σ_ℓ^2 als Varianz von k aufeinanderfolgenden Einheiten a_ν, $\nu = 1 , 2 , \ldots , k$, aus Gleichung (17.12.21) hervor, indem man dort N durch k bzw. L durch ℓ ersetzt. Demnach gilt

$$(17.12.38) \qquad \sigma_\ell^2 = \sigma^2\left[\, 1 - \frac{1}{\ell}\int\limits_{y=-\ell}^{\ell}\left(1 - \frac{|y|}{\ell}\right)\rho(y)\,dy\,\right] \; .$$

Damit wird

$$(17.12.39) \qquad \sigma_{\bar{x}}^2 = \frac{\sigma^2}{n}\left[\, 1 - \frac{1}{\ell}\int\limits_{y=-\ell}^{\ell}\left(1 - \frac{|y|}{\ell}\right)\rho(y)\,dy\,\right]; \qquad \text{(II)} \; .$$

Die Wirksamkeit der Schichtenbildung läßt sich an dem Varianzverhältnis

$$(17.12.40) \qquad \left(\sigma_{\bar{x}}^2\right)_{\text{II}} \Big/ \left(\sigma_{\bar{x}}^2\right)_{\text{I}} = \sigma_\ell^2 \Big/ \sigma_L^2 = \sigma_L^2/n \,\Big/\, \sigma_L^2$$

---

1) Der Beweis wird im Abschnitt 22.2 erbracht.

erkennen, das in Abb. 17.12.7 mit $\Lambda = L/\lambda$ bzw. G als Parameter über der Probenzahl n dargestellt ist. Bei gleicher Probenzahl n ist die ge-

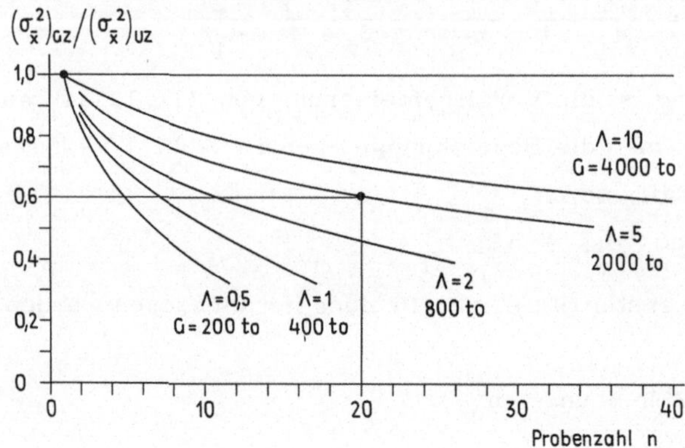

Abb. 17.12.7. Die Wirkung des Schichtens bei der Probenahme vom Band. GZ = geschichtete Zufallsprobe ; UZ = ungeschichtete Zufallsprobe.

schichtete Zufallsprobe (II) $\equiv$ GZ der ungeschichteten Zufallsprobe (I) $\equiv$ UZ überlegen und zwar umso mehr, je kleiner die zu beurteilenden Mengen G sind. Für n = 20 und G = 2000 t ist beispielsweise

$$\left(\sigma_{\bar{x}}^2\right)_{GZ} = 0,6 \left(\sigma_{\bar{x}}^2\right)_{UZ} .$$

Für den Sonderfall des <u>linearen</u> Korrelationsverlaufs aus (17.12.26) findet man für die Zufallsprobe (I) mit (17.12.27)

$$\left(\sigma_{\bar{x}}/\sigma\right)_I^2 = \frac{1}{n}\left[1 - \left(\frac{\lambda}{L}\right) + \frac{1}{3}\left(\frac{\lambda}{L}\right)^2\right] ; \quad L \gtrsim \lambda ;$$

(17.12.41)

$$\left(\sigma_{\bar{x}}/\sigma\right)_I^2 = \frac{1}{n}\frac{L}{3\lambda} \qquad ; \quad L \lesssim \lambda .$$

Dagegen gilt für die geschichtete Zufallsprobe (II) nach (17.12.37), (17.12.38) und (17.12.27)

(17.12.42) $\left(\sigma_{\bar{x}}/\sigma\right)_{II}^2$

$$= \frac{1}{n}\left[1 - \left(\frac{\lambda}{\ell}\right) + \frac{1}{3}\left(\frac{\lambda}{\ell}\right)^2\right] ; \quad \ell \gtrsim \lambda ;$$

$$= \frac{1}{n}\frac{\ell}{3\lambda} = \frac{1}{3}\frac{L}{\lambda}\frac{1}{n^2} \quad ; \quad \ell \lesssim \lambda .$$

Solange nicht nur der Bandabschnitt L , sondern auch der Abstand l der Einzelproben erheblich größer als die Korrelationslänge λ ist, besteht zwischen der Wirksamkeit einer einfachen Zufallsprobe (I) nach (17.12.41) und einer geschichteten Zufallsprobe (II) nach (17.12.42) kein wesentlicher Unterschied, da die Glieder λ/L und λ/l (und erst recht ihre Quadrate) gegen 1 nicht von Belang sind.

Läßt man jedoch bei fester Bandlänge L die Zahl n der Einzelproben mehr und mehr wachsen, um die Genauigkeit der Probenahme zu steigern, so wirkt sich das bei der Zufallsprobe (I) nach (17.12.41) nur im Nenner n aus, da der Wert der eckigen Klammer $[\ ]$ fest bleibt. Ganz anders verhält sich aber die Probe (II) nach (17.12.42) . Hier wirken zwei Ursachen günstig im Sinne einer Verkleinerung von $\sigma_{\bar{x}}^2$: nicht nur die steigende Zahl n der Meßwerte im Nenner, sondern auch der wachsende Einfluß des Korrelationsintegrals in der eckigen Klammer. Beispielsweise gilt bei linearer Korrelation für $l = \lambda$ und $n = n_* = L/\lambda$ nach (17.12.41) und (17.12.42)

$$\left(\sigma_{\bar{x}}/\sigma\right)^2_{\mathrm{I}} \approx \frac{1}{n_*} \quad \text{und} \quad \left(\sigma_{\bar{x}}/\sigma\right)^2_{\mathrm{II}} = \frac{1}{3\,n_*} \ .$$

Die systematische Probe (III) .

Die Varianz der n Merkmalwerte x_i innerhalb einer systematischen Probe aus L ist

$$(17.12.43) \quad s_n^2 = \frac{1}{n-1} \sum_{i=1}^{n} (x_i - \bar{x})^2 \ .$$

Eine solche Probe besteht nach Abb. 17.12.6 aus n Werten x_i des Zufallsvorgangs, die in der Reihenfolge ihrer Nr. im festen Abstand l bzw. k aufeinanderfolgen. Zwischen x_i und x_{i+1} besteht demnach die Korrelation ρ_k , da zwischen x_i und x_{i+1} genau (k–1) nicht gezogene Elemente liegen. Die Korrelation zwischen x_i und x_{i+2} , die beide durch (2 k–1) Elemente getrennt sind, hat den Wert ρ_{2k} , usw.
Den Erwartungswert von s_n^2 findet man infolgedessen aus (17.12.17) , indem man dort

N durch n , ν durch i und ρ_ν durch ρ_{ik}

ersetzt, also

$$(17.12.44) \quad M\{s_n^2\} = \sigma_n^2 = \frac{n}{n-1}\, \sigma^2 \left[1 - \frac{1}{n} \sum_{i=-n}^{n} \left(1 - \frac{|i|}{n}\right) \rho_{ik} \right] .$$

Die Korrelationssumme für eine systematische Probe läßt sich <u>nur in Son-
derfällen</u> durch ein Integral ersetzen, da der Abstand l (bzw. k) der Proben beliebig sein kann. Ist insbesondere $l \geq \lambda$, so wird $\rho_{ik} = \rho(il) = 0$
für alle i $\neq$ 0 ; d.h. aber nach (17.12.44)

$$\left(\sigma_n^2\right)_{l \geq \lambda} = \sigma^2 \ .$$

Die Varianz s_n^2 der n Einzelwerte einer systematischen Probe ist demnach ein guter Schätzwert für die Varianz σ^2 des Prozesses, falls der
Abstand l der Proben die Korrelationslänge λ überschreitet.

Die Varianz <u>zwischen</u> den Mittelwerten systematischer Proben, die aus
dem <u>gleichen</u> Bandabschnitt L stammen, berechnet man, indem man die
N = nk Elemente a_ν der Bandlänge L folgendermaßen ordnet:

systematische Probe Nr.					Abschnitt Nr.	
1	2	... j	... k		alt	neu
a_1	a_2	... a_j	... a_k		1	0
a_{1+k}	a_{2+k}	... a_{j+k}	... a_{2k}		2	1
a_{1+2k}	a_{2+2k}	... a_{j+2k}	... a_{3k}		3	2
$\vdots$	$\vdots$	$\vdots$	$\vdots$		$\vdots$	$\vdots$
$a_{1+(n-1)k}$	$a_{2+(n-1)k}$	... $a_{j+(n-1)k}$	... a_{nk}		n	n−1
$\bar{a}_1$	$\bar{a}_2$	... $\bar{a}_j$	... $\bar{a}_k$	$\bar{a}$	
s_{n1}^2	s_{n2}^2	... s_{nj}^2	... s_{nk}^2		

Die systematische Probe Nr. j hat den Mittelwert

$$(17.12.45) \quad \bar{a}_j = \frac{1}{n} \sum_{i=0}^{n-1} a_{j+ik}$$

und die Varianz

$$(17.12.46) \quad s_{nj}^2 = \frac{1}{n-1} \sum_{i=0}^{n-1} (a_{j+ik} - \bar{a}_j)^2 \ .$$

Der Gesamtmittelwert $\bar{a}$ wird

$$(17.12.47) \qquad \bar{a} = \frac{1}{k} \sum_{j=1}^{k} \bar{a}_j \; .$$

Die Varianz der Mittelwerte $\bar{a}_j$ um ihren "Gesamtmittelwert" $\bar{a}$ ist

$$(17.12.48) \qquad s^2\{\bar{a}_j\} = \frac{1}{k-1} \sum_{j=1}^{k} (\bar{a}_j - \bar{a})^2 \; .$$

Gesucht wird der Erwartungswert dieser Varianz. Aus der Zerlegung

$$a_{j+ik} - \bar{a} = (a_{j+ik} - \bar{a}_j) + (\bar{a}_j - \bar{a})$$

folgt durch Quadrieren und Summieren über i und j wegen (17.12.45)

zunächst

$$\sum_{j=1}^{k} \sum_{i=0}^{n-1} (a_{j+ik} - \bar{a})^2 = \sum_{j=1}^{k} \sum_{i=0}^{n-1} (a_{j+ik} - \bar{a}_j)^2 + n \sum_{j=1}^{k} (\bar{a}_j - \bar{a})^2 \; .$$

Die Doppelsumme der linken Seite ist in anderer Schreibweise

$$(17.12.49) \qquad \sum_{\nu=1}^{N} (a_\nu - \bar{a})^2 = (N-1)\, s_N^2 \; .$$

Die rechte Seite (der vorletzten Gleichung) wird mit (17.12.46) und (17.12.48)

$$(n-1) \sum_{j=1}^{k} s_{nj}^2 + n(k-1)\, s^2\{\bar{a}_j\} \; .$$

Damit hat man

$$(N-1)\, s_N^2 = (n-1) \sum_{j=1}^{k} s_{nj}^2 + n(k-1)\, s^2\{\bar{a}_j\} \; .$$

Geht man zu den Erwartungswerten (für viele Bandabschnitte gleicher Länge L) über, so folgt aus der letzten Gleichung

$$(17.12.50) \qquad (N-1)\, \sigma_N^2 = (n-1)\, k\, \sigma_n^2 + n(k-1)\, \sigma_{\bar{x}}^2 \; ,$$

wobei $\sigma_{\bar{x}}^2$ den Erwartungswert der Varianz $s^2\{\bar{a}_j\}$ bezeichnet, der gesucht wird. Löst man die letzte Gleichung nach $\sigma_{\bar{x}}^2$ auf und setzt σ_N^2 aus (17.12.17), σ_n^2 aus (17.12.44) und $nk = N$ ein, so gilt

$$(17.12.51) \qquad \frac{n(k-1)}{N} \sigma_{\bar{x}}^2 = \sigma^2 \left[\frac{1}{n} \sum_{i=-n}^{n} \left(1 - \frac{|i|}{n}\right) \rho_{ik} \right.$$
$$\left. - \frac{1}{N} \sum_{\nu=-N}^{N} \left(1 - \frac{|\nu|}{N}\right) \rho_\nu \right] \; ; \quad (III) \; .$$

Ersetzt man die zweite Korrelationssumme wieder durch das Korrelationsintegral (17.12.20), so findet man mit $n(k-1)/N = 1 - (n/N) \approx 1$ und $i/n = (i\ell)/L$ die Varianz systematischer Proben in der Gestalt

$$(17.12.52) \qquad \sigma_{\bar{x}}^2 = \sigma^2 \left[\frac{\ell}{L} \sum_{i=-n}^{n} \left(1 - \frac{|i\ell|}{L}\right) \rho(i\ell) - \frac{1}{L} \int_{y=-L}^{L} \left(1 - \frac{|y|}{L}\right) \rho(y)\, dy \right] ;$$
$$(III) \; .$$

Im folgenden wird das Verhalten von $\sigma_{\overline{x}}^2$ untersucht, wenn man die Größe n der Probe steigert.

(A) Bei der Beurteilung "großer" Mengen ist $L \gg \lambda$. Entnimmt man zunächst nur wenige Einzelproben, so daß ihr Abstand

$$\ell > \lambda$$

ist, so reduziert sich die Summe über i in (17.12.52) wegen $\rho(i\ell) = 0$ für $i \neq 0$ und $\rho(0) = 1$ zu

$$\frac{\ell}{L} = \frac{1}{n} \ .$$

Der Integrationsbereich $-L \leq y \leq L$ reduziert sich für $L > \lambda$ auf $-\lambda \leq y \leq \lambda$. Damit hat man

$$(17.12.53) \qquad (\sigma_{\overline{x}}/\sigma)^2 = \frac{1}{n} - \frac{1}{L} \int_{y=-\lambda}^{\lambda} \left(1 - \frac{|y|}{L} \right) \rho(y) \, dy = \frac{1}{n} - J(L) \ .$$

Läßt man bei $L \gg \lambda$ und $\ell > \lambda$ die Probengröße n wachsen, so sinkt das Varianzverhältnis $(\sigma_{\overline{x}}/\sigma)^2$ zunächst mit $1/n$. Dabei wird ein von n unabhängiger fester Betrag $J(L)$ abgezogen, der bei kleinem n und "großem" L zunächst ohne Bedeutung ist, dessen Einfluß aber mit wachsendem n zunimmt. Steigert man die Zahl n der Einzelproben auf der festen Bandlänge L mehr und mehr, so gilt wegen $(1/n) \to 0$ schließlich $1/n < J(L)$. Zur Bestimmung des "kritischen" Wertes $n = n_*$, für den $1/n = J(L)$ wird, darf man im Korrelationsintegral $J(L)$ in erster Näherung $|y|/L \leq \lambda/L$ gegen 1 vernachlässigen. Dann ist nach (17.12.22) $J(L) \approx (2\lambda \rho_m)/L$. Aus

$$(17.12.54) \qquad (\sigma_{\overline{x}}/\sigma)^2 = \frac{1}{n} - J(L) \approx \frac{1}{n} - \frac{2\lambda \rho_m}{L} = 0$$

folgt

$$(17.12.55) \qquad n_* = \frac{1}{J(L)} \approx \frac{L}{2\lambda \rho_m} \ .$$

Der zugehörige "kritische" Probenabstand ℓ_* wird $\ell_* = L/n_*$ oder

$$(17.12.56) \qquad \ell_* = L \, J(L) \approx 2\lambda \rho_m \ .$$

Für $\rho_m = 1/2$ stimmt der kritische Probenabstand (nahezu) mit der Korrelationslänge λ überein. Jetzt macht sich der Einfluß der Korrelationssumme $\sum_{-n}^{n} \dots$ in (17.12.52) mehr und mehr bemerkbar.

Wenn n schließlich so groß wird, daß der Probenabstand

$$\ell \ll \lambda$$

ist, so setzt man nach Abb. 17.12.8 zweckmäßig

$$y_i = i\ell \qquad \text{und} \qquad \Delta y = \ell \Delta i = \ell .$$

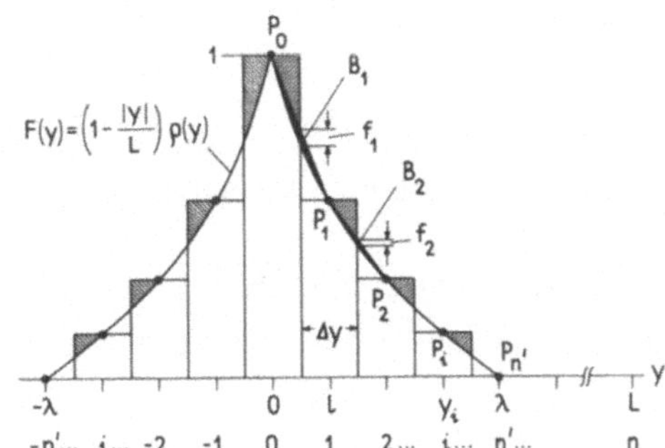

Abb. 17.12.8. Zur Deutung der Korrelationssumme und des Korrelationsintegrals der Gleichung (17.12.57) bei "kleinem" Probenabstand $\ell \ll \lambda$ mit $n'\ell = \lambda$.

Dann folgt aus (17.12.52) für $\ell \ll \lambda$ bzw. $n \gg n_*$

$$(17.12.57) \qquad (\sigma_{\bar{x}}/\sigma)^2 = \frac{1}{L} \left[\sum_{i=-n}^{n} \left(1 - \frac{|y_i|}{L} \right) \rho(y_i)\Delta y - \int_{y=-L}^{L} \left(1 - \frac{|y|}{L} \right) \rho(y)\, dy \right].$$

In Abb. 17.12.8 wird die Summe $\displaystyle\sum_{i=-n}^{n} \ldots = \sum_{i=-n'}^{n'} \ldots$ durch die Fläche aller Rechtecke und das Integral $\displaystyle\int_{-L}^{L} \ldots = \int_{-\lambda}^{\lambda} \ldots$ durch die Fläche unter der Funktion

$$F(y) = \left(1 - \frac{|y|}{L} \right) \rho(y)$$

dargestellt. Dabei ist vereinfachend angenommen, daß λ ein ganzzahliges Vielfaches von ℓ ist, $\lambda = n'\ell$. Da sich die geschrafften "Dreiecke" in Abb. 17.12.8 gegen die nicht geschrafften paarweise nahezu ausgleichen, so verschwindet die eckige Klammer $[\ \ ]$ in (17.12.57) in erster Näherung und man hat

$$(17.12.58) \qquad \sigma_{\bar{x}}^2 \approx 0 \qquad \text{für alle } n \gg n_* .$$

Für eine genauere Abschätzung beachtet man, daß die halbe Summe der Rechtecke gleich der Fläche unter dem Sehnenzug $P_0 P_1 P_2 \ldots P_i \ldots P_{n'}$ ist. Damit wird

$$(17.12.59) \qquad \sigma_{\bar{x}}^2 = \frac{2\sigma^2}{L} \sum_{i=1}^{n'} B_i ,$$

wobei B_i die bogenförmigen kleinen Flächenstücke zwischen dem Sehnenzug und der Kurve $F(y)$ sind. Nähert man die Funktion $F(y)$ abschnittsweise durch geeignete Ersatzparabeln mit der "Pfeilhöhe" f_i ,

$$f_i = \frac{1}{2}\left(F_{i-1} + F_i\right) - F_{i-(1/2)} \; ,$$

an, so wird $B_i = (2/3)\, f_i \ell$ und damit

$$(17.12.60) \qquad \sigma_{\overline{x}}^2 = \frac{4}{3}\, \frac{\ell}{L}\, \sigma^2 \sum_{i=1}^{n'} f_i \; .$$

Damit läßt sich $\sigma_{\overline{x}}^2$ bei empirisch gegebener Funktion $F(y)$ abschätzen.

(B) Für "dachförmige" Korrelation läßt sich die letzte Rechnung genau durchführen. Man berechnet zunächst für $L \geqslant \lambda$ und $\ell \leqslant \lambda$ die Hilfsgröße

$$S(L) = \frac{2\ell}{L} \sum_{i=1}^{n'} \left(1 - \frac{i\ell}{L}\right)\left(1 - \frac{i\ell}{\lambda}\right) \; .$$

Nach Abb. 17.12.8 hat man von $i = 1$ bis $i = n' = \lambda/\ell$ zu summieren,
wobei auch hier zur Vereinfachung der Rechnung vorausgesetzt wird, daß die
Korrelationslänge λ ein ganzzahliges Vielfaches des Probenabstands ℓ ist,
was aber keine wesentliche Einschränkung bedeutet. Dann wird

$$S(L) = \frac{2\ell}{L} \sum_{i=1}^{n'} \left[1 - \left(\frac{\ell}{L} + \frac{\ell}{\lambda}\right) i + \frac{\ell^2}{L\,\lambda}\, i^2 \right] \; .$$

Mit

$$\sum_{i=1}^{n'} 1 = n' \; ; \qquad \sum_{i=1}^{n'} i = \frac{n'(n'+1)}{2} \; ; \qquad \sum_{i=1}^{n'} i^2 = \frac{n'(n'+1)(2\,n'+1)}{6}$$

und $n'\ell = \lambda$ findet man nach längerer Rechnung

$$(17.12.61) \qquad S(L) = \frac{\lambda-\ell}{L}\left[1 - \frac{\lambda+\ell}{3\,L}\right] = \underbrace{- \frac{\ell}{L} + \frac{\lambda}{L}\left(1 - \frac{\lambda}{3\,L}\right)}_{J(L)} + \frac{\ell^2}{3\,L^2} \; .$$

Nach (17.12.52) ist

$$\left(\sigma_{\overline{x}}/\sigma\right)^2 = \frac{\ell}{L} + S(L) - J(L)$$

oder mit (17.12.61)

$$(17.12.62) \qquad \left(\sigma_{\overline{x}}/\sigma\right)^2 = \frac{1}{3}\left(\frac{\ell}{L}\right)^2 = \frac{1}{3}\left(\frac{1}{n}\right)^2 \; ,$$

gültig für $L \geqslant \lambda$ und $\ell = \lambda/n'$.

Solange die Probenzahl n auf der festen Bandlänge L wesentlich kleiner
als der kritische Wert n_* bleibt, fällt die Varianz $\sigma_{\overline{x}}^2$ des Mittelwerts $\overline{x}$
systematischer Proben nahezu mit $1/n$. Ueberschreitet jedoch n den kri-
tischen Wert n_* , so sinkt $\sigma_{\overline{x}}^2$ mit $(1/n)^2$, wenn dachförmige Korrelation
herrscht.

In Abb. 17.12.9 ist das Varianzverhältnis $(\sigma_{\bar{x}}/\sigma)^2$ über der Probenzahl n für die fiktive <u>dachförmige</u> Korrelation $\rho_0(y)$,

$$\rho_0(y) = 1 - \frac{|y|}{\lambda_0} \qquad \text{für} \quad |y| \leq \lambda_0 \; ,$$

(17.12.63)

$$\rho_0(y) \equiv 0 \qquad \text{für} \quad |y| > \lambda_0 \; ,$$

dargestellt. Dabei wurde λ_0 aus der Bedingung

(17.12.64) $\qquad \lambda_0 = 2 \lambda \, \rho_m = 0,28 \, \lambda$

bestimmt, so daß die Integrale (Korrelationsflächen) über die fiktive Korrelationsfunktion $\rho_0(y)$ und die "beobachtete" Korrelationsfunktion $\rho(y)$ über-

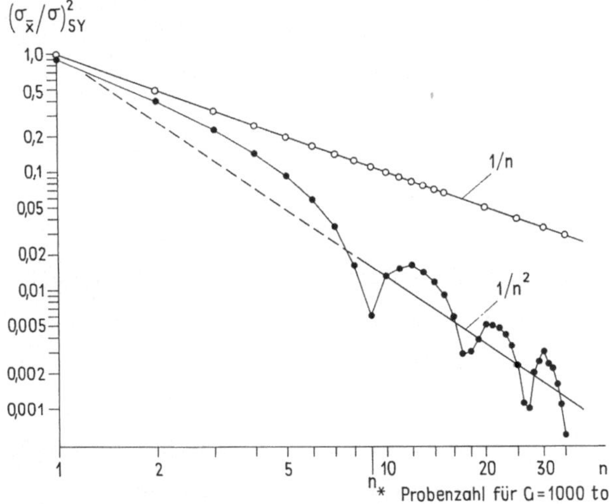

Abb. 17.12.9. Das Varianzverhältnis $(\sigma_{\bar{x}}/\sigma)^2$ für systematische Proben SY <u>eines</u> Bandabschnitts L in Abhängigkeit von n für die fiktive
<u>dachförmige</u> Korrelationsfunktion $\rho_0(y)$.

einstimmen. In der Tat sinkt die Varianz $\sigma_{\bar{x}}^2$ in Abb. 17.12.9 für $n > n_*$
$= 9$ im Mittel genommen mit $(1/n)^2$ ab, wie es Gléichung (17.12.62) ver-
langt, jedoch schwingt sie mit geringer Amplitude um den "mittleren" Verlauf, was darauf zurückzuführen ist, daß im allgemeinen λ kein ganzzahliges Vielfaches von l ist.

Führt man die Zahlenrechnung mit der "<u>beobachteten</u>" Korrelationsfunktion $\rho(y)$ aus, so findet man den in Abb. 17.12.10 dargestellten Verlauf.
Die Varianz $\sigma_{\bar{x}}^2$ fällt jetzt monoton (ohne Schwingungen) ab, aber ebenso

wie in Abb. 17.12.9 "anfangs" nahezu mit $(1/n)$, für $n \gtrless 15$ jedoch mit $(1/n)^2$. Infolge des raschen Absinkens der Varianz "hinter" der kritischen Probenzahl n_* sollte man die Zahl der Proben nicht wesentlich größer als

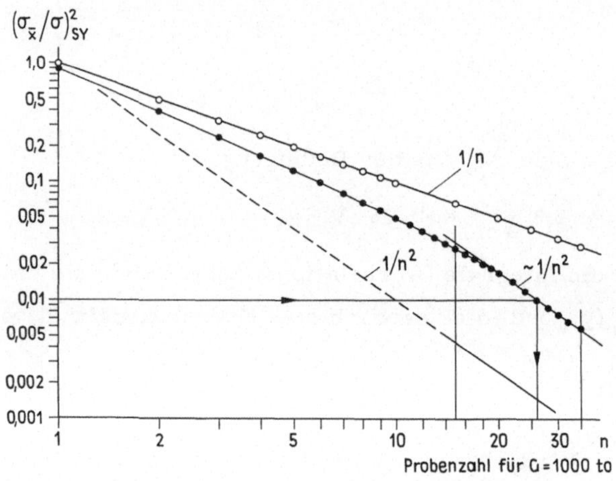

Abb. 17.12.10. Das Varianzverhältnis $(\sigma_{\bar{x}}/\sigma)^2$ für systematische Proben SY <u>eines</u> Bandabschnitts L in Abhängigkeit von n für die "<u>beobachtete</u>" Korrelationsfunktion $\rho(y)$.

n_* wählen. Als Faustregel kann gelten, daß man den Mittelwert $\bar{x}$ durch Proben n der Größenordnung $1,5\,n_*$ bis $2\,n_*$ ausreichend genau erfaßt. Es gibt also eine obere Grenze für den Prüfaufwand, die man aus wirtschaftlichen Gründen nicht überschreiten sollte. Bestimmbar ist diese Grenze jedoch nur mit Hilfe der "Korrelationslänge" λ , die mit dem Aufbereitungsvorgang verbunden ist. Kennt man $\rho(y)$ nicht, so kann man (nach Abb. 17.12.9 und 17.12.10) nur sagen, daß die systematische Probe stets genauer als die einfache Zufallsprobe ist.Wählt man bei Unkenntnis der Korrelation eine einfache Zufallsprobe, mit der man eine vorgeschriebene Varianz $\sigma_{\bar{x}}^2$ erreichen will, so wird man bei der Beurteilung "großer" Mengen jedoch zu viele Proben nehmen. Um beispielsweise $\sigma_{\bar{x}}^2 = \sigma^2/100$ und damit $\sigma_{\bar{x}} = \sigma/10$ zu erreichen, sind bei der einfachen Zufallsprobe n = 100 Einzelproben notwendig. Nach Abb. 17.12.10 gibt die systematische Probe (im Beispiel)diese Genauigkeit bereits bei n = 26 Einzelproben. Der nutzlose Aufwand von 74 Proben ist der "Preis", den man zu zahlen hat, wenn man die Korrelationsfunktion $\rho(y)$ nicht berücksichtigt.

Systematische Proben aus verschiedenen Bandabschnitten gleicher Länge L .

Die vorausgehenden Ueberlegungen gelten für systematische Proben aus dem $\underline{gleichen}$ Bandabschnitt L . Entnimmt man die systematischen Proben mit der laufenden Nr. α und den Einzelwerten $(x_{1\alpha} ; x_{2\alpha} ; \dots ; x_{i\alpha} ; \dots ; x_{n\alpha})$ $\underline{verschiedenen}$ Bandabschnitten L_α $\underline{gleicher}$ Länge, L_α = konst = L , so ist ihre Varianz

$$(17.12.65) \qquad \sigma^2_{\bar{x}(L)} = \frac{\sigma^2}{n} \left[\sum_{i=-n}^{n} \left(1 - \frac{|i|}{n} \right) \rho_{ik} \right] .$$

Das geht unmittelbar aus (17.12.30) hervor, wenn man dort

$$\left[N ; \nu ; \rho_\nu ; \bar{a} \right] \qquad durch \qquad \left[n ; i ; \rho_{ik} ; \bar{x}(L) \right]$$

ersetzt. Bemerkenswert ist wieder die Zerlegung der Gesamtvarianz σ^2 ,

$$(17.12.66) \qquad \frac{n-1}{n} \sigma_n^2 + \sigma^2_{\bar{x}(L)} = \sigma^2 ,$$

die aus (17.12.44) und (17.12.65) folgt. Sie entspricht im Aufbau genau der Beziehung (17.12.31) für die Varianzen σ_N^2 und $\sigma^2_{\bar{a}(L)} \equiv \sigma_{\bar{a}}^2$.

Setzt man in (17.12.65) $1/n = \ell/L$, so gilt für das Varianzverhältnis

$$(17.12.67) \qquad (\sigma_{\bar{x}(L)}/\sigma)^2 = \frac{\ell}{L} \sum_{i=-n}^{n} \left(1 - \frac{|i|\ell}{L} \right) \rho(i\ell) = S(L ; \ell) .$$

Hier tritt auf der rechten Seite die gleiche Summe $S(L ; \ell)$ auf wie in (17.12.52) . Wenn die systematischen Proben aus dem $\underline{gleichen}$ Bandabschnitt stammen, so gilt nach (17.12.52)

$$(17.12.68) \qquad (\sigma_{\bar{x}}/\sigma)^2 = S(L ; \ell) - J(L) ;$$

wenn sie $\underline{verschiedenen}$ Bandabschnitten entnommen wurden, dann gilt dagegen

$$(17.12.69) \qquad (\sigma_{\bar{x}(L)}/\sigma)^2 = S(L ; \ell) .$$

Wenn die Zahl n der Einzelproben im Bandabschnitt L gesteigert wird, so folgt aus $\sigma_{\bar{x}}^2 \longrightarrow 0$ die Beziehung

$$(17.12.70) \qquad S(L ; \ell) \longrightarrow J(L) \qquad\qquad für \quad n \longrightarrow N(L) .$$

Nach (17.12.69) gilt demnach

$$(17.12.71) \qquad (\sigma_{\bar{x}(L)}/\sigma)^2 \longrightarrow J(L) \approx \frac{2 \lambda \rho_m}{L} \qquad für \quad n \longrightarrow N(L) .$$

Das Varianzverhältnis strebt mit wachsender Zahl n der Einzelproben gegen den festen (von L abhängigen) Grenzwert $J(L) = 1/n_* \approx (\lambda/L)\, 2\, \rho_m$. Man kann infolgedessen die Varianz $\sigma^2_{\bar{x}(L)}$ __nicht__ beliebig verkleinern, indem man auf der festen Bandlänge L möglichst viele Messungen macht. Das läßt sich auch anschaulich einsehen. Bezeichnet man mit n' die Zahl der Messungen im Korrelationsbereich λ , so reduziert sich die Summe in (17. 12. 67) auf $\sum\limits_{-n'}^{n'}$, da $\rho(i\ell)$ für i > n' oder $i\ell > n'\ell \geqq \lambda$ verschwindet. Bei der Beurteilung langer Bandabschnitte $L \gg \lambda$ ist n' ≪ n . Dann ist für alle $|i| \leqq n'$

$$1 \geqq 1 - \frac{|i\ell|}{L} = 1 - \frac{|i|}{n} \geqq 1 - \frac{n'}{n} \approx 1 \; ,$$

also nach (17. 12. 65)

$$(17.\,12.\,72) \qquad \sigma^2_{\bar{x}(L)} \approx \frac{\sigma^2}{n} \sum_{i=-n'}^{n'} \rho(i\ell) \; ,$$

wobei die Summe für $\ell \geqq \lambda$ bzw. $n \leqq n_*$ den Wert 1 hat. Steigert man die Zahl n der Beobachtungen über die kritische Zahl n_* hinaus, so wird zwar der Nenner n in der letzten Gleichung größer, zugleich wächst aber die Zahl n' der Messungen im Korrelationsbereich λ , so daß die Summe $\sum \rho(i\ell)$ immer mehr ρ-Werte umfaßt. Dabei wird der günstige Einfluß des wachsenden Nenners n schließlich durch den hemmenden Einfluß der ebenfalls wachsenden Summe $\sum \rho(i\ell)$ genau aufgehoben.

In Abb. 17. 12. 11 ist der Verlauf des Verhältnisses $(\sigma_{\bar{x}(L)}/\sigma)^2$ über n dargestellt. Besonders aufschlußreich ist der Fall dachförmiger Korrelation. Solange die Zahl n der wirklich entnommenen Proben unter n_* liegt, sinkt $\sigma^2_{\bar{x}\,(L)}$ ganz "normal" mit 1/n . An der Stelle n_* wird die Kurve $\sigma^2_{\bar{x}\,(L)}$ förmlich "geknickt"; sie schwingt mit geringer Amplitude, ohne noch (wesentlich) abzusinken und nimmt mit wachsendem n den Grenzwert J(L) an. Für die beobachtete Korrelationsfunktion $\rho(y)$ sinkt $\sigma^2_{\bar{x}(L)}$ hinter n_* zwar noch ein wenig ab, aber die damit erreichbare Verkleinerung der Varianz ist praktisch ohne Bedeutung. Die Steigerung der Probenzahl n über n_* hinaus ist nahezu wirkungslos.

Bei der "Abnahme" von Aufbereitungsanlagen will man mit einer festen Zahl n von Einzelproben __nicht eine bestimmte Liefermenge__ G (auf L) , __sondern den Vorgang__ selbst beurteilen. In dem Falle wählt man den Probenabstand l zweckmäßig gleich λ (oder größer als λ) . Dann sind aufeinanderfolgende Meßwerte x_i und x_{i+1} unabhängig voneinander, und es gilt $\sigma^2_{\bar{x}(L)} = \sigma^2/n$.

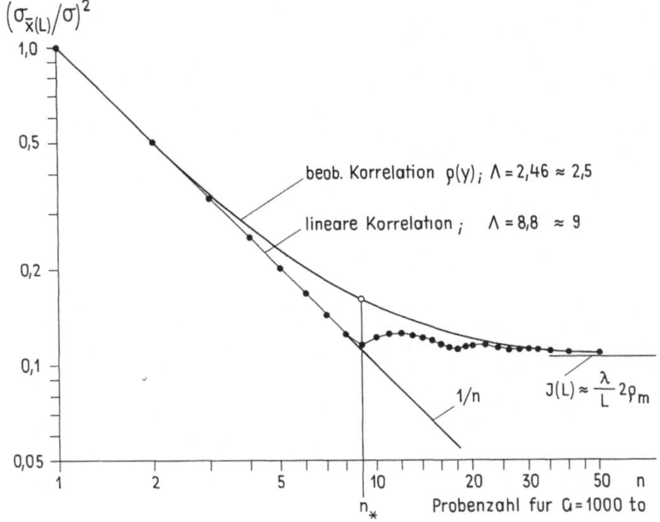

Abb. 17.12.11. Das Varianzverhältnis $(\sigma_{\bar{x}(L)}/\sigma)^2$ für systematische Proben aus <u>verschiedenen</u> Bandabschnitten gleicher Länge L in Abhängigkeit von n .

Vergleich zwischen Theorie und Versuch.

Dazu wurde zunächst die Varianz s_n^2 "innerhalb" systematischer Proben der Größe n nach (17.12.43) berechnet. Beispielsweise lassen sich aus 300 (von 304 vorhandenen) Meßpunkten der Gesamtreihe 15 Abschnitte von je $n = 20$ Proben bilden. Die Gesamtreihe wird also für $n = 20$ in 15 Teile zerhackt. Man gewinnt so 15 Varianzen $(s_n^2)_j$, $j = 1$; 2 ; ... ; 15 , aus denen der Mittelwert $\overline{s_n^2}$ gebildet wurde. Dieser Mittelwert wird in Abb. 17.12.12 an der Stelle $n = 20$ mit dem Erwartungswert σ_n^2 der Gleichung (17.12.44) verglichen. Durch Wahl anderer Werte für n findet man weitere Punkte der Abbildung. Rechnung (Kurve) und Versuch (Einzelpunkte) stimmen gut miteinander überein.

Der zweite Vergleich bezieht sich auf die Varianz der Mittelwerte $\bar{x}$ systematischer Proben des gleichen Bandabschnitts L . Bei diesem Vergleich wurde die Gesamtreihe in 9 Abschnitte der Länge $L = 2{,}46\,\lambda$ mit

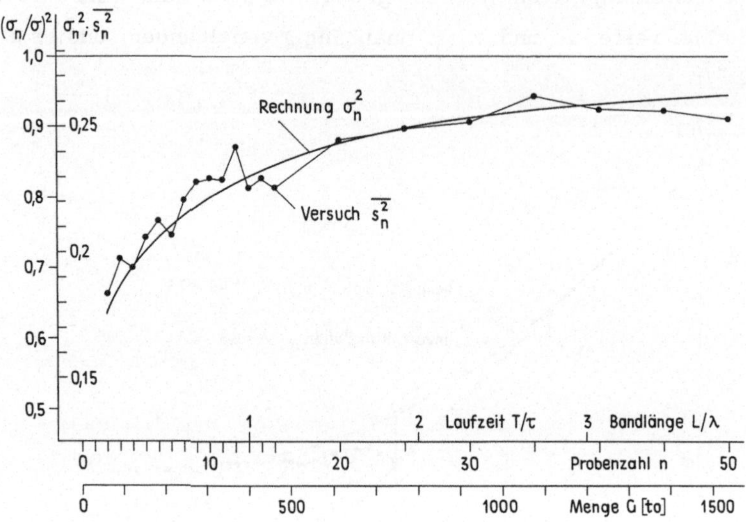

Abb. 17.12.12. Das Varianzverhältnis $(\sigma_n/\sigma)^2$ __innerhalb__ systematischer Proben des Umfanges n bei festem Probenabstand ℓ = konst $\sim$ 15 min nach Rechnung und Versuch.

je 32 Einzelproben aufgeteilt. Dieser Länge L entspricht die Menge

G = 1000 t . Aus den 32 Einzelproben jedes Abschnitts bildet man systematische Proben mit dem Mittelwert $\overline{x}_j$ nach der folgenden Uebersicht:

Umfang n der systematischen Probe	Zahl der systematischen Proben auf der Bandlänge L
2	16
3	10
4	8
5	6
6	5
8	4
10	3
16	2

Für jeden Abschnitt gewinnt man so (beispielsweise) 8 systematische Proben der Größe n = 4 mit den Mittelwerten $\overline{x}_j$, j = 1 ; 2 ; ... ; 8 . Die Varianz zwischen den Mittelwerten $\overline{x}_j$ ist $s_{\overline{x}}^2$. Die den 9 Abschnitten zugeordneten Varianzen $(s_{\bar{x}}^2)_\alpha$, α = 1 ; 2 ; ... ; 9 , wurden zu $\overline{s_{\bar{x}}^2}$ gemittelt und mit den zu erwartenden Werten $\sigma_{\bar{x}}^2$ aus Gleichung (17.12.52) verglichen ; Abb. 17.12.13 . Die Kurve gibt das (aus Abb. 17.12.10 entnommene)

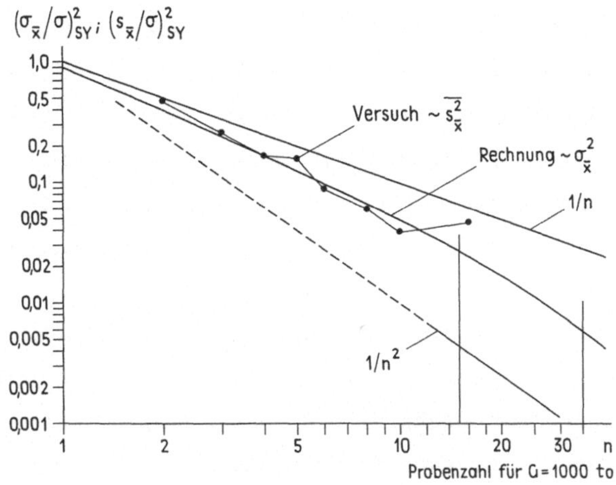

Abb. 17.12.13. Das Varianzverhältnis $(\sigma_{\bar{x}}/\sigma)^2$ für systematische Proben SY <u>eines</u> Bandabschnitts L nach Rechnung und Versuch (Bandlänge L = 2,46 λ mit G = 1000 t) .

Varianzverhältnis $(\sigma_{\bar{x}}/\sigma)^2$ bei Bandlängen L = 2,46 λ . Die Punkte entsprechen den Versuchsergebnissen. Auch hier ist die Uebereinstimmung zwischen Rechnung und Versuch gut.

<u>Zusammenfassung.</u>

Bei der Beurteilung von "Zufallsvorgängen mit Erhaltungsneigung" (Probenahme vom Band) sind die Merkmalwerte "benachbarter" Proben nicht mehr unabhängig voneinander, wenn ihr Abstand ℓ die Korrelationslänge λ unterschreitet. Die Varianz des Mittelwerts $\bar{x}$ einer aus n Einzelproben x_i bestehenden Sammelprobe hängt ab

(a)   von der Varianz σ^2 des Zufallsvorgangs ;

(b)   von der Probenzahl n ;

(c)   von der Art der Probe (einfache Zufallsprobe, geschichtete Zufallsprobe, systematische Probe) ;

(d)   von den kennzeichnenden Längen: der Bandlänge L , dem Probenabstand ℓ und dem Korrelationsbereich λ (bzw. den dimensionslosen Größen L/λ und ℓ/λ) .

(e)   Ferner ist wesentlich, ob man mit der Probe nur die Teilmenge G
auf der Bandlänge L oder den Vorgang insgesamt beurteilen will.

Solange der Probenabstand ℓ größer als λ ist, spielt die Korrelation
keine Rolle. Mit wachsendem n läßt sich aber jeder "genügend großen"
festen Bandlänge $L \gg \lambda$ eine "kritische" Probenzahl n_* (und ein dazu ge-
hörender kritischer Probenabstand ℓ_*) zuordnen. Es ist $1/n_* = J(L)$, wobei
J den Wert des Korrelationsintegrals darstellt. Die Ergebnisse hängen weniger von dem Korrelationsverlauf $\rho(y)$ im einzelnen ab als vielmehr vom
Wert des Korrelationsintegrals (der Korrelationsfläche) $\int_{-\lambda}^{\lambda} \rho(y)\, dy = 2\lambda\, \rho_m$.

Zieht man die n Einzelproben bei einem Abnahmeversuch zur Beurtei-
lung der Anlage, so sollte man den Probenabstand $\ell \gtrless \lambda$ wählen. Zieht man
jedoch die Proben zur Ueberwachung eines laufenden Prozesses, etwa einer
Aufbereitungsanlage von Kohle oder Erz, so sind im allgemeinen nicht "Mittelwerte über längere Zeitabschnitte", sondern "Augenblickswerte" von Bedeutung, nach denen der Vorgang geregelt werden soll. In dem Fall ist eine
"Verdichtung" der Proben, d. h. eine Verkürzung ihres zeitlichen Abstands,
sinnvoll, da man dann die (hier nicht angezweifelten sondern als gültig vorausgesetzten) Hypothesen $M\{a_\nu\} = $ konst $= a$ und $V\{a_\nu\} = $ konst $= \sigma^2$ testen
will.

17.13 Die Prüfung elliptischer Streuflächen

Zu einem Treffbild $(x_\nu\,;\,y_\nu)$ der $(x\,;y)$-Ebene hat man die Mittelwerte
$(\bar{x}\,;\bar{y})$, ferner aus (17.4.12) und (17.4.13) die Varianzen $(s_x^2\,;\,s_y^2)$ und
aus (17.4.17) die Korrelationszahl r berechnet. Entsprechend zu (17.7.15)
bildet man damit das "beobachtete" Produkt

$$(17.13.1) \qquad \hat{E} = \pi s_x s_y \sqrt{1 - r^2} = \pi s_1 s_2 \ .$$

$\hat{E}$ ist die Fläche der beobachteten Hauptstreuungsellipse mit den Halbachsen
s_1 und s_2 . Die voneinander unabhängigen Hauptvarianzen s_1^2 und s_2^2 findet man aus (17.7.12) und (17.7.13) , indem man anstelle der Modellpara-
meter $(\sigma_x^2\,;\,\sigma_y^2\,;\,C\{x\,;y\})$ die Stichprobenwerte $(s_x^2\,;\,s_y^2\,;\,C_{xy})$ einsetzt.

Eine Versuchsreihe mit n_1 Wertepaaren $(x_\nu\,;\,y_\nu)$ gibt die Ellipsenfläche

$$(17.13.2) \qquad \hat{E}_1 = \pi s_x^{(1)} s_y^{(1)} \sqrt{1 - r_1^2} = \pi s_1^{(1)} s_2^{(1)} \ .$$

Eine zweite Versuchsreihe mit n_2 Wertepaaren $(x_\nu; y_\nu)$ gibt

$$(17.13.3) \quad \hat{E}_2 = \pi s_x^{(2)} s_y^{(2)} \sqrt{1 - r_2^2} = \pi s_1^{(2)} s_2^{(2)} \; .$$

Es soll entschieden werden, ob die beobachteten Flächen $(\hat{E}_1; \hat{E}_2)$ mit der Hypothese $E_1 = E_2$,

$$(17.13.4a) \quad E_1 \equiv \pi \sigma_x^{(1)} \sigma_y^{(1)} \sqrt{1 - \rho_1^2} = \pi \sigma_x^{(2)} \sigma_y^{(2)} \sqrt{1 - \rho_2^2} \equiv E_2 \; ,$$

bzw. mit

$$(17.13.4b) \quad \sigma_1^{(1)} \sigma_2^{(1)} = \sigma_1^{(2)} \sigma_2^{(2)}$$

verträglich sind oder nicht. Zur Entscheidung benötigt man die Verteilungsfunktion für die Flächen $\hat{E}$, die sich in folgender Weise aus der Verteilungsfunktion für $(s_u^2; s_v^2; r)$ herleiten läßt.

Aus $(17.9.1)$,

$$(17.13.5) \quad \frac{x - \mu_x}{\sigma_x} = u \quad \text{und} \quad \frac{y - \mu_y}{\sigma_y} = v \; ,$$

folgt für die zugehörigen empirischen Standardabweichungen

$$(17.13.6) \quad \frac{s_x}{\sigma_x} = s_u \quad \text{und} \quad \frac{s_y}{\sigma_y} = s_v \; .$$

Damit wird der Quotient $\epsilon = \hat{E}/E$,

$$(17.13.7) \quad \epsilon = \frac{\hat{E}}{E} = s_u s_v \sqrt{1 - r^2} \Big/ \sqrt{1 - \rho^2} \; ;$$

ϵ ist das Verhältnis der beobachteten Ellipsenfläche $\hat{E}$ zu ihrem theoretischen Wert E.

Aus $(17.9.29)$ findet man die gemeinsame Verteilung von $(s_u^2; s_v^2; r)$ zu

$$(17.13.8) \quad d\Psi\{s_u^2; s_v^2; r\} = C\, (s_u s_v)^{n-2} (1-r^2)^{(n-4)/2}\, e^{-Q/2}\, ds_u\, ds_v\, dr \; .$$

Dabei ist im Exponenten von e

$$(17.13.9) \quad Q = \frac{n-1}{1-\rho^2} \left(s_u^2 - 2\rho\, s_u s_v\, r + s_v^2 \right) \; .$$

Die Konstante C folgt aus $(17.9.30)$ zu

$$(17.13.10) \quad C = \frac{1}{\pi} \frac{(n-1)^{n-1}}{(n-3)!} \frac{1}{(1-\rho^2)^{(n-1)/2}} \; .$$

Die Verteilungsfunktion für die von $(s_u ; s_v ; r)$ abhängige Größe ϵ findet man, indem man die drei Zufallsgrößen $(s_u ; s_v ; r)$ auf drei andere Zufallsgrößen $(\lambda ; \epsilon ; \tau)$ mit

$$\lambda = \lambda(s_u ; s_v ; r) \quad ; \quad \epsilon = \epsilon(s_u ; s_v ; r) \quad ; \quad \tau = \tau(s_u ; s_v ; r)$$

transformiert. Dabei wählt man $\epsilon(s_u ; s_v ; r) = s_u \, s_v \sqrt{1-r^2} \big/ \sqrt{1-\rho^2}$. Die Funktionen $\lambda(s_u ; s_v ; r)$ und $\tau(s_u ; s_v ; r)$ sind innerhalb gewisser Grenzen frei wählbar; sie müssen jedoch so bestimmt werden, daß die Integration über λ und τ ausführbar ist.

Die Substitution

$$\lambda = s_u^2 \qquad\qquad \text{mit} \quad 0 \leqq \lambda < \infty \ ;$$

$$(17.13.11) \qquad \epsilon = s_u \, s_v \, \frac{\sqrt{1-r^2}}{\sqrt{1-\rho^2}} \qquad \text{mit} \quad 0 \leqq \epsilon < \infty \ ;$$

$$\tau = \frac{r}{\sqrt{1-r^2}} \qquad\qquad \text{mit} \ -\infty < \tau < \infty$$

hat die Funktionaldeterminante

$$(17.13.12) \qquad \frac{\partial(\lambda ; \epsilon ; \tau)}{\partial(s_u ; s_v ; r)} = \frac{2 \, s_u^2}{\sqrt{1-\rho^2}\,(1-r^2)} \ .$$

Diese Substitution führt $(17.13.8)$ über in

$$(17.13.13) \qquad d\Psi(\lambda ; \epsilon ; \tau) = \frac{1}{2\pi} \, \frac{(n-1)^{n-1}}{(n-3)!} \, \epsilon^{n-2} \, e^{-Q/2} \, \frac{d\lambda}{\lambda} \, d\epsilon \, d\tau \ .$$

Q nimmt mit

$$s_v^2 = (1-\rho^2) \, \frac{1}{\lambda} \, \epsilon^2 (1+\tau^2)$$

die Gestalt $Q = Q_1 + Q_2$ an, wobei

$$(17.13.14a) \qquad Q_1(\lambda ; \epsilon) = (n-1)\left(\frac{\lambda}{1-\rho^2} + \frac{\epsilon^2}{\lambda} \right)$$

und

$$(17.13.14b) \qquad Q_2(\lambda ; \epsilon ; \tau) = \frac{1}{\lambda}\left(\sqrt{n-1} \, \epsilon \, \tau \right)^2 - 2\left(\sqrt{n-1} \, \epsilon \, \tau \right) \frac{\rho\sqrt{n-1}}{\sqrt{1-\rho^2}}$$

ist. $(17.13.13)$ integriert man zunächst bei festem Wertepaar $(\lambda ; \epsilon)$ über τ im Bereich $-\infty < \tau < \infty$, indem man $\sqrt{n-1} \, \epsilon \, \tau / \sqrt{\lambda} = z$ setzt. Die Integration über τ gibt

$$\frac{\sqrt{\lambda}}{\sqrt{n-1}\,'\,\epsilon}\;\exp\left[\frac{\lambda\,\rho^2\,(n-1)}{2(1-\rho^2)}\right]\underset{-\infty}{\overset{\infty}{\int}}e^{-\left[z-(\ )\right]^2/2}\;dz\quad.$$

$$\longleftarrow\quad\sqrt{2\pi}\quad\longrightarrow$$

Damit nimmt (17. 13. 13) die Gestalt an

$$(17.\,13.\,15)\qquad d\Psi\{\epsilon\,;\,\lambda\}\;=\;\frac{1}{\sqrt{2\pi}\,\sqrt{n-1}}\;\frac{(n-1)^{n-1}}{(n-3)!}\;\epsilon^{n-3}\;e^{-Q_3/2}\;\frac{d\lambda}{\sqrt{\lambda}}\;d\epsilon\;,$$

wobei

$$(17.\,13.\,16)\qquad Q_3\;=\;(n-1)\left(\lambda+\frac{\epsilon^2}{\lambda}\right)$$

ist. Die Integration über λ im Bereich $0\le\lambda<\infty$ gibt schließlich mit
Hilfe der Beziehung

$$(17.\,13.\,17)\qquad\underset{0}{\overset{\infty}{\int}}e^{-a\lambda-(b/\lambda)}\;\frac{d\lambda}{\sqrt{\lambda}}\;=\;\sqrt{\frac{\pi}{a}}\;e^{-2\sqrt{ab}}$$

$(a>0\,;\,b\ge0)$, das Ergebnis

$$\underset{0}{\overset{\infty}{\int}}e^{-Q_3/2}\;\frac{d\lambda}{\sqrt{\lambda}}\;=\;\sqrt{\frac{2\pi}{n-1}}\;e^{-(n-1)\,\epsilon}\quad.$$

Damit hat man für die Verteilung der Zufallsgröße ϵ endgültig

$$(17.\,13.\,18)\qquad d\Psi\{\epsilon\}=\;\frac{\left[(n-1)\,\epsilon\right]^{n-3}}{\Gamma(n-2)}\;e^{-(n-1)\,\epsilon}\;(n-1)\;d\epsilon\quad.$$

Schreibt man die Verteilung (8. 3. 11) für χ^2 in der Gestalt

$$d\Psi(\chi^2\,|\,f)\;=\;\frac{1}{\Gamma(f/2)}\;\left(\frac{\chi^2}{2}\right)^{\frac{f}{2}-1}\;e^{-\chi^2/2}\;d\left(\chi^2/2\right)\;,$$

so ist ersichtlich

$$(17.\,13.\,19)\qquad(n-1)\,\epsilon\;=\;\chi_f^2/2\quad\text{mit}\quad f\;=\;2n-4\quad.$$

Die Zufallsgröße

$$(17.\,13.\,20)\qquad2\,(n-1)\,\epsilon\;=\;2\,(n-1)\;\frac{s_x\,s_y\,\sqrt{1-r^2}}{\sigma_x\,\sigma_y\,\sqrt{1-\rho^2}}$$

genügt demnach einer χ^2-Verteilung mit $f\;=\;2n-4\;=\;2\,(n-2)$ Freiheitsgraden.

Mit diesem Ergebnis ist der eingangs genannte Test folgendermaßen durchführbar: Aus den beobachteten Flächen $\hat{E}_1$ bzw. $\hat{E}_2$ aus (17.13.2) und (17.13.3) bildet man zunächst mit $\sigma_x^{(i)} \sigma_y^{(i)} \sqrt{1-\rho_i^2} = E_i$, $i = 1$, 2 ; die Verhältniswerte

$$(17.13.21) \qquad \chi^2_{(1)}/f_1 \;=\; \frac{(n_1 - 1)}{(n_1 - 2)} \, \epsilon_1 \;=\; \frac{(n_1 - 1)}{(n_1 - 2)} \, \frac{\hat{E}_1}{E_1}$$

bzw.

$$(17.13.22) \qquad \chi^2_{(2)}/f_2 \;=\; \frac{(n_2 - 1)}{(n_2 - 2)} \, \epsilon_2 \;=\; \frac{(n_2 - 1)}{(n_2 - 2)} \, \frac{\hat{E}_2}{E_2} \; .$$

Die Prüfgröße

$$(17.13.23) \qquad \frac{\chi^2_{(1)}/f_1}{\chi^2_{(2)}/f_2} \;=\; \frac{(n_1 - 1)(n_2 - 2)}{(n_2 - 1)(n_1 - 2)} \, \frac{\hat{E}_1}{\hat{E}_2} \;=\; F(f_1 ; f_2)$$

genügt bei zutreffender Hypothese $E_1 = E_2$ einer F-Verteilung mit $f_1 = 2(n_1 - 2)$ und $f_2 = 2(n_2 - 2)$ Freiheitsgraden.

Damit ist die Aufgabe auf den F-Test nach (11.4.10) zurückgeführt. Man bezeichnet die <u>größere</u> der beobachteten Streuflächen $(\hat{E}_1 ; \hat{E}_2)$ mit $\hat{E}_I$. Die Hypothese $E_1 = E_2$ $\left[\text{gleiche Streuflächen in der Grundgesamtheit}\right]$ wird zugunsten der Gegenhypothese $E_1 \neq E_2$ verworfen, wenn die mit $\hat{E}_I/\hat{E}_{II}$ gebildete Prüfgröße den Schwellenwert $F_{1-(\alpha/2)}$ der F-Verteilung überschreitet, also für

$$(17.13.24) \qquad \frac{(n_I - 1)(n_{II} - 2)}{(n_{II} - 1)(n_I - 2)} \, \frac{\hat{E}_I}{\hat{E}_{II}} \;>\; F_{1-(\alpha/2)}(f_I ; f_{II}) \; ,$$

wobei $f_I = 2(n_I - 2)$ und $f_{II} = 2(n_{II} - 2)$ ist.

18. Lineare Regression bei zwei Veränderlichen

18.1 Die Modellvorstellung

Im Abschnitt 17.4 wurde die Auswertung der Meßreihe $(x_\nu ; y_\nu)$ mit Hilfe der Modellvorstellung vorgenommen, daß x und y Zufallsgrößen sind (wobei y im Mittel linear von x abhängig war). Jetzt wird die Modellvorstellung geändert: x ist im folgenden keine Zufallsgröße, sondern wird nach einem "Versuchsplan" (oft in gleichen Abständen Δx = konst)systematisch verändert. Die Einflußgröße x wird in verschiedenen Stufen $x_1 ; x_2 ; \cdots ; x_k$ eingesetzt, z.B. den 6 Temperaturstufen $x_1 = 100^\circ$ C , $x_2 = 120^\circ$ C , $\ldots$, $x_6 = 200^\circ$ C . Bei einer solchen Versuchsreihe beobachtet man nach der folgenden Uebersicht zu einem gegebenen x_κ die y-Werte $y_{\kappa 1}, y_{\kappa 2}, \ldots, y_{\kappa \nu} \ldots, y_{\kappa n_\kappa}$.

Stufe	1	2	$\ldots$	κ	$\ldots$	k	
Wert der Einflußgröße x	x_1	x_2	$\ldots$	x_κ	$\ldots$	x_k	$\bar{x}$
Zahl der Beobachtungen	n_1	n_2	$\ldots$	n_κ	$\ldots$	n_k	n
Einzelwerte der Zielgröße	y_{11} y_{12} $\vdots$ $y_{1\nu}$ $\vdots$ y_{1n_1}	y_{21} y_{22} $\vdots$ $y_{2\nu}$ $\vdots$ y_{2n_2}	$\ldots$	$y_{\kappa 1}$ $y_{\kappa 2}$ $\vdots$ $y_{\kappa \nu}$ $\vdots$ $y_{\kappa n_\kappa}$	$\ldots$	y_{k1} y_{k2} $\vdots$ $y_{k\nu}$ $\vdots$ y_{kn_k}	
Mittelwert	$\bar{y}_1$	$\bar{y}_2$	$\ldots$	$\bar{y}_\kappa$	$\ldots$	$\bar{y}_k$	$\bar{y}$

Die Zahl der x-Werte bzw. der Stufen für x sei $k \geq 3$ und es sei $x_1 < x_2 < \ldots < x_k$. x heißt in diesem Zusammenhang die Einflußgröße und y die Zielgröße.

Untersucht man den Zusammenhang zwischen x und y zunächst ohne besondere Modellvorstellung, so berechnet man in der vorausgehenden Uebersicht die Spaltenmittelwerte $\bar{y}_\varkappa$ aus

$$(18.1.1) \quad \bar{y}_\varkappa = \frac{1}{n_\varkappa} \sum_{\nu=1}^{n_\varkappa} y_{\varkappa\nu} = \bar{y}(x_\varkappa) \ .$$

Der Streckenzug, der die Punkte $\left[x_\varkappa ; \bar{y}(x_\varkappa) \right]$ miteinander verbindet, heißt die empirische Mittelwertslinie für y in Abhängigkeit von x . Die Ueberlegungen und Ergebnisse des Abschnitts 17.3 über die Varianzen und das Bestimmtheitsmaß $\hat{B}_E$ bleiben ungeändert, auch wenn x keine Zufallsgröße ist, sondern systematisch verändert wird.

Wenn sich die empirische Mittelwertslinie $\bar{y}(x_\varkappa)$ durch eine Gerade annähern läßt, so ist die Zielgröße y im Mittel linear von der Einflußgröße x

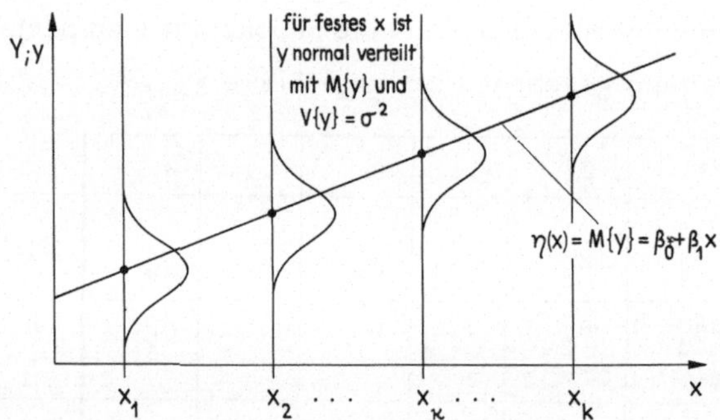

Abb. 18.1.1. Das lineare Regressionsmodell mit fester Versuchsvarianz.

abhängig. Diesem Sonderfall entspricht die folgende Modellvorstellung: Die Zielgröße y entsteht gemäß Abb. 18.1.1 nach der Gleichung

$$(18.1.2) \quad y = ß_0 + ß_1 x + \epsilon \ .$$

Dem linearen Zusammenhang $\eta(x) = ß_0 + ß_1 x$ zwischen x und y wird eine Zufallsgröße ϵ als "Versuchsfehler" überlagert. Dieser Zufallsanteil ϵ ist normal verteilt mit dem Mittelwert

$$(18.1.3) \quad M\{\epsilon\} = 0$$

und der Varianz

$$(18.1.4) \quad V\{\epsilon\} = \sigma_\epsilon^2 \equiv \sigma^2 \; ,$$

wobei σ^2 von $(x;y)$ <u>nicht</u> abhängt. Infolgedessen ist die Zielgröße y bei <u>festgehaltenem</u> x normal verteilt mit dem Mittelwert

$$(18.1.5) \quad M\{y\} = \text{ß}_0 + \text{ß}_1 x = \eta(x)$$

und der Varianz

$$(18.1.6) \quad V\{y\} = \sigma^2 \; .$$

Aus der Meßreihe $(x_\kappa; y_{\kappa\nu})$ mit $1 \leqq \kappa \leqq k$ und $1 \leqq \nu \leqq n_\kappa$ findet man Schätzwerte $(b_0; b_1)$ für die Parameter $(\text{ß}_0; \text{ß}_1)$ des linearen "Regressionsmodells" (18.1.2), indem man die Summe der quadrierten Abweichungen zwischen den Beobachtungen $y_{\kappa\nu}$ und den ausgleichenden "Rechenwerten" $Y_\kappa = b_0 + b_1 x_\kappa$ möglichst klein macht,

$$(18.1.7) \quad \sum_\kappa \sum_\nu (y_{\kappa\nu} - Y_\kappa)^2 = \text{Min} \; .$$

Man kann auch die gewogenen Mittelwerte $\overline{y}_\kappa$ ausgleichen, indem man die folgende Summe minimiert,

$$(18.1.8) \quad \sum_\kappa (\overline{y}_\kappa - Y_\kappa)^2 \, n_\kappa = \text{Min} \; .$$

Die Forderungen (18.1.7) und (18.1.8) führen zu dem gleichen Ergebnis, wie bereits im Abschnitt 17.4 gezeigt wurde.

Bildet man die Ableitungen von (18.1.7) nach b_0 bzw. b_1, so findet man mit $\sum_\nu y_{\kappa\nu} = n_\kappa \overline{y}_\kappa$ die notwendigen Bedingungen für ein Minimum

$$(18.1.9) \quad \sum_\kappa \sum_\nu (y_{\kappa\nu} - Y_\kappa) = \sum_\kappa (\overline{y}_\kappa - Y_\kappa) \, n_\kappa = 0$$

bzw.

$$(18.1.10) \quad \sum_\kappa \sum_\nu (y_{\kappa\nu} - Y_\kappa) x_\kappa = \sum_\kappa (\overline{y}_\kappa - Y_\kappa) x_\kappa n_\kappa = 0 \; .$$

Aus der ersten Gleichung folgt

$$(18.1.11) \quad \overline{y} = \frac{1}{n} \sum_\kappa Y_\kappa n_\kappa = \overline{Y} \; ;$$

die Meßwerte $y_{\kappa\nu}$ und die Rechenwerte Y_κ haben den gleichen Mittelwert. — Multipliziert man (18.1.9) mit $\overline{x}$ und subtrahiert das Ergebnis von (18.1.10), so findet man die später nützliche Beziehung

$$(18.1.12) \quad \sum_\kappa \sum_\nu (y_{\kappa\nu} - Y_\kappa)(x_\kappa - \overline{x}) = 0 \; .$$

In (18.2.8) wird gezeigt, daß

$$Y_\varkappa - \bar{y} = b_1(x_\varkappa - \bar{x})$$

ist. Infolgedessen gilt auch

$$(18.1.13) \qquad \sum_\varkappa \sum_\nu (y_{\varkappa\nu} - Y_\varkappa)(Y_\varkappa - \bar{y}) = \sum_\varkappa n_\varkappa (\bar{y}_\varkappa - Y_\varkappa)(Y_\varkappa - \bar{y}) = 0 \;.$$

Da formal zwischen den Ansätzen (17.4.1) und (18.1.5) kein Unterschied besteht, gelten die Ergebnisse (17.4.7) und (17.4.9) des Abschnitts 17.4 ungeändert, d.h. die Regressionsgerade $Y = b_0 + b_1 x$ geht mit dem Anstieg $b_1 = s_{xy}/s_{xx}$ durch den Schwerpunkt $(\bar{x};\bar{y})$ der Meßreihe. Die Hilfsgrößen $s_{xx}, \ldots$ werden im Abschnitt 18.2 berechnet.

18.2 Die Auswertung der Meßreihe

Aus der in 18.1 gegebenen Uebersicht der Meßwerte $(x_\varkappa; y_{\varkappa\nu})$ berechnet man mit

$$(18.2.1) \qquad \sum_{\varkappa=1}^{k} n_\varkappa = n$$

die folgenden Hilfsgrößen $\big[$wobei die Laufzahlen $\varkappa$ bzw. ν wie bisher im Bereich $1 \leqq \varkappa \leqq k$ bzw. $1 \leqq \nu \leqq n_\varkappa$ liegen$\big]$:

$$(18.2.2) \qquad S_x = \sum_\varkappa n_\varkappa x_\varkappa \quad ; \quad \bar{x} = S_x/n \;;$$

$$(18.2.3) \qquad S_y = \sum_\varkappa \sum_\nu y_{\varkappa\nu} \quad ; \quad \bar{y} = S_y/n \;;$$

$$(18.2.4) \qquad S_{xx} = \sum_\varkappa n_\varkappa x_\varkappa^2 \;;\; S_{xy} = \sum_\varkappa \sum_\nu x_\varkappa y_{\varkappa\nu} \;;\; S_{yy} = \sum_\varkappa \sum_\nu y_{\varkappa\nu}^2 \;;$$

$$(18.2.5) \qquad s_{xx} = S_{xx} - \frac{S_x^2}{n} \;;\; s_{xy} = S_{xy} - \frac{S_x S_y}{n} \;;\; s_{yy} = S_{yy} - \frac{S_y^2}{n} \;.$$

Dabei sind $\bar{x}$ und $\bar{y}$ die <u>Mittelwerte</u> von x und y . Die Hilfsgrößen s_{xx}, s_{xy} und s_{yy} lassen sich auch in der Gestalt

$$s_{xx} = \sum_\varkappa \sum_\nu (x_\varkappa - \bar{x})^2 = \sum_\varkappa (x_\varkappa - \bar{x})^2 n_\varkappa \;,$$

$$(18.2.6) \qquad s_{xy} = \sum_\varkappa \sum_\nu (y_{\varkappa\nu} - \bar{y})(x_\varkappa - \bar{x}) = \sum_\varkappa (x_\varkappa - \bar{x})(\bar{y}_\varkappa - \bar{y}) n_\varkappa \;,$$

$$s_{yy} = \sum_\varkappa \sum_\nu (y_{\varkappa\nu} - \bar{y})^2$$

darstellen. Dabei entspricht s_{xx} keiner "echten" Varianz und s_{xy} keiner "echten" Kovarianz, da x eine systematische Komponente und keine Zufallsgröße ist. Vielmehr entspricht s_{xx} dem auf $\bar{x}$ bezogenen Moment zweiter Ordnung der x-Werte und s_{xy} dem auf die Mittelwerte $\bar{x}$ und $\bar{y}$ bezogenen gemischten Moment zweiter Ordnung der x- und y-Werte . Der Begriff des Moments ist hier ebenso wie in der Mechanik nicht davon abhängig, ob x eine Zufallsgröße ist oder nicht.

Aus den Hilfsgrößen findet man die Schätzwerte

$$(18.2.7) \qquad b_1 = \frac{s_{xy}}{s_{xx}} \qquad \text{und} \qquad b_0 = \bar{y} - b_1 \bar{x}$$

für die Koeffizienten β_0 und β_1 der Regressionsgleichung (18.1.5) , wie man wegen der formalen Uebereinstimmung der Ansätze (17.4.1) und (18.1.5) unmittelbar aus (17.4.9) und (17.4.7) entnimmt.

Die geschätzte Regressionsgleichung für die lineare Abhängigkeit der Zielgröße y von der Einflußgröße x wird mit (18.2.7)

$$(18.2.8) \qquad Y = b_0 + b_1 x = \bar{y} + b_1(x - \bar{x}) \; .$$

Diese Schätzfunktion gilt nur für die x-Werte aus dem untersuchten Bereich $x_1 \leqq x \leqq x_k$ und ist bei Extrapolationen außerhalb dieses Bereichs nur mit Vorsicht zu verwenden.

Die Zerlegung der S.d.q.A.

An der Stelle $x = x_\kappa$ hat man nach Abb. 18.2.1 die Meßwerte $y_{\kappa\nu}$, ihren Mittelwert $\bar{y}_\kappa$ und den Rechenwert Y_κ . Die Summe der quadrierten

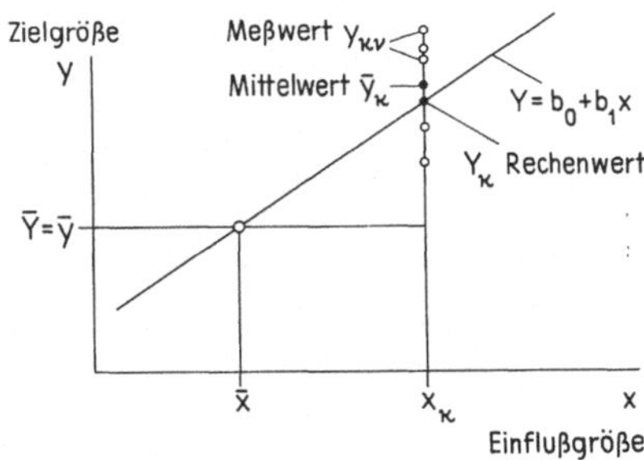

Abb. 18.2.1. Zur Veranschaulichung von Meßwert $y_{\kappa\nu}$, Mittelwert $\bar{y}_\kappa$ und Rechenwert Y_κ an der Stelle $x = x_\kappa$.

Abweichungen (S. d. q. A.) <u>insgesamt</u> ist

$$(18.2.9) \qquad \sum_{\varkappa} \sum_{\nu} (y_{\varkappa\nu} - \bar{y})^2 = s_{yy} \quad \text{mit} \quad \sum_{\varkappa} n_{\varkappa} - 1 = n-1 \quad \text{Freiheitsgraden .}$$

Diese Summe läßt sich in unterschiedlicher Weise aufspalten. Zunächst kann man ebenso wie im Abschnitt 17.3 die Abweichungen $(y_{\varkappa\nu} - \bar{y})$ nach der Gleichung

$$(18.2.10) \qquad y_{\varkappa\nu} - \bar{y} = (y_{\varkappa\nu} - \bar{y}_{\varkappa}) + (\bar{y}_{\varkappa} - \bar{y})$$

zerlegen. Daraus folgt die Beziehung

$$(18.2.11) \qquad s_{yy} = \sum_{\varkappa} \sum_{\nu} (y_{\varkappa\nu} - \bar{y}_{\varkappa})^2 + \sum_{\varkappa} (\bar{y}_{\varkappa} - \bar{y})^2 n_{\varkappa} \,,$$

die bereits im Abschnitt 17.3 bewiesen wurde. Die erste Teilsumme auf der rechten Seite der letzten Gleichung ist die S. d. q. A. der Meßwerte $y_{\varkappa\nu}$ um die <u>empirische Regressionslinie</u> $\bar{y}(x)$, von der die k Punkte $(x_{\varkappa} ; \bar{y}_{\varkappa})$ bekannt sind. Auf die Zerlegung (18.2.11) wird im folgenden nicht weiter eingegangen. Sie wird jedoch im Abschnitt 18.4 beim Testen der Hypothese des linearen Zusammenhangs von Bedeutung sein.

Im folgenden zerlegt man die Abweichung $(y_{\varkappa\nu} - \bar{y})$ des Meßwerts $y_{\varkappa\nu}$ vom Gesamtmittelwert $\bar{y}$ nach der Gleichung

$$(18.2.12) \qquad y_{\varkappa\nu} - \bar{y} = (y_{\varkappa\nu} - Y_{\varkappa}) + (Y_{\varkappa} - \bar{y}) \ .$$

Aus (18.2.12) folgt

$$(y_{\varkappa\nu} - \bar{y})^2 = (y_{\varkappa\nu} - Y_{\varkappa})^2 + (Y_{\varkappa} - \bar{y})^2 + 2 (y_{\varkappa\nu} - Y_{\varkappa})(Y_{\varkappa} - \bar{y}) \ .$$

Bei der Summation über ν und $\varkappa$ verschwindet nach (18.1.13) die Doppelsumme über das "gemischte" Produkt. Infolgedessen findet man die (zweite) <u>Zerlegung der S. d. q. A.</u> insgesamt in der Gestalt

$$(18.2.13) \qquad s_{yy} = \sum_{\varkappa} \sum_{\nu} (y_{\varkappa\nu} - Y_{\varkappa})^2 + \sum_{\varkappa} (Y_{\varkappa} - \bar{y})^2 n_{\varkappa} \ .$$

Dabei ist die erste Summe der rechten Seite wegen (18.1.9) und (18.1.10) mit (n-2) Freiheitsgraden ausgestattet. Die zweite Summe wird mit (18.2.8) und (18.2.6)

$$(18.2.14) \qquad s_{YY} = \sum_{\varkappa} (Y_{\varkappa} - \bar{y})^2 n_{\varkappa} = b_1^2 \sum_{\varkappa} (x_{\varkappa} - \bar{x})^2 n_{\varkappa} = b_1^2 s_{xx} \ ;$$

sie hat bei gegebenem s_{xx} genau einen Freiheitsgrad.

Die erste Teilsumme auf der rechten Seite in (18.2.13) ist die S.d.q.A. der
Meßwerte $y_{\kappa\nu}$ bezüglich der geschätzten Regressionsgeraden $Y = \bar{y} + b_1(x-\bar{x})$.
Die <u>Varianz der Meßwerte</u> $y_{\kappa\nu}$ <u>um die Regressionsgerade</u> ist demnach

$$(18.2.15) \qquad s^2 \equiv s_e^2 = \frac{1}{n-2} \sum_\kappa \sum_\nu (y_{\kappa\nu} - Y_\kappa)^2 \; .$$

Dabei ist $(y_{\kappa\nu} - Y_\kappa) = e_{\kappa\nu}$ der Schätzwert für den "Versuchsfehler" $\epsilon_{\kappa\nu}$
des Meßwerts $y_{\kappa\nu}$, und $s^2 \equiv s_e^2$ schätzt die Versuchsvarianz $\sigma^2 \equiv \sigma_\epsilon^2$
mit $(n-2)$ Freiheitsgraden.

Setzt man

$$(18.2.16) \qquad s_{ee} = \sum_\kappa \sum_\nu (y_{\kappa\nu} - Y_\kappa)^2 = \sum_\kappa \sum_\nu e_{\kappa\nu}^2 \; ,$$

so kann man die Zerlegung (18.2.13) in der Form

$$(18.2.17) \qquad s_{yy} = s_{ee} + s_{YY}$$

schreiben. Die S.d.q.A. insgesamt s_{yy} besteht aus zwei Anteilen: der
S.d.q.A. s_{ee} der Meßwerte $y_{\kappa\nu}$ um die Rechenwerte Y_κ und der S.d.q.A.
s_{YY} der Rechenwerte Y_κ um ihren Mittelwert $\bar{Y} = \bar{y}$. Der Anteil s_{YY}
wird nach (18.2.14) durch den linearen Zusammenhang zwischen der Ziel-
größe Y und der Einflußgröße x erklärt; der "nicht erklärte" Rest s_{ee} liefert nach (18.2.15) einen Schätzwert für die Versuchsvarianz.

Erklärt man das beobachtete Bestimmtheitsmaß $\hat{B}_L$ für den Zusammenhang zwischen x und y durch

$$(18.2.18) \qquad \hat{B}_L = \frac{s_{YY}}{s_{yy}} = \frac{b_1^2 \, s_{xx}}{s_{yy}} = \frac{s_{xy}^2}{s_{xx} \, s_{yy}} \; ,$$

dann gilt nach (18.2.17)

$$s_{ee} = s_{yy} - s_{YY} = s_{yy}(1 - \hat{B}_L)$$

oder

$$(18.2.19) \qquad s_e^2 = \frac{s_{ee}}{n-2} = \frac{s_{yy}}{n-2}(1 - \hat{B}_L) \; .$$

18.3 Die gemeinsame Verteilung von $(\overline{y}; b_1; s^2)$ bei linearer Regression

Bei Wiederholung des Versuchs wählt man für die Einflußgröße x die gleichen Werte x_1 , x_2 , ... , x_k wie bisher. Infolgedessen haben die Hilfsgrößen S_x , $\overline{x}$, S_{xx} und s_{xx} <u>feste</u> nicht veränderliche Werte. Entsprechend zu (18.2.8) sei die theoretische Regressionsgerade

$$(18.3.1) \qquad \eta_\varkappa = \overline{\eta} + \beta_1(x_\varkappa - \overline{x}) \;,$$

wobei der Modellparameter $\overline{\eta}$ durch

$$(18.3.2) \qquad \overline{\eta} = \beta_0 + \beta_1 \overline{x}$$

erklärt ist.

Im folgenden werden die Regressionsgeraden nicht mehr (wie bisher) durch die Wertepaare $(\beta_0 ; \beta_1)$ bwz. $(b_0 ; b_1)$, sondern durch $(\overline{\eta} ; \beta_1)$ bzw. $(\overline{y} ; b_1)$ gekennzeichnet. Diese Wahl der Parameter ist für die folgenden Ueberlegungen viel zweckmäßiger, weil sich zeigen wird, daß $\overline{y}$ und b_1 unabhängig voneinander sind, was für b_0 und b_1 nicht der Fall ist. Es gilt dann

$$(18.3.3) \qquad Y_\varkappa - \overline{\eta} = (\overline{y} - \overline{\eta}) + b_1(x_\varkappa - \overline{x}) \;.$$

Nach (18.1.5) , (18.3.1) und (18.1.6) sind Mittelwert und Varianz von $y_{\varkappa\nu}$ bei festem $x = x_\varkappa$

$$(18.3.4) \qquad M\{y_{\varkappa\nu}\} = \overline{\eta} + \beta_1(x_\varkappa - \overline{x}) \qquad \text{und} \qquad V\{y_{\varkappa\nu}\} = \sigma^2 \;.$$

Da y bei festem x normal verteilt ist, wird die Wahrscheinlichkeit für den Meßwert $y_{\varkappa\nu}$

$$(18.3.5) \qquad d\Phi\{y_{\varkappa\nu}\} = \frac{1}{\sqrt{2\pi}\,\sigma}\, e^{-[\;]/(2\,\sigma^2)}\, dy_{\varkappa\nu} = d\Phi_{\varkappa\nu} \;,$$

wobei die eckige Klammer $[\;]$ im Exponenten von e die Gestalt

$$(18.3.6) \qquad [\;] = \left[y_{\varkappa\nu} - \overline{\eta} - \beta_1(x_\varkappa - \overline{x}) \right]^2$$

hat. Die Wahrscheinlichkeit für die beobachtete Gesamtprobe der $y_{\varkappa\nu}$ mit $1 \leqq \varkappa \leqq k$; $1 \leqq \nu \leqq n_\varkappa$ wird das Produkt aller Einzelwerte $d\Phi_{\varkappa\nu}$,

$$(18.3.7) \qquad \prod_{\varkappa;\nu} d\Phi\{y_{\varkappa\nu}\} = \frac{1}{(\sqrt{2\pi}\,\sigma)^n}\, e^{-[\;]/(2\,\sigma)^2} \prod_{\varkappa;\nu} dy_{\varkappa\nu}$$

mit

$$(18.3.8) \qquad [\ ] = \sum_{\varkappa} \sum_{\nu} \left[y_{\varkappa\nu} - \bar{\eta} - \beta_1(x_\varkappa - \bar{x}) \right]^2 \ .$$

Hinter den Summenzeichen formt man um zu

$$(y_{\varkappa\nu} - Y_\varkappa) + (Y_\varkappa - \bar{\eta}) - \beta_1(x_\varkappa - \bar{x}) \ ;$$

mit (18.3.3) wird daraus

$$(y_{\varkappa\nu} - Y_\varkappa) + (\bar{y} - \bar{\eta}) + (x_\varkappa - \bar{x})(b_1 - \beta_1) \ .$$

Da die Doppelsummen über die drei gemischten Produkte

$$2(y_{\varkappa\nu} - Y_\varkappa)(\bar{y} - \bar{\eta}) \ , \quad 2(y_{\varkappa\nu} - Y_\varkappa)(x_\varkappa - \bar{x})(b_1 - \beta_1) \quad \text{und} \quad 2(\bar{y} - \bar{\eta})(x_\varkappa - \bar{x})(b_1 - \beta_1)$$

nach (18.1.9), (18.1.12) und (18.2.2) verschwinden, so findet man $[\ ]$

aus (18.3.8) in der Gestalt

$$[\ ] = \underbrace{\sum_{\varkappa} \sum_{\nu} (y_{\varkappa\nu} - Y_\varkappa)^2}_{(n-2)\,s^2} + n(\bar{y} - \bar{\eta})^2 + (b_1 - \beta_1)^2 \underbrace{\sum_{\varkappa} (x_\varkappa - \bar{x})^2\, n_\varkappa}_{s_{xx}}$$

oder mit (18.2.14) und (18.2.6)

$$(18.3.9) \qquad [\ ] = (n-2)\,s^2 + n(\bar{y} - \bar{\eta})^2 + s_{xx}(b_1 - \beta_1)^2 \ .$$

Setzt man $[\ ]$ im Exponenten der e–Funktion in (18.3.7) ein, so kommt

$$\prod_{\varkappa;\nu} d\Phi\{y_{\varkappa\nu}\} = \frac{1}{(\sqrt{2\pi}\,\sigma)^n} \prod_{\varkappa;\nu} dy_{\varkappa\nu} \quad \text{mal}$$

$$(18.3.10)$$

$$\text{mal } e^{-n(\bar{y} - \bar{\eta})^2/(2\sigma^2)} \quad e^{-(b_1 - \beta_1)^2 s_{xx}/(2\sigma^2)} \quad e^{-(n-2)s^2/(2\sigma^2)}$$

Gesucht wird die Wahrscheinlichkeit, mit der die Wertetupel $y_{\varkappa\nu}$ den folgenden drei Ungleichungen gleichzeitig genügen:

$$\text{(a)} \quad n\bar{y} \ \leqq \ \sum_{\varkappa} \sum_{\nu} y_{\varkappa\nu} \ \leqq \ n(\bar{y} + d\bar{y}) \ ,$$

$$(18.3.11) \quad \text{(b)} \quad s_{xx}\,b_1 \ \leqq \ \sum_{\varkappa} \sum_{\nu} (x_\varkappa - \bar{x})\,y_{\varkappa\nu} \ \leqq \ s_{xx}(b_1 + db_1) \ ,$$

$$\text{(c)} \quad (n-2)\,s^2 \ \leqq \ \sum_{\varkappa} \sum_{\nu} (y_{\varkappa\nu} - Y_\varkappa)^2 \ \leqq \ (n-2)(s + ds)^2 \ ,$$

wobei $(\bar{y}; b_1; s^2)$ und $(d\bar{y}; db_1; ds)$ fest vorgegebene Werte sind. Im n-dimensionalen Stichprobenraum der $y_{\varkappa\nu}$ lassen sich die Ungleichungen (18.3.11) folgendermaßen geometrisch deuten:

Die (18.3.11 (a)) entsprechenden Gleichungen,

$$\sum_{\kappa} \sum_{\nu} \frac{y_{\kappa\nu}}{\sqrt{n}} - \sqrt{n}\; \overline{y} \qquad = 0 \qquad \Big| \quad E_n$$

und

$$\sum_{\kappa} \sum_{\nu} \frac{y_{\kappa\nu}}{\sqrt{n}} - \sqrt{n}\; (\overline{y} + d\overline{y}) = 0 \;, \quad \Big| \quad E_n'$$

sind die Gleichungen (in der Normalform) von zwei parallelen benachbarten
Ebenen E_n und E_n' im Abstand $\sqrt{n}\; d\overline{y}$. Die erste geht durch den Punkt

$$(18.3.12) \quad P_n(Y_1, Y_1, \ldots, Y_1 ; Y_2, Y_2, \ldots, Y_2 ; \ldots ; Y_k, Y_k, \ldots, Y_k),$$

$$\longleftarrow n_1 \longrightarrow \quad \longleftarrow n_2 \longrightarrow \quad \ldots \quad \longleftarrow n_k \longrightarrow$$

denn es ist mit (18.1.11)

$$\frac{1}{\sqrt{n}} \sum_{\kappa} \sum_{\nu} Y_{\kappa\nu} = \frac{1}{\sqrt{n}} \sum_{\kappa} n_\kappa Y_\kappa = \frac{1}{\sqrt{n}} n\overline{Y} = \sqrt{n}\; \overline{y}\;,$$

d.h. die Koordinaten von P_n genügen in der Tat der Gleichung der Ebene E_n.
Die (18.3.11 (b)) entsprechenden Gleichungen

$$\sum_{\kappa} \sum_{\nu} \frac{x_\kappa - \overline{x}}{\sqrt{s_{xx}}} \; y_{\kappa\nu} - \sqrt{s_{xx}}\; b_1 \qquad = 0 \qquad \Big| \quad H_n$$

und

$$\sum_{\kappa} \sum_{\nu} \frac{x_\kappa - \overline{x}}{\sqrt{s_{xx}}} \; y_{\kappa\nu} - \sqrt{s_{xx}}\; (b_1 + db_1) = 0 \;, \quad \Big| \quad H_n'$$

sind die Gleichungen (in der Normalform) von zwei parallelen benachbarten
Ebenen H_n und H_n' im Abstand $\sqrt{s_{xx}}\; db_1$, denn die Summe der quadrierten
Richtungswerte ist

$$\sum_{\kappa} \sum_{\nu} \left(\frac{x_\kappa - \overline{x}}{\sqrt{s_{xx}}} \right)^2 = \frac{1}{s_{xx}} \sum_{\kappa} (x_\kappa - \overline{x})^2 \, n_\kappa = 1\;.$$

Auch die Ebene H_n geht durch den Punkt P_n , denn es gilt mit $Y_{\kappa\nu} \equiv Y_\kappa$

$$\sum_{\kappa} \sum_{\nu} (x_\kappa - \overline{x})\, Y_{\kappa\nu} = \sum_{\kappa} (x_\kappa - \overline{x})\, Y_\kappa\, n_\kappa$$

$$= \sum_{\kappa} (x_\kappa - \overline{x}) \left[\overline{y} + b_1 (x_\kappa - \overline{x}) \right] n_\kappa$$

$$= b_1 \sum_{\nu} (x_\kappa - \overline{x})^2 \, n_\kappa = b_1\, s_{xx}\;.$$

Die beiden Ebenen E_n und H_n stehen aufeinander senkrecht, denn das innere Produkt ihrer "Stellungsvektoren" ist verhältnisgleich zu

$$\sum_\varkappa \sum_\nu (x_\varkappa - \bar{x}) = \sum_\varkappa (x_\varkappa - \bar{x}) n_\varkappa = 0 \ .$$

Die $(18.3.11\,(c))$ entsprechenden Gleichungen,

$$\sum_\varkappa \sum_\nu (y_{\varkappa\nu} - Y_\varkappa)^2 = (\sqrt{n-2}\ s)^2 \qquad \Big| \quad K_n$$

und

$$\sum_\varkappa \sum_\nu (y_{\varkappa\nu} - Y_\varkappa)^2 = \Big[\sqrt{n-2}\ (s + ds)\Big]^2 \ , \quad \Big| \quad K'_n$$

sind die Gleichungen für zwei konzentrische benachbarte Kugeloberflächen K_n und K'_n mit dem Mittelpunkt P_n aus $(18.3.12)$. Der Abstand ihrer Oberflächen ist $\sqrt{n-2}\ ds$.

Die Ungleichungen $(18.3.11)$ definieren insgesamt einen Bereich B des n-dimensionalen Raumes der $y_{\varkappa\nu}$. Nach $(18.3.10)$ hat der Integrand in diesem Bereich einen festen Wert. Das Produkt

$$(18.3.13) \qquad \prod_{\varkappa;\nu} dy_{\varkappa\nu} = B$$

ist der Rauminhalt des Bereichs B . Er wird im folgenden berechnet.

Das Schnittgebilde der Ebene E_n , die durch den Mittelpunkt P_n der Kugel K_n geht, mit der Oberfläche dieser Kugel K_n ist die Oberfläche einer Kugel K_{n-1} mit dem Halbmesser $\sqrt{n-2}\ s$ und dem Mittelpunkt P_n . Schneidet man die Oberfläche von K_{n-1} durch die Mittelpunktsebene H_n , so entsteht als Schnittgebilde die Oberfläche einer Kugel K_{n-2} mit dem Halbmesser $\sqrt{n-2}\ s$. Der Rauminhalt B ist demnach das gemeinsame Gebiet zwischen den Ebenen E_n und E'_n , den zu E_n senkrechten Ebenen H_n und H'_n und den Kugeloberflächen K_{n-2} und K'_{n-2} . Damit hat man

$$(18.3.14) \qquad B = O_{n-2} (\sqrt{n}\ d\bar{y})(\sqrt{s_{xx}}\ db_1)(\sqrt{n-2}\ ds) \ ,$$

wobei O_{n-2} nach $(17.8.5)$ die Oberfläche einer $(n-2)$-dimensionalen Kugel vom Halbmesser $\sqrt{n-2}\ s$ ist,

$$(18.3.15) \qquad O_{n-2} = \frac{2\pi^{(n-2)/2}}{\left(\frac{n-4}{2}\right)!} (\sqrt{n-2}\ s)^{n-3} \ .$$

Setzt man B aus $(18.3.14)$ mit $(18.3.15)$ in $(18.3.10)$ ein, so findet man die gemeinsame Verteilung von $(\bar{y}\ ;\ b_1\ ;\ s^2)$ in der Gestalt

$$d\Psi\left\{\overline{y}\,;\,b_1\,;\,s^2\right\} = \frac{\sqrt{n}}{\sqrt{2\pi}\,\sigma}\;e^{-n(\overline{y}-\overline{\eta})^2/(2\,\sigma^2)}\;d\overline{y}$$

$$(18.3.16)\quad \text{mal}\;\;\frac{\sqrt{s_{xx}}}{\sqrt{2\pi}\,\sigma}\;e^{-(b_1-\beta_1)^2\,s_{xx}/(2\,\sigma^2)}\;db_1$$

$$\text{mal}\;\;\frac{1}{\Gamma\!\left(\frac{n-2}{2}\right)}\left(\frac{n-2}{2}\right)^{(n-2)/2}\left(\frac{s^2}{\sigma^2}\right)^{(n-4)/2}\;e^{-[(n-2)/2](s/\sigma)^2}\;d(s/\sigma)^2\;.$$

Die Verteilungen der drei Stichprobenparameter $(\overline{y}\,;\,b_1\,;\,s^2)$ sind demnach unabhängig voneinander.

Die Zufallsgrößen

$$(18.3.17)\quad \frac{\overline{y}-\overline{\eta}}{\sigma}\sqrt{n} = u \quad \text{und} \quad \frac{(b_1-\beta_1)\sqrt{s_{xx}}}{\sigma} = u'$$

sind beide standardisiert normal verteilt. Die Größe $(n-2)s^2/\sigma^2$ [wobei s^2 die Varianz der Meßwerte $y_{\varkappa\nu}$ um die Regressionsgerade $Y = \overline{y} + b_1(x-\overline{x})$ ist], genügt entsprechend zu (8.6.1) einer χ^2-Verteilung mit $f = (n-2)$ Freiheitsgraden,

$$(18.3.18)\quad (n-2)(s^2/\sigma^2) = \chi^2_{n-2}\;.$$

Kennzeichnet man die Regressionsgeraden durch die Parameter $(\beta_0\,;\,\beta_1)$ bzw. $(b_0\,;\,b_1)$, so folgt aus (18.2.7) für b_0

$$(18.3.19)\quad M\left\{b_0\right\} = M\left\{\overline{y}\right\} - \overline{x}\,M\left\{b_1\right\}$$

und wegen der Unabhängigkeit zwischen $\overline{y}$ und b_1

$$(18.3.20)\quad V\left\{b_0\right\} = V\left\{\overline{y}\right\} + \overline{x}^2\,V\left\{b_1\right\}\;.$$

Aus (18.3.17) hat man für $\overline{y}$ und b_1

$$(18.3.21)\quad M\left\{\overline{y}\right\} = \overline{\eta} = \beta_0 + \beta_1\,\overline{x}\;;\quad V\left\{\overline{y}\right\} = \frac{\sigma^2}{n}\;;$$

und

$$(18.3.22)\quad M\left\{b_1\right\} = \beta_1\;;\quad V\left\{b_1\right\} = \frac{\sigma^2}{s_{xx}}\;.$$

Damit gilt für b_0

$$(18.3.23)\quad M\left\{b_0\right\} = \beta_0 \quad \text{und} \quad V\left\{b_0\right\} = \frac{S_{xx}}{s_{xx}}\,\frac{\sigma^2}{n}\;.$$

Der Mittelwert $M\{b_0 b_1\}$ des Produkts $b_0 b_1$ wird mit $b_0 = \bar{y} - b_1 \bar{x}$

$$M\{b_0 b_1\} = M\{b_1 \bar{y} - b_1^2 \bar{x}\} = M\{b_1\}\, M\{\bar{y}\} - \bar{x}\, M\{b_1^2\} \ .$$

Mit $M\{\bar{y}\} = \bar{\eta}$ und $M\{b_1^2\} = \beta_1^2 + V\{b_1\}$ wird daraus

$$M\{b_0 b_1\} = \beta_1(\bar{\eta} - \beta_1 \bar{x}) - \frac{\bar{x}}{s_{xx}}\, \sigma^2 = \beta_0 \beta_1 - \frac{\bar{x}}{s_{xx}}\, \sigma^2 \ .$$

Damit hat man als Kovarianz zwischen den Schätzwerten b_0 und b_1 den Ausdruck

$$(18.3.24) \qquad C\{b_0 ; b_1\} = - \frac{\bar{x}}{s_{xx}}\, \sigma^2 \ .$$

18.4 Das Testen von Hypothesen bei linearer Regression

(a) Die Hypothese eines linearen Zusammenhanges zwischen y und x .

Diese Hypothese H_1 lautet "η ist <u>linear</u> von x abhängig",

$$(18.4.1) \qquad \eta(x) = M\{y\} = \beta_0 + \beta_1 x \ .$$

Um sie zu testen, zerlegt man die Unterschiede $e_{\varkappa\nu}$ zwischen den Meßwerten $y_{\varkappa\nu}$ und den Rechenwerten $Y_\varkappa$ in folgender Weise

$$(y_{\varkappa\nu} - Y_\varkappa) = (y_{\varkappa\nu} - \bar{y}_\varkappa) + (\bar{y}_\varkappa - Y_\varkappa) \ .$$

Durch Quadrieren und Summieren über ν und $\varkappa$ folgt

$$(18.4.2) \qquad \sum_\varkappa \sum_\nu (y_{\varkappa\nu} - Y_\varkappa)^2 = \sum_\varkappa \sum_\nu (y_{\varkappa\nu} - \bar{y}_\varkappa)^2 + \sum_\varkappa (\bar{y}_\varkappa - Y_\varkappa)^2 n_\varkappa \ ,$$

$$\underbrace{\qquad s_{ee} \qquad} \quad \underbrace{\qquad Q_2 \qquad} \quad \underbrace{\qquad Q_1 \qquad}$$

da die Summe über die gemischten Glieder,

$$\sum_\varkappa \sum_\nu (y_{\varkappa\nu} - \bar{y}_\varkappa)(\bar{y}_\varkappa - Y_\varkappa) = \sum_\varkappa (\bar{y}_\varkappa - Y_\varkappa) \sum_\nu (y_{\varkappa\nu} - \bar{y}_\varkappa) \ ,$$

$$\underbrace{\qquad 0 \qquad}$$

verschwindet. Wie bereits gezeigt wurde, hat s_{ee} genau (n–2) Freiheitsgrade. Für die Abweichungen bei Q_2 , $(y_{\varkappa\nu} - \bar{y}_\varkappa)$, gelten die k einschränkenden Gleichungen

$$\sum_\nu (y_{\varkappa\nu} - \bar{y}_\varkappa) = 0 \quad \text{für} \ \varkappa = 1 ; 2 ; \dots ; k \ .$$

Mithin hat Q_2 genau $(n-k)$ Freiheitsgrade. Für die Abweichungen bei Q_1, $(\bar{y}_\kappa - Y_\kappa)$, gelten die beiden Gleichungen (18.1.9) und (18.1.10). Mithin ist Q_1 mit $(k-2)$ Freiheitsgraden ausgestattet.

Geht man in (18.4.2) zu den Mittelwerten $M\{\ \}$ über, so findet man mit (18.2.14)

$$(18.4.3) \quad M\{(n-2)s^2\} = M\{Q_2\} + M\{Q_1\} \ .$$

Auf der linken Seite wird bei Gültigkeit der Hypothese H_1 mit $M\{s^2\} = \sigma^2$

$$M\{(n-2)\,s^2\} = (n-2)\,\sigma^2 \ .$$

Auf der rechten Seite sei zunächst Q_2 betrachtet;

$$\frac{1}{n_\kappa - 1} \sum_\nu (y_{\kappa\nu} - \bar{y}_\kappa)^2 = s_\kappa^2 \quad \text{mit } (n_\kappa - 1) \text{ Freiheitsgraden}$$

ist die beobachtete Varianz der y-Werte bei festem $x = x_\kappa$. Unabhängig von der zu testenden Hypothese H_1 gilt bei festem x

$$M\{s_\kappa^2\} = \sigma^2 \ .$$

Mithin wird

$$M\{Q_2\} = \sum_\kappa M\left\{ \sum_\nu (y_{\kappa\nu} - \bar{y}_\kappa)^2 \right\} = \sum_\kappa M\{(n_\kappa - 1)\,s_\kappa^2\}$$

oder

$$(18.4.4) \quad M\{Q_2\} = \sum_\kappa (n_\kappa - 1)\,\sigma^2 = (n-k)\,\sigma^2 \ .$$

Nach (18.4.4) ist $Q_2/(n-k)$ ein erwartungstreuer Schätzwert für σ^2 mit $\sum_\kappa (n_\kappa - 1) = (n-k)$ Freiheitsgraden und zwar unabhängig von H_1.
Aus (18.4.3) folgt weiter

$$M\{Q_1\} = M\{(n-2)\,s^2\} - M\{Q_2\} = (n-2)\sigma^2 - (n-k)\,\sigma^2 = (k-2)\,\sigma^2 \ .$$

Mithin ist

$$(18.4.5) \quad \frac{Q_1}{k-2} = \frac{1}{k-2} \sum_\kappa (\bar{y}_\kappa - Y_\kappa)^2 \, n_\kappa$$

ebenfalls ein erwartungstreuer Schätzwert für σ^2 mit $(k-2)$ Freiheitsgraden, jedoch nur wenn die Hypothese H_1 eines linearen Zusammenhanges zwischen x und y richtig ist. In den Schätzwert $Q_1/(k-2)$ geht die Hypothese H_1 über die Rechenwerte Y_κ wesentlich ein.

Wenn die Hypothese H_1 gilt, so dürfen sich die beiden Schätzwerte für σ^2 nur "zufällig" voneinander unterscheiden. Die Hypothese H_1 testet man demnach mit dem Quotienten

$$(18.4.6) \quad Q = \frac{Q_1/(k-2)}{Q_2/(n-k)} = F(k-2\,;n-k)\ .$$

Wenn H_1 gilt, so genügt der Quotient Q einer F-Verteilung mit

$$(18.4.7) \quad f_1 = k-2 \quad \text{und} \quad f_2 = n-k$$

Freiheitsgraden. Man verwirft die Hypothese (der Gleichheit beider Varianzen σ^2 oder die) des linearen Zusammenhanges zwischen x und y , falls die Prüfgröße Q den Schwellenwert $F_{1-\alpha}$ der F-Verteilung überschreitet, also für

$$(18.4.8) \quad \frac{Q_1/(k-2)}{Q_2/(n-k)} > F_{1-\alpha}(f_1\,;f_2)\ .$$

Ist die Hypothese eines linearen Zusammenhanges zwischen y und x nicht erfüllt, wie es in Abb. 18.4.1 angedeutet ist, so werden die Abwei-

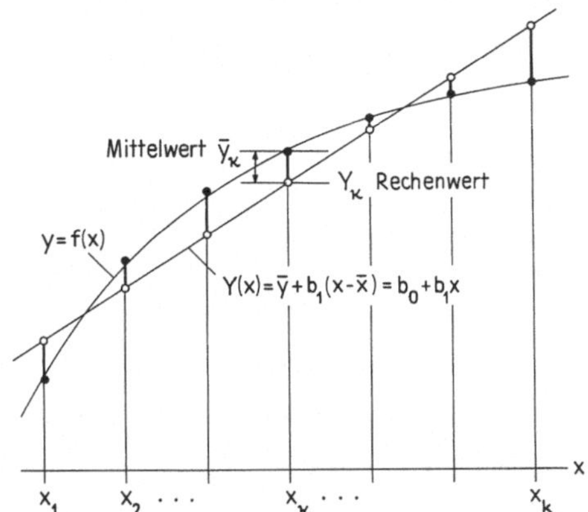

Abb. 18.4.1. Zur anschaulichen Deutung des Tests auf lineare Abhängigkeit zwischen x und y .

chungen $(\bar{y}_\varkappa - Y_\varkappa)$ bzw. der zugehörige Schätzwert $Q_1/(k-2)$ für σ^2 aus (18.4.5) ganz wesentlich durch die Unterschiede zwischen der Schätzfunktion $y = f(x)$ der <u>richtigen</u> Hypothese $\eta_R = \varphi(x)$ und der Schätzfunktion $Y(x) = b_0 + b_1 x$ der <u>falschen</u> Hypothese $\eta_F = \beta_0 + \beta_1 x$ beeinflußt.

Wenn die Hypothese H_1 <u>gilt</u>, dann ist der "beste" Schätzwert s^2 für σ^2 gleich dem gewogenen Mittelwert der beiden Schätzwerte

$$\frac{Q_1}{k-2} \equiv s_I^2 \quad \text{und} \quad \frac{Q_2}{n-k} \equiv s_{II}^2\ ,$$

also

$$s^2 = \frac{(k-2)\,s_I^2 + (n-k)\,s_{II}^2}{n-2} = \frac{Q_1 + Q_2}{n-2}$$

oder mit (18.4.2)

$$(18.4.9) \qquad s^2 = \frac{1}{n-2} \sum_\kappa \sum_\nu (y_{\kappa\nu} - Y_\kappa)^2 \ .$$

Diese Gleichung stimmt mit (18.2.15) überein, wie es sein muß. Diesen
Schätzwert sollte man jedoch nur bilden, wenn die Hypothese H_1 <u>nicht</u> verworfen wird und die Prüfgröße Q in (18.4.6) den Wert 1 "nicht wesentlich" überschreitet.

Wird die Hypothese H_1 <u>verworfen</u>, so darf man die Versuchsvarianz
σ^2 nur mit Hilfe von $Q_2/(n-k)$ schätzen. In diesem Falle ist — abgesehen
von Fehlentscheidungen, die mit der Irrtumswahrscheinlichkeit α auftreten — der Ansatz $M\{y\} = \beta_0 + \beta_1 x$ falsch und an seiner Stelle ein anderer
Ansatz für den Zusammenhang y(x) zu versuchen. Man kann beispielsweise
den linearen Ansatz durch zusätzliche Glieder mit x^2, x^3, ... erweitern,
oder man kann neben x weitere Einflußgrößen hinzunehmen. Beide Fälle
sind mit den Methoden der <u>mehrfachen</u> Regression lösbar, die im Abschnitt
19 behandelt wird.

(b) Test der Hypothese $\beta_1 = \beta_1^*$.

Um die Verträglichkeit eines beobachteten Anstiegs b_1 mit einem vorgegebenen Wert β_1^* zu testen, geht man auf (18.3.17) zurück. Wenn die Hypothese $\beta_1 = \beta_1^*$ richtig ist, dann ist

$$(18.4.10) \qquad \frac{(b_1 - \beta_1^*)\sqrt{s_{xx}}}{\sigma} = u'$$

standardisiert normal. Der Quotient

$$(18.4.11) \qquad \frac{(b_1 - \beta_1^*)\sqrt{s_{xx}}}{s} = \frac{u}{\sqrt{s^2/\sigma^2}} = \frac{u}{\sqrt{\chi_f^2/f}} = t_f$$

genügt mit Rücksicht auf (18.3.18) einer t-Verteilung mit f = n-2 Freiheitsgraden. Die Entscheidung wird nach der folgenden Uebersicht getroffen:

Gegenhypothese	Die Hypothese $\beta_1 = \beta_1^*$ wird verworfen für	
	Prüfgröße	Schwellenwert
$\beta_1 > \beta_1^*$ (einseitig)	$\dfrac{(b_1-\beta_1^*)\sqrt{s_{xx}}}{s} >$	$t_{f;1-\alpha}$
$\beta_1 < \beta_1^*$ (einseitig)	$\dfrac{(b_1-\beta_1^*)\sqrt{s_{xx}}}{s} <$	$-t_{f;1-\alpha}$
$\beta_1 \neq \beta_1^*$ (zweiseitig)	$\dfrac{\left|b_1-\beta_1^*\right|\sqrt{s_{xx}}}{s} >$	$t_{f;1-(\alpha/2)}$
Die Zahl der Freiheitsgrade für t ist $f = n-2$.		

(18.4.12)

Der Sonderfall $\beta_1^* = 0$ entspricht der Hypothese "y ist von x nicht abhängig".

(c) Vergleich zweier Regressionskoeffizienten (Anstiegsmaße) β_1 und β_2 zweier Regressionsgeraden .

Aus zwei unabhängigen Stichproben der Größe n_1 bzw. n_2 hat man die Anstiegsmaße b_1 bzw. b_2 der den Proben zugeordneten Regressionsgeraden berechnet. Die Versuchsvarianz sei in beiden Fällen $\sigma_1^2 = \sigma_2^2 = \sigma^2$. Es ist zu testen, ob die beobachteten Werte $(b_1 ; b_2)$ mit der Hypothese $\beta_1 = \beta_2 = \beta$ verträglich sind oder nicht.

Wenn die Hypothese $\beta_1 = \beta_2 = \beta$ gilt, dann ist bei wiederholten Versuchen

$$(18.4.13) \quad M\{b_1\} = M\{b_2\} = \beta$$

und

$$(18.4.14) \quad V\{b_1\} = \frac{\sigma^2}{s_{xx}^{(1)}} \;\; ; \;\; V\{b_2\} = \frac{\sigma^2}{s_{xx}^{(2)}} \; .$$

Die Differenz $d = b_2 - b_1$ hat den Mittelwert $M\{d\} = 0$ und die Varianz

$$(18.4.15) \quad V\{d\} = \frac{\sigma^2}{s_{xx}^{(1)}} + \frac{\sigma^2}{s_{xx}^{(2)}} = \left(\frac{1}{s_{xx}^{(1)}} + \frac{1}{s_{xx}^{(2)}} \right)\sigma^2 = \sigma_d^2 \; .$$

Der Quotient $d/\sigma_d = u$ ist standardisiert normal.

Die Varianz σ_d^2 wird geschätzt durch

(18.4.16)

$$s_d^2 = \left(\frac{1}{s_{xx}^{(1)}} + \frac{1}{s_{xx}^{(2)}}\right) \frac{(n_1-2)\,s_1^2 + (n_2-2)\,s_2^2}{n_1 + n_2 - 4} = \left(\frac{1}{s_{xx}^{(1)}} + \frac{1}{s_{xx}^{(2)}}\right) s^2 \;;$$

dabei sind s_1^2 und s_2^2 die aus (18.2.15) berechneten Schätzwerte für die Versuchsvarianz σ^2, und s^2 ist der "beste" Schätzwert für σ^2 mit $(n_1-2) + (n_2-2) = n_1 + n_2 - 4$ Freiheitsgraden, den man aus den Einzelwerten s_1^2 und s_2^2 finden kann.

Die Prüfgröße

$$(18.4.17) \quad \frac{d}{s_d} = \frac{d/\sigma_d}{s_d/\sigma_d} = \frac{u}{s/\sigma} = \frac{u}{\sqrt{s^2/\sigma^2}} = \frac{u}{\sqrt{\chi^2/f}} = t_f$$

genügt einer t-Verteilung mit $f = n_1 + n_2 - 4$ Freiheitsgraden. Damit findet man die folgende Entscheidungsregel:

	Gegenhypothese	Die Hypothese $\beta_1 = \beta_2$ wird verworfen für	
		Prüfgröße	Schwellenwert
(18.4.18)	$\beta_2 > \beta_1$ (einseitig)	$\dfrac{b_2 - b_1}{s_d} >$	$t_{f;1-\alpha}$
	$\beta_2 < \beta_1$ (einseitig)	$\dfrac{b_2 - b_1}{s_d} <$	$-t_{f;1-\alpha}$
	$\beta_2 \neq \beta_1$ (zweiseitig)	$\dfrac{\lvert b_2 - b_1\rvert}{s_d} >$	$t_{f;1-(\alpha/2)}$
	s_d aus Gleichung (18.4.16) ; $f = n_1 + n_2 - 4$.		

Bevor man den Test (18.4.18) durchführt, sollte man die Hypothese $\sigma_1^2 = \sigma_2^2$, die als Voraussetzung hier eingeht, mit Hilfe des F-Tests prüfen. Wird dabei die Hypothese $\sigma_1^2 = \sigma_2^2$ verworfen, so ist der Test (18.4.18) verboten.

(d) Vertrauensbereiche für die Modellparameter .

Der Vertrauensbereich für den Modellparameter β_0 bzw. β_1 folgt unmittelbar aus (18.3.23) bzw. (18.3.22) , wonach b_0 bzw. b_1 normal um β_0 bzw. β_1 mit der Varianz

$$(18.4.19) \quad V\{b_0\} = \frac{S_{xx}}{s_{xx}} \frac{\sigma^2}{n} \quad \text{bzw.} \quad V\{b_1\} = \frac{\sigma^2}{s_{xx}}$$

verteilt ist. Danach ist beispielsweise

$$\frac{b_0 - \beta_0}{\sigma} \sqrt{\frac{s_{xx} \, n}{S_{xx}}} = u$$

standardisiert normal, und

$$\frac{b_0 - \beta_0}{s} \sqrt{\frac{s_{xx} \, n}{S_{xx}}} = t$$

genügt einer t-Verteilung mit $f = n-2$ Freiheitsgraden. Daraus folgt unmittelbar der Vertrauensbereich für β_0 zur Sicherheit $S = 1-\beta$ in der Gestalt

$$(18.4.20) \quad b_0 - t_{f;1-(\beta/2)} \, s\sqrt{S_{xx}/(n\,s_{xx})} \leq \beta_0 \leq b_0 + t_{f;1-(\beta/2)} \, s\sqrt{S_{xx}/(n\,s_{xx})} \ .$$

Ebenso findet man den Vertrauensbereich für β_1 zur Sicherheit $S = 1-\beta$ zu

$$(18.4.21) \quad b_1 - t_{f;1-(\beta/2)} \left(s/\sqrt{s_{xx}} \right) \leq \beta_1 \leq b_1 + t_{f;1-(\beta/2)} \left(s/\sqrt{s_{xx}} \right).$$

Der Vertrauensbereich für die Versuchsvarianz σ^2 zur Sicherheit $S = 1-\beta$ folgt aus (18.3.18) zu

$$(18.4.22) \quad \frac{(n-2)\, s^2}{\chi^2_{f;1-(\beta/2)}} \leq \sigma^2 \leq \frac{(n-2)\, s^2}{\chi^2_{f;(\beta/2)}} \ .$$

Für (18.4.20) bis (18.4.22) ist s bzw. s^2 aus (18.2.15) zu berechnen, und die Zahl der Freiheitsgrade ist $f = n-2$.

Der Zufallsstreifen für die Rechenwerte Y .

Der Mittelwert $M\{Y\}$ der Rechenwerte Y bei festem $x = \text{konst}$ folgt aus $Y = b_0 + b_1 x = \bar{y} + b_1 (x-\bar{x})$ zu

$$M\{Y\} = M\{\bar{y}\} + (x-\bar{x}) \, M\{b_1\}$$

oder mit (18.3.21) und (18.3.22)

$$(18.4.23) \qquad M\{Y\}_{x=\text{konst}} = \bar{\eta} + \beta_1 (x-\bar{x}) = \beta_0 + \beta_1 x \equiv \eta(x) \ .$$

Wegen der Unabhängigkeit von $\overline{y}$ und b_1 wird die Varianz der Rechenwerte Y bei festem x

$$V\{Y\} = V\{\overline{y}\} + (x-\overline{x})^2\, V\{b_1\}\ .$$

Mit (18.3.21) und (18.3.22) wird daraus

$$(18.4.24)\qquad V\{Y\}_{x=konst} = \sigma^2\left[\frac{1}{n} + \frac{(x-\overline{x})^2}{s_{xx}}\right] \equiv \left(\sigma_Y^2\right)_{x=konst}\ .$$

Bei bekanntem η und bekannter Versuchsvarianz σ^2 hat demnach der <u>Zu-fallsstreifen für die Rechenwerte</u> Y zur Sicherheit S = $1-\alpha$ die Gestalt

$$(18.4.25)\qquad \eta \pm u_{1-(\alpha/2)}\sqrt{\frac{1}{n} + \frac{(x-\overline{x})^2}{s_{xx}}}\ \sigma\ .$$

An der Stelle $x = \overline{x}$ liegt mit $\eta = \overline{\eta}$ die schmalste Stelle $\overline{\eta} \pm u_{1-(\alpha/2)}(\sigma/\sqrt{n})$ des Zufallsstreifens. Mit wachsendem Abstand $|x-\overline{x}|$ vom Mittelwert $\overline{x}$ wird der Streifen breiter. Die Aussage gilt nur für die x-Werte des untersuchten Bereichs $x_1 \le x \le x_k$.

Der Vertrauensbereich für $\eta(x)$.

Zu der Versuchsreihe $(x_\varkappa; y_{\varkappa\nu})$ sei die Regressionsgerade $Y = b_0 + b_1 x$ $= \overline{y} + b_1(x-\overline{x})$ berechnet worden. Nach (18.4.23) und (18.4.24) ist

$$\frac{Y - \eta}{\sigma_Y} = \frac{Y - \eta}{\sigma}\sqrt{\frac{n\, s_{xx}}{s_{xx} + n(x-\overline{x})^2}} = u$$

standardisiert normal;

$$(18.4.26)\qquad \frac{Y - \eta}{s}\sqrt{\frac{n\, s_{xx}}{s_{xx} + n(x-\overline{x})^2}} = t_f$$

genügt einer t-Verteilung mit f = n-2 Freiheitsgraden. Damit findet man den <u>Vertrauensbereich</u> für $\eta = M\{Y\}$ zur Sicherheit S = $1-\alpha$ bei gegebenem $\dot{Y}$ und beobachteter Versuchsvarianz s^2 in der Gestalt

$$(18.4.27)\quad Y - t_{f;1-(\alpha/2)}\, s\sqrt{\frac{1}{n} + \frac{(x-\overline{x})^2}{s_{xx}}} \le \eta \le Y + t_{f;1-(\alpha/2)}\, s\sqrt{\frac{1}{n} + \frac{(x-\overline{x})^2}{s_{xx}}}$$

mit f = n-2 und $Y = \overline{y} + b_1(x-\overline{x})$. Wieder liegt die schmalste Stelle $\overline{y} \pm t_{f;1-(\alpha/2)}\,(s/\sqrt{n})$ des Bereichs bei $x = \overline{x}$.

In Abb. 18.4.2 sind die Grenzlinien $f_U(x)$ und $f_O(x)$ des Vertrauensbereichs für η bei vorgegebener Sicherheit S = $1-\alpha$, vorgegebener Probengröße n und beobachteter Standardabweichung s dargestellt. Mit der Sicher-

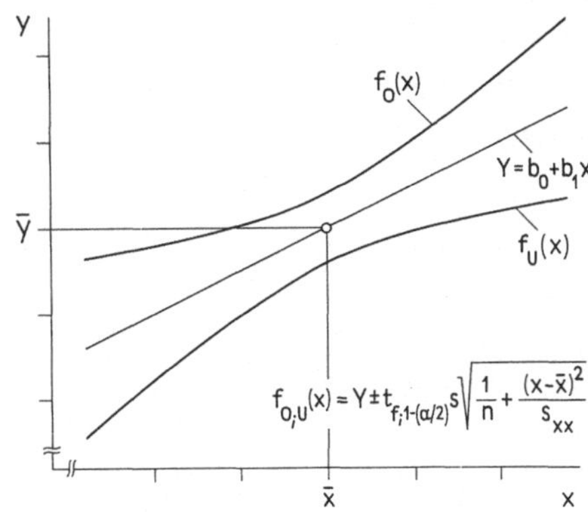

Abb. 18.4.2. Der Vertrauensbereich $f_U(x) \leqq \eta \leqq f_O(x)$ für
die Regressionswerte $\eta(x) = \beta_0 + \beta_1 x$.

heit $S = 1-\alpha$ liegt der unbekannte wahre Regressionswert $\eta(x) = \bar{\eta} + \beta_1(x-\bar{x})$

$= \beta_0 + \beta_1 x$ bei vorgegebenem x in diesem Bereich.

18.5 Toleranzgrenzen und -bereiche für die Meßwerte y bei gegebenem x

Einseitige Toleranzgrenzen.

Bei festem x gilt für die Meßwerte $y_{\varkappa\nu}$

(18.5.1) $M\{y\} = \eta$; $V\{y\} = \sigma^2$.

Für die Rechenwerte $Y_\varkappa$ hat man

(18.5.2) $M\{Y\} = \eta$; $V\{Y\} = \sigma^2\left[\dfrac{1}{n} + \dfrac{(x-\bar{x})^2}{s_{xx}}\right].$

Es soll mit Hilfe des Wertepaares (Y;s) und des Faktors k der Bereich

(18.5.3) $-\infty < y \leqq Y + ks$

(einseitig nach oben) so abgegrenzt werden, daß in diesem Bereich mit der

Wahrscheinlichkeit $S = 1-\alpha$ mindestens der Anteil $A_{min} = 1 - \gamma$ der Meß-

werte y zu erwarten ist. Zu bestimmen ist der erforderliche Faktor k .

Aus Abb. 18.5.1 folgt (wie im Abschnitt 13) zur Bestimmung von k die

Gleichung

(18.5.4) $\eta + u_{1-\gamma}\,\sigma = \varsigma - u_{1-\alpha}\,\sigma_z$.

Dabei hat $z = Y + ks$ für $n \gtrless 10$ den Mittelwert

(18.5.5) $M\{z\} = \zeta = M\{Y\} + k\,M\{s\} = \eta + k\,\sigma$.

Da $Y = \bar{y} + b_1(x-\bar{x})$ bei gegebenem x allein durch das Wertepaar $(\bar{y}\,;b_1)$ bestimmt wird, dessen gemeinsame Verteilung mit s^2 nach (18.3.16) in

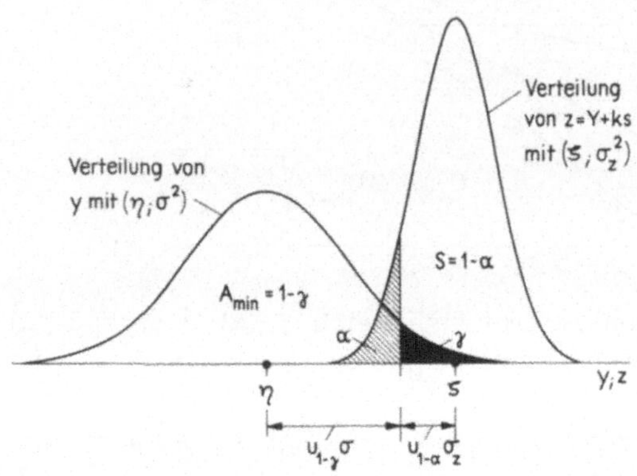

Abb. 18.5.1. Zur Berechnung von einseitigen Toleranzgrenzen für y bei festem x .

das Produkt der Einzelverteilungen zerfällt, so sind $\bar{y}$, b_1 und s^2 und damit auch Y und s^2 bzw. Y und s unabhängig voneinander. Infolgedessen wird die Varianz

$$V\{z\} = V\{Y\} + k^2\,V\{s\}$$

oder mit (18.5.2) und $V\{s\} = \sigma^2/[2(n-2)]$ nach (8.6.18)

(18.5.6) $V\{z\} = \sigma_z^2 = \sigma^2\left[\dfrac{1}{n} + \dfrac{(x-\bar{x})^2}{s_{xx}}\right] + \dfrac{k^2\,\sigma^2}{2(n-2)}$.

Setzt man ζ und σ_z aus (18.5.5) und (18.5.6) in (18.5.4) ein, so fallen η und σ aus der entstehenden Gleichung heraus. Es bleibt zur Bestimmung des Faktors k

(18.5.7) $k - u_{1-\gamma} = u_{1-\alpha}\sqrt{\dfrac{1}{n} + \dfrac{(x-\bar{x})^2}{s_{xx}} + \dfrac{k^2}{2(n-2)}}$.

Diese quadratische Gleichung für k hat die Lösung

(18.5.8a) $k_T = \dfrac{\sqrt{2n-4}}{(2n-4) - u_{1-\alpha}^2}\left[\sqrt{2n-4}\,u_{1-\gamma} + u_{1-\alpha}\,W_n\right]$, wobei W_n die Wurzel

$$(18.5.8b) \qquad W_n = \sqrt{u_{1-\gamma}^2 + \left[(2n-4) - u_{1-\alpha}^2 \right] \left[\frac{1}{n} + \frac{(x-\bar{x})^2}{s_{xx}} \right]}$$

bedeutet. Das Ergebnis (18.5.8) stellt auf Grund der Herleitung eine Näherung dar. Es sollte an drei Stellen statt $(2n-4)$ genauer $(2n-5)$ stehen, was jedoch ohne jede praktische Bedeutung ist.

Der auf Grund einer Versuchsreihe der Größe n mit Hilfe von Y und s an der Stelle $(x;Y)$ einseitig nach oben abgegrenzte Bereich

$$(18.5.9a) \qquad -\infty < y \leqq Y(x) + k_T\, s$$

enthält mit der Wahrscheinlichkeit $S = 1-\alpha$ mindestens den Anteil $A_{min} = 1-\gamma$ der Meßwerte y . Ersichtlich ist $k_T = k(n;\alpha;\gamma;x)$. An der Stelle $x = \bar{x}$ hat k_T den kleinsten Wert $k_T = k_{min}$.

Bei einseitiger Abgrenzung <u>nach unten</u> gilt entsprechend zu (18.5.9a)

$$(18.5.9b) \qquad Y(x) - k_T\, s \leqq y < \infty \ .$$

Zweiseitig abgegrenzter Toleranzbereich.

Im Abschnitt 13.4 wurde ein zweiseitig abgegrenzter Toleranzbereich (der mit der Wahrscheinlichkeit $S = 1-\alpha$ mindestens den Anteil $A_{min} = 1-\gamma$ der Verteilung enthält) in der Gestalt abgegrenzt

$$(18.5.10) \qquad \bar{x} - K\,s \leqq x \leqq \bar{x} + K\,s \ .$$

Der zur Abgrenzung notwendige Faktor K hat nach (13.4.23) die Gestalt

$$(18.5.11) \qquad K = \sqrt{f/\chi_{f;\alpha}^2}\ r(n;1-\gamma) = v(f;1-\alpha)\ r(n;1-\gamma) \ .$$

In (18.5.10) ist die Varianz von $\bar{x}$ gleich σ^2/n , und der Schätzwert s^2 für σ^2 hat f Freiheitsgrade. Ueberträgt man das Ergebnis von damals auf den hier vorliegenden Fall, wo der Bereich mit Hilfe der <u>Rechenwerte</u> Y abgegrenzt werden soll,

$$Y - K\,s \leqq y \leqq Y + K\,s \ ,$$

dann hat man anstelle von σ^2/n die Varianz der Rechenwerte Y nach (18.5.2) einzusetzen. Man bestimmt also die Hilfsgröße n' aus der Beziehung

$$(18.5.12) \qquad V\{Y\} = \sigma^2 \left[\frac{1}{n} + \frac{(x-\bar{x})^2}{s_{xx}} \right] = \frac{\sigma^2}{n'} \ .$$

n' läßt sich als die fiktive Zahl der Beobachtungen deuten, mit der man die Genauigkeit der Rechenwerte an einer vorgegebenen Stelle x beurteilen kann. Nach (18.5.12) gilt

$$\frac{1}{n'} = \frac{1}{n} + \frac{(x-\bar{x})^2}{s_{xx}}$$

oder

$$(18.5.13) \quad n' = \frac{n\,s_{xx}}{s_{xx} + n(x-\bar{x})^2} = \frac{n}{1 + \left[n(x-\bar{x})^2/s_{xx}\right]} \leqq n \; .$$

Nur an der Stelle $x = \bar{x}$ ist $n'(\bar{x}) = n$, sonst gilt $n'(x) < n$.

Zu $n'(x)$ und $(1-\gamma)$ bestimmt man den Faktor $r(n'; 1-\gamma)$; zu $f = n-2$ und $(1-\alpha)$ bestimmt man den Faktor $v(n-2; 1-\alpha)$, wie es im Abschnitt 13.4 erläutert wurde. Dann wird der Abgrenzungsfaktor

$$(18.5.14) \quad K = v(n-2; 1-\alpha) \; r(n'; 1-\gamma) \; .$$

Der mit Hilfe von K abgegrenzte Bereich

$$(18.5.15) \quad Y(x) - K\,s \leqq y \leqq Y(x) + K\,s$$

enthält mit der Sicherheit $S = 1-\alpha$ mindestens den Anteil $A_{min} = 1-\gamma$ der Meßwerte $y(x)$.

18.6 Der Sonderfall gleicher Versuchszahl innerhalb der Gruppen

Hat die Zahl n_κ der Beobachtungen bei festem $x = x_\kappa$ für alle Gruppen κ (der Uebersicht im Abschnitt 18.1) den gleichen Wert

$$(18.6.1) \quad n_\kappa = konst = n_0 \; ,$$

dann ist die Gesamtzahl der Beobachtungen $n = k\,n_0$. Die Hilfsgrößen S_x , S_{xx} , s_{xx} werden dann nach (18.2.2) , (18.2.4) und (18.2.5)

$$(18.6.2) \quad S_x = n_0 \sum_\kappa x_\kappa = n_0\,S_x^* = n\left(S_x^*/k\right) \; ,$$

$$(18.6.3) \quad S_{xx} = n_0 \sum_\kappa x_\kappa^2 = n_0\,S_{xx}^* = n\left(S_{xx}^*/k\right) \; ,$$

$$(18.6.4) \quad s_{xx} = n_0 \left[S_{xx}^* - \frac{1}{k}(S_x^*)^2\right] = n_0\,s_{xx}^* = n(s_{xx}^*/k) \; .$$

Die drei Größen S_x , S_{xx} und s_{xx} sind verhältnisgleich zu n . Die durch k geteilten Hilfsgrößen (S_x^*/k), ... sind von n völlig und von k nahezu unabhängig (wenn bestimmte Voraussetzungen erfüllt sind).

Die Hilfsgröße

$$(18.6.5) \quad s^*_{xx}/k = \frac{1}{k} \sum_{\varkappa} (x_\varkappa - \bar{x})^2 = \frac{1}{k} \sum_{\varkappa} (\Delta x_\varkappa)^2$$

ist das auf $\bar{x}$ bezogene Moment zweiter Ordnung der $x_\varkappa$. Wählt man die k
Meßstellen $x_\varkappa$ gleichmäßig verteilt in dem festen Versuchsbereich

$$(18.6.6) \quad a \leqq x \leqq b$$

der Einflußgröße x , dann ist s^*_{xx}/k (für nicht zu kleine k) nahezu unabhängig von k . Das ist leicht einzusehen. Verteilt man beispielsweise für
b - a = 100 insgesamt k' = 5 bzw. k'' = 10 bzw. k''' = 50 Meßstellen $x_\varkappa$
in den Abständen $\Delta x' = 20$ bzw. $\Delta x'' = 10$ bzw. $\Delta x''' = 2$ gleichförmig im
Bereich $a \leqq x \leqq b$, so nimmt die Hilfsgröße (s^*_{xx}/k) die Werte

$$(s'_{xx}/k') = 800 \quad \text{bzw.} \quad (s''_{xx}/k'') = 825 \quad \text{bzw.} \quad (s'''_{xx}/k''') = 833$$

an. Mit wachsendem k strebt (s^*_{xx}/k) gegen die Varianz einer Gleichverteilung im Bereich (b-a), d.h. gegen den Grenzwert $(b-a)^2/12 = 833,3$. In
der Tat ist (s^*_{xx}/k) schon für $k \geqq 5$ nahezu unabhängig von k . Für S_{xx}
gilt nach Definition

$$S_{xx} = s_{xx} + (S_x^2/n)$$

oder mit (18.6.4) und (18.6.2)

$$S_{xx} = n(s^*_{xx}/k) + n(S_x/n)^2 = n \left[(s^*_{xx}/k) + (S^*_x/k)^2 \right] \ .$$

Damit folgt aus (18.6.3) für S^*_{xx}/k

$$S^*_{xx}/k = (s^*_{xx}/k) + (S^*_x/k)^2 = (s^*_{xx}/k) + \bar{x}^2 \ .$$

Da bei festem $n = n_0 k$ und veränderlichem $k \gtrsim 5$ der Quotient (s^*_{xx}/k)
nahezu und $\bar{x}$ völlig von k unabhängig ist, so ist in den folgenden Gleichungen der Quotient (S^*_{xx}/s^*_{xx}) fast unabhängig von k , wenn man k Meßstellen gleichförmig im Untersuchungsbereich b-a = konst anordnet.

Die Vertrauensbereiche (18.4.20) und (18.4.21) zur Sicherheit S = 1-ß
für die Regressionsfaktoren $ß_0$ und $ß_1$ lauten dann

$$(18.6.7) \quad b_0 - t_{f;1-(ß/2)} \frac{s}{\sqrt{n}} \sqrt{S^*_{xx}/s^*_{xx}} \leqq ß_0 \leqq$$

$$\leqq b_0 + t_{f;1-(ß/2)} \frac{s}{\sqrt{n}} \sqrt{S^*_{xx}/s^*_{xx}}$$

und

(18.6.8)

$$b_1 - t_{f;1-(\beta/2)}\frac{s}{\sqrt{n}}\sqrt{\frac{k}{s^*_{xx}}} \leqq \beta_1 \leqq b_1 + t_{f;1-(\beta/2)}\frac{s}{\sqrt{n}}\sqrt{\frac{k}{s^*_{xx}}} \;.$$

Der Vertrauensbereich für $\eta = M\{Y\}$ zur Sicherheit $S = 1-\alpha$ wird nach (18.4.27)

(18.6.9)

$$Y - t_{f;1-(\alpha/2)}\frac{s}{\sqrt{n}}\sqrt{1+\frac{(x-\bar{x})^2}{s^*_{xx}/k}} \leqq \eta \leqq Y + t_{f;1-(\alpha/2)}\frac{s}{\sqrt{n}}\sqrt{1+\frac{(x-\bar{x})^2}{s^*_{xx}/k}} \;.$$

Die Wurzel W_n aus Gleichung (18.5.8b), die man zum Abgrenzen der Toleranzbereiche braucht, nimmt im Sonderfall $n_\varkappa = n_0$ die Gestalt an

$$(18.6.10) \quad W_n = \sqrt{u^2_{1-\gamma} + \left[\frac{(2n-4)-u^2_{1-\alpha}}{n}\right]\left[1+\frac{(x-\bar{x})^2}{s^*_{xx}/k}\right]} \;.$$

Mit wachsender Versuchszahl n strebt W_n gegen den von n unabhängigen Grenzwert W,

$$(18.6.11) \quad W = \sqrt{u^2_{1-\gamma} + 2 + \frac{2(x-\bar{x})^2}{s^*_{xx}/k}} \;.$$

Bereits für mäßig große Werte von n darf man W_n durch W ersetzen.

In den Formeln (18.6.7) bis (18.6.9) kommt die Abhängigkeit der Ergebnisse von der Versuchszahl n besser zum Ausdruck als in den früher hergeleiteten Gleichungen. Alle Bereiche verengen sich bei wachsender Versuchszahl n mit $1/\sqrt{n}$ und sind für $n = n_0 = n/k \gtrapprox 5$ nahezu von k unabhängig.

Damit läßt sich (innerhalb gewisser Grenzen) die Frage entscheiden, wie man eine feste mögliche Zahl von Versuchen,

(18.6.12) $n = k\,n_0 = $ konst

bei vorgeschriebenem Versuchsbereich $a \leqq x \leqq b$ auf die beiden Faktoren k (Zahl der Gruppen) und n_0 (Zahl der Versuche je Gruppe) aufteilt. Für $k \gtrapprox 5$ sind die Ergebnisse nahezu unabhängig von der Art der Aufteilung, da es nach (18.6.7) bis (18.6.9) und (18.4.22) nur auf die Gesamtzahl n der Versuche ankommt.

Wenn man Zweifel hat, ob der Zusammenhang zwischen x und y linear ist, und aus dem Grunde den "Test auf Linearität" (18.4.8) durchführen will, so wird man bei vorgeschriebener Gesamtzahl n der Versuche die

Freiheitsgrade f_1 = k-2 im Zähler und f_2 = n-k im Nenner der Prüfgröße

Q so wählen, daß Q bei Gültigkeit der Hypothese "möglichst kleine Varia-

bilität" aufweist. Da Q einer F-Verteilung mit $(f_1 ; f_2)$ Freiheitsgraden

genügt, so wählt man als Maß dafür die Variationszahl der F-Verteilung,

$\gamma = \sigma\{F\} / M\{F\}$, bzw. das Quadrat

$$(18.6.13) \qquad \gamma^2 = \frac{V\{F\}}{M^2\{F\}} = \frac{2(f_1 + f_2 - 2)}{f_1(f_2 - 4)} \; .$$

Dann folgt aus

$$f_1 + f_2 = (k-2) + (n-k) = n-2 = \text{konst}$$

die Beziehung

$$(18.6.14) \qquad \gamma^2 = \frac{2\,(n-4)}{f_1(f_2 - 4)} = \frac{\text{konst}}{f_1(f_2 - 4)} \; .$$

γ^2 wird am kleinsten, wenn der Nenner $f(k) = f_1(f_2 - 4) = (k-2)(n-k-4)$

möglichst groß wird. Die Ableitung f'(k) = 0 liefert n-2(k+1) = 0 oder

$$k = k_0 = \tfrac{1}{2}(n-2) \approx n/2$$

(18.6.15)
$$\text{mit}\ f(k_0) = \left(\frac{n-6}{2}\right)^2 \quad \text{bzw.} \quad f_1 = f_2 - 4 = (n/2)-3 = k_0 - 2 \; .$$

Bei insgesamt n = 60 Einzelversuchen wird man demnach k_0 = 30 Meß-

stellen gleichförmig über den Bereich a ≦ x ≦ b verteilen und an jeder Meß-

stelle n_0 = 2 Beobachtungen ausführen. Für den Plan $(k_0$ = 30 ; n_0 = 2) wird

f_1 = 28 , f_2 = 30 und γ^2 = konst/(28·26) = konst/728 . Wählt man anstelle

dieses Plans den Plan $(k_0'$ = 20 ; n_0' = 3) , so hat man f_1' = 18 , f_2' = 40 und

γ'^2 = konst/(18·36) = konst/648 . Mithin gilt $\gamma'/\gamma \approx 1,06$, d.h. der Plan

$(k_0'$ = 20 ; n_0' = 3) ist im Hinblick auf die Variationszahl γ der Prüfgröße Q

"fast" ebenso gut wie der Plan $(k_0$ = 30 ; n_0 = 2) . Wegen der geringeren Zahl

von Meßstellen wird man k_0' = 20 bevorzugen.

18.7 Ein Beispiel zur einfachen Regressionsanalyse

Gesucht wird die Gesetzmäßigkeit, nach der die Zugfestigkeit z von
Beton bestimmter Zusammensetzung mit der Erhärtungszeit t ansteigt.
Eine Versuchsreihe von insgesamt n = 21 Messungen ergab die Werte der
Zahlentafel 18.7.1 .

Zahlentafel 18.7.1				
Zugfestigkeit z $\left[\mathrm{kp/cm}^2\right]$ nach der Erhärtungszeit t $\left[\text{Tage}\right]$				
Einfluß–größe t	1	2	3	7	28
Zahl der Meßwerte	3	3	5	5	5
Ziel–größe z	13,0 13,3 11,8	21,9 24,5 24,7	29,8 28,0 24,1 24,2 26,2	32,4 30,4 34,5 33,1 35,7	41,8 42,6 40,3 35,7 37,3

Da die mittlere Festigkeit $\zeta = M\{z\}$ für t = 0 den Wert 0 besitzt und
mit wachsender Zeit t einem Grenzwert zustrebt, so liegt der Ansatz nahe

$$(18.7.1) \quad \zeta(t) = a\,e^{-c/t} \quad \text{mit}\ a = \text{konst}\ \text{und}\ c = \text{konst} .$$

Diese Funktion genügt der "Anfangsbedingung" $\zeta(0) = 0$ und der "Endbedin-
gung" $\zeta(\infty) = a$. Setzt man

$$(18.7.2) \quad 1/t = x \ ; \ \lg\zeta = \eta \ ; \ \lg a = \beta_0 \ ; \ -c\,\lg e = \beta_1 ,$$

so geht (18.7.1) über in

$$(18.7.3) \quad \eta = \beta_0 + \beta_1 x .$$

Die gewählte Transformation $\lg\zeta = \eta$ legt nahe zu untersuchen, ob die
entsprechende Transformation

$$(18.7.4) \quad \lg z = y$$

der Meßwerte zu einer Zielgröße y führt, die bei festem t bzw. festem x
um den Mittelwert η mit der (unbekannten) Varianz σ^2 (annähernd) normal

verteilt ist. Ein besonderer Test ergab, daß diese Annahme nicht verworfen
werden muß. Damit sind für die Einflußgröße $x = 1/t$ und die Zielgröße
$y = \lg z$ die Voraussetzungen für die Anwendbarkeit des Modells (18.1.5)
erfüllt.

Die transformierten Meßwerte $x_\varkappa = 1/t_\varkappa$ und $y_{\varkappa\nu} = \lg z_{\varkappa\nu}$ sind im oberen
Teil der Rechentafel 18.7.2 eingetragen. Im mittleren Teil wurden die Hilfs-
größen S_x , S_{xx} , usw. nach (18.2.2) bis (18.2.5) berechnet. Dabei wird
beispielsweise

$$S_{xy} = \sum_\varkappa \sum_\nu x_\varkappa y_{\varkappa\nu} \quad \text{mit} \quad \sum_\nu y_{\varkappa\nu} = y_\varkappa .$$

umgestaltet zu

$$S_{xy} = \sum_\varkappa x_\varkappa y_\varkappa .$$

Aus den Hilfsgrößen der Rechentafel findet man die Regressionsfaktoren
b_0 und b_1 nach (18.2.7) zu

$$(18.7.5) \quad b_1 = \frac{s_{xy}}{s_{xx}} = -0,498 \quad \text{und} \quad b_0 = \bar{y} - b_1 \bar{x} = 1,602 .$$

Damit lautet die geschätzte Regressionsgerade

$$(18.7.6) \quad Y = 1,602 - 0,498 \, x .$$

Das beobachtete Bestimmtheitsmaß $\hat{B}_L$ für den Zusammenhang zwischen
x und y wird nach (18.2.18)

$$(18.7.7) \quad \hat{B}_L = \frac{s_{xy}^2}{s_{xx} s_{yy}} = 0,961 .$$

Den Schätzwert s^2 für die Versuchsvarianz findet man aus (18.2.19) zu

$$(18.7.8) \quad s^2 = s_e^2 = \frac{s_{yy}}{n-2}(1-\hat{B}_L) = 0,00108 .$$

Die Standardabweichungen $s\{b_0\}$ und $s\{b_1\}$ der Faktoren b_0 und b_1 sind
entsprechend (18.3.23) und (18.3.22)

$$(18.7.9) \quad s\{b_0\} = \sqrt{\frac{S_{xx}}{s_{xx}}} \, \frac{s}{\sqrt{n}} \quad \text{und} \quad s\{b_1\} = \frac{s}{\sqrt{s_{xx}}}$$

oder zahlenmäßig

$$s\{b_0\} = 0,011 \quad \text{und} \quad s\{b_1\} = 0,023 .$$

Rechentafel 18.7.2

κ	1	2	3	4	5	$\sum\limits_{\kappa}$	
x_κ	0,036	0,143	0,333	0,500	1,000		
$y_{\kappa\nu}$	1,621 1,629 1,605 1,553 1,572	1,511 1,483 1,538 1,520 1,553	1,474 1,447 1,382 1,384 1,418	1,340 1,389 1,393	1,114 1,124 1,072		
n_κ	5	5	5	3	3	$n = 21$	
$n_\kappa x_\kappa$	0,180	0,715	1,665	1,500	3,000	$S_x = 7,060$	$\bar{x} = 0,3362$
$n_\kappa x_\kappa^2$	0,0065	0,1022	0,5544	0,7500	3,0000	$S_{xx} = 4,4131$	$\dfrac{S_x^2}{n} = 2,3735$
$y_{\kappa.} = \sum\limits_\nu y_{\kappa\nu}$	7,980	7,605	7,105	4,122	3,310	$S_y = 30,122$	$\bar{y} = 1,4344$
$y_{\kappa.}/n_\kappa = \bar{y}_\kappa$	1,596	1,521	1,421	1,374	1,103		
$y_{\kappa.}^2/n_\kappa = n_\kappa\bar{y}_\kappa^2$	12,7361	11,5672	10,0962	5,6636	3,6520	43,7151	
$x_\kappa y_{\kappa.}$	0,2873	1,0875	2,366	2,061	3,310	$S_{xy} = 9,1118$	$\dfrac{S_x S_y}{n}$ $= 10,1267$
$\sum\limits_\nu y_{\kappa\nu}^2$	12,7403	11,5701	10,1026	5,6654	3,6536	$S_{yy} = 43,7320$	$\dfrac{S_y^2}{n}$ $= 43,2064$

$$s_{xx} = 2,0396 \;, \quad s_{xy} = -1,0149 \;, \quad s_{yy} = 0,5256$$

$$b_1 = -0,498 \;, \quad b_0 = 1,602$$

	1	2	3	4	5		
Y_κ	1,584	1,531	1,436	1,353	1,104		
$\bar{y}_\kappa - Y_\kappa$	0,012	-0,010	-0,015	0,021	-0,001		$Q_2 =$
$n_\kappa(\bar{y}_\kappa - Y_\kappa)^2\, 10^6$	720	500	1125	1323	3	$Q_1 = 0,003671$	$S_{yy} - \sum\limits_\kappa n_\kappa\bar{y}_\kappa^2$ $= 0,0169$

Q_1 ; Q_2 für F-Test

Beide Standardabweichungen sind "klein" gegen die Schätzwerte b_0 und b_1. Man findet demnach aus

$$\lg \hat{a} = b_0 \quad \text{und} \quad \hat{c} \lg e = - b_1$$

brauchbare Schätzwerte $\hat{a}$ und $\hat{c}$ für die Konstanten a und c des Ansatzes (18.7.1) .

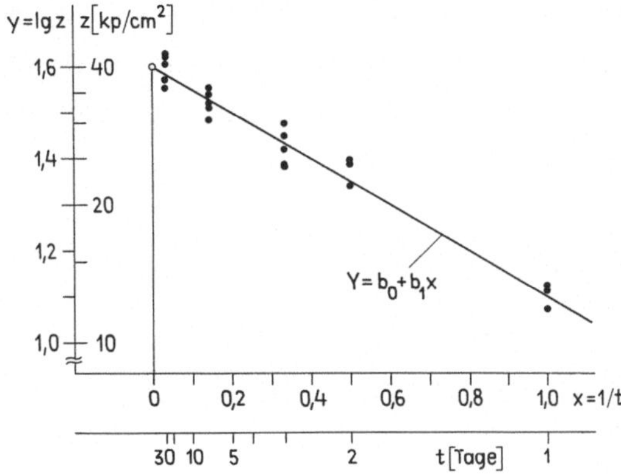

Abb. 18.7.1. Die Regressionsgerade für den Zusammenhang zwischen Zugfestigkeit und Erhärtungszeit.

Es wird

$$(18.7.10) \quad \hat{a} = 40,0 \quad \text{und} \quad \hat{c} = 1,15 \ .$$

Die Schätzfunktion (18.7.1) für die Festigkeit in Abhängigkeit von der Zeit ist demnach

$$(18.7.11) \quad Z(t) = 40,0 \ e^{-(1,15/t)} \left[kp/cm^2\right] \ ; \quad [t] = \text{Tage}.$$

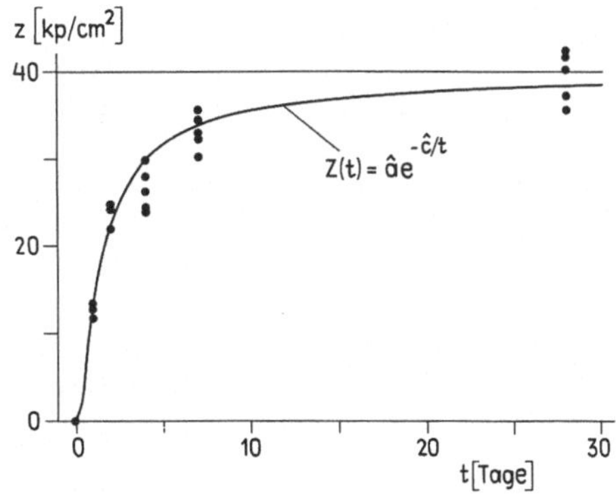

Abb. 18.7.2. Zugfestigkeit z von Beton in Abhängigkeit von der Erhärtungszeit t .

Die Regressionsgerade (18.7.6) ist in Abb. 18.7.1 und die Schätzfunktion (18.7.11) ist in Abb. 18.7.2 mit den Meßpunkten $(t_\varkappa ; z_{\varkappa\nu})$ dargestellt. Ersichtlich entsprechen die Funktionen $Y(x)$ und $Z(t)$ in brauchbarer Weise dem beobachteten Tatbestand.

Test auf Linearität .

Es ist nachzuprüfen, ob die aus den Versuchen erschlossene Abhängigkeit der mittleren Zugfestigkeit $\mathfrak{Z}$ von der Erhärtungszeit t stichhaltig ist. Als Sicherheit wird $S = 1-\alpha = 95\%$ gewählt. Nach (18.4.8) benötigt man den Schwellenwert der F-Verteilung für $f_1 = k-2 = 3$ und $f_2 = n-k = 16$ Freiheitsgrade. Es ist

$$F_{95\%}(3 ; 16) = 3,24 .$$

Die Prüfgröße Q in (18.4.8) berechnet man mit

$$(18.7.12) \qquad Q_1 = \sum_\varkappa (\bar{y}_\varkappa - Y_\varkappa)^2 \, n_\varkappa = 0,00367$$

und

$$(18.7.13) \qquad Q_2 = \sum_\varkappa \sum_\nu (y_{\varkappa\nu} - \bar{y}_\varkappa)^2 = S_{yy} - \sum_\varkappa \bar{y}_\varkappa^2 \, n_\varkappa = 0,0169$$

zu

$$(18.7.14) \qquad Q = \frac{Q_1/(k-2)}{Q_2/(n-k)} = 1,16 .$$

Die Prüfgröße Q ist kleiner als der Schwellenwert $F_{1-\alpha}$. Der gewählte Ansatz für den Zusammenhang zwischen mittlerer Zugfestigkeit und Erhärtungszeit ist danach statthaft.

Vertrauensbereiche für β_0 und a .

Zur Sicherheit $S = 1-\beta = 95\%$ gehört der t-Faktor $t_{n-2;97,5\%} = t_{19;97,5\%} = 2,09$. Die noch in die Ungleichung (18.4.20) eingehenden Größen b_0 , s , S_{xx} und s_{xx} sind alle bekannt. Damit wird der Vertrauensbereich für β_0

$$1,580 \leqq \beta_0 \leqq 1,624 .$$

Wegen $\lg a = \beta_0$ liegt der Parameter a des Ansatzes (18.7.1) im Vertrauensbereich

$$38,0 \leqq a \leqq 42,1 .$$

Vertrauensbereiche für β_1 und c .

___

Wählt man die gleiche Sicherheit $S = 1-\alpha = 95\%$ wie bei β_0 , dann ist wie vorher $t_{n-2;97,5\%} = t_{19;97,5\%} = 2,09$. Die noch in die Ungleichung (18.4.21) eingehenden Größen b_1 , s und s_{xx} sind alle bekannt. Damit wird der Vertrauensbereich für β_1

$$- 0,547 \leqq \beta_1 \leqq - 0,449 .$$

Wegen $c \lg e = - \beta_1$ liegt der Parameter c des Ansatzes (18.7.1) im Vertrauensbereich

$$1,03 \leqq c \leqq 1,26 .$$

Vertrauensbereiche für η und ζ .

___

Diese Vertrauensbereiche sollen für $t = 1$ und $t = 28$ bzw. für $x_5 = 1$ und $x_1 = 0,036$ berechnet werden. Zunächst findet man dort die Rechenwerte für Y ,

$$Y_5 = b_0 + b_1 x_5 = 1,104 \quad \text{und} \quad Y_1 = b_0 + b_1 x_1 = 1,584 .$$

Zur Sicherheit $S = 1-\alpha = 95\%$ mit $t_{n-2;97,5\%} = t_{19;97,5\%} = 2,09$ findet man aus (18.4.27)

$$t = 1 \quad \bigg| \quad 1,068 \leqq \eta \leqq 1,140 ,$$
$$t = 28 \quad \bigg| \quad 1,563 \leqq \eta \leqq 1,605 .$$

Ueberträgt man die Bereiche mit $\lg \zeta = \eta$ auf die <u>mittlere</u> Festigkeit $\zeta \left[kp/cm^2 \right]$, so gilt wegen $\eta = \lg \zeta$

$$t = 1 \quad \bigg| \quad 11,7 \leqq \zeta \leqq 13,8 ,$$
$$t = 28 \quad \bigg| \quad 36,6 \leqq \zeta \leqq 40,3 .$$

Toleranzbereich für die Einzelwerte z der Festigkeit .

___

Es soll die einseitige untere Toleranzgrenze z_U ermittelt werden, die mit der Sicherheit $S = 1-\alpha = 95\%$ von mindestens $A = 1-\gamma = 90\%$ der Zugfestigkeitswerte z <u>überschritten</u> wird, wenn die Erhärtungszeit $t = 28$ Tage betragen hat.

Mit $u_{1-\alpha} = 1,645$, $u_{1-\gamma} = 1,282$, $n = 21$, $x = x_1 = 0,036$, $\bar{x} = 0,336$ und $s_{xx} = 2,040$ findet man aus (18.5.8b) zunächst die Wurzel $W_n = 2,210$. Damit wird der zur Abgrenzung notwendige Faktor k_T nach (18.5.8a) $k_T = 2,015$. Die untere Toleranzgrenze y_U für y wird entsprechend zu (18.5.9b) mit $Y = Y_1 = 1,584$

$$y_U = Y - k_T s = 1,518 .$$

Es sind also mit der Sicherheit 95% mindestens 90% der Meßwerte y im Bereich $y \geq y_U$ zu erwarten. Wegen $y = \lg z$ wird der entsprechende Bereich für die Festigkeitswerte z aus der Beziehung

$$y_U = \lg z_U$$

berechnet. Man findet

$$z_U = 33,0 \left[kp/cm^2 \right] .$$

Nach einer Erhärtungszeit von $t = 28$ Tagen liegen mit der Sicherheit $S = 95\%$ mindestens $A = 90\%$ der Festigkeitswerte $z \left[kp/cm^2 \right]$ über der unteren Toleranzgrenze $z_U = 33 \left[kp/cm^2 \right]$.

18.8 Einfache Regression mit einer Nebenbedingung

In manchen Fällen muß die Regressionsgerade des Modells,

$$(18.8.1) \quad \eta = \beta_0 + \beta_1 x = \eta_0 + \beta_1(x-x_0) \; ,$$

und die Schätzgerade der Rechenwerte,

$$(18.8.2) \quad Y = b_0 + b_1 x = y_0 + b_1(x-x_0) \; ,$$

durch einen vorgeschriebenen Punkt $P_0(x_0 \; ; \; \eta_0 \equiv Y_0 \equiv y_0)$ gehen. Aus "physikalischen Gründen" ist P_0 häufig der Nullpunkt, so daß $\beta_0 = 0$ und $b_0 = 0$ werden muß. Allgemein sei die Nebenbedingung für das Wertepaar $(b_0 \; ; \; b_1)$

$$(18.8.3) \quad F(b_0 \; ; \; b_1) = b_0 + b_1 x_0 - y_0 = 0 \; ,$$

wobei das Wertepaar $(x_0 \; ; \; y_0)$ gegeben ist. Bezeichnet man (wie bisher) die n_κ Meßwerte an der Stelle x_κ mit $y_{\kappa\nu}$, wobei $1 \leq \kappa \leq k$ und $1 \leq \nu \leq n_\kappa$ ist, so hat man anstelle von (18.1.7) zur Bestimmung von $(b_0 \; ; \; b_1)$ die Forderung zu erfüllen

$$(18.8.4) \quad \sum_\kappa \sum_\nu (y_{\kappa\nu} - Y_\kappa)^2 + 2 \lambda n \, F(b_0 \; ; \; b_1) = Min \; ,$$

in der die Nebenbedingung berücksichtigt wird. Der Multiplikator von Lagrange wurde in der Gestalt $(2 \lambda n)$ geschrieben, was sich als zweckmäßig erweisen wird. Differenziert man (18.8.4) partiell nach b_0 bzw. b_1 , so findet man mit $\partial Y_\kappa / \partial b_0 = 1$, $\partial Y_\kappa / \partial b_1 = x_\kappa$ und $\sum_\nu y_{\kappa\nu} = n_\kappa \bar{y}_\kappa$ die beiden Gleichungen

$$(18.8.5) \quad \sum_\kappa (\bar{y}_\kappa - Y_\kappa) \, n_\kappa - \lambda n = 0$$

bzw.

$$(18.8.6) \qquad \sum_{\kappa} (\bar{y}_{\kappa} - Y_{\kappa})\, n_{\kappa} x_{\kappa} - \lambda\, n\, x_0 = 0 \; .$$

Multipliziert man die erste Gleichung mit x_0 und subtrahiert sie von der zweiten, so fällt der Multiplikator λ heraus. Es bleibt

$$(18.8.7) \qquad \sum_{\kappa} (\bar{y}_{\kappa} - Y_{\kappa})(x_{\kappa} - x_0)\, n_{\kappa} = 0$$

oder mit (18.8.2) ausführlich aufgeschrieben und geordnet

$$(18.8.8) \qquad b_0 \sum_{\kappa} n_{\kappa}(x_{\kappa} - x_0) + b_1 \sum_{\kappa} n_{\kappa}(x_{\kappa} - x_0) x_{\kappa} = \sum_{\kappa} n_{\kappa}(x_{\kappa} - x_0)\, \bar{y}_{\kappa} \; .$$

Mit der Nebenbedingung

$$(18.8.9) \qquad b_0 + b_1 x_0 = y_0$$

hat man insgesamt zwei lineare Gleichungen, aus denen man b_0 eliminiert und den Anstieg b_1 berechnet zu

$$(18.8.10) \qquad b_1 = \frac{\sum_{\kappa} n_{\kappa}(x_{\kappa} - x_0)(\bar{y}_{\kappa} - y_0)}{\sum_{\kappa} n_{\kappa}(x_{\kappa} - x_0)^2} \equiv \frac{s_{xy}^{(0)}}{s_{xx}^{(0)}} \; .$$

b_0 folgt dann aus (18.8.9) ,

$$(18.8.11) \qquad b_0 = y_0 - b_1 x_0 \; .$$

Vergleicht man diese Ergebnisse mit (18.2.7) ,

$$(18.8.12) \qquad b_1 = \frac{\sum_{\kappa} n_{\kappa}(x_{\kappa} - \bar{x})(\bar{y}_{\kappa} - \bar{y})}{\sum_{\kappa} n_{\kappa}(x_{\kappa} - \bar{x})^2} = \frac{s_{xy}}{s_{xx}} \quad \text{und} \quad b_0 = \bar{y} - b_1 \bar{x} \; ,$$

so ist ersichtlich, daß die früher bezüglich des Schwerpunktes $(\bar{x}\,;\bar{y})$ berechneten (reinen und gemischten) Ausdrücke zweiter Ordnung s_{xx} und s_{xy} jetzt auf den <u>vorgegebenen Punkt</u> $(x_0\,;y_0)$ <u>bezogen</u> werden müssen, worauf der hochgestellte Index (0) in (18.8.10) hinweisen soll.

Die Regressionsgerade geht durch den Punkt $P_0(x_0\,;y_0)$ mit dem Anstieg b_1 aus Gleichung (18.8.10) ,

$$(18.8.13) \qquad Y = y_0 + b_1(x - x_0) \; .$$

Wird an der Stelle x_{κ} nur <u>eine</u> Beobachtung y_{κ} gemacht, $n_{\kappa} = 1$, so ist $\bar{y}_{\kappa} = y_{\kappa}$.

Setzt man $Y_{\kappa} = y_0 + b_1(x_{\kappa} - x_0)$ in (18.8.5) ein, so findet man mit

$$\sum_{\kappa} n_{\kappa} x_{\kappa} = n\, \bar{x} \qquad \text{und} \qquad \sum_{\kappa} n_{\kappa} \bar{y}_{\kappa} = n\, \bar{y}$$

für den Multiplikator λ die Beziehung

$$(18.8.14) \qquad \lambda = (\bar{y} - y_0) - b_1(\bar{x} - x_0) = \bar{y} - Y(\bar{x}) \ .$$

λ entsteht demnach dadurch, daß man die Koordinaten $(\bar{x}; \bar{y})$ des Schwerpunkts der Meßreihe auf der linken Seite der Regressionsgleichung

$$(18.8.15) \qquad Y - y_0 - b_1(x - x_0) = 0$$

einsetzt. Infolgedessen ist λ gleich dem in der y-Richtung gemessenen Abstand des Schwerpunktes $(\bar{x}; \bar{y})$ von der Regressionsgeraden (18.8.15). Ohne Nebenbedingung geht die Regressionsgerade durch den Schwerpunkt $(\bar{x}; \bar{y})$ und λ verschwindet.

Die Zerlegung der S. d. q. A.

Als Bezugspunkt für die S.d.q.A. insgesamt, $s_{yy}^{(0)}$, wählt man den fest vorgegebenen Punkt $(x_0 ; y_0)$. Es wird demnach die <u>S.d.q.A. insgesamt</u>

$$(18.8.16) \qquad s_{yy}^{(0)} = \sum_{\kappa} \sum_{\nu} (y_{\kappa\nu} - y_0)^2 \ ;$$

$s_{yy}^{(0)}$ ist mit n Freiheitsgraden ausgestattet, da keine einschränkende Bedingung zwischen den $(y_{\kappa\nu} - y_0)$ besteht. Zerlegt man die Abweichung $(y_{\kappa\nu} - y_0)$ des Meßwerts $y_{\kappa\nu}$ vom Bezugswert y_0 nach der Gleichung

$$y_{\kappa\nu} - y_0 = (y_{\kappa\nu} - Y_\kappa) + (Y_\kappa - y_0) \ ,$$

so wird

$$(18.8.17) \qquad s_{yy}^{(0)} = \sum_{\kappa} \sum_{\nu} (y_{\kappa\nu} - Y_\kappa)^2 + \sum_{\kappa} (Y_\kappa - y_0)^2 \, n_\kappa \ ,$$

da die Doppelsumme über die "gemischten" Produkte $(y_{\kappa\nu} - Y_\kappa)(Y_\kappa - y_0)$ verschwindet. Es gilt nämlich mit (18.8.13)

$$\sum_{\kappa} \sum_{\nu} (y_{\kappa\nu} - Y_\kappa)(Y_\kappa - y_0) = b_1 \sum_{\kappa} \sum_{\nu} (y_{\kappa\nu} - Y_\kappa)(x_\kappa - x_0)$$

$$= b_1 \sum_{\kappa} (\bar{y}_\kappa - Y_\kappa)(x_\kappa - x_0) \, n_\kappa = 0 \ ,$$

wie aus (18.8.7) hervorgeht.

Die erste Teilsumme der rechten Seite in (18.8.17),

$$(18.8.18) \qquad s_{ee}^{(0)} = \sum_{\kappa} \sum_{\nu} (y_{\kappa\nu} - Y_\kappa)^2 \ ,$$

ist die <u>S.d.q.A. der Meßwerte $y_{\kappa\nu}$ bezüglich der geschätzten Regressionsgeraden</u> $Y = y_0 + b_1(x - x_0)$. Für die Abweichungen $(y_{\kappa\nu} - Y_\kappa) = e_{\kappa\nu}$ besteht _eine_ einschränkende Bedingung, nämlich die oben bereits hergeleitete Beziehung

$$\sum_{\kappa} \sum_{\nu} (y_{\kappa\nu} - Y_{\kappa})(x_{\kappa} - x_0) = \sum_{\kappa} (\bar{y}_{\kappa} - Y_{\kappa})(x_{\kappa} - x_0)\, n_{\kappa} = 0 \ .$$

Damit wird die Zahl der Freiheitsgrade für $s_{ee}^{(0)}$ gleich $(n-1)$. Die Varianz der Meßwerte $y_{\kappa\nu}$ um die Regressionsgerade ist demnach

$$(18.8.19) \qquad s^2 \equiv s_e^2 = \frac{1}{n-1} \sum_{\kappa} \sum_{\nu} (y_{\kappa\nu} - Y_{\kappa})^2 \ ; $$

$s^2 \equiv s_e^2$ schätzt die Versuchsvarianz $\sigma^2 \equiv \sigma_\epsilon^2$ mit $(n-1)$ Freiheitsgraden.

Die zweite Teilsumme in $(18.8.17)$ wird mit $(18.8.13)$

$$(18.8.20) \qquad s_{YY}^{(0)} = \sum_{\kappa} (Y_{\kappa} - y_0)^2\, n_{\kappa} = b_1^2 \sum_{\kappa} (x - x_0)^2\, n_{\kappa} = b_1^2\, s_{xx}^{(0)} \ .$$

Sie hat bei gegebenem $s_{xx}^{(0)}$ genau einen Freiheitsgrad.

Mit $(18.8.18)$ und $(18.8.20)$ lautet die _Zerlegungsgleichung_ $(18.8.17)$

$$(18.8.21) \qquad s_{yy}^{(0)} = s_{ee}^{(0)} + s_{YY}^{(0)} \ .$$

Die S.d.q.A. insgesamt $s_{yy}^{(0)}$ besteht auch bei Einhaltung einer Nebenbedingung aus zwei Anteilen: der S.d.q.A. $s_{ee}^{(0)}$ der Meßwerte $y_{\kappa\nu}$ um die Rechenwerte Y_{κ} und der S.d.q.A. $s_{YY}^{(0)}$ der Rechenwerte Y_{κ} um den vorgeschriebenen Wert y_0 . Der Anteil $s_{YY}^{(0)}$ wird nach $(18.8.20)$ durch den linearen Zusammenhang zwischen der Einflußgröße x und der Zielgröße Y erklärt. Aus dem "nicht erklärten" Rest $s_{ee}^{(0)}$ schätzt man die Versuchsvarianz σ_ϵ^2 nach Gleichung $(18.8.19)$.

Das Bestimmtheitsmaß.

Das Bestimmtheitsmaß wird (ähnlich wie früher) durch

$$(18.8.22) \qquad \hat{B}_L = \frac{s_{YY}^{(0)}}{s_{yy}^{(0)}}$$

erklärt. Mit $(18.8.20)$ und $(18.8.10)$ gilt

$$(18.8.23) \qquad \hat{B}_L = \frac{b_1^2\, s_{xx}^{(0)}}{s_{yy}^{(0)}} = \frac{\left[s_{xy}^{(0)}\right]^2}{s_{xx}^{(0)}\, s_{yy}^{(0)}} \ .$$

Rein formal stimmt die früher gegebene Lösung ohne Nebenbedingung mit der jetzt geltenden Lösung überein, wenn man die Momente nicht auf den Schwerpunkt $(\bar{x}; \bar{y})$ der Meßreihe, sondern auf den Festpunkt $(x_0; y_0)$ bezieht.

Wenn der Festpunkt $(x_0 \; ; y_0)$, z.B. der Nullpunkt $(x_0 = 0 \; ; y_0 = 0)$, weit ab vom Versuchsbereich $x_1 \leqq x \leqq x_k$ der x-Werte liegt, wie es in Abb. 18.8.1 angedeutet ist, so wird der praktische Wert des Bestimmtheitsmaßes

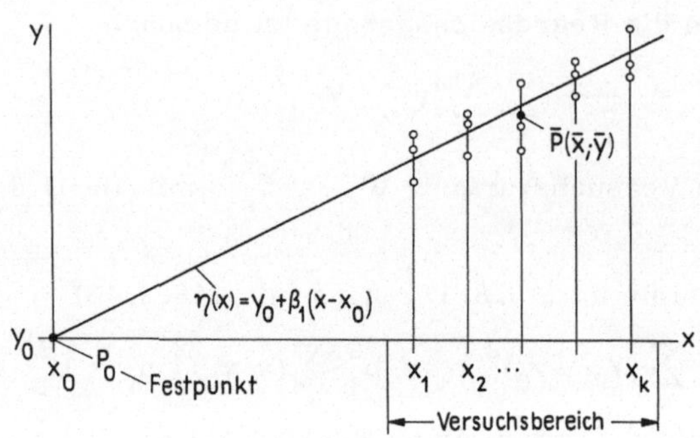

Abb. 18.8.1. Zur Deutung des Bestimmtheitsmaßes $\hat{B}_L$ in einem Sonderfall.

fragwürdig. In dem Falle ist

$$s_{xx} = \sum_{\varkappa} (x_{\varkappa}-x)^2 \, n_{\varkappa} \quad \ll n(\bar{x} - x_0)^2 \; ,$$

$$s_{yy} = \sum_{\varkappa} \sum_{\nu} (y_{\varkappa\nu}-\bar{y})^2 \quad \ll n(\bar{y} - y_0)^2 \; ,$$

$$s_{xy} = \sum_{\varkappa} (x_{\varkappa}-\bar{x})(\bar{y}_{\varkappa} -\bar{y}) \, n_{\varkappa} \ll n(\bar{x} - x_0)(\bar{y} - y_0) \; .$$

Nach dem Verschiebungssatz gilt

$$s_{xx}^{(0)} = s_{xx} + n(\bar{x} - x_0)^2 \; ,$$

$$s_{yy}^{(0)} = s_{yy} + n(\bar{y} - y_0)^2 \; ,$$

$$s_{xy}^{(0)} = s_{xy} + n(\bar{x} - x_0)(\bar{y} - y_0) \; .$$

Man setzt

$$s_{xx}^{(0)} = n(\bar{x} - x_0)^2 \left[1 + \alpha \right] \; ,$$

$$s_{yy}^{(0)} = n(\bar{y} - y_0)^2 \left[1 + \beta \right] \; ,$$

$$s_{xy}^{(0)} = n(\bar{x} - x_0)(\bar{y} - y_0) \left[1 + \gamma \right] \; ,$$

wobei in dem genannten Sonderfall

$$\alpha = \frac{s_{xx}}{n(\overline{x} - x_0)^2} \ll 1$$

ist. Das gleiche gilt für β und γ. Das Bestimmtheitsmaß $\hat{B}_L$ aus (18.8.23) wird damit

$$(18.8.24) \quad \hat{B}_L = \frac{(1+\gamma)^2}{(1+\alpha)(1+\beta)} \approx \frac{1+2\gamma}{1+\alpha+\beta} \ .$$

Da mit wachsenden Abständen $\left|\overline{x} - x_0\right|$ und $\left|\overline{y} - y_0\right|$ die Hilfsgrößen α, β und γ beliebig klein werden, so liegt $\hat{B}_L$ beliebig nahe an 1, ohne daß sich die Zielgröße y bei gegebenem x des Versuchsbereichs $x_1 \leqq x \leqq x_k$ mit Hilfe der Regressionsgleichung "genau" bestimmen lassen muß. Deshalb ist es sinnvoller, in dem genannten Sonderfall die "Güte" der empirischen Regressionsgeraden durch die Varianz $V\{b_1\}$ ihres Anstiegs b_1 und die Versuchsvarianz σ_ϵ^2 bzw. deren Schätzwerte zu beurteilen und auf die Berechnung von $\hat{B}_L$ zu verzichten.

Der Sonderfall symmetrisch liegender Meßstellen.

Der Anstieg $b_1 \equiv b_1^{(0)}$ der Regressionsgeraden durch $P_0(x_0 ; y_0)$ läßt sich mit Hilfe von

$$s_{xy}^{(0)} = s_{xy} + n(x_0 - \overline{x})(y_0 - \overline{y})$$

und

$$s_{xx}^{(0)} = s_{xx} + n(x_0 - \overline{x})^2$$

umgestalten zu

$$(18.8.25) \quad b_1^{(0)} = \frac{s_{xy} + n(x_0 - \overline{x})(y_0 - \overline{y})}{s_{xx} + n(x_0 - \overline{x})^2} \ .$$

Sind die k Meßstellen $x_\varkappa$ symmetrisch zu x_0 verteilt, wie es in Abb. 18.8.2 dargestellt ist, und ist $n_\varkappa = \text{konst} = n/k = n_0$, dann wird der

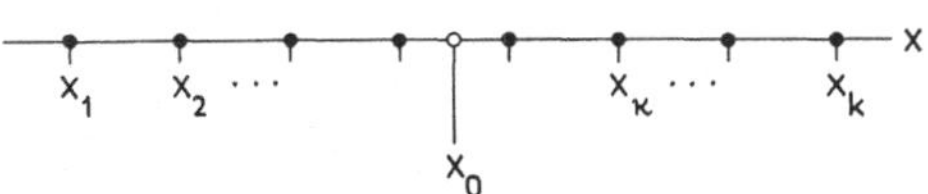

Abb. 18.8.2. Die k Meßstellen $x_\varkappa$ sind symmetrisch um x_0 verteilt. Es gilt $\overline{x} = x_0$.

Mittelwert $\bar{x}$ der Meßstellen

$$(18.8.26) \quad \bar{x} = \frac{1}{n} \sum_{\varkappa} x_{\varkappa} n_{\varkappa} = \frac{1}{k} \sum_{\varkappa} x_{\varkappa} = x_0 \; .$$

In diesem Sonderfall gilt demnach

$$(18.8.27) \quad b_1^{(0)} = \frac{s_{xy}}{s_{xx}} = b_1 \; .$$

Die Anstiegswerte der Regressionsgeraden b_1 ohne Nebenbedingung und $b_1^{(0)}$ mit Nebenbedingung stimmen überein, wenn die k Meßstellen $x_{\varkappa}$ symmetrisch zum vorgeschriebenen Wert $x = x_0$ gewählt werden und $n_{\varkappa}$ = konst $= n_0$ ist.

Im allgemeinen Falle ersetzt man $(y_0 - \bar{y})$ gemäß $(18.8.14)$ durch

$$y_0 - \bar{y} = b_1^{(0)} (x_0 - \bar{x}) - \lambda \; .$$

Dann findet man aus $(18.8.25)$

$$\left[s_{xx} + n(x_0 - \bar{x})^2 \right] b_1^{(0)} = s_{xy} + n(x_0 - \bar{x})^2 \, b_1^{(0)} - \lambda \, n(x_0 - \bar{x})$$

oder

$$(18.8.28) \quad b_1^{(0)} = \frac{s_{xy} - \lambda \, n(x_0 - \bar{x})}{s_{xx}} = b_1 - \frac{\lambda \, n(x_0 - \bar{x})}{s_{xx}} \; .$$

Die gemeinsame Verteilung von $(b_1 \; ; \; s^2)$.

Aehnlich wie im Abschnitt 18.3 ist es auch jetzt zweckmäßiger, die Regressionsgeraden nicht durch die Parameter $(\beta_0 \; ; \; \beta_1)$ bzw. $(b_0 \; ; \; b_1)$, sondern durch "Festpunkt und Richtung", also durch $(P_0 \; ; \; \beta_1)$ bzw. $(P_0 \; ; \; b_1)$ zu kennzeichnen. Bei einer Wiederholung des Versuchs wählt man für die Einflußgröße x die gleichen Meßstellen $x_{\varkappa}$ wie bisher. Infolgedessen haben die nur von x abhängigen Hilfsgrößen S_{xx} , s_{xx} und $s_{xx}^{(0)}$ feste nicht veränderliche Werte. Die Modell-Gerade hat mit $y_0 \equiv \eta_0$ die Gleichung

$$(18.8.29) \quad \eta = \eta_0 + \beta_1 (x - x_0) \; ,$$

wobei η_0 durch

$$(18.8.30) \quad \eta_0 = \beta_0 + \beta_1 x_0$$

erklärt ist. Die Schätzgerade $Y(x)$ ist

$$(18.8.31) \quad Y = \eta_0 + b_1 (x - x_0) \; .$$

Der Meßwert $y_{\varkappa\nu}$ hat nach der Modellvorstellung die Gestalt

(18.8.32) $y_{\kappa\nu} = \eta_0 + \beta_1(x_\kappa - x_0) + \epsilon_{\kappa\nu}$.

Dabei ist unabhängig von x bzw. κ

(18.8.33) $M\{\epsilon_{\kappa\nu}\} = 0$; $V\{\epsilon_{\kappa\nu}\} = \sigma_\epsilon^2 \equiv \sigma^2$,

und bei festem $x = x_\kappa$

(18.8.34) $M\{y_{\kappa\nu}\} = \eta_0 + \beta_1(x_\kappa - x_0) = \eta_\kappa$.

Die Wahrscheinlichkeit $d\Phi_{\kappa\nu}$ für den Meßwert $y_{\kappa\nu}$ wird entsprechend zu
(18.3.5)

$$(18.8.35)\quad d\Phi\{y_{\kappa\nu}\} = \frac{1}{\sqrt{2\pi}\,\sigma}\ e^{-[\ ]/(2\sigma^2)}\ dy_{\kappa\nu} = d\Phi_{\kappa\nu}\ ,$$

wobei die eckige Klammer im Exponenten durch

$$[\ ] = \left[y_{\kappa\nu} - \eta_0 - \beta_1(x_\kappa - x_0)\right]^2$$

erklärt ist. Die Wahrscheinlichkeit für die beobachtete Gesamtprobe der
$y_{\kappa\nu}$ mit $1 \leq \kappa \leq k$ und $1 \leq \nu \leq n_\kappa$ ist das Produkt aller Einzelwerte $d\Phi_{\kappa\nu}$,
also

$$(18.8.36)\quad \prod_{\kappa;\nu} d\Phi_{\kappa\nu} = \frac{1}{(\sqrt{2\pi}\,\sigma)^n}\ e^{-[\ ]/(2\sigma^2)}\ \prod_{\kappa;\nu} dy_{\kappa\nu}$$

mit

$$[\ ] = \sum_\kappa \sum_\nu \left[(y_{\kappa\nu} - \eta_0) - \beta_1(x_\kappa - x_0)\right]^2\ .$$

Hinter dem Summenzeichen wird umgestaltet zu

$$(y_{\kappa\nu} - Y_\kappa) + (Y_\kappa - \eta_0) - \beta_1(x_\kappa - x_0)\ .$$

Mit (18.8.31) wird daraus

$$(y_{\kappa\nu} - Y_\kappa) + (x_\kappa - x_0)(b_1 - \beta_1)\ .$$

Durch Quadrieren findet man für die eckige Klammer $[\ ]$ in (18.8.36)

$$[\ ] = \sum_\kappa \sum_\nu (y_{\kappa\nu} - Y_\kappa)^2 + \sum_\kappa (x_\kappa - x_0)^2 (b_1 - \beta_1)^2\, n_\kappa\ ,$$

denn die Summe über die gemischten Produkte verschwindet,

$$\sum_\kappa \sum_\nu (y_{\kappa\nu} - Y_\kappa)(x_\kappa - x_0) = 0\ ,$$

wie aus (18.8.7) hervorgeht. Mit (18.8.19) wird schließlich

$$(18.8.37)\quad [\ ] = (n-1)\,s^2 + (b_1 - \beta_1)^2\, s_{xx}^{(0)}\ .$$

Setzt man $\begin{bmatrix} \ \end{bmatrix}$ in (18.8.36) ein, so findet man die Wahrscheinlichkeit für die Gesamtprobe in der Gestalt

$$\prod_{\kappa;\nu} d\Phi_{\kappa\nu} = \frac{1}{(\sqrt{2\pi}\,\sigma)^n} \prod_{\kappa;\nu} dy_{\kappa\nu} \quad \text{mal}$$

(18.8.38)

$$\text{mal}\ \ e^{-(b_1 - \beta_1)^2\,s_{xx}^{(0)}/(2\,\sigma^2)}\ \ e^{-(n-1)\,s^2/(2\,\sigma^2)}$$

Vergleicht man die letzte Gleichung mit (18.3.10) , so ist ersichtlich s_{xx} durch $s_{xx}^{(0)}$ zu ersetzen und s^2 hat anstelle von (n-2) jetzt (n-1) Freiheitsgrade. Die weitere Rechnung verläuft ähnlich wie im Abschnitt 18.3 . Man findet: Die Verteilungen der Stichprobenparameter (b_1 ; s^2) sind unabhängig voneinander. Die Zufallsgröße

(18.8.39)
$$\frac{(b_1 - \beta_1)\sqrt{s_{xx}^{(0)}}}{\sigma} = u$$

ist standardisiert normal. Infolgedessen ist auch b_1 normal verteilt mit

(18.8.40)
$$M\{b_1\} = \beta_1 \quad \text{und} \quad V\{b_1\} = \frac{\sigma^2}{s_{xx}^{(0)}} \ .$$

Die Größe $(n-1)s^2/\sigma^2$ genügt einer χ^2-Verteilung mit (n-1) Freiheitsgraden,

(18.8.41)
$$\frac{(n-1)\,s^2}{\sigma^2} = \chi^2_{n-1} \ .$$

Die Testverfahren des Abschnitts 18.4 ändern sich nur wenig.

(a) Die Hypothese eines linearen Zusammenhanges zwischen y und x .

Abweichend von damals gilt jetzt

(18.8.42)
$$M\{Q_1\} = (k-1)\,\sigma^2 \ .$$

Infolgedessen genügt der Quotient

(18.8.43)
$$Q = \frac{Q_1/(k-1)}{Q_2/(n-k)} = F(k-1 \ ; \ n-k)$$

jetzt einer F-Verteilung mit f_1 = k-1 und f_2 = n-k Freiheitsgraden. Alle anderen Ueberlegungen bleiben ungeändert.

(b) Test der Hypothese $\beta_1 = \beta_1^*$.

In (18.4.12) ist die Hilfsgröße s_{xx} durch $s_{xx}^{(0)}$ zu ersetzen, und die Zahl f der Freiheitsgrade für t ist nicht (n-2) , sondern f = n-1 .

(c) Vergleich zweier Regressionskoeffizienten (Anstiegsmaße) β_1 und β_2

zweier Regressionsgeraden.

In (18.4.16) sind die Hilfsgrößen $s_{xx}^{(1)}$ und $s_{xx}^{(2)}$ durch die auf x_0 bezogenen Werte $\left[s_{xx}^{(0)}\right]^{(1)}$ und $\left[s_{xx}^{(0)}\right]^{(2)}$ der zwei Proben zu ersetzen. Ferner sind die Freiheitsgrade der beiden Versuchsvarianzen s_1^2 und s_2^2 nicht (n_1-2) und (n_2-2) , sondern (n_1-1) und (n_2-1) . Damit wird die Zahl f der Freiheitsgrade für t in (18.4.18) nicht $(n_1 + n_2 - 4)$, sondern $f = n_1 + n_2 - 2$.

(d) Vertrauensbereiche für die Modellparameter.

In (18.4.21) hat man s_{xx} durch $s_{xx}^{(0)}$ und $f = n-2$ durch $f = n-1$ zu ersetzen.

Anstelle von (18.4.22) wird die Gleichung für den Vertrauensbereich der Versuchsvarianz

$$(18.8.44) \qquad \frac{(n-1)s^2}{\chi^2_{f;1-(\beta/2)}} \le \sigma^2 \le \frac{(n-1)s^2}{\chi^2_{f;(\beta/2)}} \qquad \text{mit} \quad f = n-1 \ .$$

Der Zufallsstreifen für die Rechenwerte Y .

Aus

$$Y = y_0 + b_1(x - x_0)$$

folgt der Mittelwert $M\{Y\}$ der Rechenwerte Y bei festem $x = \text{konst}$ mit (18.8.29) zu

$$(18.8.45) \qquad M\{Y\} = y_0 + \beta_1(x - x_0) = \eta \ .$$

Die Varianz $V\{Y\}$ wird mit (18.8.40)

$$(18.8.46) \qquad \underset{x=\text{konst}}{V\{Y\}} = (x - x_0)^2 \, V\{b_1\} = \frac{(x - x_0)^2}{s_{xx}^{(0)}} \, \sigma^2 \ .$$

Bei bekannter Varianz σ^2 hat demnach der Zufallsstreifen für die Rechenwerte Y zur Sicherheit $S = 1-\alpha$ die Gestalt

$$(18.8.47) \qquad \eta \pm u_{1-(\alpha/2)} \, \frac{|x - x_0|}{\sqrt{s_{xx}^{(0)}}} \, \sigma \ .$$

Bei $x = x_0$ ist die schmalste Stelle $\eta = \eta_0 \pm 0$. Mit wachsendem Abstand $|x - x_0|$ vom vorgeschriebenen x-Wert x_0 wird der Streifen breiter. Die Aussage gilt nur für die x-Werte des untersuchten Bereichs $x_1 \le x \le x_k$.

Der Vertrauensbereich für $\eta(x)$.

Nach (18.8.45) und (18.8.46) ist für $x \neq x_0$

$$(18.8.48) \qquad \frac{Y - \eta}{\sigma_Y} = \frac{Y - \eta}{\sigma} \; \frac{\sqrt{s_{xx}^{(0)}}}{|x-x_0|} = u$$

standardisiert normal ;

$$(18.8.49) \qquad \frac{Y - \eta}{s} \; \frac{\sqrt{s_{xx}^{(0)}}}{|x-x_0|} = t_f \; ; \; x \neq x_0 \; ;$$

genügt einer t-Verteilung mit $f = n-1$ Freiheitsgraden. Damit findet man den <u>Vertrauensbereich</u> für $\eta = M\{Y\}$ zur Sicherheit $S = 1-\alpha$ bei beobachteter Regressionsgerade $Y(x)$ und beobachteter Versuchsvarianz s^2 zu

$$(18.8.50) \qquad Y - t_{f;1-(\alpha/2)} \; s \; \frac{|x - x_0|}{\sqrt{s_{xx}^{(0)}}} \le \eta \le Y + t_{f;1-(\alpha/2)} \; s \; \frac{|x - x_0|}{\sqrt{s_{xx}^{(0)}}}$$

mit $f = n-1$ und $Y = y_0 + b_1(x-x_0)$. Wieder liegt die schmalste Stelle $Y \pm 0 = \eta_0$ des Bereichs bei $x = x_0$.

In Abb. 18.8.3 sind die Grenzgeraden $g_U(x)$ und $g_O(x)$ des Vertrauensbereichs für η nach Gleichung (18.8.50) dargestellt. Mit der Sicherheit

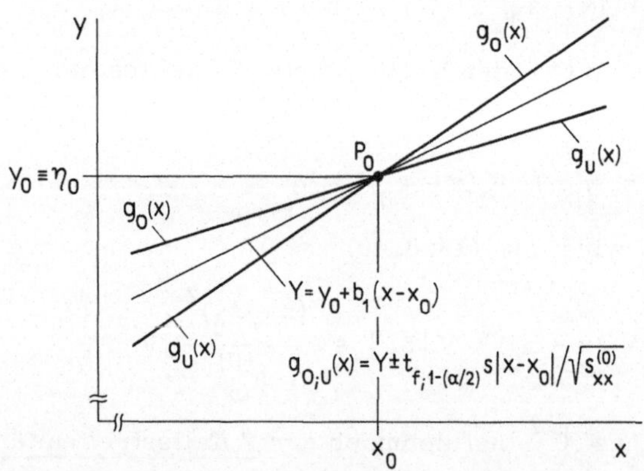

Abb. 18.8.3. Der Vertrauensbereich $g_U(x) \le \eta \le g_O(x)$
für die Regressionswerte $\eta(x) = \eta_0 + \beta_1(x - x_0)$.

$S = 1-\alpha$ liegt der unbekannte wahre Regressionswert $\eta(x) = \eta_0 + \beta_1(x - x_0)$ bei vorgegebenem x in diesem Bereich.

Der Multiplikator λ .

Nach (18.8.14) ist $\lambda = \bar{y} - Y(\bar{x})$. Der Schwerpunkt $(\bar{x};\bar{y})$ der Meßreihe hat von der Regressionsgeraden $Y(x)$ den (in der y-Richtung gemessenen) Abstand λ . Im folgenden werden Mittelwert und Varianz von λ berechnet.

Die Summe S_e der Abweichungen zwischen den Meßwerten $y_{\kappa\nu}$ und den Rechenwerten Y_κ wird

$$S_e = \sum_\kappa \sum_\nu (y_{\kappa\nu} - Y_\kappa) = \sum_\kappa \sum_\nu \left[y_{\kappa\nu} - y_0 - b_1(x_\kappa - x_0) \right]$$

oder

$$(18.8.51) \quad S_e = n\left[\bar{y} - y_0 - b_1(\bar{x} - x_0) \right] .$$

Mit (18.8.14) findet man als mittlere Abweichung

$$(18.8.52) \quad S_e/n = \lambda .$$

Wenn die Nebenbedingung (18.8.3) eingehalten werden muß, dann verschwindet die Summe S_e der Abweichungen $e_{\kappa\nu} = y_{\kappa\nu} - Y_\kappa$ <u>nicht</u>. Die mittlere Abweichung S_e/n ist gleich dem Multiplikator λ . Bei Wiederholung der Versuchsreihe ist $\lambda = S_e/n$ eine Zufallsgröße. Zur Bestimmung von Mittelwert $M\{\lambda\}$ und Varianz $V\{\lambda\}$ geht man vom Ansatz für die Meßwerte $y_{\kappa\nu}$ aus,

$$y_{\kappa\nu} = y_0 + \beta_1(x_\kappa - x_0) + \epsilon_{\kappa\nu} .$$

Daraus folgt für $\bar{y} = \sum_\kappa \sum_\nu y_{\kappa\nu}/n$ leicht

$$\bar{y} = y_0 + \beta_1(\bar{x} - x_0) + \bar{\epsilon} ,$$

wobei

$$\bar{\epsilon} = \sum_\kappa \sum_\nu \epsilon_{\kappa\nu}/n \quad \text{und} \quad V\{\bar{\epsilon}\} = \sigma^2/n$$

ist. Weiter gilt

$$M\{\bar{y}\} = y_0 + \beta_1(\bar{x} - x_0) \quad \text{und} \quad V\{\bar{y}\} = \sigma^2/n .$$

Aus (18.8.51) und (18.8.52) folgt damit

$$M\{S_e/n\} = M\{\lambda\} = \left[y_0 + \beta_1(\bar{x} - x_0) \right] - y_0 - (\bar{x} - x_0) M\{b_1\}$$

oder wegen $M\{b_1\} = \beta_1$

$$(18.8.53) \quad M\{\lambda\} = 0 .$$

Die Varianz wird

$$V\{S_e/n\} = V\{\lambda\} = \frac{\sigma^2}{n} + (\bar{x} - x_0)^2 \, V\{b_1\}$$

oder wegen $V\{b_1\} = \sigma^2/s_{xx}^{(0)}$

$$(18.8.54) \quad V\{\lambda\} = \sigma^2 \left[\frac{1}{n} + \frac{(\bar{x} - x_0)^2}{s_{xx}^{(0)}} \right] .$$

Sind die k Meßstellen x_κ gemäß Abb. 18.8.2 symmetrisch um x_0 verteilt, und ist n_κ = konst = n/k = n_0 , so gilt wegen $x_0 = \bar{x}$ einfach

$$(18.8.55) \quad V\{\lambda\} = \frac{\sigma^2}{n} .$$

Der Festpunkt $P_0(x_0 ; y_0)$ und der Schwerpunkt $\bar{P}(\bar{x} = x_0 ; \bar{y})$ der Meßreihe haben wegen $M\{\lambda\}$ = 0 und $V\{\lambda\}$ = σ^2/n einen im Vergleich zu σ nur "kleinen" Abstand λ voneinander. Die Regressionsgerade Y(x) geht "dicht" am Schwerpunkt $\bar{P}$ der Meßreihe vorbei. Das gilt nicht nur im Sonderfall (18.5.55) , sondern auch allgemein, denn mit $s_{xx}^{(0)} = s_{xx} + n(\bar{x}-x_0)^2$ wird in (18.8.54)

$$\frac{(\bar{x}-x_0)^2}{s_{xx} + n(\bar{x}-x_0)^2} = \frac{1}{n} \frac{(\bar{x}-x_0)^2}{(\bar{x}-x_0)^2 + (s_{xx}/n)} < \frac{1}{n}$$

und damit

$$(18.8.56) \quad V\{\lambda\} < \frac{2\sigma^2}{n} .$$

18.9 Lineare Regression (bei zwei Veränderlichen) mit veränderlicher Versuchsvarianz

Bisher wurde bei der Berechnung von Regressionsgeraden vorausgesetzt, daß die "Versuchsvarianz" der normal verteilten Zufallsfehler ϵ unabhängig von x den festen Wert $\sigma_\epsilon^2 = \sigma^2$ = konst hat, wie es in Abb. 18.1.1 dargestellt ist. Im folgenden wird die Modellvorstellung auf den Fall ausgedehnt, daß die Versuchsvarianz σ^2 der —nach wie vor normal verteilten— Meßfehler ϵ von der Meßstelle x abhängt. Nach Abb. 18.9.1 ist jetzt

$$(18.9.1) \quad \sigma^2 = \sigma_0^2 \left[h^2(x)/h_0^2 \right] ;$$

$h^2(x)/h_0^2$ ist ein bekannter von x abhängiger (dimensionsloser positiver) Faktor; h_0^2 ist ein geeigneter Mittelwert der $h^2(x_\kappa)$ an den k Meßstellen x_κ, der später berechnet wird, und σ_0^2 hat einen festen Zahlenwert mit der Dimension $\left[\sigma_0^2 \right] = \left[\sigma_0 \right]^2 = \left[y \right]^2$. Für h(x) $\equiv$ h_0 geht das verallgemeinerte

Modell in das frühere über. Wichtig ist der Sonderfall, bei dem die Standardabweichung σ der Versuchsfehler linear mit x wächst,

$$(18.9.2) \qquad \frac{\sigma}{x} = \frac{\sigma_0}{x_0} = \text{konst}$$

oder

$$(18.9.3) \qquad \sigma^2 = \sigma_0^2 (x/x_0)^2 \ .$$

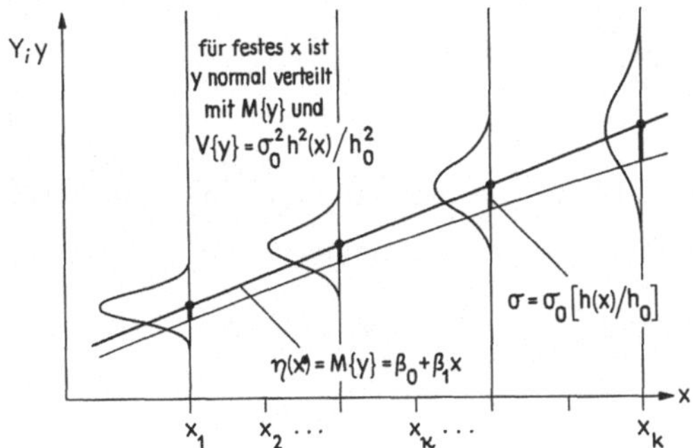

Abb. 18.9.1. Das lineare Regressionsmodell mit
veränderlicher Versuchsvarianz.

Die theoretische Regressionsgerade lautet (wie bisher)

$$(18.9.4) \qquad M\{y(x)\} = \eta(x) = \beta_0 + \beta_1 x \ .$$

Der Ansatz für den Meßwert y ist

$$(18.9.5) \qquad y(x) = \eta(x) + \epsilon = \beta_0 + \beta_1 x + \epsilon \ ,$$

wobei der Versuchsfehler ϵ den Mittelwert $M\{\epsilon\} = 0$ und die von x abhängige Varianz (18.9.1) hat.

Die Schätzwerte $(b_0' ; b_1')$ für $(\beta_0 ; \beta_1)$ findet man, indem man die
S.d.g.q.A. (Summe der <u>gewichteten</u> quadrierten Abweichungen) zwischen
den Beobachtungen $y_{\kappa\nu}$ und den Rechenwerten Y_κ' zu einem Minimum macht,
wobei der quadrierten Abweichung $(y_{\kappa\nu} - Y_\kappa')^2$ an der Stelle x_κ das "Gewicht"
g_κ zugeordnet wird. Es ist

$$(18.9.6) \qquad g_\kappa = \frac{\sigma_0^2}{\sigma_\kappa^2} = \frac{h_0^2}{h^2(x_\kappa)} = \left(\frac{h_0}{h_\kappa}\right)^2 \ .$$

Die noch offene Konstante h_0^2 wird so bestimmt, daß die Summe $\sum_\kappa \sum_\nu g_\kappa$
aller n Gewichte gleich der Versuchszahl $n = \sum_{\kappa=1}^{k} n_\kappa$ ist. Die Bedingung

$$(18.9.7) \qquad \sum_{\varkappa} n_{\varkappa} g_{\varkappa} = n = h_0^2 \sum_{\varkappa} n_{\varkappa}/h_{\varkappa}^2$$

liefert

$$(18.9.8) \qquad h_0^2 = \frac{n}{\sum_{\varkappa} n_{\varkappa}/h_{\varkappa}^2} \; .$$

h_0^2 ist demnach der gewichtete <u>harmonische Mittelwert</u> der k Einzelwerte $h_{\varkappa}^2$.

Damit lautet die Ausgleichbedingung

$$(18.9.9) \qquad \sum_{\varkappa} \sum_{\nu} (y_{\varkappa\nu} - Y_{\varkappa}')^2 \, g_{\varkappa} = \text{Min} \; .$$

Man setzt in der letzten Gleichung $Y_{\varkappa}' = b_0' + b_1' x_{\varkappa}$, bildet die partiéllen
Ableitungen nach den gesuchten Faktoren b_0' und b_1' und setzt diese Ableitungen gleich 0 . Dann findet man zunächst

$$(18.9.10) \qquad \sum_{\varkappa} \sum_{\nu} (y_{\varkappa\nu} - Y_{\varkappa}') \, g_{\varkappa} = \sum_{\varkappa} n_{\varkappa} g_{\varkappa} (\overline{y}_{\varkappa} - Y_{\varkappa}') = 0$$

und

$$(18.9.11) \qquad \sum_{\varkappa} \sum_{\nu} (y_{\varkappa\nu} - Y_{\varkappa}') \, g_{\varkappa} x_{\varkappa} = \sum_{\varkappa} n_{\varkappa} g_{\varkappa} (\overline{y}_{\varkappa} - Y_{\varkappa}') x_{\varkappa} = 0 \; .$$

Multipliziert man die erste dieser Gleichungen mit dem (später erklärten)
Mittelwert $\overline{x}'$ der $x_{\varkappa}$ und subtrahiert sie von der zweiten Gleichung, so
findet man

$$(18.9.12) \qquad \sum_{\varkappa} n_{\varkappa} g_{\varkappa} (\overline{y}_{\varkappa} - Y_{\varkappa}')(x_{\varkappa} - \overline{x}') = 0 \; ,$$

eine Gleichung, die (18.1.12) entspricht.

Ordnet man (18.9.10) und (18.9.11) nach b_0' und b_1' , so werden die
beiden <u>Normalgleichungen</u>

$$(18.9.13) \qquad b_0' \sum_{\varkappa} n_{\varkappa} g_{\varkappa} + b_1' \sum_{\varkappa} n_{\varkappa} g_{\varkappa} x_{\varkappa} = \sum_{\varkappa} n_{\varkappa} g_{\varkappa} \overline{y}_{\varkappa} \; ,$$

$$(18.9.14) \qquad b_0' \sum_{\varkappa} n_{\varkappa} g_{\varkappa} x_{\varkappa} + b_1' \sum_{\varkappa} n_{\varkappa} g_{\varkappa} x_{\varkappa}^2 = \sum_{\varkappa} n_{\varkappa} g_{\varkappa} x_{\varkappa} \overline{y}_{\varkappa} \; .$$

Für $h_{\varkappa} = h(x_{\varkappa}) \equiv h_0$ wird nach (18.9.6) $g_{\varkappa} \equiv 1$, und die letzten beiden
Gleichungen stimmen mit (17.4.5) und (17.4.6) überein.

<u>Ein Sonderfall.</u>

Bei der Planung des Versuchs sollte man anstreben, die unterschiedlichen
Versuchsvarianzen $\sigma_{\varkappa}^2$ an den Meßstellen $x_{\varkappa}$ durch geeignete Wahl der Versuchszahlen $n_{\varkappa}$ auszugleichen. Zu dem Zweck verteilt man die Gesamtzahl n

der Beobachtungen nach dem Ansatz

$$(18.9.15) \qquad n_\kappa = \frac{a}{g_\kappa} \qquad \text{oder} \qquad n_\kappa g_\kappa = a = \text{konst}$$

auf die k Meßstellen x_κ. Aus $\sum_\kappa n_\kappa = n = a \sum_\kappa (1/g_\kappa)$ folgt

$$(18.9.16) \qquad a = \frac{n}{\sum_\kappa (1/g_\kappa)} = g_h \; .$$

Die Konstante a ist gleich dem harmonischen Mittelwert g_h der Gewichte g_κ, und man hat

$$(18.9.17) \qquad n_\kappa = \frac{g_h}{g_\kappa} \qquad \text{oder} \qquad n_\kappa g_\kappa = g_h \; .$$

In diesem Sonderfall vereinfacht sich das System der Normalgleichungen (18.9.13) und (18.9.14) erheblich; man zieht das von κ nicht abhängige Produkt $n_\kappa g_\kappa = g_h$ vor die Summenzeichen, so daß es herausfällt. Das System verhält sich dann so, als hätte man bei fester Versuchsvarianz an allen Meßstellen x_κ die gleiche (fiktive) Zahl $n_\kappa g_\kappa = g_h$ von Beobachtungen oder $\underline{\text{eine}}$ Beobachtung $\bar{y}_\kappa$ mit der festen Varianz $\sigma_0^2/(n_\kappa g_\kappa) = \sigma_0^2/g_h$ durchgeführt. Soweit der Sonderfall.

Im allgemeinen Falle setzt man

$$(18.9.18) \qquad n_\kappa g_\kappa = n_\kappa' \qquad \text{mit} \qquad \sum_\kappa n_\kappa' = n$$

nach (18.9.7) und ordnet der $\underline{\text{wirklichen}}$ Versuchszahl n_κ an der Stelle $x = x_\kappa$ die $\underline{\text{fiktive}}$ Versuchszahl n_κ' zu. Setzt man n_κ' in (18.9.13) und (18.9.14) ein, so nehmen die Normalgleichungen für b_0' und b_1' die Gestalt an

$$(18.9.19) \qquad b_0' \, n + b_1' \sum_\kappa n_\kappa' x_\kappa = \sum_\kappa n_\kappa' \bar{y}_\kappa \; ,$$

$$(18.9.20) \qquad b_0' \sum_\kappa n_\kappa' x_\kappa + b_1' \sum_\kappa n_\kappa' x_\kappa^2 = \sum_\kappa n_\kappa' x_\kappa \bar{y}_\kappa \; .$$

In dieser Form geht das System aus (18.1.9) und (18.1.10) hervor, wenn man dort $(n_\kappa; b_0; b_1)$ durch $(n_\kappa'; b_0'; b_1')$ ersetzt. Man kann demnach die Lösung für den vorliegenden Fall ohne weitere Rechnung hinschreiben: Man hat in den Formeln des Abschnitts 18.1 $(n_\kappa; b_0; b_1)$ durch $(n_\kappa'; b_0'; b_1')$ zu ersetzen.

Die in 18.2 erklärten Hilfsgrößen zur Auswertung der Meßreihe werden jetzt

$$(18.9.21) \quad S'_x = \sum_\kappa n'_\kappa x_\kappa \quad ; \qquad \bar{x}' = S'_x/n \quad ;$$

$$(18.9.22) \quad S'_y = \sum_\kappa n'_\kappa \bar{y}_\kappa \quad ; \qquad \bar{y}' = S'_y/n \quad ;$$

$$(18.9.23) \quad S'_{xx} = \sum_\kappa n'_\kappa x^2_\kappa \;;\; S'_{xy} = \sum_\kappa n'_\kappa x_\kappa \bar{y}_\kappa \;;\; S'_{yy} = \sum_\kappa \sum_\nu g_\kappa y^2_{\kappa\nu} \;;$$

$$(18.9.24) \quad s'_{xx} = S'_{xx} - \frac{S'^2_x}{n} \;;\; s'_{xy} = S'_{xy} - \frac{S'_x S'_y}{n} \;;\; s'_{yy} = S'_{yy} - \frac{S'^2_y}{n} \;.$$

Dabei sind $\bar{x}'$ bzw. $\bar{y}'$ gewogene Mittelwerte von x_κ bzw. $\bar{y}_\kappa$.

Die Hilfsgrößen s'_{xx} , s'_{xy} und s'_{yy} lassen sich auch in der Gestalt

$$s'_{xx} = \sum_\kappa n'_\kappa (x_\kappa - \bar{x}')^2 \;;$$

$$(18.9.25) \quad s'_{xy} = \sum_\kappa n'_\kappa (x_\kappa - \bar{x}')(\bar{y}_\kappa - \bar{y}') \;;$$

$$s'_{yy} = \sum_\kappa \sum_\nu g_\kappa (y_{\kappa\nu} - \bar{y}')^2$$

darstellen.

Aus den Hilfsgrößen findet man die Schätzwerte für b'_1 und b'_0 entsprechend zu (18.2.7)

$$(18.9.26) \quad b'_1 = \frac{s'_{xy}}{s'_{xx}} \quad \text{und} \quad b'_0 = \bar{y}' - b'_1 \bar{x}' \;.$$

Zweckmäßig schreibt man die Regressionsgerade (wie früher) in der Gestalt

$$(18.9.27) \quad Y' = \bar{y}' + b'_1 (x - \bar{x}') \;.$$

Die Zerlegung der S.d.g.q.A.

Die Summe der gewichteten quadrierten Abweichungen (S.d.g.q.A.) insgesamt wird

$$(18.9.28) \quad s'_{yy} = \sum_\kappa \sum_\nu g_\kappa (y_{\kappa\nu} - \bar{y}')^2 \;.$$

Man zerlegt sie mit Hilfe der Beziehung

$$(18.9.29) \quad y_{\kappa\nu} - \bar{y}' = (y_{\kappa\nu} - Y'_\kappa) + (Y'_\kappa - \bar{y}')$$

und findet entsprechend zu (18.2.17)

$$(18.9.30) \quad s'_{yy} = s'_{ee} + s'_{YY} \;.$$

Dabei ist

$$(18.9.31) \quad s'_{ee} = \sum_\kappa \sum_\nu g_\kappa \, (y_{\kappa\nu} - Y'_\kappa)^2 = \sum_\kappa \sum_\nu g_\kappa \, e^2_{\kappa\nu}$$

die S. d. g. q. A. der Meßwerte $y_{\kappa\nu}$ bezüglich der Rechenwerte Y'_κ , und

$$(18.9.32) \quad s'_{YY} = \sum_\kappa n'_\kappa \, (Y'_\kappa - \bar{y}')^2 = b'^2_1 \sum_\kappa n'_\kappa \, (x_\kappa - \bar{x}')^2 = s'_{xx} \, b'^2_1$$

ist die S. d. g. q. A. der Rechenwerte Y'_κ bezüglich ihres Mittelwerts

$$(18.9.33) \quad \overline{Y}' = \frac{1}{n} \sum_\kappa n'_\kappa \, Y'_\kappa = \bar{y}' \ .$$

Die Gleichheit der gewichteten Mittelwerte $\bar{y}'$ und $\overline{Y}'$ folgt aus (18.9.10).
Die Zahl f der Freiheitsgrade, mit denen die S. d. g. q. A. ausgestattet
sind, ist gegen früher ungeändert

$$f\{s'_{yy}\} = n-1 \ ; \quad f\{s'_{ee}\} = n-2 \ ; \quad f\{s'_{YY}\} = 1 \ .$$

Ebenso wie im Abschnitt 18.2 wird s'_{YY} durch den linearen Zusammenhang zwischen der Zielgröße Y und der Einflußgröße x erklärt. Der nicht
erklärte "Rest" s'_{ee} liefert einen Schätzwert für die Versuchsvarianz.

Das beobachtete Bestimmtheitsmaß $\hat{B}'_L$ für den linearen Zusammenhang
zwischen x und y wird wie in (18.2.18)

$$(18.9.34) \quad \hat{B}'_L = \frac{s'_{YY}}{s'_{yy}} = \frac{b'^2_1 \, s'_{xx}}{s'_{yy}} = \frac{s'^2_{xy}}{s'_{xx} \, s'_{yy}} \ .$$

18.10 Mittelwerte, Varianzen und Kovarianzen der Schätzwerte $\bar{y}'$, b'_1 und b'_0

Wegen der von x abhängigen Versuchsvarianz $\sigma^2 = \sigma_0^2 \left[h^2(x)/h_0^2 \right]$
ist die Berechnung der gemeinsamen Verteilung von $(\bar{y}'$, b'_1 , $s'^2)$ entsprechend zu Abschnitt 18.3 nicht einfach. Deshalb wird im folgenden ein ande-
rer Weg eingeschlagen: Die Differenzen $(\bar{y}' - \bar{\eta}')$ und $(b'_1 - \beta_1)$ werden als
Linearkombinationen der Versuchsfehler dargestellt, und die Mittelwerte von
s'_{yy} , s'_{ee} und s'_{YY} werden unmittelbar berechnet.

Nach den Modellansätzen (18.9.5) und (18.9.4) ist

$$y_{\kappa\nu} = \beta_0 + \beta_1 x_\kappa + \epsilon_{\kappa\nu} \quad \text{und} \quad \eta_\kappa = \beta_0 + \beta_1 x_\kappa \ ,$$

mithin

$$(18.10.1) \quad y_{\kappa\nu} - \eta_\kappa = \epsilon_{\kappa\nu} \ .$$

Daraus folgt

$$(18.10.2) \quad \frac{1}{n_\varkappa} \sum_\nu (y_{\varkappa\nu} - \eta_\varkappa) = \bar{y}_\varkappa - \eta_\varkappa = \bar{\epsilon}_\varkappa \,,$$

wobei $\bar{\epsilon}_\varkappa$ der Mittelwert von $n_\varkappa$ voneinander unabhängigen Versuchsfehlern $\epsilon_{\varkappa\nu}$ ist,

$$(18.10.3) \quad \bar{\epsilon}_\varkappa = \frac{1}{n_\varkappa} \sum_\nu \epsilon_{\varkappa\nu} \quad \text{mit} \quad V\{\bar{\epsilon}_\varkappa\} = \frac{\sigma_0^2}{n_\varkappa g_\varkappa} = \frac{\sigma_0^2}{n'_\varkappa} \,.$$

Aus (18.10.2) folgt weiter

$$(18.10.4) \quad \sum_\varkappa n'_\varkappa \bar{\epsilon}_\varkappa = \sum_\varkappa n'_\varkappa (\bar{y}_\varkappa - \eta_\varkappa) = n \bar{y}' - \sum_\varkappa n'_\varkappa \eta_\varkappa \,.$$

Setzt man entsprechend zu (18.9.22)

$$(18.10.5) \quad \sum_\varkappa n'_\varkappa \eta_\varkappa = n \bar{\eta}' \,,$$

so findet man aus (18.10.4)

$$(18.10.6) \quad n(\bar{y}' - \bar{\eta}') = \sum_\varkappa n'_\varkappa \bar{\epsilon}_\varkappa \,.$$

Geht man in (18.10.6) zu den Mittelwerten $M\{\ \}$ und den Varianzen $V\{\ \}$ über, so kommt für die Mittelwerte wegen $M\{\bar{\epsilon}_\varkappa\} = 0$

$$(18.10.7) \quad M\{\bar{y}'\} = \bar{\eta}'$$

und für die Varianzen wegen $V\{\bar{\epsilon}_\varkappa\} = \sigma_0^2/n'_\varkappa$ und $\sum_\varkappa n'_\varkappa = n$

$$n^2 V\{\bar{y}'\} = \sum_\varkappa n'^2_\varkappa V\{\bar{\epsilon}_\varkappa\} = n \sigma_0^2 \,.$$

Damit wird

$$(18.10.8) \quad V\{\bar{y}'\} = \sigma_0^2/n \,.$$

Der Mittelwert $\bar{y}'$ und damit auch $\bar{Y}' = \bar{y}'$ ist ein unverzerrter Schätzwert für $\bar{\eta}'$ mit der Varianz (18.10.8). Mit $\epsilon_{\varkappa\nu}$ ist auch $\bar{\epsilon}_\varkappa$ und nach (18.10.6) auch $\bar{y}'$ als Linearkombination der $\bar{\epsilon}_\varkappa$ <u>normal verteilt</u>. Die Zufallsgröße

$$(18.10.9) \quad \frac{\bar{y}' - \bar{\eta}'}{\sigma_0/\sqrt{n}} = u$$

genügt demnach der standardisierten Normalverteilung NV(0 ; 1) .

Um Mittelwert und Varianz von b'_1 zu berechnen, geht man aus von Gleichung (18.9.26) , die man wegen $\sum_\varkappa n'_\varkappa (x_\varkappa - \bar{x}') \bar{y}' = 0$ in der Gestalt

$$s'_{xx} b'_1 = s'_{xy} = \sum_\varkappa n'_\varkappa (x_\varkappa - \bar{x}') \bar{y}_\varkappa$$

schreiben kann. Mit $\bar{y}_\varkappa = \eta_\varkappa + \bar{\epsilon}_\varkappa = \beta_0 + \beta_1 x_\varkappa + \bar{\epsilon}_\varkappa$ wird daraus

$$s'_{xx} \, b'_1 \; = \; \sum_\kappa n'_\kappa (x_\kappa - \bar{x}')(\beta_0 + \beta_1 x_\kappa + \bar{\epsilon}_\kappa)$$

oder wegen $\sum_\kappa n'_\kappa (x_\kappa - \bar{x}') = 0$

$$s'_{xx} \, b'_1 = \beta_1 \underbrace{\sum_\kappa n'_\kappa (x_\kappa - \bar{x}')(x_\kappa - \bar{x}')}_{s'_{xx}} + \sum_\kappa n'_\kappa (x_\kappa - \bar{x}') \, \bar{\epsilon}_\kappa \; .$$

Damit hat man schließlich

$$(18.10.10) \qquad s'_{xx}(b'_1 - \beta_1) \; = \; \sum_\kappa n'_\kappa (x_\kappa - \bar{x}') \, \bar{\epsilon}_\kappa \; .$$

Geht man in (18. 10. 10) zu den Mittelwerten $M\{\ \}$ und Varianzen $V\{\ \}$ über, so kommt für die Mittelwerte

$$(18.10.11) \qquad M\{b'_1\} \; = \; \beta_1$$

und für die Varianzen

$$s'^2_{xx} \, V\{b'_1\} \; = \; \sum_\kappa n'^2_\kappa (x_\kappa - \bar{x}')^2 \, V\{\bar{\epsilon}_\kappa\} \; .$$

Mit (18. 10. 3) und (18. 9. 25) wird daraus

$$(18.10.12) \qquad V\{b'_1\} \; = \; \frac{\sigma_0^2}{s'_{xx}} \; .$$

b'_1 ist ein unverzerrter Schätzwert für β_1 mit der Varianz (18. 10. 12) . Mit $\epsilon_{\kappa\nu}$ ist auch $\bar{\epsilon}_\kappa$ und nach (18. 10. 10) auch b'_1 <u>normal verteilt</u>. Die Zufallsgröße

$$(18.10.13) \qquad \frac{b'_1 - \beta_1}{\sigma_0 / \sqrt{s'_{xx}}} \; = \; u$$

genügt demnach der standardisierten Normalverteilung $NV(0\,;1)$.

Für die Kovarianz zwischen $\bar{y}'$ und b'_1 gilt mit (18. 10. 6) und (18. 10. 10)

$$n \, s'_{xx} \, C\{\bar{y}'; b'_1\} \; = \; n \, s'_{xx} \, M\{(\bar{y}' - \bar{\eta}')(b'_1 - \beta_1)\}$$

$$= \; M\left\{\left(\sum_\kappa n'_\kappa \bar{\epsilon}_\kappa\right)\left(\sum_\lambda n'_\lambda (x_\lambda - \bar{x}') \, \bar{\epsilon}_\lambda\right)\right\}$$

$$= \; \sum_\kappa \sum_\lambda n'_\kappa n'_\lambda (x_\lambda - \bar{x}') \, M\{\bar{\epsilon}_\kappa \bar{\epsilon}_\lambda\} \; .$$

Wegen

$$(18.10.14) \qquad M\{\bar{\epsilon}_\kappa \bar{\epsilon}_\lambda\} \; = \; \begin{cases} 0 & \text{für } \kappa \neq \lambda \; , \\[2mm] V\{\bar{\epsilon}_\kappa\} = \sigma_0^2/n'_\kappa & \text{für } \kappa = \lambda \end{cases}$$

wird weiter

$$n \, s'_{xx} \, C\left\{\bar{y}' ; b'_1\right\} = \sum_{\kappa} n'_\kappa \, (x_\kappa - \bar{x}') \, \sigma_0^{\,2}$$

oder mit (18.9.21)

$$(18.10.15) \quad C\left\{\bar{y}' ; b'_1\right\} = 0 \ .$$

Da die Kovarianz zwischen den normal verteilten Zufallsgrößen $\bar{y}'$ und b'_1 verschwindet, sind sie unabhängig voneinander.

Aus (18.9.26) folgt für b'_0

$$M\left\{b'_0\right\} = M\left\{\bar{y}'\right\} - \bar{x}' \, M\left\{b'_1\right\}$$

und (wegen der Unabhängigkeit zwischen $\bar{y}'$ und b'_1)

$$V\left\{b'_0\right\} = V\left\{\bar{y}'\right\} + \bar{x}'^{\,2} \, V\left\{b'_1\right\} \ .$$

Setzt man die Mittelwerte und Varianzen für $\bar{y}'$ und b'_1 ein, so findet man

$$(18.10.16) \quad M\left\{b'_0\right\} = \bar{\eta}' - \bar{x}' \, \beta_1 = \beta_0$$

und

$$(18.10.17) \quad V\left\{b'_0\right\} = \sigma_0^{\,2} \left[\frac{1}{n} + \frac{\bar{x}'^{\,2}}{s'_{xx}} \right] = \frac{\sigma_0^{\,2}}{n} \, \frac{S'_{xx}}{s'_{xx}} \ .$$

Testverfahren.

Wenn man testen will, ob die Hypothese eines linearen Zusammenhanges zwischen x und y gerechtfertigt ist, so benötigt man für die Versuchsvarianz zwei Schätzwerte, von denen der eine unabhängig vom Modellansatz ist, während der andere vom Modellansatz abhängt.

Aehnlich wie im Abschnitt 18.4 zerlegt man die Unterschiede zwischen den Meßwerten $y_{\kappa\nu}$ und den Rechenwerten Y'_κ in folgender Weise

$$y_{\kappa\nu} - Y'_\kappa = (y_{\kappa\nu} - \bar{y}_\kappa) + (\bar{y}_\kappa - Y'_\kappa) \ .$$

Durch Quadrieren und Summieren über ν und κ folgt bei Berücksichtigung der Gewichte g_κ

$$(18.10.18)$$

$$\underbrace{\sum_{\kappa} \sum_{\nu} (y_{\kappa\nu} - Y'_\kappa)^2 \, g_\kappa}_{s'_{ee}} = \underbrace{\sum_{\kappa} \sum_{\nu} (y_{\kappa\nu} - \bar{y}_\kappa)^2 \, g_\kappa}_{Q'_2} + \underbrace{\sum_{\kappa} (\bar{y}_\kappa - Y'_\kappa)^2 \, n'_\kappa}_{Q'_1} \ ,$$

da die Summe über die gemischten Glieder verschwindet:

$$\sum_{\varkappa} \sum_{\nu} (y_{\varkappa\nu} - \bar{y}_{\varkappa})(\bar{y}_{\varkappa} - Y'_{\varkappa}) \, g_{\varkappa} = \sum_{\varkappa} \left[(\bar{y}_{\varkappa} - Y'_{\varkappa}) \, g_{\varkappa} \underbrace{\sum_{\nu} (y_{\varkappa\nu} - \bar{y}_{\varkappa})}_{0} \right] = 0 \; .$$

Die Zahl f der Freiheitsgrade, die den S.d.g.q.A. in (18.10.18) zugeordnet sind, findet man ebenso wie im Abschnitt 18.4 zu

$$(18.10.19) \quad f\left\{s'_{ee}\right\} = n-2 \quad ; \quad f\left\{Q'_2\right\} = n-k \quad ; \quad f\left\{Q'_1\right\} = k-2 \; .$$

Geht man in (18.10.18) zu den Mittelwerten $M\{\ \}$ über, so gilt

$$(18.10.20) \quad M\left\{s'_{ee}\right\} = M\left\{Q'_2\right\} + M\left\{Q'_1\right\} \; .$$

Auf der rechten Seite sei zunächst Q'_2 betrachtet. Die beobachtete Versuchsvarianz $s_{\varkappa}^2$ an der Stelle $x_{\varkappa}$,

$$s_{\varkappa}^2 = \frac{1}{n_{\varkappa}-1} \sum_{\nu} (y_{\varkappa\nu} - \bar{y}_{\varkappa})^2 \quad \text{mit } f_{\varkappa} = n_{\varkappa}-1 \text{ Freiheitsgraden} \, ,$$

schätzt die theoretische Versuchsvarianz an der Stelle $x_{\varkappa}$; es gilt

$$M\left\{s_{\varkappa}^2\right\} = \sigma_0^2 \, h_{\varkappa}^2 / h_0^2 = \sigma_0^2 / g_{\varkappa} \; .$$

Infolgedessen wird σ_0^2 geschätzt durch $g_{\varkappa} s_{\varkappa}^2$,

$$(18.10.21) \quad M\left\{g_{\varkappa} s_{\varkappa}^2\right\} = \sigma_0^2 \; .$$

Den besten Schätzwert s^2 für σ_0^2 aus den k Einzelschätzwerten
$(g_{\varkappa} s_{\varkappa}^2)$ findet man aus

$$(18.10.22) \quad s^2 = \frac{\sum_{\varkappa} f_{\varkappa} (g_{\varkappa} s_{\varkappa}^2)}{\sum_{\varkappa} f_{\varkappa}} = \frac{\sum_{\varkappa} g_{\varkappa} \sum_{\nu} (y_{\varkappa\nu} - \bar{y}_{\varkappa})^2}{n-k} = \frac{Q'_2}{n-k} \; .$$

s^2 hat $\sum_{\varkappa} f_{\varkappa} = \sum_{\varkappa} (n_{\varkappa}-1) = n-k$ Freiheitsgrade.

Für den Mittelwert folgt aus (18.10.22)

$$M\left\{Q'_2\right\} = M\left\{\sum_{\varkappa} f_{\varkappa} g_{\varkappa} s_{\varkappa}^2\right\} = \sum_{\varkappa} f_{\varkappa} M\left\{g_{\varkappa} s_{\varkappa}^2\right\}$$

oder mit (18.10.21)

$$(18.10.23) \quad M\left\{Q'_2\right\} = \sum_{\varkappa} (n_{\varkappa}-1) \, \sigma_0^2 = \sigma_0^2 (n-k) \; .$$

$Q'_2/(n-k)$ ist ein erwartungstreuer Schätzwert für σ_0^2 mit $(n-k)$ Freiheitsgraden. Der Schätzwert $Q'_2/(n-k)$ hängt vom Modellansatz <u>nicht</u> ab.

Im folgenden wird der Mittelwert von Q'_1 berechnet. Aus

$$Y'_{\varkappa} = b'_0 + b'_1 x_{\varkappa} \qquad = \overline{y}' + b'_1(x_{\varkappa} - \overline{x}')$$

und

$$\overline{y}_{\varkappa} = \beta_0 + \beta_1 x_{\varkappa} + \overline{\epsilon}_{\varkappa} = \overline{\eta}' + \beta_1(x_{\varkappa} - \overline{x}') + \overline{\epsilon}_{\varkappa}$$

folgt als Differenz

$$Y'_{\varkappa} - \overline{y}_{\varkappa} = (\overline{y}' - \overline{\eta}') + (x_{\varkappa} - \overline{x}')(b'_1 - \beta_1) - \overline{\epsilon}_{\varkappa} \ .$$

Weiter wird

$$(\overline{y}_{\varkappa} - Y'_{\varkappa})^2 = (\overline{y}' - \overline{\eta}')^2 + (x_{\varkappa} - \overline{x}')^2 (b'_1 - \beta_1)^2 + \overline{\epsilon}_{\varkappa}^2$$

$$+ 2(x_{\varkappa} - \overline{x}')(\overline{y}' - \overline{\eta}')(b'_1 - \beta_1) - 2(\overline{y}' - \overline{\eta}') \ \overline{\epsilon}_{\varkappa}$$

$$- 2(x_{\varkappa} - \overline{x}')(b'_1 - \beta_1) \ \overline{\epsilon}_{\varkappa} \ .$$

Multipliziert man die letzte Gleichung mit $n_{\varkappa} g_{\varkappa} = n'_{\varkappa}$, summiert über $\varkappa$ und geht zu den Mittelwerten $M\{\ \}$ über, so findet man auf der linken Seite $M\{Q'_1\}$. Auf der rechten Seite kommen für die drei quadrierten Glieder der Reihe nach mit

$$V\{\overline{y}'\} = \frac{\sigma_0^2}{n} \ ; \ V\{b'_1\} = \frac{\sigma_0^2}{s'_{xx}} \quad \text{und} \quad V\{\overline{\epsilon}_{\varkappa}\} = \frac{\sigma_0^2}{n'_{\varkappa}}$$

die Mittelwerte

$$\sigma_0^2 \ , \ \sigma_0^2 \ \text{und} \ k\,\sigma_0^2 \ .$$

Für die gemischten Glieder hat man der Reihe nach

$$S_1 = 2(\overline{y}' - \overline{\eta}')(b'_1 - \beta_1) \sum_{\varkappa}(x_{\varkappa} - \overline{x}') n'_{\varkappa} = 0 \ ,$$

ferner mit (18.10.6)

$$S_2 = -2(\overline{y}' - \overline{\eta}') \sum_{\varkappa} n'_{\varkappa} \overline{\epsilon}_{\varkappa} = -\frac{2}{n}\left(\sum_{\lambda} n'_{\lambda} \overline{\epsilon}_{\lambda}\right)\left(\sum_{\varkappa} n'_{\varkappa} \overline{\epsilon}_{\varkappa}\right)$$

und mit (18.10.10)

$$S_3 = -2(b'_1 - \beta_1) \sum_{\varkappa} n'_{\varkappa}(x_{\varkappa} - \overline{x}') \ \overline{\epsilon}_{\varkappa}$$

$$= -\frac{2}{s'_{xx}}\left(\sum_{\lambda} n'_{\lambda}(x_{\lambda} - \overline{x}') \overline{\epsilon}_{\lambda}\right)\left(\sum_{\varkappa} n'_{\varkappa}(x_{\varkappa} - \overline{x}') \ \overline{\epsilon}_{\varkappa}\right) .$$

Mit (18.10.14) wird bei der Mittelbildung

$$M\{S_2\} = -\frac{2}{n} \sum_{\varkappa} n'^2_{\varkappa} V\{\overline{\epsilon}_{\varkappa}\} = -2\,\sigma_0^2$$

und

$$M\left\{S_3\right\} = -\frac{2}{s'_{xx}} \sum_\kappa n_\kappa'^2 \left(x_\kappa - \overline{x}'\right)^2 V\left\{\overline{\epsilon}_\kappa\right\} = -2\,\sigma_0^2 \; .$$

Setzt man die gefundenen Einzelmittelwerte der Reihe nach ein, so findet man den gesuchten Mittelwert von Q_1' zu

$$(18.10.24) \quad M\left\{Q_1'\right\} = (k-2)\,\sigma_0^2 \; .$$

$Q_1'/(k-2)$ ist ebenfalls ein erwartungstreuer Schätzwert für σ_0^2 mit $(k-2)$ Freiheitsgraden. Der Schätzwert $Q_1'/(k-2)$ <u>hängt</u> über die Rechenwerte Y_κ' <u>wesentlich vom Modellansatz ab</u>.

Die Hypothese H_1 eines <u>linearen</u> Zusammenhanges zwischen Einfluß- und Zielgröße wird mit der Prüfgröße

$$(18.10.25) \quad Q = \frac{Q_1'/(k-2)}{Q_2'/(n-k)} = F(k-2\,;n-k)$$

ebenso getestet, wie in Gleichung $(18.4.6)$ und $(18.4.8)$.

Wenn die Hypothese des linearen Zusammenhanges gilt, dann darf man die beiden Schätzwerte für σ_0^2 ,

$$Q_1'/(k-2) \quad \text{und} \quad Q_2'/(n-k) \; ,$$

zu dem "besten" Schätzwert s_0^2 für σ_0^2 zusammenwerfen,

$$(18.10.26) \quad s_0^2 = \frac{Q_1' + Q_2'}{n-2} = \frac{s'_{ee}}{n-2} \; .$$

$s'_{ee}/(n-2)$ schätzt σ_0^2 <u>erwartungstreu</u> mit $(n-2)$ Freiheitsgraden, denn aus $(18.10.20)$ folgt mit $(18.10.23)$ und $(18.10.24)$

$$(18.10.27) \quad M\left\{s'_{ee}\right\} = (n-2)\,\sigma_0^2 \; .$$

Wenn die Hypothese des linearen Zusammenhanges <u>nicht</u> verworfen wird, so sollte man den Schätzwert s_0^2 für σ^2 nur dann bilden, wenn die Prüfgröße Q in $(18.10.25)$ den Wert 1 "nicht wesentlich" übersteigt.

Die Formeln für das Testen der übrigen Hypothesen und für die Zufalls- und Vertrauensbereiche des Abschnitts 18.4 bleiben nahezu ungeändert. Die Herleitung im einzelnen kann dem Leser überlassen bleiben. Man hat auf Grund der vorausgehenden Ueberlegungen die Summen der quadrierten Abweichungen (S.d.q.A.) durch die Summen der gewogenen quadrierten Abweichungen (S.d.g.q.A.) zu ersetzen, indem man in den Formeln zur Berechnung der S.d.q.A. bzw. der Hilfsgrößen s_{xx} , s_{xy} , ... die quadrierten Abweichungen $(y_{\kappa\nu} - \bar{y}_\kappa)^2$, $(y_{\kappa\nu} - Y'_\kappa)^2$, $(y_{\kappa\nu} - \bar{y}')^2$ mit g_κ gewichtet bzw. die Wiederholungszahl n_κ an der Stelle x_κ durch n'_κ ersetzt.

Nur die Formel für die <u>Varianz der Rechenwerte</u> Y'_κ sei noch ausführlich angegeben. Aus

$$Y' = \bar{y}' + b'_1(x - \bar{x}')$$

folgt bei festem x wegen der Unabhängigkeit von $\bar{y}'$ und b'_1 sofort

$$V\{Y'\}_{x=konst} = V\{\bar{y}'\} + (x - \bar{x}')^2 \, V\{b'_1\}.$$

Mit (18.10.8) und (18.10.12) wird daraus

$$(18.10.28) \quad V\{Y'\} = \left[\frac{1}{n} + \frac{(x - \bar{x}')^2}{s'_{xx}} \right] \sigma_0^2 \ .$$

Damit findet man ebenso wie im Abschnitt 18.4 den <u>Vertrauensbereich</u> für $\eta(x)$ zur Sicherheit $S = 1-\alpha$ bei beobachtetem $Y'(x)$ und s_0^2 in der Gestalt

$$(18.10.29) \quad Y' - \Delta Y \leqq \eta(x) \leqq Y' + \Delta Y$$

$$\text{mit } \Delta Y = t_{n-2;1-(\alpha/2)} \, s_0 \sqrt{\frac{1}{n} + \frac{(x - \bar{x}')^2}{s'_{xx}}} \ ,$$

wobei s_0 bzw. s_0^2 aus Gleichung (18.10.26) zu entnehmen ist. Auch jetzt liegt die engste Stelle des Vertrauensbereichs bei $x = \bar{x}'$.

19. Mehrfache lineare Regression

19.1 Die Modellvorstellung

Es sei y eine Zielgröße, die von den Einflußgrößen x_1, x_2, ..., x_i, ..., x_p linear abhängt. Die Einflußgrößen x_i sind <u>keine Zufallsgrößen</u>, sondern "systematische Komponenten", die man nach einem Versuchsplan systematisch verändert (oft mit fester Schrittweite Δx_i = konst). Die Zielgröße y entsteht nach der Gleichung

$$(19.1.1) \quad y = \beta_0 + \beta_1 x_1 + \beta_2 x_2 + \dots + \beta_p x_p + \epsilon = \sum_{i=0}^{p} \beta_i x_i + \epsilon \; ,$$

mit $x_0 \equiv 1$. Dem in x_i linearen Anteil $\sum_i \beta_i x_i$ wird eine normal verteilte Zufallsgröße ϵ (Versuchsfehler) mit

$$(19.1.2) \quad M\{\epsilon\} = 0 \; ; \; V\{\epsilon\} = \sigma_\epsilon^2 = \sigma^2$$

überlagert, wobei σ^2 von den Einflußgrößen x_i nicht abhängt. Die Zielgröße y ist demnach bei festen Werten $x_i = x_{i\kappa}$ normal verteilt mit dem Mittelwert

$$(19.1.3) \quad M\{y\} = \sum_{i=0}^{p} \beta_i x_{i\kappa} = \eta_\kappa$$

und der Varianz

$$(19.1.4) \quad V\{y\} = \sigma^2 \; .$$

Die Aufgabe der Regressionsrechnung besteht im wesentlichen aus zwei Teilaufgaben:

(a) Aus einer Versuchsreihe,(deren Umfang im folgenden Abschnitt erläutert wird), sucht man Schätzwerte $(b_0 ; b_1 ; \dots ; b_p)$ und s^2 für die unbekannten Parameter $(\beta_0 ; \beta_1 ; \dots ; \beta_p)$ und σ^2 des Modells.

(b) Ferner hat man häufig Hypothesen über diese Modellparameter zu testen .

Auch die folgenden Beispiele entsprechen einem mehrfachen Regressionsansatz,

$$(19.1.5) \qquad y = \beta_0 + \beta_1 z + \beta_2 z^2 + \epsilon$$

mit

$$z \equiv x_1 \quad \text{und} \quad z^2 \equiv x_2$$

und

$$(19.1.6) \qquad y = \beta_0 + \beta_1 z_1 + \beta_2 z_2 + \beta_3 z_1^2 + \beta_4 z_1 z_2 + \beta_5 z_2^2 + \epsilon$$

mit

$$z_1 \equiv x_1 \; ; \; z_2 \equiv x_2 \; ; \; z_1^2 \equiv x_3 \; ; \; z_1 z_2 = x_4 \; ; \; z_2^2 = x_5 \; .$$

Man darf demnach die x_i einer Transformation $x_i = f(z_1 \; ; z_2 \; ; \ldots ; z_p)$ unterwerfen. Meist hat diese Transformation die einfache Gestalt

$$(19.1.7) \qquad x_i = f_i(z_i) \; ,$$

wobei x_i nur von <u>einer</u> Größe z_i abhängt.

In dem Falle sind z_i die "ursprünglichen, eigentlichen" Einflußgrößen und $x_i = f_i(z_i)$ sind die transformierten Einflußgrößen, wobei man die Transformationsfunktionen f_i so wählt, daß der Zusammenhang zwischen x_i und y (wenigstens in guter Näherung) linear wird. Die Beziehung

$$(19.1.8) \qquad \eta = \sum_{i=0}^{p} \beta_i x_i \quad \text{mit} \quad x_0 \equiv 1$$

heißt (theoretische) <u>Regressionsfunktion</u>. Im $(p+1)$-dimensionalen Raum der $(x_i \; ; y)$ stellt sie eine Ebene dar. Die Beziehung

$$(19.1.9) \qquad Y = \sum_{i=0}^{p} b_i x_i \quad \text{mit} \quad x_0 \equiv 1$$

heißt empirische Regressionsfunktion.

19.2 Die Auswertung der Versuchsreihe

Die ganze Versuchsreihe besteht nach der folgenden Uebersicht aus k Versuchsgruppen mit der laufenden Nr. κ , $1 \leqq \kappa \leqq k$. In der Gruppe Nr. κ legt man den Einflußgrößen x_i die Werte $x_i = x_{i\kappa}$ bei. Der Versuch κ wird n_κ mal <u>wiederholt</u> und gibt die n_κ Einzelwerte

$$y_{\kappa 1} \; , \; y_{\kappa 2} \; , \; \ldots \; y_{\kappa \nu} \; , \; \ldots \; , \; y_{\kappa n_\kappa}$$

und den Mittelwert

$$(19.2.1) \quad \bar{y}_\varkappa = \frac{1}{n_\varkappa} \sum_{\nu=1}^{n_\varkappa} y_{\varkappa\nu}$$

für die Zielgröße y .

Einflußgröße	Nr. der Versuchsreihe						Mittelwerte
	1	2	...	$\varkappa$	...	k	
	Stufe der Einflußgrößen						
	1	2	...	$\varkappa$	...	k	
x_1	x_{11}	x_{12}	...	$x_{1\varkappa}$	...	x_{1k}	$\bar{x}_1$
x_2	x_{21}	x_{22}	...	$x_{2\varkappa}$	...	x_{2k}	$\bar{x}_2$
$\vdots$	$\vdots$	$\vdots$	$\vdots$	$\vdots$	$\vdots$	$\vdots$	$\vdots$
x_i	x_{i1}	x_{i2}	...	$x_{i\varkappa}$	...	x_{ik}	$\bar{x}_i$
$\vdots$	$\vdots$	$\vdots$	$\vdots$	$\vdots$	$\vdots$	$\vdots$	$\vdots$
x_p	x_{p1}	x_{p2}	...	$x_{p\varkappa}$	...	x_{pk}	$\bar{x}_p$
Wiederholungszahl bei festen $x_i = x_{i\varkappa}$	n_1	n_2	...	$n_\varkappa$	...	n_k	$n = \sum_\varkappa n_\varkappa$
Einzelwerte $y_{\varkappa\nu}$ der Zielgröße y	y_{11} y_{12} $\vdots$ $y_{1\nu}$ $\vdots$ y_{1n_1}	y_{21} y_{22} $\vdots$ $y_{2\nu}$ $\vdots$ y_{2n_2}	... ... $\vdots$ ... $\vdots$ ...	$y_{\varkappa1}$ $y_{\varkappa2}$ $\vdots$ $y_{\varkappa\nu}$ $\vdots$ $y_{\varkappa n_\varkappa}$	... ... $\vdots$ ... $\vdots$	y_{k1} y_{k2} $\vdots$ $y_{k\nu}$ $\vdots$ y_{kn_k}	
Mittelwerte	$\bar{y}_1$	$\bar{y}_2$	...	$\bar{y}_\varkappa$	...	$\bar{y}_k$	$\bar{y}$

In Abb. 19.2.1 wird die Versuchsgruppe κ bei drei Einflußgrößen x_1, x_2, x_3 anschaulich gedeutet. P_κ ist im dreidimensionalen Versuchsraum

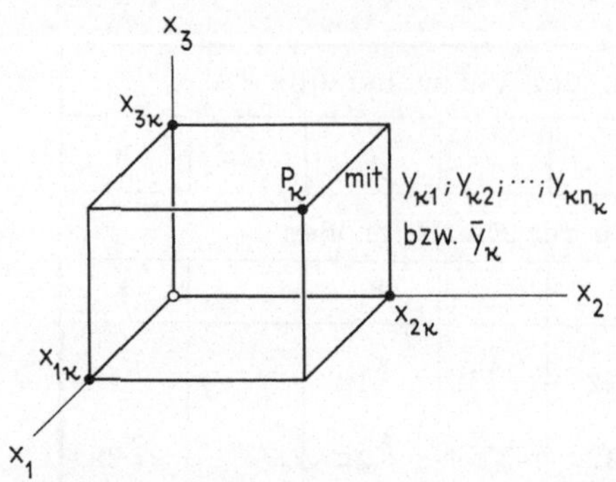

Abb. 19.2.1. Zur Deutung der Versuchsgruppe κ
bei $p = 3$ Einflußgrößen.

ein Punkt, an dem der Versuch n_κ-mal wiederholt wird. Für die Laufzahlen i, κ, ν gelten (wegen $x_{0\kappa} \equiv 1$) die Bereiche

$$(19.2.2) \qquad 1 \leqq i \leqq p \; ; \quad 1 \leqq \kappa \leqq k \; ; \quad 1 \leqq \nu \leqq n_\kappa \; .$$

Aus den Beobachtungen $(x_{i\kappa}; y_{\kappa\nu})$ berechnet man die folgenden Hilfsgrößen

$$(19.2.3) \quad \left\{ \begin{aligned} S_i &= \sum_{\kappa=1}^{k} x_{i\kappa} n_\kappa = n \, \bar{x}_i \equiv S_{i0} = S_{0i} \; ; \\[2ex] S_{ii} &= \sum_{\kappa=1}^{k} x_{i\kappa}^2 n_\kappa \; ; \quad S_{ij} = \sum_{\kappa=1}^{k} x_{i\kappa} x_{j\kappa} n_\kappa = S_{ji} \; ; \end{aligned} \right.$$

$$(19.2.4) \quad \left\{ \begin{aligned} S_y &= \sum_{\kappa=1}^{k} \sum_{\nu=1}^{n_\kappa} y_{\kappa\nu} = n \, \bar{y} \equiv S_{y0} \; ; \\[2ex] S_{yy} &= \sum_{\kappa=1}^{k} \sum_{\nu=1}^{n_\kappa} y_{\kappa\nu}^2 \; ; \quad S_{iy} = \sum_{\kappa=1}^{k} \sum_{\nu=1}^{n_\kappa} x_{i\kappa} y_{\kappa\nu} = S_{yi} \; . \end{aligned} \right.$$

Die Hilfsgrößen (19.2.3) sind nur von den systematischen Komponenten x_i abhängig. Bei einer Wiederholung der Versuchsreihe mit gleichen Versuchspunkten und gleichen n_κ haben S_i, S_{ii} und S_{ij} feste Werte. Die Hilfsgrößen (19.2.4) hängen von den Beobachtungen $y_{\kappa\nu}$ ab und sind bei Wiederholung der Versuchsreihe Zufallsgrößen.

Aus den Hilfsgrößen S_i, S_{ii}, ... berechnet man weiter

$$(19.2.5) \quad s_{ii} = S_{ii} - \frac{S_i^2}{n} \; ; \quad s_{ij} = S_{ij} - \frac{S_i \, S_j}{n} = s_{ji} \; ;$$

und

$$(19.2.6) \qquad s_{yy} = S_{yy} - \frac{S_y^2}{n} \quad ; \quad s_{iy} = S_{iy} - \frac{S_i S_y}{n} = s_{yi} \; .$$

Die Hilfsgrößen (19.2.5) und (19.2.6) sind auch in der Gestalt darstellbar

$$(19.2.7) \qquad s_{ii} = \sum_\kappa \sum_\nu (x_{i\kappa} - \bar{x}_i)^2 \quad ; \quad s_{ij} = \sum_\kappa \sum_\nu (x_{i\kappa} - \bar{x}_i)(x_{j\kappa} - \bar{x}_j) \; ;$$

$$(19.2.8) \qquad s_{yy} = \sum_\kappa \sum_\nu (y_{\kappa\nu} - \bar{y})^2 \quad ; \quad s_{iy} = \sum_\kappa \sum_\nu (x_{i\kappa} - \bar{x}_i)(y_{\kappa\nu} - \bar{y}) \; .$$

Sie entsprechen damit den (auf die Mittelwerte bezogenen reinen und gemischten) Momenten zweiter Ordnung für die Einflußgrößen x_i und die Zielgröße y .

Die Normalgleichungen zur Berechnung der b_i .
<hr>

Der "Rechenwert" an der Stelle $x_i = x_{i\kappa}$ sei nach (19.1.9)

$$Y_\kappa = \sum_{i=0}^{p} b_i \, x_{i\kappa} \; .$$

Die Forderung, daß die Summe der quadrierten Abweichungen zwischen den
Rechenwerten Y_κ und den Meßwerten $y_{\kappa\nu}$ möglichst klein sein soll,

$$\sum_\kappa \sum_\nu (Y_\kappa - y_{\kappa\nu})^2 = \text{Min} \; ,$$

führt zu den Gleichungen, aus denen man die Schätzwerte b_i für die unbekannten Faktoren β_i des Regressionsansatzes berechnet. Bildet man die
partielle Ableitung nach b_j , so findet man mit $\partial Y_\kappa / \partial b_j = x_{j\kappa}$

$$(19.2.9a) \qquad \sum_\kappa \sum_\nu (Y_\kappa - y_{\kappa\nu}) \, x_{j\kappa} = 0 \qquad \text{für } j = 0 \, ; \, 1 \, ; \, \ldots \, ; \, p \; .$$

Für $j = 0$ folgt aus der letzten Gleichung wegen $x_{0\kappa} \equiv 1$ und (19.2.4)

$$\sum_\kappa \sum_\nu (Y_\kappa - y_{\kappa\nu}) = \sum_\kappa n_\kappa Y_\kappa - n\bar{y} = 0$$

oder

$$(19.2.9b) \qquad \frac{1}{n} \sum_\kappa n_\kappa Y_\kappa = \bar{Y} = \bar{y} \; .$$

Der (gewogene) Mittelwert $\bar{Y}$ der Rechenwerte Y_κ stimmt mit dem Mittelwert $\bar{y}$ der Beobachtungen $y_{\kappa\nu}$ überein.

Weiter folgt aus den letzten Gleichungen leicht

$$\sum_\kappa \sum_\nu (Y_\kappa - y_{\kappa\nu})(x_{j\kappa} - \bar{x}_j) \, b_j = 0 \; .$$

Bei Summation über j wird daraus

$$\sum_j \sum_\kappa \sum_\nu (Y_\kappa - y_{\kappa\nu})(x_{j\kappa} - \bar{x}_j)\, b_j = 0$$

oder umgeordnet

$$(19.2.10) \qquad \sum_\kappa \sum_\nu \left[(Y_\kappa - y_{\kappa\nu}) \sum_j b_j (x_{j\kappa} - \bar{x}_j) \right] = 0 \ ,$$

eine Gleichung, die später oft gebraucht wird.

Gleichung (19.2.9a) lautet ausführlich mit dem Regressionsansatz für Y_κ

$$\sum_\kappa \sum_\nu \left[\left(\sum_{i=0}^{p} b_i x_{i\kappa} \right) - y_{\kappa\nu} \right] x_{j\kappa} = 0$$

oder umgeordnet

$$\sum_{i=0}^{p} \left(\sum_\kappa x_{i\kappa} x_{j\kappa}\, n_\kappa \right) b_i = \sum_\kappa \sum_\nu y_{\kappa\nu} x_{j\kappa} \ .$$

Mit (19.2.3) und (19.2.4) wird aus der letzten Gleichung

$$(19.2.11) \qquad \sum_{i=0}^{p} b_i\, S_{ij} = S_{jy} \ ; \quad j = 0\,;\,1\,;\,2\,;\,\ldots\,;\,p \ .$$

Das ist ein System von (p+1) linearen Gleichungen für die b_i , das ausgeschrieben folgendermaßen lautet

$$b_0\, S_{00} + b_1\, S_{10} + \ldots + b_p\, S_{p0} = S_{0y} \ ;$$

$$b_0\, S_{01} + b_1\, S_{11} + \ldots + b_p\, S_{p1} = S_{1y} \ ;$$

$$(19.2.12) \qquad \vdots \qquad\quad \vdots \qquad\qquad \vdots \qquad\quad \vdots$$

$$b_0\, S_{0p} + b_1\, S_{1p} + \ldots + b_p\, S_{pp} = S_{py} \ .$$

Dabei ist

$$(19.2.13) \qquad S_{00} = \sum_\kappa x_{i0}\, x_{i0}\, n_\kappa = n \ .$$

Teilt man die erste Gleichung durch n , so hat man mit (19.2.3) und (19.2.4)

$$(19.2.14) \qquad b_0 + b_1 \bar{x}_1 + b_2 \bar{x}_2 + \ldots + b_p \bar{x}_p = \bar{y} \ .$$

Die Regressionsebene

$$(19.2.15) \qquad \sum_{i=0}^{p} b_i\, x_i = Y$$

geht demnach durch den Schwerpunkt $(\bar{x}_1\,;\,\bar{x}_2\,;\,\ldots\,;\,\bar{x}_p\,;\,\bar{y})$ der Meßreihe.

Es ist infolgedessen oft zweckmäßig, anstelle des Parameters b_0 ,

$$(19.2.16) \qquad b_0 = \bar{y} - \sum_{i=1}^{p} b_i \bar{x}_i \ ,$$

den Mittelwert $\bar{y}$ der Zielgröße zu wählen. Damit erscheint die Regressionsebene in der Gestalt

$$(19.2.17) \quad Y = \bar{y} + b_1(x_1 - \bar{x}_1) + \ldots + b_p(x_p - \bar{x}_p) \ .$$

Subtrahiert man von Gleichung (19.2.11) für $j \neq 0$ die mit $S_{0j}/n \equiv S_j/n$ multiplizierte erste Gleichung für $j = 0$, so fällt b_0 wegen $S_{00} = n$ heraus; es bleibt

$$\sum_{i=1}^{p} b_i S_{ij} - \frac{1}{n} \sum_{i=1}^{p} b_i S_i S_j = S_{jy} - \frac{S_y S_j}{n} \ .$$

Mit (19.2.5) und (19.2.6) wird daraus

$$(19.2.18) \quad \sum_{i=1}^{p} b_i s_{ij} = s_{jy} \ ; \quad j = 1 , 2 , \ldots , p \ ;$$

oder ausführlich aufgeschrieben

$$(19.2.19) \quad \begin{aligned} b_1 \, s_{11} + b_2 \, s_{21} + \ldots + b_p \, s_{p1} &= s_{1y} \ ; \\ b_1 \, s_{12} + b_2 \, s_{22} + \ldots + b_p \, s_{p2} &= s_{2y} \ ; \\ \vdots \qquad \vdots \qquad\qquad \vdots \qquad\quad \vdots \\ b_1 \, s_{1p} + b_2 \, s_{2p} + \ldots + b_p \, s_{pp} &= s_{py} \ . \end{aligned}$$

Die Reduktion des Systems (19.2.12) mit (p+1) Unbekannten b_0 , b_1 , $\ldots$, b_p auf das System (19.2.19) mit p Unbekannten b_1 , b_2 , $\ldots$, b_p lohnt sich für "kleine" Werte von p , etwa für $p = 2$ oder 3 . Für $p > 4$ wird man im allgemeinen ein Rechengerät zur Lösung der Gleichungen einsetzen, so daß die beschriebene Vereinfachung dann nur geringe praktische Bedeutung hat.

Die Systeme (19.2.12) und (19.2.19) sind Systeme von sogenannten "Normalgleichungen" für die b_i . Die Matrix der Koeffizienten eines solchen Systems von Normalgleichungen ist positiv definit (wie hier ohne Beweis mitgeteilt wird).

Die weiteren Ueberlegungen knüpfen an das System (19.2.12) an. Bezeichnet man die Determinante der Koeffizienten S_{ij} mit D ,

$$(19.2.20) \quad D = \begin{vmatrix} S_{00} & S_{10} & \cdots & S_{p0} \\ \vdots & \vdots & & \vdots \\ S_{0p} & S_{1p} & \cdots & S_{pp} \end{vmatrix} \neq 0 \ ,$$

und die Adjunkte des Elements S_{ij} in D mit D_{ij} , dann hat das System (19.2.12) die Lösung

$$(19.2.21) \qquad b_i = \frac{1}{D} \sum_{j=0}^{p} D_{ij} \, S_{jy} \; .$$

Die Lösung (19.2.21) existiert,wenn die Determinante D der S_{ij} nicht verschwindet, $D \neq 0$. Die Determinante D hängt nur von den S_{ij} ab, d.h. von der Wahl der Meßstellen $x_{i\kappa}$ für $\kappa = 1 \, ; \, 2 \, ; \, \ldots \, ; \, k$. Liegen diese Meßstellen nicht in einer Hyperebene des p-dimensionalen Raumes der x_i , was vorausgesetzt werden soll, so ist $D \neq 0$. Der Beweis ergibt sich folgendermaßen. Wenn es keine Hyperebene im p-dimensionalen Meßraum gibt, in der die Meßstellen $x_{i\kappa}$ liegen, so sind die k Gleichungen

$$\sum_{i=0}^{p} b_i \, x_{i\kappa} = 0 \quad , \quad \kappa = 1 \, ; \, 2 \, ; \, \ldots \, ; \, k$$

nur für $b_i = 0$ erfüllt.

Multipliziert man die (19.2.11) zugeordnete homogene Gleichung

$$\sum_{i=0}^{p} b_i \, S_{ij} = 0 \qquad \text{für } j = 0 \, ; \, 1 \, ; \, \ldots \, ; \, p$$

mit b_j und summiert über alle j , so kommt

$$\sum_{i=0}^{p} \sum_{j=0}^{p} b_i \, b_j \, S_{ij} = 0 \; .$$

Mit (19.2.3) wird daraus

$$\sum_{i=0}^{p} \sum_{j=0}^{p} b_i \, b_j \sum_{\kappa=1}^{k} x_{i\kappa} \, x_{j\kappa} \, n_\kappa = 0$$

oder umgeordnet

$$\sum_{\kappa=1}^{k} n_\kappa \Big(\sum_{i=0}^{p} b_i \, x_{i\kappa} \Big) \Big(\sum_{j=0}^{p} b_j \, x_{j\kappa} \Big) = \sum_{\kappa=1}^{k} n_\kappa \Big(\sum_{i=0}^{p} b_i \, x_{i\kappa} \Big)^2 = 0 \; .$$

Da eine Summe von quadrierten Ausdrücken A_κ^2 nur dann verschwinden kann, wenn alle $A_\kappa = 0$ sind, so hat man

$$A_\kappa = \sum_{i=0}^{p} b_i \, x_{i\kappa} = 0 \; .$$

Wenn es nun keine Hyperebene der oben genannten Eigenschaft gibt, so folgt aus der letzten Gleichung $b_i = 0$, d.h. das homogene System

$$\sum_{i=0}^{p} b_i \, S_{ij} = 0$$

hat in diesem Falle nur die triviale Lösung $b_i = 0$. Dann ist aber $D \neq 0$, und die Lösung des inhomogenen Systems (19.2.11) ,

$$\sum_{i=0}^{p} b_i \, S_{ij} = S_{jy} \; ,$$

existiert. Mit

(19.2.22) $D_{ij}/D = c_{ij}$

gilt

(19.2.23) $b_i = \sum\limits_{j=0}^{p} c_{ij}\, S_{jy}$; $i = 0 ; 1 ; \ldots ; p$.

Die Matrix der c_{ij} ist zur Matrix der S_{ij} invers. Man findet die c_{ij} als
Lösung der (p+1) Gleichungssysteme für $j = 0 ; 1 ; \ldots ; p$

$$c_{0j}\, S_{00} + c_{1j}\, S_{10} + \ldots + c_{pj}\, S_{p0} = 0 \;,$$

$$c_{0j}\, S_{01} + c_{1j}\, S_{11} + \ldots + c_{pj}\, S_{p1} = 0 \;,$$

(19.2.24)

$$c_{0j}\, S_{0j} + c_{1j}\, S_{1j} + \ldots + c_{pj}\, S_{pj} = 1 \;,$$

$$c_{0j}\, S_{0p} + c_{1j}\, S_{1p} + \ldots + c_{pj}\, S_{pp} = 0 \;,$$

wobei auf der rechten Seite stets Nullen stehen, mit Ausnahme der Gleichung
Nr. j .

Bis zu p = 3 kann man die Lösung aus einem System von drei linearen
Gleichungen (19.2.19) mit drei Unbekannten b_1 , b_2 und b_3 nach einem
der bekannten Verfahren "von Hand" berechnen. Ist p > 3 , so wird man die
Matrix (c_{ij}) aus der Matrix (S_{ij}) mit Hilfe eines Rechengeräts bestimmen.

19.3 Mittelwerte, Varianzen und Kovarianzen von $\bar{y}, b_i$ und b_j

Bei der Herleitung der Varianzen und Kovarianzen der Regressionsfaktoren $(b_i ; b_j)$ kann man, ähnlich wie im Abschnitt 18.3 , von der gemeinsamen Verteilung der Stichprobenparameter $(\bar{y} ; b_i$ für $i = 1 ; 2 ; \ldots$
$\ldots ; p ; s^2)$ ausgehen. Man findet dann für die b_i eine p-dimensionale Normalverteilung, deren Kenntnis an dieser Stelle jedoch nicht vorausgesetzt
werden soll. Deshalb wird im folgenden ein anderer Weg zur Ermittlung der
Varianzen und Kovarianzen eingeschlagen, auf dem man die gesuchten Größen unmittelbar findet.

Die Summen S_{ij} sind nach (19.2.3) nur von den Werten $(x_{i\varkappa} ; x_{j\varkappa})$ abhängig. Bei einer Wiederholung der Versuchsreihe mit den gleichen Werten

$x_{i\kappa}$ der Einflußgröße x_i und gleicher Wiederholungszahl n_κ haben die Hilfsgrößen S_i , S_{ii} , S_{ij} , D , D_{ij} und c_{ij} <u>feste</u> Werte. Nach (19.2.23) und (19.2.4) gilt für die b_i

$$(19.3.1) \quad b_i = \sum_{j=0}^{p} \sum_{\kappa=1}^{k} \sum_{\nu=1}^{n_\kappa} c_{ij} \, x_{j\kappa} y_{\kappa\nu} \; .$$

Da b_i linear von $y_{\kappa\nu}$ abhängt, so sind mit $y_{\kappa\nu}$ auch die Faktoren b_i bei Wiederholung der Versuchsreihe <u>normal verteilt.</u> Im folgenden werden die Mittelwerte $M\{b_i\}$, die Varianzen $V\{b_i\}$ und die Kovarianzen $C\{b_i;b_j\}$ zwischen b_i und b_j berechnet.

Nach dem Regressionsansatz ist

$$(19.3.2) \quad \sum_{i=0}^{p} \beta_i \, x_{i\kappa} = \eta_\kappa \; .$$

Multipliziert man diese Gleichung mit $x_{j\kappa} n_\kappa$ und summiert über κ , so findet man mit (19.2.3)

$$(19.3.3) \quad \sum_{i=0}^{p} \beta_i \, S_{ij} = \sum_{\kappa=1}^{k} x_{j\kappa} \eta_\kappa n_\kappa = S_{j\eta} \; ; \quad j = 0 , 1 , \ldots , p \; ;$$

wobei die rechte Seite entsprechend zu (19.2.4) mit $S_{j\eta}$ bezeichnet worden ist. Aus (19.2.4) folgt für S_{jy}

$$M\{S_{jy}\} = \sum_{\kappa} \sum_{\nu} x_{j\kappa} \, M\{y_{\kappa\nu}\} \; .$$

Aus (19.1.1) und (19.3.2) hat man

$$M\{y_{\kappa\nu}\} = \sum_{i=0}^{p} \beta_i \, x_{i\kappa} = \eta_\kappa \; .$$

Damit gilt

$$(19.3.4) \quad M\{S_{jy}\} = \sum_{\kappa=1}^{k} x_{j\kappa} \eta_\kappa n_\kappa = S_{j\eta} \; .$$

$S_{j\eta}$ ist der Mittelwert von S_{jy} bei wiederholter Durchführung der Versuchsreihe.

Nach (19.3.3) genügen die β_i einem linearen Gleichungssystem mit der Determinante D aus (19.2.20) . Die Lösung lautet infolgedessen entsprechend zu (19.2.21)

$$(19.3.5) \quad \beta_i = \frac{1}{D} \sum_{j=0}^{p} D_{ij} \, S_{j\eta} \; .$$

Geht man in (19.2.21) zu den Mittelwerten über, so findet man mit (19.3.4)

$$M\{b_i\} = \frac{1}{D} \sum_{j=0}^{p} D_{ij} \, S_{j\eta}$$

und mit (19.3.5)

(19.3.6) $M\{b_i\} = \beta_i$.

Für die Differenz $(b_i - \beta_i)$ gilt

(19.3.7) $D(b_i - \beta_i) = \sum\limits_{\alpha=0}^{p} D_{i\alpha}(S_{\alpha y} - S_{\alpha \eta})$.

Dabei ist

$$S_{\alpha y} - S_{\alpha \eta} = \sum\limits_{\kappa=1}^{k} \sum\limits_{\nu=1}^{n_\kappa} x_{\alpha\kappa}(y_{\kappa\nu} - \eta_\kappa) = \sum\limits_{\kappa} \sum\limits_{\nu} x_{\alpha\kappa} \epsilon_{\kappa\nu} .$$

Führt man den Mittelwert $\bar\epsilon_\kappa$ des Versuchsfehlers an der Stelle $(x_{1\kappa} \; ; \; x_{2\kappa} \; ;$

$\ldots \; ; \; x_{p\kappa})$ ein,

(19.3.8) $\sum\limits_{\nu=1}^{n_\kappa} \epsilon_{\kappa\nu} = n_\kappa \bar\epsilon_\kappa$,

dann ist

(19.3.9) $S_{\alpha y} - S_{\alpha \eta} = \sum\limits_{\kappa} x_{\alpha\kappa} \bar\epsilon_\kappa n_\kappa = R_\alpha$.

Damit hat man

(19.3.10) $D(b_i - \beta_i) = \sum\limits_{\alpha=0}^{p} D_{i\alpha} R_\alpha$.

Entsprechend gilt

$$D(b_j - \beta_j) = \sum\limits_{\beta=0}^{p} D_{j\beta} R_\beta .$$

Das Produkt der letzten beiden Gleichungen wird

$$D^2(b_i - \beta_i)(b_j - \beta_j) = \sum\limits_{\alpha} \sum\limits_{\beta} D_{i\alpha} D_{j\beta} R_\alpha R_\beta .$$

Geht man in dieser Gleichung zu den Mittelwerten über, so findet man

(19.3.11) $D^2 C\{b_i \; ; \; b_j\} = \sum\limits_{\alpha} \sum\limits_{\beta} D_{i\alpha} D_{j\beta} M\{R_\alpha R_\beta\}$.

Aus (19.3.9) folgt zunächst

$$R_\alpha R_\beta = \left(\sum\limits_{\kappa} x_{\alpha\kappa} \bar\epsilon_\kappa n_\kappa \right)\left(\sum\limits_{\lambda} x_{\beta\lambda} \bar\epsilon_\lambda n_\lambda \right) = \sum\limits_{\kappa} \sum\limits_{\lambda} x_{\alpha\kappa} x_{\beta\lambda} n_\kappa n_\lambda \bar\epsilon_\kappa \bar\epsilon_\lambda .$$

Da

$$M\{\bar\epsilon_\kappa \bar\epsilon_\lambda\} = \begin{cases} 0 & \text{für } \kappa \neq \lambda , \\[2ex] M\{\bar\epsilon_\kappa^2\} = V\{\bar\epsilon_\kappa\} = \sigma^2/n_\kappa & \text{für } \kappa = \lambda \end{cases}$$

ist, so wird der Mittelwert mit (19.2.3)

(19.3.12) $M\{R_\alpha R_\beta\} = \sum\limits_{\kappa} x_{\alpha\kappa} x_{\beta\kappa} n_\kappa \sigma^2 = \sigma^2 S_{\alpha\beta}$.

Aus (19.3.11) folgt damit für die Kovarianz

$$D^2 \, C\{b_i \, ; \, b_j\} = \sigma^2 \sum_\alpha D_{i\alpha} \left(\sum_\beta D_{j\beta} S_{\alpha\beta} \right) \, .$$

In der Summe $\sum_\beta D_{j\beta} S_{\alpha\beta}$ werden bei festem α die Elemente $S_{\alpha\beta}$ einer Spalte von D mit den Adjunkten $D_{j\beta}$ einer anderen Spalte multipliziert. Für $\alpha = j$ ist das Ergebnis D ; für $\alpha \neq j$ ist das Ergebnis 0 . Damit folgt aus der letzten Gleichung

$$D^2 \, C\{b_i \, ; \, b_j\} = \sigma^2 \, D_{ij} \, D$$

oder mit (19.2.22)

$$(19.3.13) \quad C\{b_i \, ; \, b_j\} = (D_{ij}/D) \, \sigma^2 = c_{ij} \, \sigma^2 \, .$$

Für $j = i$ liefert die letzte Gleichung

$$(19.3.14) \quad V\{b_i\} = c_{ii} \, \sigma^2 \, .$$

Im folgenden wird noch die Kovarianz zwischen dem Mittelwert $\bar{y}$ und den Regressionsfaktoren b_i berechnet. Aus (19.2.14) folgt mit $\bar{x}_0 \equiv 1$

$$(19.3.15) \quad M\{\bar{y}\} = \sum_{j=0}^{p} \beta_j \, \bar{x}_j = \bar{\eta} \, .$$

Infolgedessen wird

$$\bar{y} - \bar{\eta} = \sum_{j=0}^{p} (b_j - \beta_j) \, \bar{x}_j \, .$$

Mit b_j ist auch $\bar{y}$ bei Wiederholung der Versuchsreihe <u>normal verteilt</u>. Multipliziert man die letzte Gleichung mit $(b_i - \beta_i)$ und geht zu den Mittelwerten über, so findet man

$$C\{\bar{y} \, ; \, b_i\} = \sum_{j=0}^{p} \bar{x}_j \, M\{(b_i - \beta_i)(b_j - \beta_j)\}$$

oder

$$C\{\bar{y} \, ; \, b_i\} = \sum_{j=0}^{p} \bar{x}_j \, C\{b_i \, ; \, b_j\} \, .$$

Mit (19.3.13) wird daraus

$$C\{\bar{y} \, ; \, b_i\} = \frac{\sigma^2}{D} \sum_{j=0}^{p} \bar{x}_j \, D_{ij} \, .$$

Nach (19.2.3) ist $\bar{x}_j = S_{j0}/n$ und damit

$$(19.3.16) \quad C\{\bar{y} \, ; \, b_i\} = \frac{\sigma^2}{n \, D} \sum_{j=0}^{p} S_{0j} \, D_{ij} \, .$$

Für $i = 0$ werden die Elemente S_{0j} in Spalte 0 der Determinante D mit ihren eigenen Adjunkten D_{0j} multipliziert. Infolgedessen hat die Summe den

Wert D und es gilt

$$(19.3.17) \quad C\{\bar{y} ; b_0\} = \frac{\sigma^2}{n} \; .$$

Für $i \neq 0$ werden die Elemente S_{0j} der Spalte 0 mit den Adjunkten D_{ij} einer anderen Spalte (i) multipliziert. Dann verschwindet die Summe und es gilt

$$(19.3.18) \quad C\{\bar{y} ; b_i\} = 0 \qquad \text{für} \quad i = 1 ; 2 ; \ldots ; p \; .$$

Da die Kovarianz zwischen den normal verteilten Zufallsgrößen $\bar{y}$ und b_i (für $1 \leq i \leq p$) verschwindet, sind $\bar{y}$ und b_i unabhängig voneinander.

19.4 Die Zerlegung der S.d.q.A.

Die Summe der quadrierten Abweichungen insgesamt,

$$(19.4.1) \quad \sum_{\varkappa} \sum_{\nu} (y_{\varkappa\nu} - \bar{y})^2 = s_{yy} \quad \text{mit } n-1 \text{ Freiheitsgraden,}$$

wird in ähnlicher Weise wie im Abschnitt 18.2 aufgespalten. Zunächst folgt aus der Zerlegung

$$(19.4.2) \quad y_{\varkappa\nu} - \bar{y} = (y_{\varkappa\nu} - \bar{y}_{\varkappa}) + (\bar{y}_{\varkappa} - \bar{y})$$

genau wie dort die Beziehung

$$(19.4.3) \quad s_{yy} = \sum_{\varkappa} \sum_{\nu} (y_{\varkappa\nu} - \bar{y}_{\varkappa})^2 + \sum_{\varkappa} (\bar{y}_{\varkappa} - \bar{y})^2 n_{\varkappa} \; .$$

Die erste Teilsumme auf der rechten Seite der letzten Gleichung ist die S.d.q.A. der Meßwerte $y_{\varkappa\nu}$ bezüglich der <u>empirischen Regressionsfläche</u> $\bar{y}_{\varkappa} = \bar{y}(x_{1\varkappa} ; x_{2\varkappa} ; \ldots ; x_{p\varkappa})$. Die S.d.q.A. insgesamt besteht aus zwei Anteilen, der S.d.q.A. <u>innerhalb</u> der k "Gruppen" mit $(n-k)$ Freiheitsgraden und der S.d.q.A. <u>zwischen</u> den Gruppenmittelwerten $\bar{y}_{\varkappa}$ mit $(k-1)$ Freiheitsgraden. Die empirische Regressionsfläche wird im folgenden nicht weiter untersucht.

Zerlegt man die Abweichung $(y_{\varkappa\nu} - \bar{y})$ des Meßwerts $y_{\varkappa\nu}$ vom Gesamtmittelwert $\bar{y}$ nach der Gleichung

$$(19.4.4) \quad y_{\varkappa\nu} - \bar{y} = (y_{\varkappa\nu} - Y_{\varkappa}) + (Y_{\varkappa} - \bar{y}) \; ,$$

so beziehen sich die Abweichungen $(y_{\varkappa\nu} - Y_{\varkappa})$ auf die <u>geschätzte Regressionsebene</u> (19.2.17)

$$(19.4.5) \quad Y = \bar{y} + \sum_{i=1}^{p} b_i(x_i - \bar{x}_i) \; .$$

Für die Zerlegung (19.4.4) findet man

$$(19.4.6) \quad (y_{\kappa\nu} - \bar{y})^2 = (y_{\kappa\nu} - Y_\kappa)^2 + (Y_\kappa - \bar{y})^2 + 2(y_{\kappa\nu} - Y_\kappa)(Y_\kappa - \bar{y}) \ .$$

Das gemischte Produkt läßt sich mit (19.4.5) umformen zu

$$2(y_{\kappa\nu} - Y_\kappa) \left[\sum_{i=1}^{p} b_i(x_{i\kappa} - \bar{x}_i) \right] \ .$$

Summiert man über κ und ν, so wird die Summe

$$S = 2 \sum_\kappa \sum_\nu \left[(y_{\kappa\nu} - Y_\kappa) \sum_{i=1}^{p} b_i(x_{i\kappa} - \bar{x}_i) \right] = 0 \ ,$$

wie man aus (19.2.10) erkennt. Bei der Summation über κ und ν in Gleichung (19.4.6) liefern die gemischten Glieder wegen $S = 0$ keinen Beitrag. Es bleibt demnach die Zerlegung

$$(19.4.7) \quad s_{yy} = \sum_\kappa \sum_\nu (y_{\kappa\nu} - Y_\kappa)^2 + \sum_\kappa (Y_\kappa - \bar{y})^2 n_\kappa \ .$$

Die erste Teilsumme der rechten Seite ist die S.d.q.A. der Meßwerte $y_{\kappa\nu}$ um die geschätzte Regressionsebene. Sie hat nach (19.2.9a) genau $n-(p+1)$ Freiheitsgrade. Setzt man $(y_{\kappa\nu} - Y_\kappa) = e_{\kappa\nu}$, dann ist

$$(19.4.8) \quad \sum_\kappa \sum_\nu (y_{\kappa\nu} - Y_\kappa)^2 = \sum_\kappa \sum_\nu e_{\kappa\nu}^2 = s_{ee} \quad \text{mit} \quad f\{s_{ee}\} = n-p-1 \ .$$

Die zweite Teilsumme der rechten Seite von (19.4.7) ist die S.d.q.A. der Rechenwerte Y_κ bezüglich ihres Mittelwerts $\bar{Y} = \bar{y}$. Man setzt

$$s_{YY} = \sum_\kappa (Y_\kappa - \bar{y})^2 n_\kappa \ .$$

Mit (19.4.5) wird

$$\begin{aligned}
s_{YY} &= \sum_\kappa n_\kappa \left[\sum_{i=1}^{p} b_i(x_{i\kappa} - \bar{x}_i) \right]^2 \\
&= \sum_\kappa n_\kappa \left[\sum_i b_i(x_{i\kappa} - \bar{x}_i) \right] \left[\sum_j b_j(x_{j\kappa} - \bar{x}_j) \right] \\
&= \sum_\kappa n_\kappa \left[\sum_i \sum_j b_i b_j(x_{i\kappa} - \bar{x}_i)(x_{j\kappa} - \bar{x}_j) \right] \\
&= \sum_i \sum_j b_i b_j \underbrace{\sum_\kappa n_\kappa (x_{i\kappa} - \bar{x}_i)(x_{j\kappa} - \bar{x}_j)}_{s_{ij}}
\end{aligned}$$

oder

$$(19.4.9) \quad s_{YY} = \sum_\kappa (Y_\kappa - \bar{y})^2 n_\kappa = \sum_{i=1}^{p} \sum_{j=1}^{p} b_i b_j s_{ij} \quad \text{mit} \quad f\{s_{YY}\} = p \ .$$

s_{YY} ist mit $f\{s_{YY}\} = p$ Freiheitsgraden (für die b_i) ausgestattet.

Die Zerlegungsgleichung (19.4.7) lautet mit (19.4.8) und (19.4.9)

$$(19.4.10) \qquad s_{yy} = s_{ee} + s_{YY} \; .$$

Die S.d.q.A. insgesamt s_{yy} besteht aus zwei Anteilen: der S.d.q.A. s_{ee} der Meßwerte $y_{\varkappa\nu}$ um die Rechenwerte $Y_{\varkappa}$ und der S.d.q.A. der Rechenwerte $Y_{\varkappa}$ um ihren Mittelwert $\overline{Y} = \overline{y}$. Der Anteil s_{YY} ist nach (19.4.9) vollständig durch den linearen Zusammenhang zwischen der Zielgröße Y und den p Einflußgrößen x_i erklärt; der "nicht erklärte" Rest s_{ee} liefert einen Schätzwert für die "Versuchsvarianz". In diese Varianz gehen nicht nur alle "Meßfehler" ϵ ein, sondern auch die Differenzen zwischen der "wahren" Hypothese $\eta = \varphi(x_1 ; x_2 ; \ldots ; x_p)$ und der "Modellhypothese"

$$\eta = \beta_0 + \sum_{i=1}^{p} \beta_i x_i \; ,$$

falls die letztere nicht gilt.

Erklärt man das beobachtete <u>Bestimmtheitsmaß</u> $\hat{B}_L$ für den linearen Zusammenhang (L) zwischen y und x durch

$$(19.4.11) \qquad \hat{B}_L = \frac{s_{YY}}{s_{yy}} \; ,$$

dann gilt wie in (18.2.20)

$$(19.4.12) \qquad s_{ee} = s_{yy}(1 - \hat{B}_L) \; .$$

Ein Hinweis für die Rechentechnik ist nützlich. Der Zähler s_{YY} von $\hat{B}_L$ läßt sich umgestalten zu

$$s_{YY} = \sum_{i=1}^{p} \sum_{j=1}^{p} b_i \, b_j \, s_{ij} = \sum_{i=1}^{p} b_i \left(\sum_{j=1}^{p} b_j \, s_{ij} \right)$$

oder mit (19.2.18)

$$(19.4.13) \qquad s_{YY} = \sum_{i=1}^{p} b_i \, s_{iy} \; .$$

Das Bestimmtheitsmaß $\hat{B}_L$ hat demnach die Form

$$(19.4.14) \qquad \hat{B}_L = \frac{s_{YY}}{s_{yy}} = \frac{\sum\limits_{i=1}^{p} b_i \, s_{iy}}{s_{yy}} \; .$$

Da die Zahl der Freiheitsgrade für s_{ee} nur $(n-p-1)$ beträgt, so wird die Varianz der Meßwerte $y_{\varkappa\nu}$ um die Regressionsebene

$$(19.4.15) \qquad \frac{1}{n-p-1} \sum_{\varkappa} \sum_{\nu} (y_{\varkappa\nu} - Y_{\varkappa})^2 = s^2 \; .$$

Daß s^2 ein erwartungstreuer Schätzwert der Versuchsvarianz σ^2 ist, wenn die Modellhypothese des <u>linearen</u> Zusammenhanges gilt, wird im folgenden nachgewiesen. Für den Stichprobenwert s^2 gilt dann

$$(19.4.16) \quad (n-p-1)\, s^2/\sigma^2 = \chi_f^2$$

mit $f = n-p-1$, falls die Zielgröße y linear von den p Einflußgrößen x_i abhängig ist.

Zum Nachweis, daß $M\{s^2\} = \sigma^2$ ist, geht man von der Zerlegung

$$y_{\kappa\nu} - Y_\kappa = (y_{\kappa\nu} - \eta_\kappa) - (Y_\kappa - \eta_\kappa)$$

aus. Dann ist

$$(19.4.17) \quad \sum_\kappa \sum_\nu (y_{\kappa\nu} - Y_\kappa)^2 = \underbrace{\sum_\kappa \sum_\nu (y_{\kappa\nu} - \eta_\kappa)^2}_{A_1} + \underbrace{\sum_\kappa (Y_\kappa - \eta_\kappa)^2 \, n_\kappa}_{A_2}$$

$$- \underbrace{2 \sum_\kappa \sum_\nu (y_{\kappa\nu} - \eta_\kappa)(Y_\kappa - \eta_\kappa)}_{A_3} \; .$$

Die drei Summen auf der rechten Seite seien A_1, A_2 und A_3. Im folgenden werden ihre Mittelwerte berechnet. Aus

$$y_{\kappa\nu} = \sum_{i=0}^{p} \beta_i\, x_{i\kappa} + \epsilon_{\kappa\nu}$$

und

$$(19.4.18) \quad \eta_\kappa = \sum_{i=0}^{p} \beta_i\, x_{i\kappa}$$

folgt

$$(19.4.19) \quad y_{\kappa\nu} - \eta_\kappa = \epsilon_{\kappa\nu}$$

und

$$A_1 = \sum_\kappa \sum_\nu \epsilon_{\kappa\nu}^2 \; .$$

Der Mittelwert von A_1 wird demnach

$$M\{A_1\} = \sum_\kappa \sum_\nu M\{\epsilon_{\kappa\nu}^2\}$$

oder mit $M\{\epsilon_{\kappa\nu}^2\} = V\{\epsilon_{\kappa\nu}\} = \sigma^2$

$$(19.4.20) \quad M\{A_1\} = n\, \sigma^2 \; .$$

Aus

$$Y_\kappa = \sum_{i=0}^{p} b_i\, x_{i\kappa}$$

und (19.4.18) folgt

$$(19.4.21) \qquad Y_\kappa - \eta_\kappa = \sum_{i=0}^{p} (b_i - \beta_i)\, x_{i\kappa}$$

und damit

$$A_2 = \sum_\kappa \left[\sum_{i=0}^{p} (b_i - \beta_i)\, x_{i\kappa} \right] \left[\sum_{j=0}^{p} (b_j - \beta_j)\, x_{j\kappa} \right] n_\kappa$$

$$= \sum_{i=0}^{p} \sum_{j=0}^{p} \sum_\kappa (b_i - \beta_i)(b_j - \beta_j)\, x_{i\kappa} x_{j\kappa} n_\kappa \ .$$

Der Mittelwert von A_2 wird

$$M\{A_2\} = \sum_{i=0}^{p} \sum_{j=0}^{p} \sum_\kappa x_{i\kappa} x_{j\kappa} n_\kappa\, M\{(b_i - \beta_i)(b_j - \beta_j)\} \ .$$

Mit (19.3.13) und (19.2.3) wird daraus

$$(19.4.22) \qquad M\{A_2\} = \sum_{i=0}^{p} \sum_{j=0}^{p} S_{ij}\, (D_{ij}/D)\, \sigma^2 \ .$$

Bei festem i gilt $\sum_{j=0}^{p} D_{ij}\, S_{ij} = D$ und damit

$$(19.4.23) \qquad M\{A_2\} = (p+1)\, \sigma^2 \ .$$

Für A_3 hat man mit (19.4.19) und (19.4.21) schließlich

$$A_3 = \sum_\kappa \sum_\nu \left[\sum_{i=0}^{p} (b_i - \beta_i)\, x_{i\kappa} \right] \epsilon_{\kappa\nu}$$

oder nach Summation über ν

$$A_3 = \sum_{i=0}^{p} \sum_{\kappa=1}^{k} (b_i - \beta_i)\, x_{i\kappa} n_\kappa \bar{\epsilon}_\kappa \ .$$

Setzt man hier nach (19.3.10) und (19.3.9)

$$D(b_i - \beta_i) = \sum_{j=0}^{p} D_{ij}\, R_j = \sum_{j=0}^{p} D_{ij} \left(\sum_\lambda x_{j\lambda}\, n_\lambda\, \bar{\epsilon}_\lambda \right)$$

$$= \sum_{j=0}^{p} \sum_{\lambda=1}^{k} D_{ij}\, x_{j\lambda}\, n_\lambda\, \bar{\epsilon}_\lambda$$

ein, so wird

$$A_3 = \sum_{i=0}^{p} \sum_{j=0}^{p} \sum_{\kappa=1}^{k} \sum_{\lambda=1}^{k} (D_{ij}/D)\, x_{i\kappa} x_{j\lambda}\, n_\kappa n_\lambda\, \bar{\epsilon}_\kappa \bar{\epsilon}_\lambda \ .$$

Mit

$$M\{\bar{\epsilon}_\kappa \bar{\epsilon}_\lambda\} = \begin{cases} 0 & \text{für } \kappa \neq \lambda \ , \\ \sigma^2/n_\kappa & \text{für } \kappa = \lambda \ , \end{cases}$$

wird der Mittelwert von A_3

$$M\{A_3\} = \sum_{i=0}^{p} \sum_{j=0}^{p} (D_{ij}/D) \left(\sum_\kappa x_{i\kappa} x_{j\kappa} n_\kappa \right) \sigma^2 \ .$$

oder mit (19.2.3) und (19.4.22)

$$(19.4.24) \quad M\{A_3\} = \sum_{i=0}^{p} \sum_{j=0}^{p} (D_{ij}/D)\, S_{ij}\, \sigma^2 = M\{A_2\} \ .$$

Setzt man die Mittelwerte der Summen A_1, A_2 und A_3 in (19.4.17) ein, so findet man schließlich

$$(19.4.25) \quad M\left\{ \sum_{\kappa} \sum_{\nu} (y_{\kappa\nu} - Y_\kappa)^2 \right\} = M\{s_{ee}\} = (n-p-1)\, \sigma^2 \ .$$

In der Tat ist danach

$$(19.4.26) \quad M\{s^2\} = \sigma^2 \ ,$$

was zu beweisen war.

19.5 Das Testen von Hypothesen bei mehrfacher Regression

(a) Die Hypothese des linearen Zusammenhanges zwischen y und den p Einflußgrößen x_i .

Diese Hypothese H_1 liegt dem benutzten Modell (19.1.1) zugrunde. Zum Testen benötigt man die Erwartungswerte von

$$(19.5.1) \quad \sum_{\kappa} (\bar{y}_\kappa - Y_\kappa)^2\, n_\kappa = Q_1$$

und

$$(19.5.2) \quad \sum_{\kappa} \sum_{\nu} (y_{\kappa\nu} - \bar{y}_\kappa)^2 = Q_2 \ .$$

Aus der Zerlegung von $e_{\kappa\nu}$,

$$e_{\kappa\nu} = (y_{\kappa\nu} - Y_\kappa) = (y_{\kappa\nu} - \bar{y}_\kappa) + (\bar{y}_\kappa - Y_\kappa) \ ,$$

folgt durch Quadrieren und Summieren über ν und κ wegen $\sum_{\nu} (y_{\kappa\nu} - \bar{y}_\kappa) = 0$

$$(19.5.3) \quad s_{ee} = \sum_{\kappa} \sum_{\nu} (y_{\kappa\nu} - Y_\kappa)^2 = Q_1 + Q_2 \ .$$

Der Mittelwert von Q_2 wird

$$M\{Q_2\} = \sum_{\kappa} M\left\{ \sum_{\nu=1}^{n_\kappa} (y_{\kappa\nu} - \bar{y}_\kappa)^2 \right\}$$

$$= \sum_{\kappa} (n_\kappa - 1)\, V\{y_{\kappa\nu}\} = \sum_{\kappa} (n_\kappa - 1)\, \sigma^2$$

oder

$$(19.5.4) \quad M\{Q_2\} = (n - k)\, \sigma^2 \ .$$

Geht man in (19.5.3) zu den Mittelwerten $M\{\ \}$ über, so findet man mit (19.4.25) und (19.5.4)

$$(n-p-1)\ \sigma^2 = M\{Q_1\} + (n-k)\ \sigma^2 \ .$$

Daraus folgt

$$(19.5.5) \quad M\{Q_1\} = (k-p-1)\ \sigma^2 \ .$$

Der Quotient

$$(19.5.6) \quad Q_1/(k-p-1) = \frac{\sum\limits_{\varkappa} (\overline{y}_\varkappa - Y_\varkappa)^2\ n_\varkappa}{k-p-1}$$

schätzt demnach σ^2 mit $f_1 = (k-p-1)$ Freiheitsgraden. Dieser Schätzwert ist <u>von der zu testenden Hypothese</u> des linearen Zusammenhanges zwischen den Einflußgrößen x_i und der Zielgröße y <u>abhängig,</u> da er mit Hilfe der <u>Rechenwerte</u> $Y_\varkappa$ bestimmt wird. Nur wenn die Hypothese gilt, daß y von den x_i <u>linear</u> abhängt, ist $M\{Q_1/f_1\} = \sigma^2$.

In dem Quotienten

$$(19.5.7) \quad Q_2/(n-k) = \frac{\sum\limits_{\varkappa} \sum\limits_{\nu} (y_{\varkappa\nu} - \overline{y}_\varkappa)^2}{n-k}$$

hat man einen zweiten Schätzwert für σ^2 mit $f_2 = (n-k)$ Freiheitsgraden, der <u>unabhängig von der zu testenden Hypothese</u> ist, da die Rechenwerte $Y_\varkappa$ <u>nicht</u> in die Berechnung von Q_2 eingehen, sondern nur die Beobachtungen $y_{\varkappa\nu}$. Wenn die Hypothese des linearen Zusammenhanges gilt, so genügt die Prüfgröße

$$(19.5.8) \quad Q = \frac{Q_1/(k-p-1)}{Q_2/(n-k)} = F(k-p-1\ ;\ n-k)$$

einer F-Verteilung mit

$$(19.5.9) \quad f_1 = k-p-1 \quad \text{und} \quad f_2 = n-k$$

Freiheitsgraden. Man verwirft die Hypothese des linearen Zusammenhanges, wenn die Prüfgröße Q aus (19.5.8) den Schwellenwert $F_{1-\alpha}$ der F-Verteilung übersteigt, also für

$$(19.5.10) \quad \frac{Q_1/(k-p-1)}{Q_2/(n-k)} > F_{1-\alpha}(f_1\ ;\ f_2) \ .$$

Wird die Hypothese H_1 <u>nicht</u> verworfen, so findet man den besten Schätzwert für die Versuchsvarianz σ^2 mit $(n-p-1)$ Freiheitsgraden aus Gleichung (19.4.16) .

Wird die Hypothese H_1 <u>verworfen,</u> so berechnet man den Schätzwert für die Versuchsvarianz mit $(n-k)$ Freiheitsgraden aus $Q_2/(n-k)$. In dem Falle muß man für den Zusammenhang $y(x)$ einen anderen Ansatz versuchen. Man kann beispielsweise die Transformationsfunktionen (19.1.7) $x_i = f_i(z_i)$ ändern, oder man kann weitere Einflußgrößen x_{p+1} , ... zu den vorhandenen hinzunehmen.

(b) Test der Hypothese $\beta_i = \beta_i^*$.

Um die Verträglichkeit eines beobachteten Koeffizienten b_i mit einem vorgeschriebenen Wert β_i^* zu testen, geht man auf (19.3.6) und (19.3.14) zurück. Wenn die Hypothese $\beta_i = \beta_i^*$ gilt, dann ist

$$(19.5.11) \qquad \frac{b_i - \beta_i^*}{\sqrt{c_{ii}}\ \sigma} = u$$

standardisiert normal. Die Prüfgröße

$$(19.5.12) \qquad \frac{b_i - \beta_i^*}{\sqrt{c_{ii}}\ s} = t_f = t_{n-p-1}$$

genügt danach einer t-Verteilung, wobei die Zahl f der Freiheitsgrade für t und s^2 übereinstimmt. Die Entscheidung wird nach der folgenden Uebersicht getroffen

	Gegenhypothese	Die Hypothese $\beta_i = \beta_i^*$ wird verworfen für	
		Prüfgröße	Schwellenwert
(19.5.13)	$\beta_i > \beta_i^*$ (einseitig)	$\dfrac{b_i - \beta_i^*}{\sqrt{c_{ii}}\ s} >$	$t_{f;1-\alpha}$
	$\beta_i < \beta_i^*$ (einseitig)	$\dfrac{b_i - \beta_i^*}{\sqrt{c_{ii}}\ s} <$	$-t_{f;1-\alpha}$
	$\beta_i \neq \beta_i^*$ (zweiseitig)	$\dfrac{\lvert b_i - \beta_i^* \rvert}{\sqrt{c_{ii}}\ s} >$	$t_{f;1-(\alpha/2)}$
	Die Zahl der Freiheitsgrade für t ist $f = n-p-1$.		

Der Sonderfall $\beta_i^* = 0$ testet die Hypothese: Die Zielgröße y ist von der Einflußgröße x_i nicht abhängig.

(c) Vergleich zweier Regressionsfaktoren $\beta_i^{(1)}$ und $\beta_j^{(2)}$.

Aus zwei Proben der Größe n_1 bzw. n_2 hat man einen Schätzwert $b_i^{(1)}$ für $\beta_i^{(1)}$ bzw. $b_j^{(2)}$ für $\beta_j^{(2)}$ berechnet. Unabhängig von der Numerierung soll den Koeffizienten $\left[\beta_i^{(1)} ; b_i^{(1)}\right]$ der ersten Versuchsreihe und den Koeffizienten $\left[\beta_j^{(2)} ; b_j^{(2)}\right]$ der zweiten Versuchsreihe <u>dieselbe</u> Einflußgröße $x_i^{(1)} \equiv x_j^{(2)}$ zugeordnet sein. Die Versuchsvarianz sei in beiden Fällen die gleiche, $\sigma_1^2 = \sigma_2^2 = \sigma^2$. Es ist zu testen, ob die beobachteten Werte $\left[b_i^{(1)} ; b_j^{(2)}\right]$ mit der Hypothese $\beta_i^{(1)} = \beta_j^{(2)}$ verträglich sind oder nicht. Aus

$$(19.5.14) \quad M\left\{b_i^{(1)}\right\} = M\left\{b_j^{(2)}\right\}$$

und

$$(19.5.15) \quad V\left\{b_i^{(1)}\right\} = c_{ii}^{(1)} \sigma^2 \quad ; \quad V\left\{b_j^{(2)}\right\} = c_{jj}^{(2)} \sigma^2$$

folgen für die Differenz

$$(19.5.16) \quad d = b_j^{(2)} - b_i^{(1)}$$

die Gleichungen

$$(19.5.17) \quad M\left\{d\right\} = 0 \quad \text{und} \quad V\left\{d\right\} = \sigma_d^2 = \left[c_{ii}^{(1)} + c_{jj}^{(2)}\right] \sigma^2 .$$

Der Quotient $d/\sigma_d = u$ ist standardisiert normal. Die Varianzen σ^2 und σ_d^2 werden geschätzt durch

$$(19.5.18) \quad s^2 = \frac{f_1 s_1^2 + f_2 s_2^2}{f_1 + f_2}$$

und

$$(19.5.19) \quad s_d^2 = \left[c_{ii}^{(1)} + c_{jj}^{(2)}\right] \frac{f_1 s_1^2 + f_2 s_2^2}{f_1 + f_2} ,$$

wobei nach (19.4.16)

$$(19.5.20) \quad f_1 = n_1 - p_1 - 1 \quad \text{bzw.} \quad f_2 = n_2 - p_2 - 1$$

die dem Schätzwert s_1^2 bzw. s_2^2 zugeordnete Zahl der Freiheitsgrade ist. Die Zahl der Freiheitsgrade für s^2 bzw. s_d^2 ist demnach

$$(19.5.21) \quad f = f_1 + f_2 = (n_1 + n_2) - (p_1 + p_2 + 2) .$$

Die Prüfgröße

$$(19.5.22) \quad \frac{d}{s_d} = \frac{d/\sigma_d}{s_d/\sigma_d} = \frac{u}{\sqrt{s^2/\sigma^2}} = \frac{u}{\sqrt{\chi^2/f}} = t_f$$

Die Entscheidung über die Hypothese $\beta_i^{(1)} = \beta_j^{(2)}$ wird nach der folgenden Uebersicht getroffen.

<table>
<tr><td rowspan="2">Gegenhypothese</td><td colspan="2">Die Hypothese $\beta_i^{(1)} = \beta_j^{(2)}$ wird verworfen für</td></tr>
<tr><td>Prüfgröße</td><td>Schwellenwert</td></tr>
<tr><td>$\beta_j^{(2)} > \beta_i^{(1)}$
(einseitig)</td><td>$\dfrac{b_j^{(2)} - b_i^{(1)}}{s_d} >$</td><td>$t_{f;1-\alpha}$</td></tr>
<tr><td>$\beta_j^{(2)} < \beta_i^{(1)}$
(einseitig)</td><td>$\dfrac{b_j^{(2)} - b_i^{(1)}}{s_d} <$</td><td>$-t_{f;1-\alpha}$</td></tr>
<tr><td>$\beta_j^{(2)} \neq \beta_i^{(1)}$
(zweiseitig)</td><td>$\dfrac{\left|b_j^{(2)} - b_i^{(1)}\right|}{s_d} >$</td><td>$t_{f;1-(\alpha/2)}$</td></tr>
<tr><td colspan="3">s_d aus Gleichung (19.5.19) ; $f = (n_1+n_2)-(p_1+p_2+2)$.</td></tr>
</table>

(19.5.23)

(d) Test der Hypothese: y ist von $x_{q+1}, x_{q+2}, \ldots, x_p$ nicht abhängig oder $\beta_{q+1} = \beta_{q+2} = \ldots = \beta_p = 0$.

Der Test setzt voraus, daß die Hypothese eines linearen Zusammenhanges zwischen y und den x_i gilt. Er sollte demnach nur angewendet werden, wenn diese Hypothese nach (19.5.10) nicht verworfen wird.

Man führt die Rechnung zweimal durch, zunächst wie bisher mit den Einflußgrößen $(x_1 ; x_2 ; \ldots ; x_q ; x_{q+1} ; \ldots ; x_p)$ und ein zweites Mal mit den Einflußgrößen $(x_1 ; x_2 ; \ldots ; x_q)$, wobei $(x_{q+1} ; x_{q+2} ; \ldots ; x_p)$ außer Betracht bleiben. Die Hilfsgrößen und Schätzwerte der zweiten Rechnung werden durch einen Strich $(\ )'$ gekennzeichnet.

Das lineare Gleichungssystem zur Berechnung der b_i', $i = 1, 2, \ldots, q$, hat bei der zweiten Rechnung die Matrix der Koeffizienten S_{ij}' mit

$$(19.5.24) \quad S_{ij}' = \sum_{\kappa=1}^{k} x_{i\kappa} x_{j\kappa} n_\kappa = S_{ij} \ ; \ i ; j = 0 ; 1 ; 2 ; \ldots ; q ;$$

und die rechten Seiten

$$(19.5.25) \quad S_{iy}' = \sum_{\kappa=1}^{k} \sum_{\nu=1}^{n_\kappa} x_{i\kappa} y_{\kappa\nu} = S_{iy} \ ; \ i = 0 ; 1 ; 2 ; \ldots ; q .$$

Entsprechend zu (19.2.21) wird die Lösung

$$(19.5.26) \qquad b_i' = \frac{1}{D'} \sum_{j=0}^{q} D_{ij}' \, S_{jy}' = \sum_{j=0}^{q} c_{ij}' \, S_{jy}' \ ,$$

wobei die Matrix der c_{ij}' zur Matrix der S_{ij}' invers ist. Die zugehörige Regressionsfunktion lautet nach (19.2.15)

$$(19.5.27) \qquad Y' = \sum_{i=0}^{q} b_i' \, x_i \ .$$

Sie liefert die k Rechenwerte

$$(19.5.28) \qquad Y_\varkappa' = \sum_{i=0}^{q} b_i' \, x_{i\varkappa} \ ; \quad \varkappa = 1 \, ; \, 2 \, ; \, \dots \, ; \, k \ .$$

Für die Versuchsvarianz σ^2 findet man bei der zweiten Rechnung den Schätzwert

$$(19.5.29) \qquad s'^2 = \frac{1}{n-q-1} \sum_{\varkappa=1}^{k} \sum_{\nu=1}^{n_\varkappa} (y_{\varkappa\nu} - Y_\varkappa')^2$$

mit $f' = n-q-1$ Freiheitsgraden. Dabei gilt entsprechend zu (19.4.25)

$$(19.5.30) \qquad M\left\{ \sum_\varkappa \sum_\nu (y_{\varkappa\nu} - Y_\varkappa')^2 \right\} = (n-q-1)\,\sigma^2 \ .$$

Die Differenz ΔS der beiden Summen,

$$\sum_\varkappa \sum_\nu (y_{\varkappa\nu} - Y_\varkappa')^2 - \sum_\varkappa \sum_\nu (y_{\varkappa\nu} - Y_\varkappa)^2 = \Delta S \ ,$$

hat mit (19.5.30) und (19.4.25) den Mittelwert

$$(19.5.31) \qquad M\{\Delta S\} = (n-q-1)\,\sigma^2 - (n-p-1)\,\sigma^2 = (p-q)\,\sigma^2 \ .$$

Infolgedessen ist der Quotient $\Delta S/(p-q)$ ein Schätzwert für σ^2 mit $(p-q)$ Freiheitsgraden, wenn die Hypothese $\beta_{q+1} = \beta_{q+2} = \dots = \beta_p = 0$ gilt. Dann genügt aber die Prüfgröße

$$(19.5.32a) \qquad Q = \frac{\Delta S/(p-q)}{s^2} = F$$

einer F-Verteilung mit $f_1 = (p-q)$ und $f_2 = (n-p-1)$ Freiheitsgraden. Ist die Hypothese $\beta_{q+1} = \dots = \beta_p$ falsch, so wird die S.d.q.A. aus (19.5.29), $(n-q-1)\,s'^2$, signifikant zu groß, da man bei der zweiten Rechnung mindestens eine wirklich vorhandene Einflußgröße x_{q+1} oder x_{q+2} oder $\dots$ oder x_p weggelassen hat. Man verwirft die Hypothese demnach, wenn die Prüfgröße Q aus (19.5.32a) den Schwellenwert $F_{1-\alpha}$ der F-Verteilung überschreitet, also für

$$(19.5.32b) \qquad \frac{(n-q-1)\,s'^2 - (n-p-1)\,s^2}{(p-q)\,s^2} > F_{1-\alpha}(f_1 \, ; \, f_2) \ ,$$

wobei $f_1 = p-q$ und $f_2 = n-p-1$ ist.

(e) Vertrauensbereiche für die Modellparameter .

Der Vertrauensbereich zur Sicherheit S = 1-ß für den Regressionsfaktor $ß_i$ folgt unmittelbar aus (19.5.12) zu

$$(19.5.33) \qquad b_i - \sqrt{c_{ii}} \; s \; t_{f;1-(ß/2)} \; \le \; ß_i \; \le \; b_i + \sqrt{c_{ii}} \; s \; t_{f;1-(ß/2)}$$

mit f = n-p-1 .

Der Vertrauensbereich zur Sicherheit S = 1-ß für die Versuchsvarianz σ^2 folgt unmittelbar aus (19.4.16) zu

$$(19.5.34) \qquad \frac{(n-p-1)\; s^2}{\chi^2_{f;1-(ß/2)}} \; \le \; \sigma^2 \; \le \; \frac{(n-p-1)\; s^2}{\chi^2_{f;ß/2}}$$

mit f = n-p-1 .

Zur Berechnung des Vertrauensbereichs für $\eta = M\{y\} = M\{Y\}$ bestimmt man zunächst die Varianz von Y bei vorgegebenen Werten der Einflußgrößen, also für

$$(19.5.35) \qquad x_0 \equiv 1 \; ; \; x_1 = x_1' \; ; \; x_2 = x_2' \; ; \; \dots \; ; \; x_p = x_p' \; .$$

Dabei ist $P'(x_0 \equiv 1 \; ; \; x_1 = x_1' \; ; \; \dots \; ; \; x_p = x_p')$ ein beliebiger Punkt aus dem untersuchten Bereich der Einflußgrößen x_i . Aus

$$Y' = \sum_{i=0}^{p} b_i \, x_i' \qquad \text{und} \qquad \eta' = \sum_{i=0}^{p} ß_i \, x_i'$$

folgt

$$Y' - \eta' = \sum_{i=0}^{p} (b_i - ß_i) \, x_i'$$

und

$$(Y' - \eta')^2 = \left[\sum_{i=0}^{p} (b_i - ß_i) \, x_i' \right] \left[\sum_{j=0}^{p} (b_j - ß_j) \, x_j' \right]$$

oder

$$(Y' - \eta')^2 = \sum_i \sum_j (b_i - ß_i)(b_j - ß_j) \, x_i' \, x_j' \; .$$

Der Mittelwert wird mit (19.3.13)

$$M\{(Y' - \eta')^2\} = V\{Y'\} = \sum_i \sum_j x_i' \, x_j' \, c_{ij} \; \sigma^2 \; .$$

Erklärt man die Hilfsgröße A durch

$$(19.5.36) \qquad \sum_{i=0}^{p} \sum_{j=0}^{p} x_i' \, x_j' \, c_{ij} = A \; ,$$

dann gilt bei festen $x_i = x_i'$

$$(19.5.37) \qquad V\{Y'\} = A \; \sigma^2 \; .$$

Infolgedessen ist

$$\frac{Y' - \eta'}{\sqrt{A'}\ \sigma} = u$$

standardisiert normal ; und

$$(19.5.38)\qquad \frac{Y' - \eta'}{\sqrt{A'}\ s} = t_f$$

genügt einer t–Verteilung mit f = n–p–1 Freiheitsgraden. Damit wird der
Vertrauensbereich für η' zur Sicherheit S = 1–ß

$$(19.5.39)\qquad Y' - \sqrt{A'}\ s\ t_{f;1-(ß/2)} \ \leqq\ \eta'\ \leqq\ Y' + \sqrt{A'}\ s\ t_{f;1-(ß/2)}$$

mit f = n–p–1 . Dieser Bereich enthält bei gegebenen Werten $x_i = x_i'$ der
Einflußgrößen x_i die wahren Regressionswerte $\eta = \sum_{i=0}^{p} ß_i\, x_i$. Die Aussage
gilt nur für x–Werte aus dem untersuchten Bereich.

Setzt man Y' nach (19.2.17) in die Gestalt

$$Y' = \bar{y} + \sum_{i=1}^{p} b_i(x_i' - \bar{x}_i)\ ,$$

indem man den Regressionsfaktor b_0 eliminiert, so gilt für den zugehörigen
Mittelwert

$$M\{Y'\} = \eta' = \bar{\eta} + \sum_{i=1}^{p} ß_i(x_i' - \bar{x}_i)\ ,$$

wobei $\bar{\eta}$ durch (19.3.15) erklärt ist. Es wird

$$Y' - \eta' = (\bar{y} - \bar{\eta}) + \sum_{i=1}^{p} (x_i' - \bar{x}_i)(b_i - ß_i)$$

und

$$(Y' - \eta')^2 = \left[(\bar{y} - \bar{\eta}) + \sum_{i=1}^{p} (x_i' - \bar{x}_i)(b_i - ß_i) \right]$$
$$\text{mal} \left[(\bar{y} - \bar{\eta}) + \sum_{j=1}^{p} (x_j' - \bar{x}_j)(b_j - ß_j) \right].$$

Geht man in dieser Gleichung zu den Mittelwerten über und beachtet, daß
hier alle Kovarianzen zwischen $\bar{y}$ und b_i nach (19.3.18) verschwinden,
da i ; j $\neq$ 0 ist, so findet man

$$V\{Y'\} = V\{\bar{y}\} + \sum_{i=1}^{p}\sum_{j=1}^{p} (x_i' - \bar{x}_i)(x_j' - \bar{x}_j)\, C\{b_i ; b_j\}\ .$$

Nach (19.2.4) ist $V\{\bar{y}\} = \sigma^2/n$; nach (19.3.13) ist $C\{b_i ; b_j\} = c_{ij}\sigma^2$.
Infolgedessen wird

$$V\{Y'\} = \frac{\sigma^2}{n} + \sum_{i=1}^{p}\sum_{j=1}^{p} (x_i' - \bar{x}_i)(x_j' - \bar{x}_j)\, c_{ij}\sigma^2\ .$$

Die Doppelsumme der rechten Seite ist eine positiv definite quadratische
Form, die –abgesehen vom Schwerpunkt $(x_i = \bar{x}_i)$ der Einflußgrößen –

im ganzen Versuchsraum der x_i nicht verschwindet. Die Behauptung folgt aus der Tatsache, daß mit der Matrix der Koeffizienten s_{ij} in (19.2.19) auch die inverse Matrix der c_{ij} positiv definit ist.

Vergleicht man die letzte Gleichung mit (19.5.37) , so ist ersichtlich, daß man A auch in der Gestalt

$$(19.5.40) \quad A = \frac{1}{n} + \sum_{i=1}^{p} \sum_{j=1}^{p} (x_i' - \bar{x}_i)(x_j' - \bar{x}_j)\, c_{ij}$$

schreiben kann. Diese Form entspricht der Gleichung (18.4.24) bei einfacher Regression. Sie zeigt, daß der Zufallsbereich für Y' bei gegebenem $\eta(x_0' \equiv 1\, ;\, x_1 = x_1'\, ;\, \ldots\, ;\, x_p = x_p') = \eta'$ und der Vertrauensbereich für η' bei gegebenem $Y(x_0' \equiv 1\, ;\, x_1 = x_1'\, ;\, \ldots\, ;\, x_p = x_p') = Y'$ am Schwerpunkt $x_i' = \bar{x}_i$, (i = 1 , 2 , ... , p) , der x-Werte am engsten ist. Mit wachsendem Abstand vom Schwerpunkt werden die Bereiche mit $\sqrt{A}$ breiter.

<u>(f) Toleranzgrenzen und –bereiche für die Meßwerte $y_{\varkappa\nu}$ bei gegebenen $x_i = x_i'$.</u>

Einseitige Toleranzgrenzen.

Bei festem Wertetupel $(x_1 = x_1'\, ;\, \ldots\, ;\, x_p = x_p')$ gilt für die Meßwerte $y_{\varkappa\nu}$

$$(19.5.41) \quad M\{y\} = \eta \quad \text{und} \quad V\{y\} = \sigma^2 .$$

Für die Rechenwerte Y hat man

$$(19.5.42) \quad M\{Y\} = \eta \quad ; \quad V\{Y\} = A\,\sigma^2 ,$$

wobei man A aus (15.9.36) oder (15.9.40) entnimmt. Mit Hilfe des Wertepaars (Y ; s) soll der Bereich

$$(19.5.43) \quad -\infty < y \leqq Y + ks$$

(einseitig nach oben) so abgegrenzt werden, daß in diesem Bereich mit der Wahrscheinlichkeit $S = 1-\alpha$ mindestens der Anteil $A_{min} = 1-\gamma$ der Meßwerte y zu erwarten ist. Gesucht wird der zur Abgrenzung erforderliche Faktor k .

Aus Abb. 18.5.1 folgt ebenso wie dort zur Bestimmung von k die Gleichung

$$(19.5.44) \quad \eta + u_{1-\gamma}\,\sigma = \zeta - u_{1-\alpha}\,\sigma_z \, ;$$

dabei hat $z = Y + ks$ für $n \gtrless 10$ den Mittelwert

$$(19.5.45) \quad M\{z\} = \zeta = \eta + k\,\sigma .$$

Da der Rechenwert $Y = \sum_{i=0}^{p} b_i x_i$ bei gegebenen $x_i = x_i'$ allein durch das Wertetupel $\left[b_0 ; b_1 ; \dots ; b_p \right]$ bestimmt wird, und da die Zufallsgrößen b_i und s^2 unabhängig voneinander verteilt sind, so sind auch Y und s^2 bzw. Y und s unabhängig voneinander. Infolgedessen wird die Varianz von $z = Y + ks$

$$V\{z\} = V\{Y\} + k^2 V\{s\}$$

oder mit (19.5.37) und (8.6.18)

$$(19.5.46) \quad V\{z\} = \sigma_z^2 = A\,\sigma^2 + k^2 \frac{\sigma^2}{2(n-p-1)} \ .$$

Setzt man ζ und σ_z aus (19.5.45) und (19.5.46) in (19.5.44) ein, so fallen η und σ aus der entstehenden Gleichung heraus. Es bleibt zur Bestimmung des Faktors k

$$(19.5.47) \quad k - u_{1-\gamma} = u_{1-\alpha} \sqrt{A + \frac{k^2}{2(n-p-1)}} \ .$$

Diese quadratische Gleichung für k hat die Lösung

$$(19.5.48a) \quad k_T = \frac{\sqrt{2(n-p-1)}}{2(n-p-1) - u_{1-\alpha}^2} \left[u_{1-\gamma} \sqrt{2(n-p-1)} + u_{1-\alpha} W_n \right],$$

wobei W_n die Wurzel

$$(19.5.48b) \quad W_n = \sqrt{u_{1-\gamma}^2 + A\left[2(n-p-1) - u_{1-\alpha}^2 \right]}$$

bedeutet.

Der auf Grund einer Versuchsreihe der Größe n mit Hilfe von Y und s an der Stelle $x_i = \text{konst} = x_i'$ abgegrenzte Bereich

$$- \infty < y \leqq Y + k_T s$$

enthält mit der Wahrscheinlichkeit $S = 1-\alpha$ mindestens den Anteil $A_{\min} = 1 - \gamma$ der Meßwerte y.

Ersichtlich ist bei gegebener Zahl p von Einflußgrößen k_T eine Funktion von n, α, γ und x_i', $k_T = k(n ; \alpha ; \gamma ; x_i')$.

Mit dem gleichen Faktor k_T kann man auch <u>einseitig nach unten</u> einen Bereich

$$(19.5.49) \quad Y - k_T s \leqq y < \infty$$

abgrenzen, der die gleiche Eigenschaft hat.

Zweiseitig abgegrenzter Toleranzbereich.

Der Bereich

$$(19.5.50) \quad Y - K s \leqq y \leqq Y + K s$$

um die Rechenwerte Y ist so abzugrenzen, daß er mit der Wahrscheinlichkeit $S = 1-\alpha$ mindestens den Anteil $A_{min} = 1-\gamma$ der Meßwerte enthält. Dazu muß man nach den Ueberlegungen im Abschnitt 18.5 die der Stelle $(x_0' \equiv 1 \; ; x_1 = x_1' \; ; \ldots \; ; x_p = x_p')$ zugeordnete fiktive Probenzahl n' aus der Beziehung

$$\frac{\sigma^2}{n'} = V\{Y\} = A \, \sigma^2$$

bestimmen, wobei A die in Gleichung (19.5.36) bzw. (19.5.40) erklärte Hilfsgröße darstellt. Es wird mit (19.5.36)

$$(19.5.51) \quad n' = \frac{1}{A} = \frac{1}{\sum\limits_{i=0}^{p} \sum\limits_{j=0}^{p} x_i' \, x_j' \, c_{ij}} \quad .$$

Zu $n' = n'(x_0' \equiv 1 \; ; x_1' \; ; x_2' \; ; \ldots \; ; x_p')$ und $(1-\gamma)$ bestimmt man den Faktor $r(n' \; ; 1-\gamma)$; zu $f = n-p-1$ und $(1-\alpha)$ bestimmt man den Faktor $v(n-p-1; 1-\alpha)$, wie es im Abschnitt 13.4 erläutert wurde. Dann ist der gesuchte Abgrenzungsfaktor

$$(19.5.52) \quad K = v(n-p-1 \; ; 1-\alpha) \; r(n' \; ; 1-\gamma) \; .$$

19.6 Der Sonderfall gleicher Versuchszahl innerhalb der Gruppen

Macht man an allen k Meßstellen des "Versuchsbereichs" der x_i die gleiche Zahl $n_\varkappa = $ konst $= n_0$ von Beobachtungen, dann ist die Gesamtzahl der Messungen

$$(19.6.1) \quad n = k \, n_0 \; .$$

In diesem Sonderfall nehmen die nur von den x_i abhängigen Hilfsgrößen aus Gleichung (19.2.3) und (19.2.5) die Gestalt an

$$S_i \; = \; n_0 \sum_\kappa x_{i\kappa} \; = \; n_0 \, S_i^* \; = \; n(S_i^*/k) \; ,$$

$$S_{ii} \; = \; n_0 \sum_\kappa x_{i\kappa}^2 \; = \; n_0 \, S_{ii}^* \; = \; n(S_{ii}^*/k) \; ,$$

$$(19.6.2) \qquad S_{ij} \; = \; n_0 \sum_\kappa x_{i\kappa} x_{j\kappa} \; = \; n_0 \, S_{ij}^* \; = \; n(S_{ij}^*/k) \; ,$$

$$s_{ii} \; = \; n_0 \left[S_{ii}^* - \frac{1}{k}(S_i^*)^2 \right] \; = \; n_0 \, s_{ii}^* \; = \; n(s_{ii}^*/k) \; ,$$

$$s_{ij} \; = \; n_0 \left[S_{ij}^* - \frac{1}{k} S_i^* S_j^* \right] \; = \; n_0 \, s_{ij}^* \; = \; n(s_{ij}^*/k) \; .$$

Die durch k geteilten Hilfsgrößen (S_i^*/k) , usw. sind von n völlig und von k nahezu unabhängig, wenn man $k \geq 5$ Meßstellen <u>gleichförmig über den Versuchsbereich</u> $a_i \leq x_i \leq b_i$ verteilt. Alle Hilfsgrößen S_i , S_{ii} , S_{ij} , s_{ii} und s_{ij} enthalten den Faktor n .

Bezeichnet man die Determinante der durch k geteilten Summen (S_{ij}^*/k) mit D^* ,

$$(19.6.3) \qquad D^* = \left\| \, S_{ij}^*/k \, \right\| \; ,$$

und die Adjunkte des Elements (S_{ij}^*/k) in D^* mit D_{ij}^* , so folgt aus (19.2.20) mit (19.6.2)

$$(19.6.4) \qquad D \; = \; \left\| \, S_{ij} \, \right\| = \left\| \, n(S_{ij}^*/k) \, \right\| = n^{p+1} \left\| \, S_{ij}^*/k \, \right\| = n^{p+1} \, D^* \; ,$$

da man aus jeder der $(p+1)$ Spalten (oder Zeilen) von D den allen Elementen gemeinsamen Faktor n herausziehen kann.

Entsprechend findet man

$$(19.6.5) \qquad D_{ij} \; = \; n^p \, D_{ij}^* \; .$$

Damit werden die für Varianzen und Kovarianzen der Regressionskoeffizienten b_i maßgebenden Faktoren c_{ij} aus Gleichung (19.2.22)

$$(19.6.6) \qquad c_{ij} \; = \; \frac{D_{ij}}{D} \; = \; \frac{1}{n} \, \frac{D_{ij}^*}{D^*} \; = \; \frac{1}{n} \, c_{ij}^* \; .$$

Die Faktoren c_{ij}^* sind von n völlig und für $k \geq 5$ von k nahezu unabhängig, wenn man die k Meßstellen x_i in der beschriebenen Weise gleichförmig auf den Versuchsbereich verteilt.

Der <u>Vertrauensbereich</u> (19.5.33) für β_i wird bei der Einführung der c_{ij}^*

$$(19.6.7) \qquad b_i - t_{f;1-(\beta/2)} \frac{s}{\sqrt{n}} \sqrt{c_{ii}^*} \; \leq \; \beta_i \; \leq \; b_i + t_{f;1-(\beta/2)} \frac{s}{\sqrt{n}} \sqrt{c_{ii}^*} \; .$$

Die zur Berechnung der Vertrauens- und Toleranzbereiche erforderliche Hilfsgröße $A = \sum_i \sum_j c_{ij}\, x_i'\, x_j'$ wird

$$(19.6.8) \qquad A = \frac{1}{n} \sum_{i=0}^{p} \sum_{j=0}^{p} c_{ij}^{*}\, x_i'\, x_j' = \frac{1}{n}\, A^{*} \ .$$

Damit hat man als <u>Vertrauensbereich</u> (19.5.40) für η an der Stelle $x_i = x_i'$

$$(19.6.9) \qquad Y' - t_{f;1-(\beta/2)}\, \frac{s}{\sqrt{n}}\, \sqrt{A^{*}} \leqq \eta \leqq Y' + t_{f;1-(\beta/2)}\, \frac{s}{\sqrt{n}}\, \sqrt{A^{*}} \ .$$

Die bei der Berechnung der Toleranzbereiche für y auftretende Wurzel W_n der Gleichung (19.5.48b),

$$(19.6.10) \qquad W_n = \sqrt{u_{1-\gamma}^{2} + (A^{*}/n)\left[\, 2(n-p-1) - u_{1-\alpha}^{2}\, \right]} \ ,$$

strebt mit wachsendem Versuchsaufwand n gegen den Grenzwert

$$(19.6.11) \qquad W = \sqrt{u_{1-\gamma}^{2} + 2\,A^{*}} \ .$$

Aus den Gleichungen (19.6.7) und (19.6.9) erkennt man, daß die Vertrauensbereiche sich bei sonst festen Verhältnissen mit $1/\sqrt{n}$ verengen, und daß der zur Abgrenzung der Toleranzbereiche erforderliche Faktor k_T' für große Versuchszahlen n aus der Gleichung

$$(19.6.12) \qquad k_T' \approx u_{1-\gamma} + \frac{u_{1-\alpha}}{\sqrt{2n}}\, \sqrt{u_{1-\gamma}^{2} + 2\,A^{*}}$$

berechnet werden darf. Diese Ergebnisse sind aus den früher hergeleiteten Gleichungen nicht ersichtlich.

19.7 Ein Beispiel zur mehrfachen Regression

Walzzeit in Abhängigkeit von Walzgut, Blockgewicht und Kantenlänge. [1]

Die (auf eine Tonne) bezogene Walzzeit $y\left[\mathrm{min/t}\right]$ auf einer Blockstraße ist im wesentlichen von drei Einflußgrößen abhängig: der Festigkeit des Walzgutes, dem Blockgewicht und der Kantenlänge des Endquerschnitts, auf den man auswalzt. Da man das eingesetzte Walzgut im praktischen Betrieb in drei "Walzschwierigkeitsgruppen" aufteilt, wird diese Unterteilung übernom-

---

1) Das Beispiel ist in Anlehnung an die Arbeit von H. Wellnitz und H. Wege: Der Einsatz der technischen Statistik bei Zeitvorgaben (Arch. Eisenhüttenwes. 25 , 1954 , S. 499) entstanden.

men. Zur Quantifizierung dieses qualitativen Merkmals werden den drei Gruppen bei wachsender Schwierigkeit die Werte $z_1 = 0$; 1 und 2 beigelegt. Ferner wird (versuchsweise) angenommen, daß die bezogene Walzzeit (unter sonst gleichen Verhältnissen) linear mit der "Walzschwierigkeit" z_1 wächst.

Da bei kleinerem Blockgewicht in der gleichen Zeitspanne geringere Mengen des Walzgutes durchgesetzt werden, so gehören zu kleinen Blockgewichten große Walzzeiten und umgekehrt. Infolgedessen setzt man die bezogene Walzzeit verhältnisgleich zum Kehrwert $(1/z_2)$ des Blockgewichts. Die Gewichte z_2 sind in den Betriebsaufschreibungen in vier Gruppen festgehalten, die durch die "mittleren Werte" $z_2 = 4,6$; $3,7$; $1,8$ und $1,3$ gekennzeichnet werden.

Die wichtigste Einflußgröße ist der zu walzende Endquerschnitt. Je kleiner der Endquerschnitt, um so größer ist die erforderliche Walzzeit. Die Walzzeit wird (versuchsweise) verhältnisgleich zum Kehrwert $(1/z_3)$ der "Endkantenlänge" angesetzt. $\left[\text{Ein ebenfalls möglicher Ansatz wäre } y \sim 1/z_3^2.\right]$

Nach der Neugestaltung der Walzenstraße wird vermutet, daß die bezogenen Walzzeiten für kleine Endquerschnitte kürzer als vorher sind, so daß es notwendig ist, die Vorgabezeiten für diese Endquerschnitte neu festzusetzen.

Das Ziel der Untersuchung ist, aus den Betriebsaufschreibungen (nach der Umstellung der Walzenstraße) eine Regressionsformel zur Berechnung der neuen Walzzeiten aufzustellen.

Nach den gewählten Ansätzen ist die mittlere Walzzeit durch die Gleichung

$$M\{y\} = \beta_0 + \beta_1 z_1 + \beta_2 (1/z_2) + \beta_3 (1/z_3)$$

mit den drei Einflußgrößen z_1, z_2 und z_3 verknüpft.
Mit

$$z_1 \equiv x_1 \quad ; \quad \frac{1}{z_2} \equiv x_2 \quad ; \quad \frac{1}{z_3} \equiv x_3$$

wird der Ansatz linearisiert zu

$$M\{y\} = \beta_0 + \beta_1 x_1 + \beta_2 x_2 + \beta_3 x_3 \ .$$

Die weiteren, im Ansatz nicht erfaßten Einflußgrößen bewirken nach aller Erfahrung, daß auch die übrigen Voraussetzungen des Modells (19.1.1) (Normalverteilung des Zufallsanteils ϵ) erfüllt sind.

Betriebsaufschreibungen nach der Umstellung geben die $n = k = 3 \cdot 4 \cdot 6 = 72$ bezogenen Walzzeiten $y_\varkappa$ [min/t] der Zahlentafel 19.7.1 .

Zahlentafel 19.7.1								
Meßwerte $y_\varkappa$								
		z_3 Kanten-länge	1,15	1,30	1,40	1,60	1,65	1,70
		z_2 $\left[10^2 mm\right]$						
Walz-schwie-rigkeit	x_1	Block-gewicht [t] $\quad$ x_2 $\qquad x_3$	0,8696	0,7692	0,7143	0,6250	0,6061	0,5882
I	0	4,6 $\quad$ 0,217	1,09	1,04	0,90	0,86	0,79	0,67
		3,7 $\quad$ 0,270	1,17	1,11	0,96	0,92	0,83	0,72
		1,8 $\quad$ 0,556	1,62	1,54	1,32	1,27	1,16	0,99
		1,3 $\quad$ 0,769	2,03	1,93	1,65	1,58	1,45	1,24
II	1	4,6 $\quad$ 0,217	1,29	1,23	1,06	1,02	0,93	0,80
		3,7 $\quad$ 0,270	1,37	1,31	1,13	1,08	0,99	0,85
		1,8 $\quad$ 0,556	1,84	1,77	1,51	1,45	1,32	1,15
		1,3 $\quad$ 0,769	2,21	2,12	1,82	1,75	1,58	1,37
III	2	4,6 $\quad$ 0,217	1,54	1,47	1,27	1,21	1,10	0,96
		3,7 $\quad$ 0,270	1,62	1,55	1,34	1,27	1,17	1,01
		1,8 $\quad$ 0,556	2,12	2,03	1,75	1,65	1,52	1,31
		1,3 $\quad$ 0,769	2,43	2,33	2,00	1,90	1,75	1,50

Mit $x_0 \equiv 1$, $n_\varkappa = 1$ für $\varkappa = 1 ; 2 ; \ldots ; k$ und $0 \leqq (i ; j) \leqq 3$ erhält man aus (19.2.3) und (19.2.4) die Hilfsgrößen

$$S_{0y} = 99,59 \; ; \; S_{1y} = 108,55 \; ; \; S_{2y} = 49,971 \; ; \; S_{3y} = 70,772$$

und die Matrix der S_{ij}, i, $j = 0$, 1, 2, 3,

$$(S_{ij}) = \begin{pmatrix} 72,0000 & 72,0000 & 32,6160 & 50,0688 \\ 72,0000 & 120,0000 & 32,6160 & 50,0688 \\ 32,6160 & 32,6160 & 18,3687 & 22,6812 \\ 50,0688 & 50,0688 & 22,6812 & 35,5447 \end{pmatrix} .$$

Die hierzu inverse Matrix (c_{ij}) ergibt sich als Lösung der Gleichungen
(19.2.24) zu

$$(c_{ij}) = \begin{pmatrix} 0,757\,122 & -0,020\,833 & -0,126\,047 & -0,956\,717 \\ -0,020\,833 & 0,020\,833 & 0,000\,000 & 0,000\,000 \\ -0,126\,047 & 0,000\,000 & 0,278\,268 & -0,000\,013 \\ -0,956\,717 & 0,000\,000 & -0,000\,013 & 1,375\,787 \end{pmatrix} .$$

Nach (19.2.23) folgen hiermit die Schätzwerte b_i für die Regressionskoeffizienten $ß_i$:

$$b_0 = -0,8671 \;, \quad b_1 = 0,1867 \;, \quad b_2 = 1,3514 \;, \quad b_3 = 2,0871 \;.$$

Für die mittlere Walzzeit ergibt sich somit nach (19.2.15) die Schätzfunktion

$$Y = -0,867 + 0,187\,z_1 + 1,351\,\frac{1}{z_2} + 2,087\,\frac{1}{z_3} \;.$$

Für die Walzschwierigkeitsgruppe II mit x_1 = konst = 1 ist der Verlauf
der Regressionsfunktion $Y = Y(x_2 \,;\, x_3 \,|\, x_1)$ bzw. $Y = Y(z_2 \,;\, z_3 \,|\, z_1)$ über
der Kantenlänge z_3 mit dem Blockgewicht z_2 als Parameter in Abb.
19.7.1 dargestellt. Ersichtlich passen sich die Regressionslinien den be-

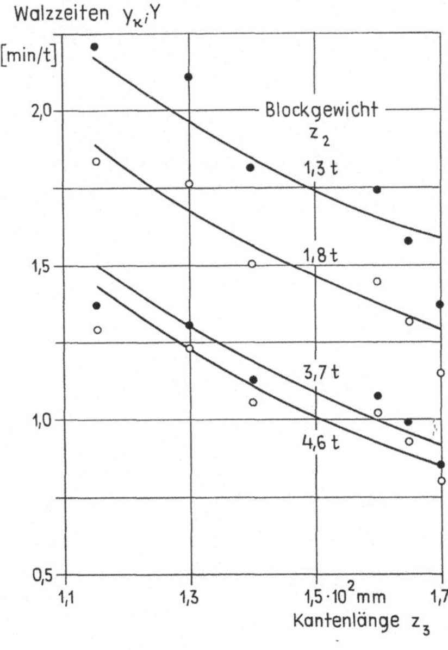

Abb. 19.7.1. Beobachtete Walzzeiten $y_\varkappa$ und Regressionsfunktion Y
abhängig von der Kantenlänge z_3 und dem Blockgewicht z_2 für die
Schwierigkeitsgruppe II .

obachteten Punktreihen gut an. Die Regressionsfunktion liefert die Rechen-

<table>
<tr><td colspan="9" align="center">Zahlentafel 19.7.2</td></tr>
<tr><td colspan="9" align="center">Rechenwerte Y_κ</td></tr>
<tr><td rowspan="2">Walz-
schwie-
rigkeit</td><td rowspan="2">x_1</td><td>z_2 z_3 Kanten-
länge
$[10^2 mm]$</td><td>1,15</td><td>1,30</td><td>1,40</td><td>1,60</td><td>1,65</td><td>1,70</td></tr>
<tr><td>Block-
gewicht
$[t]$ x_3
x_2</td><td>0,8696</td><td>0,7692</td><td>0,7143</td><td>0,6250</td><td>0,6061</td><td>0,5882</td></tr>
<tr><td rowspan="4">I</td><td rowspan="4">0</td><td>4,6   0,217</td><td>1,241</td><td>1,032</td><td>0,917</td><td>0,731</td><td>0,691</td><td>0,654</td></tr>
<tr><td>3,7   0,270</td><td>1,313</td><td>1,103</td><td>0,989</td><td>0,802</td><td>0,763</td><td>0,725</td></tr>
<tr><td>1,8   0,556</td><td>1,699</td><td>1,490</td><td>1,375</td><td>1,189</td><td>1,149</td><td>1,112</td></tr>
<tr><td>1,3   0,769</td><td>1,987</td><td>1,778</td><td>1,663</td><td>1,477</td><td>1,437</td><td>1,400</td></tr>
<tr><td rowspan="4">II</td><td rowspan="4">1</td><td>4,6   0,217</td><td>1,428</td><td>1,218</td><td>1,104</td><td>0,917</td><td>0,878</td><td>0,840</td></tr>
<tr><td>3,7   0,270</td><td>1,499</td><td>1,290</td><td>1,175</td><td>0,989</td><td>0,949</td><td>0,912</td></tr>
<tr><td>1,8   0,556</td><td>1,886</td><td>1,676</td><td>1,562</td><td>1,375</td><td>1,336</td><td>1,299</td></tr>
<tr><td>1,3   0,769</td><td>2,174</td><td>1,964</td><td>1,850</td><td>1,663</td><td>1,624</td><td>1,586</td></tr>
<tr><td rowspan="4">III</td><td rowspan="4">2</td><td>4,6   0,217</td><td>1,615</td><td>1,405</td><td>1,290</td><td>1,104</td><td>1,065</td><td>1,027</td></tr>
<tr><td>3,7   0,270</td><td>1,686</td><td>1,477</td><td>1,362</td><td>1,176</td><td>1,136</td><td>1,099</td></tr>
<tr><td>1,8   0,556</td><td>2,073</td><td>1,863</td><td>1,748</td><td>1,562</td><td>1,523</td><td>1,485</td></tr>
<tr><td>1,3   0,769</td><td>2,360</td><td>2,151</td><td>2,036</td><td>1,850</td><td>1,811</td><td>1,773</td></tr>
</table>

werte Y_κ der Zahlentafel 19.7.2 . Zur Probe bildet man die Summe S_Y der Rechenwerte Y_κ ,

$$S_Y = \sum_\kappa Y_\kappa = 99,588 \ .$$

Diese Summe muß mit der Summe S_y der Meßwerte y_κ ,

$$S_y = 99,59 \ ,$$

übereinstimmen, was mit $\Delta S = 2 \cdot 10^{-3}$ ausreichend genau der Fall ist. Für den Schätzwert s^2 der Varianz σ^2 der Meßwerte y_κ um die Regressionsfläche gilt nach (19.4.15) mit $\nu \equiv 1$

$$(n-p-1) \, s^2 = \sum_\kappa (y_\kappa - Y_\kappa)^2 = s_{ee} \ ,$$

ıder mit (19.4.10) und (19.2.6)

$$(n-p-1)\, s^2 = s_{yy} - s_{YY} = \left(S_{yy} - \frac{1}{n}\, S_y^2\right) - \left(S_{YY} - \frac{1}{n}\, S_Y^2\right).$$

Vegen $S_y = S_Y$ wird

$$s^2 = \frac{1}{n-p-1}\left(S_{yy} - S_{YY}\right).$$

Zahlenmäßig hat man

$$s^2 = \frac{1}{72-4}\,(149,776 - 149,149) = \frac{1}{68}\,0,627 \ .$$

Ersichtlich muß man S_{yy} und S_{YY} mit "hoher Stellenzahl" berechnen, damit die Differenz ausreichend genau wird. Es wird weiter

$$s^2 = 0,922 \cdot 10^{-2} \quad \text{und} \quad s = 0,096 \ .$$

Aus (19.2.6) findet man für die Meßwerte y_κ ,

$$s_{yy} = S_{yy} - \frac{1}{n}\, S_y^2 = 12,0242 \ ,$$

und entsprechend für die Rechenwerte Y_κ ,

$$s_{YY} = S_{YY} - \frac{1}{n}\, S_Y^2 = 11,4022 \ .$$

Daraus folgt das Bestimmtheitsmaß (19.4.11) ,

$$\hat{B}_L = \frac{s_{YY}}{s_{yy}} = 0,9483 \approx 0,95 \ .$$

Bildet man die Differenz

$$s_{yy} - s_{YY} = s_{ee} = 0,622$$

und bestimmt daraus s_e^2 , so findet man $s_e^2 = 0,915 \cdot 10^{-2}$. Die (praktisch belanglose) Abweichung $\Delta s_e^2 = 7 \cdot 10^{-5}$ gegen den bereits genannten
Wert $s_e^2 = 0,922 \cdot 10^{-2}$ ist auf den geringen Unterschied $\Delta S = 2 \cdot 10^{-3}$
zwischen S_y und S_Y zurückzuführen.

Die Hypothese, daß die Zielgröße y linear von den transformierten Einflußgrößen x_i abhängt, kann wegen n = k nicht getestet werden. Da jedoch
das Bestimmtheitsmaß $\hat{B}_L \approx 0,95$ nahe bei 1 liegt, so ist die praktische
Brauchbarkeit des Ansatzes (auch ohne Test) gewährleistet.

Vertrauensbereiche für die Faktoren $ß_i$ findet man aus (19.5.33). Zur
Sicherheit S = 1-α = 95% und f = 72 - 3 - 1 = 68 gehört bei zweiseitiger Abgrenzung der Tafelwert $t_{68;0,975} = 2,00$. Damit erhält man

$$-1,034 \leq \beta_0 \leq -0,700 \quad , \quad 0,159 \leq \beta_1 \leq 0,214 \; ,$$

$$1,250 \leq \beta_2 \leq 1,453 \quad , \quad 1,862 \leq \beta_3 \leq 2,312 \; .$$

Für einige Werte von x_1, x_2, x_3 sind in der folgenden Zahlentafel die zur Ermittlung von Vertrauens- und Toleranzbereichen benötigten Hilfsgrößen A berechnet worden.

Werte der Hilfsgröße $A = \sum c_{ij} x_i x_j$			
x_1 \ x_3 \ x_2		0,8696	0,7143	0,5882
0	0,217	0,0920	0,0507	0,0660
2	0,769	0,1043	0,0630	0,0783

Die zugehörigen Schätzwerte Y für die Regressionsfunktion $\eta = M\{y\}$ an den gleichen Stellen entnimmt man aus der Tafel 19.7.2 der Rechenwerte Y_κ .

Schätzwerte Y für die Regressionsfunktion $M\{y\}$			
x_1 \ x_3 \ x_2		0,8696	0,7143	0,5882
0	0,217	1,241	0,917	0,654
2	0,769	2,360	2,036	1,773

Hiermit ergeben sich nach (19.5.39) die Vertrauensbereiche zur Sicherheit S = 95% für die Mittelwerte $M\{y\} = \eta$

Vertrauensbereiche für $M\{y\}$ zu S = 95%			
x_1 \ x_3 \ x_2		0,8696	0,7143	0,5882
0	0,217	1,18...1,30	0,87...0,96	0,60...0,70
2	0,769	2,30...2,42	1,99...2,08	1,72...1,83

Zur Bestimmung des zweiseitigen Toleranzbereichs an der Stelle $(x_0 \equiv 1$, $x_1 = 0$; $x_2 = 0,217$; $x_3 = 0,8696)$, der mindestens den Anteil $1-\gamma$ der Einzelwerte y enthält, hat man nach (19.5.51) zunächst die fiktive Probenzahl $n' = 1/A$ zu berechnen. Aus $A = 0,0920$ folgt $1/A = n' = 10,9$. Zu $A_{min} = 1-\gamma = 95\%$ und $n' = 10,9$ bzw. $S = 1-\alpha = 95\%$ und $f = n-p-1 = 68$ findet man[1] aus Tabelle C 17 die Werte

$$r = 2,047 \quad ; \quad v = 1,166 \quad \text{mit} \quad K = rv = 2,387 \; .$$

Mit $s = 0,096$ und $Y = 1,241$ lautet der Toleranzbereich (19.5.50) demnach

$$1,01 \leq y \leq 1,47 \; .$$

Dieser Bereich enthält mit der Sicherheit $S = 1-\alpha = 95\%$ mindestens den Anteil $A_{min} = 1-\gamma = 95\%$ der Einzelwerte y der (bezogenen) Walzzeiten.

Der entsprechende Toleranzbereich an der Stelle $(x_0 \equiv 1 ; x_1 = 2 ; x_2 = 0,769 ; x_3 = 0,5882)$ wird mit $A = 0,0783$, $1/A = n' = 12,8$ und $K = 2,372$ schließlich $1,55 \leq y \leq 2,00$.

Bemerkungen.
<u>──────────</u>

Bei der Bearbeitung praktischer Fragestellungen hat man zunächst eine Liste von möglichen Einflußgrößen z_1 ; z_2 ; $\ldots$ zusammenzustellen. Die qualitativen Einflußgrößen (im Beispiel war das der Walzschwierigkeitsgrad) muß man quantifizieren, damit man sie in die Regressionsrechnung einbeziehen kann. Dann hat man den Ansatz zu $Y = \sum_{i=0}^{p} b_i x_i$ zu linearisieren, indem man die ursprünglichen Einflußgrößen z_i zu $x_i = f(z_i)$ transformiert. Dabei erscheinen oft unterschiedliche Transformationen als möglich. Eingangs wurde beispielsweise erwähnt, daß für die bezogene Walzzeit y bei festem x_1 und x_2 auch der Ansatz $y \sim 1/z_3^2$ anstelle von $y \sim 1/z_3$ sinnvoll ist. In dieser Lage ist man oft bei praktischen Fragestellungen. Man kann nur sehr selten den funktionalen Zusammenhang zwischen der Zielgröße y und der Einflußgröße z_i genau angeben. Meist muß man mit viel "schwächeren" Aussagen zufrieden sein, etwa in der Gestalt: Wenn z_i wächst, so wächst auch y , oder wenn z_i wächst, so nimmt y ab, wobei man gele-

---

1) Abschnitt 24 Tabellen ; S. 491 und 492 .

gentlich noch grob abschätzen kann, ob im Ansatz die erste Potenz ausreicht oder eine höhere Potenz gewählt werden muß.

In solchen Fällen bleibt nur übrig, einige Ansätze mit unterschiedlichen Transformationen durchzurechnen und die Regressionsfunktion beizubehalten, die den größten Wert für das Bestimmtheitsmaß $\hat{B}_L$ liefert.

Ist $\hat{B}_L \gtrless 0,9$, so läßt sich die Zielgröße y bei gegebenen Einflußgrößen z_1 , z_2 , ... recht gut "vorausschätzen". Bestimmtheitsmaße der Größenordnung $\hat{B}_L \approx 0,75 = 3/4$ sind bereits von zweifelhaftem Wert, obwohl die S.d.q.A. für die Restvarianz, $s_{ee} = s_{yy}(1-\hat{B}_L) = s_{yy}/4$, nur $1/4$ der S.d.q.A. insgesamt ist. Da es jedoch praktisch häufig nicht auf die Varianzen, sondern auf die Standardabweichungen ankommt, so hat man bei $\hat{B}_L = 3/4$ der Größenordnung nach immer noch $s_e \approx s_y/2$. Die Standardabweichung s_e der "nicht erklärten Reste" $e_{\kappa\nu}$ ist noch etwa die Hälfte der "Gesamt-Standardabweichung" s_y , mit der die Zielgröße y insgesamt behaftet ist. Mit abnehmendem Bestimmtheitsmaß $\hat{B}_L < 3/4$ wird der Regressionsansatz rasch praktisch wertlos.

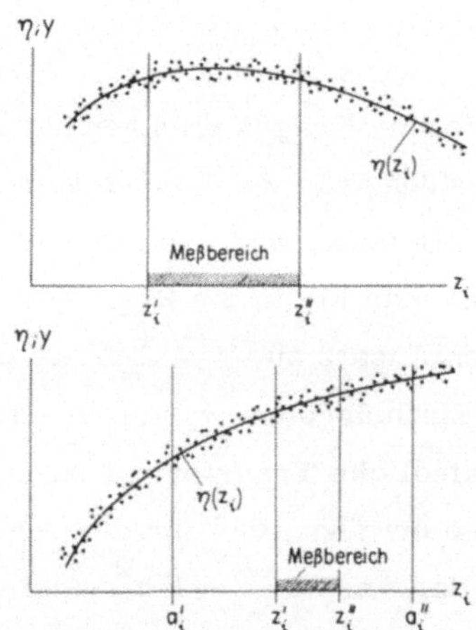

Abb. 19.7.2. Meßbereiche, in denen y bzw. η von z_i nahezu nicht (funktional) abhängt.

Wenn die Rechnung mit z_1 , z_2 , ... , z_p einen "kleinen" Wert für $\hat{B}_L$ ergibt ($\hat{B}_L < 1/2$) , so können folgende Ursachen schuld sein:

(a) Es fehlen wesentliche Einflußgrößen z_{p+1} , z_{p+2} , ... im Ansatz.

(b) Die Einflußgrößen z_1 , z_2 , ... , z_p sind zwar richtig, aber die mathematischen Ansätze $x_i = f(z_i)$ zur Linearisierung des Problems sind unvollkommen oder falsch.

(c) Einzelne "Einflußgrößen" z_i des Ansatzes sind gar keine. Dann ist entweder y (funktional) unabhängig von z_i , oder y durchläuft in Abhängigkeit von z_i im Meßbereich $z_i' \leq z_i \leq z_i''$ ein <u>flaches</u> Extremum, oder der Untersuchungsbereich $z_i' \leq z_i \leq z_i''$ ist im Vergleich zur Standardabweichung σ der "Versuchsfehler" ϵ viel zu eng. Man muß dann z_i in einem weiteren Bereich $a_i' \leq z_i \leq a_i''$ verändern, wenn man aus "physikalischen Gründen" überzeugt ist, daß y auf jeden Fall von z_i beeinflußt wird. Die letzten beiden Fälle sind in Abb. 19.7.2 dargestellt.

19.8 Mehrfache Regression mit einer Nebenbedingung

<u>Die Normalgleichungen.</u>

In manchen Fällen muß die Regressionsebene des Modells,

$$(19.8.1) \qquad \eta = \beta_0 + \sum_{i=1}^{p} \beta_i x_i \ ,$$

und die Schätzfunktion der Rechenwerte Y ,

$$(19.8.2) \qquad Y = b_0 + \sum_{i=1}^{p} b_i x_i \ ,$$

aus "physikalischen Gründen" durch einen vorgeschriebenen Punkt $P_0(x_{10}$; x_{20} ; $\ldots$; x_{p0} ; $\eta_0 \equiv Y_0 \equiv y_0)$ gehen. Dann lautet die Nebenbedingung für die b_i

$$(19.8.3) \qquad F(b_0 ; b_1 ; \ldots ; b_p) = b_0 + \sum_{i=1}^{p} b_i x_{i0} - y_0 = 0 \ .$$

Bezeichnet man (wie bisher) die n_κ Meßwerte an der Stelle $(x_{1\kappa}$; $x_{2\kappa}$; $\ldots$; $x_{p\kappa})$ mit $y_{\kappa\nu}$, wobei $1 \leq \kappa \leq k$ und $1 \leq \nu \leq n_\kappa$ ist, so hat man anstelle von (19.2.10) zur Berechnung der b_i die Forderung

$$(19.8.4) \qquad \sum_\kappa \sum_\nu (Y_\kappa - y_{\kappa\nu})^2 - 2\lambda n \, F(b_0 ; \ldots ; b_p) = \text{Min} \ ,$$

wobei der Multiplikator von Lagrange in der Gestalt $(-2\lambda n)$ geschrieben wird. Differenziert man (19.8.4) partiell nach den b_j , so findet man mit

$$\partial Y_\kappa / \partial b_0 = 1 \ ; \qquad \partial Y_\kappa / \partial b_j = x_{j\kappa} \qquad \text{für} \quad j = 1 ; 2 ; \ldots ; p \ ,$$

$$\partial F / \partial b_0 = 1 \ ; \qquad \partial F / \partial b_j = x_{j0} \qquad \text{für} \quad j = 1 ; 2 ; \ldots ; p \ ,$$

das Gleichungssystem

$$(19.8.5) \qquad \sum_\kappa \sum_\nu (Y_\kappa - y_{\kappa\nu}) - \lambda n = 0 \ ; \quad j = 0 \ ;$$

$$(19.8.6) \qquad \sum_{\kappa} \sum_{\nu} (Y_\kappa - y_{\kappa\nu}) \, x_{j\kappa} - \lambda \, n \, x_{j0} = 0 \; ; \; j = 1 \; ; \; 2 \; ; \; \ldots \; ; \; p \; .$$

Multipliziert man die erste Gleichung mit x_{j0} und subtrahiert sie von der zweiten, so fällt der Multiplikator λ heraus:

$$(19.8.7) \qquad \sum_{\kappa} \sum_{\nu} (Y_\kappa - y_{\kappa\nu})(x_{j\kappa} - x_{j0}) = 0 \quad \text{für} \quad j = 1 \; ; \; 2 \; ; \; \ldots \; ; \; p \; .$$

Setzt man hier $Y_\kappa = b_0 + \sum\limits_{i=1}^{p} b_i \, x_{i\kappa}$ ein und ordnet die Summen um, so findet man

$$(19.8.8) \qquad b_0 \sum_{\kappa} (x_{j\kappa} - x_{j0}) n_\kappa + \sum_{i=1}^{p} b_i \left[\sum_{\kappa} (x_{j\kappa} - x_{j0}) \, x_{i\kappa} n_\kappa \right] = \sum_{\kappa} \sum_{\nu} y_{\kappa\nu}(x_{j\kappa} - x_{j0}) \; .$$

Nimmt man die Nebenbedingung

$$(19.8.9) \qquad b_0 + \sum_{i=1}^{p} b_i \, x_{i0} = y_0$$

hinzu, so hat man in (19.8.8) und (19.8.9) insgesamt (p+1) lineare Gleichungen zur Berechnung der (p+1) Regressionskoeffizienten b_i .

Für die weitere Rechnung eliminiert man b_0 aus diesem System. Multipliziert man (19.8.9) mit $\sum\limits_{\kappa} (x_{j\kappa} - x_{j0}) n_\kappa$ und bildet die Differenz gegen (19.8.8) , so fällt b_0 heraus. Es bleibt für die restlichen b_i

$$(19.8.10) \qquad \sum_{i=1}^{p} b_i \left[\sum_{\kappa} (x_{j\kappa} - x_{j0})(x_{i\kappa} - x_{i0}) \, n_\kappa \right] = \sum_{\kappa} \sum_{\nu} (y_{\kappa\nu} - y_0)(x_{j\kappa} - x_{j0}) \; .$$

Setzt man entsprechend zu (19.2.7) und (19.2.8)

$$(19.8.11) \qquad s_{ij}^{(0)} = \sum_{\kappa} (x_{i\kappa} - x_{i0})(x_{j\kappa} - x_{j0}) \, n_\kappa = s_{ji}^{(0)}$$

und

$$(19.8.12) \qquad s_{iy}^{(0)} = \sum_{\kappa} \sum_{\nu} (y_{\kappa\nu} - y_0)(x_{i\kappa} - x_{i0}) = s_{yi}^{(0)} \; ,$$

dann sind die Summen $s_{ij}^{(0)}$ und $s_{iy}^{(0)}$ im Gegensatz zu früher nicht auf den Schwerpunkt, sondern auf den vorgeschriebenen Punkt $P_0(x_{10} \; ; x_{20} \; ; \ldots ; x_{p0} \; ; y_0)$ bezogen. Damit lauten die <u>Normalgleichungen</u> für die b_i

$$(19.8.13) \qquad \sum_{i=1}^{p} b_i \, s_{ij}^{(0)} = s_{jy}^{(0)} \; ; \; j = 1 \; ; \; 2 \; \ldots \; ; \; p \; .$$

Das System (19.8.13) stimmt der Form nach mit (19.2.18) überein. Hat man die b_i berechnet, so findet man schließlich aus (19.8.9)

$$(19.8.14) \qquad b_0 = y_0 - \sum_{i=1}^{p} b_i \, x_{i0} \; .$$

Die Regressionsebene geht durch den Punkt $P_0(x_{10} \; ; x_{20} \; ; \ldots ; x_{p0} \; ; y_0)$ und hat die Gleichung

$$(19.8.15) \qquad Y = y_0 + \sum_{i=1}^{p} b_i (x_i - x_{i0}) \; .$$

Setzt man $Y_\kappa = b_0 + \sum\limits_{i=1}^{p} b_i x_{i\kappa}$ in (19.8.5) ein, so findet man mit

$$\frac{1}{n} \sum_\kappa x_{i\kappa} n_\kappa = \bar{x}_i \quad \text{und} \quad \frac{1}{n} \sum_\kappa \sum_\nu y_{\kappa\nu} = \bar{y}$$

für den Multiplikator λ die Beziehung

$$\lambda = b_0 + \sum_{i=1}^{p} b_i \bar{x}_i - \bar{y} \ .$$

Subtrahiert man davon die Nebenbedingung

$$0 = b_0 + \sum_{i=1}^{p} b_i x_{i0} - y_0 \ ,$$

so wird

$$(19.8.16) \quad \lambda = \sum_{i=1}^{p} b_i (\bar{x}_i - x_{i0}) + (y_0 - \bar{y}) = Y(\bar{x}_i) - \bar{y} = \bar{Y} - \bar{y} \ .$$

Nach (19.8.16) ist λ gleich dem in der y–Richtung gemessenen Abstand des Schwerpunktes $(\bar{x}_i ; \bar{y})$ von der Regressionsebene (19.8.15) . Ohne Nebenbedingung geht die Regressionsebene durch den Schwerpunkt und λ verschwindet.

Die Zerlegung der S. d. q. A.

Die S. d. q. A. insgesamt ist

$$(19.8.17) \quad \sum_\kappa \sum_\nu (y_{\kappa\nu} - y_0)^2 = s_{yy}^{(0)} \ .$$

Zerlegt man die Abweichung $(y_{\kappa\nu} - y_0)$ des Meßwerts $y_{\kappa\nu}$ vom Bezugswert y_0 nach der Gleichung

$$(19.8.18) \quad y_{\kappa\nu} - y_0 = (y_{\kappa\nu} - Y_\kappa) + (Y_\kappa - y_0) \ ,$$

so beziehen sich die Abweichungen

$$(19.8.19) \quad y_{\kappa\nu} - Y_\kappa = e_{\kappa\nu}$$

auf die geschätzte Regressionsebene. Aus (19.8.18) folgt

$$(19.8.20) \quad (y_{\kappa\nu} - y_0)^2 = (y_{\kappa\nu} - Y_\kappa)^2 + (Y_\kappa - y_0)^2 + 2 (y_{\kappa\nu} - Y_\kappa)(Y_\kappa - y_0) \ .$$

Summiert man die letzte Gleichung über κ und ν , so findet man die Zerlegungsgleichung für die S. d. q. A.

$$(19.8.21) \quad \sum_\kappa \sum_\nu (y_{\kappa\nu} - y_0)^2 = \sum_\kappa \sum_\nu (y_{\kappa\nu} - Y_\kappa)^2 + \sum_\kappa (Y_\kappa - y_0)^2 n_\kappa \ ,$$

da die Doppelsumme über die gemischten Glieder verschwindet,

$$(19.8.22) \quad \sum_\kappa \sum_\nu (y_{\kappa\nu} - Y_\kappa)(Y_\kappa - y_0) = 0 \ .$$

Die letzte Gleichung beweist man auf folgende Weise. Multipliziert man
(19.8.7) mit b_j und summiert über j im Bereich $1 \leqq j \leqq p$, so kommt

$$\sum_{j=1}^{p} \sum_{\kappa} \sum_{\nu} (y_{\kappa\nu} - Y_{\kappa}) \, b_j (x_{j\kappa} - x_{j0}) = 0$$

oder umgeordnet

$$\sum_{\kappa} \sum_{\nu} \left[(y_{\kappa\nu} - Y_{\kappa}) \sum_{j=1}^{p} b_j (x_{j\kappa} - x_{j0}) \right] = 0 \ .$$

Nach (19.8.15) ist

$$\sum_{j=1}^{p} b_j (x_{j\kappa} - x_{j0}) = Y_{\kappa} - y_0 \ .$$

Setzt man diesen Ausdruck in die letzte Gleichung ein, so ist (19.8.22) bewiesen und damit auch die Zerlegungsgleichung (19.8.21) .

Die erste Teilsumme auf der rechten Seite der Zerlegungsgleichung (19.8.21),

$$(19.8.23) \quad s_{ee}^{(0)} = \sum_{\kappa} \sum_{\nu} (y_{\kappa\nu} - Y_{\kappa})^2 = \sum_{\kappa} \sum_{\nu} e_{\kappa\nu}^2 \ ,$$

ist die S.d.q.A. der Meßwerte $y_{\kappa\nu}$ von der Regressionsebene. Die zweite
Teilsumme,

$$(19.8.24) \quad s_{YY}^{(0)} = \sum_{\kappa} (Y_{\kappa} - y_0)^2 \, n_{\kappa} \ ,$$

läßt sich mit (19.8.15) umgestalten zu

$$\sum_{\kappa} n_{\kappa} \left[\sum_{i=1}^{p} b_i (x_{i\kappa} - x_{i0}) \right]^2$$

$$= \sum_{\kappa} n_{\kappa} \left[\sum_{i} b_i (x_{i\kappa} - x_{i0}) \right] \left[\sum_{j} b_j (x_{j\kappa} - x_{j0}) \right]$$

$$= \sum_{\kappa} n_{\kappa} \left[\sum_{i} \sum_{j} b_i \, b_j (x_{i\kappa} - x_{i0})(x_{j\kappa} - x_{j0}) \right]$$

$$= \sum_{i} \sum_{j} b_i \, b_j \underbrace{\sum_{\kappa} (x_{i\kappa} - x_{i0})(x_{j\kappa} - x_{j0}) \, n_{\kappa}}_{s_{ij}^{(0)}}$$

oder

$$(19.8.25) \quad s_{YY}^{(0)} = \sum_{\kappa} \sum_{\nu} (Y_{\kappa} - y_0)^2 \, n_{\kappa} = \sum_{i=1}^{p} \sum_{j=1}^{p} b_i \, b_j \, s_{ij}^{(0)} \ .$$

Dieser Anteil der S.d.q.A. insgesamt ist vollständig durch den linearen
Zusammenhang zwischen der Zielgröße Y und den p Einflußgrößen x_i erklärt.

Mit (19.8.23) und (19.8.24) lautet die Zerlegungsgleichung (19.8.21)

$$(19.8.26) \quad s_{yy}^{(0)} = s_{ee}^{(0)} + s_{YY}^{(0)} \ .$$

Die Zahl f der Freiheitsgrade für die drei S.d.q.A. findet man nach der folgenden Ueberlegung zu

$$f\left\{s_{yy}^{(0)}\right\} = n \quad ; \quad f\left\{s_{ee}^{(0)}\right\} = n-p \quad ; \quad f\left\{s_{YY}^{(0)}\right\} = p \ .$$

Für die Abweichungen $(y_{\kappa\nu} - y_0)$ bei $s_{yy}^{(0)}$ besteht keine einschränkende Bedingung. Für die Abweichungen $(y_{\kappa\nu} - Y_\kappa)$ bestehen die p Gleichungen (19.8.7) , und $s_{YY}^{(0)}$ hat (über die b_i mit $1 \leq i \leq p$) genau p Freiheitsgrade.

Die S.d.q.A. insgesamt $s_{yy}^{(0)}$ besteht aus zwei Anteilen, von denen $s_{YY}^{(0)}$ durch den linearen Zusammenhang zwischen Y und den x_i erklärt wird. Der "nicht erklärte" Rest $s_{ee}^{(0)}$ liefert den Schätzwert

$$(19.8.27) \quad s_e^2 = s_{ee}^{(0)}/(n-p)$$

für die Versuchsvarianz σ^2 , wenn die der Untersuchung zugrunde liegende Modell-Hypothese des linearen Zusammenhanges richtig ist. Gilt diese Hypothese nicht (sondern eine andere) , dann gehen in die "Restvarianz" nicht nur die "Meßfehler" ϵ ein, sondern auch die Differenzen zwischen der wahren Hypothese $\eta = \varphi(x_1 ; x_2 ; \ldots ; x_p)$ und der Hypothese des linearen Modells $\eta = \beta_0 + \sum_i \beta_i \, x_i$.

Das Bestimmtheitsmaß.

Das beobachtete Bestimmtheitsmaß $\hat{B}_L^{(0)}$ für den linearen Zusammenhang (L) zwischen den x_i und y erklärt man durch den relativen Anteil der (S.d.q.A. insgesamt), der durch den gewählten Ansatz "erklärt" wird,

$$(19.8.28) \quad \hat{B}_L^{(0)} = \frac{s_{YY}^{(0)}}{s_{yy}^{(0)}} \ .$$

Dann gilt für den "nicht erklärten" Rest

$$(19.8.29) \quad s_{ee} = s_{yy}^{(0)} \left[1 - \hat{B}_L^{(0)} \right] \ .$$

Die Gleichungen (19.8.26) , (19.8.28) und (19.8.29) entsprechen formal völlig den Gleichungen (19.4.10) , (19.4.11) und (19.4.12) ; man hat nur die S.d.q.A. $s_{yy}^{(0)}$ und $s_{YY}^{(0)}$ nicht auf den Schwerpunkt, sondern auf den vorgeschriebenen Punkt P_0 zu beziehen.

Der Zähler $s_{YY}^{(0)}$ von $\hat{B}_L^{(0)}$ ist nach (19.8.25)

$$s_{YY}^{(0)} = \sum_{i=1}^{p} \sum_{j=1}^{p} b_i \, b_j \, s_{ij}^{(0)} = \sum_{i=1}^{p} b_i \left(\sum_{j=1}^{p} b_j \, s_{ij}^{(0)} \right) \ .$$

Mit (19.8.13) wird daraus

$$(19.8.30) \qquad s_{YY}^{(0)} = \sum_{i=1}^{p} b_i \, s_{iy}^{(0)} \; .$$

Das Bestimmtheitsmaß $\hat{B}_L^{(0)}$ läßt sich demnach auch in der Gestalt

$$(19.8.31) \qquad \hat{B}_L^{(0)} = \frac{\sum_{i=1}^{p} b_i \, s_{iy}^{(0)}}{s_{yy}^{(0)}}$$

schreiben, die für Rechen- und Kontrollzwecke nützlich ist.

Die Mittelwerte $\bar{y}$ und $\bar{Y}$.

   Bildet man den gewogenen Mittelwert $\bar{Y}$ der k Rechenwerte $Y_\varkappa$, so gilt

$$n\,\bar{Y} = \sum_\varkappa n_\varkappa Y_\varkappa \; ,$$

Aus (19.8.5) folgt

$$\sum_\varkappa n_\varkappa Y_\varkappa - \sum_\varkappa \sum_\nu y_{\varkappa\nu} = \lambda\,n$$

oder

$$(19.8.32) \quad \bar{Y} - \bar{y} = \lambda \; .$$

Der Mittelwert $\bar{Y}$ der Rechenwerte $Y_\varkappa$ weicht um den Betrag λ vom Mittelwert $\bar{y}$ der Meßwerte $y_{\varkappa\nu}$ ab.

Mittelwerte, Varianzen und Kovarianzen der $(b_i \, ; \, b_j)$.

   Bezeichnet man die Determinante der $s_{ij}^{(0)}$ in (19.8.13) mit d ,

$$(19.8.33) \qquad
\begin{vmatrix}
s_{11}^{(0)} & s_{21}^{(0)} & \cdots & s_{p1}^{(0)} \\
\vdots & \vdots & & \vdots \\
s_{1p}^{(0)} & s_{2p}^{(0)} & \cdots & s_{pp}^{(0)}
\end{vmatrix} = d \; ,$$

und die Adjunkte des Elements $s_{ij}^{(0)}$ in d mit d_{ij} , dann hat das System (19.8.13) die Lösung

$$(19.8.34) \qquad b_i = \frac{1}{d} \sum_{j=1}^{p} d_{ij} \, s_{jy}^{(0)} \; .$$

Mit

$$(19.8.35) \qquad d_{ij}/d = c_{ij}^{(0)}$$

wird daraus

$$(19.8.36) \quad b_i = \sum_{j=1}^{p} c_{ij}^{(0)} s_{jy}^{(0)} \ , \quad i = 1 ; 2 ; \ldots ; p \ .$$

Führt man die auf den vorgeschriebenen Punkt $P_0(x_{i0} ; y_0)$ bezogenen Meß-stellen $(x_i - x_{i0})$ und die bezogenen Meßwerte $(y_{\varkappa\nu} - y_0)$ durch die Glei-chungen

$$(19.8.37) \quad x_i - x_{i0} = x_i' \quad \text{und} \quad y_{\varkappa\nu} - y_0 = y_{\varkappa\nu}' \ ,$$

ein, so wird aus $(19.8.12)$

$$(19.8.38) \quad s_{jy}^{(0)} = \sum_{\varkappa} \sum_{\nu} y_{\varkappa\nu}' x_{j\varkappa}' \ .$$

Damit liefert $(19.8.36)$

$$(19.8.39) \quad b_i = \sum_{j=1}^{p} \sum_{\varkappa=1}^{k} \sum_{\nu=1}^{n_\varkappa} c_{ij}^{(0)} x_{j\varkappa}' y_{\varkappa\nu}' \ ,$$

eine Gleichung, die genau mit $(19.3.1)$ übereinstimmt, wenn man der Reihe

nach

$$(c_{ij} ; x_{j\varkappa} ; y_{\varkappa\nu}) \quad \text{durch} \quad (c_{ij}^{(0)} ; x_{j\varkappa}' ; y_{\varkappa\nu}')$$

ersetzt.

Für die Meßwerte $y_{\varkappa\nu}$ gilt auf Grund der Modellvorstellung

$$(19.8.40) \quad y_{\varkappa\nu} = y_0 + \sum_{i=1}^{p} \beta_i(x_{i\varkappa} - x_{i0}) + \epsilon_{\varkappa\nu} = \eta_\varkappa + \epsilon_{\varkappa\nu}$$

oder mit $(19.8.37)$

$$(19.8.41) \quad y_{\varkappa\nu}' = \sum_{i=1}^{p} \beta_i x_{i\varkappa}' + \epsilon_{\varkappa\nu} = \eta_\varkappa' + \epsilon_{\varkappa\nu} \ ,$$

wobei die Versuchsfehler $\epsilon_{\varkappa\nu}$ nach Voraussetzung normal verteilt sind mit dem Mittelwert 0 und der Varianz σ^2 ,

$$(19.8.42) \quad M\left\{\epsilon_{\varkappa\nu}\right\} = 0 \quad \text{und} \quad V\left\{\epsilon_{\varkappa\nu}\right\} = \sigma^2 \ .$$

Bei einer Wiederholung der Versuchsreihe wird an den gleichen Meßstellen $x_{i\varkappa}'$ der Einflußgrößen x_i' mit der gleichen Wiederholungszahl $n_\varkappa$ beobach-tet. Infolgedessen haben die nur von $x_{j\varkappa}'$ abhängigen Hilfsgrößen $s_{ij}^{(0)}$, d , d_{ij} und $c_{ij}^{(0)}$ <u>feste</u> Werte. Aus $(19.8.39)$ folgt dann, daß mit $y_{\varkappa\nu}'$ auch b_i normal verteilt ist. Da die weiteren Ueberlegungen genau dem Rechengang im Abschnitt 19.3 entsprechen, so braucht man die Einzelheiten nicht zu wiederholen. Man findet als Ergebnis: Die Regressionsfaktoren b_i sind bei wiederholten Versuchsreihen normal verteilt mit dem Mittelwert

$$(19.8.43) \quad M\left\{b_i\right\} = \beta_i \ , \quad i = 1 ; 2 ; \ldots ; p \ ,$$

der Varianz

$$(19.8.44) \qquad V\{b_i\} = c_{ii}^{(0)} \, \sigma^2$$

und der Kovarianz zwischen b_i und b_j für $i \neq j$

$$(19.8.45) \qquad C\{b_i \, ; \, b_j\} = c_{ij}^{(0)} \, \sigma^2 \; .$$

Dabei sind $c_{ij}^{(0)}$ die Elemente der zu

$$\begin{pmatrix} s_{11}^{(0)} & s_{21}^{(0)} & \cdots & s_{p1}^{(0)} \\ \vdots & \vdots & & \\ s_{1p}^{(0)} & s_{2p}^{(0)} & \cdots & s_{pp}^{(0)} \end{pmatrix}$$

inversen Matrix.

Die Testverfahren des Abschnitts 19.5 ändern sich nur wenig.

(a) Die Hypothese des linearen Zusammenhanges zwischen y und den p Einflußgrößen x_i .

Abweichend von (19.5.5) gilt jetzt

$$(19.8.46) \qquad M\{Q_1\} = (k-p) \, \sigma^2 \; .$$

Infolgedessen genügt der Quotient

$$(19.8.47) \qquad Q = \frac{Q_1/(k-p)}{Q_2/(n-k)} = F(k-p \, ; n-k)$$

einer F-Verteilung mit $f_1 = k-p$ und $f_2 = n-k$ Freiheitsgraden, wenn die Hypothese des linearen Modells gilt. Alle anderen Ueberlegungen bleiben gegen Abschnitt 19.5 ungeändert.

(b) Test der Hypothese $\beta_i = \beta_i^*$.

In (19.5.13) ist die Hilfsgröße c_{ii} durch $c_{ii}^{(0)}$ zu ersetzen, und die Zahl f der Freiheitsgrade für t ist nicht $(n-p-1)$, sondern $f = n-p$,

(c) Vergleich zweier Regressionsfaktoren $\beta_i^{(1)}$ und $\beta_j^{(2)}$.

In (19.5.19) sind die Hilfsgrößen $c_{ii}^{(1)}$ und $c_{jj}^{(2)}$ durch die auf x_{i0} bzw. x_{j0} bezogenen Werte $\left[c_{ii}^{(0)}\right]^{(1)}$ und $\left[c_{jj}^{(0)}\right]^{(2)}$ der zwei Proben zu ersetzen. Ferner sind die Freiheitsgrade der beiden Versuchsvarianzen s_1^2 und s_2^2 nicht wie damals $(n_1 - p_1 - 1)$ und $(n_2 - p_2 - 1)$, sondern $(n_1 - p_1)$ und $(n_2 - p_2)$.

Damit wird die Zahl f der Freiheitsgrade für t in (19.5.23) nicht

$(n_1 + n_2) - (p_1 + p_2 + 2)$, sondern $f = (n_1 + n_2) - (p_1 + p_2)$.

(d) Test der Hypothese: y ist von x_{q+1} , x_{q+2} , ... , x_p nicht abhängig

oder $\beta_{q+1} = \beta_{q+2} = ... = \beta_p = 0$.

Aehnlich wie im Abschnitt 19. 5 bildet man (mit den dort gewählten Bezeichnungen) die Versuchsvarianzen

$$(19.8.48) \qquad s'^2 = \frac{1}{n-q} \sum_\kappa \sum_\nu (y_{\kappa\nu} - Y'_\kappa)^2$$

mit $f' = n-q$ Freiheitsgraden und

$$(19.8.49) \qquad s^2 = \frac{1}{n-p} \sum_\kappa \sum_\nu (y_{\kappa\nu} - Y_\kappa)^2$$

mit $f = n-p$ Freiheitsgraden. Man verwirft die Hypothese, wenn die entsprechend zu (19.5.32a) bzw. (19.5.32b) gebildete Prüfgröße Q den

Schwellenwert $F_{1-\alpha}$ der F-Verteilung überschreitet, also für

$$(19.8.50) \qquad \frac{(n-q)\,s'^2 - (n-p)\,s^2}{(p-q)\,s^2} > F_{1-\alpha}(f_1 \,;\, f_2) \,,$$

wobei $f_1 = p-q$ und $f_2 = n-p$ ist.

(e) Vertrauensbereiche für die Modellparameter.

In (19.5.33) hat man c_{ii} durch $c_{ii}^{(0)}$ und $f = n-p-1$ durch $f = n-p$
zu ersetzen.

Anstelle von (19.5.34) wird die Gleichung für den Vertrauensbereich
der Versuchsvarianz

$$(19.8.51) \qquad \frac{(n-p)\,s^2}{\chi^2_{f;1-(\beta/2)}} \leq \sigma^2 \leq \frac{(n-p)\,s^2}{\chi^2_{f;\beta/2}}$$

mit $f = n-p$.

Zur Berechnung des Vertrauensbereichs für $\eta = M\{y\} = M\{Y\}$ bestimmt man zunächst die Varianz von Y bei vorgegebenen Werten der Einflußgrößen, also für

$$x_1 = x'_1 \,, \quad x_2 = x'_2 \,, \quad ... \,, \quad x_p = x'_p \,.$$

Dabei ist $P'(x'_1 \,;\, x'_2 \,;\, ... \,;\, x'_p)$ ein beliebiger Punkt aus dem untersuchten
Bereich der Einflußgrößen x_i . Aus

$$Y' = y_0 + \sum_{i=1}^{p} b_i(x'_i - x_{i0}) \quad \text{und} \quad \eta' = \eta_0 + \sum_{i=1}^{p} \beta_i(x'_i - x_{i0})$$

folgt mit $y_0 \equiv \eta_0$

$$Y' - \eta' = \sum_{i=1}^{p} (b_i - \beta_i)(x_i' - x_{i0})$$

und

$$(Y' - \eta')^2 = \left[\sum_{i=1}^{p} (b_i - \beta_i)(x_i' - x_{i0}) \right] \left[\sum_{j=1}^{p} (b_j - \beta_j)(x_j' - x_{j0}) \right]$$

oder

$$(Y' - \eta')^2 = \sum_{i=1}^{p} \sum_{j=1}^{p} (b_i - \beta_i)(b_j - \beta_j)(x_i' - x_{i0})(x_j' - x_{j0}) \ .$$

Der Mittelwert wird mit (19.8.45)

$$M\left\{(Y'-\eta')^2\right\} = V\left\{Y'\right\} = \sum_{i=1}^{p} \sum_{j=1}^{p} (x_i' - x_{i0})(x_j' - x_{j0}) \ c_{ij}^{(0)} \ \sigma^2 \ .$$

Erklärt man die Hilfsgröße $A^{(0)}$ durch

$$(19.8.52) \qquad \sum_{i=1}^{p} \sum_{j=1}^{p} (x_i' - x_{i0})(x_j' - x_{j0}) \ c_{ij}^{(0)} = A^{(0)} \ ,$$

dann gilt bei festem $x_i = x_i'$, $i = 1 ; 2 ; \ldots ; p$,

$$(19.8.53) \qquad V\left\{Y'\right\} = A^{(0)} \ \sigma^2 \ .$$

Infolgedessen ist für $x_i' \neq x_{i0}$ bzw. $A^{(0)} \neq 0$

$$\frac{Y' - \eta'}{\sqrt{A^{(0)}} \ \sigma} = u$$

standardisiert normal, und

$$\frac{Y' - \eta'}{\sqrt{A^{(0)}} \ s} = t_f$$

genügt einer t-Verteilung mit $f = n-p$ Freiheitsgraden. Damit wird der Vertrauensbereich für η' zur Sicherheit $S = 1-\beta$

$$(19.8.54) \qquad Y' - \sqrt{A^{(0)}} \ s \ t_{f;1-(\beta/2)} \leq \eta' \leq Y' + \sqrt{A^{(0)}} \ s \ t_{f;1-(\beta/2)}$$

mit $f = n-p$. Dieser Bereich enthält bei gegebenen Werten $x_i = x_i'$ der Einflußgrößen x_i die wahren Regressionswerte $\eta = \eta_0 + \sum_{i=1}^{p} \beta_i(x_i - x_{i0})$ mit der Wahrscheinlichkeit $S = 1-\beta$. Die Aussage gilt nur für x-Werte $x_i' \neq x_{i0}$ aus dem untersuchten Bereich. Am vorgeschriebenen Punkt $P_0(x_i' = x_{i0})$ verschwindet $A^{(0)}$ gemäß (19.8.52) , was der Forderung entspricht, daß <u>alle</u> Schätzebenen durch P_0 gehen müssen.

B. Geschwindigkeit und Bremsweg bei Kraftwagen .

Die Zahlentafel 19.8.1 ist eine "Urliste" mit Meßwerten bei Bremsversuchen von Personenkraftwagen. Sie gibt (für unterschiedliche Wagen mit unterschiedlichen Fahrern) zu den Fahrgeschwindigkeiten x_ν die Brems-

Zahlentafel[1] 19.8.1					
x_ν [miles/hour] ; y_ν [feet]					
x_ν	y_ν	x_ν	y_ν	x_ν	y_ν
5	2	21	39	28	84
10	8	26	39	27	57
10	17	25	33	30	67
10	14	24	56	16	34
8	9	18	29	18	34
16	19	25	59	8	8
17	29	27	78	5	8
12	11	25	48	5	4
9	5	21	42	13	15
7	6	25	56	14	14
7	7	30	60	8	13
9	13	29	68	9	5
4	4	17	22	14	16
5	8	16	14	8	11
13	18	13	27	35	85
15	16	12	21	40	110
18	47	12	19	39	138
19	30	26	41	31	77
20	48	28	64	35	107
21	55	29	54	22	35
36	79	30	101	40	134

wege y_ν ; $\nu = 1$; 2 ; ... ; 63 . In Abb. 19.8.1 sind die Wertepaare $(x_\nu ; y_\nu)$ zeichnerisch dargestellt. Die Punktwolke $(x_\nu ; y_\nu)$ zeigt, daß der Bremsweg y nicht eindeutig durch die Fahrgeschwindigkeit x bestimmt wird. Es wirken zahlreiche weitere Einflußgrößen auf die Zielgröße (den Bremsweg) ein; der Zustand der Bremsen und der Reifen des Fahrzeugs, die Besetzung (Ladung) des Wagens, weiter die Reaktionsfähigkeit des Fahrers, seine Erfahrung und seine Kraft (beim Betätigen der Bremsen), die Oberfläche der Straße (Beton, Asphalt oder Steinpflaster), Gefälle oder Steigung

---

1) M. Ezekiel and K.A. Fox. Methods of Correlation and Regression
   Analysis. Wiley, New York 1961 ; p. 40 .

der Fahrbahn, schließlich das jeweilige <u>Wetter</u> (naß oder trocken, Wind) und manches andere.

Würde man die Versuchsreihe auf <u>einer</u> Straße mit <u>einem</u> Wagen und <u>einem</u> Fahrer durchführen, so wären viele der genannten Einflußgrößen (nahezu) unveränderlich. Die Punktwolke würde weit weniger streuen. Jedoch wäre der "Erkenntniswert" einer solchen Versuchsreihe wesentlich eingeschränkt: Die Zahlenwerte liefern dann nur noch eine Aussage für <u>eine</u> Straße, <u>einen</u> Wagen und <u>einen</u> Fahrer. Gesucht wird jedoch eine "allgemein gültige Beziehung" zwischen Geschwindigkeit und Bremsweg. Dann darf man die erwähnten Einflußgrößen gar nicht konstant lassen; die Streuung der Meßwerte liegt vielmehr im Wesen der Sache.

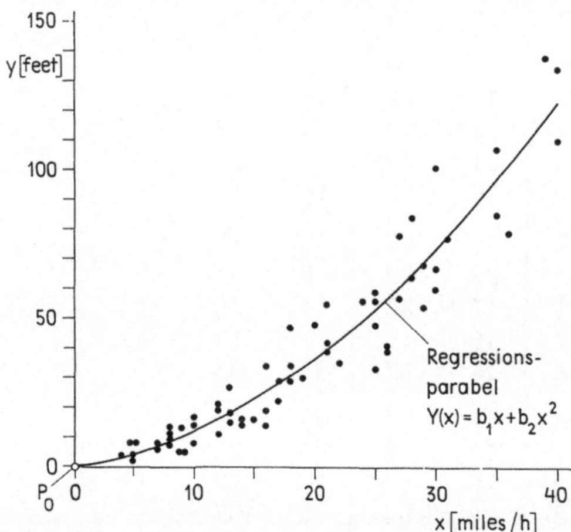

Abb. 19.8.1. Der Zusammenhang zwischen Geschwindigkeit x und Bremsweg y .

Die Modellvorstellung, mit der man die Meßreihe auswertet, läßt sich im vorliegenden Beispiel begründen. Das ist bei Regressionsproblemen ein sehr seltener Fall. Wenn der Fahrer das Stopzeichen bemerkt, vergeht eine kurze Zeitspanne τ , bis er die Bremse betätigt. Der in τ zurückgelegte Weg ist $\eta' = x\tau$. Dann wirkt auf der eigentlichen Bremsstrecke η'' die (nahezu) konstante Bremskraft K , welche die kinetische Energie $(m/2)x^2$ des Wagens in Reibungswärme verwandelt. Es gilt

$$c \, K \, \eta'' = (m/2) \, x^2 \, ,$$

wobei c ein für das folgende unwesentlicher Proportionalitätsfaktor ist. Der "Bremsweg" $\eta = \eta' + \eta''$ des Kraftwagens wird demnach mit zwei geeignet gewählten Konstanten α und ß

$$(19.8.55) \quad \eta(x) = \alpha\,x + ß\,x^2 \ .$$

Die nicht im Modell berücksichtigten Einflußgrößen bewirken "zufällige" Abweichungen ϵ vom "Normalwert" η . Damit hat man für die Meßwerte den Ansatz

$$(19.8.56) \quad y = \alpha\,x + ß\,x^2 + \epsilon \ .$$

Setzt man in (19.8.1) $ß_0 = 0$ und $p = 2$, ferner $ß_1 = \alpha$; $ß_2 = ß$; $x_1 = x$; $x_2 = x^2$, so entspricht der in (19.8.1) gewählte Regressionsansatz genau der Beziehung (19.8.55). Aus physikalischen Gründen geht die Parabel (19.8.55) durch den Nullpunkt $(x = 0$; $y = 0)$ bzw. $(x_{10} = 0$; $x_{20} = 0$; $\eta_0 = Y_0 = y_0 = 0)$.

Mit Rücksicht auf die Nebenbedingung lautet das System (19.8.13) der Normalgleichungen

$$b_1\,s_{11}^{(0)} + b_2\,s_{21}^{(0)} = s_{1y}^{(0)} \ ,$$

$$(19.8.57)$$

$$b_1\,s_{12}^{(0)} + b_2\,s_{22}^{(0)} = s_{2y}^{(0)} \ .$$

Die Koeffizientenmatrix der $s_{ij}^{(0)}$ und $s_{jy}^{(0)}$ findet man für die Beobachtungen $(x_\nu ; y_\nu)$ der Zahlentafel 19.8.1 aus (19.8.11) und (19.8.12) zu

$$(19.8.58) \quad \left(\begin{array}{cc|c} 28\ 719 & 796\ 063 & 65\ 853 \\[2ex] 796\ 063 & 24\ 118\ 383 & 1\ 954\ 043 \end{array} \right) \ ,$$

Die Auflösung des Systems (19.8.57) gibt die Regressionsfaktoren

$$(19.8.59) \quad b_1 = 0,5552 \quad \text{und} \quad b_2 = 0,06269 \ .$$

Damit lautet die Regressionsparabel für den Bremsweg Y in Abhängigkeit von der Geschwindigkeit x bzw. von $(x/10)$

$$(19.8.60) \quad Y = 5,552\,(x/10) + 6,269\,(x/10)^2 \ .$$

Die S.d.q.A. insgesamt ist nach (19.8.17)

$$\sum_\nu (y_\nu - y_0)^2 = \sum_\nu y_\nu^2 = s_{yy}^{(0)} = 164\ 951\ \big[\text{feet}\big]^2 \ .$$

Der Anteil der Rechenwerte Y_ν aus (19.8.24) ,

$$\sum_\nu (Y_\nu - y_0)^2 = \sum_\nu Y_\nu^2 = s_{YY}^{(0)} = 159\ 067,7\ \big[\text{feet}\big]^2 \ ,$$

wird durch den Regressionsansatz "erklärt".

Als "nicht erklärter Rest" bleibt nach (19.8.26) der Anteil

$$s_{ee}^{(0)} = s_{yy}^{(0)} - s_{YY}^{(0)} = 5883,3 \left[feet\right]^2 .$$

Aus $s_{ee}^{(0)}$ folgt der Schätzwert für die Versuchsvarianz (19.8.27) zu

$$(19.8.61) \quad s_e^2 = \frac{s_{ee}}{n-p} = \frac{s_{ee}}{61} = 96,448 \left[feet\right]^2 .$$

Die Standardabweichung des "Versuchsfehlers" e wird schließlich

$$s = s_e = 9,821 \approx 9,8 \left[feet\right] .$$

Als Bestimmtheitsmaß $\hat{B}^{(0)}$ für den Zusammenhang zwischen Fahrgeschwindigkeit x und Bremsweg y findet man aus (19.8.28) bzw. aus (19.8.31)

$$(19.8.62) \quad \hat{B}^{(0)} = \frac{s_{YY}^{(0)}}{s_{yy}^{(0)}} = \frac{b_1 s_{1y}^{(0)} + b_2 s_{2y}^{(0)}}{s_{yy}^{(0)}} = 0,9643 \approx 96,4\% .$$

Das hohe Bestimmtheitsmaß scheint die Tatsache zu bestätigen, daß die Fahrgeschwindigkeit x die ausschlaggebende Einflußgröße bei der Ermittlung des Bremsweges y darstellt, und daß die anderen eingangs genannten Einflußgrößen nur von geringer Bedeutung sind.

Bei einer "Nebenbedingung" wird jedoch das Bestimmtheitsmaß $\hat{B}^{(0)}$ von fragwürdigem Wert. Wenn der Bezugspunkt $P_0(x_{10} ; \dots ; x_{i0} ; \dots ; x_{p0} ; y_0)$ zur Berechnung der S.d.q.A. <u>nicht im Versuchsbereich</u> der x_i liegt, sondern am Rande (wie im Beispiel) oder gar weit außerhalb, so kann der Quotient $\hat{B}^{(0)} = s_{YY}^{(0)}/s_{yy}^{(0)}$ nahe bei 1 liegen, ohne daß der Regressionsansatz besonders "gut" sein muß. Das ist leicht einzusehen. Die S.d.q.A. $s_{yy}^{(0)}$ bzw. $s_{YY}^{(0)}$ lassen sich bei den n Wertepaaren $(x_\nu ; y_\nu)$ bzw. $(x_\nu ; Y_\nu)$ des Beispiels nach dem Verschiebungssatz umgestalten zu

$$s_{yy}^{(0)} = \sum_\nu y_\nu^2 = \sum_\nu (y_\nu - \bar{y})^2 + n\bar{y}^2$$

bzw.

$$s_{YY}^{(0)} = \sum_\nu Y_\nu^2 = \sum_\nu (Y_\nu - \bar{Y})^2 + n\bar{Y}^2 .$$

Wenn die Schwerpunkte $\bar{y}$ der Meßwerte und $\bar{Y}$ der Rechenwerte weit weg vom Bezugspunkt P_0 liegen, so geben die nahezu gleichen Glieder $n\bar{y}^2$ bzw. $n\bar{Y}^2$ bei der Berechnung des Quotienten $\hat{B}^{(0)} = s_{YY}^{(0)}/s_{yy}^{(0)}$ den Ausschlag. Ein hohes Bestimmtheitsmaß (nahe bei 1) sagt nur mit Vorbehalt etwas über die "Güte" der Regressionsgleichung aus, wenn der Bezugspunkt P_0 und die Schwerpunkte $(\bar{y} \; ; \; \bar{Y})$ weit voneinander entfernt sind.

Zweckmäßiger beurteilt man die Brauchbarkeit des Ansatzes dann durch die Vertrauensbereiche der Faktoren ß_i $\left[$ oder durch den Vertrauensbereich von $\eta(x)\right]$. Die Vertrauensbereiche für die beiden Faktoren $(\text{ß}_1 \; ; \; \text{ß}_2)$ findet man aus (19.5.33) mit $c_{ii}^{(0)}$ anstelle von c_{ii} und $f = n-p$. Dabei ist die Matrix der $c_{ij}^{(0)}$ invers zur Matrix der $s_{ij}^{(0)}$. Es gilt zahlenmäßig

$$(19.8.63) \qquad \left(10^6 \, c_{ij}^{(0)}\right) = \begin{pmatrix} 409,2 & -13,51 \\ & \\ -13,51 & 0,4873 \end{pmatrix} .$$

Zur Sicherheit $S = 1-\alpha = 95\%$ mit $t_{f;1-(\alpha/2)} = 2,00$ erhält man schließlich die Bereiche

$$0,158 \leqq \text{ß}_1 \leqq 0,953 \; ,$$
$$(19.8.64)$$
$$0,0490 \leqq \text{ß}_2 \leqq 0,0764 \; .$$

Ersichtlich ist ß_2 mit brauchbarer, ß_1 jedoch nur mit sehr mäßiger Genauigkeit bestimmbar.

Bisher wurde bei der Auswertung der Meßreihe vorausgesetzt, daß die Versuchsvarianz im ganzen Versuchsbereich den festen Wert σ^2 hat, der durch (19.8.61) zu $s^2 \equiv s_e^2 \approx 96 \left[\text{feet}\right]^2$ geschätzt wird. Ein Blick auf Abb. 19.8.1 lehrt, daß die Voraussetzung $\sigma^2 = \text{konst}$ nicht zutrifft, vielmehr wächst σ^2 eindeutig mit x . Man hat also bei der Auswertung die Beobachtungen $(x_\nu \; ; \; y_\nu)$ gemäß Abschnitt 18.9 zu gewichten. Der Ansatz für die Varianz der y-Werte bei festem x lautet nach (18.9.1)

$$V\{y\} = \sigma^2 = \sigma_0^2 \, h^2(x)/h_0^2 \; .$$

Um im Beispiel eine brauchbare Funktion $h^2(x)$ zu bestimmen, bildet man aus den $n = 63$ Wertepaaren $(x_\nu \; ; \; y_\nu)$ der Zahlentafel 19.8.1 gemäß Abb. 19.8.2 insgesamt $k = 8$ Gruppen, denen die Geschwindigkeiten x_κ^* und die Meßwerte $y_{\kappa\lambda}$ mit $\kappa = 1 \; ; \; 2 \; ; \; \dots \; ; \; k$ und $\lambda = 1 \; ; \; 2 \; ; \; \dots \; ; \; n_\kappa$ zugeordnet werden. Natürlich sind die neuen $y_{\kappa\lambda}$ mit den ursprünglichen Meßwerten y_ν identisch, und es gilt $\sum_\kappa n_\kappa = n$. Die Beobachtungen $y_{\kappa\lambda}$ der Gruppe κ "reduziert" man auf die gleiche Geschwindigkeit x_κ^*, indem man die Funktionswerte $y_{\kappa\lambda}$ parallel zur Steigung der Ausgleichsparabel (19.8.60) (an der Stelle $x^*_\varkappa$) auf die Senkrechte bei $x = x^*_\varkappa$ projiziert, wie es in Abb. 19.8.2 für zwei Meßpunkte in der Umgebung von x^*_5 angedeutet wird.

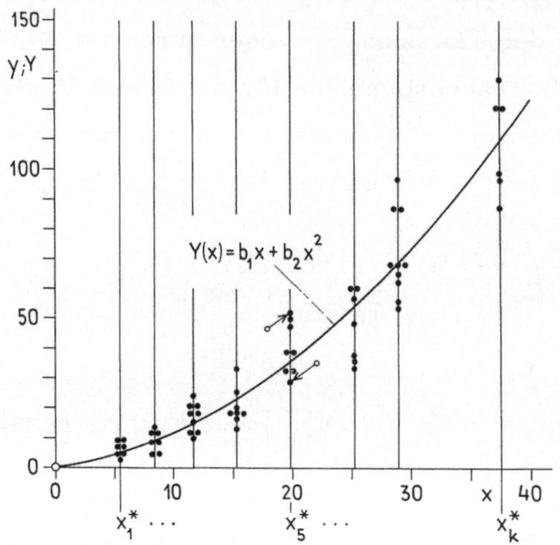

Abb. 19.8.2. Zur Ermittlung der von x abhängigen Standardabweichung $s_\varkappa$.

Aus den $n_\varkappa$ reduzierten Beobachtungen $y^*_{\varkappa\lambda}$ an der Stelle $x^*_\varkappa$ berechnet man die Varianz von y bei festem $x = x^*_\varkappa$,

$$s^2_\varkappa = \frac{1}{n_\varkappa - 1} \sum_{\lambda=1}^{n_\varkappa} (y^*_{\varkappa\lambda} - \bar{y}^*_\varkappa)^2 \; ,$$

und die Standardabweichung $s_\varkappa$. Ersichtlich liegen die Punkte $(x^*_\varkappa; s_\varkappa)$ nach Abb. 19.8.3 in guter Näherung auf einer Geraden mit dem Anstieg $c = 0,45$. Infolgedessen darf man die Standardabweichung s verhältnis-

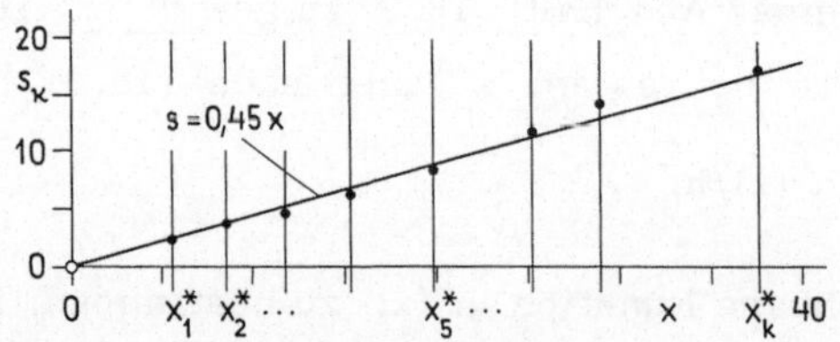

Abb. 19.8.3. Die Standardabweichung $s_\varkappa$ wächst linear mit x.

gleich zu x und die Varianz verhältnisgleich zu x^2 ansetzen. Die Modellvarianz lautet damit

$$(19.8.65) \quad \sigma^2 = \sigma_0^2 \, h^2(x)/h_0^2 = \sigma_0^2 \, (x/x_0)^2 \; .$$

Nach (18.9.6) erhalten die quadrierten Abweichungen $(y_\nu - Y'_\nu)^2$ bei der

Berechnung der Regressionsfaktoren b' das Gewicht

$$(19.8.66) \qquad g_\nu = \frac{h_0^2}{h^2(x_\nu)} = \frac{h_0^2}{h_\nu^2} = \frac{x_0^2}{x_\nu^2} \; ,$$

wobei man ohne Beschränkung der Allgemeinheit $x_0 = 1 \, [\text{miles/h}]$ setzen darf. Der im Grunde willkürlich wählbare Bezugswert x_0 soll nur bewirken, daß die Gewichte g_ν dimensionslos werden. Mit (19.8.66) wird die Ausgleichbedingung entsprechend zu (18.9.9)

$$(19.8.67) \qquad \sum_\nu (y_\nu - Y'_\nu)^2 \, g_\nu = \text{Min} \; .$$

Die Regressionsfunktion lautet nach wie vor

$$(19.8.68) \qquad Y'(x) = b'_1 x + b'_2 x^2 \; .$$

Die Normalgleichungen zur Berechnung von b'_1 und b'_2 werden (wie man leicht nachrechnet) im vorliegenden Sonderfall

$$b'_1 n + b'_2 \sum_\nu x_\nu = \sum_\nu (y_\nu / x_\nu) \; ,$$

$$(19.8.69)$$

$$b'_1 \sum_\nu x_\nu + b'_2 \sum_\nu x_\nu^2 = \sum_\nu y_\nu \; .$$

Zahlenmäßig findet man die Matrix der Koeffizienten $s_{ij}^{(0)}$ bzw. $s_{jy}^{(0)}$ zu

$$(19.8.70) \qquad \begin{pmatrix} 63 & 1195 & \vline & 111,4 \\ \\ 1195 & 28719 & \vline & 2471 \end{pmatrix} \; .$$

Die Auflösung des Systems (19.8.69) gibt die Regressionsfaktoren

$$b'_1 = 0,6465 \quad \text{und} \quad b'_2 = 0,05910 \; .$$

Damit lautet die "gewogene" Regressionsparabel im Gegensatz zu (19.8.60)

$$(19.8.71) \qquad Y' = 6,465 \, (x/10) + 5,910 \, (x/10)^2 \; .$$

Die Summe der gewogenen quadrierten Abweichungen (S.d.g.q.A.) insgesamt wird mit $y_0 = 0$

$$\sum_\nu (y_\nu - y_0)^2 \, g_\nu = \sum_\nu (y_\nu / x_\nu)^2 = s_{yy}^{(0)} = 230,4580 \, [\text{feet}]^2 \; .$$

Der Anteil, den die Rechenwerte Y'_ν beisteuern, ist

$$\sum_\nu (Y'_\nu - y_0)^2 \, g_\nu = \sum_\nu (Y'_\nu / x_\nu)^2 = \sum_\nu (b'_1 + b'_2 x_\nu)^2 = s_{YY}^{(0)} = 218,1516 \, [\text{feet}]^2 \; ;$$

er wird durch die Regressionsparabel "erklärt". Als nicht erklärter Rest bleibt entsprechend zu (19.8.26)

$$s_{ee}^{(0)'} = s_{yy}^{(0)'} - s_{YY}^{(0)'} = 12,306 \left[\text{feet}\right]^2 .$$

Nach (18.10.27) ist $s'_{ee}/(n-2)$ ein unverzerrter Schätzwert für σ_0^2, wenn die Modellhypothese gilt, was hier nicht angezweifelt wird. Also wird

$$s_0^2 = 12,306/61 = 0,202 \left[\text{feet}\right]^2 \quad \text{und} \quad s_0 = 0,45 \left[\text{feet}\right] .$$

Der Schätzwert s^2 für die Versuchsvarianz σ^2 ist nach (19.8.65)

$$s^2 = s_0^2 (x/x_0)^2 \quad \text{mit} \quad x_0 = 1 .$$

Damit hat man

$$s = s_0(x/x_0) = 0,45 \, (x/x_0) \; ; \; x_0 = 1 ,$$

in guter Uebereinstimmung mit dem eingangs gefundenen Anstiegswert $c = 0,45$ der Geraden $s = 0,45 \, (x/x_0) \; ; \; x_0 = 1$.

Den Vertrauensbereich für σ_0^2 bzw. σ_0 findet man nach den Ueberlegungen am Ende des Abschnitts 18.10 aus (18.4.22) , wobei hier die Zahl der Freiheitsgrade ebenfalls $f = n-2 = 61$ beträgt. Zur Sicherheit $S = 1-\alpha = 95\%$ findet man zahlenmäßig für σ_0^2

$$0,145 \leqq \sigma_0^2 \leqq 0,297 \left[\text{feet}\right]^2$$

bzw. für σ_0

$$(19.8.72) \quad 0,381 \leqq \sigma_0 \leqq 0,545 \left[\text{feet}\right] .$$

Das "gewogene" Bestimmtheitsmaß wird

$$(19.8.73) \quad \hat{B}^{(0)'} = \frac{s_{YY}^{(0)'}}{s_{yy}^{(0)'}} = 0,9466 \approx 94,7 \, \% .$$

Es ist wegen der Nebenbedingung, nach welcher der Festpunkt $(0 ; 0)$ am Rande des Versuchsbereichs liegt, ebenso kritisch zu werten wie $\hat{B}^{(0)}$ aus Gleichung (19.8.62) .

Zur Berechnung der Vertrauensbereiche für die Regressionsfaktoren $\text{ß}'_1$ und $\text{ß}'_2$ berechnet man zunächst die Elemente $c_{ij}^{(0)'}$ der zu $s_{ij}^{(0)'}$ inversen Matrix. Die Matrix der $s_{ij}^{(0)'}$ hat nach (19.8.69) die Gestalt

$$s_{ij}^{(0)'} = \begin{pmatrix} n & S_x \\ S_x & S_{xx} \end{pmatrix} .$$

Ihre Determinante ist

$$(19.8.74) \qquad \begin{vmatrix} n & S_x \\ \\ S_x & S_{xx} \end{vmatrix} = n\,S_{xx} - S_x^2 = n\,s_{xx} \; .$$

Infolgedessen gilt für die Elemente $c_{ij}^{(0)\prime}$ der inversen Matrix die Beziehung

$$(19.8.75) \qquad \left(n\,s_{xx}\; c_{ij}^{(0)\prime} \right) = \begin{pmatrix} S_{xx} & -S_x \\ \\ -S_x & n \end{pmatrix} \; .$$

Mit $n = 63$ und $S_x = 1195$, $S_{xx} = 28\,719$, $ns_{xx} = 381\,272$ findet man zahlenmäßig

$$(19.8.76) \qquad \left(10^4\; c_{ij}^{(0)\prime} \right) = \begin{pmatrix} 753,2 & 31,34 \\ \\ 31,34 & 1,652 \end{pmatrix} \; .$$

Zur Sicherheit $S = 1-\alpha = 95\%$ findet man aus $(19.5.33)$ mit $(c_{ii}^{(0)\prime};\, s_0)$ anstelle von $(c_{ii}\,;\, s)$ schließlich die Bereiche

$$(19.8.77) \qquad 0,400 \leqq \beta_1' \leqq 0,893 \quad \text{und} \quad 0,0476 \leqq \beta_2' \leqq 0,0706 \; .$$

Der Vertrauensbereich für die Modellparabel

$$\eta'(x) = \beta_1'\, x + \beta_2'\, x^2$$

geht aus $(19.8.54)$ hervor. Dabei ist s durch s_0 und $A^{(0)}$ durch

$$A^{(0)\prime} = \sum_{i=1}^{2} \sum_{j=1}^{2} x_i'\, x_j'\; c_{ij}^{(0)\prime}/x_0^2 \quad \text{mit} \quad x_0 = 1$$

zu ersetzen. Mit $x_1' \equiv x$ und $x_2' \equiv x^2$ gilt

$$(19.8.78) \qquad x_0^2\, A^{(0)\prime} = x^2\, c_{11}^{(0)\prime} + 2\,x^3\, c_{12}^{(0)\prime} + x^4\, c_{22}^{(0)\prime} \; ; \quad x_0 = 1 \; .$$

Der gesuchte Vertrauensbereich für $\eta'(x)$ wird schließlich

$$(19.8.79) \qquad Y' - t_{f;1-(\alpha/2)}\; s_0 \sqrt{A^{(0)\prime}} \leqq \eta'(x) \leqq Y' + t_{f;1-(\alpha/2)}\; s_0 \sqrt{A^{(0)\prime}} \; ;$$

er ist in Abb. 19.8.4 dargestellt. Der Bereich erweitert sich mit wachsendem x erheblich, was die Vermutung bestätigt, daß die im Ansatz vernachlässigten eingangs aufgezählten Einflußgrößen durchaus nicht von untergeordneter Bedeutung sind. Setzt man die Ausdrücke für $c_{ij}^{(0)\prime}$ aus $(19.8.75)$ in

(19. 8. 78) ein, so nimmt $x_0^2\, A^{(0)'}$ die Gestalt an

$$x_0^2\, A^{(0)'} = \frac{x^2}{n\, s_{xx}}\left[S_{xx} - 2x\, S_x + nx^2 \right] = \frac{x^2}{n\, s_{xx}}\left[\left(S_{xx} - \frac{S_x^2}{n} \right) + n\,(x-\overline{x})^2 \right].$$

Mit $S_{xx} - (S_x^2/n) = s_{xx}$ wird

$$(19.8.80)\quad x_0^2\, A^{(0)'} = x^2 \left[\frac{1}{n} + \frac{(x-\overline{x})^2}{s_{xx}} \right].$$

$A^{(0)'}$ ist demnach eine dimensionslose Größe, wie es in (19. 8. 79) sein muß.

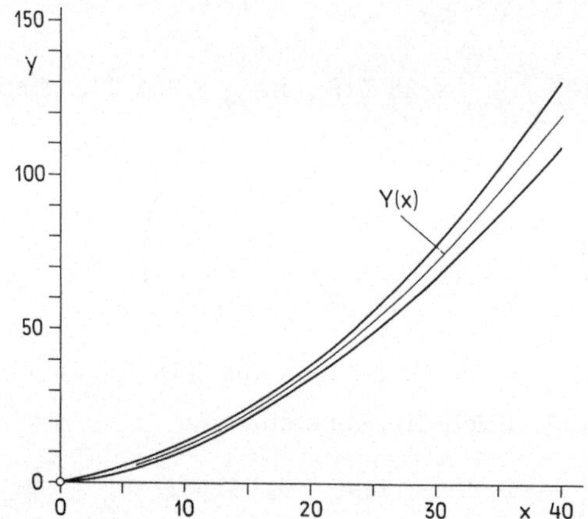

Abb. 19. 8. 4. Die Regressionsfunktion Y(x)
mit Vertrauensbereich .

Bisher wurde das Beispiel mit den Formeln der mehrfachen linearen Regression behandelt, indem man $x_1 \equiv x$ und $x_2 \equiv x^2$ setzte.
Ferner wurde die Nebenbedingung und die mit x veränderliche Versuchsvarianz $\sigma^2 = \sigma_0^2\, h^2(x)/h_0^2 = \sigma_0^2\,(x/x_0)^2$ berücksichtigt. Man kann die Linearisierung jedoch auch noch auf andere (viel einfachere) Weise erreichen. Die Meßwerte y sind auf Grund der Modellvorstellung (19. 8. 56)

$$(19.8.81)\quad y = \beta_1 x + \beta_2 x^2 + \epsilon ,$$

wobei die "Versuchsfehler" ϵ linear mit x wachsen. Aus

$$V\{y\}_{x=konst} = V\{\epsilon\} = \sigma_0^2\,(x/x_0)^2 \;;\; x_0 = 1 \;;$$

folgt, daß man ϵ in der Gestalt $\epsilon = (x/x_0)\,\epsilon_0$ ansetzen kann. Aus

$$(x/x_0)^2\, \sigma_0^2 = V\{\epsilon\} = (x/x_0)^2\, V\{\epsilon_0\}$$

folgt dann

$$(19.8.82) \quad V\{\epsilon_0\} = \sigma_0^2 = \text{konst} .$$

Die Zufallsgrößen ϵ_0 haben die feste von x unabhängige Varianz σ_0^2 . Für die Quotienten y/x folgt aus (19.8.81)

$$(19.8.83) \quad z = \frac{y}{x} = \beta_1 + \beta_2 x + (\epsilon_0/x_0) ; \quad x_0 = 1 .$$

Die z-Werte hängen demnach linear von x ab und besitzen bei gegebenem x die feste Varianz

$$V\{z\}_{x=\text{konst}} = V\{\epsilon_0/x_0\} = \sigma_0^2/x_0^2 .$$

Damit sind alle Voraussetzungen für die Anwendbarkeit der in den Abschnitten 18.1 bis 18.4 behandelten einfachen Regression (ohne Nebenbedingung ; mit fester Versuchsvarianz) erfüllt. Man hat nur

$$\left[y ; Y ; \eta ; \beta_0 ; \beta_1 ; b_0 ; b_1 ; \epsilon \right] \quad \text{durch} \quad \left[z ; Z ; \zeta ; \beta_1 ; \beta_2 ; b_1 ; b_2 ; (\epsilon_0/x_0) \right]$$

zu ersetzen. Die Normalgleichungen zur Bestimmung von $(b_1 ; b_2)$ werden entsprechend zu (17.4.5) und (17.4.6) mit $n_i \equiv 1$

$$b_1 n \quad + b_2 \sum_\nu x_\nu = \sum_\nu z_\nu = \sum_\nu (y_\nu/x_\nu) ,$$

$$(19.8.84)$$

$$b_1 \sum_\nu x_\nu + b_2 \sum_\nu x_\nu^2 = \sum_\nu z_\nu x_\nu = \sum_\nu y_\nu .$$

Ersichtlich stimmt das System (19.8.84) genau mit (19.8.69) überein und führt infolgedessen zu den gleichen Schätzwerten $b_i = b_i'$ der Regressionsfaktoren. Als Vertrauensbereich zur Sicherheit $S = 1-\alpha$ für die Regressionsgerade $\zeta(x)$ findet man aus (18.4.27)

$$Z(x) - \Delta Z \leqq \zeta(x) \leqq Z(x) + \Delta Z ,$$

wobei

$$\Delta Z = t_{f;1-(\alpha/2)} \left(\frac{s_0}{x_0}\right) \sqrt{\frac{1}{n} + \frac{(x-\bar{x})^2}{s_{xx}}} \quad \text{und} \quad f = n-2$$

ist.

Daraus folgt für $\eta(x) = x\,\zeta(x)$ mit $Y(x) = x\,Z(x)$ der Bereich

$$Y(x) - \Delta Y \leqq \eta(x) \leqq Y(x) + \Delta Y ,$$

wobei ΔY die Gestalt

$$\Delta Y = t_{f;1-(\alpha/2)}\ s_0 \left(\frac{x}{x_0}\right)\sqrt{\frac{1}{n} + \frac{(x-\overline{x})^2}{s_{xx}}}$$

hat. Mit (19. 8. 80) wird daraus

$$\Delta Y = t_{f;1-(\alpha/2)}\ s_0 \sqrt{A^{(0)\prime}}\ .$$

Die letzte Gleichung entspricht genau der Beziehung (19. 8. 79) , so daß sich
die Vertrauensbereiche der beiden Lösungen $\eta'(x)$ und $\eta(x)$ decken.

19.9 Ein Sonderfall der mehrfachen Regression; vollständige Faktorversuche

Die vollständigen Faktorversuche sind im Hinblick auf die Regressionsanalyse durch zwei Eigenschaften gekennzeichnet:

(a) Man ändert die p Einflußgrößen x_i oder die <u>Faktoren in gleichen Ab-</u>
<u>ständen,</u> x_{i1} ; $x_{i2} = x_{i1} + c_i$; $x_{i3} = x_{i2} + c_i$; $\ldots$. In der che-
mischen Technik macht man beispielsweise Versuche mit $x_{i1} = 100^{\circ}\,C$;
$x_{i2} = 150^{\circ}\,C$ und $x_{i3} = 200^{\circ}\,C$.

(b) Die Zahl der gewählten x_i-Werte , die Zahl der <u>Stufen</u>, für den Faktor i sei r_i . Dann gibt es bei p Faktoren insgesamt

$$(19.9.1) \qquad r_1 r_2 \ldots r_p = \prod_{i=1}^{p} r_i$$

Stufenkombinationen. Die Versuche werden <u>für alle Kombinationen</u> durchgeführt und zwar mindestens einmal.

Wählt man beispielsweise für den Faktor 1 die drei gleichabständigen Stufen
x_{11} , x_{12} , x_{13} und nimmt einen zweiten Faktor mit den ebenfalls gleichabständigen fünf Stufen x_{21} , x_{22} , x_{23} , x_{24} , x_{25} hinzu, so hat man insgesamt $3 \cdot 5 = 15$ Stufenkombinationen. Man muß also mindestens 15 Versuche durchführen. Der Versuchsraum der p Einflußgrößen x_i wird nach
Abb. 19.9.1, die für p = 3 gilt , mit einem nach jeder Achsenrichtung
gleichabständigen <u>Raumgitter</u> für die Versuchsstellen ausgestattet. Die
"Gittermethode" zur Erfassung des Zusammenhanges zwischen den Einflußgrößen x_i und der Zielgröße y wird im Abschnitt 19. 10 von Bedeutung
sein.

Meist wird der Versuch bei fester Stufenkombination der x_i gar nicht
(oder höchstens einmal) wiederholt. Die Zahl der Versuche bei fester Stufen-

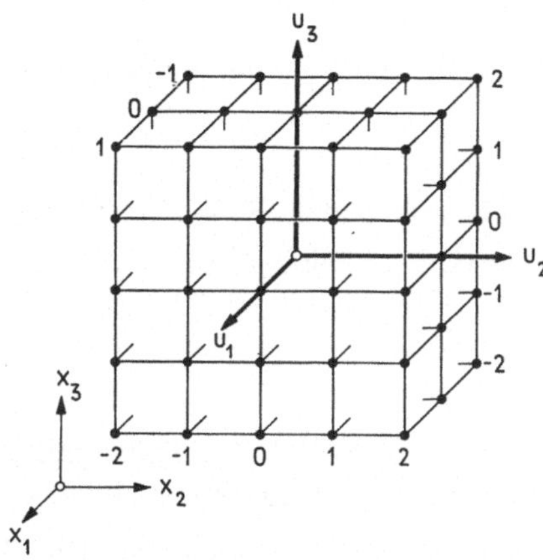

Abb. 19.9.1. Die Methode der Gitterpunkte zur Bestimmung
des Zusammenhanges zwischen den Einflußgrößen x_i und
der Zielgröße y . Es ist $r_1 r_2 r_3 = 3 \cdot 5 \cdot 5 = 75$.

kombination ist also $n_\varkappa$ = konst = 1 (oder höchstens $n_\varkappa$ = konst = 2) . Für
p Einflußgrößen mit je 3 Stufen ist die Zahl K der Stufenkombinationen

$$K(p \; ; \; 3) \; = \; 3^p \; .$$

Bei p Einflußgrößen mit je r Stufen gilt

(19.9.2) $K(p \; ; \; r) \; = \; r^p \; .$

Die letzte Gleichung ist der Sonderfall r_i = konst = r der Gleichung (19.9.1).
Da die Potenzen r^p mit wachsender Zahl der Stufen und/oder der Faktoren
rasch anwachsen, beschränkt man sich bei der Durchführung vollständiger
Faktorversuche aus Kostengründen häufig auf r = 2 Stufen . Dann ist die
Zahl der Kombinationen $K(p \; ; \; 2) \; = \; 2^p$. Im folgenden wird die Auswertung
solcher Versuche behandelt.
Natürlich kann man mit einem 2-Stufen-Versuch den Zusammenhang zwischen
den Einflußgrößen x_i und der Zielgröße y nicht im ganzen praktisch wichtigen Bereich des Versuchsraums finden. Die aus einem 2-Stufen-Versuch ge-
fundene Regressionsfunktion ist zunächst nur in der "Umgebung" des Schwerpunkts $\bar{P}\{\bar{x}_i\}$ der Einflußgrößen brauchbar. Trotz dieser Einschränkung
sind solche 2-Stufen-Versuche von größter praktischer Bedeutung, wie sich
im Abschnitt 19.10 zeigen wird.

Vollständige Faktorversuche mit r = 2 Stufen.

Im folgenden wird der Faktor x_i in den Stufen x_{i1} und $x_{i2} = x_{i1} + 2\Delta x_i$ eingesetzt. Man nennt x_{i1} die untere (niedrige) und x_{i2} die obere (hohe) Stufe des Faktors i . Der Mittelwert der beiden Stufen ist

$$(19.9.3) \qquad \overline{x}_i = (x_{i1} + x_{i2})/2 = x_{i1} + \Delta x_i = x_{i2} - \Delta x_i \; .$$

Zweckmäßig wählt man den Schwerpunkt $\overline{P}\{\overline{x}_i\}$ der Einflußgrößen x_i als Ursprung eines neuen Achsenkreuzes und setzt

$$(19.9.4) \qquad \frac{x_i - \overline{x}_i}{\Delta x_i} = u_i \; .$$

Die Veränderlichen u_i sind transformierte dimensionslose Einflußgrößen, die in der unteren Stufe, für $x_i = x_{i1}$, den Wert $u_i' = -1$ und in der oberen Stufe, für $x_i = x_{i2}$, den Wert $u_i'' = +1$ annehmen. Die Versuchspunkte liegen im p-dimensionalen Raum der u_i in den Ecken eines p-dimensionalen Würfels, dessen Mittelpunkt im Ursprung $\{u_i = 0\}$ liegt und dessen "Seitenflächen" $u_i = \pm 1$ auf der u_i-Achse senkrecht stehen. Für p = 3 ist der Versuchsraum mit dem Gitternetz der $2^3 = 8$ Versuchspunkte für die drei Faktoren u_1 , u_2 und u_3 in Abb. 19.9.2 dargestellt. Es gibt für p = 3 insgesamt $2^3 = 8$ Stufenkombinationen, die in den 8 Ecken des gezeichneten Würfels liegen. Nimmt man zu u_1 , u_2 , u_3 die vierte Einflußgröße u_4 hinzu, so wird u_4 ebenfalls in der unteren Stufe $u_4' = -1$ und

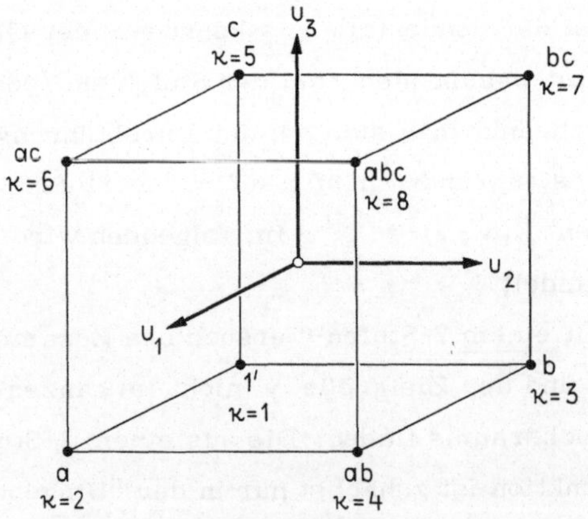

Abb. 19.9.2. Das gleichabständige Gitternetz der $2^3 = 8$ Versuchspunkte bei p = 3 Einflußgrößen mit je r = 2 Stufen (wegen der Symbole a, ... vergl. die Uebersicht 19.9.1) .

der oberen Stufe $u_4'' = +1$ eingesetzt. Zur Veranschaulichung müßte man die Abb. 19.9.2 zweimal zeichnen, über die erste $u_4 = konst = -1$ und über die zweite $u_4 = konst = +1$ schreiben.

Der Modellansatz für y lautet entsprechend zu (19.2.17)

$$(19.9.5) \quad y = \bar{\eta} + \sum_{i=1}^{p} \beta_i (x_i - \bar{x}_i) + \epsilon \ .$$

Mit (19.9.4) und $(\beta_i \Delta x_i) = \alpha_i$ wird

$$(19.9.6) \quad y = \bar{\eta} + \sum_{i=1}^{p} \alpha_i u_i + \epsilon \ .$$

Dem in u_i linearen Anteil $\sum_i \alpha_i u_i$ wird eine normal verteilte Zufallsgröße ϵ (als Versuchsfehler) überlagert. Dabei gilt (unverändert gegen früher)

$$(19.9.7) \quad M\{\epsilon\} = 0 \quad und \quad V\{\epsilon\} = \sigma^2 \ .$$

Die Varianz σ^2 hängt von den Einflußgrößen u_i nicht ab. Bei festen Werten $u_i = u_{i\varkappa}$ ist die Zielgröße y normal verteilt mit dem Mittelwert

$$(19.9.8) \quad \underset{u_i = konst}{M\{y\}} = \bar{\eta} + \sum_i \alpha_i u_{i\varkappa} = \eta_\varkappa$$

und der Varianz

$$(19.9.9) \quad \underset{u_i = konst}{V\{y\}} = \sigma^2 \ .$$

Es ist im folgenden zweckmäßig, die 2^p Stufenkombinationen (wie bisher) durch die laufende Nr. $\varkappa$ mit $1 \leq \varkappa \leq k = 2^p$ zu kennzeichnen. Im folgenden wird dazu ein Verfahren angegeben, mit dem man alle möglichen Stufenkombinationen mühelos mit Hilfe ihrer <u>Standardanordnung</u> erfaßt. Damit liegt dann für jede Kombination auch die Laufzahl $\varkappa$ fest.

Vorher transformiert man noch die Meßwerte y zu z und die Rechenwerte Y zu Z, indem man sie auf den Mittelwert $\bar{y}$ bezieht,

$$(19.9.10) \quad y - \bar{y} = z \quad und \quad Y - \bar{Y} = Z \ ,$$

wobei nach (19.2.9b) $\bar{y} = \bar{Y}$ ist. Dann ist

$$(19.9.11) \quad \zeta = \sum_{i=1}^{p} \alpha_i u_i$$

die <u>theoretische</u> und

$$(19.9.12) \quad Z = \sum_{i=1}^{p} a_i u_i$$

die mit Hilfe der Beobachtungen <u>geschätzte</u> Regressionsfunktion (wie es im Abschnitt 19.2 erläutert wurde).

Die Standardanordnung der Stufenkombinationen.

Zweckmäßig wählt man die in der "Versuchsplanung" (experimental design) übliche Bezeichnungsweise. Die Einflußgrößen oder Faktoren werden mit A , B , C , ... bezeichnet. Die beiden Stufen des Faktors A werden durch 1' (untere Stufe) und a (obere Stufe) gekennzeichnet. Entsprechend hat man für B die Symbole 1' und b , usw. Zunächst seien nur drei Faktoren A , B und C betrachtet. Dann gelangt man zu der Uebersicht 19.9.1 für die $r^p = 2^3 = 8$ möglichen Stufenkombinationen. In der ersten Spalte steht die

Uebersicht 19.9.1							
laufende Nummer der Stufenkombination $\varkappa$	Zeichen (Symbol)	Stufe für			Meßwerte der Zielgröße		
		A u_1	B u_2	C u_3	y	z	z^2
1	1'	-1	-1	-1	y_1	z_1	z_1^2
2	a	$+1$	-1	-1	y_2	z_2	z_2^2
3	b	-1	$+1$	-1	$\vdots$	$\vdots$	$\vdots$
4	a b	$+1$	$+1$	-1	$y_\varkappa$	$z_\varkappa$	$z_\varkappa^2$
5	c	-1	-1	$+1$	$\vdots$	$\vdots$	$\vdots$
6	a c	$+1$	-1	$+1$			
7	b c	-1	$+1$	$+1$			
8	a b c	$+1$	$+1$	$+1$	y_k	z_k	z_k^2
$\sum_\varkappa u_{i\varkappa}$		0	0	0	$\sum_\varkappa y_\varkappa$	0	$\sum_\varkappa z_\varkappa^2$

$+1$ bedeutet, der Faktor wird auf der oberen Stufe eingesetzt ;

-1 bedeutet, der Faktor wird auf der unteren Stufe eingesetzt .

laufende Nr. $\varkappa$, in der zweiten Spalte stehen die Symbole für die 8 Stufenkombinationen. Die Symbole werden folgendermaßen gebildet: Liegt ein Faktor, etwa B , einer Kombination auf der oberen Stufe, so wird der entsprechende kleine Kennbuchstabe, b , in das Symbol aufgenommen. Liegt der Faktor einer Kombination auf der unteren Stufe, so müßte 1' erscheinen, das

man jedoch nicht schreibt. Der Kennbuchstabe wird in dem Falle nicht in
das Symbol aufgenommen. Die Kombination, in der alle Faktoren auf der unteren Stufe eingesetzt werden, wird kurz mit 1' bezeichnet.

Wenn ein vierter Faktor D hinzukommt, so hat man die Uebersicht
19.9.1 um eine Spalte D zu vermehren und für D achtmal −1 einzutragen.
Ferner schreibt man die schon vorhandenen 8 Kombinationen noch einmal
auf und hängt das Symbol d an, wobei 1'd zu d wird. Damit hat man alle

		A u_1	B u_2	C u_3	D u_4	y	z	z^2
9	(1' d) ≡ d	−1	−1	−1	+1			
10	a d	+1	−1	−1	+1			
11	b d	−1	+1	−1	+1			
12	a b d	+1	+1	−1	+1			
13	c d	−1	−1	+1	+1			
14	a c d	+1	−1	+1	+1			
15	b c d	−1	+1	+1	+1			
16	a b c d	+1	+1	+1	+1			
	$\sum_{\varkappa} u_{i\varkappa}$	0	0	0	0			

bei p = 4 und r = 2 möglichen 2^4 = 16 Stufenkombinationen erfaßt. In den
ersten 8 Kombinationen liegt D auf der unteren Stufe u'_4 = −1 und in den
zweiten 8 Kombinationen liegt D auf der oberen Stufe u''_4 = 1 . Durch diese Standardanordnung wird jeder Kombination eindeutig eine Laufzahl $\varkappa$ des
Bereichs $1 \leq \varkappa \leq 2^p$ zugeordnet; $\varkappa$ = 1 entspricht 1' und $\varkappa$ = 16 entspricht
a b c d . In dieser Weise setzt man die Standardanordnung fort, wenn noch
mehr als 4 Faktoren vorhanden sind.

Die Hilfsgrößen S_i , S_{ii} , ...

Mit Hilfe der Uebersicht 19.9.1 berechnet man die Hilfsgrößen S_i ,
S_{ii} , ... des Abschnitts 19.2 . Mit $n_\varkappa$ = konst = 1 (Versuche ohne Wieder-
holung) findet man mit $|u_{i\varkappa}|$= 1 für alle (i;$\varkappa$)

$$S_i = \sum_{\varkappa} u_{i\varkappa} = 0 ; \qquad \bar{u}_i = 0 ;$$

(19.9.13)

$$S_{ii} = \sum_{\varkappa} u_{i\varkappa}^2 = k = 2^p ; \quad S_{ij} = \sum_{\varkappa} u_{i\varkappa} u_{j\varkappa} = S_{ji} = 0 ;$$

$$\text{für } i \neq j .$$

Daß die letzte Gleichung (für S_{ij}) allgemein gilt, zeigt man folgendermaßen:

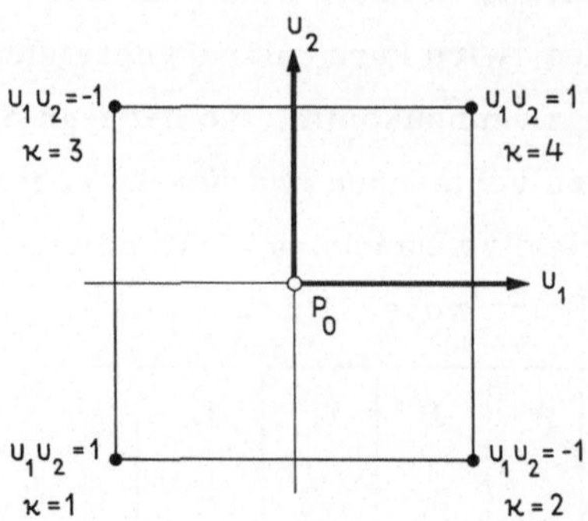

Abb. 19.9.3. Zur Berechnung der Hilfsgrößen S_{ij}.

Hat man zunächst nur zwei Einflußgrößen A und B , so ist nach Abb. 19.9.3

$$(19.9.14) \qquad \sum_{\varkappa=1}^{4} u_{1\varkappa}\, u_{2\varkappa} = 0 \ .$$

Tritt jetzt die Einflußgröße C mit Stufe $u_3' = -1$ bzw. $u_3'' = 1$ hinzu, so ist

$$(19.9.15) \qquad \sum_{\varkappa=1}^{8} u_{1\varkappa}\, u_{2\varkappa} = \underbrace{\sum_{\varkappa=1}^{4} u_{1\varkappa}\, u_{2\varkappa}}_{u_3' = -1} + \underbrace{\sum_{\varkappa=5}^{8} u_{1\varkappa}\, u_{2\varkappa}}_{u_3' = 1} = 0 \ .$$

Jede Teilsumme der rechten Seite verschwindet nach Gleichung (19.9.14), weil A und B für $\varkappa = 1, 2, 3, 4$ und für $\varkappa = 5, 6, 7, 8$ in den gleichen 4 Stufenkombinationen der Abb. 19.9.3 eingesetzt werden. In dieser Weise läßt sich der Induktionsschluß weiter führen. Ist für p Einflußgrößen die Gleichung

$$(19.9.16) \qquad \sum_{\varkappa=1}^{2^p} u_{1\varkappa}\, u_{2\varkappa} = 0$$

richtig, so folgt für (p+1) Einflußgrößen

$$\sum_{\varkappa=1}^{2^{p+1}} u_{1\varkappa}\, u_{2\varkappa} = \sum_{\varkappa=1}^{2^p} u_{1\varkappa}\, u_{2\varkappa} + \sum_{\varkappa=2^p+1}^{\varkappa=2^{p+1}} u_{1\varkappa}\, u_{2\varkappa} = 0 \ ,$$

da die Teilsummen der rechten Seite einzeln verschwinden. — Durch geeignete zyklische Vertauschung der Indizes 1;2;... ; p folgt die Behauptung (19.9.16) für alle Wertepaare (i ; j) mit $i \neq j$.

Die von den Beobachtungen $y_\varkappa$ abhängigen Hilfsgrößen werden

$$(19.9.17) \qquad \begin{aligned} S_y &= \sum_\varkappa y_\varkappa = k\,\bar{y} \ ; \\[2mm] S_{yy} &= \sum_\nu y_\varkappa^2 \ ; \quad S_{iy} = \sum_\nu u_{i\varkappa}\, y_\varkappa \ . \end{aligned}$$

Bei einer Wiederholung der Versuchsreihe haben S_i , S_{ii} und S_{ij} feste

Werte, während die von den Beobachtungen $y_\varkappa$ abhängigen Hilfsgrößen S_y ,

S_{yy} und S_{iy} Zufallsgrößen sind.

Die Hilfsgrößen s_{ii} , s_{ij} , ... werden mit $S_i = 0$

$$s_{ii} = S_{ii} - (S_i^2/k) = S_{ii} = k \; ;$$

$$s_{ij} = S_{ij} - (S_i S_j/k) = s_{ji} = 0 \quad \text{für } i \neq j \; ;$$

$$(19.9.18) \qquad s_{yy} = S_{yy} - (S_y^2/k) = S_{yy} - k\,\bar{y}^2 \; ;$$

$$s_{iy} = S_{iy} - (S_i S_y/k) = S_{iy} \; .$$

Für die transformierten Beobachtungen $z = y-\bar{y}$ gilt

$$S_z = \sum_\varkappa z_\varkappa = 0 \; ; \quad \bar{z} = 0 \; ;$$

$$S_{zz} = \sum_\varkappa z_\varkappa^2 = \sum_\varkappa (y_\varkappa -\bar{y})^2 = S_{yy} - k\,\bar{y}^2 \; ;$$

$$(19.9.19) \qquad S_{iz} = \sum_\varkappa u_{i\varkappa} z_\varkappa = \sum_\varkappa u_{i\varkappa} (y_\varkappa -\bar{y}) = S_{iy} - \bar{y} S_i = S_{iy} \; ;$$

$$s_{zz} = S_{zz} - (S_z^2/k) = S_{zz} \; ;$$

$$s_{iz} = S_{iz} - (S_i S_z/k) = S_{iz} \; .$$

Die Hilfsgrößen $S_{iy} = S_{iz} = s_{iy} = s_{iz}$ sind gegenüber der Translation

$z = y-\bar{y}$ invariant. Die Rechenarbeit reduziert sich auf die Berechnung der

Hilfsgrößen $s_{zz} = S_{zz} = \sum_\varkappa z_\varkappa^2$ und $s_{iz} = S_{iz} = \sum_\varkappa u_{i\varkappa} z_\varkappa$ mit Hilfe der

Uebersicht 19.9.1 . Für $p = 3$ Einflußgrößen wird beispielsweise mit

$u_{1\varkappa} = -1$ für $\varkappa = 1 \; ; \; 3 \; ; \; 5 \; ; \; 7$ und $u_{1\varkappa} = 1$ für $\varkappa = 2 \; ; \; 4 \; ; \; 6 \; ; \; 8$

$$(19.9.20) \qquad s_{1z} = (z_2 - z_1) + (z_4 - z_3) + (z_6 - z_5) + (z_8 - z_7) \; .$$

Man findet die Hilfsgröße s_{1z} , indem man von der Summe $(z_2+z_4+z_6+z_8)$

der 4 Erträge mit A in Stufe a oder $u_1'' = 1$ die Summe $(z_1+z_3+z_5+z_7)$

der 4 Erträge mit A in Stufe 1' oder $u_1' = -1$ subtrahiert.

Verwendet man die Symbole der Stufenkombinationen, so gilt mit $1' \equiv 1$

$$(19.9.21) \qquad s_{1z} = (a-1) + (ab-b) + (ac-c) + (abc-bc) \; .$$

Behandelt man $1 \equiv 1'$, a , b und c als algebraische Symbole, so läßt sich

der letzte Ausdruck formal umgestalten zu

$$s_{1z} = (a-1) + b(a-1) + c(a-1) + bc(a-1)$$

oder symbolisch

$$(19.9.22) \qquad s_{1z} = (a-1)(b+1)(c+1) \; .$$

In der Versuchsplanung bezeichnet man den Quotienten aus s_{1z} und der Zahl der Differenzen in (19.9.20) , aus denen s_{1z} gebildet wurde, als Hauptwirkung A der Einflußgröße A . Also gilt $s_{1z}/4 \equiv A$. Mit der Uebersicht 19.9.1 bestätigt man leicht, daß die Hauptwirkungen von B und C sich für p = 3 symbolisch in der Gestalt

$$(19.9.23) \qquad \begin{aligned} s_{2z} &= (a+1)(b-1)(c+1) \equiv 4\,B \; ; \\[1ex] s_{3z} &= (a+1)(b+1)(c-1) \equiv 4\,C \end{aligned} \left.\vphantom{\begin{aligned}x\\x\end{aligned}}\right\} p = 3$$

schreiben lassen. Yates hat ein Rechenverfahren angegeben (was an die symbolische Schreibweise anknüpft), mit dem man nicht nur die hier gesuchten "Hauptwirkungen" der Faktoren, sondern auch alle "Wechselwirkungen" zahlenmäßig ohne große Mühe findet. Jedoch soll an dieser Stelle nicht näher darauf eingegangen werden, da man die Wechselwirkungen beim linearen Regressionsmodell nicht braucht.

Mit (19.9.20) bzw. (19.9.21) und den entsprechenden Formeln für s_{2z} und s_{3z} , die man aus (19.9.21) durch zyklische Vertauschung von a , b und c findet, sind alle in die Normalgleichungen eingehenden Hilfsgrößen bekannt, wenn p = 3 ist.

Hat man nicht nur drei, sondern p Einflußgrößen A , B , C , ... , Q , R , die auf die Zielgröße z einwirken, so werden die Hauptwirkungen A , B , ... aus den Gleichungen berechnet

$$\begin{aligned} s_{1z} &\equiv 2^{p-1}\,A \equiv (a-1)(b+1)(c+1) \ldots (q+1)(r+1) \; ; \\[1ex] s_{2z} &\equiv 2^{p-1}\,B \equiv (a+1)(b-1)(c+1) \ldots (q+1)(r+1) \; ; \\[1ex] (19.9.24) \qquad s_{3z} &\equiv 2^{p-1}\,C \equiv (a+1)(b+1)(c-1) \ldots (q+1)(r+1) \; ; \\[1ex] &\;\;\vdots \\[1ex] s_{p-1;z} &\equiv 2^{p-1}\,Q \equiv (a+1)(b+1)(c+1) \ldots (q-1)(r+1) \; ; \\[1ex] s_{pz} &\equiv 2^{p-1}\,R \equiv (a+1)(b+1)(c+1) \ldots (q+1)(r-1) \; . \end{aligned}$$

Den Beweis führt man durch vollständige Induktion. Geht man zunächst von 3 zu 4 Einflußgrößen über an Hand der erweiterten Uebersicht 19.9.1 , so wiederholt sich die Folge $- + - + - + - +$ der Vorzeichen in der Spalte A . Infolgedessen wird

$$\left(s_{1z}\right)_4 = \left(s_{1z}\right)_{3;D \text{ mit } 1'} + \left(s_{1z}\right)_{3;D \text{ mit } d} \quad ,$$

wobei D in den ersten 8 Stufenkombinationen auf der unteren Stufe $u'_4 = -1$ (mit 1') und in den zweiten 8 Stufenkombinationen auf der oberen Stufe $u''_4 = 1$ (mit d) eingesetzt wird. Nach (19.9.22) ist in symbolischer Schreibweise

$$\left(s_{1z}\right)_{3;D \text{ mit } 1'} = (a-1)(b+1)(c+1)$$

und

$$\left(s_{1z}\right)_{3;D \text{ mit } d} = (a-1)(b+1)(c+1)\ d \quad ,$$

da im letzteren Falle in allen Stufenkombinationen der Uebersicht 19.9.1 der Faktor d hinzutritt. Mithin wird die Summe $\left(s_{1z}\right)_4$ in symbolischer Schreibweise

$$\begin{aligned}
\left(s_{1z}\right)_4 &= (a-1)(b+1)(c+1) + (a-1)(b+1)(c+1)\ d \\
&= (a-1)(b+1)(c+1)(d+1) \quad .
\end{aligned}$$

Die Zahl der Differenzen $(z_{2\lambda} - z_{2\lambda-1})$ mit $1 \leq \lambda \leq 8$, die in die Rechnung eingehen, ist jetzt $4 + 4 = 8 = 2^3$. Damit wird die Hauptwirkung A bei 4 Faktoren

$$A = s_{1z}/2^3$$

Es sei nun die Beziehung (19.9.24) gültig für p Einflußgrößen A , B , ... , L . Dann wird $\left(s_{1z}\right)_p$ nach der Gleichung

$$(19.9.25) \qquad \left(s_{1z}\right)_p = (a-1)(b+1) \ldots (\ell+1)$$

aus $2^p/2 = 2^{p-1}$ Differenzen $(z_{2\lambda} - z_{2\lambda-1})$ gebildet; $1 \leq \lambda \leq 2^{p-1}$. Tritt nun der Faktor M hinzu, so kommen zu den 2^p vorhandenen Kombinationen (M mit Stufe 1') 2^p weitere Kombinationen (M mit Stufe m) hinzu. Es gilt demnach

$$\left(s_{1z}\right)_{p+1} = \left(s_{1z}\right)_{p;M \text{ mit } 1'} + \left(s_{1z}\right)_{p;M \text{ mit } m} \quad .$$

Mit (19.9.25) wird daraus

$$\left(s_{1z}\right)_{p+1} = \left[(a-1)(b+1) \ldots (\ell+1)\right] + \left[(a-1)(b+1) \ldots (\ell+1)\, m\right]$$

$$= (a-1)(b+1) \ldots (\ell+1)(m+1) ,$$

wobei die Zahl der eingehenden Differenzen $2^{p-1} + 2^{p-1} = 2 \cdot 2^{p-1} = 2^p$
ist. Damit ist gezeigt, daß aus der Gültigkeit der Gleichung (19.9.25) für
p Faktoren die Gültigkeit für (p+1) Faktoren folgt.

Die Normalgleichungen.

Die Matrix M der p Normalgleichungen zur Berechnung der Regressionsfaktoren a_i , $1 \leq i \leq p$, hat nach (19.2.19) mit $s_{ii} = k$, $s_{ij} = 0$ für
$i \neq j$ die Gestalt

$$(19.9.26) \quad M = \begin{pmatrix} k & 0 & 0 & \ldots & 0 & s_{1z} \\ 0 & k & 0 & \ldots & 0 & s_{2z} \\ 0 & 0 & k & \ldots & 0 & s_{3z} \\ \vdots & \vdots & \vdots & & \vdots & \vdots \\ 0 & 0 & 0 & \ldots & k & s_{pz} \end{pmatrix} .$$

Das System zerfällt in p Einzelgleichungen, deren Lösung man sofort angeben kann,

$$(19.9.27) \quad a_i = s_{iz}/k = s_{iz}/2^p .$$

Damit ist die Regressionsfunktion (19.9.12) ,

$$(19.9.28) \quad Z = \sum_{i=1}^{p} a_i u_i ,$$

bekannt. Rechnet man die Einflußgrößen u_i wieder auf x_i und die Zielgröße
z bzw. Z auf y bzw. Y um, so findet man mit (19.9.4) und $b_i \Delta x_i = a_i$
die Regressionsfunktion für y in der gewohnten Gestalt

$$(19.9.29) \quad Y = \bar{y} + \sum_{i=1}^{p} b_i(x_i - \bar{x}_i) .$$

Mittelwerte, Varianzen und Kovarianzen der $(a_i ; a_j)$.

Nach den Formeln des Abschnitts 19.3 hat man zunächst die Umkehrmatrix (c_{ij}) zur Matrix der Koeffizienten (s_{ij}) aus (19.9.26) zu bilden.

Es wird

$$(19.9.30) \quad (c_{ij}) = \begin{pmatrix} 1/k & 0 & 0 & \cdots & 0 \\ 0 & 1/k & 0 & \cdots & 0 \\ 0 & 0 & 1/k & \cdots & 0 \\ \vdots & \vdots & \vdots & & \vdots \\ 0 & 0 & 0 & \cdots & 1/k \end{pmatrix} .$$

Damit hat man $c_{ii} = 1/k$ und $c_{ij} = 0$ für $i \neq j$. Aus (19.3.6), (19.3.14) und (19.3.13) folgt dann

$$(19.9.31) \quad M\{a_i\} = \alpha_i \quad ; \quad V\{a_i\} = \sigma^2/k \quad ; \quad C\{a_i ; a_j\} = 0 .$$

Die Kovarianz zwischen den Regressionsfaktoren a_i und a_j verschwindet für $i \neq j$. Da bei Wiederholung der Versuchsreihe mit y bzw. ϵ auch die Regressionsfaktoren a_i normal verteilt sind, so ist wegen der verschwindenden Kovarianz a_i von a_j <u>unabhängig</u>, falls $i \neq j$ ist.

<u>Die Zerlegung der S.d.q.A.</u>

Die S.d.q.A. <u>insgesamt</u> ist nach (19.4.1)

$$(19.9.32) \quad \sum_\kappa (y_\kappa - \overline{y})^2 = \sum_\kappa z_\kappa^2 = S_{zz} = s_{zz} \quad ;$$

s_{zz} hat $k-1$ Freiheitsgrade.

Der durch die lineare Regressionsfunktion (19.9.28) <u>erklärte Anteil</u> s_{ZZ} der S.d.q.A. insgesamt,

$$s_{ZZ} = \sum_\kappa Z_\kappa^2 ,$$

läßt sich nach (19.4.9) in der Gestalt

$$s_{ZZ} = \sum_i \sum_j a_i \, a_j \, s_{ij}$$

schreiben. Wegen $s_{ij} = 0$ für $i \neq j$ vereinfacht sich die letzte Gleichung mit $s_{ii} = k$ zu

$$(19.9.33) \quad s_{ZZ} = \sum_{i=1}^p a_i^2 \, s_{ii} = k \sum_{i=1}^p a_i^2 .$$

Die Summe s_{ZZ} ist mit p Freiheitsgraden ausgestattet. Jeder Regressionsfaktor a_i hat genau einen Freiheitsgrad; die ihm zugeordnete S.d.q.A. ist $k a_i^2$.

Die S.d.q.A. für den <u>nicht erklärten</u> Rest s_{ee} findet man aus der Zerlegungsgleichung zu

$$(19.9.34) \qquad s_{ee} = s_{zz} - s_{ZZ} \;;$$

s_{ee} hat $(k-p-1)$ Freiheitsgrade und liefert nach $(19.4.15)$ den erwartungstreuen Schätzwert s^2 für die Versuchsvarianz,

$$(19.9.35) \qquad s^2 = \frac{1}{k-p-1} \, s_{ee} = \frac{1}{k-p-1} \sum_{\varkappa} (z_{\varkappa} - Z_{\varkappa})^2 \;.$$

Hat man einen vollständigen Faktorversuch <u>mit Wiederholung</u> auszuwerten, so ist $n_{\varkappa} = \text{konst} = n_0 > 1$. Man bestimmt dann für jede Stufenkombination $\varkappa$ der Standardanordnung den Mittelwert $\bar{z}_{\varkappa}$ der Zielgröße z ,

$$\bar{z}_{\varkappa} = \frac{1}{n_0} \sum_{\nu=1}^{n_0} z_{\varkappa\nu} \;.$$

Die Hauptwirkungen A , B , ... , die Hilfsgrößen s_{iz} und die Regressionsfaktoren $a_i = s_{iz}/2^p$ findet man, indem man die vorgelegte Versuchsreihe formal als Faktorversuch <u>ohne</u> Wiederholung mit den "Meßwerten" $\bar{y}_{\varkappa}$ auswertet. Bei der Berechnung der S.d.q.A. mit ihren Freiheitsgraden muß man jedoch auf die allgemeinen Formeln des Abschnitts 19.4 zurückgreifen. Beispielsweise werden die Freiheitsgrade

$$f\{s_{zz}\} = n_0 k - 1 \;\;;\;\; f\{s_{ee}\} = n_0 k - p - 1 \;\;;\;\; f\{s_{ZZ}\} = p$$

mit $k = 2^p$.

<u>Das Testen von Hypothesen.</u>

Die Modell-Hypothese des <u>linearen</u> Zusammenhanges zwischen der Zielgröße z und den Einflußgrößen u_i kann für $n_{\varkappa} = \text{konst} = 1$ (und damit $n = k$) <u>nicht</u> getestet werden, weil der Schätzwert $Q_2/(n-k)$ für die Versuchsvarianz σ^2 nach $(19.5.4)$ nicht gebildet werden kann. Nur bei Wiederholung der ganzen Versuchsreihe mit $n_{\varkappa} = \text{konst} = 2$ kann man diesen Test nach Abschnitt 19.5 durchführen. Dann hat Q_1 unverändert gegen früher $f_1 = (k-p-1)$ Freiheitsgrade, während Q_2 mit $f_2 = n-k = k$ Freiheitsgraden ausgestattet ist.

Wenn die Zielgröße z nicht (funktional) von u_i abhängt, dann ist u_i keine Einflußgröße für z und es gilt $\alpha_i = 0$. Die Hypothese $\alpha_i = 0$ testet man nach $(19.5.13)$ für $n_{\varkappa} = \text{konst} = 1$ mit der Prüfgröße

$$\frac{a_i}{\sqrt{c_{ii}} \, s} = t_f \qquad \text{mit } f = k-p-1 \;.$$

Mit $c_{ii} = 1/k$ wird die Prüfgröße

$$(19.9.36) \qquad \frac{a_i \sqrt{k}}{s} = t_{k-p-1} \; .$$

Für $|a_i|(\sqrt{k}/s) > t_{k-p-1;1-(\alpha/2)}$ wird die Hypothese $\alpha_i = 0$ verworfen.

Mit diesem Test entscheidet man, ob die getestete Einflußgröße u_i im Modellansatz $\zeta = \sum_i \alpha_i u_i$ bleibt oder nicht. Wird die Hypothese $\alpha_i = 0$ zugunsten der Hypothese $\alpha_i \neq 0$ verworfen, so bleibt u_i im Ansatz. Wird die Hypothese $\alpha_i = 0$ nicht verworfen, so entfernt man u_i . Die Wahrscheinlichkeit einer Fehlentscheidung <u>erster</u> Art (die richtige Hypothese $\alpha_i = 0$ zu verwerfen, bzw. die "Nicht-Einflußgröße" u_i beizubehalten) ist $1 - S = \alpha$. Die Wahrscheinlichkeit einer Fehlentscheidung <u>zweiter</u> Art (die falsche Hypothese $\alpha_i = 0$ nicht zu verwerfen, bzw. die "wirkliche Einflußgröße" u_i zu streichen) wird nicht in Betracht gezogen; sie ist aber praktisch wichtiger. — Im übrigen muß man mit der Streichung von Einflußgrößen in der Regressionsgleichung sehr vorsichtig sein. Möglicherweise wirkt sich eine bestimmte Einflußgröße x_α bzw. u_α an der <u>untersuchten</u> Stelle des Versuchsraums nicht oder nur wenig aus, ist aber an anderen Stellen wesentlich.

Vertrauensbereiche für die Modellparameter.

Der Vertrauensbereich zur Sicherheit $S = 1-\beta$ für den <u>Regressionsfaktor</u> α_i wird nach (19.5.33) bei $n_\varkappa = \text{konst} = 1$ bzw. $n = k$

$$(19.9.37) \qquad a_i - \frac{1}{\sqrt{k}}\, s\, t_{f;1-(\beta/2)} \leq \alpha_i \leq a_i + \frac{1}{\sqrt{k}}\, s\, t_{f;1-(\beta/2)}$$

mit $f = k-p-1$.

Der Vertrauensbereich zur Sicherheit $S = 1-\beta$ für die <u>Versuchsvarianz</u> σ^2 folgt aus (19.5.34) bei $n_\varkappa = \text{konst} = 1$ bzw. $n = k$ zu

$$(19.9.38) \qquad \frac{(k-p-1)s^2}{\chi^2_{f;1-(\beta/2)}} \leq \sigma^2 \leq \frac{(k-p-1)s^2}{\chi^2_{f;\beta/2}}$$

mit $f = k-p-1$.

Der Vertrauensbereich für die theoretische Regressionsfunktion $\zeta = M\{z\} = M\{Z\}$ geht aus (19.5.40) hervor. Die dort benötigte Hilfsgröße A wird hier bei $n_\varkappa = \text{konst} = 1$ bzw. $n = k$ wegen $c_{ii} = 1/k$ und $c_{ij} = 0$ für $i \neq j$

$$A = \frac{1}{k} + \sum_{i=1}^{p} \sum_{j=1}^{p} u'_i\, u'_j\, c_{ij} = \frac{1}{k} + \sum_{i=1}^{p} (u'^2_i/k)$$

oder

$$(19.9.39) \quad A = \frac{1}{k} \left(1 + \sum_{i=1}^{p} u_i'^2 \right) .$$

Dabei ist P' mit den Koordinaten $u_i = u_i'$ ein beliebiger Punkt des "Versuchsbereichs" der u_i , also mit

$$-1 \lesssim u_i' \lesssim 1 .$$

Der gesuchte Vertrauensbereich zur Sicherheit $S = 1-\beta$ für den Regressionswert ζ' an der Stelle $P'\{u_i'\}$ bei "beobachtetem" $Z' = \sum_i a_i u_i'$ wird

$$(19.9.40) \quad Z' - \sqrt{A}\, s\, t_{f;1-(\beta/2)} \leqq \zeta' \leqq Z' + \sqrt{A}\, s\, t_{f;1-(\beta/2)}$$

mit $f = k-p-1$.

Damit sind alle wichtigen Formeln der Regressionsanalyse auf den Sonderfall der vollständigen 2^p-Faktorversuche (mit p Einflußgrößen in je 2 Stufen) übertragen. Im folgenden Abschnitt wird die praktische Bedeutung solcher Versuche erörtert.

19.10 Das Ansteuern günstigster Versuchsbedingungen

Bei chemischen Vorgängen ist die Zielgröße ζ, beispielsweise der Ertrag, die Ausbeute,der Reinheitsgrad des Erzeugnisses, die Kosten je Tonne des Verfahrens, ... im allgemeinen von zahlreichen Einflußgrößen oder Faktoren x_1 , x_2 , ... abhängig. Solche Faktoren sind eingesetzte Stoffmengen, Drucke, Temperaturen, Konzentrationen von Lösungsmitteln, Reaktionszeiten u.a.

Der funktionale Zusammenhang zwischen ζ und den x_i wird durch die Ausbeute- , Ertrags- oder Zielfunktion

$$(19.10.1) \quad \zeta = \zeta(x_1 ; x_2 ; \dots ; x_p)$$

festgelegt. Oft wünscht man nun die Einflußgrößen x_i so zu wählen, $x_i = x_i^*$, daß die Zielgröße ζ für $x_i = x_i^*$ ein Extremwert ζ^* wird, ein Maximum, wenn ζ einen Ertrag, ein Minimum, wenn ζ eine Kostenfunktion darstellt. Wenn man die mathematische Gestalt der Funktion $\zeta = \zeta(x_1 ; \dots ; x_p)$ kennt, so läßt sich die Frage mit bekannten mathematischen Methoden lösen. Das ist aber nur ganz selten der Fall. Bei den verwickelten Zusammenhängen der Technik kennt man die Funktion $\zeta = \zeta(x_1 ; \dots ; x_p)$ im allgemeinen nicht. Deshalb muß man die gesuchte "günstigste" Faktorkombination $(x_1^* ; x_2^* ;$

... ; x_p^*) durch geeignete Versuchsreihen ausfindig machen. Das ist sehr

mühevoll, zeitraubend und kostspielig. Man braucht deshalb Verfahren, die

den Aufwand dabei auf das Notwendigste beschränken. Dazu gehört eine von

Box, Wilson u.a. entwickelte Methode, die neben anderen im folgenden er-

läutert wird. Damit die Ueberlegungen anschaulich bleiben und bildlich dar-

gestellt werden können, werden nur zwei Einflußgrößen, $x_1 \equiv x$ und $x_2 \equiv y$,

betrachtet. Betont sei jedoch, daß der Wert des Verfahrens gerade darin be-

steht, daß man die günstigste Kombination von drei, vier und mehr Faktoren

ebenso finden kann. Die bei zwei Faktoren mögliche anschauliche Deutung

aller Schritte in der (x;y)-Ebene oder im $(x;y;\zeta)$-Raum geht natürlich bei

mehr als zwei Einflußgrößen verloren.

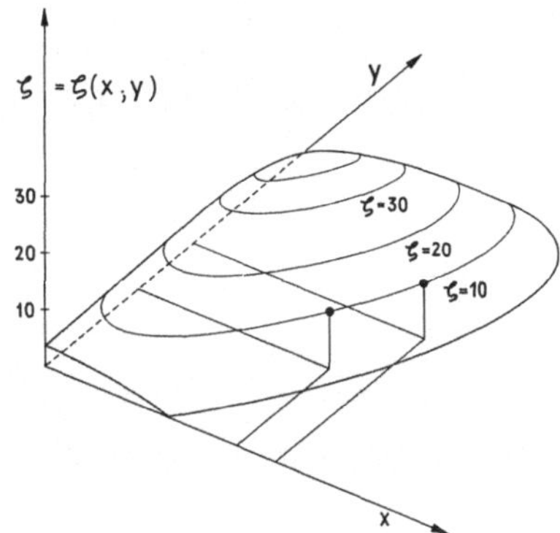

Abb. 19.10.1. Die Ertragsfunktion $\zeta = \zeta(x;y)$ als Raumfläche.

Die Ertragsfunktion $\zeta = \zeta(x;y)$ stellt man nach Abb. 19.10.1 als Raum-

fläche dar, die man durch Ebenen $\zeta =$ konst schneidet. Die so entstehenden

Linien gleichen Ertrags,

$$(19.10.2) \qquad \zeta(x;y) = \text{konst} = \zeta_1 ; \ \zeta_2 ; \ \zeta_3 ; \cdots ,$$

projiziert man als Höhenlinien nach Abb. 19.10.2 in die (x;y)-Ebene . In

dieser Ebene gibt es normalerweise einen "Versuchsbereich" , der allein für

die Untersuchung von Interesse ist. Außerhalb dieses Bereichs hat der Zu-

sammenhang $\zeta(x;y)$ keine praktische Bedeutung. Beispielsweise werden

Temperatur $T \equiv x$ und/oder Druck $p \equiv y$ häufig durch bestimmte zuläs-

sige Höchstwerte T_{max} und/oder p_{max} begrenzt sein. Die gestellte Frage

nach der günstigsten Faktorkombination reduziert sich demnach auf die Ermittlung derjenigen Wertepaare $(x^*; y^*)$ des <u>Versuchsbereichs</u>, für die ζ ein Extremum wird.

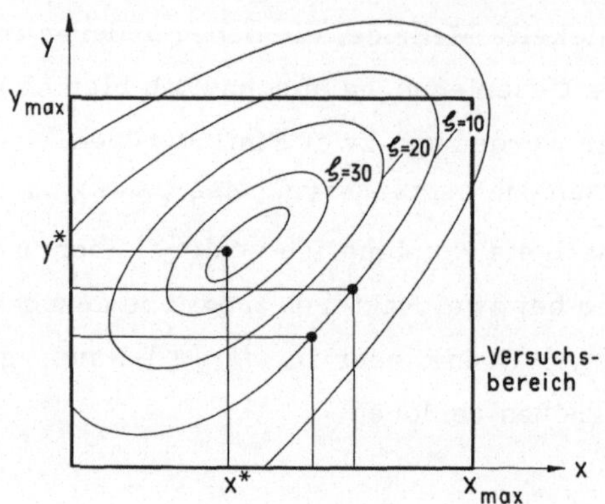

Abb. 19.10.2. Die Darstellung der Ertragsfunktion $\zeta = \zeta(x;y)$ durch Höhenlinien $\zeta = $ konst in der Ebene der Faktoren x und y .

<u>Die Methode der Gitterpunkte</u>.

Eine sichere (aber aufwendige) Methode zur Ermittlung von $(x^*; y^*)$ besteht darin, den ebenen (z.B. rechteckigen) Versuchsbereich der Abb.19.10.3 mit einem Netz von Gitterpunkten $(x_i ; y_j)$ zu überdecken und die Erträge $z_{ij} = \zeta_{ij} + \epsilon_{ij}$ für diese Wertepaare versuchsmäßig zu bestimmen.

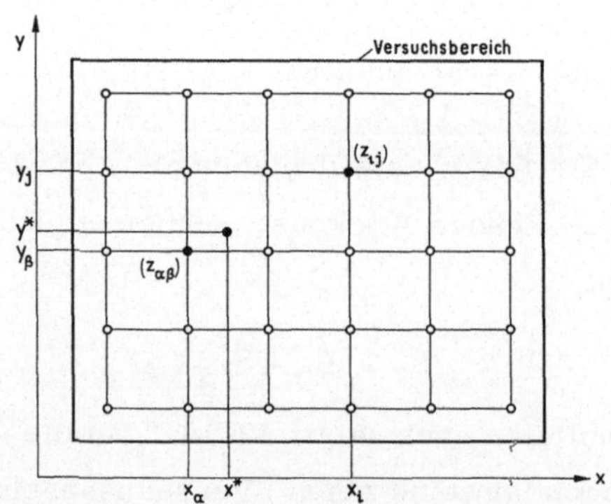

Abb. 19.10.3. Die "Gitterpunktmethode" $(x_i ; y_j)$ im Versuchsbereich erfordert einen hohen Aufwand .

Die Gitterpunkte haben in der x- bzw. y-Richtung die festen Abstände $\Delta x_i^! = $ konst $= \Delta x'$ bzw. $\Delta y_j^! = $ konst $= \Delta y'$. Es sei angenommen, man findet ein Wertepaar $(x_\alpha\,;\,y_\beta)$, dessen Ertrag $z_{\alpha\beta}$ signifikant größer ist als die übrigen Erträge z_{ij} ; $i \neq \alpha$; $j \neq \beta$. In der Umgebung des Punktes $P(x_\alpha\,;\,y_\beta)$

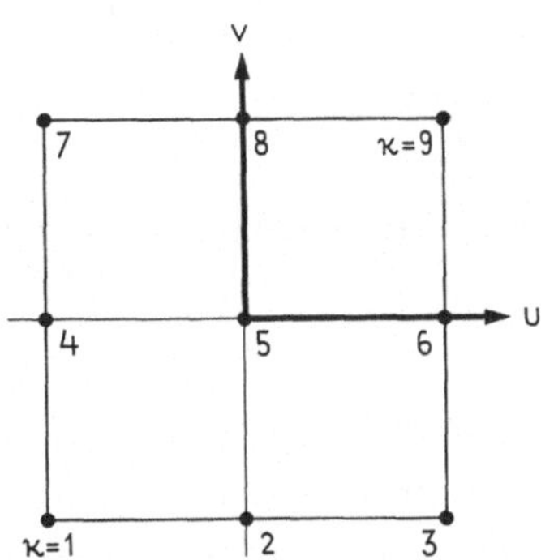

Abb. 19.10.4. Ein vollständiger Faktorversuch
mit p = 2 Einflußgrößen in r = 3 Stufen .

macht man mit Abständen $\Delta x < \Delta x'$ und $\Delta y < \Delta y'$ nach Abb. 19.10.4 einen vollständigen Faktorversuch mit 3 Stufen. Dann stehen insgesamt 9 Versuchspunkte P_κ , $\kappa = 1\,;\,2\,;\,\ldots\,;\,9$, zur Verfügung, die man durch die dimensionslosen Einflußgrößen $u_1 \equiv u$ und $u_2 \equiv v$ kennzeichnet. Durch die in der z-Richtung streuenden Meßpunkte $(u_\kappa\,;\,v_\kappa\,;\,z_\kappa)$ legt man eine Regressionsfläche $Z = Z(u\,;\,v)$, die man als Fläche zweiten Grades in der Gestalt

$$(19.10.3) \quad Z(u\,;\,v) = a_0 + a_1 u + a_2 v + a_{11} u^2 + 2 a_{12} uv + a_{22} v^2$$

ansetzt. Mit

$$u \equiv u_1 \;;\; v \equiv u_2 \;;\; u^2 \equiv u_3 \;;\; uv \equiv u_4 \;;\; v^2 \equiv u_5 \;;$$

$$(19.10.4)$$

$$a_{11} \equiv a_3 \;;\; 2a_{12} \equiv a_4 \;;\; a_{22} \equiv a_5$$

läßt sich die Regressionsfläche linearisieren zu

$$(19.10.5) \quad Z(u\,;\,v) = a_0 + \sum_{i=1}^{5} a_i u_i \;,$$

und man kann das im Abschnitt 19.2 erläuterte Verfahren zur Berechnung der Regressionsfaktoren a_0 und a_i ; $i = 1\,;\,2\,;\,\ldots\,;\,5$ einsetzen. Wie man bei der Auswertung <u>zweckmäßig</u> vorgeht, wird später gezeigt.

Da die partiellen Ableitungen $(\partial Z/\partial u)$ und $(\partial Z/\partial v)$ der Funktion $Z = Z(u\,;v)$ an der Stelle eines Extremwerts für Z verschwinden müssen, so findet man aus

$$(19.10.6) \qquad \partial Z/\partial u = a_1 + 2a_{11}\,u + 2a_{12}\,v = 0$$

und

$$(19.10.7) \qquad \partial Z/\partial v = a_2 + 2a_{12}\,u + 2a_{22}\,v = 0$$

zwei lineare Gleichungen, aus denen man die gesuchte günstigste Faktorkombination $(u = u^*\,;\, v = v^*)$ berechnet.

Der gesamte Versuchsaufwand ist nach diesem Verfahren bereits bei zwei Einflußgrößen x und y erheblich. Bei fünf Einflußgrößen mit je vier Stufen im Versuchsbereich hätte man bereits $4^5 = 1024$ Faktorkombinationen. Im Hinblick auf Zeit- und Geldaufwand ist es hoffnungslos, die Gitterpunktmethode auf drei und mehr Faktoren zu erweitern.

Die Ein-Faktor-Methode.

Man hilft sich deshalb (auch schon bei zwei Faktoren x und y) mit der "Ein-Faktor"-Methode. Man verändert nur einen Faktor, etwa y, und hält den anderen Faktor x konstant. Man beginnt eine Reihe von Versuchen (beispielsweise) bei $P_0(x_0\,;y_0)$ in Abb. 19.10.5 , hält x_0 konstant und verän-

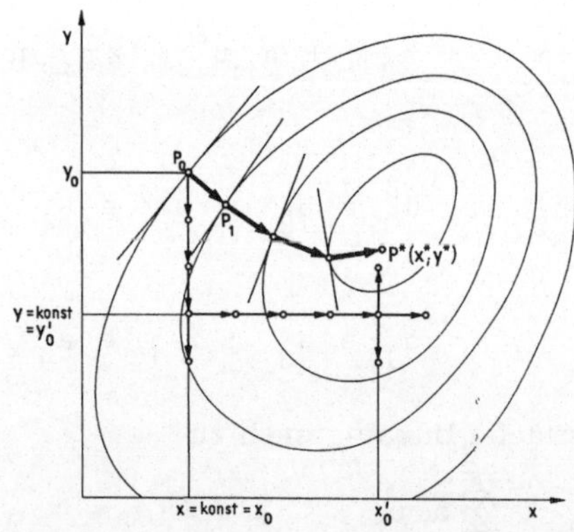

Abb. 19.10.5. Das Maximum der Ertragsfunktion $\zeta(x\,;y)$ wird schrittweise angesteuert ; $\longrightarrow$ nach der "Ein-Faktor"-Methode ; $\Longrightarrow$ nach der Methode des "steilsten Anstiegs".

dert y in gleichen Schritten. Dann findet man in der Schnittebene $x = \text{konst} = x_0$ das bedingte Maximum für ζ bei $(x_0\,;\,y_0')$. Jetzt hält man den gefundenen Wert $y = y_0'$ fest, verändert den Faktor x in gleichen Schritten und kommt so wiederum zu einem bedingten Maximum für ζ bei gegebenem $y = y_0'$ an der Stelle $(x_0' ; y_0')$. Durch Wiederholung des Verfahrens erreicht man in Abb. 19. 10. 5 schließlich das gesuchte Maximum an der Stelle $(x^* ; y^*)$.

Im Vergleich zur Gittermethode ist der Aufwand wesentlich geringer, da man bei der Ein-Faktor-Methode darauf verzichtet, die Zielfunktion im ganzen Versuchsbereich zu ermitteln. Man steuert vielmehr den Extremwert $\zeta(x^* ; y^*)$ mit einer Reihe von Einzelschritten an, die jeweils parallel zur x- oder y-Achse verlaufen.

Das Verfahren stellt eine Verallgemeinerung der "klassischen" Versuchstechnik der Physik dar, alle Einflußgrößen – bis auf eine – bei der Untersuchung konstant zu halten. Bei der in Abb. 19. 10. 5 dargestellten Ertragsfläche kommt man in der Tat auf dem beschriebenen Wege ans Ziel. Es gibt aber bereits bei zwei Einflußgrößen Zielfunktionen $\zeta(x ; y)$, bei denen die

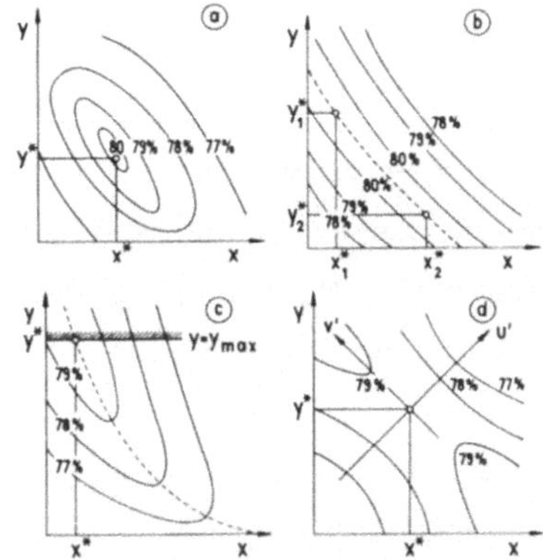

Abb. 19. 10. 6. Die verschiedenen Typen von Ertragsflächen bei zwei Einflußgrößen (x ; y) in der Umgebung von $P^*(x^* ; y^*)$.

Ein-Faktor-Methode versagt. Das geht aus Abb. 19. 10. 6 hervor:

(a) Hier gibt es ein echtes Maximum für <u>eine</u> Faktorkombination $(x^* ; y^*)$.

(b) Hier liegt der Ertrag für <u>alle</u> Faktorkombinationen $(x^* ; y^*)$ der gestrichelten Linie bei einem festen Wert, etwas über 80% . Hinsichtlich des Ertrags sind $(x_1^* ; y_1^*)$ und $(x_2^* ; y_2^*)$ völlig gleichwertig; z. B. kurze Reaktionszeit x_1^* und hohe Temperatur y_1^* oder lange Reaktionszeit x_2^* und niedrige Temperatur y_2^* . Die gestrichelte Linie stellt einen "Bergrücken" konstanter Höhe dar. Die Ein-Faktor-Methode würde einen Gipfel vortäuschen.

(c) Längs der gestrichelten Linie hat man einen ansteigenden Bergkamm.
Hier liegt das (bedingte) Maximum am Rande des Versuchsbereichs auf
der den Faktor y begrenzenden Geraden $y = y_{max}$. Bei dieser Gestalt
der Ertragsfunktion, die in den Anwendungen nicht selten ist, sieht man
besonders leicht ein, daß die Ein-Faktor-Methode zu falschen Ergebnissen führt.

(d) Die Fläche hat die Gestalt eines Sattels. In der Richtung u' liegt ein
Maximum,in der Richtung v' ein Minimum. Bisher hat man diesen Fall
bei der Auswertung von Versuchsreihen jedoch nicht beobachtet (soweit
dem Verfasser bekannt ist).

Bei drei und mehr Einflußgrößen x_1 ; x_2 ; x_3 ; ... mit den ihnen zugeord-
neten verwickelten Regressionsflächen $\zeta(x_1 ; x_2 ; x_3 ; ...)$ ist die Ein-
Faktor-Methode ein <u>ungeeignetes</u> Verfahren zur Ermittlung der günstigsten
Faktorkombination $(x_1^* ; x_2^* ; x_3^* ; ...)$.

<u>Die Methode des steilsten Anstiegs.</u>

Auch bei dieser (wohl zuerst von Box vorgeschlagenen) Methode wird die
Ertragsfunktion $\zeta(x ; y)$ nicht im gesamten Versuchsbereich erfaßt, sondern
nur in einem kleinen <u>Teilbereich.</u> Dieser Teilbereich liegt auf dem Wege des
<u>steilsten Anstiegs</u> vom Ausgangspunkt $P_0(x_0 ; y_0)$ zum Endpunkt $P^*(x^* ; y^*)$,
wie es in Abb. 19.10.5 angedeutet ist. Man beginnt mit einem vollständigen
Faktorversuch in der Umgebung von P_0 . Dieser liefert über die Faktoren
a_i der Regressionsfunktion $Z(x ; y)$ einen Schätzwert grad Z für den Gradienten $\operatorname{grad} \zeta$ der Zielfunktion $\zeta(x ; y)$. Da der Gradient auf den Linien
(bzw. Flächen) gleichen Ertrags ζ = konst bzw. Z = konst senkrecht steht,
gibt er die Richtung an, in der sich die Zielfunktion $\zeta(x ; y)$ bzw. $Z(x ; y)$
am stärksten ändert. In dieser Richtung schreitet man im Versuchsbereich
von P_0 bis P_1 fort und wiederholt in der Umgebung von P_1 das ganze
Verfahren. Man legt also die Stufenkombinationen jeder folgenden "Versuchsgruppe" bei $P_{\lambda+1}$ erst fest, wenn die Ergebnisse der vorausgehenden Versuchsgruppe bei P_λ bekannt sind. Man treibt so eine Art von <u>Versuchs-Stra-</u>
<u>tegie,</u> indem man die gesuchte optimale Faktorkombination $(x^* ; y^*)$ mit
geringstem Aufwand schrittweise ansteuert.

Das Verfahren ist in Abb. 19.10.7 anschaulich dargestellt. In der "Um-
gebung" des Startpunktes $P_0(\overline{x}_0 ; \overline{y}_0)$ führt man einen vollständigen Faktor-

versuch mit den angedeuteten vier Stufenkombinationen durch und gewinnt
die vier Erträge $z_\varkappa$, $\varkappa = 1 ; 2 ; \ldots ; 4$. In der üblichen Weise geht man

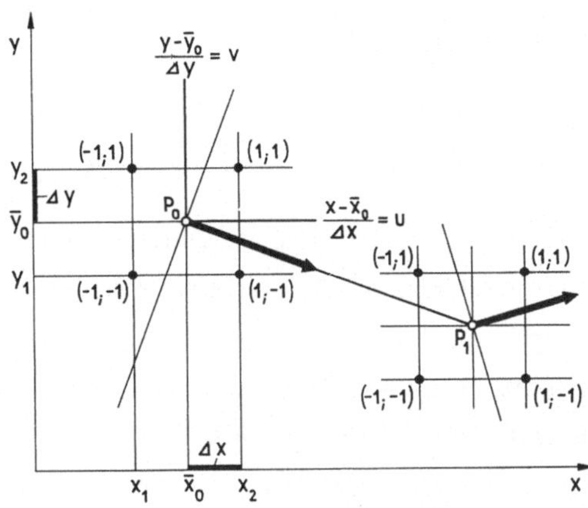

Abb. 19. 10. 7. Die Richtung des steilsten Anstiegs ermittelt
man aus einem Faktorversuch 2^2 in der Umgebung von P_0 .

von den wirklichen Einflußgrößen (x ; y) zu den dimensionslosen Einfluß-
größen $u = (x-\bar{x})/\Delta x$ und $v = (y-\bar{y})/\Delta y$ über. Am Startpunkt wird der Ertrag ζ_0 im allgemeinen noch weit unter dem größten Wert ζ^* liegen. Infolgedessen darf man die Ertragsfunktion $\zeta(u ; v)$ dort mit ausreichender Genauigkeit durch eine Ebene mit der Gleichung

$$\zeta(u ; v) = \zeta_0 + \alpha u + \beta v$$

annähern. Das im Abschnitt 19. 9 beschriebene Verfahren liefert die Schätzfunktion für $\zeta(u ; v)$,

$$Z(u ; v) = \bar{z} + a u + b v .$$

Der Gradient von Z hat in den Achsenrichtungen (u ; v) die Komponenten

$$(\operatorname{grad} Z)_u = \frac{\partial Z}{\partial u} = a \quad \text{und} \quad (\operatorname{grad} Z)_v = \frac{\partial Z}{\partial v} = b .$$

Zum Mittelpunkt $(\bar{u}_1 ; \bar{v}_1)$ der nächsten Versuchsgruppe gelangt man, indem
man die Schritte

$$\Delta\bar{u} = \bar{u}_1 - \bar{u}_0 = \bar{u}_1 \quad \text{und} \quad \Delta\bar{v} = \bar{v}_1 - \bar{v}_0 = \bar{v}_1$$

verhältnisgleich zu den Komponenten $\partial Z/\partial u = a$ und $\partial Z/\partial v = b$ des Gradienten wählt,

$$\Delta\bar{u} = \lambda a \quad \text{und} \quad \Delta\bar{v} = \lambda b ,$$

wobei λ den Proportionalitätsfaktor bedeutet. Die dem Wertepaar $(\Delta\bar{u}\,;\Delta\bar{v})$ entsprechenden Schritte in der $(x\,;y)$-Ebene sind wegen $u = (x-\bar{x})/\Delta x$ und $v = (y-\bar{y})/\Delta y$

$$\Delta\bar{x} = \bar{x}_1 - \bar{x}_0 = \lambda a \Delta x \quad \text{und} \quad \Delta\bar{y} = \bar{y}_1 - \bar{y}_0 = \lambda b \Delta y \; .$$

Damit wird der Mittelpunkt $(\bar{x}_1\,;\bar{y}_1)$ der neuen Versuchsgruppe

$$\bar{x}_1 = \bar{x}_0 + \lambda a \Delta x \quad \text{und} \quad \bar{y}_1 = \bar{y}_0 + \lambda b \Delta y \; .$$

An der Stelle $(\bar{x}_1\,;\bar{y}_1)$ wiederholt man das Verfahren. Der sachkundige Chemiker oder Ingenieur muß entscheiden, mit welchen Stufenunterschieden $(\Delta x\,;\Delta y)$ eine Versuchsgruppe durchzuführen ist und wie groß das Vielfache λ des Gradienten sein soll, das vom "Versuchsmittelpunkt" P_0 zu P_1 führt. Im allgemeinen sollte $\bar{x}_1 - \bar{x}_0 > \Delta x$ und $\bar{y}_1 - \bar{y}_0 > \Delta y$ gewählt werden, was sich jedoch nicht immer verwirklichen läßt.

Natürlich könnte die Zielfunktion mehrere Extremwerte, z.B. mehrere Gipfel haben. In dem Falle würde das <u>erreichte</u> Maximum vom Ausgangspunkt P_0 der ersten Versuchsgruppe abhängen. Man hat jedoch einen solchen Fall in der Praxis noch nicht beobachtet (soweit dem Verfasser bekannt ist). Zwei Gipfelpunkte der Zielfunktion würden vermutlich eine grundlegende Aenderung im physikalischen und/oder chemischen Verhalten des Systems erfordern. Im Zweifelsfalle müßte man von einigen "zufällig" ausgewählten Punkten P_0', P_0'', ... des ganzen möglichen Versuchsraums starten und sehen, ob man von allen Ausgangspunkten zu demselben Extremwert geführt wird.

Nähert man sich einem Extremwert, so darf man die gekrümmte Ertragsfläche $\zeta(x\,;y)$ nicht mehr durch eine Ebene ersetzen. Man wählt dann mindestens eine Fläche zweiten Grades nach Gleichung (19.10.3) . Da man jetzt nach (19.10.5) insgesamt sechs Parameter schätzen muß, so hat man den Faktorversuch in drei Stufen $-1\,;\,0\,;\,+1$ nach Abb. 19.10.4 durchzuführen. Die Zahl k der Versuchspunkte muß größer als die Zahl $(p{+}1)$ der zu schätzenden Parameter sein, damit man den Schätzwert $s_{ee}/(k{-}p{-}1)$ für die Versuchsvarianz berechnen kann.

Die Spalten 1, 2, 3 und 7 der Zahlentafel 19.10.1 enthalten die laufende Nr. $\varkappa$ der Stufenkombination, die Stufen $-1\,;\,0\,;\,1$ für u_1 bzw. u_2 in Standardanordnung und die Meßwerte $z_\varkappa$ der Zielgröße. Die Zahlenwerte der

Spalten 4 , 5 und 6 entstehen auf folgende Weise. Der Ansatz für die Regressionsfläche $Z(u\,;v)$ lautet nach (19.10.3)

$$(19.10.8) \quad Z(u\,;v) = a_0 + a_1 u + a_2 v + a_{11} u^2 + 2 a_{12} uv + a_{22} v^2 \,.$$

Zahlentafel 19.10.1

zum vollständigen Faktorversuch 3^2

1	2	3	4	5	6	7
	Stufen der Einflußgrößen					
Laufzahl $\varkappa$	$u_1 \equiv u$	$u_2 \equiv v$	$u_3 \equiv 3\,u_1^2 - 2$	$u_4 = u_1 u_2$	$u_5 = 3\,u_2^2 - 2$	Meßwerte $z_\varkappa$
1	-1	-1	1	1	1	z_1
2	0	-1	-2	0	1	z_2
3	1	-1	1	-1	1	z_3
4	-1	0	1	0	-2	z_4
5	0	0	-2	0	-2	z_5
6	1	0	1	0	-2	z_6
7	-1	1	1	-1	1	z_7
8	0	1	-2	0	1	z_8
9	1	1	1	1	1	z_9
S_i	0	0	0	0	0	$S_z = n\bar{z}$
S_{ii}	6	6	18	4	18	S_{zz}

Man wird $Z(u\,;v)$ mit Hilfe der linearen Einflußgrößen u_1 , u_2 , $\dots$, u_5 so umgestalten, daß im System der Normalgleichungen die Hilfsgrößen S_{ij} verschwinden,

$$(19.10.9) \quad S_{ij} = S_{ji} = \sum_\varkappa u_{i\varkappa} u_{j\varkappa} = 0 \quad \text{für } i \neq j \,,$$

damit das System in $(p+1)$ Einzelgleichungen zerfällt. Deutet man $u_{i\varkappa}$ und $u_{j\varkappa}$ für $1 \leqq \varkappa \leqq k$ als Komponenten zweier Vektoren $\breve{w}_i \{u_{i\varkappa}\}$ und $\breve{w}_j \{u_{j\varkappa}\}$ in einem k-dimensionalen Raum, so gibt (19.10.9) das innere Produkt $(\breve{w}_i \breve{w}_j)$

der beiden Vektoren. Wenn es verschwindet, sind $\breve{w}_i$ und $\breve{w}_j$ orthogonal zueinander. Diese Forderung wird durch die folgenden Substitutionen verwirklicht. Man setzt

$$(19.10.10) \quad u \equiv u_1 \; ; \; v \equiv u_2 \; ; \; 3u^2 - 2 \equiv u_3 \; ; \; uv = u_4 \; ; \; 3v^2 - 2 = u_5 \; ,$$

dann wird

$$Z = a_0 + a_1 u_1 + a_2 u_2 + (a_{11}/3)(u_3 + 2) + 2a_{12} u_4 + (a_{22}/3)(u_5 + 2) \; .$$

Mit

$$a_0 + \frac{2}{3} a_{11} + \frac{2}{3} a_{22} \equiv A_0 \; ; \; a_1 \equiv A_1 \; ; \; a_2 \equiv A_2 \; ;$$

$$(19.10.11)$$

$$a_{11}/3 \equiv A_3 \; ; \; 2a_{12} \equiv A_4 \; ; \; a_{22}/3 \equiv A_5$$

findet man die Regressionsfläche schließlich in der linearisierten Form

$$(19.10.12) \quad Z(u_1 \; ; \; u_2 \; ; \; \dots \; ; \; u_5) = A_0 + \sum_{i=1}^{5} A_i u_i \; .$$

Die Stufen für u_3 , u_4 und u_5 in den Spalten 4 , 5 und 6 der Zahlentafel
19.10.1 findet man leicht aus

$$u_3 = 3u_1^2 - 2 \; ; \; u_4 = u_1 u_2 \; ; \; u_5 = 3u_2^2 - 2 \; .$$

Wie man leicht bestätigt, gilt in Zahlentafel 19.10.1

$$(19.10.13) \quad S_i \equiv S_{i0} = \sum_{\kappa} u_{i\kappa} = 0 \qquad \text{für } 1 \leqq i \leqq 5$$

und

$$(19.10.14) \quad S_{ij} = S_{ji} = \sum_{\kappa} u_{i\kappa} u_{j\kappa} = 0 \qquad \text{für } i \neq j \; .$$

Damit nimmt das System der Normalgleichungen für die Regressionsfaktoren
A_i die Gestalt an $(S_{00} = k = 9)$

	A_0	A_1	A_2	A_3	A_4	A_5	
	9	0	0	0	0	0	S_{0z}
	0	6	0	0	0	0	S_{1z}
(19.10.15)	0	0	6	0	0	0	S_{2z}
	0	0	0	18	0	0	S_{3z}
	0	0	0	0	4	0	S_{4z}
	0	0	0	0	0	18	S_{5z}

Die Hilfsgrößen S_{iz} der rechten Seite findet man mit Hilfe der Zahlentafel 19.10.1 . Es wird

(19.10.16)
$$\begin{aligned}
S_{1z} &= \sum_{\kappa} u_{1\kappa} z_{\kappa} = (z_3+z_6+z_9)-(z_1+z_4+z_7) \;, \\
S_{2z} &= \sum_{\kappa} u_{2\kappa} z_{\kappa} = (z_7+z_8+z_9)-(z_1+z_2+z_3) \;, \\
S_{3z} &= \sum_{\kappa} u_{3\kappa} z_{\kappa} = (z_1+z_4+z_7)+(z_3+z_6+z_9)- 2(z_2+z_5+z_8) \;, \\
S_{4z} &= \sum_{\kappa} u_{4\kappa} z_{\kappa} = (z_1+z_9)-(z_3+z_7) = (z_1+z_5+z_9)-(z_3+z_5+z_7) \;, \\
S_{5z} &= \sum_{\kappa} u_{5\kappa} z_{\kappa} = (z_1+z_2+z_3)+(z_7+z_8+z_9)- 2(z_4+z_5+z_6) \;.
\end{aligned}$$

Auf der rechten Seite der letzten Gleichungen treten Summen von je drei z-Werten auf, die sich anschaulich deuten lassen. Ordnet man die Beobachtungen $z_{\kappa}\left[\equiv z_{ij}\right.$ mit $i = 1\,;\,2\,;\,3$ und $\left.j = 1\,;\,2\,;\,3\right]$ in Form einer Matrix an und

v \ u	−1	0	1	
1	z_7	z_8	z_9	$z_{.1}$
0	z_4	z_5	z_6	$z_{.0}$
−1	z_1	z_2	z_3	$z_{.-1}$
z_H	$z_{-1.}$	$z_{0.}$	$z_{1.}$	z_N

summiert auf

spaltenweise zu den "Randwerten" $z_{-1.}$, $z_{0.}$, $z_{1.}$,

zeilenweise zu den "Randwerten" $z_{.1}$, $z_{.0}$, $z_{.-1}$,

diagonal zu den "Diagonalwerten" z_H und z_N ,

so gilt einfach

(19.10.17)
$$\begin{aligned}
&S_{1z} = z_{1.} - z_{-1.} \;; \quad S_{2z} = z_{.1} - z_{.-1} \;; \\
&S_{3z} = z_{-1.} + z_{1.} - 2\,z_{0.} \;; \quad S_{4z} = z_H - z_N \;; \\
&S_{5z} = z_{.-1} + z_{.1} - 2\,z_{.0} \;.
\end{aligned}$$

Die Lösung des Systems (19. 10. 15) ist

$$(19.10.18) \quad A_i = S_{iz}/S_{ii} \; .$$

Aus den Faktoren A_i findet man die ursprünglichen Regressionsfaktoren a_0 , a_1 , a_2 , a_{11} , a_{12} und a_{22} des Ansatzes (19. 10. 8) mit Hilfe der Gleichung (19. 10. 11) .

Der Gradient grad Z der Zielfunktion (19. 10. 8) hat die Komponenten in der u- und v-Richtung

$$(\text{grad } Z)_u = \frac{\partial Z}{\partial u} = (a_1 + 2\,a_{11}\, u + 2\,a_{12}\, v) \; ,$$

$(19.10.19)$

$$(\text{grad } Z)_v = \frac{\partial Z}{\partial v} = (a_2 + 2\,a_{12}\, u + 2\,a_{22}\, v) \; .$$

Im Mittelpunkt $P_\rho(u = 0 \,;\, v = 0)$ des "Versuchsbereichs" ρ gilt

$$(19.10.20) \quad (\text{grad } Z)_{u|0} = a_1 \quad \text{und} \quad (\text{grad } Z)_{v|0} = a_2 \; .$$

In der durch $(\text{grad } Z)_0$ gegebenen Richtung schreitet man gegebenenfalls zu dem Mittelpunkt $P_{\rho+1}$ der nächsten Versuchsgruppe weiter. Zuvor prüft man jedoch, ob das (19. 10. 19) entsprechende System

$$\partial Z/\partial u = a_1 + 2\,a_{11}\, u + 2\,a_{12}\, v = 0 \; ,$$

$(19.10.21)$

$$\partial Z/\partial v = a_2 + 2\,a_{12}\, u + 2\,a_{22}\, v = 0$$

im Bereich $-1 \leqq (u\,;v) \leqq 1$ eine Lösung besitzt. Ist das für $(u = u^* \,;\, v = v^*)$ der Fall, so gilt an dieser Stelle

$$(19.10.22) \quad dZ = \frac{\partial Z}{\partial u}\, du + \frac{\partial Z}{\partial v}\, dv = 0 \; ,$$

d. h. $Z(u^* \,;\, v^*) = Z^*$ hat an der Stelle $(u^* \,;\, v^*)$ dieses Versuchsbereichs einen stationären Wert Z^* (ein Extremum oder einen Sattelpunkt). Meist wird aus der Art der Fragestellung klar sein, ob man mit Z^* ein Maximum oder Minimum erreicht hat. Wenn das nicht der Fall ist, so untersucht man die Struktur der Regressionsfläche $Z(u\,;v)$ rechnerisch in der Umgebung des Punktes $(u^*\,;v^*)$, beispielsweise, indem man die Funktionswerte $Z(u\,;v)$ für einige zufällig herausgegriffene Wertepaare $(u'\,;v')$ berechnet, die auf einem (kleinen) Kreis um $(u^* \,;\, v^*)$ liegen. Bei einem Maximum Z^* müssen alle diese Funktionswerte $Z(u'\,;\,v') < Z^*$ sein; bei einem Minimum Z^* gilt für alle $Z(u'\,;v') > Z^*$. Bei einem Sattelpunkt (den man in den Anwendungen vermutlich noch nie beobachtet hat) müßte für einige $Z(u'\,;v')$ die erste Un-

gleichung $Z(u';v') < Z^*$ und für einige die zweite Ungleichung $Z(u';v') > Z^*$
erfüllt sein.

Orthogonalpolynome.

Die Linearisierung des Ansatzes (19.10.8) der Regressionsfläche zu
(19.10.12) wurde so vorgenommen, daß die "Einflußvektoren" $\breve{w}_i(u_{i\varkappa})$ und
$\breve{w}_j(u_{j\varkappa})$ orthogonal zueinander sind. Dann sind in der Koeffientenma-
trix der (p+1) Normalgleichungen nur die Diagonalelemente S_{ii} von Null
verschieden, und das System zerfällt in (p+1) Einzelgleichungen, deren
Lösung man sofort hinschreiben kann. Die den Vektoren $\breve{w}_i(u_i)$ zugeordneten
Polynome, z.B.

$$3u^2 - 2 = u_3 \quad , \quad uv = u_4 \quad , \quad 3v^2 - 2 = u_5$$

in (19.10.10) , nennt man Orthogonalpolynome. Sie werden aus den Bedingungen

$$S_{ij} = S_{ji} = \sum_{\varkappa=1}^{k} u_{i\varkappa} u_{j\varkappa} = 0 \qquad \text{für } i \neq j ; \qquad \begin{array}{l} i = 0;1;2;\dots;p ; \\ j = 0;1;2;\dots;p ; \end{array}$$

bestimmt. Für praktische Zwecke findet man sie in Abhängigkeit von der
Zahl k der Meßwerte und von der Ordnung vertafelt[1] bei Pearson und
Hartley. Für "ergänzte" vollständige Faktorversuche (mit Zusatzpunkten
auf den Achsen der Einflußgrößen) werden die Orthogonalitätsbedingungen
im folgenden für den Fall von p = 3 , 4 und 5 Einflußgrößen gelöst.

Ergänzte vollständige Faktorversuche.

Bei der Ertragsfunktion begnügt man sich im allgemeinen mit einem
Regressionsansatz, der eine Konstante a_0 , p lineare Glieder $a_i u_i$,
p rein quadratische Glieder $a_{ii} u_i^2$ und $(p^2-p)/2$ "gemischte" Glieder
$2a_{ij} u_i u_j$ enthält. Das gibt insgesamt

$$K = 1 + p + p + (p^2-p)/2 = \frac{1}{2}(p+1)(p+2)$$

Koeffizienten. Sofern die Abstände Δx_i der Versuchspunkte "nicht zu groß"
gewählt werden, gibt eine solche Ersatzfunktion zweiten Grades eine ausreichend genaue Näherung für die Wirklichkeit. Zahlentafel 19.10.2 ver-
mittelt den Zusammenhang zwischen der Zahl der Koeffizienten und der Zahl

1) E.S. Pearson and H.O. Hartley. Biometrika Tables for Statisticians.
   Vol. I ; Cambridge 1956 ; p. 212 .

der Meßpunkte in Abhängigkeit von p . Mit wachsender Zahl p der Einflußgrößen wird der Aufwand für vollständige Faktorversuche mit drei Stufen

Zahlentafel 19.10.2						
Zahl der Einflußgrößen	p	1	2	3	4	5
Zahl der Koeffizienten in der Zielfunktion zweiter Ordnung	$\frac{1}{2}(p{+}1)(p{+}2)$	3	6	10	15	21
Zahl der Meßpunkte bei einem vollständigen Faktorversuch mit zwei Stufen ($\pm$ 1)	2^p	2	4	8	16	(32) [16]
Zahl der Meßpunkte bei einem vollständigen Faktorversuch mit drei Stufen ($-1\,;0\,;1$)	3^p	3	9	27	(81)	(243)
Zahl der Meßpunkte bei einem vollständigen Faktorversuch mit 2 Stufen ($\pm$ 1) , ergänzt durch symmetrisch liegende Achsenpunkte bei ($-\alpha\,;0\,;\alpha$)	$2^p{+}(2p{+}1)$	5	9	15	25	(43) [27]
dimensionsloser Abstand α der zusätzlichen Achsenpunkte vom Ursprung	$\alpha\ =$ $(x_i{-}\overline{x}_i)/\Delta x_i$	—	1,0000	1,2154	1,4142	[1,5467]
Die Zahlenwerte in [ ] werden S. 275 erläutert.						

und 3^p Meßpunkten so umfangreich, daß man sie praktisch nicht heranziehen
kann. Außerdem hätte man in solchen Fällen zu viele "überzählige" Meßwerte
zur Verfügung, die man zur Beurteilung der Restvarianz nicht braucht, z.B.
für p = 3 gibt es 10 Koeffizienten und für r = 3 Stufen 27 Beobachtungen.
Die Zahl von 27 - 10 = 17 Freiheitsgraden für die Restvarianz ist unnötig

hoch. In solchen Fällen plant man die Versuchsreihe zweckmäßiger, was
für p = 3 im folgenden ausführlich erläutert werden soll. Man wählt nach

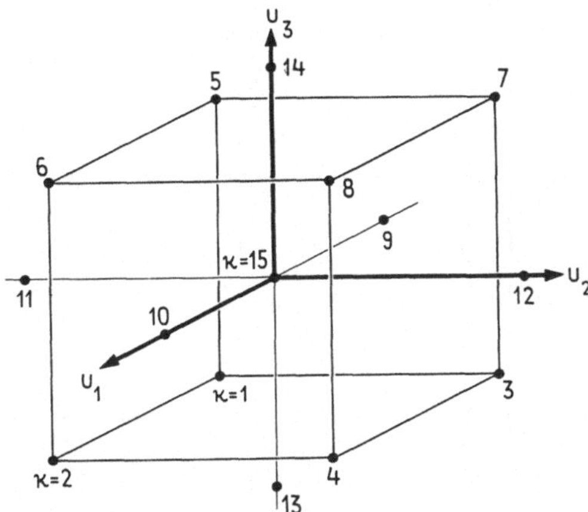

Abb. 19.10.8. Der durch sieben Achsenpunkte ergänzte vollständige Faktorversuch 2^3 bei drei Einflußgrößen u_1, u_2, u_3 .

Abb. 19.10.8 als "Kern" einen vollständigen Faktorversuch mit 2 Stufen
zu insgesamt $2^p = 2^3 = 8$ Meßwerten und ergänzt ihn durch (2p+1) = 7
zusätzliche Versuche an den Stellen

$u_1 =$ $(x_1-\bar{x})/\Delta x_1$	$u_2 =$ $(x_2-\bar{x})/\Delta x_2$	$u_3 =$ $(x_3-\bar{x})/\Delta x_3$
$\pm\,\alpha$	0	0
0	$\pm\,\alpha$	0
0	0	$\pm\,\alpha$
0	0	0

Der Kern besteht aus den 8 Ecken eines Würfels im $(u_1 ; u_2 ; u_3)$-Raum;
die neuen 7 Meßpunkte liegen im Ursprung $(u_1 = u_2 = u_3 = 0)$ und symmetrisch
dazu im Abstand α auf den Achsen der drei Einflußgrößen. Mit den dann
vorhandenen 15 Meßwerten kann man zunächst die 10 Koeffizienten der
Ertragsfunktion, aber auch die Restvarianz mit 5 Freiheitsgraden ausreichend genau schätzen. Die Abstände α werden so gewählt, daß das System
der 10 Normalgleichungen in 10 Einzelgleichungen zerfällt.

Im folgenden wird der erforderliche Abstand $\alpha = \alpha_3$ für p = 3 Einflußgrößen bestimmt. In der Tabelle 19.10.3 sind in Spalte 1 , 2 und 3 die

Tabelle 19.10.3

	0	1	2	3	4	5	6	7	8	9	10
	$\varkappa$	u_1	u_2	u_3	$u_1^2-C=$ u_4	$u_2^2-C=$ u_5	$u_3^2-C=$ u_6	$u_1u_2=$ u_7	$u_1u_3=$ u_8	$u_2u_3=$ u_9	Meß-werte $z_\varkappa$
vollständiger 2^3-Versuch	1	-1	-1	-1	$1-C$	$1-C$	$1-C$	1	1	1	z_1
	2	1	-1	-1	$1-C$	$1-C$	$1-C$	-1	-1	1	z_2
	3	-1	1	-1	$1-C$	$1-C$	$1-C$	-1	1	-1	z_3
	4	1	1	-1	$1-C$	$1-C$	$1-C$	1	-1	-1	z_4
	5	-1	-1	1	$1-C$	$1-C$	$1-C$	1	-1	-1	z_5
	6	1	-1	1	$1-C$	$1-C$	$1-C$	-1	1	-1	z_6
	7	-1	1	1	$1-C$	$1-C$	$1-C$	-1	-1	1	z_7
	8	1	1	1	$1-C$	$1-C$	$1-C$	1	1	1	z_8
7 Zusatzpunkte	9	$-\alpha$	0	0	α^2-C	$-C$	$-C$	0	0	0	z_9
	10	α	0	0	α^2-C	$-C$	$-C$	0	0	0	z_{10}
	11	0	$-\alpha$	0	$-C$	α^2-C	$-C$	0	0	0	z_{11}
	12	0	α	0	$-C$	α^2-C	$-C$	0	0	0	z_{12}
	13	0	0	$-\alpha$	$-C$	$-C$	α^2-C	0	0	0	z_{13}
	14	0	0	α	$-C$	$-C$	α^2-C	0	0	0	z_{14}
	15	0	0	0	$-C$	$-C$	$-C$	0	0	0	z_{15}
$S_i=\sum\limits_\varkappa u_{i\varkappa}$	0	0	0	0	0	0	0	0	0	$S_z=n\bar{z}$

für $15\,C = 8 + 2\alpha^2$

Stufen der drei Einflußgrößen $u_1 \equiv u$, $u_2 \equiv v$, $u_3 \equiv w$ angegeben. Die Regressionsfunktion zweiter Ordnung hat entsprechend zu (19.10.3) jetzt die Gestalt

$$(19.10.23) \quad Z(u;v;w) = a_0 + a_1 u + a_2 v + a_3 w + a_{11} u^2 + a_{22} v^2 + a_{33} w^2$$
$$+ 2a_{12}\,uv + 2a_{13}\,uw + 2a_{23}\,vw \ .$$

Man setzt entsprechend zu (19.10.10) mit vorläufig unbekanntem aber festem C

$$u \equiv u_1 \quad ; \quad v \equiv u_2 \quad ; \quad w \equiv u_3 \quad ;$$

$$(19.10.24) \qquad u^2 - C = u_4 \quad ; \quad v^2 - C = u_5 \quad ; \quad w^2 - C = u_6 \quad ;$$

$$uv = u_7 \quad ; \quad uw = u_8 \quad ; \quad vw = u_9 \quad .$$

Damit wird Z linearisiert zu

$$Z = a_0 + C(a_{11} + a_{22} + a_{33}) + a_1 u_1 + a_2 u_2 + a_3 u_3 +$$
$$+ a_{11} u_4 + a_{22} u_5 + a_{33} u_6 + 2a_{12} u_7 + 2a_{13} u_8 + 2a_{23} u_9 .$$

Führt man die neuen Faktoren A_i ein,

$$A_0 = a_0 + C(a_{11} + a_{22} + a_{33}) \quad ; \quad A_i = a_i \quad \text{für } i = 1 ; 2 ; 3$$

$$(19.10.25)$$

$$A_4 = a_{11} ; \ A_5 = a_{22} ; \ A_6 = a_{33} ; \ A_7 = 2a_{12} ; \ A_8 = 2a_{13} ;$$

$$A_9 = 2a_{23} ,$$

so erscheint Z in der Form

$$(19.10.26) \quad Z = Z(u_1 ; \ldots ; u_9) = A_0 + \sum_{i=1}^{9} A_i u_i .$$

Die Stufen für u_4 bis u_9 in Tabelle 19.10.3 findet man mit Hilfe der Gleichungen

$$u_4 = u_1^2 - C \quad ; \quad u_5 = u_2^2 - C \quad ; \quad u_6 = u_3^2 - C$$

und

$$u_7 = u_1 u_2 \quad ; \quad u_8 = u_1 u_3 \quad ; \quad u_9 = u_2 u_3$$

aus den bekannten Stufen für u_1 , u_2 und u_3 .

Bildet man die Hilfsgrößen S_4 , S_5 , S_6 , so wird

$$S_4 = S_5 = S_6 = \sum_{\kappa=1}^{15} u_{4\kappa} = 8 + 2\alpha^2 - 15 C .$$

Wählt man

$$(19.10.27) \quad 15 C = 8 + 2\alpha^2 ,$$

so verschwindet S_i für alle $i = 1 ; 2 ; \ldots ; 9$. Weiter bestätigt man an Hand von Tabelle 19.10.3 leicht

$$S_{ij} = S_{ji} = \sum_{\kappa} u_{i\kappa} u_{j\kappa} = 0 \quad \text{für alle Wertepaare (i;j) mit } i \neq j ,$$

ausgenommen die drei folgenden,

$$S_{45} = S_{46} = S_{56} = 8(1-C)^2 - 4C(\alpha^2-C) + 3C^2 \ .$$

Wählt man weiterhin

$$(19.10.28) \quad 8(1-C)^2 - 4C(\alpha^2-C) + 3C^2 = 0 \ ,$$

so verschwinden <u>alle</u> Hilfsgrößen S_{ij} für $i \neq j$. Damit zerfällt das System der Normalgleichungen für die A_i in der Tat in 10 Einzelgleichungen mit der Lösung

$$(19.10.29) \quad A_i = \frac{S_{iz}}{S_{ii}} \ ; \ S_{iz} = S_{zi} = \sum_{\varkappa} u_{i\varkappa} \ z_{\varkappa} \ .$$

Die Nenner S_{ii} werden nach Tabelle 19.10.3

$$S_{11} = S_{22} = S_{33} = 8 + 2\alpha^2 = 15\,C \ ,$$

$$(19.10.30) \quad S_{44} = S_{55} = S_{66} = 8(1-C)^2 + 2(\alpha^2-C)^2 + 5\,C^2 \ ,$$

$$S_{77} = S_{88} = S_{99} = 8 \ .$$

Subtrahiert man von S_{44} den verschwindenden Ausdruck (19.10.28) , so nimmt S_{44} die Gestalt an

$$S_{44} = S_{55} = S_{66} = 2\,\alpha^4 \ .$$

Mit (19.10.27) und (19.10.28) hat man zwei Gleichungen zur Bestimmung der noch unbekannten Konstanten α und C . Setzt man $2(\alpha^2-C) = 13\,C-8$ aus (19.10.27) in (19.10.28) ein, so findet man für C die einfache Gleichung

$$(19.10.31) \quad 15\,C^2 = 8 \quad \text{oder} \quad C = C_3 = \sqrt{8/15} = 0,7303 \ .$$

Damit wird

$$(19.10.32) \quad 2\,\alpha^2 = 15\,C-8 = \sqrt{120} - 8 \quad \text{oder} \quad \alpha = \alpha_3 = 1,2154 \ .$$

Bei nunmehr bekanntem Wertepaar $(\alpha\,;C)$ lassen sich die Stufen der Einfluß-größen in Tabelle 19.10.3 zahlenmäßig ausrechnen, wie es in Zahlentafel 19.10.4 geschehen ist. Damit ist die eingangs gestellte Aufgabe gelöst, den Abstand $\alpha = \alpha_3$ der <u>zusätzlichen</u> Versuchspunkte vom Ursprung ($u_1 = 0$; $u_2 = 0$; $u_3 = 0$) so zu bestimmen, daß <u>alle</u> Einflußvektoren $\breve{w}_1$ bis $\breve{w}_9$ <u>orthogonal</u> zueinander sind und das System der Normalgleichungen in Einzelgleichungen zerfällt.

<table>
<tr><td colspan="11" align="center">Zahlentafel 19.10.4
zur Auswertung eines vollständigen Faktorversuchs
$2^3 = 8$ mit 7 zusätzlichen Versuchspunkten auf den Achsen</td></tr>
<tr><td>0</td><td>1</td><td>2</td><td>3</td><td>4</td><td>5</td><td>6</td><td>7</td><td>8</td><td>9</td><td>10</td></tr>
<tr><td>κ</td><td>u_1</td><td>u_2</td><td>u_3</td><td>u_4</td><td>u_5</td><td>u_6</td><td>u_7</td><td>u_8</td><td>u_9</td><td>z_κ</td></tr>
<tr><td>1</td><td>-1</td><td>-1</td><td>-1</td><td>0,2697</td><td>0,2697</td><td>0,2697</td><td>1</td><td>1</td><td>1</td><td>z_1</td></tr>
<tr><td>2</td><td>1</td><td>-1</td><td>-1</td><td>⋮</td><td>⋮</td><td>⋮</td><td>-1</td><td>-1</td><td>1</td><td>z_2</td></tr>
<tr><td>3</td><td>-1</td><td>1</td><td>-1</td><td></td><td></td><td></td><td>-1</td><td>1</td><td>-1</td><td>z_3</td></tr>
<tr><td>4</td><td>1</td><td>1</td><td>-1</td><td></td><td></td><td></td><td>1</td><td>-1</td><td>-1</td><td>z_4</td></tr>
<tr><td>5</td><td>-1</td><td>-1</td><td>1</td><td></td><td></td><td></td><td>1</td><td>-1</td><td>-1</td><td>z_5</td></tr>
<tr><td>6</td><td>1</td><td>-1</td><td>1</td><td></td><td></td><td></td><td>-1</td><td>1</td><td>-1</td><td>z_6</td></tr>
<tr><td>7</td><td>-1</td><td>1</td><td>1</td><td>⋮</td><td>⋮</td><td>⋮</td><td>-1</td><td>-1</td><td>1</td><td>z_7</td></tr>
<tr><td>8</td><td>1</td><td>1</td><td>1</td><td>0,2697</td><td>0,2697</td><td>0,2697</td><td>1</td><td>1</td><td>1</td><td>z_8</td></tr>
<tr><td>9</td><td>-1,2154</td><td>0</td><td>0</td><td>0,7470</td><td>-0,7303</td><td>-0,7303</td><td>0</td><td>0</td><td>0</td><td>z_9</td></tr>
<tr><td>10</td><td>1,2154</td><td>0</td><td>0</td><td>0,7470</td><td>-0,7303</td><td>-0,7303</td><td>⋮</td><td>⋮</td><td>⋮</td><td>z_{10}</td></tr>
<tr><td>11</td><td>0</td><td>-1,2154</td><td>0</td><td>-0,7303</td><td>0,7470</td><td>-0,7303</td><td></td><td></td><td></td><td>z_{11}</td></tr>
<tr><td>12</td><td>0</td><td>1,2154</td><td>0</td><td>-0,7303</td><td>0,7470</td><td>-0,7303</td><td></td><td></td><td></td><td>z_{12}</td></tr>
<tr><td>13</td><td>0</td><td>0</td><td>-1,2154</td><td>-0,7303</td><td>-0,7303</td><td>0,7470</td><td></td><td></td><td></td><td>z_{13}</td></tr>
<tr><td>14</td><td>0</td><td>0</td><td>1,2154</td><td>-0,7303</td><td>-0,7303</td><td>0,7470</td><td>⋮</td><td>⋮</td><td>⋮</td><td>z_{14}</td></tr>
<tr><td>15</td><td>0</td><td>0</td><td>0</td><td>-0,7303</td><td>-0,7303</td><td>-0,7303</td><td>0</td><td>0</td><td>0</td><td>z_{15}</td></tr>
<tr><td>$\sum\limits_{\kappa}$</td><td>0</td><td>0</td><td>0</td><td>0,0001</td><td>0,0001</td><td>0,0001</td><td>0</td><td>0</td><td>0</td><td>S_z</td></tr>
<tr><td>$\sum\limits_{\kappa}()^2$</td><td>10,9545</td><td>10,9545</td><td>10,9545</td><td>4,3648</td><td>4,3648</td><td>4,3648</td><td>8</td><td>8</td><td>8</td><td>S_{zz}</td></tr>
<tr><td></td><td></td><td></td><td></td><td></td><td></td><td></td><td colspan="3" align="center">$S_{zz} - (S_z^2/k)$</td><td>s_{zz}</td></tr>
</table>

Bildet man zur Matrix (S_{ij}) der Koeffizienten S_{ij} der Normalgleichungen die Umkehrmatrix (c_{ij}) , so findet man wegen $S_{ij} = 0$ für $i \neq j$

$$(19.10.33) \quad c_{ii} = 1/S_{ii} \quad \text{und} \quad c_{ij} = 0 \quad \text{für} \quad i \neq j \ ,$$

wie man an Hand des Gleichungssystems (19.2.24) leicht bestätigt. Der
Anteil s_{ZZ} der S.d.q.A. insgesamt, der durch die Regressionsfläche
(19.10.26),

$$Z = Z(u_1 \ ; \dots ; u_9) = A_0 + \sum_{i=1}^{9} A_i u_i \ ,$$

erklärt wird, hat nach (19.4.9) die Gestalt

$$s_{ZZ} = \sum_{i=1}^{p'} \sum_{j=1}^{p'} A_i A_j s_{ij} \quad \text{mit} \quad p' = 9 \ .$$

Wegen $S_i = 0$ ist $s_{ij} = S_{ij} - (S_i^2/n) = S_{ij} = 0$ für $i \neq j$ und damit

$$(19.10.34) \quad s_{ZZ} = \sum_{i=1}^{9} A_i^2 S_{ii} = \sum_{i=1}^{9} A_i S_{iz} = \sum_{i=1}^{9} S_{iz}^2/S_{ii} \ ;$$

s_{ZZ} hat $p'=9$ Freiheitsgrade, für jede der Einflußgrößen u_1 bis u_9 genau
einen. Die der Einflußgröße u_i zugeordnete S.d.q.A. ist $A_i^2 S_{ii} = A_i S_{iz}$
$= S_{iz}^2/S_{ii}$.

Die S.d.q.A. s_{ee} für die Restvarianz wird

$$(19.10.35) \quad s_{ee} = s_{zz} - s_{ZZ} \ , \quad \text{wobei} \quad s_{zz} = S_{zz} - (S_z^2/k) \quad \text{und} \quad k = 15$$

ist; s_{ee} hat $f = 15 - (9+1) = 5$ Freiheitsgrade. Als Schätzwert s^2 für die
Versuchsvarianz σ^2 hat man

$$(19.10.36) \quad s^2 = s_{ee}/5 \ .$$

Die Hypothese $\alpha_i = 0$ (bzw. u_i ist keine Einflußgröße) testet man mit
Hilfe von (19.5.13); für

$$(19.10.37) \quad \frac{|A_i|}{\sqrt{c_{ii}}\,s} = \frac{|A_i|}{s} \sqrt{S_{ii}} = \frac{|S_{iz}|}{s\sqrt{S_{ii}}} > t_{5;1-(\alpha/2)}$$

wird die Hypothese verworfen.

Die Auswertung eines solchen Versuchs nimmt man zweckmäßig mit Hilfe
der Rechenblätter 19.10.4 und 19.10.5 vor. Zahlentafel 19.10.4 enthält
bereits alle von den Meßwerten z_κ unabhängigen Hilfsgrößen, die Stufen $u_{i\kappa}$
aller (linearen) Einflußgrößen u_1 bis u_9 , ferner die S_i und S_{ii} . In die
Spalte 10 trägt man die Meßwerte z_κ ein und berechnet $S_z = \sum_\kappa z_\kappa$ und
$S_{zz} = \sum_\kappa z_\kappa^2$. Die Hauptarbeit besteht in der Berechnung der Hilfsgrößen

$$S_{iz} = \sum_\kappa u_{i\kappa} z_\kappa \ ; \quad i = 1 ; 2 ; \dots ; 9 \ .$$

				S.d.q.A.	Zahl der Fr.gr.
i	S_{ii}	S_{iz}	$A_i = S_{iz}/S_{ii}$	S_{iz}^2/S_{ii}	
0	$S_{00} = k = 15$	$S_{0z} \equiv S_z = \ldots$	$A_0 = S_z/k = \bar{z} = \ldots$	$S_z^2/k = k\bar{z}^2 = \ldots$	1
1	10,9545				1
2	10,9545				1
3	10,9545				1
4	4,3648				1
5	4,3648				1
6	4,3648				1
7	8				1
8	8				1
9	8				1
Zur Auswertung eines vollständigen Faktorversuchs $2^3 = 8$ mit 7 zusätzlichen Versuchspunkten			$S_{zz} - (S_z^2/k) = s_{zz} = \ldots$		14
			$s_{ZZ} = \ldots$		9
			$s_{ee} = \ldots$		5
			$s^2 = \ldots$		5

Die Ergebnisse S_{ii} und S_{iz} der "Zwischenrechnung" trägt man in das Rechenblatt 19.10.5 ein. Die weitere Auswertung ist klar.

Abweichend von Zahlentafel 19.10.5 kann man die S.d.q.A. s_{ee} auch finden, indem man die Differenz

$$(19.10.38) \quad s_{ee} = S_{zz} - S \quad \text{mit} \quad S = \sum_{i=0}^{9} S_{iz}^2/S_{ii}$$

bildet:

S.d.q.A.	Zahl der Fr.gr.
$S_{zz} = \ldots$	15
$S = \ldots$	10
$s_{ee} = \ldots$	5

Es gilt

$$S_{zz} = s_{zz} + (S_z^2/k) \quad \text{und nach Zahlentafel } 19.10.5$$

$$S = s_{ZZ} + (S_z^2/k) \ , \quad \text{woraus die Behauptung } (19.10.38) \text{ folgt.}$$

Vier Einflußgrößen.

Für $p = 4$ Einflußgrößen x_1 , x_2 , x_3 , x_4 bzw. u_1 , u_2 , u_3 , u_4 ergänzt man den vollständigen Faktorversuch $2^4 = 16$ durch $2 \cdot 4 + 1 = 9$ Versuchspunkte bei $(0;0;0)$ und $\pm\, \alpha = \alpha_4$ auf den 4 Achsen der u_i . Insgesamt gibt es demnach $k = 16 + 9 = 25$ Stufenkombinationen bzw. Einzelversuche mit dem Ergebnis z_κ , $\kappa = 1 ; 2 ; \ldots ; 25$. Die der Tabelle 19.10.3 entsprechende Uebersicht hat die Spalten u_1 , u_2 , u_3 , u_4 , ferner $u_5 = u_1^2 - C$, $\ldots , u_8 = u_4^2 - C$, und $u_9 = u_1 u_2 , \ldots , u_{14} = u_3 u_4$.
Wenn man <u>Orthogonalität</u> für alle $\breve{w}_i$, $i = 1 ; 2 ; \ldots ; 14$, erreichen will, muß man die Gleichungen

$$S_5 = S_6 = S_7 = S_8 = 16(1 - C) + 2(\alpha^2 - C) - 7C = 0$$

oder

$$(19.10.39) \quad 16 + 2\alpha^2 = 25\,C$$

erfüllen. Ferner hat man die nicht verschwindenden Hilfsgrößen

$$S_{56} = S_{57} = S_{58} = S_{67} = S_{68} = S_{78} = 16(1 - C)^2 - 4C(\alpha^2 - C) + 5C^2 \ .$$

Wählt man zusätzlich

$$(19.10.40) \quad 16(1 - C)^2 - 4C(\alpha^2 - C) + 5C^2 = 0 \ ,$$

so verschwinden alle S_{ij} für $i \neq j$. Die Gleichungen $(19.10.39)$ und $(19.10.40)$ entsprechen $(19.10.27)$ und $(19.10.28)$. Setzt man $2(\alpha^2 - C) = 23\,C - 16$ aus $(19.10.39)$ in $(19.10.40)$ ein, so kommt

$$(19.10.41) \quad C^2 = 16/25 \quad \text{oder} \quad C = C_4 \doteq 4/5 \ .$$

Damit wird $\alpha = \alpha_4 = \sqrt{2} = 1,4142$.

Die Berechnung der $19.10.4$ entsprechenden Zahlentafel für die $u_{i\kappa}$, $i = 1 ; 2 ; \ldots ; 14$ und $\kappa = 1 ; 2 ; \ldots ; 25$ sei dem Leser überlassen.

Fünf Einflußgrößen.

Für $p = 5$ Einflußgrößen $x_1 ; \ldots ; x_5$ bzw. $u_1 ; \ldots ; u_5$ hat die Zielfunktion zweiter Ordnung 21 Koeffizienten. Ein vollständiger Faktorversuch 2^5 mit 32 Meßwerten reicht zwar formal aus, jedoch kann man die Koeffizienten der in u_1 bis u_5 quadratischen Glieder $u_6 = u_1^2 - 1 ; \ldots ; u_{10} = u_5^2 - 1$ der Zielfunktion nicht bestimmen, da wegen $u_{1\varkappa} = \pm 1$ und $u_{6\varkappa} \equiv 0$

$$S_{66} = S_{77} = \ldots = S_{10;10} = \sum_\varkappa u_{6\varkappa}^2 = 0$$

wird. Auch die zugehörigen Hilfsgrößen zur Berechnung der Faktoren A_6 bis A_{10} verschwinden,

$$S_{6z} = S_{7z} = \ldots = S_{10;z} = \sum_\varkappa u_{6\varkappa} z_\varkappa = 0 \ .$$

Der Versuch 2^5 ist zur Bestimmung einer vollständigen Zielfunktion zweiter Ordnung nicht geeignet. Anschaulich ist das Ergebnis einleuchtend, da man auf jeder u_i-Achse nur 2 Meßpunkte bei $u_i' = -1$ und $u_i'' = +1$ zur Verfügung hat, aus denen sich ein quadratisches Glied u_i^2 in der Zielfunktion nicht bestimmen läßt. Man müßte demnach auf den ersten Blick zu einem vollständigen Faktorversuch mit 3 Stufen $u_i' = -1 ; u_i'' = 0 ; u_i''' = +1$ und $3^p = 3^5 = 243$ Stufenkombinationen übergehen. Dieser Aufwand verbietet sich von selbst. Man wählt vielmehr einen halbierten vollständigen Faktorversuch $2^5/2$ mit 16 Versuchswerten und ergänzt ihn durch $2p + 1 = 11$ zusätzliche Achsenpunkte bei $\pm\alpha$ und 0 . Im folgenden wird gezeigt, wie man diese Versuchsreihe mit insgesamt $k = 16 + 11 = 27$ Einzelversuchen "orthogonalisieren" kann.

Denkt man sich zunächst die $2^5 = 32$ Stufenkombinationen des vollständigen Versuchs 2^5 in Standardanordnung aufgeschrieben und bildet das Pro-

$\varkappa'$	u_1	u_2	u_3	u_4	u_5	$\prod_1^5 u_i$
1	-1	-1	-1	-1	-1	-1
2	1	-1	-1	-1	-1	1
$\vdots$	$\vdots$	$\vdots$	$\vdots$	$\vdots$	$\vdots$	$\vdots$
32	1	1	1	1	1	1

dukt $\prod_{i=1}^5 u_i$, so findet man 16 mal $+1$ und 16 mal -1 . Man wählt nun entweder die 16 Kombinationen mit $\prod_{i=1}^5 u_i = +1$ oder die mit $\prod_{i=1}^5 u_i = -1$. Entscheidet man sich für $\prod u_i^{\cdot} = +1$, so bleiben die 16 Kombinationen der Zahlentafel 19.10.6 . In der ersten Spalte steht die "alte" laufende Nr. $\varkappa'$,

				Zahlentafel 19.10.6			
$\varkappa'$	$\varkappa$	u_1	u_2	u_3	u_4	u_5	$\prod\limits_1^5 u_i$
2	1	1	−1	−1	−1	−1	1
3	2	−1	1	−1	−1	−1	1
5	3	−1	−1	1	−1	−1	1
8	4	1	1	1	−1	−1	1
9	5	−1	−1	−1	1	−1	1
12	6	1	1	−1	1	−1	1
14	7	1	−1	1	1	−1	1
15	8	−1	1	1	1	−1	1
17	9	−1	−1	−1	−1	1	1
20	10	1	1	−1	−1	1	1
22	11	1	−1	1	−1	1	1
23	12	−1	1	1	−1	1	1
26	13	1	−1	−1	1	1	1
27	14	−1	1	−1	1	1	1
29	15	−1	−1	1	1	1	1
32	16	1	1	1	1	1	1
	17	$-\alpha$	0	0	0	0	
	18	α	0	0	0	0	
	19	0	$-\alpha$	0	0	0	
	20	0	α	0	0	0	
	21	0	0	$-\alpha$	0	0	
	22	0	0	α	0	0	
	23	0	0	0	$-\alpha$	0	
	24	0	0	0	α	0	
	25	0	0	0	0	$-\alpha$	
	26	0	0	0	0	α	
	27	0	0	0	0	0	
	$\sum\limits_\varkappa$	0	0	0	0	0	

in der zweiten Spalte steht die "neue" laufende Nr. $\varkappa$ mit $1 \leq \varkappa \leq 16$ und

$17 \leq \varkappa \leq 27$ für die ergänzenden Versuche bei $\mp \alpha$ und 0 . Die durch die

Nebenbedingung

$$(19.10.42) \qquad u_1 \, u_2 \, u_3 \, u_4 \, u_5 \;= 1$$

herausgesuchten 16 Kombinationen aus den 32 ursprünglichen bilden den
"halbierten vollständigen" 2^5-Versuch.

Denkt man sich entsprechend zu Tabelle 19.10.3 die Stufen $u_{i\varkappa}$ für

$1 \leq i \leq 20$ und $1 \leq \varkappa \leq 27$ aufgeschrieben, so findet man

für die <u>linearen</u> Glieder der Zielfunktion mit $i = 1 \, ; \, 2 \, ; \, 3 \, ; \, 4 \, ; \, 5$

$$(19.10.43) \quad S_i = 0 \qquad \text{und} \quad S_{ii} = 16 + 2\alpha^2 \; .$$

Für die <u>quadratischen</u> Glieder der Zielfunktion mit $i = 6 \, ; \, 7 \, ; \, 8 \, ; \, 9 \, ; \, 10$

gilt wegen $u_6 = u_1^2 - C \; ; \, \dots \; ; \, u_{10} = u_5^2 - C$

$$(19.10.44) \quad S_i = 16 \, (1-C) + 2 \, (\alpha^2 - C) - 9 \, C \; .$$

Wählt man

$$(19.10.45) \quad 16 + 2 \, \alpha^2 = 27 \, C \; ,$$

so wird $S_i = 0$ für $i = 6 \, ; \, 7 \, ; \, 8 \, ; \, 9 \, ; \, 10$.
Ferner hat man

$$(19.10.46) \quad S_{ii} = 16(1-C)^2 + 2(\alpha^2 - C)^2 + 9 \, C^2 \quad \text{für } i = 6;7;8;9;10 \; .$$

Für die <u>gemischten</u> Glieder der Zielfunktion mit $i = 11 \, ; \, 12 \, ; \, \dots \; ; \, 20$ gilt

wegen $u_{11} = u_1 u_2 \; ; \, u_{12} = u_1 u_3 \; ; \, \dots \; ; \, u_{20} = u_4 u_5$

$$(19.10.47) \quad S_i = 0 \qquad \text{und} \quad S_{ii} = 16 \; .$$

Wie man leicht nachrechnet, verschwinden die Hilfsgrößen $S_{ij} = \sum_{\varkappa} u_{i\varkappa} \, u_{j\varkappa}$

für $i \neq j$,

$$(19.10.48) \quad S_{ij} = 0$$

mit Ausnahme von

$$S_{67} = S_{68} = S_{69} = S_{6;10} = S_{78} = S_{79} = S_{7;10} = S_{89} = S_{8;10} = S_{9;10} \; .$$

Dafür gilt

$$S_{67} = 16(1-C)^2 - 4 \, C(\alpha^2 - C) + 7 \, C^2 \; ,$$

wie man sich leicht überlegt. Wählt man

$$(19.10.49) \quad 16(1-C)^2 - 4 \, C(\alpha^2 - C) + 7 \, C^2 = 0 \; ,$$

so verschwinden <u>alle</u> Hilfsgrößen S_{ij} für $i \neq j$. Damit ist die eingangs gestellte Forderung der vollständigen Orthogonalität erfüllt.

Setzt man $2(\alpha^2 - C) = 25\,C - 16$ aus (19.10.45) in (19.10.49) ein, so findet man

$$(19.10.50) \quad C = C'_5 = \frac{4}{3}\,\frac{1}{\sqrt{3}} = 0,7698 \ .$$

Damit folgt aus $\alpha^2 = (27\,C - 16)/2$

$$(19.10.51) \quad \alpha^2 = 6\sqrt{3} - 8 \quad\text{oder}\quad \alpha = \alpha'_5 = 1,5467 \ .$$

Subtrahiert man (19.10.49) von (19.10.46) , so findet man

$$(19.10.52) \quad S_{ii} = 2\,\alpha^4 = 5,723 \quad\text{für}\quad i = 6\,;\,7\,;\,8\,;\,9\,;\,10 \ .$$

Zusammengefaßt gilt demnach für die Hilfsgrößen S_{ij} der Normalgleichungen

$$S_{00} = k = 27 \ ;$$

$$S_{i0} = S_{0i} = S_i = 0 \qquad\text{für}\quad 1 \leqq i \leqq 20 \ ;$$

$$S_{ii} = 16 + 2\,\alpha^2 = 12\sqrt{3} \qquad\text{für}\quad 1 \leqq i \leqq 5 \ ;$$

$$(19.10.53) \quad S_{ii} = 2\,\alpha^4 = 5,723 \qquad\text{für}\quad 6 \leqq i \leqq 10 \ ;$$

$$S_{ii} = 16 \qquad\text{für}\quad 11 \leqq i \leqq 20 \ ;$$

$$S_{ij} = 0 \qquad\text{für alle Wertepaare } (i\,;\,j)\ \text{mit}\ i \neq j \ .$$

Zur Berechnung der rechten Seiten $S_{iz} = \sum_\varkappa u_{i\varkappa}\,z_\varkappa$ der Normalgleichungen hat man zuvor die $27\cdot 20$ Stufenwerte $u_{i\varkappa}$ aus den gegebenen Stufen für u_1 bis u_5 und den nunmehr bekannten Zahlenwerten für C und α zu berechnen. Die Lösung der Normalgleichungen ist dann wie in (19.10.29) gegeben durch

$$(19.10.54) \quad A_i = S_{iz}/S_{ii} \ .$$

A_i sind die Koeffizienten der Zielfunktion <u>zweiter</u> Ordnung in $u_1\,;\,u_2\,;\,\ldots\,;\,u_5$,

$$(19.10.55) \quad Z(u_1\,;\,\ldots\,;\,u_{20}) = A_0 + \sum_{i=1}^{20} A_i u_i \ ,$$

in der $u_6 = u_1^2 - C$ bis $u_{10} = u_5^2 - C$ die quadratischen Glieder und $u_{11} = u_1 u_2$ bis $u_{20} = u_4 u_5$ die "gemischten" Glieder zweiter Ordnung liefern.—
Für die Restvarianz $s^2 = s_{ee}/(k - p' - 1)$ bleiben noch $27 - 21 = 6$ Freiheits-

grade übrig. — Das letzte Beispiel für p = 5 Einflußgrößen läßt die gewaltige Ersparnis an Versuchs- und Rechenaufwand, die sich mit orthogonalen Versuchsplänen erreichen läßt, besonders eindringlich hervortreten.

Beispiele.

Zwei Beispiele seien nur kurz erwähnt. Im ersten läuft eine chemische Reaktion zwischen den Stoffen A , B , C im Lösungsmittel E nach der Gleichung ab

$$A + B + C \longrightarrow D + \quad andere.$$

Dabei soll die Ausbeute an D bei vorgegebenem A möglichst groß werden. Man kennt Bedingungen, bei denen die Ausbeute etwa 45% der theoretisch möglichen ist. Als Einflußgrößen wählt man bei der "Ausgangsgruppe" die fünf Faktoren und Stufen[1] der Zahlentafel 19.10.7 . Der Weg des "steilsten Anstiegs" führt beispielsweise zum Versuchspunkt P_1 mit den Koordinaten $(\bar{x}_1)_1 = 275 ; \ldots ; (\bar{x}_5)_1 = 3,28$. Dort wurde zunächst ein einzelner Versuch gemacht, der die Ausbeute $z_1 \approx 80\%$ ergab. Das ist gegenüber dem Ausgangswert $z_0 \approx 45\%$ eine ganz wesentliche Verbesserung. Schließlich erreichte man mit einigen weiteren Versuchsgruppen die günstigste Faktorkombination

$$x_1^* = 265 \quad ; \quad x_2^* = 4,0 \quad ; \quad x_3^* = 93,4 \quad ; \quad x_4^* = 1,8 \quad ; \quad x_5^* = 4,2$$

mit $z^* = 84\%$ Ausbeute. Damit wurden die Versuche im Labor abgebrochen, und das Verfahren wurde mit den zuletzt gefundenen Werten (x_i^*) auf die Versuchsanlage (im großen) übertragen.

Da sich die günstigste Kombination $(x_1^* ; \ldots ; x_5^*)$ des Laborversuchs beim Uebergang zum Großversuch etwas verschieben kann, so wird man gegebenenfalls dort weitere Versuchsreihen durchführen, wobei man $P^*(x_1^* ; \ldots ; x_5^*)$ als neuen Ausgangspunkt P_0 wählt.

Im zweiten Beispiel der Form

$$A + B + C \longrightarrow D + E + \quad andere$$

sollte die Ausbeute ζ_D von D möglichst groß und der Gehalt ζ_E an dem (nicht erwünschten) Erzeugnis E möglichst klein werden. Auf einem "Mittelweg" zwischen dem steilsten Anstieg für den Ertrag ζ_D und dem steilsten Abfall für ζ_E gelangte man vom

---

1) O.L. Davies. Design and Analysis of Industrial Experiments. London 1956 , p. 511 .

Ausgangspunkt P_0 mit ζ_D = 64% und ζ_E = 15%

zum Endpunkt P^* mit ζ_D^* = 92% und ζ_E^* = 0,5% .

Zahlentafel 19.10.7					
Einfluß-größen x_i	Menge von E x_1	Menge von C x_2	Konzen-tration von C x_3	Ver-suchs-zeit x_4	Menge von B x_5
Einheit	$[cm^3]$	$\left[\dfrac{mol}{mol\,A}\right]$	$[\%]$	$[h]$	$\left[\dfrac{mol}{mol\,A}\right]$
Stufe -1 ; x_i'	200	4,0	90	1	3,0
$+1$; x_i''	250	4,5	93	2	3,5
Mittelwert $(\bar{x}_i)_0$	225	4,25	91,5	1,5	3,25
$(x_i'' - x_i')/2 = \Delta x_i$	25	0,25	1,5	0,5	0,25
$(\partial Z/\partial u_i)_0$	7,9	-2,2	6,0	0,4	0,4
$(\partial Z/\partial u_i)_0 \Delta x_i$	197,5	-0,55	9,0	0,2	0,1
Proportionalitätsfaktor λ für die Schrittweite $\Delta\bar{x}_i$	0,253				
$\Delta\bar{x}_i = \lambda(\partial Z/\partial u_i)_0 \Delta x_i$	50	-0,14	2,3	0,05	0,025
$(\bar{x}_i)_1 = (\bar{x}_i)_0 + \Delta\bar{x}_i$	275	4,11	93,8	$\sim$ 1,6	$\sim$ 3,28
Der Proportionalitätsfaktor λ wurde so bestimmt, daß $(\bar{x}_1)_1 - (\bar{x}_1)_0 = \Delta\bar{x}_1 = 275 - 225 = 50$ wird.					

Die Beispiele beziehen sich auf chemische Versuche. Die Methode ist selbstverständlich nicht darauf beschränkt, sondern auch bei ganz anderen Fragen anwendbar. Berücksichtigt man nämlich die <u>Kosten</u> eines Verfahrens, so ist die Suche nach der Faktorkombination größten Ertrags nicht immer sinnvoll. Ist die Steigerung der Ausbeute bei den letzten paar Prozent sehr aufwendig (z.B. an Zeit), so ist es wirtschaftlicher, vorher aufzuhören. In solchen Fällen sollte man eine Kostenfunktion $\zeta(x_1 ; x_2 ; \ldots ; x_p)$ aufstellen und diejenige Faktorkombination $(x_1^* ; \ldots ; x_p^*)$ ermitteln, welcher (nicht die größte Ausbeute sondern) die geringsten Kosten zugeordnet sind.

20. Dreidimensionale Verteilungen mit stetig veränderlichem Merkmal

20.1 Häufigkeit; Häufigkeitsdichte

Die Einheiten einer Gesamtheit werden in Bezug auf drei Merkmale $(x; y; z)$ untersucht, wobei x, y und z <u>Zufallsgrößen</u> sind. Beispielsweise ist x die Körpergröße, y die Rückenlänge und z die Armlänge eines Erwachsenen. Die "einzelne" Beobachtung ν liefert ein Wertetripel $(x_\nu; y_\nu; z_\nu)$. Die Darstellung im $(x; y; z)$-Raum gibt als Bild der Meß-reihe $(x_1; y_1; z_1)$; $(x_2; y_2; z_2)$; $\ldots$; $(x_n; y_n; z_n)$ eine aus n Punkten $P_\nu (x_\nu; y_\nu; z_\nu)$ bestehende "Punktwolke", von der später angenommen werden soll, daß sie die zufällige Realisierung einer dreidimensionalen Normalverteilung darstellt. Bis zum Abschnitt 20.4 einschließlich braucht man diese Voraussetzung jedoch nicht zu machen.

Sind die Beobachtungen zahlreich, so ordnet man sie in "Zellen" ein. Der in Betracht kommende Bereich des $(x; y; z)$-Raumes wird durch Ebenen, die parallel zu den Koordinatenebenen liegen, in $k \cdot \ell \cdot m$ "Zellen" aufgeteilt, indem man auf den drei Achsen eine Klassenteilung mit

	α	β	γ
der laufenden Nr. im Bereich	$1 \leqq \alpha \leqq k$	$1 \leqq \beta \leqq \ell$	$1 \leqq \gamma \leqq m$
den Klassenmitten	x_α	y_β	z_γ
den oberen Klassengrenzen	x'_α	y'_β	z'_γ
den Klassenbreiten	Δx_α	Δy_β	Δz_γ
der Gesamtzahl der Klassen	k	ℓ	m

festlegt. Im allgemeinen wählt man Klassen gleicher Breite

$$(20.1.1) \qquad \Delta x_\alpha = \Delta x \quad ; \quad \Delta y_\beta = \Delta y \quad ; \quad \Delta z_\gamma = \Delta z \ .$$

Die Zelle mit den Klassenmitten $(x_\alpha \; ; \; y_\beta \; ; \; z_\gamma)$ wird durch das Zahlentripel $(\alpha \; ; \; \beta \; ; \gamma)$ gekennzeichnet. Man zählt aus, wieviele von den n Beobachtungen $(x_\nu \; ; \; y_\nu \; ; \; z_\nu)$ in die Zelle $(\alpha \; ; \; \beta \; ; \gamma)$ fallen, und findet so die der Zelle $(\alpha \; ; \; \beta \; ; \gamma)$ zugeordnete Besetzungszahl $n_{\alpha\beta\gamma}$.

Die relative Häufigkeit in der Zelle ist

$$(20.1.2) \qquad h_{\alpha\beta\gamma} = \frac{n_{\alpha\beta\gamma}}{n} \; ;$$

die zugeordnete (mittlere relative) <u>Häufigkeitsdichte</u> wird

$$(20.1.3) \qquad f_{\alpha\beta\gamma} = \frac{n_{\alpha\beta\gamma}/n}{\Delta x_\alpha \Delta y_\beta \Delta z_\gamma} \; .$$

Es gilt die "Normierungsbedingung"

$$(20.1.4) \qquad \sum_\alpha \sum_\beta \sum_\gamma f_{\alpha\beta\gamma} \, \Delta x_\alpha \Delta y_\beta \Delta z_\gamma = \frac{1}{n} \sum_\alpha \sum_\beta \sum_\gamma n_{\alpha\beta\gamma} = 1 \; .$$

Wenn die Zahl n der Beobachtungen über alle Grenzen wächst, so soll die empirische Dichtefunktion $f(x_\alpha \; ; \; y_\beta \; ; \; z_\gamma)$ gegen eine Grenzfunktion $\varphi(x \; ; \; y \; ; \; z)$, die Wahrscheinlichkeitsdichte für das Merkmaltripel $(x \; ; \; y \; ; \; z)$, streben. Wenn die eingangs genannte Modellvorstellung zutrifft, was später vorausgesetzt werden soll, so ist $\varphi(x \; ; \; y \; ; \; z)$ die Dichte der dreidimensionalen Normalverteilung, die in (20.7.11) in standardisierter Form gegeben ist.

20.2 Auswertung einer Häufigkeitstafel; Hilfsgrößen

Die Häufigkeits"tafel" der Besetzungszahlen $n_{\alpha\beta\gamma}$ wird ähnlich ausgewertet, wie es im zweidimensionalen Falle des Abschnitts 17.2 erläutert wurde.

Projiziert man die Beobachtungen $(x_\nu \; ; \; y_\nu \; ; \; z_\nu)$ auf eine der drei Koordinatenachsen, so findet man die drei eindimensionalen <u>"Randverteilungen"</u> für x , y und z (jeweils ohne Rücksicht auf die anderen beiden Merkmale) mit den Besetzungszahlen

$$
\begin{aligned}
n_{\alpha..} &= \sum_\beta \sum_\gamma n_{\alpha\beta\gamma} && \text{für } x && ; \\[2ex]
(20.2.1) \qquad n_{.\beta.} &= \sum_\gamma \sum_\alpha n_{\alpha\beta\gamma} && \text{für } y && ; \\[2ex]
n_{..\gamma} &= \sum_\alpha \sum_\beta n_{\alpha\beta\gamma} && \text{für } z && .
\end{aligned}
$$

Projiziert man die Beobachtungen $(x_\nu \,;\, y_\nu \,;\, z_\nu)$ auf eine der drei Koordinatenebenen, so findet man drei zweidimensionale Verteilungen für die Merkmalpaare $(x\,;y)$, $(y\,;z)$ und $(z\,;x)$, jeweils ohne Rücksicht auf das dritte Merkmal, mit den Besetzungszahlen

$$n_{\alpha\beta.} = \sum_\gamma n_{\alpha\beta\gamma} \qquad \text{für } (x\,;y) \; ;$$

$$(20.2.2) \qquad n_{.\beta\gamma} = \sum_\alpha n_{\alpha\beta\gamma} \qquad \text{für } (y\,;z) \; ;$$

$$n_{\alpha.\gamma} = \sum_\beta n_{\alpha\beta\gamma} \qquad \text{für } (z\,;x) \; .$$

Ferner kann man ähnlich wie im Abschnitt 17.2 bedingte Verteilungen untersuchen, beispielsweise die $\ell \cdot m$ bedingten eindimensionalen Verteilungen für x bei gegebenem Wertepaar $(y_\beta \,;\, z_\gamma)$ mit den relativen Häufigkeiten

$$(20.2.3) \qquad f(x_\alpha \,|\, y_\beta \,;\, z_\gamma) = \frac{n_{\alpha\beta\gamma}}{n_{.\beta\gamma}} \; .$$

Nach (20.2.2) ist

$$(20.2.4) \qquad \sum_\alpha f_\alpha(x_\alpha \,|\, y_\beta \,;\, z_\gamma) = 1 \qquad \text{für} \quad \left\{ \begin{array}{l} 1 \leqq \beta \leqq \ell \,, \\[2mm] 1 \leqq \gamma \leqq m \,. \end{array} \right.$$

Weiter gibt es m bedingte zweidimensionale Verteilungen für $(x\,;y)$ bei gegebenem z_γ mit den relativen Häufigkeiten

$$(20.2.5) \qquad f(x_\alpha \,;\, y_\beta \,|\, z_\gamma) = \frac{n_{\alpha\beta\gamma}}{n_{..\gamma}} \; .$$

Nach (20.2.1) ist

$$(20.2.6) \qquad \sum_\alpha \sum_\beta f(x_\alpha \,;\, y_\beta \,|\, z_\gamma) = 1 \qquad \text{für } 1 \leqq \gamma \leqq m \,.$$

Entsprechende Gleichungen für die bedingten Verteilungen von y und z bzw. von $(y\,;z)$ und $(z\,;x)$ findet man durch zyklische Vertauschung der Indices $(\alpha\,;\beta\,;\gamma)$.

Die rechnerische Auswertung der Meßreihe $(x_\nu \,;\, y_\nu \,;\, z_\nu)$ bzw. $(x_\alpha \,;\, y_\beta \,;\, z_\gamma)$ kann mit drei Hilfswerten a , b , c auf den Koordinatenachsen ebenso vorgenommen werden, wie es im Abschnitt 17.2 ausführlich erläutert worden ist. Hier sollen für die Stichprobenparameter nur die Gleichungen aufgeschrieben

werden, die man bei der praktischen Berechnung mit Hilfe einer Rechenma-
schine benutzt. Man findet die drei <u>Mittelwerte</u> $(\bar{x}\,;\,\bar{y}\,;\,\bar{z})$ aus

$$(20.2.7)\qquad \sum_{\alpha} n_{\alpha..}\, x_{\alpha} = S_{x} = n\bar{x}\;;\qquad \sum_{\beta} n_{.\beta.}\, y_{\beta} = S_{y} = n\bar{y}\;;$$

$$\sum_{\gamma} n_{..\gamma}\, z_{\gamma} = S_{z} = n\bar{z}\;.$$

Zur Berechnung der drei <u>Varianzen</u> $(s_{x}^{2}\,;\,s_{y}^{2}\,;\,s_{z}^{2})$ bildet man zunächst die
drei Summen

$$(20.2.8)\qquad \sum_{\alpha} n_{\alpha..}\, x_{\alpha}^{2} = S_{xx}\;;\qquad \sum_{\beta} n_{.\beta.}\, y_{\beta}^{2} = S_{yy}\;;\qquad \sum_{\gamma} n_{..\gamma}\, z_{\gamma}^{2} = S_{zz}$$

und die Hilfsgrößen

$$S_{xx} - (S_{x}^{2}/n) = s_{xx} = \sum_{\alpha} n_{\alpha..}\,(x_{\alpha}-\bar{x})^{2}\;;$$

$$(20.2.9)\qquad S_{yy} - (S_{y}^{2}/n) = s_{yy} = \sum_{\beta} n_{.\beta.}\,(y_{\beta}-\bar{y})^{2}\;;$$

$$S_{zz} - (S_{z}^{2}/n) = s_{zz} = \sum_{\gamma} n_{..\gamma}\,(z_{\gamma}-\bar{z})^{2}\;.$$

Die Varianzen werden damit

$$(20.2.10)\qquad s_{x}^{2} = s_{xx}/(n-1)\;,\quad s_{y}^{2} = s_{yy}/(n-1)\;,\quad s_{z}^{2} = s_{zz}/(n-1)\;.$$

Die drei <u>Kovarianzen</u> $(C_{xy}\,;\,C_{yz}\,;\,C_{zx})$ zwischen $(x\,;y)$, $(y\,;z)$ und $(z\,;x)$
bzw. die drei <u>Korrelationszahlen</u> $(r_{xy}\,;\,r_{yz}\,;\,r_{zx})$ findet man über die Hilfsgrößen

$$\sum_{\alpha}\sum_{\beta} n_{\alpha\beta.}\, x_{\alpha}\, y_{\beta} = S_{xy} = S_{yx}\;;$$

$$(20.2.11)\qquad \sum_{\beta}\sum_{\gamma} n_{.\beta\gamma}\, y_{\beta}\, z_{\gamma} = S_{yz} = S_{zy}\;;$$

$$\sum_{\gamma}\sum_{\alpha} n_{\alpha.\gamma}\, z_{\gamma}\, x_{\alpha} = S_{zx} = S_{xz}$$

und

$$S_{xy} - (S_{x}S_{y}/n) = s_{xy} = s_{yx} = \sum_{\alpha}\sum_{\beta} n_{\alpha\beta.}\,(x_{\alpha}-\bar{x})(y_{\beta}-\bar{y})\;;$$

$$(20.2.12)\qquad S_{yz} - (S_{y}S_{z}/n) = s_{yz} = s_{zy} = \sum_{\beta}\sum_{\gamma} n_{.\beta\gamma}\,(y_{\beta}-\bar{y})(z_{\gamma}-\bar{z})\;;$$

$$S_{zx} - (S_{z}S_{x}/n) = s_{zx} = s_{xz} = \sum_{\gamma}\sum_{\alpha} n_{\alpha.\gamma}\,(z_{\gamma}-\bar{z})(x_{\alpha}-\bar{x})\;.$$

Die Kovarianzen werden damit

$$C_{xy} = s_x\, s_y\, r_{xy} = s_{xy}/(n-1) \; ;$$

$$(20.2.13) \qquad C_{yz} = s_y\, s_z\, r_{yz} = s_{yz}/(n-1) \; ;$$

$$C_{zx} = s_z\, s_x\, r_{zx} = s_{zx}/(n-1) \; .$$

Sind die Beobachtungen $(x_\nu ; y_\nu ; z_\nu)$ __nicht__ klassifiziert, so sind die Hilfsgrößen S_x , S_{xx} , S_{xy} , ... zu ersetzen durch die einfachen Summen über ν , $1 \le \nu \le n$,

$$S_x = \sum_\nu x_\nu \; ; \qquad S_y = \sum_\nu y_\nu \; ; \qquad S_z = \sum_\nu z_\nu \; ;$$

$$(20.2.14) \qquad S_{xx} = \sum_\nu x_\nu^2 \; ; \qquad S_{yy} = \sum_\nu y_\nu^2 \; ; \qquad S_{zz} = \sum_\nu z_\nu^2 \; ;$$

$$S_{xy} = \sum_\nu x_\nu y_\nu \; ; \qquad S_{yz} = \sum_\nu y_\nu z_\nu \; ; \qquad S_{zx} = \sum_\nu z_\nu x_\nu \; .$$

Die Gleichungen (20.2.9) und (20.2.12) für die Hilfsgrößen s_{xx} , s_{xy} , ... bleiben ungeändert; natürlich ist dann

$$s_{xx} = \sum_\nu (x_\nu - \bar{x})^2 \quad ; \qquad s_{xy} = \sum_\nu (x_\nu - \bar{x})(y_\nu - \bar{y}) \quad ; \; \text{usw.}$$

Die dreidimensionale Verteilung der $(x_\nu ; y_\nu ; z_\nu)$ bzw. der $(x_\alpha ; y_\beta ; z_\gamma)$ läßt sich kennzeichnen durch die Matrix der s_{xx} , ...

$$(20.2.15) \qquad \begin{pmatrix} s_{xx} & s_{xy} & s_{xz} \\ s_{yx} & s_{yy} & s_{yz} \\ s_{zx} & s_{zy} & s_{zz} \end{pmatrix} \equiv (T) \; ,$$

oder durch die <u>Matrix der Varianzen und Kovarianzen</u>,

$$(20.2.16) \qquad \begin{pmatrix} s_x^2 & s_x\, s_y\, r_{xy} & s_x\, s_z\, r_{xz} \\ s_y\, s_x\, r_{yx} & s_y^2 & s_y\, s_z\, r_{yz} \\ s_z\, s_x\, r_{zx} & s_z\, s_y\, r_{zy} & s_z^2 \end{pmatrix} \equiv (D) \; .$$

Die der Matrix (D) zugeordnete <u>Korrelationsmatrix</u> ist

$$(20.2.17) \qquad \begin{pmatrix} 1 & r_{xy} & r_{xz} \\ r_{yx} & 1 & r_{yz} \\ r_{zx} & r_{zy} & 1 \end{pmatrix} = (R) \; .$$

Die den Matrizen (T) , (D) und (R) zugeordneten Determinanten seien T , D und R mit

$$(20.2.18) \quad T = \begin{vmatrix} s_{xx} & s_{xy} & s_{xz} \\ s_{yx} & s_{yy} & s_{yz} \\ s_{zx} & s_{zy} & s_{zz} \end{vmatrix} \quad , \quad \text{usw.}$$

Aus einer Zeile (bzw. Spalte) einer Determinante kann man Faktoren, die allen Elementen dieser Zeile (bzw. Spalte) gemeinsam sind, herausziehen. Infolgedessen gilt

$$(20.2.19) \quad D = (s_x \, s_y \, s_z)^2 \, R$$

und

$$(20.2.20) \quad T = (n-1)^3 \, D \ .$$

Im folgenden wird vorausgesetzt, daß die Determinante R der Korrelationsmatrix (R) nicht verschwindet,

$$(20.2.21) \quad R = \begin{vmatrix} 1 & r_{xy} & r_{xz} \\ r_{yx} & 1 & r_{yz} \\ r_{zx} & r_{zy} & 1 \end{vmatrix} = 1 - \left(r_{xy}^2 + r_{yz}^2 + r_{zx}^2 \right) + 2 \, r_{xy} \, r_{yz} \, r_{zx} \neq 0 \ .$$

Mit $R \neq 0$ ist auch $D \neq 0$ und $T \neq 0$. Der Fall $R = 0$, bei dem die dreidimensionale Verteilung entartet, wird später erwähnt.

20.3 Mittelwertsflächen; Bestimmtheitsmaße

Wenn der Zusammenhang zwischen $(x;y;z)$ zunächst ohne besondere Modellvorstellung ausgewertet wird, so berechnet man zu jedem gegebenen Paar $(x_\alpha ; y_\beta)$ den Mittelwert $\bar{z}_{\alpha\beta}$ der z-Werte ,

$$(20.3.1) \quad \bar{z}_{\alpha\beta} = \frac{1}{n_{\alpha\beta.}} \sum_\gamma n_{\alpha\beta\gamma} \, z_{\alpha\beta\gamma} \ .$$

Dabei sind die z-Werte über der Zelle $(\alpha;\beta)$ der $(x;y)$-Ebene mit $z_{\alpha\beta\gamma}$ bezeichnet worden. Die Punkte $(x_\alpha ; y_\beta ; \bar{z}_{\alpha\beta})$ definieren über der $(x;y)$-Ebene eine "Mittelwertsfläche", die über dem Punkt $(x_\alpha ; y_\beta)$ den Abstand $\bar{z}_{\alpha\beta}$ von der $(x;y)$-Ebene hat. Entsprechend kann man die Mittelwertsflächen $\bar{x}_{\beta\gamma}(y_\beta ; z_\gamma)$ über der $(y ; z)$-Ebene und $\bar{y}_{\gamma\alpha}(z_\gamma ; x_\alpha)$ über der $(z ; x)$-Ebene berechnen und deuten. Die Funktion

$$(20.3.2) \qquad \bar{z}_{\alpha\beta} = \bar{z}_{\alpha\beta}(x_\alpha ; y_\beta)$$

gibt die Abhängigkeit im Mittel wieder, die zwischen den Ausgangsgrößen $(x ; y)$ und der "Zielgröße" z besteht. Da keine der drei Zufallsgrößen vor den anderen bevorzugt ist, so kann man jedes Merkmal x oder y oder z als "Zielgröße" auffassen und in Abhängigkeit von den anderen Merkmalen, den "Einflußgrößen", betrachten.

Die folgenden Ueberlegungen beziehen sich auf die Funktion $\bar{z}(x ; y)$. Man bestimmt die drei Summen der quadrierten Abweichungen (S. d. q. A.):

(a)   die S. d. q. A. insgesamt S_3 mit $f\{S_3\}$ = n-1 Freiheitsgraden ,

$$(20.3.3) \qquad \sum_\alpha \sum_\beta \sum_\gamma (z_{\alpha\beta\gamma} - \bar{z})^2 \, n_{\alpha\beta\gamma} = S_3 \; ;$$

(b)   die S. d. q. A. "um die Mittelwertsfläche" $s_{e'e'}$ mit $f\{s_{e'e'}\}$ = n-k'
      Freiheitsgraden,

$$(20.3.4) \qquad \sum_\alpha \sum_\beta \sum_\gamma (z_{\alpha\beta\gamma} - \bar{z}_{\alpha\beta})^2 \, n_{\alpha\beta\gamma} = s_{e'e'} \; ;$$

dabei ist k' die Zahl der in der $(x ; y)$-Ebene besetzten Zellen $(\alpha ; \beta)$ mit $n_{\alpha\beta}$ $\neq$ 0 ;

(c)   die S. d. q. A. "zwischen den Gruppenmittelwerten" $s_{\bar{z}\bar{z}}$ mit
      $f\{s_{\bar{z}\bar{z}}\}$ = k'-1 Freiheitsgraden ,

$$(20.3.5) \qquad \sum_\alpha \sum_\beta \sum_\gamma (\bar{z}_{\alpha\beta}-\bar{z})^2 \, n_{\alpha\beta\gamma} = \sum_\alpha \sum_\beta (\bar{z}_{\alpha\beta}-\bar{z})^2 \, n_{\alpha\beta.} = s_{\bar{z}\bar{z}} \; .$$

Da man bei festem γ für alle Wertepaare $(\alpha ; \beta)$ denselben Wert z = konst = z_γ hat, so kann man die "S. d. q. A. insgesamt" S_3 umformen zu

$$\sum_\gamma \left[\sum_\alpha \sum_\beta (z_{\alpha\beta\gamma} - \bar{z})^2 \, n_{\alpha\beta\gamma}\right]$$

(20.3.6)

$$= \sum_\gamma \left[\sum_\alpha \sum_\beta (z_\gamma - \bar{z})^2 \, n_{\alpha\beta\gamma}\right] = \sum_\gamma (z_\gamma - \bar{z})^2 \, n_{..\gamma} = s_{zz} \; .$$

Für die S. d. q. A. gilt die grundlegende Beziehung

$$(20.3.7) \qquad s_{zz} = s_{e'e'} + s_{\bar{z}\bar{z}} \; ,$$

die $\left[\text{ähnlich wie im Abschnitt 17. 3}\right]$ aus der Zerlegung

$$(20.3.8) \qquad z_{\alpha\beta\gamma} - \bar{z} = (z_{\alpha\beta\gamma}-\bar{z}_{\alpha\beta}) + (\bar{z}_{\alpha\beta} - \bar{z})$$

folgt.

Aus (20.3.7) hat man

$$(20.3.9) \qquad \frac{s_{e'e'}}{s_{zz}} + \frac{s_{\bar{z}\bar{z}}}{s_{zz}} = 1 \; .$$

In dieser Gleichung ist $(s_{\bar{z}\bar{z}}/s_{zz})$ der relative Anteil der S.d.q.A. insgesamt, der durch die funktionale "Abhängigkeit im Mittel" $\bar{z} = \bar{z}(x;y)$ zwischen den "Einflußgrößen" $(x;y)$ und der "Zielgröße" z erklärt wird. Der Rest $(s_{e'e'}/s_{zz})$ bleibt unerklärt. Man nennt (wie früher)

$$(20.3.10) \qquad \hat{B}_E = \frac{s_{\bar{z}\bar{z}}}{s_{zz}} = \hat{B}_E \; \text{für} \; z(x;y)$$

das <u>beobachtete Bestimmtheitsmaß</u> für den <u>empirischen</u> Zusammenhang (E) zwischen z und $(x;y)$.

Die anschauliche Deutung der Grenzfälle $\hat{B}_E = 0$ und $\hat{B}_E = 1$ bleibt gegen früher ungeändert. Ist beispielsweise $\hat{B}_E = 0$, so folgt aus (20.3.5) der erste Grenzfall

$$\bar{z}_{\alpha\beta} = \bar{z} \qquad \text{für alle} \; (\alpha;\beta) \; ,$$

d.h. die Mittelwertsfläche $\bar{z}(x;y)$ entartet zu der waagerechten Ebene $z = \bar{z}$, die von der $(x;y)$-Ebene den festen Abstand $z = \bar{z}$ hat. In diesem Falle ist z im Mittel <u>nicht</u> funktional von $(x;y)$ abhängig.

Ist $\hat{B}_E = 1$, so folgt aus (20.3.9) $s_{e'e'} = 0$ und aus (20.3.4) der zweite Grenzfall

$$(20.3.11) \qquad z_{\alpha\beta\gamma} = \bar{z}_{\alpha\beta} \; .$$

Jetzt liegen die beobachteten $z_{\alpha\beta\gamma}$ ohne jede Abweichung auf der Mittelwertsfläche $\bar{z}(x;y)$; d.h. durch die Funktion $\bar{z}(x;y) \equiv z(x;y)$ wird der Zusammenhang zwischen $(x;y)$ und z vollständig bestimmt.

Da die drei Zufallsgrößen x , y und z gleichberechtigt sind, so kann man (durch zyklische Vertauschung) auch die Bestimmtheitsmaße für x in Abhängigkeit von $(y;z)$ und für y in Abhängigkeit von $(z;x)$ erklären.

Wenn sich die Mittelwertsflächen durch <u>Ebenen</u> annähern lassen, so gelangt man zum Sonderfall eines <u>linearen Zusammenhanges</u> zwischen $(x;y)$ und $\bar{z}$ bzw. Z , zwischen $(y;z)$ und $\bar{x}$ bzw. X und zwischen $(z;x)$ und $\bar{y}$ bzw. Y , der im Abschnitt 20.5 behandelt wird. Nach den vorausgehenden Ueberlegungen gibt es drei solche Ebenen:

$$Z = Z(x;y) \quad ; \quad X = X(y;z) \quad ; \quad Y = Y(z;x) \; ,$$

die normalerweise nicht zusammenfallen. Wenn die Modellvorstellung der dreidimensionalen Normalverteilung zutrifft, dann sind die oben erwähnten drei Mittelwertsflächen $\bar{z} = \bar{z}(x\,;y)$, $\bar{x} = \bar{x}(\,y\,;z)$ und $\bar{y} = \bar{y}(z\,;x)$ durch die entsprechenden Ebenen $Z = Z(x;y)$, $X = X(y;z)$ und $Y = Y(z;x)$ ersetzbar.

20.4 Die Hauptvarianzen einer dreidimensionalen Verteilung

Durch den Mittelpunkt $\bar{P}(\bar{x}\,;\bar{y}\,;\bar{z})$ der beobachteten Punktwolke $P_\nu\,(x_\nu\,;\allowbreak y_\nu\,;z_\nu\,)$ legt man nach Abb. 20.4.1 einen Strahl ξ in <u>beliebiger</u> Richtung.

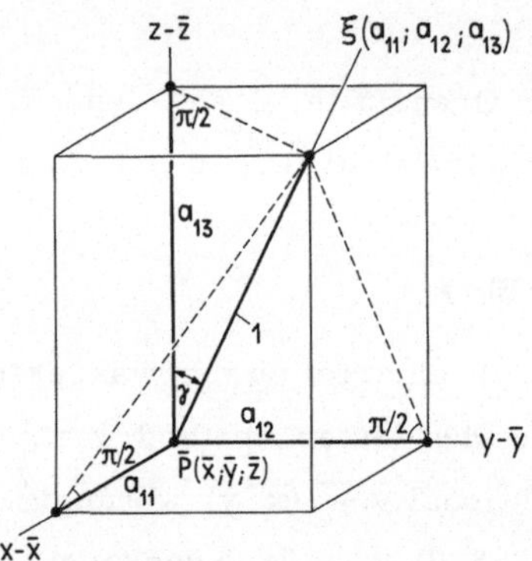

Abb. 20.4.1. Zur Berechnung der S.d.q.A. $s_{\xi\xi}$ in der Richtung $\xi(a_{11}\,;\,a_{12}\,;\,a_{13})$ mit $a_{13} = \cos\gamma$ usw.

Die Richtung ξ wird durch die drei "Richtungswerte" $(a_{11}\,;\,a_{12}\,;\,a_{13})$ gekennzeichnet, welche die ξ-Achse mit den drei Achsen $(x - \bar{x})$, $(y - \bar{y})$ und $(z - \bar{z})$ bildet. Die Meßpunkte $P_\nu\,(x_\nu\,;\,y_\nu\,;\,z_\nu\,)$ projiziert man auf die Richtung ξ . Dann gilt für die Projektion

$$(20.4.1)\quad \xi_\nu = a_{11}(x_\nu - \bar{x}) + a_{12}(y_\nu - \bar{y}) + a_{13}(z_\nu - \bar{z})\ .$$

Der Mittelwert der ξ_ν ist $\bar{\xi} = 0$. Damit wird

$$(\xi_\nu - \bar{\xi})^2 = \xi_\nu^2 = \left[a_{11}(x_\nu - \bar{x}) + a_{12}(y_\nu - \bar{y}) + a_{13}(z_\nu - \bar{z})\right]^2\ .$$

Summiert man über alle Meßpunkte P_ν mit $1 \leqq \nu \leqq n$, so findet man die S.d.q.A. "in der Richtung ξ" zu

$$(20.4.2) \quad s_{\xi\xi} = a_{11}^2 \, s_{xx} + a_{12}^2 \, s_{yy} + a_{13}^2 \, s_{zz}$$

$$+ \, 2 \, a_{11} \, a_{12} \, s_{xy} + 2 \, a_{12} \, a_{13} \, s_{yz} + 2 \, a_{13} \, a_{11} \, s_{zx} \,,$$

wobei s_{xx}, s_{yy}, ... die in (20.2.9) und (20.2.12) erklärten Hilfsgrößen sind.

Auf der ξ-Achse trägt man von $\overline{P}$ aus die Länge

$$(20.4.3) \quad \ell_\xi = \frac{1}{\sqrt{s_{\xi\xi}}} = \frac{\text{konst}}{s_\xi}$$

ab, die dem <u>Kehrwert</u> $(1/s_\xi)$ <u>der Standardabweichung</u> s_ξ verhältnisgleich ist. Die Endpunkte von ℓ_ξ liegen für alle möglichen Richtungen $(a_{11}$; a_{12} ; $a_{13})$ auf einer Raumfläche, deren Gleichung im folgenden bestimmt wird. Die Projektionen der Länge ℓ_ξ auf die drei Achsen $(x - \overline{x})$, $(y - \overline{y})$ und $(z - \overline{z})$ sind

$$(20.4.4) \quad u = a_{11} \, \ell_\xi \;\; ; \;\; v = a_{12} \, \ell_\xi \;\; ; \;\; w = a_{13} \, \ell_\xi \,.$$

Aus (20.4.3) folgt

$$(20.4.5) \quad \ell_\xi^2 \, s_{\xi\xi} = 1 \,.$$

Setzt man hier $s_{\xi\xi}$ aus (20.4.2) ein und eliminiert die Richtungswerte a_{11}, a_{12}, a_{13} mit (20.4.4) , so fällt ℓ_ξ^2 aus der entstehenden Gleichung heraus. Es bleibt

$$(20.4.6) \quad E(u\,;v\,;w) \equiv u^2 \, s_{xx} + v^2 \, s_{yy} + w^2 \, s_{zz}$$

$$+ \, 2 \, uv \, s_{xy} + 2 \, vw \, s_{yz} + 2 \, wu \, s_{zx} - 1 = 0 \,,$$

also die Gleichung einer Fläche zweiten Grades in $(u\,;v\,;w)$. Es wird sich herausstellen, daß E ein Ellipsoid darstellt. Später wird gezeigt, daß bei der dreidimensionalen Normalverteilung die "Flächen gleicher Wahrscheinlichkeitsdichte" bzw. Häufigkeitsdichte im $(x\,;y\,;z)$-Raum ebenfalls Ellipsoide mit dem Mittelpunkt $\overline{P}$ sind. Das Ellipsoid E der Gleichung (20.4.6) darf damit <u>nicht</u> verwechselt werden. Es gehört <u>nicht</u> zu den Flächen gleicher Häufigkeitsdichte.

Um die Hauptachsen der Fläche E zu bestimmen, transformiert man die Zufallsgrößen $(x - \overline{x}\,;\,y - \overline{y}\,;\,z - \overline{z})$ durch eine Drehung des Achsenkreuzes mit Hilfe von

$$\xi = a_{11}(x-\bar{x}) + a_{12}(y-\bar{y}) + a_{13}(z-\bar{z}) \ ,$$

$$(20.4.7) \quad \eta = a_{21}(x-\bar{x}) + a_{22}(y-\bar{y}) + a_{23}(z-\bar{z}) \ ,$$

$$\zeta = a_{31}(x-\bar{x}) + a_{32}(y-\bar{y}) + a_{33}(z-\bar{z})$$

zu $(\xi ; \eta ; \zeta)$. Dabei sollen die Koeffizienten a_{ij} der Transformation so bestimmt werden, daß die Varianzen s_1^2, s_2^2 und s_3^2 der neuen Zufallsgrößen ξ, η und ζ Extremwerte sind.

Die Mittelwerte $\bar{\xi}$, $\bar{\eta}$ und $\bar{\zeta}$ werden nach (20.4.7)

$$(20.4.8) \quad \bar{\xi} = 0 \quad ; \quad \bar{\eta} = 0 \quad ; \quad \bar{\zeta} = 0 \ .$$

Die Faktoren a_{ij} in (20.4.7) sind nicht willkürlich wählbar, sondern müssen als Richtungswerte den Normierungsbedingungen

$$(20.4.9) \quad a_{11}^2 + a_{12}^2 + a_{13}^2 = 1 \ ; \ \text{usw.}$$

und den Orthogonalitätsrelationen

$$(20.4.10) \quad a_{11}\,a_{21} + a_{12}\,a_{22} + a_{13}\,a_{23} = 0 \ ; \ \text{usw.}$$

genügen.

Nach (20.4.2) ist $s_{\xi\xi} = \sum_{\nu} \xi_{\nu}^2$ eine von a_{11}, a_{12} und a_{13} abhängige Funktion. Die Forderung

$$(20.4.11) \quad s_{\xi\xi}(a_{11} ; a_{12} ; a_{13}) = \text{Extremum}$$

führt mit der Nebenbedingung (20.4.9) ,

$$h(a_{11} ; a_{12} ; a_{13}) \equiv a_{11}^2 + a_{12}^2 + a_{13}^2 - 1 = 0 \ ,$$

zu den notwendigen Bedingungen

$$\frac{\partial s_{\xi\xi}}{\partial a_{11}} - \lambda \frac{\partial h}{\partial a_{11}} = 0 \ ,$$

$$(20.4.12) \quad \frac{\partial s_{\xi\xi}}{\partial a_{12}} - \lambda \frac{\partial h}{\partial a_{12}} = 0 \ ,$$

$$\frac{\partial s_{\xi\xi}}{\partial a_{13}} - \lambda \frac{\partial h}{\partial a_{13}} = 0 \ .$$

Gleichung (20.4.12) lautet ausführlich aufgeschrieben

$$a_{11}\,s_{xx} + a_{12}\,s_{xy} + a_{13}\,s_{xz} = \lambda\,a_{11} \ ,$$

$$(20.4.13) \quad a_{11}\,s_{yx} + a_{12}\,s_{yy} + a_{13}\,s_{yz} = \lambda\,a_{12} \ ,$$

$$a_{11}\,s_{zx} + a_{12}\,s_{zy} + a_{13}\,s_{zz} = \lambda\,a_{13} \ .$$

Damit das in a_{11}, a_{12} und a_{13} homogene lineare System (20.4.13) eine nicht verschwindende Lösung hat, muß die Determinante der Koeffizienten verschwinden,

$$(20.4.14) \qquad \begin{vmatrix} s_{xx} - \lambda & s_{xy} & s_{xz} \\ s_{yx} & s_{yy} - \lambda & s_{yz} \\ s_{zx} & s_{zy} & s_{zz} - \lambda \end{vmatrix} = 0 \ .$$

Die Lösungen dieser Gleichung dritten Grades in λ, der Hauptachsengleichung, seien λ_1', λ_2', λ_3', wobei vorausgesetzt werden soll, daß alle $\lambda_i' \neq 0$ sind und $\lambda_1' \neq \lambda_2' \neq \lambda_3'$ gilt. Wenn die Voraussetzung (20.2.21) $R \sim D \sim T \neq 0$ erfüllt ist, dann gilt auch stets $\lambda_i' \neq 0$ für $i = 1\,;\,2\,;\,3$.

Setzt man $\lambda = \lambda_1'$ in (20.4.13) ein, so findet man das <u>Verhältnis</u> (a_{11} : a_{12} : a_{13}) der Richtungswerte. Die Richtungswerte ($a_{11}\,;\,a_{12}\,;\,a_{13}$) selbst folgen aus der Normierungsbedingung (20.4.9) . Die entsprechenden Faktoren ($a_{21}\,;\,a_{22}\,;\,a_{23}$) für $\eta = \eta(x\,;\,y\,;\,z)$ und ($a_{31}\,;\,a_{32}\,;\,a_{33}$) für $\zeta = \zeta(x\,;\,y\,;\,z)$ gehen aus den vorausgehenden Gleichungen durch zyklische Vertauschung von $(x\,;\,y\,;\,z)$, $(\xi\,;\,\eta\,;\,\zeta)$ und $(\lambda_1'\,;\,\lambda_2'\,;\,\lambda_3')$ hervor.

Nach (20.4.2) wird die S.d.q.A. in der Richtung ξ

$$\begin{aligned} s_{\xi\xi} = \ & a_{11}(a_{11}\,s_{xx} + a_{12}\,s_{xy} + a_{13}\,s_{xz}) \\ & + a_{12}(a_{11}\,s_{yx} + a_{12}\,s_{yy} + a_{13}\,s_{yz}) \\ & + a_{13}(a_{11}\,s_{zx} + a_{12}\,s_{zy} + a_{13}\,s_{zz}) \ . \end{aligned}$$

Mit (20.4.13) und (20.4.9) wird daraus

$$(20.4.15a) \qquad s_{\xi\xi} \equiv s_{11} = \lambda_1'\,a_{11}^2 + \lambda_1'\,a_{12}^2 + \lambda_1'\,a_{13}^2 = \lambda_1' \ .$$

Entsprechend gilt

$$(20.4.15b) \qquad s_{\eta\eta} \equiv s_{22} = \lambda_2' \quad \text{und} \quad s_{\zeta\zeta} \equiv s_{33} = \lambda_3' \ .$$

Ferner folgt aus

$$\xi_\nu = a_{11}(x_\nu - \bar{x}) + a_{12}(y_\nu - \bar{y}) + a_{13}(z_\nu - \bar{z})$$

und

$$\eta_\nu = a_{21}(x_\nu - \bar{x}) + a_{22}(y_\nu - \bar{y}) + a_{23}(z_\nu - \bar{z})$$

durch Multiplikation zu $\xi_\nu\,\eta_\nu$ und Summierung über alle ν

$$s_{\xi\eta} = a_{21}(a_{11}\, s_{xx} + a_{12}\, s_{xy} + a_{13}\, s_{xz})$$
$$+ a_{22}(a_{11}\, s_{yx} + a_{12}\, s_{yy} + a_{13}\, s_{yz})$$
$$+ a_{23}(a_{11}\, s_{zx} + a_{12}\, s_{zy} + a_{13}\, s_{zz})\ .$$

Mit (20.4.13) und (20.4.10) wird daraus

$$(20.4.16a) \qquad s_{\xi\eta} \equiv s_{12} = \lambda_1^!(a_{11}\, a_{21} + a_{12}\, a_{22} + a_{13}\, a_{23}) = 0\ .$$

Entsprechend findet man

$$(20.4.16b) \qquad s_{\eta\varsigma} \equiv s_{23} = 0 \quad \text{und} \quad s_{\varsigma\xi} \equiv s_{31} = 0\ .$$

Die Kovarianzen und Korrelationszahlen zwischen den transformierten Zufallsgrößen $(\xi;\eta;\varsigma)$ verschwinden und die ihnen zugeordneten Varianzen
s_1^2, s_2^2, s_3^2 sind <u>Hauptvarianzen</u>.

Die Gleichung der Fläche $E = 0$ aus (20.4.6) lautet nach der Transformation auf die Hauptachsen

$$(20.4.17) \qquad s_{11}\, u^2 + s_{22}\, v^2 + s_{33}\, w^2 - 1 = 0\ .$$

Da alle $s_{ii} > 0$ sind, ist E in der Tat ein Ellipsoid; es hat nach (20.4.3)
bzw. (20.4.17) die Halbachsen

$$(20.4.18) \qquad \ell_1 = \frac{\text{konst}}{s_1} \quad ; \quad \ell_2 = \frac{\text{konst}}{s_2} \quad ; \quad \ell_3 = \frac{\text{konst}}{s_3}\ .$$

Die Halbachsen ℓ_i sind den Kehrwerten $(1/s_i)$ der Standardabweichungen
s_i verhältnisgleich.

Durch die Transformation (20.4.7) wird die Korrelationsmatrix der $(x;y;z)$,

$$(20.4.19) \qquad \begin{pmatrix} 1 & r_{xy} & r_{xz} \\ r_{yx} & 1 & r_{yz} \\ r_{zx} & r_{zy} & 1 \end{pmatrix}$$

mit der Determinante $R(x;y;z)$ aus Gleichung (20.2.21), transformiert
in die Einheitsmatrix der $(\xi;\eta;\varsigma)$,

$$(20.4.20) \qquad \begin{pmatrix} 1 & 0 & 0 \\ 0 & 1 & 0 \\ 0 & 0 & 1 \end{pmatrix}$$

mit der Determinante

$$(20.4.21) \qquad R(\xi;\eta;\varsigma) = 1\ .$$

Da der Abstand eines Meßpunktes $(x_\nu; y_\nu; z_\nu)$ vom Schwerpunkt $(\bar{x}; \bar{y}; \bar{z})$ bei der orthogonalen Transformation (20.4.7) ungeändert bleibt, so gilt

$$(x_\nu - \bar{x})^2 + (y_\nu - \bar{y})^2 + (z_\nu - \bar{z})^2 = \xi_\nu^2 + \eta_\nu^2 + \zeta_\nu^2 \; .$$

Durch Summierung über ν folgt

$$(20.4.22) \qquad s_{xx} + s_{yy} + s_{zz} = s_{\xi\xi} + s_{\eta\eta} + s_{\zeta\zeta}$$

oder nach Division durch $(n-1)$

$$(20.4.23) \qquad s_x^2 + s_y^2 + s_z^2 = s_1^2 + s_2^2 + s_3^2 \; .$$

Die Summe der Varianzen bleibt bei der orthogonalen Transformation (20.4.7) ungeändert.

Nach (20.2.19) läßt sich die Determinante $D(x;y;z)$ der Streumatrix (20.2.16) in der Gestalt

$$(20.4.24) \qquad D(x;y;z) = (s_x \, s_y \, s_z)^2 \, R(x;y;z)$$

schreiben. Durch die Transformation (20.4.7) geht $D(x;y;z)$ über in

$$(20.4.25) \qquad D(\xi;\eta;\zeta) = (s_1 \, s_2 \, s_3)^2 \; .$$

Mit den vorausgehenden Ueberlegungen hat man die Richtungen $(a_{i1}; a_{i2}; a_{i3})$, $i = 1; 2; 3$, der drei Hauptachsen und die Größe der ihnen zugeordneten Hauptvarianzen s_i^2, $i = 1; 2; 3$, bestimmt. Insbesondere sind die S.d.q.A. in den Hauptrichtungen gleich den Eigenwerten λ_i' der Matrix (20.2.15) mit den Elementen $s_{xx}; s_{xy}; \ldots$. Die vorstehende Rechnung ist <u>nicht</u> davon abhängig, daß die Modellvorstellung der dreidimensionalen Normalverteilung gilt. Man kann vielmehr die Hauptrichtungen $(a_{i1}; a_{i2}; a_{i3})$ und die Hauptvarianzen s_i^2 für jede (nicht entartete) dreidimensionale Verteilung bestimmen. Eine dreidimensionale Verteilung entartet, wenn die Determinante D der Streuungsmatrix verschwindet. In dem Falle sind nach (20.4.25) entweder eine oder zwei Hauptvarianzen gleich Null. Die Meßpunkte $(x_\nu; y_\nu; z_\nu)$ liegen dann in einer Ebene oder auf einer Geraden des dreidimensionalen Raumes der $(x; y; z)$, je nachdem, ob der Rang der Streuungsmatrix den Wert 2 oder 1 hat. Ein solcher Fall wird im Abschnitt 21.1 und 21.3 behandelt werden.

20.5 Regressionsebenen. Multiple Korrelationszahl. Test auf Linearität

Die Meßreihe $(x_\nu ; y_\nu ; z_\nu)$ wird von jetzt ab mit der Modellvorstellung der dreidimensionalen Normalverteilung ausgewertet, so daß z im Mittel linear von x und y abhängt. Die theoretische Regressionsebene sei

$$(20.5.1) \quad M\left\{z(x ; y)\right\} = \mathfrak{Z}(x ; y) = \beta_{30} + \beta_{31} x + \beta_{32} y \; .$$

Wird anstelle von β_{3i} und $(x ; y)$ die bereits im Abschnitt 19 benutzte Bezeichnung $(\beta_{30} \equiv \beta_0 ; \beta_{31} \equiv \beta_1 ; \beta_{32} \equiv \beta_2)$ und $(x \equiv x_1 ; y \equiv x_2)$ für die Faktoren β und die Einflußgrößen gewählt, so stimmt der Ansatz (20.5.1) formal völlig mit (19.1.3) überein. Infolgedessen kann man die Ergebnisse des Abschnitts 19 übernehmen, soweit dort nicht die Voraussetzung erfüllt sein muß, daß x und y systematische Komponenten sind. Insbesondere gelten die im folgenden genannten Eigenschaften (a) bis (d) auch hier.

(a) Die geschätzte Regressionsebene zum Ansatz (20.5.1) lautet

$$(20.5.2) \quad Z = Z(x ; y) = b_{30} + b_{31} x + b_{32} y \; ,$$

wobei man die Schätzwerte $(b_{30} ; b_{31} ; b_{32})$ für $(\beta_{30} ; \beta_{31} ; \beta_{32})$ aus den im Abschnitt 19 angegebenen Normalgleichungen (19.2.12) berechnet.

(b) Der Mittelpunkt $(\bar{x} ; \bar{y} ; \bar{z})$ der Meßreihe liegt in der Regressionsebene; also gilt

$$(20.5.3) \quad \bar{z} = b_{30} + b_{31} \bar{x} + b_{32} \bar{y}$$

und damit

$$(20.5.4) \quad Z = \bar{z} + b_{31}(x-\bar{x}) + b_{32}(y-\bar{y}) \; .$$

Insbesondere ist an der Stelle $(x_\alpha ; y_\beta)$ der Z-Wert $Z_{\alpha\beta}$.

(c) Der Mittelwert $\bar{Z}$ der Rechenwerte $Z_{\alpha\beta}$ ist gleich dem Mittelwert $\bar{z}$ der Meßwerte $z_{\alpha\beta\gamma}$, oder

$$(20.5.5) \quad \sum_\alpha \sum_\beta \sum_\gamma z_{\alpha\beta\gamma} \, n_{\alpha\beta\gamma} = \sum_\alpha \sum_\beta Z_{\alpha\beta} \, n_{\alpha\beta} \; .$$

(d) Die Zerlegung der S.d.q.A. insgesamt findet man aus (19.4.7) . Die Summation über die Wertetupel $\varkappa$ wird hier zur Summation über $(\alpha ; \beta)$ und die Summation über ν (bei gegebenem κ) wird zur Summation über γ . Damit hat man die Zerlegung

$$(20.5.6) \quad s_{zz} = \sum_\alpha \sum_\beta \sum_\gamma (z_{\alpha\beta\gamma} - Z_{\alpha\beta})^2 \, n_{\alpha\beta\gamma} + \sum_\alpha \sum_\beta (Z_{\alpha\beta} - \bar{z})^2 \, n_{\alpha\beta}.$$

Soweit die vier Eigenschaften, die man ohne Beweis aus Abschnitt 19 entnehmen kann.

Die S.d.q.A. insgesamt besteht aus zwei Anteilen: der S.d.q.A. der Meßwerte $z_{\alpha\beta\gamma}$ um die Rechenwerte $Z_{\alpha\beta}$ und der S.d.q.A. der Rechenwerte $Z_{\alpha\beta}$ um ihren Mittelwert $\bar{Z} = \bar{z}$. Der zweite Anteil s_{ZZ} ,

$$(20.5.7) \quad s_{ZZ} = \sum_\alpha \sum_\beta (Z_{\alpha\beta} - \bar{z})^2 \, n_{\alpha\beta}. \, ,$$

ist mit $f\{s_{ZZ}\} = 2$ Freiheitsgraden ausgestattet. Setzt man

$$Z_{\alpha\beta} - \bar{z} = b_{31}(x_\alpha - \bar{x}) + b_{32}(y_\beta - \bar{y})$$

aus (20.5.4) ein, so wird nach einfacher Rechnung

$$(20.5.8) \quad s_{ZZ} = b_{31}^2 \, s_{xx} + 2 \, b_{31} b_{32} \, s_{xy} + b_{32}^2 \, s_{yy} \, ,$$

wobei s_{xx}, s_{yy} und s_{xy} die in (20.2.9) und (20.2.12) erklärten Hilfsgrößen darstellen. Der Anteil s_{ZZ} wird demnach vollständig durch den linearen Zusammenhang zwischen der Zielgröße z und den zwei Einflußgrößen $(x ; y)$ erklärt. Der nicht erklärte Rest,

$$(20.5.9) \quad s_{zz|x;y} = \sum_\alpha \sum_\beta \sum_\gamma (z_{\alpha\beta\gamma} - Z_{\alpha\beta})^2 \, n_{\alpha\beta\gamma} \, ,$$

hat $f\{s_{zz|x;y}\} = n-3$ Freiheitsgrade; er liefert die Versuchsvarianz der Meßwerte z bei gegebenen Werten von $(x ; y)$. Es gilt $s_{z|x;y}^2 = s_{zz|x;y}/(n-3)$.

Das beobachtete Bestimmtheitsmaß $\hat{B}_{z|x;y}$ für den linearen Zusammenhang zwischen z und $(x ; y)$ wird

$$(20.5.10) \quad \hat{B}_{z|x;y} = \frac{s_{ZZ}}{s_{zz}} = 1 - \frac{s_{zz|x;y}}{s_{zz}} \, .$$

Die Wurzel aus $\hat{B}_{z|x;y}$,

$$(20.5.11) \quad \sqrt{\hat{B}_{z|x;y}} = R_{z|x;y} = \sqrt{1 - \frac{s_{zz|x;y}}{s_{zz}}} \, ,$$

heißt die multiple Korrelationszahl zwischen z und $(x ; y)$.
Aus der Beziehung

$$(20.5.12) \quad s_{zz} = s_{zz|x;y} + s_{ZZ}$$

folgt $0 < \hat{B}_{z|x;y} < 1$ und damit

(20.5.13) $0 < \hat{R}_{z|x;y} < 1$.

Die multiple Korrelationszahl $\hat{R}$ liegt stets zwischen 0 und 1 .

Der Test auf Linearität.

Hat man Zweifel, ob der lineare Ansatz (20.5.2) gerechtfertigt ist, so kann man ähnlich wie im Abschnitt 19.5 die Hypothese H , "z hängt (im Mittel) linear von x und y ab" , testen. Man zerlegt dazu die Abweichungen $(z_{\alpha\beta\gamma} - Z_{\alpha\beta})$ zwischen beobachteten und berechneten Werten an der Stelle $(x_\alpha ; y_\beta)$ der (x;y)-Ebene nach der Gleichung

$$(20.5.14) \qquad z_{\alpha\beta\gamma} - Z_{\alpha\beta} = (z_{\alpha\beta\gamma} - \bar{z}_{\alpha\beta}) + (\bar{z}_{\alpha\beta} - Z_{\alpha\beta}) .$$

Man quadriert diese Gleichung, multipliziert das Ergebnis mit $n_{\alpha\beta\gamma}$ und summiert über α , β , γ . Dann kommt

$$(20.5.15) \qquad \sum_\alpha \sum_\beta \sum_\gamma (z_{\alpha\beta\gamma} - Z_{\alpha\beta})^2 \, n_{\alpha\beta\gamma} = \underbrace{\sum_\alpha \sum_\beta \sum_\gamma (z_{\alpha\beta\gamma} - \bar{z}_{\alpha\beta})^2 \, n_{\alpha\beta\gamma}}_{Q_2} + $$

$$+ \underbrace{\sum_\alpha \sum_\beta (\bar{z}_{\alpha\beta} - Z_{\alpha\beta})^2 \, n_{\alpha\beta.}}_{Q_1} .$$

Die Summe über die gemischten Glieder,

$$2 \sum_\alpha \sum_\beta \sum_\gamma (z_{\alpha\beta\gamma} - \bar{z}_{\alpha\beta})(\bar{z}_{\alpha\beta} - Z_{\alpha\beta}) n_{\alpha\beta\gamma} = 2 \sum_\alpha \sum_\beta (\bar{z}_{\alpha\beta} - Z_{\alpha\beta}) \underbrace{\sum_\gamma (z_{\alpha\beta\gamma} - \bar{z}_{\alpha\beta}) n_{\alpha\beta\gamma}}_{0} ,$$

verschwindet, da nach (20.3.1)

$$\sum_\gamma (z_{\alpha\beta\gamma} - \bar{z}_{\alpha\beta}) \, n_{\alpha\beta\gamma} = \sum_\gamma z_{\alpha\beta\gamma} \, n_{\alpha\beta\gamma} - \bar{z}_{\alpha\beta} \, n_{\alpha\beta.} = 0$$

ist. Mit (20.5.9) und den in (20.5.15) angedeuteten Abkürzungen Q_1 und Q_2 wird aus (20.5.15)

$$(20.5.16) \qquad s_{zz|x;y} = Q_2 + Q_1 .$$

Die den Summen zugeordneten Freiheitsgrade sind (entsprechend zu den f-Werten im Abschnitt 19.5)

$$f\{s_{zz|x;y}\} = n-3 \quad ; \quad f\{Q_2\} = f_2 = n-k' \quad ; \quad f\{Q_1\} = f_1 = k'-3 .$$

Dabei ist k' die Zahl der Zellen $(\alpha \,;\, \beta)$ in der $(x\,;\,y)$-Ebene, die wirklich mit z-Werten besetzt sind, für die also $n_{\alpha\beta} \neq 0$ ist, wie bereits in Gleichung (20.3.4) bemerkt wurde.

Bezeichnet man die theoretische R̲estvarianz von z bei gegebenem $(x\,;\,y)$ mit $\sigma^2_{z\,|\,x;y}$ und den aus den Beobachtungen gewonnenen Schätzwert dafür mit $s^2_{z\,|\,x;y}$, so gilt

$$(20.5.17) \qquad s_{zz\,|\,x;y} = (n{-}3)\, s^2_{z\,|\,x;y} \;;$$

$\left[\; \sigma^2_{z\,|\,x;y} \right.$ entspricht der Versuchsvarianz σ^2 des Abschnitts $19.5 \left.\right]$. Auf Grund der Gleichungen (19.4.25), (19.5.4) und (19.5.5) gilt hier

$$M\left\{ s_{zz\,|\,x;y} \right\} = (n{-}3)\; \sigma^2_{z\,|\,x;y} \;,$$

$$(20.5.18)$$

$$M\left\{ Q_2 \right\} = (n{-}k')\sigma^2_{z\,|\,x;y} \quad \text{und} \quad M\left\{ Q_1 \right\} = (k'{-}3)\; \sigma^2_{z\,|\,x;y} \;.$$

Ebenso wie in 19.5 hat man jetzt zwei Schätzwerte $Q_1/(k'{-}3)$ und $Q_2/(n{-}k')$ für die Restvarianz $\sigma^2_{z\,|\,x;y}$. Der aus Q_1 berechnete Schätzwert hängt von der Hypothese H ab, da in die S.d.q.A. Q_1 nach (20.5.15) die Rechenwerte $Z_{\alpha\beta}$ eingehen. Der aus Q_2 berechnete Schätzwert hängt von der Hypothese H n̲icht ab, da in die S.d.q.A. Q_2 nur beobachtete Werte $z_{\alpha\beta\gamma}$ (bzw. deren Mittelwerte $\bar{z}_{\alpha\beta}$) eingehen. Wenn die Hypothese H gilt, dann genügt die Prüfgröße

$$(20.5.19) \qquad Q = \frac{Q_1/(k'-3)}{Q_2/(n-k')} = F(k'-3\;;\,n-k')$$

einer F-Verteilung mit $f_1 = k' - 3$ und $f_2 = n - k'$ Freiheitsgraden. Man verwirft die Hypothese des linearen Zusammenhanges zwischen z und $(x\,;\,y)$ für $Q > F_{1-\alpha}(f_1\;;\,f_2)$.

Wird die Hypothese H v̲erworfen, so darf man den Schätzwert für die Restvarianz $\sigma^2_{z\,|\,x;y}$ nur aus $Q_2/(n{-}k')$ berechnen.

20.6 Die „Reste" (Residuen)

Durch zyklische Vertauschung von $(x ; y ; z)$ und $(X ; Y ; Z)$ findet man aus $(20.5.4)$ die für $X = X(y ; z)$ und für $Y = Y(z ; x)$ geltenden Formeln. Man hat die drei Regressionsebenen

$$
\begin{aligned}
X - \bar{x} &= && b_{12}(y-\bar{y}) + b_{13}(z-\bar{z}) \;, \\
Y - \bar{y} &= b_{21}(x-\bar{x}) && \qquad + b_{23}(z-\bar{z}) \;, \\
Z - \bar{z} &= b_{31}(x-\bar{x}) + b_{32}(y-\bar{y}) \;.
\end{aligned}
$$
(20.6.1)

Das Gleichungssystem zur Berechnung von b_{31} und b_{32} lautet nach $(19.2.19)$

$$
b_{31}\, s_{xx} + b_{32}\, s_{xy} = s_{xz} \;,
$$
(20.6.2)
$$
b_{31}\, s_{yx} + b_{32}\, s_{yy} = s_{yz} \;,
$$

wobei s_{xx}, s_{xy}, $\ldots$ die in $(20.2.9)$ und $(20.2.12)$ erklärten Elemente der Matrix $(20.2.15)$ sind,

$$
(20.6.3) \qquad
\begin{pmatrix}
s_{xx} & s_{xy} & s_{xz} \\
s_{yx} & s_{yy} & s_{yz} \\
s_{zx} & s_{zy} & s_{zz}
\end{pmatrix}
\equiv (T) \;.
$$

Die Determinante T der Matrix (T) sei von 0 verschieden. Bezeichnet man die den Elementen s_{xx}, s_{xy}, $\ldots$ der Matrix $(20.6.3)$ zugeordneten Adjunkten mit $T_{xx} \equiv T_{11}$, $T_{xy} \equiv T_{12}$, $\ldots$, so wird die Lösung von $(20.6.2)$

$$
(20.6.4) \qquad b_{31} = - \frac{T_{zx}}{T_{zz}} \;; \quad b_{32} = - \frac{T_{zy}}{T_{zz}} \;.
$$

Entsprechend findet man durch zyklische Vertauschung

$$
(20.6.5) \qquad b_{12} = - \frac{T_{xy}}{T_{xx}} \;; \quad b_{13} = - \frac{T_{xz}}{T_{xx}} \;;
$$

und

$$
(20.6.6) \qquad b_{23} = - \frac{T_{yz}}{T_{yy}} \;; \quad b_{21} = - \frac{T_{yx}}{T_{yy}} \;.
$$

Wegen $s_{xy} = s_{yx}$, ... gilt auch $T_{xy} = T_{yx}$, ... Jedoch ist $b_{12} \neq b_{21}$; ... , da die zugehörigen Nenner T_{xx} und T_{yy} , ... , im allgemeinen nicht übereinstimmen.

Da die Varianzen s_x^2 ; ... und die Kovarianzen $C_{xy} = s_x s_y r_{xy}$, ... verhältnisgleich zu den entsprechenden Summen s_{xx} , ... und s_{xy} , ... sind, und da die Faktoren b_{ij} in (20.6.4) bis (20.6.6) als <u>Quotienten</u> von zwei Adjunkten $T_{ij} = (n-1)^2 D_{ij}$ darstellbar sind, so darf man in den Gleichungen (20.6.4) bis (20.6.6) überall T_{ij} durch die entsprechenden Adjunkten D_{ij} der Streuungsmatrix (20.2.16) ersetzen. Es gilt also

$$(20.6.7) \qquad b_{31} = - \frac{D_{zx}}{D_{zz}} \quad ; \quad b_{32} = - \frac{D_{zy}}{D_{zz}} \quad ; \quad \text{usw.}$$

Damit sind alle Koeffizienten b_{ij} der Regressionsebenen aus den Adjunkten der Determinante D der Streuungsmatrix (20.2.16) bestimmbar.

<u>Die Kovarianzen zwischen Resten und Einflußgrößen.</u>

Im folgenden werden die Unterschiede zwischen den Meßwerten z_ν und den Rechenwerten Z_ν betrachtet. Dabei werden die n Beobachtungstripel $(x_\nu ; y_\nu ; z_\nu)$ mit $1 \leq \nu \leq n$ als nicht klassifiziert gedacht, was die Allgemeinheit der folgenden Ueberlegungen nicht einschränkt. Als Beispiel werden die Wertepaare (z ; Z) herausgegriffen. Aus (20.5.4) folgt

$$(20.6.8) \qquad z_\nu - Z_\nu = (z_\nu - \bar{z}) - b_{31}(x_\nu - \bar{x}) - b_{32}(y_\nu - \bar{y}) = w_\nu \; .$$

Die Abweichungen w_ν zwischen den Meßwerten z_ν und den Rechenwerten Z_ν nennt man die Residuen oder <u>"Reste"</u> zu z_ν bei gegebenem $(x_\nu ; y_\nu)$. Multipliziert man (20.6.8) mit $(x_\nu - \bar{x})$ und summiert über alle n Meßpunkte mit $1 \leq \nu \leq n$, so folgt

$$(20.6.9) \qquad \sum_\nu w_\nu (x_\nu - \bar{x}) = s_{xz} - b_{31} s_{xx} - b_{32} s_{xy} \; .$$

Mit (20.6.2) wird daraus

$$(20.6.10) \qquad \sum_\nu w_\nu (x_\nu - \bar{x}) = 0 \quad \text{oder} \quad C_{wx} = 0 \; .$$

Multipliziert man (20.6.8) mit $(y - \bar{y})$, so findet man entsprechend

$$(20.6.11) \qquad \sum_\nu w_\nu (y_\nu - \bar{y}) = 0 \quad \text{oder} \quad C_{wy} = 0 \; .$$

Die Kovarianzen C_{wx} und C_{wy} zwischen den "Resten" $w = z - Z$ und den Einflußgrößen x und y verschwinden. Auf Grund der vorausgesetzten Normalverteilung für x , y und z sind die w_ν von x_ν und y_ν unabhängig.

Entsprechendes gilt für die Reste $u = x-X$ zu x und die Einflußgrößen $(y ; z)$ und für die Reste $v = y-Y$ zu y und die Einflußgrößen $(z ; x)$.

Die S.d.q.A. der Reste.

Im folgenden wird noch eine andere Beziehung für die S.d.q.A. $s_{zz|x;y}$ der "Reste" $w = z-Z$ hergeleitet. Nach (20.6.8) ist

$$(20.6.12) \qquad z_v - Z_v = (z_v - \bar{z}) - b_{31}(x_v - \bar{x}) - b_{32}(y_v - \bar{y}) \ .$$

Multipliziert man diese Gleichung mit $(z_v - Z_v)$ und summiert über alle Meßpunkte, so findet man

$$(20.6.13) \qquad \sum_v (z_v - Z_v)^2 = \sum_v (z_v - \bar{z})(z_v - Z_v) \ ,$$

da die Kovarianzen zwischen den "Resten" $(z_v - Z_v)$ und $(x_v - \bar{x})$ bzw. $(y_v - \bar{y})$ nach (20.6.10) bzw. (20.6.11) verschwinden. Setzt man (20.6.12) auf der <u>rechten</u> Seite von (20.6.13) ein, so wird

$$\sum_v (z_v - Z_v)^2 = s_{zz} - b_{31} \, s_{zx} - b_{32} \, s_{zy}$$

oder mit (20.6.4) und $T = s_{zx} T_{zx} + s_{zy} T_{zy} + s_{zz} T_{zz}$

$$\sum_v (z_v - Z_v)^2 = s_{zz} + \frac{T_{zx}}{T_{zz}} s_{zx} + \frac{T_{zy}}{T_{zz}} s_{zy} = \frac{T}{T_{zz}} \ .$$

Damit hat man

$$(20.6.14) \qquad \sum_v (z_v - Z_v)^2 \equiv s_{zz|x;y} = T/T_{zz} \ .$$

Entsprechend gelten für die S.d.q.A. der Reste $(x_v - X_v)$ und $(y_v - Y_v)$ die Gleichungen

$$(20.6.15) \qquad \sum_v (x_v - X_v)^2 \equiv s_{xx|y;z} = T/T_{xx}$$

und

$$(20.6.16) \qquad \sum_v (y_v - Y_v)^2 \equiv s_{yy|z;x} = T/T_{yy} \ .$$

Mit $T = (n-1)^3 D$ und $T_{zz} = (n-1)^2 D_{zz}$ läßt sich (20.6.14) auch in der Gestalt schreiben

$$(20.6.17) \qquad s_{zz|x;y} = (n-1)(D/D_{zz}) \ .$$

Entsprechend gilt

$$s_{xx|y;z} = (n-1)(D/D_{xx}) \quad \text{und} \quad s_{yy|z;x} = (n-1)(D/D_{yy}) \ .$$

Setzt man in den letzten drei Gleichungen

$$(n-1) D = s_x^2 s_y^2 s_{zz} R(x \; ; \; y \; ; \; z)$$

und

$$D_{xx} = s_y^2 s_z^2 R_{xx} \; ; \; D_{yy} = s_z^2 s_x^2 R_{yy} \; ; \; D_{zz} = s_x^2 s_y^2 R_{zz} \; ,$$

wobei $R(x;y;z) \equiv R$ die Determinante der Korrelationsmatrix (R) und
R_{xx} , ... die Adjunkten zu den Elementen ihrer Hauptdiagonale darstellen,
so findet man die S.d.q.A. der Reste in der Gestalt

$$(20.6.18) \quad s_{zz|x;y} = \frac{R}{R_{zz}} s_{zz} \; ; \; s_{xx|y;z} = \frac{R}{R_{xx}} s_{xx} \; ; \; s_{yy|z;x} = \frac{R}{R_{yy}} s_{yy} .$$

Vergleicht man die letzten Gleichungen schließlich mit (20.5.10) , so fin-
det man für die Bestimmtheitsmaße $\hat{B}_{z|x;y} = R_{z|x;y}^2$, ... die Gleichungen

$$\hat{B}_{z|x;y} = 1 - \frac{R}{R_{zz}} \; ; \; \hat{B}_{x|y;z} = 1 - \frac{R}{R_{xx}} \; ;$$

$$(20.6.19)$$

$$\hat{B}_{y|z;x} = 1 - \frac{R}{R_{yy}} \; .$$

Falls die Korrelationsmatrix (R) entartet und eine verschwindende Determinante R = 0 besitzt, werden die Bestimmtheitsmaße aus (20.6.19) gleich
1 , d.h. die Wertetripel $(x_\nu \; ; \; y_\nu \; ; \; z_\nu)$ liegen dann in einer Ebene des
(x ; y ; z)- Raumes .

20.7 Bedingte Verteilungen. Partielle Korrelationszahl

Im folgenden werden die bedingten Verteilungen zweier Merkmale bei
gegebenen Werten des dritten Merkmals untersucht, beispielsweise die Verteilung von (x ; y) bei gegebenem $z = z_0$. Aus (20.6.1) folgt

$$(20.7.1) \quad X = \bar{x} + b_{12}(y-\bar{y}) + b_{13}(z_0-\bar{z}) = b_{12}(y-\bar{y}) + (konst)_1$$

und

$$(20.7.2) \quad Y = \bar{y} + b_{21}(x-\bar{x}) + b_{23}(z_0-\bar{z}) = b_{21}(x-\bar{x}) + (konst)_2 \; .$$

Diese Gleichungen sind die Regressionsgeraden X = X(y) und Y = Y(x) in
der Ebene $z = z_0$,

$$X(y) = b_{12}(y-\bar{y}) + X_0 \; ,$$

$$(20.7.3)$$

$$Y(x) = b_{21}(x-\bar{x}) + Y_0 \; .$$

Das Produkt $b_{12}\,b_{21}$ der beiden Anstiegswerte ist entsprechend zu (17.4.10) und (17.4.11) gleich dem Quadrat der Korrelationszahl $r_{xy|z}$ zwischen x und y bei gegebenem $z = z_0$, d.h. gleich der <u>Korrelationszahl in der bedingten Verteilung</u>. Mit (20.6.7) wird durch zyklische Vertauschung $b_{12}\,b_{21} = r^2_{xy|z}$ zu

$$(20.7.4) \qquad r^2_{xy|z} = \frac{(-D_{xy})^2}{D_{xx}\,D_{yy}} \qquad \text{oder} \qquad r_{xy|z} = \frac{-D_{xy}}{\sqrt{D_{xx}\,D_{yy}}} \quad .$$

Bemerkenswert ist, daß die "bedingte" Korrelationszahl $r_{xy|z}$ von z_0 nicht abhängt. Man findet also in allen Ebenen $z = z_0$ den gleichen Wert. Wie in (17.4.27) gilt

$$(20.7.5) \qquad -1 \leqq r_{xy|z} \leqq 1 \quad .$$

Die durch (20.7.4) erklärte Größe $r_{xy|z}$ heißt auch <u>partielle Korrelationszahl</u> zwischen x und y bei gegebenem z oder (partielle) <u>Korrelationszahl in der bedingten Verteilung</u> für (x ; y) bei festem $z = z_0$.

Nach (20.2.16) ist die Adjunkte D_{xx} zum Element s^2_x der Streuungsmatrix (D)

$$D_{xx} = \begin{vmatrix} s^2_y & s_y\,s_z\,r_{yz} \\[2mm] s_z\,s_y\,r_{zy} & s^2_z \end{vmatrix}$$

oder mit (20.2.21)

$$(20.7.6) \qquad D_{xx} = s^2_y\,s^2_z\left(1 - r^2_{yz}\right) = s^2_y\,s^2_z\,R_{xx} \quad .$$

Entsprechend findet man

$$(20.7.7) \qquad D_{yy} = s^2_z\,s^2_x\left(1 - r^2_{zx}\right) = s^2_z\,s^2_x\,R_{yy} \quad .$$

und

$$(20.7.8) \qquad D_{xy} = -\,s_x\,s_y\,s^2_z\left(r_{xy} - r_{xz}\,r_{yz}\right) = s_x\,s_y\,s^2_z\,R_{xy} \quad .$$

Damit läßt sich die partielle Korrelationszahl $r_{xy|z}$ aus (20.7.4) in der Gestalt

$$(20.7.9) \qquad r_{xy|z} = \frac{r_{xy} - r_{xz}\,r_{yz}}{\sqrt{(1 - r^2_{xz})(1 - r^2_{yz})}} = \frac{-R_{xy}}{R_{xx}\,R_{yy}}$$

schreiben. Man kann demnach die partielle Korrelationszahl $r_{xy|z}$ aus den gewöhnlichen Korrelationszahlen r_{xy} , r_{xz} und r_{yz} oder aus den Adjunkten der Korrelationsmatrix (R) berechnen. Die Ausdrücke für $r_{yz|x}$ und $r_{zx|y}$ findet man durch zyklische Vertauschung von x, y und z.

Die "gewöhnliche" Korrelationszahl r_{xy} gibt die Korrelation zwischen den Zufallsgrößen x und y ohne Rücksicht auf die dritte Zufallsgröße z. Man projiziert dazu alle Wertetripel $(x_\nu; y_\nu; z_\nu)$ in die $(x; y)$-Ebene. Entsprechend sind r_{yz} und r_{zx} zu deuten.

Die multiple Korrelationszahl $R_{z|x;y}$ entspricht im wesentlichen dem Bestimmtheitsmaß für z in Abhängigkeit von x und y. Nach Abspalten des in $(x; y)$ linearen Anteils

$$Z = \bar{z} + b_{31}(x-\bar{x}) + b_{32}(y-\bar{y})$$

von z wird die S.d.q.A. für die "Reste" $w = z-Z$ mit (20.5.10)

$$(20.7.10) \qquad s_{ww} = \sum_\nu w_\nu^2 = \sum_\nu (z_\nu - Z_\nu)^2 = s_{zz|x;y} = s_{zz}(1-\hat{B}_{z|x;y}) \ .$$

Die multiple Korrelationszahl R sollte man durch ihr Quadrat, das Bestimmtheitsmaß B, ersetzen. Entsprechend sind $R_{x|y;z}$ und $R_{y|z;x}$ zu deuten.

Die partielle Korrelationszahl $r_{xy|z}$ zwischen x und y bei gegebenem $z = z_0$ mißt die Korrelation zwischen den Zufallsgrößen $(x; y)$ in der bedingten Verteilung bei fest gegebenem z. Ersichtlich ist die partielle Korrelationszahl $r_{xy|z}$ bei gegenseitiger linearer Abhängigkeit der Zufallsgrößen nach (20.7.4) unabhängig von $z = z_0$; sie hat in allen der $(x; y)$-Ebene parallelen Ebenen $z = $ konst $= z_0$ den gleichen durch (20.7.4) gegebenen Wert. Entsprechend sind $r_{yz|x}$ und $r_{zx|y}$ zu deuten.

20.8 Die dreidimensionale Normalverteilung

Im folgenden wird die Modellvorstellung erörtert, die den Ueberlegungen der Abschnitte 20.5 bis 20.7 zugrunde liegt. Die Zufallsgrößen $(x; y; z)$ haben in der Modellverteilung die Mittelwerte

$$(20.8.1) \qquad M\{x\} = \mu_x \quad ; \quad M\{y\} = \mu_y \quad ; \quad M\{z\} = \mu_z \ .$$

Die Streuungsmatrix, die Matrix der Varianzen und Kovarianzen, hat entsprechend zu (20.2.16) die Gestalt

$$(20.8.2) \quad \begin{pmatrix} \sigma_x^2 & \sigma_x \sigma_y \rho_{xy} & \sigma_x \sigma_z \rho_{xz} \\ \sigma_y \sigma_x \rho_{yx} & \sigma_y^2 & \sigma_y \sigma_z \rho_{yz} \\ \sigma_z \sigma_x \rho_{zx} & \sigma_z \sigma_y \rho_{zy} & \sigma_z^2 \end{pmatrix} .$$

Dabei sind σ_x^2, σ_y^2 und σ_z^2 die Varianzen von x, y und z. Die Produkte $\sigma_x \sigma_y \rho_{xy} = C\{x;y\}$, usw. sind die Kovarianzen zwischen $\{x;y\}$, usw.;

$$(20.8.3) \quad \rho_{xy} = \rho_{yx} \;;\; \rho_{xz} = \rho_{zx} \;;\; \rho_{yz} = \rho_{zy}$$

sind die drei "gewöhnlichen" Korrelationszahlen zwischen $(x;y)$, $(x;z)$ und $(y;z)$ jeweils ohne Rücksicht auf das dritte Merkmal. Die Determinante Δ der Streuungsmatrix wird

$$(20.8.4) \quad \Delta = \sigma_x^2 \sigma_y^2 \sigma_z^2 \begin{vmatrix} 1 & \rho_{xy} & \rho_{xz} \\ \rho_{yx} & 1 & \rho_{yz} \\ \rho_{zx} & \rho_{zy} & 1 \end{vmatrix}$$

$$= (\sigma_x \sigma_y \sigma_z)^2 \left[1 - (\rho_{xy}^2 + \rho_{yz}^2 + \rho_{zx}^2) + 2\rho_{xy}\rho_{yz}\rho_{zx} \right] .$$

Die Matrix (P) der Korrelationszahlen $\rho_{xx} \equiv 1$, ρ_{xy}, $\ldots$,

$$(20.8.5) \quad (P) \equiv \begin{pmatrix} 1 & \rho_{xy} & \rho_{xz} \\ \rho_{yx} & 1 & \rho_{yz} \\ \rho_{zx} & \rho_{zy} & 1 \end{pmatrix} ,$$

heißt <u>Korrelationsmatrix</u>. Ihre Determinante $P(x;y;z) \equiv P$ sei zunächst von 0 verschieden. Dann ist nach (20.8.4) auch $\Delta \neq 0$.

Zur Vereinfachung führt man anstelle von $(x;y;z)$ die <u>dimensionslosen standardisierten</u> Zufallsgrößen[1]

$$(20.8.6) \quad \frac{x - \mu_x}{\sigma_x} = u \;;\; \frac{y - \mu_y}{\sigma_y} = v \;;\; \frac{z - \mu_z}{\sigma_z} = w$$

---

1) Die hier erklärten dimensionslosen Zufallsgrößen u; v; w haben mit den Hilfsgrößen u; v; w des Abschnitts 20.4 und den "Resten" $u = x-X$; $v = y-Y$; $w = z-Z$ des Abschnitts 20.6 nichts gemeinsam.

mit

$$(20.8.7) \quad M\{u\} = M\{v\} = M\{w\} = 0$$

und

$$(20.8.8) \quad V\{u\} = V\{v\} = V\{w\} = 1$$

ein. Dann wird die Kovarianz zwischen u und v

$$C\{u\,;\,v\} = \sigma_u\,\sigma_v\,\rho_{uv} = M\{u\,v\} = M\left\{\frac{x-\mu_x}{\sigma_x}\,\frac{y-\mu_y}{\sigma_y}\right\} = \rho_{xy}\;.$$

Es gilt mit $\sigma_u = \sigma_v = \sigma_w = 1$ demnach

$$(20.8.9) \quad \rho_{uv} = \rho_{xy}\;;\quad \rho_{vw} = \rho_{yz}\;;\quad \rho_{wu} = \rho_{zx}$$

und

$$(20.8.10) \quad P(x\,;\,y\,;\,z) \equiv P(u\,;\,v\,;\,w)\;.$$

Die Korrelationsmatrizen im $(x\,;\,y\,;\,z)-$ und $(u\,;\,v\,;\,w)-$Raum sind identisch.

Das Dichteelement der dreidimensionalen Normalverteilung im $(u\,;\,v\,;\,w)-$
Raum ist

$$(20.8.11) \quad \varphi(u\,;\,v\,;\,w)\;du\;dv\;dw = \frac{1}{(2\pi)^{3/2}\sqrt{P}}\;e^{-Q/2}\;du\;dv\;dw\;.$$

Dabei ist Q eine in $(u\,;\,v\,;\,w)$ quadratische Form, erklärt durch

$$P\,Q(u\,;\,v\,;\,w) = P_{uu}u^2 + P_{vv}v^2 + P_{ww}w^2$$

$$(20.8.12)$$

$$+ 2P_{uv}uv + 2P_{vw}vw + 2P_{wu}wu\;;$$

P ist die Determinante der in (20.8.5) erklärten Korrelationsmatrix (P)
und P_{uu} , P_{uv} , ... sind die Adjunkten, die den Elementen $\rho_{uu} \equiv 1$, ρ_{uv},
... in P zugeordnet sind,

$$(20.8.13) \quad P_{uu} = 1 - \rho_{vw}^2\;;\quad P_{uv} = -\left[\rho_{uv} - \rho_{uw}\,\rho_{vw}\right]\;;\;\cdots\;.$$

Die Koeffizienten P_{uu}/P , ... von u^2 , ... in der quadratischen Form Q
sind die Elemente der zur Korrelationsmatrix (P) inversen Matrix $(P)^{-1}$.

Wenn die drei Korrelationszahlen $\rho_{xy} \equiv \rho_{uv}$, $\rho_{yz} \equiv \rho_{vw}$ und $\rho_{zx} \equiv \rho_{wu}$
verschwinden, dann ist $P = 1$, $P_{uu} = P_{vv} = P_{ww} = 1$ und $P_{uv} = P_{vw} = P_{wu}$
$= 0$. Die Dichte $\varphi(u\,;\,v\,;\,w)$ zerfällt dann in das Produkt von drei standardisierten Normalverteilungen

$$(20.8.14) \quad \varphi(u \ ; \ v \ ; \ w) \ = \ \frac{1}{\sqrt{2\pi}} \ e^{-u^2/2} \ \frac{1}{\sqrt{2\pi}} \ e^{-v^2/2} \ \frac{1}{\sqrt{2\pi}} \ e^{-w^2/2} \ ,$$

wobei u , v und w unabhängig voneinander sind.

Im allgemeinen Falle nicht verschwindender Korrelationszahlen transformiert man das Wertetripel (u ; v ; w) zu den neuen Veränderlichen (U ; V ; W) . Dabei ist

$$(20.8.15a) \quad U \ \equiv \ u \ ;$$

d.h. u wird nicht transformiert. Weiter ist nach Abb. 20.8.1 V der "Rest" von v bei gegebenem u ,

$$(20.8.15b) \quad V \ = \ v - M\{v|u\} \ = \ v - \rho_{uv} \, u \ ,$$

und W ist der "Rest" von w bei gegebenem Wertepaar (u ; v) ,

$$W \ = \ w - M\{w|u ; v\} \quad .$$

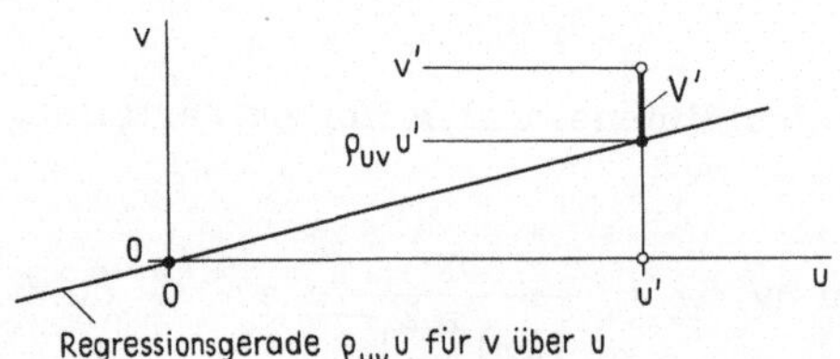

Regressionsgerade $\rho_{uv}\,u$ für v über u

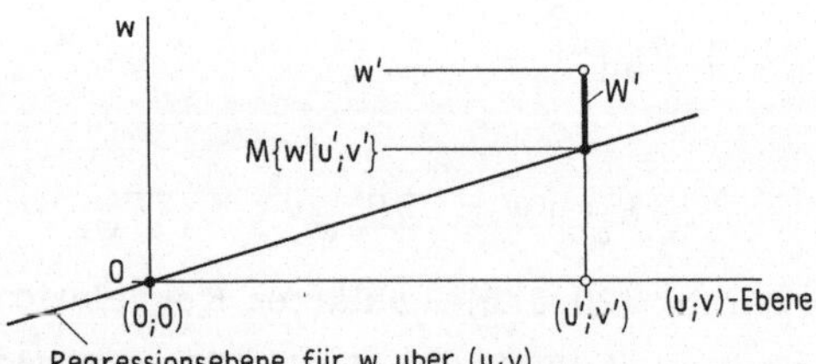

Regressionsebene für w uber (u;v)

Abb. 20.8.1. Zur Berechnung der "Reste" V
bei gegebenem u und W bei gegebenem (u ; v) .

Im folgenden wird bewiesen, daß sich W in der Gestalt

$$(20.8.15c) \quad W \ = \ w + \frac{P_{wu}}{P_{ww}} \, u + \frac{P_{wv}}{P_{ww}} \, v$$

schreiben läßt.

Zuvor ist an dieser Stelle ein Vergleich mit der im Abschnitt 20.6 behandelten empirischen Verteilung der $(x_\nu ; y_\nu ; z_\nu)$ zweckmäßig. Dort wurde der

"Rest" $(z_\nu - Z_\nu)$ von z bei gegebenem $(x \, ; y)$ erklärt durch (20.6.8) ,

$$z_\nu - Z_\nu = (z_\nu - \bar{z}) - b_{31}(x_\nu - \bar{x}) - b_{32}(y_\nu - \bar{y}) \ .$$

Dabei war nach (20.6.7)

$$b_{31} = - \frac{D_{zx}}{D_{zz}} \quad \text{und} \quad b_{32} = - \frac{D_{zy}}{D_{zz}} \ .$$

Nach (20.2.16) und (20.2.17) gilt für die Adjunkten der zugehörigen Determinanten

$$D_{zx} = s_x s_y^2 s_z R_{zx} \ ; \ D_{zy} = s_x^2 s_y s_z R_{zy} \ ; \ D_{zz} = s_x^2 s_y^2 R_{zz} \ .$$

Damit wird in dimensionsloser Gestalt

$$\frac{z_\nu - Z_\nu}{s_z} = \frac{z_\nu - \bar{z}}{s_z} + \frac{R_{zx}}{R_{zz}} \frac{x_\nu - \bar{x}}{s_x} + \frac{R_{zy}}{R_{zz}} \frac{y_\nu - \bar{y}}{s_y} \ .$$

Führt man die mit Hilfe der <u>empirischen</u> Werte $\bar{x}$, $\bar{y}$, $\bar{z}$, s_x , s_y und s_z standardisierten Zufallsgrößen ein

$$\frac{x - \bar{x}}{s_x} = u' \ ; \ \frac{y - \bar{y}}{s_y} = v' \ ; \ \frac{z - \bar{z}}{s_z} = w' \ ,$$

so läßt sich der "standardisierte" Rest von z bei gegebenem $(x \, ; y)$ mit $R_{zx} \equiv R_{w'u'}$, ... in der Gestalt schreiben

$$\frac{z_\nu - Z_\nu}{s_z} = w' + \frac{R_{w'u'}}{R_{w'w'}} u' + \frac{R_{w'v'}}{R_{w'w'}} v' \ .$$

Diese Gleichung ist das empirische Gegenstück zu Gleichung (20.8.15c), deren Beweis im folgenden erbracht wird.

Entsprechend zu (20.5.4) setzt man für den Mittelwert von z bei gegebenem Wertepaar $(x \, ; y)$

$$(20.8.16) \quad M\left\{z \mid x \, ; y\right\} = \mu_z + \beta_{31}(x - \mu_x) + \beta_{32}(y - \mu_y) \ ,$$

wobei entsprechend zu (20.6.7)

$$(20.8.17) \quad \beta_{31} = - \frac{\Delta_{zx}}{\Delta_{zz}} = - \frac{\sigma_z P_{zx}}{\sigma_x P_{zz}}$$

und

$$(20.8.18) \quad \beta_{32} = - \frac{\Delta_{zy}}{\Delta_{zz}} = - \frac{\sigma_z P_{zy}}{\sigma_y P_{zz}}$$

die Regressionskoeffizienten der <u>Modellverteilung</u> sind. In dimensionsloser

Gestalt folgt aus (20.8.16) wegen $P(x \; ; \; y \; ; \; z) \equiv P(u \; ; \; v \; ; \; w)$ und $\beta_{31} =$
$- (\sigma_z / \sigma_x)(P_{wu} / P_{ww})$, $\ldots$

$$\frac{M\{z \,|\, x \; ; \; y\} - \mu_z}{\sigma_z} = M\{w \,|\, u \; ; \; v\} = - \frac{P_{wu}}{P_{ww}} \, u - \frac{P_{wv}}{P_{ww}} \, v \; .$$

Nach Abb. 20.8.1 ist $W = w - M\{w \,|\, u \; ; \; v\}$; also wird

$$W = w + \frac{P_{wu}}{P_{ww}} \, u + \frac{P_{wv}}{P_{ww}} \, v \; .$$

Damit ist die Beziehung (20.8.15c) bewiesen. Durch die drei Gleichungen
(20.8.15a bis c) sind $(U \; ; \; V \; ; \; W)$ in Abhängigkeit von $(u \; ; \; v \; ; \; w)$ gegeben.

Die Determinante der Substitution (20.8.15a bis c) wird

$$(20.8.19) \qquad \frac{\partial (U \; ; \; V \; ; \; W)}{\partial (u \; ; \; v \; ; \; w)} = \begin{vmatrix} 1 & 0 & 0 \\ - \rho_{uv} & 1 & 0 \\ \ldots & \ldots & 1 \end{vmatrix} = 1 \; .$$

$(U \; ; \; V \; ; \; W)$ sind als lineare Funktionen von $(u \; ; \; v \; ; \; w)$ mit $(u \; ; \; v \; ; \; w)$ ebenfalls normal verteilt. Für die <u>Mittelwerte</u> gilt

$$(20.8.20) \quad M\{U\} = M\{V\} = M\{W\} = 0 \; .$$

Für die <u>Varianzen</u> hat man

$$(20.8.21a) \quad V\{U\} = V\{u\} = 1 \; .$$

Nach (17.6.10) ist die Varianz der Reste V bei gegebenem u von u unabhängig,

$$(20.8.21b) \quad V\{v \,|\, u\} = V\{V\} = 1 - \rho_{uv}^2 = P_{ww} \; .$$

Entsprechend zu (20.6.18) kann man zeigen, daß die Varianz der Reste W
bei gegebenem Wertepaar $(u \; ; \; v)$ unabhängig von $(u \; ; \; v)$ in der Gestalt

$$(20.8.21c) \quad V\{w \,|\, u \; ; \; v\} = V\{W\} = \frac{P}{P_{ww}} \, \sigma_w^2 = \frac{P}{P_{ww}}$$

geschrieben werden kann. Für die <u>Kovarianzen</u> gilt

$$(20.8.22a) \quad C\{U \; ; \; V\} = C\{u \; ; \; V\} = 0 \; ,$$

da die Reste V von $u \equiv U$ unabhängig sind, was aus Abschnitt 17.6 hervorgeht. Weiter hat man aus dem gleichen Grunde entsprechend zu (20.6.10)
$$(20.8.22b) \quad C\{U \; ; \; W\} = C\{u \; ; \; W\} = C\{W \; ; \; u\} = 0 \; .$$

Schließlich wird mit (20.8.20) $C\{V ; W\} = M\{VW\}$. Setzt man hier V

aus (20.8.15b) ein, so kommt

$$C\{V ; W\} = M\{(v - \varrho_{uv}\, u)\, W\}$$

$$= M\{v\, W\} - \varrho_{uv}\, M\{u\, W\} = C\{v ; W\} - \varrho_{uv}\, C\{u ; W\} .$$

Da die Kovarianzen zwischen den Resten W und den Einflußgrößen u und

v entsprechend zu (20.6.10) und (20.6.11) verschwinden, so gilt

(20.8.22c) $C\{V ; W\} = 0$.

Da alle Kovarianzen verschwinden, sind die Veränderlichen (U ; V ; W)

unabhängig voneinander normal verteilt. Damit läßt sich die Dichte $\varphi(u ; v ; w)$

der Gleichung (20.8.11) in der Gestalt schreiben

(20.8.23) $\varphi(u;v;w)\ du\ dv\ dw = \varphi(u)\ du \cdot \varphi(v|u)\ dv(u) \cdot \varphi(w|u;v)\ dw(u;v)$

$$= \frac{1}{\sqrt{2\pi}}\ e^{-U^2/2}\ dU$$

$$\text{mal}\quad \frac{1}{\sqrt{2\pi}}\ \exp\left[-\ \tfrac{1}{2}(V^2 / P_{ww})\right]\ d(V/\sqrt{P_{ww}})$$

$$\text{mal}\quad \frac{1}{\sqrt{2\pi}}\ \exp\left[-\ \tfrac{1}{2}\ W^2(P_{ww}/P)\right]\ d(W\sqrt{P_{ww}/P}) .$$

Durch längere Rechnung läßt sich in der Tat auch unmittelbar bestätigen,

daß in (u ; v ; w) die Idendität

$$(20.8.24)\quad Q \equiv U^2 + \frac{V^2}{P_{ww}} + \frac{W^2\, P_{ww}}{P}$$

gilt. Die Veränderlichen

$$(20.8.25)\quad U \equiv U'\ ,\quad V/\sqrt{P_{ww}} = V'\quad \text{und}\quad W\sqrt{P_{ww}/P} = W'$$

sind unabhängig voneinander standardisiert normal verteilt.

Die Hauptvarianzen.

Die drei Hauptstreuungsachsen der Modellverteilung (20.8.11) findet

man auf zwei verschiedenen Wegen.

(a) Im ersten Falle bestimmt man entsprechend zu den Ueberlegungen des

Abschnitts 20.4 die Eigenwerte λ der Streuungsmatrix (20.8.2) aus

der Gleichung

$$(20.8.26) \qquad \begin{vmatrix} \sigma_x^2 - \lambda & \sigma_x \sigma_y \rho_{xy} & \sigma_x \sigma_z \rho_{xz} \\ \sigma_y \sigma_x \rho_{yx} & \sigma_y^2 - \lambda & \sigma_y \sigma_z \rho_{yz} \\ \sigma_z \sigma_x \rho_{zx} & \sigma_z \sigma_y \rho_{zy} & \sigma_z^2 - \lambda \end{vmatrix} = 0 \ .$$

Diese Gleichung entsteht aus (20.4.14) , wenn man dort die empirischen Varianzen $s_x^2 = s_{xx}/(n-1)$, $\ldots$ durch die Modellwerte σ_x^2 , $\ldots$ ersetzt. Bezeichnet man die Lösungen von (20.8.26) mit λ_1 , λ_2 , λ_3 , so folgt entsprechend zu (20.4.15)

$$(20.8.27) \qquad \sigma_1^2 = \lambda_1 \ ; \quad \sigma_2^2 = \lambda_2 \ ; \quad \sigma_3^2 = \lambda_3 \ .$$

Die drei Eigenwerte λ_i der Streuungsmatrix (20.8.2) sind gleich den drei Hauptvarianzen σ_i^2 ; i = 1 ; 2 ; 3 .

Die entsprechend zu (20.4.7) gebildeten Zufallsgrößen

$$(20.8.28) \qquad \begin{aligned} \xi &= \alpha_{11}(x - \mu_x) + \alpha_{12}(y - \mu_y) + \alpha_{13}(z - \mu_z) \ ; \\ \eta &= \alpha_{21}(x - \mu_x) + \alpha_{22}(y - \mu_y) + \alpha_{23}(z - \mu_z) \ ; \\ \zeta &= \alpha_{31}(x - \mu_x) + \alpha_{32}(y - \mu_y) + \alpha_{33}(z - \mu_z) \end{aligned}$$

sind unabhängig voneinander normal verteilt mit den Mittelwerten

$$(20.8.29) \qquad M\{\xi\} = M\{\eta\} = M\{\zeta\} = 0$$

und den Varianzen

$$(20.8.30) \qquad V\{\xi\} = \sigma_1^2 \ ; \quad V\{\eta\} = \sigma_2^2 \ ; \quad V\{\zeta\} = \sigma_3^2 \ .$$

Die Verhältnisse $(\alpha_{i1} : \alpha_{i2} : \alpha_{i3})$ der Richtungswerte $(\alpha_{11} ; \alpha_{12} ; \alpha_{13})$, $(\alpha_{21} ; \alpha_{22} ; \alpha_{23})$ und $(\alpha_{31} ; \alpha_{32} ; \alpha_{33})$, welche die drei Hauptachsen ξ , η und ζ im (x ; y ; z)-Raum festlegen, findet man entsprechend zu (20.4.13) aus den Gleichungen

$$(20.8.31) \qquad \begin{aligned} (\sigma_x^2 - \lambda_i) \alpha_{i1} &+ \sigma_x \sigma_y \rho_{xy} \alpha_{i2} + \sigma_x \sigma_z \rho_{xz} \alpha_{i3} = 0 \ , \\ \sigma_y \sigma_x \rho_{yx} \alpha_{i1} &+ (\sigma_y^2 - \lambda_i) \alpha_{i2} + \sigma_y \sigma_z \rho_{yz} \alpha_{i3} = 0 \ , \\ \sigma_z \sigma_x \rho_{zx} \alpha_{i1} &+ \sigma_z \sigma_y \rho_{zy} \alpha_{i2} + (\sigma_z^2 - \lambda_i) \alpha_{i3} = 0 \ , \end{aligned}$$

indem man für i der Reihe nach i = 1 , i = 2 und i = 3 einsetzt. Die Richtungswerte $(\alpha_{i1} ; \alpha_{i2} ; \alpha_{i3})$ selbst ergeben sich dann aus der Normierungsbedingung $\alpha_{i1}^2 + \alpha_{i2}^2 + \alpha_{i3}^2 = 1$.

In den neuen Veränderlichen ξ , η , ζ lautet die Verteilungsdichte

$$(20.8.32) \qquad \varphi = \frac{1}{\sqrt{2\pi}\,\sigma_1}\, e^{-\frac{1}{2}(\xi/\sigma_1)^2}\, \frac{1}{\sqrt{2\pi}\,\sigma_2}\, e^{-\frac{1}{2}(\eta/\sigma_2)^2}\, \frac{1}{\sqrt{2\pi}\,\sigma_3}\, e^{-\frac{1}{2}(\zeta/\sigma_3)^2} \; .$$

Der Ursprung ($\xi = \eta = \zeta = 0$) des neuen Achsenkreuzes entspricht dem Mittelpunkt ($x = \mu_x$; $y = \mu_y$; $z = \mu_z$) der Verteilung im (x ; y ; z)-Raum .

(b) Im zweiten Falle bestimmt man die Hauptstreuungen mit Hilfe der Flächen gleicher Wahrscheinlichkeitsdichte im (x ; y ; z)-Raum . Diese Flächen findet man, indem man im Exponenten von e in (20.8.11)

$$(20.8.33) \qquad Q(u \; ; \; v \; ; \; w) = \text{konst} = k^2$$

setzt. Ihre Gleichung im (x ; y ; z)-Raum lautet

$$\left(\frac{x-\mu_x}{\sigma_x}\right)^2 P_{uu} + \left(\frac{y-\mu_y}{\sigma_y}\right)^2 P_{vv} + \left(\frac{z-\mu_z}{\sigma_z}\right)^2 P_{ww}$$

$$(20.8.34) \qquad + 2\left(\frac{x-\mu_x}{\sigma_x}\right)\left(\frac{y-\mu_y}{\sigma_y}\right) P_{uv} + 2\left(\frac{y-\mu_y}{\sigma_y}\right)\left(\frac{z-\mu_z}{\sigma_z}\right) P_{vw}$$

$$+ 2\left(\frac{z-\mu_z}{\sigma_z}\right)\left(\frac{x-\mu_x}{\sigma_x}\right) P_{wu} = k^2 P \quad .$$

Mit den Adjunkten der Streuungsmatrix Δ ,

$$(20.8.35) \qquad \Delta_{xx} = \sigma_y^2\,\sigma_z^2\, P_{xx} \quad , \qquad \Delta_{xy} = \sigma_x\,\sigma_y\,\sigma_z^2\, P_{xy} \; , \; \ldots$$

und

$$(20.8.36) \qquad \Delta = (\sigma_x\,\sigma_y\,\sigma_z)^2\, P(x \; ; \; y \; ; \; z) = (\sigma_x\,\sigma_y\,\sigma_z)^2\, P(u \; ; \; v \; ; \; w)$$

wird aus (20.8.34)

$$(x-\mu_x)^2\Delta_{xx} + (y-\mu_y)^2\Delta_{yy} + (z-\mu_z)^2\Delta_{zz}$$

$$(20.8.37) \qquad + 2(x-\mu_x)(y-\mu_y)\Delta_{xy} + 2(y-\mu_y)(z-\mu_z)\Delta_{yz}$$

$$+ 2(z-\mu_z)(x-\mu_x)\Delta_{zx} = k^2\Delta \quad .$$

Um diese quadratische Form in eine Summe von Quadraten überzuführen,

$$(20.8.38) \qquad \lambda_1''\,\xi^2 + \lambda_2''\,\eta^2 + \lambda_3''\zeta^2 = k^2 \quad ,$$

hat man die Hauptachsengleichung

$$(20.8.39) \quad \begin{vmatrix} (\Delta_{xx}/\Delta) - \lambda'' & \Delta_{xy}/\Delta & \Delta_{xz}/\Delta \\[2mm] \Delta_{yx}/\Delta & (\Delta_{yy}/\Delta) - \lambda'' & \Delta_{yz}/\Delta \\[2mm] \Delta_{zx}/\Delta & \Delta_{zy}/\Delta & (\Delta_{zz}/\Delta) - \lambda'' \end{vmatrix} = 0$$

zu lösen. Die Matrix mit den Elementen Δ_{xx}/Δ , Δ_{xy}/Δ , $\ldots$ ist invers zur Streuungsmatrix (20.8.2) . Infolgedessen sind die Eigenwerte λ'' der Gleichung (20.8.38) zu den Eigenwerten λ der Streuungsmatrix ebenfalls "invers", d.h.

$$(20.8.40) \quad \lambda_i \, \lambda_i'' = 1 \quad \text{oder} \quad \lambda_i'' = \frac{1}{\lambda_i} \; ; \; i = 1 ; 2 ; 3 \; .$$

Nach (20.8.27) gilt demnach

$$(20.8.41) \quad \lambda_1'' = \frac{1}{\sigma_1^2} \; ; \; \lambda_2'' = \frac{1}{\sigma_2^2} \; ; \; \lambda_3'' = \frac{1}{\sigma_3^2} \; .$$

Aus (20.8.38) wird somit

$$(20.8.42) \quad \left(\frac{\xi}{\sigma_1}\right)^2 + \left(\frac{\eta}{\sigma_2}\right)^2 + \left(\frac{\zeta}{\sigma_3}\right)^2 = k^2 \; .$$

Das ist die Gleichung einer Schar von konzentrischen Ellipsoiden mit dem Parameter k . Die Ellipsoide haben in den Richtungen ξ , η und ζ die Halbachsen $k\,\sigma_1$, $k\,\sigma_2$ und $k\,\sigma_3$. Sie sind Flächen gleicher Wahrscheinlichkeitsdichte $\varphi = \text{konst} = \dfrac{1}{(\sqrt{2\pi}\,)^3 \, \sigma_1 \, \sigma_2 \, \sigma_3} \, e^{-k^2/2}$.

Ellipsoid als Zufallsbereich.

Nach Abb. 20.8.2 ist ein Ellipsoid E mit den Halbachsen

$$(20.8.43) \quad a_1 = k\,\sigma_1 \; ; \; a_2 = k\,\sigma_2 \; ; \; a_3 = k\,\sigma_3$$

gegeben, dessen Mittelpunkt im Ursprung des (ξ , η , ζ)-Raumes liegt und dessen Achsen mit den Koordinatenachsen ξ , η , ζ zusammenfallen. Gesucht wird der Anteil $W\{E\}$ der Verteilung, der in diesem Ellipsoid liegt. Die Oberfläche des Ellipsoids E ist eine Fläche gleicher Wahrscheinlichkeitsdichte,

$$\left(\frac{\xi}{\sigma_1}\right)^2 + \left(\frac{\eta}{\sigma_2}\right)^2 + \left(\frac{\zeta}{\sigma_3}\right)^2 = k^2 \; .$$

Auf den dazu "konzentrischen" Oberflächen

$$(20.8.44) \qquad \left(\frac{\xi}{\sigma_1}\right)^2 + \left(\frac{\eta}{\sigma_2}\right)^2 + \left(\frac{\zeta}{\sigma_3}\right)^2 = \kappa^2$$

mit $0 \leqq \kappa \leqq k$ hat die Wahrscheinlichkeitsdichte jeweils den festen Wert

$$\frac{1}{(\sqrt{2\pi})^3} \ \frac{1}{\sigma_1 \sigma_2 \sigma_3} \ e^{-\kappa^2/2} \ .$$

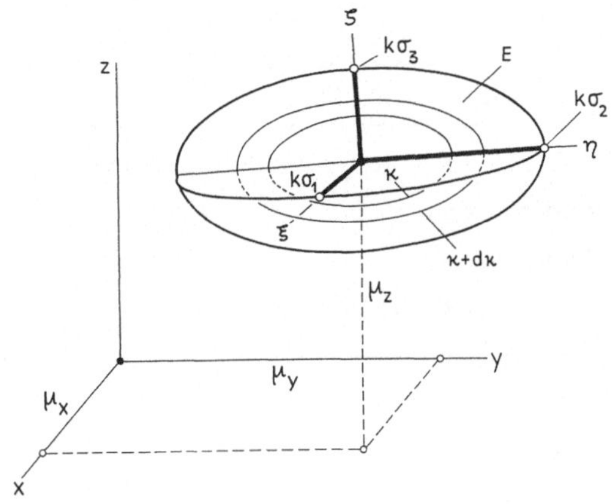

Abb. 20.8.2. Zur Berechnung der Wahrscheinlichkeit $W\{E\}$
für ein Ellipsoid E .

Als Raumelement zur Integration wählt man den Rauminhalt dV zwischen
den zu κ und $(\kappa + d\kappa)$ gehörenden Ellipsoiden,

$$dV = d(\tfrac{4}{3}\pi \sigma_1 \sigma_2 \sigma_3 \kappa^3) = 4\pi \sigma_1 \sigma_2 \sigma_3 \kappa^2 d\kappa \ .$$

Damit wird der gesuchte Anteil

$$W\{E(k)\} = \sqrt{2/\pi} \int\limits_{\kappa=0}^{k} \kappa^2 e^{-\kappa^2/2} \ d\kappa$$

oder

$$W\{E(k)\} = \frac{1}{\sqrt{2\pi}} \int\limits_{\kappa^2=0}^{k^2} \kappa e^{-\kappa^2/2} \ d(\kappa^2) \ .$$

Der Integrand ist die Dichte der χ^2-Verteilung für f = 3 Freiheitsgrade.
Damit findet man

$$(20.8.45) \quad W\{E(k)\} = \Psi_3(k^2) \ ,$$

wobei $\Psi_3(\chi^2)$ die zugehörige Summenfunktion der χ^2-Verteilung darstellt.

Wird der Anteil $W\{E\} = 1-\alpha$ vorgegeben, so findet man den zugehörenden Wert $k = k_{1-\alpha}$ aus der Beziehung

$$\Psi_3(k^2_{1-\alpha}) = 1-\alpha$$

zu

$$(20.8.46) \quad k_{1-\alpha} = \sqrt{\chi^2_{3;1-\alpha}} \quad .$$

Die Zahlentafel 20.8.1 gibt einige zusammengehörende Werte $(1-\alpha)$ und $k = k_{1-\alpha}$

Zahlentafel 20.8.1	
Anteil $W\{E(k)\}$ $[\%]$ im Ellipsoid mit den Halbachsen $a_i = k\,\sigma_i$; $i = 1$; 2 ; 3	Schwellenwert $a_i/\sigma_i = k = k_{1-\alpha}$
90	2, 500
95	2, 795
99	3, 368
99, 5	3, 583
99, 9	4, 033

<u>Rechtkant als Zufallsbereich.</u>

Nach Abb. 20.8.3 ist ein Rechtkant mit den Seiten $2\,a_1$, $2\,a_2$, $2\,a_3$ gegeben, dessen Mittelpunkt mit dem Ursprung des (ξ , η , ζ)-Raumes

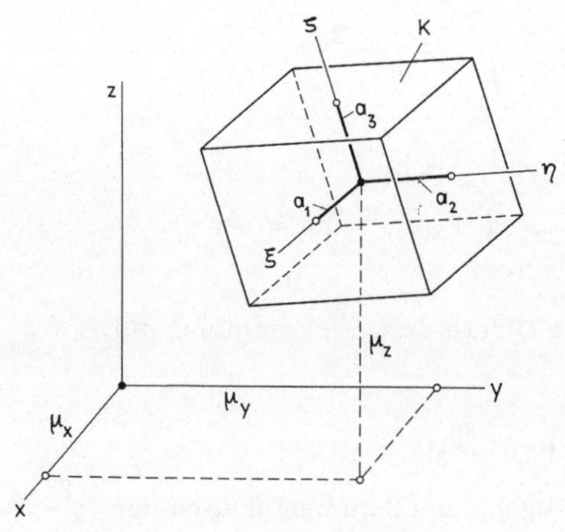

Abb. 20.8.3. Zur Berechnung der Wahrscheinlichkeit $W\{K\}$ für ein Rechtkant K .

zusammenfällt und dessen Kanten nach den drei Hauptachsen orientiert sind. Gesucht wird der Anteil $W\{K\}$ der Verteilung, der in diesem Rechtkant (Kasten) K liegt. Man setzt

$$(20.8.47) \qquad a_1 = \delta_1\,\sigma_1 \quad ; \quad a_2 = \delta_2\,\sigma_2 \quad ; \quad a_3 = \delta_3\,\sigma_3 \; .$$

Dann gelten für die drei voneinander unabhängigen Zufallsgrößen ξ/σ_1 , η/σ_2 und ζ/σ_3 die Bereiche

$$-\delta_1 \leqq (\xi/\sigma_1) \leqq \delta_1 \quad ; \quad -\delta_2 \leqq (\eta/\sigma_2) \leqq \delta_2 \quad ; \quad -\delta_3 \leqq (\zeta/\sigma_3) \leqq \delta_3 \; .$$

Damit findet man aus (20.8.32) den Anteil

$$(20.8.48) \qquad W\{K\} = \int_{-\delta_1}^{\delta_1} \varphi(u)\,du \int_{-\delta_2}^{\delta_2} \varphi(v)\,dv \int_{-\delta_3}^{\delta_3} \varphi(w)\,dw \; ,$$

wobei $\varphi(t)$ die Dichte der standardisierten Normalverteilung bezeichnet. Setzt man[1]

$$(20.8.49) \qquad \int_{-\delta}^{\delta} \varphi(t)\,dt = \Phi_*(\delta) = 2\,\Phi(\delta) - 1 \; ,$$

so wird der gesuchte Anteil

$$(20.8.50) \qquad W\{K(\delta_1 ; \delta_2 ; \delta_3)\} = \Phi_*(\delta_1)\,\Phi_*(\delta_2)\,\Phi_*(\delta_3) \; .$$

Insbesondere gilt für den Sonderfall $\delta_1 = \delta_2 = \delta_3 = \delta$

$$(20.8.51) \qquad W\{K(\delta)\} = \Phi_*^3(\delta) = \left[2\,\Phi(\delta) - 1 \right]^3 \; .$$

Wird der Anteil $W\{K\} = 1-\alpha$ vorgegeben, so folgt aus der letzten Gleichung für δ

$$(20.8.52) \qquad \Phi_*(\delta) = \sqrt[3]{1-\alpha} \quad \text{oder} \quad \Phi(\delta) = \left(1 + \sqrt[3]{1-\alpha}\right)/2 \; .$$

Die Zahlentafel 20.8.2 gibt einige zusammengehörende Werte $(1-\alpha)$ und $\delta = \delta_{1-\alpha}$.

In (20.8.52) ist für kleine Werte von α angenähert $\sqrt[3]{1-\alpha} = 1-(\alpha/3)$ und $\Phi(\delta) = 1-(\alpha/6)$. Infolgedessen gilt für "genügend kleine" α

$$(20.8.53) \qquad \delta_{1-\alpha} \approx u_{1-(\alpha/6)} \; .$$

---

[1] Die Funktion $\Phi_*(\delta) \equiv \Phi^*(u)$ ist in Tabelle C 3 , S. 474, vertafelt.

Zahlentafel 20.8.2	
Anteil $W\{K(\delta)\} = 1-\alpha\,[\%]$ im Rechtkant $-\delta\,\sigma_i \leqq (\xi\,;\eta\,;\zeta) \leqq +\delta\,\sigma_i$	Schwellenwert $a_i/\sigma_i = \delta = \delta_{1-\alpha}$
90	2, 114
95	2, 388
99	2, 934
99, 5	3, 143
99, 9	3, 588

Für $\alpha = 0,10 = 10\%$ liefert die Näherung

$$\delta_{90\%} \approx u_{98,33\%} = 2,13\;,$$

was vom genauen Wert $2,114$ nicht wesentlich abweicht.

20.9 Zwei Mittelwertsteste

Im zweidimensionalen Falle ist die gemeinsame Verteilung von $(\bar{x}\,;\bar{y}\,;s_x^2\,;s_y^2\,;r)$ bzw. von $(\bar{x}\,;\bar{y}\,;s_x^2\,;s_y^2\,;s_x s_y r \equiv C_{xy})$ durch Gleichung (17.9.29) gegeben. Die gemeinsame Verteilung der Mittelwerte und der Varianzen und Kovarianzen $(\bar{x}\,;\bar{y}\,;\bar{z}\,;s_x^2\,;s_y^2\,;s_z^2\,;C_{xy}\,;C_{yz}\,;C_{zx})$ bei wiederholter Probenahme aus der dreidimensionalen Normalverteilung (20.8.11) ist durch die WISHART-Verteilung für $p = 3$ gegeben. Wishart hat die gemeinsame Verteilung von Mittelwerten, Varianzen und Kovarianzen aus einer p-dimensionalen Normalverteilung berechnet.[1] Es zeigt sich — ebenso wie im zweidimensionalen Fall —, daß die gemeinsame Verteilung aller Parameter in die Verteilung der Mittelwerte $(\bar{x}\,;\bar{y}\,;\bar{z})$ und die Verteilung der Varianzen und Kovarianzen $(s_x^2\,;s_y^2\,;s_z^2\,;C_{xy}\,;C_{yz}\,;C_{zx})$ zerfällt. Die Verteilung der Mittelwerte ist eine dreidimensionale Normalverteilung mit der Streuungsmatrix $(\bar{\Delta}) = (\Delta)/n$. Diese Matrix hat die Elemente

---

1) Wishart, J. The generalized product moment distribution in samples from a normal multivariate population. Biometrika 20 A (1928) ; p. 32.

$$(20.9.1) \quad \begin{pmatrix} s_x^2/n & s_x s_y r_{xy}/n & s_x s_z r_{xz}/n \\ \\ s_x s_y r_{xy}/n & s_y^2/n & s_y s_z r_{yz}/n \\ \\ s_x s_z r_{xz}/n & s_y s_z r_{yz}/n & s_z^2/n \end{pmatrix} \equiv \overline{\Delta} .$$

Setzt man ähnlich wie in (20.8.6)

$$(20.9.2) \quad \frac{\overline{x} - \mu_x}{\sigma_x/\sqrt{n}} = u \quad ; \quad \frac{\overline{y} - \mu_y}{\sigma_y/\sqrt{n}} = v \quad ; \quad \frac{\overline{z} - \mu_z}{\sigma_z/\sqrt{n}} = w ,$$

so ist die Verteilung der Mittelwerte $(\overline{x} ; \overline{y} ; \overline{z})$ in dimensionsloser Gestalt ebenfalls durch (20.8.11) gegeben. Die Korrelationsmatrix der Mittelwerte $(\overline{x} ; \overline{y} ; \overline{z})$ stimmt mit der Korrelationsmatrix der Ausgangswerte $(x ; y ; z)$ überein.

Teste der Hypothese $\mu_x = \mu_{x0} ; \mu_y = \mu_{y0} ; \mu_z = \mu_{z0}$.

Mit Gleichung (20.9.2) läßt sich die Hypothese $H\{\mu_x = \mu_{x0} ; \mu_y = \mu_{y0} ; \mu_z = \mu_{z0}\}$, bei $\underline{bekannter}$ Streuungsmatrix Δ testen.

Eine Probe der Größe n gibt die Mittelwerte $(\overline{x} ; \overline{y} ; \overline{z})$. Man soll entscheiden, ob das Stichprobenergebnis $(\overline{x} ; \overline{y} ; \overline{z})$ mit der Hypothese H vereinbar ist oder nicht. Dazu bildet man mit

$$(20.9.3) \quad \frac{\overline{x} - \mu_{x0}}{\sigma_x/\sqrt{n}} = u_0 \quad ; \quad \frac{\overline{y} - \mu_{y0}}{\sigma_y/\sqrt{n}} = v_0 \quad ; \quad \frac{\overline{z} - \mu_{z0}}{\sigma_z/\sqrt{n}} = w_0$$

die Prüfgröße Q nach Gleichung (20.8.12) , die man nach (20.8.33) oder (20.8.34) oder (20.8.37) umformen kann. Es wird

$$(20.9.4) \quad Q(u_0 ; v_0 ; w_0) = u_0^2(P_{uu}/ P) + \ldots + 2 u_0 v_0 (P_{uv}/ P) + \ldots$$

$$= n\left[(\overline{x}-\mu_{x0})^2 (\Delta_{xx}/\Delta) + \ldots + 2(\overline{x}-\mu_{x0})(\overline{y}-\mu_{y0})(\Delta_{xy}/\Delta) + \ldots\right] \equiv k_0^2 .$$

Mit der Wahrscheinlichkeit $S = 1-\alpha$ ist $k_0^2 \leqq k_{1-\alpha}^2$, wenn die Hypothese H gilt. Der Schwellenwert $k_{1-\alpha}$ ist aus Zahlentafel 20.8.1 zu entnehmen, oder man hat nach (20.8.46)

$$(20.9.5) \quad k_{1-\alpha}^2 = \chi_{3;1-\alpha}^2 .$$

Man verwirft die Hypothese H , falls

$$(20.9.6) \quad Q(u_0 ; v_0 ; w_0) \equiv k_0^2 > \chi_{3;1-\alpha}^2$$

ist.

Der Test setzt voraus, daß die Streuungsmatrix (Δ) der Normalverteilung bekannt ist. Wenn das nicht der Fall ist, muß man die aus den n Beobachtungen $(x_\nu; y_\nu; z_\nu)$ berechnete empirische Streuungsmatrix (D) der Gleichung (20.2.16) heranziehen. Man bildet dann anstelle der Prüfgröße Q in Gleichung (20.9.4) die Prüfgröße

$$(20.9.7) \qquad T^2 = n\left[(\bar{x}-\mu_{x0})^2 (D_{xx}/D) + \ldots + 2(\bar{x}-\mu_{x0})(\bar{y}-\mu_{y0})(D_{xy}/D) + \ldots\right],$$

indem man die Determinante Δ und ihre Adjunkten $\Delta_{xx}, \ldots \Delta_{xy}, \ldots$ durch die entsprechenden empirischen Größen $D, D_{xx}, \ldots, D_{xy}, \ldots$ ersetzt. Die Verteilung von T^2 ist von HOTELLING berechnet worden — auch für den allgemeinen Fall einer p-dimensionalen Normalverteilung.[1]

Ist die Normalverteilung eindimensional, so ist ihre Streuungsmatrix $(D) \equiv s_x^2 = s^2$. Das Element D_{xx}/D der Umkehrmatrix wird $1/s^2$. Damit geht die Prüfgröße T^2 mit $\mu_{x0} \equiv \mu_0$ über in

$$T^2 = n(\bar{x}-\mu_0)^2/s^2 = \left(\frac{\bar{x} - \mu_0}{s/\sqrt{n}}\right)^2 = t^2,$$

wobei $t = \sqrt{t^2}$ einer t-Verteilung mit f = n-1 Freiheitsgraden genügt, wenn die Hypothese $H\{\mu = \mu_0\}$ gilt. Die Prüfgröße t^2 entspricht der Hotelling-Prüfgröße T^2 im Sonderfall einer eindimensionalen Normalverteilung.

Die Schwellenwerte $T^2_{1-\alpha}(n)$ für T^2 lassen sich $\big[$bei Gültigkeit der Hypothese $H\{\mu_x = \mu_{x0}; \mu_y = \mu_{y0}; \mu_z = \mu_{z0}\}\big]$ mit Hilfe der F-Verteilung berechnen.[2] Es gilt

$$T^2_{1-\alpha}(n) = \frac{3(n-1)}{n-3} F_{1-\alpha}(3;n-3).$$

---

1) Hotelling, H. The generalization of Student's ratio. Ann. Math.Stat. 2, 1931 , p. 360 .

2) Anderson, T.W. Introduction to Multivariate Statistical Analysis. New York, London 1960 ; p. 107 .

21. Die Trinomialverteilung und ihre Verallgemeinerungen

21.1 Die Wahrscheinlichkeiten der Trinomialverteilung

Eine Gesamtheit der Größe N enthält X Einheiten mit dem Merkmal
A , Y Einheiten mit dem Merkmal B und Z Einheiten mit dem Merkmal

Merkmal	Gesamtheit		Probe	
	Zahl der Merkmalträger	relativer Anteil der Merkmalträger	Zahl der Merkmalträger	relativer Anteil der Merkmalträger
A	X	$p = X/N$	x	$\hat{p} = x/n$
B	Y	$q = Y/N$	y	$\hat{q} = y/n$
C	Z	$r = Z/N$	z	$\hat{r} = z/n$
	$X+Y+Z = N$	$p+q+r = 1$	$x+y+z = n$	$\hat{p}+\hat{q}+\hat{r} = 1$

C . Die Merkmale A , B und C schließen sich gegenseitig aus. Es ist

$$(21.1.1) \quad X + Y + Z = N .$$

Die entsprechenden relativen Anteile sind

$$(21.1.2) \quad \frac{X}{N} = p \; ; \; \frac{Y}{N} = q \; ; \; \frac{Z}{N} = r$$

mit

$$(21.1.3) \quad p + q + r = 1 .$$

Die Gesamtheit kann beispielsweise eine Liefermenge sein, die Teile von
"guter" , "mittlerer" und "schlechter" Qualität enthält. Ein Fertigungsvorgang liefert brauchbare Teile ($\equiv$ A) , nicht brauchbare Teile ($\equiv$ B) und
Teile, die durch Nacharbeit noch brauchbar gemacht werden können ($\equiv$ C) .
Eine Mischung besteht aus drei Komponenten A , B und C . Die Wahlbe-

rechtigten der Bevölkerung eines Landes können sich für die Parteien A ,
B oder C entscheiden.

In einer Zufallsprobe der Größe n aus der Gesamtheit wird x-mal A ,
y-mal B und z-mal C beobachtet. Dann ist

$$(21.1.4) \qquad x + y + z = n .$$

Die entsprechenden relativen Anteile für A , B und C in der Probe sind

$$(21.1.5) \qquad \frac{x}{n} = \hat{p} \ ; \ \frac{y}{n} = \hat{q} \ ; \ \frac{z}{n} = \hat{r}$$

mit

$$(21.1.6) \qquad \hat{p} + \hat{q} + \hat{r} = 1 .$$

Bei der Probenahme wird vorausgesetzt, daß man jede einzelne gezogene
Einheit nach Feststellung ihres Merkmalwerts (A oder B oder C) sofort
wieder in die Gesamtheit zurücklegt. In diesem Falle sind auch bei allen
folgenden Entnahmen die Wahrscheinlichkeiten für A , B und C ungeändert gleich p , q und r , und die folgenden Ergebnisse gelten genau. Praktisch zieht man die Probe n , ohne die einzelnen Einheiten zurückzulegen.
Wenn dabei n $\ll$ N bleibt, so gelten die folgenden Ergebnisse wenigstens
angenähert, und zwar umso besser, je kleiner der "Auswahlsatz" n/N ist.
Praktisch muß n/N $\lessgtr$ 1/10 bleiben. Andernfalls muß man die Modellvorstellung der "mehrdimensionalen hypergeometrischen Verteilung" zur Lösung heranziehen.

Da r bzw. z wegen der Bedingungen (21.1.3) und (21.1.4) "überzählige Größen" sind, wird die Wahrscheinlichkeit für das Wertetripel (x ; y ; z)
in der Probe n bei gegebenen Wahrscheinlichkeiten (p ; q ; r) mit
$\psi(x ; y | n ; p ; q)$ oder kurz mit $\psi(x ; y)$ bezeichnet, wenn die Werte von
n , p und q aus dem Zusammenhang ersichtlich sind. Gesucht wird die
Wahrscheinlichkeit $\psi(x ; y)$ für das Wertepaar (x ; y) .

Es sei D $\equiv$ B + C das Ereignis, (entweder) B oder C .
Da sich die Merkmale B und C ausschließen, so ist

$$(21.1.7) \qquad W\{D\} = W\{B\} + W\{C\} = q + r \equiv s .$$

Die Wahrscheinlichkeit, daß in der Probe n genau x-mal A und (n-x)-
mal D auftritt, ist nach (14.1.10)

$$(21.1.8) \qquad W\{x\} = \binom{n}{x} p^x s^{n-x} .$$

Im folgenden sei x zunächst fest. Dann sind die <u>bedingten</u> Wahrscheinlichkeiten für B und C bei gegebenem x

(21.1.9) $\dfrac{q}{q+r} = q_b$ und $\dfrac{r}{q+r} = r_b$ mit $q_b + r_b = 1$.

Die Wahrscheinlichkeit, in (n–x) Versuchen y-mal B zu finden, ist nach
(14.1.10)

(21.1.10) $W\{y|x\} = \binom{n-x}{y}\, q_b^{y}\, r_b^{(n-x)-y}$.

Die Wahrscheinlichkeit für das Wertepaar (x ; y) wird

$$W\{x ; y\} = W\{x\}\, W\{y|x\}$$

oder mit (21.1.8) und (21.1.10)

$$W\{x ; y\} = \binom{n}{x}\binom{n-x}{y}\, p^{x}\, s^{n-x}\, q_b^{y}\, r_b^{z} .$$

Mit

(21.1.11) $\binom{n}{x}\binom{n-x}{y} = \dfrac{n!}{x!\ y!\ z!}$

und

$$s^{n-x}\, q_b^{y}\, r_b^{z} = (q+r)^{y+z}\left(\dfrac{q}{q+r}\right)^{y}\left(\dfrac{r}{q+r}\right)^{z} = q^{y}\, r^{z}$$

findet man die gesuchte Wahrscheinlichkeit $W\{x ; y\}$ schließlich in der
symmetrischen Gestalt

(21.1.12) $\psi(x ; y|n ; p ; q) = \dfrac{n!}{x!\ y!\ z!}\, p^{x}\, q^{y}\, r^{z}$.

Wegen der Bedingung x + y + z = n liegen die Besetzungszahlen (x ; y ; z)
in einer Ebene, und zwar wegen

$$0 \leqq x \leqq n \ ; \ 0 \leqq y \leqq n \ ; \ 0 \leqq z \leqq n$$

im "Stichprobendreieck" der Abb. 21.1.1 . In diesem Dreieck gibt es ins–

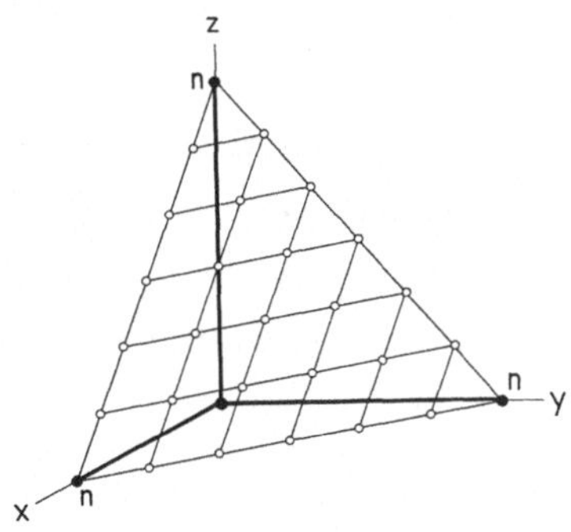

Abb. 21.1.1. Das Stichprobendreieck der Trinomialverteilung
mit den ganzzahligen Gitterpunkten.

$$\text{gesamt } S = \sum_{j=0}^{n+1} j \text{ oder}$$

$$(21.1.13) \quad S = \frac{1}{2}(n+1)(n+2)$$

Stichprobenpunkte $(x ; y ; z)$, denen die durch $(21.1.12)$ gegebenen Wahrscheinlichkeiten zuzuordnen sind. Die Trinomialverteilung ist eine entartete dreidimensionale Verteilung, deren Ereignispunkte $(x ; y ; z)$ in einer Ebene liegen. Die Summe aller Wahrscheinlichkeiten wird

$$W = \sum_{x=0}^{n} \sum_{y=0}^{n-x} \psi(x ; y) = \sum_{x=0}^{n} \sum_{y=0}^{n-x} \frac{n!}{x! \, y! \, z!} \, p^x q^y r^z$$

$$= \sum_{x=0}^{n} \frac{n!}{x! \, (n-x)!} \, p^x \sum_{y=0}^{n-x} \frac{(n-x)!}{y! \, \big[(n-x)-y\big]!} \, q^y r^{(n-x)-y} \quad .$$

Die letzte Teilsumme über y ist die Entwicklung von $(q+r)^{n-x}$. Damit gilt

$$(21.1.14) \quad W = \sum_{x=0}^{n} \binom{n}{x} p^x (q+r)^{n-x} = \big[p + (q+r)\big]^n = (p + q + r)^n \quad .$$

Die Wahrscheinlichkeiten $\psi(x ; y)$ entstehen durch Entwicklung des Ausdrucks $(p + q + r)^n$. Wegen $p + q + r = 1$ ist $W = 1$, wie es sein muß.

Der Additionssatz.

Man entnimmt einer Gesamtheit mit den Wahrscheinlichkeiten $(p ; q ; r)$ für $(A ; B ; C)$ <u>zwei</u> Proben der Größe n_1 bzw. n_2 und findet für $(A ; B ; C)$ die Besetzungszahlen $(x_1 ; y_1 ; z_1)$ bzw. $(x_2 ; y_2 ; z_2)$. Vereinigt man die zwei Einzelproben zu einer Gesamtprobe der Größe $n = n_1 + n_2$, so enthält diese

$$(21.1.15) \quad x = x_1 + x_2 \quad ; \quad y = y_1 + y_2 \quad ; \quad z = z_1 + z_2$$

Merkmalträger $(A ; B ; C)$. Die Ereigniszahlen $(x_1 ; y_1 ; z_1)$ bzw. $(x_2 ; y_2 ; z_2)$ der Einzelproben sind bei mehrfacher Wiederholung des Versuchs trinomial verteilt mit den Parametern $\big[n_1 ; (p ; q ; r)\big]$ bzw. $\big[n_2 ; (p ; q ; r)\big]$. Die Ereigniszahlen $(x ; y ; z)$ der Gesamtprobe genügen dann einer Trinomialverteilung mit den Parametern $\big[n ; (p ; q ; r)\big]$. Der Beweis kann dem Leser überlassen bleiben. Man beweist die Behauptung ebenso wie den Additionssatz der Binomialverteilung im Abschnitt 14.1.

21.2 Mittelwerte, Varianzen und Kovarianzen der Trinomialverteilung

Der Mittelwert $M\{x\} = \xi$ der Ereigniszahlen x wird

$$M\{x\} = \sum_{x=0}^{n}\sum_{y=0}^{n-x} x\,\psi(x;y) = \sum_{x=0}^{n}\sum_{y=0}^{n-x} x\,\frac{n!}{x!\,y!\,z!}\,p^x\,q^y\,r^z .$$

Da $x = 0$ keinen Beitrag zur Summe liefert, darf man von $x = 1$ ab summieren; außerdem zieht man np vor die Doppelsumme. Dann ist

$$M\{x\} = np \sum_{x=1}^{n}\sum_{y=0}^{n-x} \frac{(n-1)!}{(x-1)!\,y!\,z!}\,p^{x-1}\,q^y\,r^z .$$

Mit $x-1 = x_0$ und $n-1 = n_0$ wird die Doppelsumme

$$\sum_{x_0=0}^{n_0}\sum_{y=0}^{n_0-x_0} \frac{n_0!}{x_0!\,y!\,z!}\,p^{x_0}\,q^y\,r^z = 1 ,$$

denn sie ist die Entwicklung von $(p+q+r)^{n_0}$. Damit hat man einfach

$$(21.2.1) \quad M\{x\} = \xi = np .$$

Entsprechend gilt für y und z

$$(21.2.2) \quad M\{y\} = \eta = nq \quad \text{und} \quad M\{z\} = \zeta = nr .$$

Das auf den Hilfswert $x = 0$ bezogene Moment zweiter Ordnung $V_0\{x\}$ der Ereigniszahlen x wird

$$V_0\{x\} = \sum_{x=0}^{n}\sum_{y=0}^{n-x} x^2\,\psi(x;y) = \sum_{x=0}^{n}\sum_{y=0}^{n-x} x^2\,\frac{n!}{x!\,y!\,z!}\,p^x\,q^y\,r^z$$

$$= np \sum_{x=1}^{n}\sum_{y=0}^{n-x} \left[(x-1)+1\right]\frac{(n-1)!}{(x-1)!\,y!\,z!}\,p^{x-1}\,q^y\,r^z .$$

Mit $x-1 = x_0$ und $n-1 = n_0$ läßt sich die Doppelsumme aufspalten in

$$\sum_{x_0=0}^{n_0}\sum_{y=0}^{n_0-x_0} x_0\,\psi(x_0;y\,|\,n_0) + \sum_{x_0=0}^{n_0}\sum_{y=0}^{n_0-x_0} \psi(x_0;y\,|\,n_0) .$$

Der erste Anteil ist der Mittelwert

$$M\{x_0\} = n_0 p = (n-1)\,p ,$$

der zweite Anteil hat den Wert 1 . Damit hat man

$$V_0\{x\} = np\left[(n-1)\,p + 1\right] = np(1-p) + (np)^2 .$$

Die auf den Mittelwert $\xi = np$ bezogene Varianz $V\{x\}$ wird nach dem Verschiebungssatz

$$(21.2.3) \quad V\{x\} = \sigma_x^2 = np(1-p) .$$

Entsprechend gilt für y und z

$$(21.2.4) \quad V\{y\} = \sigma_y^{\ 2} = nq(1-q) \quad \text{und} \quad V\{z\} = \sigma_z^{\ 2} = nr(1-r) \ .$$

Wegen der Bedingung $x + y + z = n$ sind x , y und z nicht unabhängig voneinander. Das auf den Ursprung bezogene gemischte Moment zweiter Ordnung für x und y wird

$$M\{xy\} = \sum_{x=0}^{n} \sum_{y=0}^{n-x} xy\,\psi(x;y) = \sum_{x=1}^{n-1} \sum_{y=1}^{n-x} xy \frac{n!}{x!\,y!\,z!} \, p^x q^y r^z$$

$$= n(n-1)\,pq \sum_{x=1}^{n-1} \sum_{y=1}^{n-x} \frac{(n-2)!}{(x-1)!\,(y-1)!\,z!} \, p^{x-1} q^{y-1} r^z \ .$$

Mit $x-1 = x_1$, $y-1 = y_1$, $n-2 = n_1$ und $x_1 + y_1 + z = n_1$ wird die Doppelsumme

$$\sum_{x_1=0}^{n_1} \sum_{y=0}^{n_1-x_1} \frac{n_1!}{x_1!\,y_1!\,z!} \, p^{x_1} q^{y_1} r^z = 1 \ .$$

Es bleibt

$$(21.2.5) \quad M\{xy\} = n(n-1)\,pq = (np)\,(nq) - npq \ .$$

Die auf die Mittelwerte $(\xi = np ; \eta = nq)$ bezogene Kovarianz $C\{x;y\}$ zwischen x und y wird nach dem Verschiebungssatz $C\{x;y\} = M\{xy\} - \xi\eta$ oder

$$(21.2.6) \quad C\{x;y\} = -npq = \sigma_x \sigma_y \rho_{xy} \ .$$

Daraus folgt die Korrelationszahl ρ_{xy} zwischen x und y zu

$$(21.2.7) \quad \rho_{xy} = -\sqrt{\frac{p}{1-p}\,\frac{q}{1-q}} \ .$$

Durch zyklische Vertauschung findet man die Kovarianzen

$$(21.2.8) \quad C\{y;z\} = -nqr \quad \text{und} \quad C\{z;x\} = -nrp$$

und die Korrelationszahlen

$$(21.2.9) \quad \rho_{yz} = -\sqrt{\frac{q}{1-q}\,\frac{r}{1-r}} \quad \text{und} \quad \rho_{zx} = -\sqrt{\frac{r}{1-r}\,\frac{p}{1-p}} \ .$$

Die Korrelationszahlen sind von der Probengröße n nicht abhängig.

Für die Mittelwerte, Varianzen und Kovarianzen der relativen Anteile $x/n = \hat{p}$, $y/n = \hat{q}$ und $z/n = \hat{r}$ findet man leicht

$$(21.2.10) \quad M\{\hat{p}\} = p \quad ; \quad M\{\hat{q}\} = q \quad ; \quad M\{\hat{r}\} = r$$

$$(21.2.11) \quad V\{\hat{p}\} = \frac{p(1-p)}{n} \quad ; \quad V\{\hat{q}\} = \frac{q(1-q)}{n} \quad ; \quad V\{\hat{r}\} = \frac{r(1-r)}{n}$$

$$(21.2.12) \quad C\{\hat{p};\hat{q}\} = -\frac{pq}{n} \quad ; \quad C\{\hat{q};\hat{r}\} = -\frac{qr}{n} \quad ; \quad C\{\hat{r};\hat{p}\} = -\frac{rp}{n}$$

während die Korrelationszahlen ρ ungeändert bleiben, $\rho\{\hat{p};\hat{q}\} = \rho_{xy}$ usw.

21.3 Grenzübergang zur Normalverteilung

So wie die Binomialverteilung mit wachsender Probengröße n durch eine
Normalverteilung angenähert werden darf, strebt auch die Trinomialverteilung für $n \rightarrow \infty$ gegen eine Normalverteilung.

Zur Herleitung ersetzt man in (21.1.12) die Fakultäten ( )! mit Hilfe
der Stirling-Formel durch

$$(21.3.1) \quad n! \approx n^n \, e^{-n} \, \sqrt{2\pi\, n} \; .$$

Ferner führt man anstelle der Besetzungszahlen x , y , z die transformierten Zufallsgrößen

$$(21.3.2) \quad \frac{x - np}{\sqrt{np}} = u \quad ; \quad \frac{y - nq}{\sqrt{nq}} = v \quad ; \quad \frac{z - nr}{\sqrt{nr}} = w$$

ein. Aus $x + y + z = n$ folgt für (u ; v ; w) die Beziehung

$$u\sqrt{np} \; + \; v\sqrt{nq} \; + \; w\sqrt{nr} \; = \; 0$$

oder

$$(21.3.3) \quad u\sqrt{p} \; + \; v\sqrt{q} \; + \; w\sqrt{r} \; = \; 0 \; .$$

Ebenso wie (x ; y ; z) sind auch (u ; v ; w) nicht unabhängig voneinander,
sondern liegen in einer durch den Nullpunkt gehenden Ebene mit den "Rich-
tungswerten" $\alpha = \sqrt{p}$, $\beta = \sqrt{q}$ und $\gamma = \sqrt{r}$ ihres "Stellungsvektors" , wobei
$\alpha^2 + \beta^2 + \gamma^2 = 1$ ist.

Für die Mittelwerte von (u ; v ; w) gilt

$$(21.3.4) \quad M\{u\} = 0 \quad ; \quad M\{v\} = 0 \quad ; \quad M\{w\} = 0 \; .$$

Die Varianzen werden mit (21.2.3) und (21.2.4)

$$(21.3.5) \quad V\{u\} = \sigma_u^2 = 1-p \; ; \; V\{v\} = \sigma_v^2 = 1-q \; ; \; V\{w\} = \sigma_w^2 = 1-r \; .$$

Die Kovarianz zwischen u und v ist

$$C\{u;v\} = M\{uv\} = \frac{1}{n\sqrt{pq}} \, M\{(x-np)(y-nq)\} = \frac{C\{x;y\}}{n\sqrt{pq}}$$

oder mit (21.2.6)

$$(21.3.6) \quad C\{u;v\} = -\sqrt{pq} \; .$$

Entsprechend gilt

$$(21.3.7) \quad C\{v\,;\,w\} = -\sqrt{qr} \quad \text{und} \quad C\{w\,;\,u\} = -\sqrt{rp} \ .$$

Alle Varianzen und Kovarianzen sind unabhängig von der Probengröße n .
Die Korrelationszahlen bleiben bei den linearen Transformationen (21.3.2)
ungeändert,

$$(21.3.8) \quad \rho_{xy} = \rho_{uv} \ ; \ \rho_{yz} = \rho_{vw} \ ; \ \rho_{zx} = \rho_{wu} \ .$$

Die im Punkte $(x\,;\,y)$ der $(x\,;\,y)$–Ebene konzentrierte Wahrscheinlichkeit
$\psi(x\,;\,y)$ verteilt man gleichmäßig auf das Quadrat

$$(x - \tfrac{1}{2}) \ \leqq \ x \ \leqq \ (x + \tfrac{1}{2}) \quad ; \quad (y - \tfrac{1}{2}) \ \leqq \ y \ \leqq \ (y + \tfrac{1}{2})$$

mit dem Flächeninhalt $\Delta x\,\Delta y = 1$. Man macht also aus den sprunghaft (von
1 zu 1) veränderlichen Werten $(x\,;\,y\,;\,z)$ stetig veränderliche Zufallsgrößen, die in dem oben genannten Quadrat die (mittlere) Wahrscheinlichkeitsdichte $w\{x\,;\,y\}$ haben. Es gilt

$$w\{x\,;\,y\}\,\Delta x \Delta y = \psi(x\,;\,y)$$

oder wegen $\Delta x \Delta y = 1$

$$(21.3.9) \quad w\{x\,;\,y\} = \psi(x\,;\,y) = \frac{n!}{x!\,y!\,z!}\ p^x\,q^y\,r^z \ .$$

Bezeichnet man die Dichte über der $(u\,;\,v)$–Ebene mit $w\{u\,;\,v\}$, so gilt

$$(21.3.10) \quad w\{u\,;\,v\}\,\Delta u\,\Delta v = \frac{n!}{x!\,y!\,z!}\ p^x\,q^y\,r^z\,\Delta x \Delta y \ ,$$

wobei

$$(21.3.11) \quad \Delta x = \sqrt{np}\,\Delta u \quad \text{und} \quad \Delta y = \sqrt{nq}\,\Delta v$$

ist. Mit (21.3.1) wird der Zähler von (21.3.9)

$$(21.3.12) \quad \text{Zähler} = \sqrt{2\pi n}\ (np)^x\,e^{-x}\,(nq)^y\,e^{-y}(nr)^z\,e^{-z} \ .$$

Der Nenner ist

$$(21.3.13) \quad \text{Nenner} = \sqrt{2\pi x}\,\sqrt{2\pi y}\sqrt{2\pi z}\ x^x\,e^{-x}\,y^y\,e^{-y}\,z^z\,e^{-z} \ .$$

Die Exponentialfunktionen fallen im Quotienten (Zähler/Nenner) heraus. Es
bleiben mit (21.3.2) im Kehrwert des Quotienten Ausdrücke der Gestalt

$$(21.3.14) \quad U = \left(\frac{x}{np}\right)^x = \left(1 + \frac{u}{\sqrt{np}}\right)^{np+u\sqrt{np}} \ , \ \ldots$$

stehen. Aus

$$\ln U = (np + u\sqrt{np})\,\ln\left(1 + \frac{u}{\sqrt{np}}\right)$$

folgt bei festem u für genügend große n

$$\ln U = (np + u\sqrt{np})\left[\frac{u}{\sqrt{np}} - \frac{1}{2}\frac{u^2}{np} + \frac{1}{3}\frac{u^3}{(np)^{3/2}} \mp \ldots\right]$$

oder

$$(21.3.15) \quad \ln U = \sqrt{np}\,u + (u^2/2) - \frac{1}{6}\frac{u^3}{\sqrt{np}} \pm \ldots \,.$$

Damit hat man asymptotisch für große n

$$(21.3.16) \quad U = e^{u\sqrt{np}+(u^2/2)-\ldots}\,.$$

Für $(y/nq)^y$ und $(z/nr)^z$ gelten entsprechende Ausdrücke der Form

$$(21.3.17) \quad V = e^{v\sqrt{nq}+(v^2/2)-\ldots} \quad \text{und} \quad W = e^{w\sqrt{nr}+(w^2/2)-\ldots}\,.$$

Das Produkt UVW wird wegen (21.3.3) mit wachsender Probengröße n

$$(21.3.18) \quad UVW = e^{(u^2+v^2+w^2)/2}\,.$$

Setzt man UVW in (21.3.10) ein, so findet man

$$w\{u\,;\,v\}\,\Delta u\,\Delta v = \frac{\sqrt{2\pi n}}{\sqrt{2\pi x}\,\sqrt{2\pi y}\,\sqrt{2\pi z}}\,\frac{1}{UVW}\,\Delta x\,\Delta y$$

oder mit (21.3.11)

$$w\{u\,;\,v\} = \frac{1}{\sqrt{r}}\,\frac{1}{2\pi}\,e^{-(u^2+v^2+w^2)/2}\,\sqrt{\left(\frac{np}{x}\right)\left(\frac{nq}{y}\right)\left(\frac{nr}{z}\right)}\,.$$

Nun gilt für $n \to \infty$ bei festem u

$$\frac{x}{np} = 1 + \frac{u}{\sqrt{np}} \longrightarrow 1\,;$$

entsprechendes gilt für y/(nq) und z/(nr) . Die Dichte $w\{u\,;\,v\}$ über der
(u ; v)-Ebene wird infolgedessen

$$(21.3.19) \quad w\{u\,;\,v\} = \frac{1}{\sqrt{r}}\,\frac{1}{2\pi}\,e^{-(u^2+v^2+w^2)/2}\,.$$

Damit ist die eingangs ausgesprochene Behauptung bewiesen. Zweckmäßig
bringt man die Dichtefunktion (21.3.19) noch auf die "normierte" Form.
Setzt man gemäß (21.3.3)

$$(21.3.20) \quad r\,w^2 = p\,u^2 + 2\sqrt{pq}\,uv + q\,v^2$$

in (21.3.19) ein, so findet man nach leichter Rechnung als Exponenten von e

$$(21.3.21) \qquad - \frac{(1-p)(1-q)}{2\,r} \left[\frac{u^2}{1-p} - 2\,\rho_{uv}\,\frac{u}{\sqrt{1-p}}\,\frac{v}{\sqrt{1-q}} + \frac{v^2}{1-q} \right] .$$

Dabei gilt für den Faktor vor der eckigen Klammer

$$(21.3.22) \qquad \frac{r}{(1-p)(1-q)} = 1 - \rho_{uv}^2 = 1 - \rho^2 \quad \text{mit} \quad \rho_{uv} \equiv \rho \; ,$$

wie man mit (21.3.8) und (21.2.7) leicht bestätigt. Mit $\sigma_u^2 = 1-p$, ... nimmt der Exponent die "normierte" Gestalt an

$$- \frac{1}{2(1-\rho^2)} \left[\left(\frac{u}{\sigma_u}\right)^2 - 2\,\rho\left(\frac{u}{\sigma_u}\right)\left(\frac{v}{\sigma_v}\right) + \left(\frac{v}{\sigma_v}\right)^2 \right] .$$

Die Dichtefunktion (21.3.19) wird schließlich mit (21.3.22) oder $r = (1-\rho^2)\,\sigma_u^2\,\sigma_v^2$

$$(21.3.23) \qquad w\{u\,;\,v\} = \frac{1}{2\pi}\,\frac{1}{\sqrt{1-\rho^2}\;\sigma_u\,\sigma_v} \quad \text{mal}$$

$$\text{mal}\quad \exp\left\{ -\frac{1}{2}\,\frac{1}{(1-\rho^2)}\left[\left(\frac{u}{\sigma_u}\right)^2 - 2\,\rho\left(\frac{u}{\sigma_u}\right)\left(\frac{v}{\sigma_v}\right) + \left(\frac{v}{\sigma_v}\right)^2 \right] \right\} .$$

Die letzte Gleichung entspricht der im Abschnitt 17.6 eingeführten zweidimensionalen Normalverteilung mit verschwindenden Mittelwerten, den Varianzen $\sigma_u^2 = 1-p$; $\sigma_v^2 = 1-q$ und der Korrelationszahl $\rho \equiv \rho_{uv} = \rho_{xy}$ aus (21.2.7) .

Nach (21.3.3) liegen die Wertetripel $(u\,;\,v\,;\,w)$ im $(u\,;\,v\,;\,w)$-Raum in einer Ebene durch den Nullpunkt. Die <u>dreidimensionale</u> Normalverteilung (21.3.19) für $(u\,;\,v\,;\,w)$ entartet. Die dreidimensionale Streuungsmatrix der $(u\,;\,v\,;\,w)$,

$$\begin{pmatrix} \sigma_u^2 & \sigma_u\,\sigma_v\,\rho_{uv} & \sigma_u\,\sigma_w\,\rho_{uw} \\ \sigma_v\,\sigma_u\,\rho_{vu} & \sigma_v^2 & \sigma_v\,\sigma_w\,\rho_{vw} \\ \sigma_w\,\sigma_u\,\rho_{wu} & \sigma_w\,\sigma_v\,\rho_{wv} & \sigma_w^2 \end{pmatrix} ,$$

nimmt mit $\sigma_u^2 = 1-p$, $\sigma_u\,\sigma_v\,\rho_{uv} = -\sqrt{pq}$, ... die Gestalt an

$$\begin{pmatrix} 1 - p & -\sqrt{pq} & -\sqrt{pr} \\ - \sqrt{qp} & 1 - q & -\sqrt{qr} \\ - \sqrt{rp} & -\sqrt{rq} & 1 - r \end{pmatrix} .$$

Die Determinante Δ dieser Streuungsmatrix wird mit $1-p = -p(1-\frac{1}{p})$, $\ldots$

$$\Delta = -(pqr) \begin{vmatrix} 1-\dfrac{1}{p} & 1 & 1 \\ 1 & 1-\dfrac{1}{q} & 1 \\ 1 & 1 & 1-\dfrac{1}{r} \end{vmatrix} = 0 \; ,$$

wie man mit $p + q + r = 1$ leicht bestätigt. Δ hat den Rang 2 , denn die zweireihige Determinante in der linken oberen Ecke ist $r/(pq) \neq 0$, wie es entsprechend zu $(21.3.23)$ sein muß.

21.4 Die Wurzeltransformation der Trinomialverteilung

Stellt man die im Abschnitt 21.1 erklärten Besetzungszahlen $(x \; ; \; y \; ; \; z)$, die bei mehrfacher Wiederholung der Versuchsreihe auftreten, im $(x \; ; \; y \; ; \; z)$-Raum dar, so liegen sie wegen

$$(21.4.1) \quad x + y + z = n$$

und

$$0 \leqq x \leqq n \quad ; \quad 0 \leqq y \leqq n \quad ; \quad 0 \leqq z \leqq n$$

im "Stichprobendreieck" ABC der Abb. 21.4.1 . Bei festem Wertetripel $(p \; ; \; q \; ; \; r)$ und veränderlicher Probengröße n liegen die Erwartungswerte von x , y und z ,

$$(21.4.2) \quad \xi = np \quad ; \quad \eta = nq \quad ; \quad \zeta = nr \; ,$$

auf einem durch den Nullpunkt gehenden Strahl. Liegt einer der Werte p ,

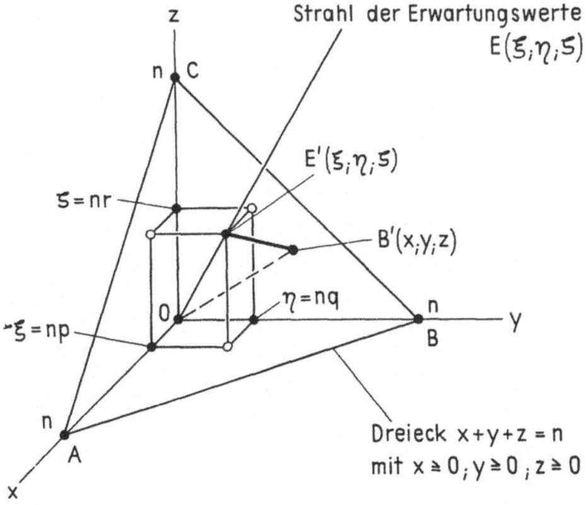

Abb. 21.4.1. E'$(\xi \; ; \; \eta \; ; \; \zeta)$ ist der erwartete und B'$(x \; ; \; y \; ; \; z)$ der beobachtete Punkt im Stichprobendreieck.

q oder r nahe bei 0 , so schneidet dieser Strahl das Stichprobendreieck ABC "in der Nähe" einer Seite BC , CA oder AB . Die Verteilung der Versuchspunkte (x ; y ; z) um den Bezugspunkt (ξ ; η ; ζ) des Stichprobendreiecks weicht für "mäßig große" Proben n stark von einer drehsymmetrischen Verteilung ab. Deshalb bildet man den (x ; y ; z)-Raum durch die Wurzeltransformation

$$(21.4.3) \qquad u = \sqrt{x} \quad ; \quad v = \sqrt{y} \quad ; \quad w = \sqrt{z}$$

auf den (u ; v ; w)-Raum ab. Dann geht das Stichprobendreieck $x+y+z = n$ in den Kugeloktanten

$$(21.4.4) \qquad u^2 + v^2 + w^2 = n$$

mit dem Halbmesser $\sqrt{n}$ über, der in Abb. 21.4.2 angedeutet ist. Dabei ist

$$0 \leq u \leq \sqrt{n} \quad ; \quad 0 \leq v \leq \sqrt{n} \quad ; \quad 0 \leq w \leq \sqrt{n} \quad .$$

Die Erwartungswerte (ξ ; η ; ζ) von (x ; y ; z) gehen dabei über in

$$(21.4.5) \qquad \sqrt{\xi} = a \quad ; \quad \sqrt{\eta} = b \quad ; \quad \sqrt{\zeta} = c \quad .$$

Der Strahl der Erwartungswerte (ξ ; η ; ζ) bei festem (p ; q ; r) und veränderlichem n wird in den Strahl der Bezugswerte (a ; b ; c) abgebildet,

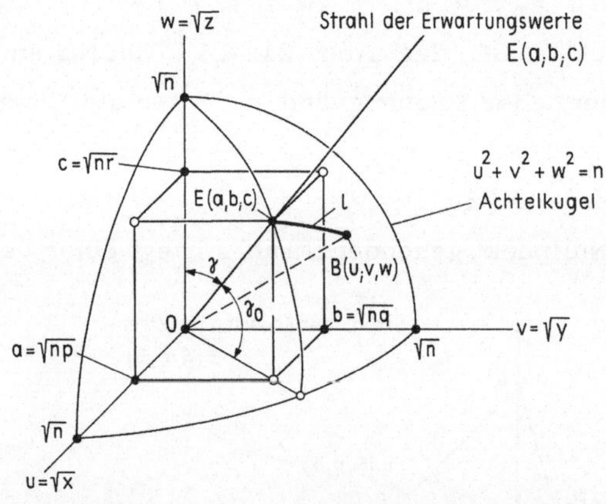

Abb. 21.4.2. E(a ; b ; c) ist der erwartete und B(u ; v ; w) der beobachtete Punkt auf dem Kugeloktanten .

der mit den drei Koordinatenachsen u , v und w die Winkel α , ß und γ bildet, von denen in Abb. 21.4.2 nur γ eingezeichnet ist. Dabei sind die Richtungswerte des Strahls

$$(21.4.6) \qquad \cos \alpha = \sqrt{p} \quad ; \quad \cos ß = \sqrt{q} \quad ; \quad \cos \gamma = \sqrt{r} \quad .$$

Im $(x\,;\,y\,;\,z)$-Raum hat der ursprüngliche Strahl der Mittelwerte $(\xi\,;\eta\,;\zeta)$ die Richtungswerte

$$\cos \alpha' = \frac{p}{\sqrt{p^2 + q^2 + r^2}} \quad ,$$

$$(21.4.7) \qquad \cos \text{ß}' = \frac{q}{\sqrt{p^2 + q^2 + r^2}} \quad ,$$

$$\cos \gamma' = \frac{r}{\sqrt{p^2 + q^2 + r^2}} \quad .$$

Im folgenden wird zunächst untersucht, wie sich der Strahl $(\xi\,;\,\eta\,;\zeta)$ bei der Wurzeltransformation (21.4.3) verhält. Der Strahl für $p = q = r = 1/3$ bleibt bei dieser Transformation fest, denn nach (21.4.6) und (21.4.7) ist in diesem Sonderfall $\alpha = \alpha'$; $\text{ß} = \text{ß}'$; $\gamma = \gamma'$. Ist jedoch ein Anteil "klein", beispielsweise $r \ll 1$ und $p \approx q \approx 1/2$, dann folgt aus (21.4.7) und (21.4.6)

$$\cos \alpha' \approx \frac{1}{2}\sqrt{2} \approx \cos \alpha \quad ,$$

$$\cos \text{ß}' \approx \frac{1}{2}\sqrt{2} \approx \cos \text{ß} \quad .$$

Das Wertepaar $(\alpha'\,;\,\text{ß}')$ bleibt bei der Transformation nahezu ungeändert. Für γ' und γ dagegen gilt

$$\cos \gamma' \approx r\sqrt{2} \ll 1 \quad ; \quad \cos \gamma = \sqrt{r} \quad .$$

Sowohl γ' als auch γ liegen für $r \ll 1$, z.B. für $r < 1/10^2$, nahe bei $\pi/2$, so daß $(\pi/2)-\gamma'$ und $(\pi/2)-\gamma$ "kleine" Winkel sind, bei denen $\sin t \approx t$ ist. Aus

$$\sin\left(\frac{\pi}{2} - \gamma'\right) = \cos \gamma' \approx r\sqrt{2} \quad \text{und} \quad \sin\left(\frac{\pi}{2} - \gamma\right) = \cos \gamma = \sqrt{r}$$

folgt dann

$$(\pi/2) - \gamma' \approx r\sqrt{2} \quad \text{und} \quad (\pi/2) - \gamma \approx \sqrt{r} \quad .$$

Während der ursprüngliche Winkel $\left[(\pi/2) - \gamma'\right]$ des Strahls mit der $(x\,;\,y)$-Ebene von der Größenordnung r ist, hat der neue Winkel $\left[(\pi/2)-\gamma\right]$ gegen die $(u\,;\,v)$-Ebene die Größenordnung $\sqrt{r}$; d.h. der ursprüngliche Strahl der Erwartungswerte $(\xi\,;\,\eta\,;\zeta)$ mit $\gamma' \approx \pi/2$ wird durch die Wurzeltransformation von der $(x\,;\,y)$-Ebene weg "in das Innere" des Stichprobendreiecks hineingedreht.

Die Erwartungswerte $M\{u\}$, $M\{v\}$ und $M\{w\}$ der Zufallsgrößen u , v und w werden bei Wurzeltransformation

$$M\{u\} = \sqrt{\xi}\left(1 - \frac{1}{8n}\,\frac{1-p}{p}\right) = a\left(1 - \frac{1-p}{8np}\right) ,$$

$$(21.4.8)\qquad M\{v\} = \sqrt{\eta}\left(1 - \frac{1}{8n}\,\frac{1-q}{q}\right) = b\left(1 - \frac{1-q}{8nq}\right) ,$$

$$M\{w\} = \sqrt{5}\left(1 - \frac{1}{8n}\,\frac{1-r}{r}\right) = c\left(1 - \frac{1-r}{8nr}\right) .$$

Sie stimmen für "genügend große" Proben ausreichend genau mit den transformierten Erwartungswerten $\sqrt{\xi} = a$, $\sqrt{\eta} = b$ und $\sqrt{5} = c$ überein. Damit die Näherung erlaubt ist, muß der kleinste der drei Werte $8\,np$, $8\,nq$ und $8\,nr$ in (21.4.8) groß gegen 1 sein. Ist beispielsweise das Merkmal C mit $r \approx 1/10^3$ eine "seltene" Komponente, so muß die Größe der Probe etwa $n \gtrsim 10^4$ sein. Dann ist $8\,nr \gtrsim 80 \gg 1$ und ausreichend genau $M\{w\} \approx \sqrt{5} = c$.

Der Punkt $\left[M\{u\}\ ;\ M\{v\}\ ;\ M\{w\}\right]$ mit den Koordinaten der drei Mittelwerte liegt im $(u\,;v\,;w)$-Raum nicht genau auf der Oberfläche des Kugeloktanten mit dem Halbmesser $\sqrt{n}$, sondern hat vom Ursprung einen kleineren Abstand. Aus

$$(21.4.9)\qquad M^2\{u\} = \xi\left[1 - \frac{1}{4n}\,\frac{1-p}{p}\right] , \ \dots$$

folgt nach kurzer Rechnung die Entfernung

$$(21.4.10)\qquad \sqrt{M^2\{u\} + M^2\{v\} + M^2\{w\}} = \sqrt{n}\left(1 - \frac{1}{4\,n}\right) .$$

Bereits für "kleine" Proben (etwa für $n \gtrsim 25$) darf man die Entfernung durch $\sqrt{n}$ ersetzen. Der erwartete Punkt $\left[M\{u\}\ ;\ M\{v\}\ ;\ M\{w\}\right]$ liegt demnach (nahezu) auf der Kugeloberfläche, wenn $n \gtrsim 25$ ist.

Die Abweichungen der beobachteten Werte $(x\,;y\,;z)$ von den Mittelwerten $(\xi\,;\eta\,;5)$ sind im $(x\,;y\,;z)$-Raum

$$(21.4.11)\qquad x - \xi = \Delta x\ ;\quad y - \eta = \Delta y\ ;\quad z - 5 = \Delta z .$$

Im $(u\,;v\,;w)$-Raum wählt man $(a\,;b\,;c)$ als Bezugspunkt; dann sind die transformierten Abweichungen

$$(21.4.12)\qquad u - a = \Delta u\ ;\quad v - b = \Delta v\ ;\quad w - c = \Delta w .$$

Wegen $x + y + z = u^2 + v^2 + w^2$ gilt bei festem n

$$(21.4.13)\qquad \Delta x + \Delta y + \Delta z = 0\qquad \text{und (nahezu)}\quad a\,\Delta u + b\,\Delta v + c\,\Delta w = 0 .$$

Aus der letzten Gleichung folgt, daß die Vektoren $\delta(a\,;b\,;c)$ und $\Delta\delta(\Delta u\,;\Delta v\,;\Delta w)$ (nahezu) senkrecht aufeinander stehen, weil ihr inneres Produkt

$(\delta\,\Delta\delta)$ verschwindet. Da der Endpunkt (a ; b ; c) von δ auf dem Kugeloktanten liegt, so fällt der "kleine" Vektor $\Delta\delta$ (nahezu) in die Tangentialebene der
Kugeloberfläche.

Aus $u^2 = (a + \Delta u)^2 = a^2 + 2\,a\Delta u + (\Delta u)^2 = x = \xi + \Delta x$ folgt mit $\xi = a^2$ in
erster Näherung

$$(21.4.14) \quad \Delta u = \frac{\Delta x}{2\,a} = \frac{x - \xi}{2\sqrt{\xi}} \; .$$

Infolgedessen gilt für die entsprechenden Varianzen

$$M\{(\Delta u)^2\} = V\{u\} = \frac{V\{x\}}{4\,\xi} = \frac{np(1-p)}{4\,np} = \frac{1-p}{4} \; ;$$

$(21.4.15)$

$$V\{v\} = \frac{1-q}{4} \quad ; \quad V\{w\} = \frac{1-r}{4} \; .$$

Die Kovarianz $C\{u ; v\}$ zwischen u und v ist

$$C\{u ; v\} = M\{\Delta u\,\Delta v\} = \frac{1}{4\,a\,b}\, M\{\Delta x\,\Delta y\} \quad .$$

Mit $M\{\Delta x\,\Delta y\} = -\,npq$ findet man daraus $C\{u ; v\}$ und durch zyklische
Vertauschung der beiden anderen Kovarianzen:

$$(21.4.16) \quad C\{u ; v\} = -\frac{1}{4}\sqrt{pq} \quad ; \quad C\{v ; w\} = -\frac{1}{4}\sqrt{qr} \quad ; \quad C\{w ; u\} = -\frac{1}{4}\sqrt{rp} \; .$$

Für die Länge ℓ des Vektors $\Delta\delta\,(\Delta u ; \Delta v ; \Delta w)$, $\ell = |\,d\delta\,|$, gilt

$$\ell^2 = |\,\Delta\delta\,|^2 = (\Delta u)^2 + (\Delta v)^2 + (\Delta w)^2 \; .$$

Daraus folgt der Mittelwert $M\{\ell^2\}$ mit (21.4.15) zu

$$(21.4.17) \quad M\{\ell^2\} = V\{u\} + V\{v\} + V\{w\} = \frac{1}{2} \; ,$$

und zwar unabhängig von den Ausgangswahrscheinlichkeiten (p ; q ; r) und
der Probengröße n . Der Mittelwert $M\{\ell^2\}$ hat demnach im ganzen Stichprobenraum der Wertetripel (u ; v ; w) den festen Wert 1/2 . Die Länge
des kleinen Bogenstücks EB auf dem Kugeloktanten der Abb. 21.4.2 ist
(nahezu) gleich der Länge ℓ des Vektors $\Delta\delta$. Mithin gilt mit (21.4.14)

$$(21.4.18) \quad EB = \ell = \frac{1}{2}\sqrt{\frac{(x-\xi)^2}{\xi} + \frac{(y-\eta)^2}{\eta} + \frac{(z-\zeta)^2}{\zeta}} \; .$$

ℓ oder ℓ^2 wird später als Prüfgröße beim Testen einer Hypothese verwendet werden.

Um die Verteilung der Zufallsgrößen ℓ^2 und ℓ zu untersuchen, legt man
in der Tangentialebene der Kugel durch den Berührungspunkt E(a ; b ; c) der

Mittelwerte einen Einheitsvektor $\mathfrak{n}_1(\alpha_1 ; \text{ß}_1 ; \gamma_1)$ beliebiger Richtung;
Abb. 21.4.3 . Für seine Komponenten α_1 , ß_1 , γ_1 im (u ; v ; w)-Raum gilt

$$(21.4.19) \quad \alpha_1^2 + \text{ß}_1^2 + \gamma_1^2 = 1 \ .$$

Da $\mathfrak{n}_1$ auf dem Vektor $\mathfrak{H}(a ; b ; c)$ [dem Halbmesser der Kugel zum Berührungspunkt E] senkrecht steht, so verschwindet das innere Produkt der

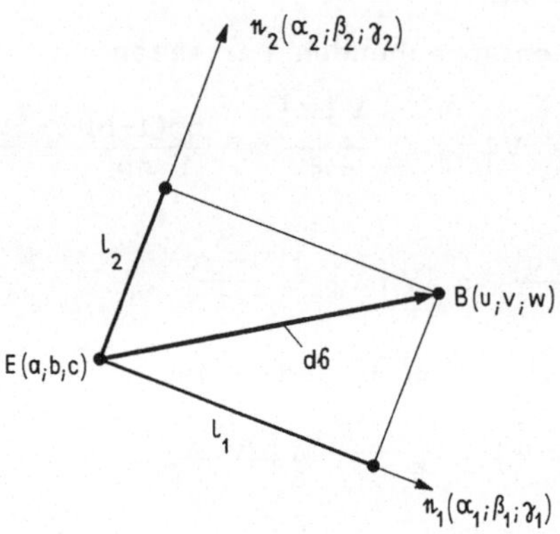

Abb. 21.4.3.   Zur Herleitung der Varianz $V\{\ell_1\} = 1/4$
für die Zufallsgröße ℓ_1 in der Tangentialebene der Kugel
im Punkte E(a ; b ; c) ; $ds \equiv \Delta\mathfrak{H}$.

beiden Vektoren. Mit $a = \sqrt{np}$, $b = \sqrt{nq}$ und $c = \sqrt{nr}$ gilt also

$$(21.4.20) \quad \alpha_1\sqrt{p} + \text{ß}_1\sqrt{q} + \gamma_1\sqrt{r} = 0 \ .$$

Projiziert man den in der genannten Tangentialebene liegenden kleinen Vek-
tor $\Delta\mathfrak{H}$, dessen Betrag $|\Delta\mathfrak{H}| = \ell$ ist, auf die Richtung $\mathfrak{n}_1$, so wird die
Projektion ℓ_1 ,

$$(21.4.21) \quad \ell_1 = (d\mathfrak{H}\,\mathfrak{n}_1) = \alpha_1\Delta u + \text{ß}_1\Delta v + \gamma_1\Delta w \ .$$

Daraus folgt mit $M\{\Delta u\} = 0$, ... für ℓ_1 der Mittelwert

$$(21.4.22) \quad M\{\ell_1\} = 0 \ .$$

Die Varianz wird

$$V\{\ell_1\} = \alpha_1^2\, V\{u\} + \text{ß}_1^2\, V\{v\} + \gamma_1^2\, V\{w\}$$

$$+ 2\left[\alpha_1\,\text{ß}_1\,C\{u ; v\} + \text{ß}_1\,\gamma_1\,C\{v ; w\} + \gamma_1\,\alpha_1\,C\{w ; u\}\right].$$

Setzt man die Varianzen aus (21.4.15) und die Kovarianzen aus (21.4.16)

hier ein, so findet man

$$4\,V\left\{\ell_1\right\} = \left(\alpha_1^2 + \beta_1^2 + \gamma_1^2\right) - \left(\alpha_1\sqrt{p} + \beta_1\sqrt{q} + \gamma_1\sqrt{r}\right)^2 .$$

Mit (21.4.19) und (21.4.20) vereinfacht sich die letzte Gleichung zu

$$(21.4.23) \quad V\left\{\ell_1\right\} = \frac{1}{4} \quad \text{oder} \quad \sigma\left\{\ell_1\right\} = \frac{1}{2} .$$

Das ist die Verallgemeinerung des zweidimensionalen Falles. Die Zufalls-

größe ℓ_1 hat (in der Tangentialebene der Kugel) unabhängig von der Rich-

tung des Vektors $\mathfrak{n}_1$, unabhängig von den Grundwahrscheinlichkeiten

(p ; q ; r) und unabhängig von der Probengröße n im ganzen Stichproben-

raum (u ; v ; w) den Mittelwert $M\left\{\ell_1\right\} = 0$, die Varianz $V\left\{\ell_1\right\} = 1/4$

und die Standardabweichung $\sigma\left\{\ell_1\right\} = 1/2$. Da dieses Ergebnis für <u>jede</u>

Richtung $(\alpha ; \beta ; \gamma)$ in der Tangentialebene der Kugel gilt, so besitzen die

Punkte B(u ; v ; w) eine <u>drehsymmetrische</u> Verteilung, deren Mittelpunkt

bei E(a ; b ; c) liegt.

Projiziert man $\Delta\mathfrak{s}$ bzw. ℓ nach Abb. 21.4.3 auf zwei zueinander senk-

rechte Richtungen $\mathfrak{n}_1(\alpha_1 ; \beta_1 ; \gamma_1)$ und $\mathfrak{n}_2(\alpha_2 ; \beta_2 ; \gamma_2)$ mit

$$(21.4.24) \quad \alpha_1\alpha_2 + \beta_1\beta_2 + \gamma_1\gamma_2 = 0 ,$$

dann gilt

$$(21.4.25a) \quad \ell^2 = \ell_1^2 + \ell_2^2$$

und

$$M\left\{\ell^2\right\} = M\left\{\ell_1^2\right\} + M\left\{\ell_2^2\right\} = V\left\{\ell_1\right\} + V\left\{\ell_2\right\} = \frac{1}{4} + \frac{1}{4} = \frac{1}{2} ,$$

was bereits aus (21.4.17) bekannt ist. Daß die Kovarianz $C\left\{\ell_1 ; \ell_2\right\} = M\left\{\ell_1\ell_2\right\}$ verschwindet, läßt sich leicht bestätigen. Setzt man nach (21.4.21)

$$\ell_i = \alpha_i\Delta u + \beta_i\Delta v + \gamma_i\Delta w ; \quad i = 1 ; 2 ;$$

multipliziert $\ell_1\ell_2$ gliedweise aus und geht mit Hilfe von (21.4.15) und

(21.4.16) zu den Mittelwerten über, so findet man nach kurzer Rechnung

$$4\,C\left\{\ell_1 ; \ell_2\right\} = \left(\alpha_1\alpha_2 + \beta_1\beta_2 + \gamma_1\gamma_2\right)$$
$$- \left(\sqrt{p}\,\alpha_1 + \sqrt{q}\,\beta_1 + \sqrt{r}\,\gamma_1\right)\left(\sqrt{p}\,\alpha_2 + \sqrt{q}\,\beta_2 + \sqrt{r}\,\gamma_2\right) .$$

Da nach (21.4.24) und (21.4.20) sämtliche Klammerausdrücke verschwin-

den, ist in der Tat die Kovarianz zwischen ℓ_1 und ℓ_2 ,

$$(21.4.25b) \quad C\left\{\ell_1 ; \ell_2\right\} = 0 .$$

Test der Hypothese $H_1(p = p_1 \; ; q = q_1 \; ; r = r_1)$.

Um zu testen, ob ein Versuchsergebnis $(x_B \; ; y_B \; ; z_B)$ mit einer vorgegebenen Hypothese H_1 über die Zusammensetzung der Gesamtheit, $H_1(p = p_1 \; ;$
$q = q_1 \; ; r = r_1)$, verträglich ist, hat man nach dem vorausgehenden folgende
Möglichkeiten:

(a) Man berechnet im $(x \; ; y \; ; z)$-Raum , d.h. im Stichprobendreieck von
Abb. 21.4.1 , den einer bestimmten statistischen Sicherheit $S = 1-\alpha$ zugeordneten Zufallsbereich $\mathscr{L}'$ für die Versuchspunkte $B'(x \; ; y \; ; z)$ bei gegebenem $(p_1 \; ; q_1 \; ; r_1)$ und n . Liegt der beobachtete Stichprobenpunkt
$(x_B \; ; y_B \; ; z_B)$ im Zufallsbereich $\mathscr{L}'$ oder auf dem Rand, so wird die Hypothese H_1 nicht verworfen; liegt er außerhalb, so wird sie verworfen. Die
Ermittlung von $\mathscr{L}'$ ist nicht einfach. Für genügend große Proben ist $\mathscr{L}'$ eine
im Stichprobendreieck liegende Ellipse mit dem Mittelpunkt $E_1'(\xi_1 \; ; \eta_1 \; ; \zeta_1)$,
wobei $\xi_1 = np_1$, $\eta_1 = nq_1$, $\zeta_1 = nr_1$ ist; Abb. 21.4.4 . Die Berechnung der

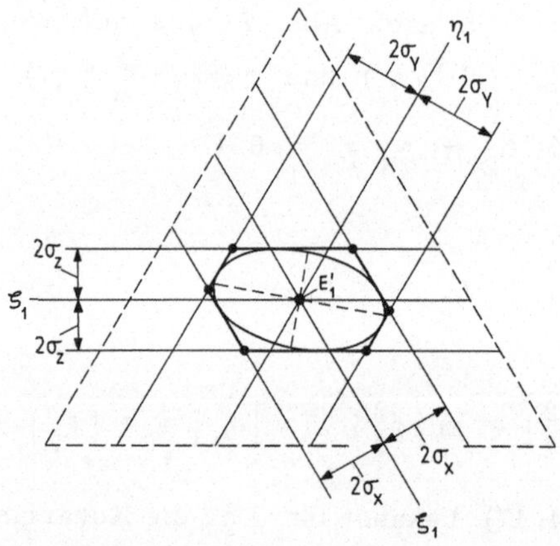

Abb. 21.4.4. Der Zufallsbereich $\mathscr{L}'$ für die Versuchspunkte $B'(x \; ; y \; ; z)$
ist im Stichprobendreieck eine Ellipse mit dem Mittelpunkt $E'(\xi \; ; \eta \; ; \zeta)$,
falls n genügend groß ist.

Länge und der Lage ihrer Halbachsen in der Stichprobenebene $x + y + z = n$
ist mühevoll. Deshalb ist dieser Weg praktisch nicht gangbar.

(b) Man transformiert das Versuchsergebnis $(x_B \; ; y_B \; ; z_B)$ vor dem Test
zu

$$u_B = \sqrt{x_B} \; ; \quad v_B = \sqrt{y_B} \; ; \quad w_B = \sqrt{z_B}$$

und $(p_1 ; q_1 ; r_1)$ bzw. $(\xi_1 ; \eta_1 ; \zeta_1)$ zu

$$a_1 = \sqrt{\xi_1} \quad ; \quad b_1 = \sqrt{\eta_1} \quad ; \quad c_1 = \sqrt{\zeta_1} \; .$$

Im $(u ; v ; w)$-Raum berechnet man den zu $S = 1-\alpha$ und H_1 gehörigen Zufallsbereich $\mathcal{Z}$ für die "transformierten Versuchspunkte" $(u_B ; v_B ; w_B)$. Sofern die drei Werte np_1 , nq_1 und nr_1 groß gegen 1 sind (praktisch etwa größer als 4), ist der Bereich $\mathcal{Z}$ nach dem vorausgehenden in guter Näherung ein <u>Kreis</u> in der Tangentialebene der Kugel mit dem Mittelpunkt (Berührungspunkt der Tangentialebene) $E_1(a_1 ; b_1 ; c_1)$ und dem Halbmesser $\ell_{1-\alpha}$, der allein von der statistischen Sicherheit $S = 1-\alpha$ abhängt. Wenn es also gelingt, den (transformierten) beobachteten Punkt $B(u_B ; v_B ; w_B)$ ohne viel Rechnung in diese Prüfebene einzutragen, so ist der Test ohne Mühe durchführbar. Die Hypothese wird angenommen, wenn B innerhalb oder auf dem Rand des Kreises $\mathcal{Z}$ liegt; sie wird verworfen, wenn B außerhalb liegt.

(c) Man berechnet (ohne geometrische Deutung) die Prüfgröße ℓ nach Gleichung (21.4.18) und vergleicht sie mit einem von $(p_1 ; q_1 ; r_1)$ und n nicht abhängigen Schwellenwert $\ell_{1-\alpha}$.

<u>Die Form (b) zum Testen der Hypothese H_1</u>

Den "beobachteten" Punkt $B(u_B ; v_B ; w_B)$ kann man nach Abb. 21.4.5

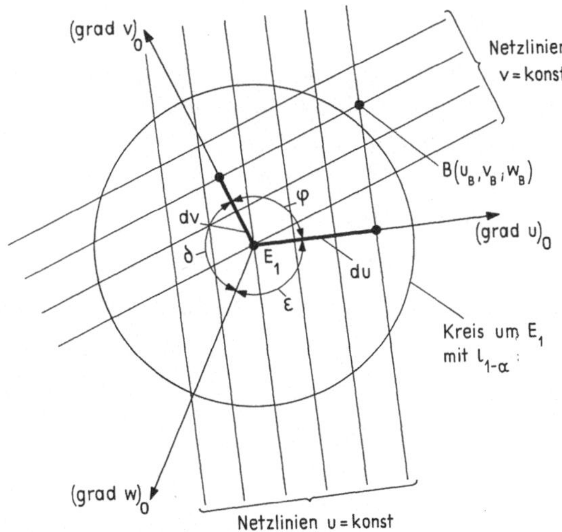

Abb. 21.4.5. Der Zufallsbereich $\mathcal{Z}$ für die (transformierten) Versuchspunkte $B(u ; v ; w)$ ist in der Prüfebene (Tangentialebene der Kugel) ein Kreis mit dem Mittelpunkt $E(a ; b ; c)$; $du \equiv \Delta u$; $dv \equiv \Delta v$.

mit Hilfe der transformierten Differenzen $(\Delta u ; \Delta v ; \Delta w)$ dann leicht in die Tangentialebene der Kugel eintragen, wenn man die Netzlinien u = konst , v = konst (und w = konst) in dieser Ebene kennt. Als Differenzen wählt man entweder

$$(21.4.26) \quad \Delta u = \sqrt{x_B} - \sqrt{\xi_1} \quad ; \quad \Delta v = \sqrt{y_B} - \sqrt{\eta_1} \quad ; \quad \Delta w = \sqrt{z_B} - \sqrt{\zeta_1}$$

oder nach Gleichung (21.4.14)

$$(21.4.27) \quad \Delta u = \frac{x_B - np_1}{2\sqrt{np_1}} \quad ; \quad \Delta v = \frac{y_B - nq_1}{2\sqrt{nq_1}} \quad ; \quad \Delta w = \frac{z_B - nr_1}{2\sqrt{nr_1}} \; .$$

Um Richtung und Abstand der Netzlinien u = konst festzulegen, berechnet man nach Abb. 21.4.6 das äußere Produkt $\mathcal{N}$ der Vektoren $\delta (\sqrt{p} ; \sqrt{q} ; \sqrt{r})$

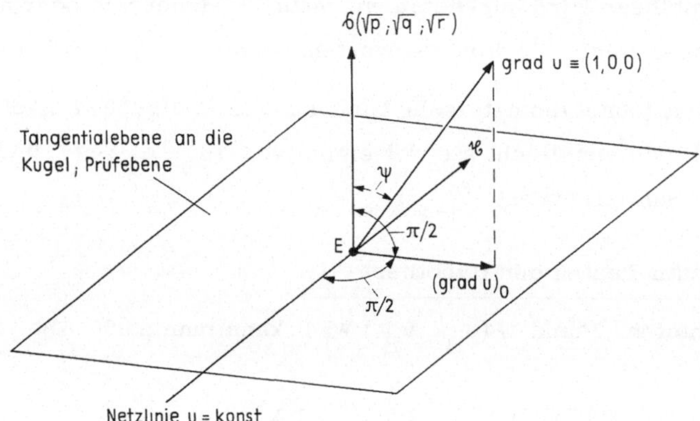

Abb. 21.4.6. Zur Herleitung von Richtung und Abstand der Netzlinien u = konst in der Prüfebene.

und grad u $\equiv$ (1 ; 0 ; 0) . Da $\mathcal{N}$ auf δ senkrecht steht, liegt $\mathcal{N}$ in der Tangentialebene der Kugel. Da $\mathcal{N}$ auf dem Vektor grad u senkrecht steht, so haben die Netzlinien u = konst in der Tangentialebene die Richtung $\mathcal{N}$.

Der Winkel zwischen den Einheitsvektoren $\delta (\sqrt{p} ; \sqrt{q} ; \sqrt{r})$ und grad u sei ψ. Die Projektion von grad u in die Tangentialebene sei (grad u)$_0$. Die Einheitsvektoren in Richtung der Koordinatenachsen u , v und w seien i, j und k. Dann ist das äußere Produkt $\mathcal{N}$ der beiden Vektoren δ und grad u

$$\mathcal{N} = \left[\delta \; \text{grad u} \right] = \begin{vmatrix} i & \sqrt{p} & 1 \\ j & \sqrt{q} & 0 \\ k & \sqrt{r} & 0 \end{vmatrix}$$

oder

(21.4.28) $\quad \mathfrak{u} = +j\sqrt{r} - k\sqrt{q}$.

Für den Betrag gilt

(21.4.29) $\quad |\mathfrak{u}|^2 = r + q = 1-p \quad$ und $\quad |\mathfrak{u}| = \sqrt{1-p}$.

Der Vektor $\mathfrak{u}$ in der Tangentialebene hat die Richtung der Linien u = konst .
Sein Betrag

(21.4.30) $\quad |\mathfrak{u}| = |\delta| |\mathrm{grad}\, u| \sin\psi = \sin\psi = \sqrt{1-p}$

stimmt mit dem Betrag des Vektors $(\mathrm{grad}\, u)_0$ überein, wie man aus
Abb. 21.4.6 entnimmt. Damit kennt man Richtung und Abstand der Netzlinien u = konst . Für die Vektoren grad v und grad w findet man die zugeordneten Vektoren $\mathfrak{v}$ und $\mathfrak{z}$ in der Tangentialebene der Kugel durch zyklische Vertauschung; es wird

$$\mathfrak{v} = -i\sqrt{r} + k\sqrt{p} \quad \text{mit} \quad |\mathfrak{v}| = \sqrt{1-q} ,$$

(21.4.31)

$$\mathfrak{z} = i\sqrt{q} - j\sqrt{p} \quad \text{mit} \quad |\mathfrak{z}| = \sqrt{1-r} .$$

Praktisch kommt es nur auf die Winkel zwischen den drei Vektoren $\mathfrak{u}$, $\mathfrak{v}$
und $\mathfrak{z}$ an . Bezeichnet man diese Winkel nach Abb. 21.4.7 mit φ , δ und
ϵ , so liefern die drei inneren Produkte $\mathfrak{u}\mathfrak{v}$, $\mathfrak{v}\mathfrak{z}$, $\mathfrak{z}\mathfrak{u}$ wegen $\mathfrak{u}\mathfrak{v} = |\mathfrak{u}| |\mathfrak{v}| \cos\varphi$; ...

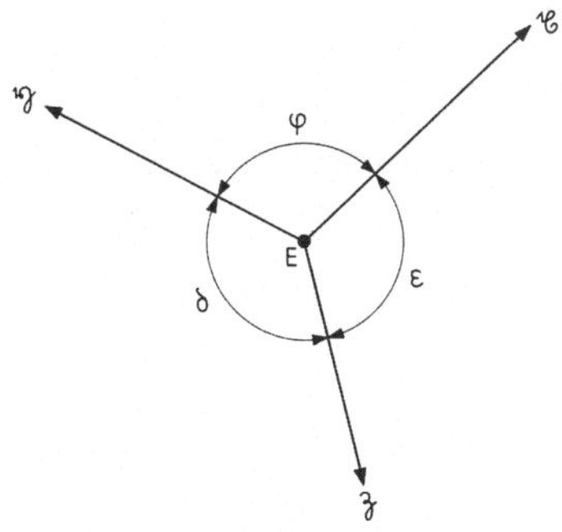

Abb. 21.4.7. Zur Erläuterung der Lagewinkel
δ , ϵ und φ in der Prüfebene.

sofort

$$\cos\varphi = \frac{\mathfrak{u}\mathfrak{v}}{|\mathfrak{u}|\,|\mathfrak{v}|} ; \ldots .$$

Mit $i^2 = 1$, $ij = ik = 0$, ... wird nach kurzer Rechnung

$$\cos \varphi = -\sqrt{\frac{pq}{(1-p)(1-q)}} \quad ,$$

$$(21.4.32) \qquad \cos \delta = -\sqrt{\frac{qr}{(1-q)(1-r)}} \quad ,$$

$$\cos \epsilon = -\sqrt{\frac{rp}{(1-r)(1-p)}} \quad .$$

Mit (21.4.15) und (21.4.16) wird daraus

$$\cos \varphi = r_{xy} = r_{uv} \quad ,$$

$$(21.4.33) \qquad \cos \delta = r_{yz} = r_{vw} \quad ,$$

$$\cos \epsilon = r_{zx} = r_{wu} \quad ,$$

wobei r_{xy} , r_{yz} , r_{zx} die Korrelationszahlen zwischen (x ; y) , (y ; z) und (z ; x) und r_{uv} , r_{vw} , r_{wu} die zwischen (u ; v) , (v ; w) und (w ; u) bedeuten.

Einfacher ist die Ermittlung von φ , δ , ϵ aus den Gleichungen

$$\tan \varphi = -\sqrt{\frac{r}{pq}} \quad ,$$

$$(21.4.34) \qquad \tan \delta = -\sqrt{\frac{p}{qr}} \quad ,$$

$$\tan \epsilon = -\sqrt{\frac{q}{rp}} \quad ,$$

deren Lösung ebenso wie die Lösung von (21.4.32) jedoch zunächst nicht eindeutig ist. Der _ersten_ Gleichung (21.4.32) entsprechen beispielsweise die zwei Winkel $\varphi = \pi - \tau$ und $\varphi' = \pi + \tau$. Daß nur der erste $(\pi - \tau)$ in Betracht kommt, läßt sich aber leicht nachweisen. Im Grenzfall $p = q = r = 1/3$ wird nämlich

$$\tan \varphi = \tan \delta = \tan \epsilon = -\sqrt{3} \quad \text{und} \quad \varphi = \delta = \epsilon = (2/3)\pi \quad .$$

Aendert man jetzt das Wertetripel (p ; q ; r) stetig ab, so folgt aus $p + q + r = 1$ sofort

$$1 - p - q > 0 \quad \text{und} \quad 1 - p - q + pq > pq \quad ;$$

das heißt aber

$$(21.4.35) \qquad (1-p)(1-q) > pq \quad \text{oder} \quad 0 < \sqrt{\frac{pq}{(1-p)(1-q)}} < 1 \quad .$$

Bei dem stetigen Uebergang vom Sonderfall $(p=q=r=1/3)$ mit $\varphi=\delta=\epsilon=(2/3)\pi$ zu einem beliebigen Wertetripel $(p\,;\,q\,;\,r)$ mit $(\varphi\,;\,\delta\,;\,\epsilon)$ bleibt stets $0 > \cos\varphi > -1$. Unter keinen Umständen können die Werte $\cos\varphi = 0$ und $\cos\varphi = -1$ erreicht werden. Damit bleibt aber φ stets größer als $\pi/2$ und kleiner als π . Durch zyklische Vertauschung von p , q und r findet man die entsprechenden Ungleichungen für δ und ϵ . Für alle drei Winkel gilt also unabhängig von $(p\,;\,q\,;\,r)$

$$(21.4.36) \quad \frac{\pi}{2} < \left(\varphi\,;\,\delta\,;\,\epsilon\right) < \pi \;\; ;$$

sie liegen also stets zwischen $\pi/2$ und π (mit Ausschluß der Grenzwerte) .

    <u>Bei vorgegebener Hypothese</u> $H_1(p = p_1\,;\,q = q_1\,;\,r = r_1)$ berechnet man aus Gleichung $(21.4.34)$ die Winkel φ_1 , δ_1 und ϵ_1 . Als Probe hat man $\varphi_1 + \delta_1 + \epsilon_1 = 2\pi$. Dann zeichnet man im Punkte E_1 der Tangentialebene (Prüfebene) der Kugel drei Strahlen $\mathfrak{r}_1$, $\mathfrak{w}_1$ und $\mathfrak{z}_1$ ein, welche die Winkel φ_1 , δ_1 und ϵ_1 miteinander bilden. Damit hat man die <u>Richtung der Netzlinien</u> u = konst , v = konst und w = konst gefunden. Den <u>Abstand der Netzlinien</u> bestimmt man mit Hilfe von

$$(21.4.37) \quad |\mathfrak{r}_1| = \sqrt{1 - p_1} \;\;;\;\; |\mathfrak{w}_1| = \sqrt{1 - q_1} \;\;;\;\; |\mathfrak{z}_1| = \sqrt{1 - r_1}$$

so, daß der Längenänderung $\Delta l = 1$ in der Tangentialebene jeweils die Aenderungen

$$(21.4.38) \quad \Delta u = \sqrt{1 - p_1} \;\;;\;\; \Delta v = \sqrt{1 - q_1} \;\;;\;\; \Delta w = \sqrt{1 - r_1}$$

entsprechen. Um E_1 zeichnet man den Kreis mit dem Halbmesser $l = l_{1-\alpha}$, wobei $l_{1-\alpha}$ im folgenden noch bestimmt wird. Wenn die Hypothese H_1 gilt, dann liegen die transformierten Wertetripel $(u\,;\,v\,;\,w)$ mit der Wahrscheinlichkeit $S = 1-\alpha$ in diesem Kreis oder auf seinem Rand, dem zu S und H_1 gehörenden Zufallsbereich $\mathscr{L}$.

    Den "beobachteten" Punkt $B(u_B\,;\,v_B\,;\,w_B)$ in der Prüfebene findet man entsprechend $(21.4.27)$ mit Hilfe der Differenzen

$$\Delta u = \frac{\sqrt{n}}{2}\,\frac{\hat{p} - p_1}{\sqrt{p_1}} \;\;;\;\; \Delta v = \frac{\sqrt{n}}{2}\,\frac{\hat{q} - q_1}{\sqrt{q_1}} \;\;;\;\; \Delta w = \frac{\sqrt{n}}{2}\,\frac{\hat{r} - r_1}{\sqrt{r_1}}$$

oder einfacher entsprechend $(21.4.26)$, indem man sowohl das beobachtete Wertetripel $(x_B\,;\,y_B\,;\,z_B)$ als auch das erwartete Wertetripel $(\xi_1\,;\,\eta_1\,;\,\zeta_1)$ der Wurzeltransformation unterwirft. Liegt B innerhalb des Kreises $\mathscr{L}$ oder auf seinem Rand, so wird die Hypothese nicht verworfen. Versuchsergebnis B und Hypothese H_1 sind dann verträglich miteinander. Liegt B jedoch außerhalb des Kreises $\mathscr{Z}$, so wird die Hypothese H_1 verworfen. Versuchs-ergebnis und Hypothese sind dann nicht verträglich miteinander.

Diese anschauliche zeichnerische Lösung des Problems ist auch praktisch empfehlenswert, wenn die gleiche Hypothese H_1 laufend überprüft werden muß. Man hat dann nur einmal ein Netz nach Abb. 21.4.5 mit den drei Ge-radenscharen u = konst , v = konst und w = konst vorzubereiten. Eine der Linienscharen ist im Grunde überflüssig,   da man zum Eintragen des beob-achteten Punktes $B(u_B ; v_B ; w_B)$ nur zwei Differenzen gegen E , z.B. Δu und Δv , braucht. Man wird jedoch auch die dritte Schar mit benutzen, da man so mühelos überprüfen kann, ob die Zahlenrechnung richtig ist.

Der Schwellenwert $\ell_{1-\alpha}$.

Den zu S = $1-\alpha$ gehörenden Halbmesser $\ell_{1-\alpha}$ des Zufallskreises $\mathscr{Z}$ findet man ähnlich wie im Abschnitt 17.7 . Man hat nur zu beachten, daß die Zufallsgröße ℓ_1 in der Prüfebene unabhängig von (p ; q ; r) und n und unabhängig von der Richtung $(\alpha_1 ; \beta_1 ; \gamma_1)$ des Vektors $\mathcal{n}_1$ eine dreh-symmetrische Verteilung mit dem Mittelwert $M\{\ell_1\}$ = 0 und der Standard-abweichung $\sigma\{\ell_1\}$ = 1/2 besitzt. Nähert man sie durch eine zweidimensio-nale Normalverteilung an (was für die in Betracht kommenden Probengrößen n zulässig ist), so findet man entsprechend zu (17.7.29)

$$(21.4.39) \qquad \ell_{1-\alpha} = \sqrt{\tfrac{1}{2}\ln\left(\tfrac{1}{\alpha}\right)} \, .$$

Die folgende Zahlentafel gibt zu einigen Werten der Irrtumswahrscheinlich-keit α die zugehörigen Halbmesser $\ell_{1-\alpha}$.

α [%]	$\ell_{1-\alpha}$
10	1,073
5	1,224
1	1,517
0,5	1,628
0,1	1,858

Zusammenfassung über ebene und räumliche Wurzeltransformation .

Einer Gesamtheit mit den relativen Anteilen (p ; q) entnimmt man Zu-fallsproben der Größe n . Das beobachtete Zahlenpaar (x ; y) , das die Zu-

sammensetzung der Probe kennzeichnet, rechnet man mit Hilfe der Wurzeltransformation $(u = \sqrt{x}$; $v = \sqrt{y}$) auf das Wertepaar (u ; v) um und stellt
es im ebenen Wurzelnetz (Abschnitt 14.7) dar. Für nicht zu kleine Proben
(np und nq größer als 4) liegen die transformierten Punkte B(u ; v) mit
der Wahrscheinlichkeit S = 1-α in einem Parallelstreifen der (u ; v)-
Ebene (oder auf seinem Rand) ; Abb. 21.4.8 . Die Richtung der Mittellinie

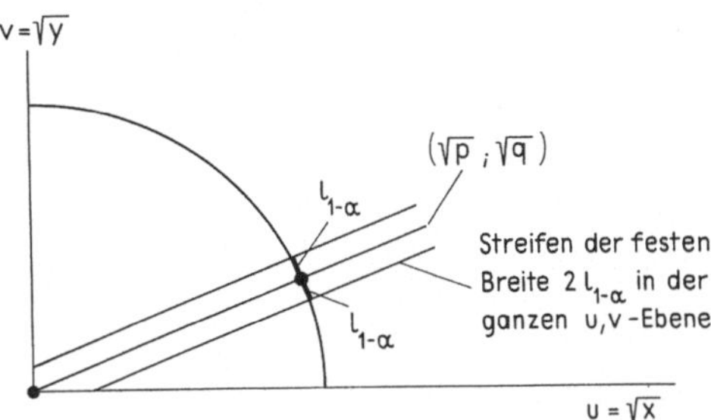

Abb. 21.4.8. Das ebene Wurzelnetz .

dieses Streifens ist durch den Einheitsvektor $\mathfrak{b}(\sqrt{p}$; $\sqrt{q})$ gegeben ; seine
Breite hat unabhängig von der Zusammensetzung (p ; q) der Gesamtheit
und der Größe n der gezogenen Probe in der ganzen (u ; v)-Ebene den
festen Wert $2\,l_{1-\alpha}$, wobei $l_{1-\alpha}$ nur von der vereinbarten Wahrscheinlichkeit S = 1-α abhängt; α ist die Irrtumswahrscheinlichkeit für eine Fehlentscheidung erster Art, die Hypothese H_1 zu verwerfen, wenn sie gilt.
Ein beobachteter Punkt $B(u_B$; $v_B)$ ist demnach mit einer vorgegebenen
Hypothese $H_1(p = p_1$; $q = q_1)$ verträglich, wenn B dem Streifen angehört,
den man der Hypothese H_1 zuordnen muß.

Im dreidimensionalen Falle wird die Gesamtheit durch die Anteile (p;q;r)
und eine Zufallsprobe der Größe n durch das Zahlentripel (x;y;z) gekennzeichnet. Rechnet man (x;y;z) mit Hilfe der Wurzeltransformation $(u = \sqrt{x}$;
$v = \sqrt{y}$; $w = \sqrt{z}$) auf das Wertetripel (u;v;w) um, so liegen die transformierten Punkte B(u ; v ; w) mit der Wahrscheinlichkeit S = 1-α innerhalb
(oder auf der Oberfläche) eines Rohres im (u ; v ; w)-Raum . Die Richtung
der Mittellinie dieses Rohres ist durch den Einheitsvektor $\mathfrak{b}(\sqrt{p}$; $\sqrt{q}$; $\sqrt{r}$)
gegeben; sein Halbmesser l hat unabhängig von der Zusammensetzung
(p ; q ; r) der Gesamtheit und der Größe n der gezogenen Probe im ganzen
(u ; v ; w)-Raum den festen Wert $l \equiv l_{1-\alpha}$, wobei $l_{1-\alpha}$ nur von der vereinbarten Wahrscheinlichkeit S = 1-α abhängt, Abb. 21.4.9 . Ein beobachte-

ter Punkt $B(u_B ; v_B ; w_B)$ ist demnach mit einer vorgegebenen Hypothese $H_1(p = p_1 ; q = q_1 ; r = r_1)$ verträglich, wenn B dem Rohr angehört, das

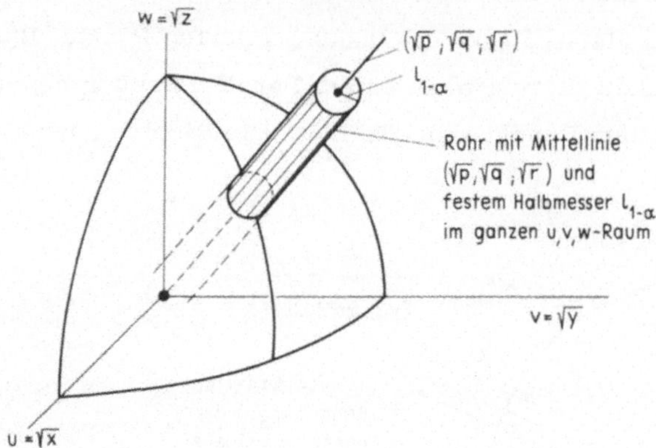

Abb. 21.4.9. Zur dreidimensionalen Wurzeltransformation.

man der Hypothese H_1 zuordnen muß. Da man praktisch nur den Schnitt dieses (engen) Rohres mit der Kugel $u^2 + v^2 + w^2 = n$ oder mit der Tangentialebene dieser Kugel im Punkte

$$E(a ; b ; c) \equiv E(\sqrt{\xi} ; \sqrt{\eta} ; \sqrt{\varsigma})$$

benötigt, so läßt sich ein zeichnerisches Verfahren angeben, mit dem man eine vorgegebene Hypothese H_1 leicht testen kann: Der beobachtete Punkt $B(u_B ; v_B ; w_B)$ muß in der Umgebung des Erwartungswertes $E(a ; b ; c)$ in einem Kreis mit festem Halbmesser $\ell_{1-\alpha}$ liegen, wenn B und H_1 verträglich miteinander sein sollen.

Das Verfahren entspricht dem χ^2-Test für $f = 2$ Freiheitsgrade, wenn man anstelle der Prüfgröße ℓ die Prüfgröße $(2\ell)^2$ verwendet. Der Beweis ist leicht zu führen. Nach (21.4.25a) ist

$$4\,\ell^2 = (2\,\ell_1)^2 + (2\,\ell_2)^2 .$$

Die Zufallsgrößen $(2\,\ell_1)$ und $(2\,\ell_2)$ genügen einer zweidimensionalen drehsymmetrischen Verteilung in der Tangentialebene an die Kugel im Punkte $E(a ; b ; c)$; Abb. 21.4.3 . Nach (21.4.22) sind die Mittelwerte

$$M\left\{2\ell_1\right\} = M\left\{2\ell_2\right\} = 0 .$$

Nach (21.4.23) sind die Varianzen

$$V\left\{2\,\ell_1\right\} = V\left\{2\,\ell_2\right\} = 1 .$$

Die Kovarianz zwischen $2\,\ell_1$ und $2\,\ell_2$ verschwindet nach (21.4.25b) ,

$$C\left\{2\,\ell_1 \; ; \; 2\,\ell_2\right\} = 0 \; .$$

Für "genügend große" Proben darf man demnach die Verteilung durch die zweidimensionale standardisierte Normalverteilung der voneinander unabhängigen Zufallsgrößen $2\,\ell_1$ und $2\,\ell_2$ ersetzen. Dann ist die Prüfgröße $4\,\ell^2$ nach (21.4.18),

$$4\,\ell^2 = \frac{(x-\xi)^2}{\xi} + \frac{(y-\eta)^2}{\eta} + \frac{(z-\zeta)^2}{\zeta} = (2\,\ell_1)^2 + (2\,\ell_2)^2 = \chi_2^2 \; ,$$

verteilt wie χ^2 mit $f = 2$ Freiheitsgraden. Es gilt demnach für die Schwellenwerte

$$4\,\ell_{1-\alpha}^2 = \chi_{2;\,1-\alpha}^2 \; .$$

Der zeichnerische Test ist jedoch vorzuziehen, wenn man <u>laufend dieselbe Hypothese H_1</u> überprüfen muß. Wenn die zu testenden Hypothesen ständig wechseln, so ist der χ^2-Test ohne Bezug auf eine anschauliche Darstellung bequemer. Ein Beispiel, bei dem man laufend dieselbe Hypothese H_1 testen muß, ist die Beurteilung von Drei-Komponenten-Mischungen mit vorgeschriebenem festen Mischungsverhältnis. Man soll in Teilmengen von vorgeschriebener Größe eine ganz bestimmte Zusammensetzung nach den Anteilen $(p_1 \; ; \; q_1 \; ; \; r_1)$ der drei Komponenten gewährleisten. Hier ist ein Testverfahren nach Abb. 21.4.9 bzw. 21.4.5 zweckmäßig.

21.5 Die Polynomialverteilung; der $\varkappa^2$-Anpassungstest

Die im Abschnitt 21.1 behandelte Trinomialverteilung läßt sich in folgender Weise verallgemeinern. Eine Gesamtheit der Größe N enthält X_i Einheiten mit dem Merkmal A_i , $i = 1 \; ; \; 2 \; ; \; \dots \; ; \; k$. Die Merkmale A_i schließen sich gegenseitig aus. Es ist

$$(21.5.1) \qquad \sum_{i=1}^{k} X_i = N \; .$$

Die relativen Anteile für A_i (die Grundwahrscheinlichkeiten bei der zufälligen Entnahme einer Einheit) sind

$$(21.5.2) \qquad W\left\{A_i\right\} = \frac{X_i}{N} = p_i \quad \text{mit} \quad \sum_{i=1}^{k} p_i = 1 \; .$$

Man entnimmt dieser Gesamtheit eine Zufallsprobe der Größe n . Dabei wird vorausgesetzt, daß die einzelnen Einheiten <u>"mit Zurücklegen"</u> gezogen werden, so daß die Wahrscheinlichkeit für A_i während der Entnahme der Probe n den unveränderlichen Wert p_i hat.

In der Probe beobachtet man x_i Einheiten mit dem Merkmal A_i (oder x_i Merkmalträger A_i). Es ist

$$(21.5.3) \qquad \sum_{i=1}^{k} x_i = n \ .$$

Die relative Häufigkeit des Merkmals A_i in der Probe ist

$$(21.5.4) \qquad \frac{x_i}{n} = \hat{p}_i \quad \text{mit} \quad \sum_{i=1}^{k} \hat{p}_i = 1 \ .$$

Gesucht wird bei gegebenen Ausgangswahrscheinlichkeiten p_i und vorgeschriebener Probengröße n die Wahrscheinlichkeit für das Ereignis $\{ x_1 ; x_2 ; \ldots ; x_k \}$,

$$W = W \{ x_1 ; x_2 ; \ldots ; x_k \mid p_1 ; p_2 ; \ldots ; p_k ; n \} \ ,$$

d.h. die Wahrscheinlichkeit, eine Probe n der genannten Zusammensetzung zu finden. In der Aufzählung der x_i und p_i darf man wegen $\sum_i x_i = n$ und $\sum_i p_i = 1$ __ein__ x_i und __ein__ p_i weglassen, z.B. x_k und p_k. Es gilt

$$(21.5.5) \qquad W\{ x_1 ; x_2 ; \ldots ; x_k \mid p_1 ; p_2 ; \ldots ; p_k ; n \} = n! \prod_{i=1}^{k} \frac{p_i^{x_i}}{x_i!} \ .$$

Gleichung (21.5.5) beweist man durch vollständige Induktion. Für $k = 2$ (Binomialverteilung) und $k = 3$ (Trinomialverteilung) ist Gleichung (21.5.5) richtig. Im folgenden wird gezeigt, daß aus der Gültigkeit für k die Gültigkeit für $(k+1)$ folgt.

Die $(k+1)$ Merkmale seien A_i, $i = 1 ; 2 ; \ldots ; k+1$, mit den Wahrscheinlichkeiten p_i, wobei

$$\sum_{i=1}^{k+1} p_i = 1$$

ist. Es sei $B = A_k + A_{k+1}$ das Ereignis A_k oder A_{k+1}. Man unterscheidet also die beiden Merkmale A_k und A_{k+1} zunächst nicht. Da sich die Merkmale A_i gegenseitig ausschließen, gilt

$$W\{B\} = W\{A_k + A_{k+1}\} = W\{A_k\} + W\{A_{k+1}\} = p_k + p_{k+1} \equiv q \ .$$

In der Probe n ist die Ereigniszahl für B gleich $(x_k + x_{k+1}) \equiv y$. Die Wahrscheinlichkeit für das Ereignis $\{ x_1\text{-mal } A_1 ; x_2\text{-mal } A_2 ; \ldots ; x_{k-1}\text{-mal } A_{k-1} ; y\text{-mal } B \} \equiv \{ x_1 ; x_2 ; \ldots ; x_{k-1} \}$ bei n Versuchen wird

$$(21.5.6) \qquad W\{ x_1 ; x_2 ; \ldots ; x_{k-1} \} = n! \ \frac{q^y}{y!} \prod_{i=1}^{k-1} \frac{p_i^{x_i}}{x_i!} \ ,$$

denn für die k Merkmale A_1; A_2; $\ldots$; A_{k-1}; B ist die Gleichung (21.5.5.) nach Voraussetzung gültig. Im folgenden denkt man sich das Wertetupel $\{x_1$; x_2; $\ldots$; $x_{k-1}\}$ fest. Dann wird die bedingte Wahrscheinlichkeit bei gegebenem $\{x_1$; x_2; $\ldots$; $x_{k-1}\}$ für A_k bzw. A_{k+1}

$$\frac{p_k}{q} = r_k \quad \text{bzw.} \quad \frac{p_{k+1}}{q} = r_{k+1} \quad \text{mit} \quad r_k + r_{k+1} = 1 \ .$$

Die Wahrscheinlichkeit, bei $\left(n - \sum_{i=1}^{k-1} x_i\right) = y$ Versuchen x_k-mal das Merkmal A_k und x_{k+1}-mal das Merkmal A_{k+1} zu finden, wird

$$(21.5.7) \quad W\left\{x_k; x_{k+1} \big| x_1; x_2; \ldots; x_{k-1}\right\} = \frac{y!}{x_k! \ x_{k+1}!} \left(\frac{p_k}{q}\right)^{x_k} \left(\frac{p_{k+1}}{q}\right)^{x_{k+1}} \ .$$

Die gesuchte Wahrscheinlichkeit W wird nach dem Produktsatz der Wahrscheinlichkeitsrechnung

$$W = W\left\{x_1; x_2; \ldots; x_{k-1}\right\} \cdot W\left\{x_k; x_{k+1} \big| x_1; \ldots; x_{k-1}\right\} \ .$$

Setzt man die einzelnen Wahrscheinlichkeiten aus (21.5.6) und (21.5.7) ein, so findet man mit $y = x_k + x_{k+1}$ schließlich

$$W\left\{x_1; x_2; \ldots; x_{k+1}\right\} = n! \prod_{i=1}^{k+1} \frac{p_i^{x_i}}{x_i!} \ .$$

Diese Gleichung geht aus (21.5.5) hervor, indem man dort k durch $(k+1)$ ersetzt. Damit ist das Bildungsgesetz für die Wahrscheinlichkeiten der Polynomialverteilung allgemein nachgewiesen.

Bei k Merkmalen A_1; $\ldots$; A_k sind im k-dimensionalen Raum der x_i alle ganzzahligen Gitterpunkte $G(x_1; x_2; \ldots; x_k)$ mit $0 \leqq x_i \leqq n$ möglich, die in der "Ebene"

$$(21.5.8) \quad x_1 + x_2 + \ldots + x_k = n$$

liegen. Jedem Gitterpunkt G der Ebene ist die ihm entsprechende Wahrscheinlichkeit (21.5.5) zugeordnet. Bildet man die Summe der Wahrscheinlichkeiten über alle Gitterpunkte G, so wird

$$(21.5.9) \quad \sum_G n! \prod_{i=1}^{k} \frac{p_i^{x_i}}{x_i!} = 1 \ .$$

<u>Mittelwerte, Varianzen und Kovarianzen.</u>

Bei wiederholter Probenahme wird der Mittelwert der Zufallsgröße x_i

$$(21.5.10) \quad M\{x_i\} = \mu_i = n\,p_i \ .$$

Die Varianz ist

$$(21.5.11) \quad V\{x_i\} = \sigma_i^2 = n\,p_i(1-p_i) \ .$$

Die Kovarianz zwischen x_i und x_j für $i \neq j$ wird

$$(21.5.12) \quad C\{x_i \,;\, x_j\} = -\,n\,p_i\,p_j \ .$$

Setzt man in der üblichen Weise

$$C\{x_i \,;\, x_j\} = \sigma_i\,\sigma_j\,\rho_{ij} \ ,$$

so findet man die Korrelationszahl ρ_{ij} zwischen x_i und x_j für $i \neq j$ zu

$$(21.5.13) \quad \rho_{ij} = -\sqrt{\frac{p_i}{1-p_i}\,\frac{p_j}{1-p_j}} \ .$$

Mittelwert und Varianz der relativen Häufigkeit $x_i/n = \hat{p}_i$ werden

$$(21.5.14) \quad M\{\hat{p}_i\} = p_i \quad \text{und} \quad V\{\hat{p}_i\} = \frac{p_i(1-p_i)}{n} \ .$$

Die Kovarianz zwischen $\hat{p}_i$ und $\hat{p}_j$ für $i \neq j$ folgt aus (21.5.10) zu

$$(21.5.15) \quad C\{\hat{p}_i \,;\, \hat{p}_j\} = -\,\frac{p_i\,p_j}{n} \ .$$

Die Korrelationszahl zwischen $\hat{p}_i$ und $\hat{p}_j$ für $i \neq j$ bleibt ungeändert gleich ρ_{ij}, da der Uebergang von $(x_i \,;\, x_j)$ zu $(\hat{p}_i \,;\, \hat{p}_j)$ einer linearen Transformation entspricht.

Der Beweis der Gleichungen (21.5.10), (21.5.11) und (21.5.12) verläuft ähnlich wie bei der Trinomialverteilung. Der Mittelwert $M\{x_i\}$ von x_i wird

$$(21.5.16) \quad M\{x_i\} = \sum_G x_i\,n! \prod_{j=1}^{k} \frac{p_j^{x_j}}{x_j!} = \sum_{G'} x_i\,n! \prod_{j=1}^{k} \frac{p_j^{x_j}}{x_j!} \ ,$$

wobei die Summation über alle ganzzahligen Gitterpunkte G der Gleichung (21.5.9) zu erstrecken ist. Da die Gitterpunkte mit $x_i = 0$ keinen Beitrag zur Summe liefern, darf man sie bei der Summation ausschließen, was durch das Zeichen G' angedeutet wird. In der Summe über G' gilt demnach $1 \leq x_i \leq n$. In (21.5.16) zieht man $(n\,p_i)$ vor die Summe und findet

$$(21.5.17) \qquad M\{x_i\} = n\, p_i \sum_{G'} (n-1)!\ \frac{p_i^{x_i-1}}{(x_i-1)!}\ \prod_{\substack{j=1\\j\neq i}}^{k} \frac{p_j^{x_j}}{x_j!}\ .$$

Setzt man $x_i - 1 = x_i'$ und $n-1 = n'$, so liegt x_i' im Bereich $0 \leqq x_i' \leqq n'$. Setzt man in der Ebenengleichung (21.5.8) $x_i = x_i' + 1$, so kommt

$$x_1 + x_2 + \ldots + x_{i-1} + (x_i' + 1) + x_{i+1} + \ldots + x_k = n$$

oder

$$\sum_{\substack{j=1\\j\neq i}}^{k} x_j + x_i' = n-1 = n'\ .$$

Damit nimmt die Summe über G' die Gestalt an

$$(21.5.18) \qquad \sum_{G'} n'! \left[\prod_{\substack{j=1\\j\neq i}}^{k} \frac{p_j^{x_j}}{x_j!} \right] \frac{p_i^{x_i'}}{x_i'!} = 1\ ,$$

aus der man nach (21.5.9) erkennt, daß sie den Wert 1 hat. Damit wird der gesuchte Mittelwert

$$M\{x_i\} = n\, p_i\ ,$$

was in (21.5.10) behauptet wurde.

Der Beweis der entsprechenden Gleichungen für $V\{x_i\}$ und $C\{x_i\,;\,x_j\}$ sei nach dem Vorbild des Abschnitts 21.2 dem Leser überlassen.

Test der Hypothese $p_i = p_{i0}$ für $i = 1\,;\,\ldots\,;\,k$.

Eine Zufallsprobe der Größe n aus einer Polynomialverteilung mit den unbekannten Wahrscheinlichkeiten p_i, $i = 1\,;\,2\,;\,\ldots\,;\,k$; hat die Zusammensetzung $(x_1\,;\,x_2\,;\,\ldots\,;\,x_k)$ ergeben, d.h. die Probe enthält x_i Merkmalträger A_i. Es ist zu testen, ob das Versuchsergebnis $(x_1\,;\,x_2\,;\,\ldots\,;\,x_k)$ mit der Hypothese $(p_1 = p_{10}\,;\,p_2 = p_{20}\,;\,\ldots\,;\,p_k = p_{k0})$ verträglich ist oder nicht. Zur Durchführung des Tests unterwirft man die Ereigniszahlen x_i der Wurzeltransformation.

Die Wurzeltransformation der Ereigniszahlen x_i.

Man transformiert (wie im Abschnitt 21.4) die Ereigniszahlen x_i zu $u_i = \sqrt{x_i}$. Aus

$$(21.5.19) \qquad x_1 + x_2 + \ldots + x_k = n$$

folgt dann

$$(21.5.20) \qquad u_1^2 + u_2^2 + \ldots + u_k^2 = (\sqrt{n})^2\ ,$$

mit $0 \leqq u_i \leqq \sqrt{n}$ für alle i.

Die transformierten Zufallsgrößen u_i liegen auf der Oberfläche einer k-dimensionalen Kugel mit dem "Halbmesser" $\sqrt{n}$, von der jedoch nur die "Teilkugel" für positive u_i im Bereich $0 \lessgtr u_i \lessgtr \sqrt{n}$ mit Meßpunkten besetzt wird.

Bei der Merkmaltransformation $u = \sqrt{x}$ gilt mit $M\{x\} = \xi$ und $V\{x\} = \sigma_x^2$ für "genügend kleine" Variationszahlen σ_x/ξ allgemein

$$M\{u\} = \sqrt{\xi}\left[1 - \frac{1}{8}\left(\frac{\sigma_x}{\xi}\right)^2\right] \approx \sqrt{\xi}$$

und

$$V\{u\} = \frac{V\{x\}}{4\,\xi} \quad .$$

Setzt man hier $M\{x_i\} = n\,p_i$ aus (21.5.10) und $V\{x_i\} = n\,p_i(1-p_i)$ aus (21.5.11) ein, so findet man in erster Näherung

$$(21.5.21) \quad M\{u_i\} = \sqrt{n\,p_i} \equiv a_i \quad ,$$

und

$$(21.5.22) \quad V\{u_i\} = \frac{1-p_i}{4} \quad .$$

Die Näherung ist brauchbar, wenn das Verbesserungsglied $(1/8)(\sigma_x/\xi)^2 = (1-p_i)/(8\,n\,p_i) < 1/(8\,n\,p_i)$ klein gegen 1 bleibt. Dazu muß gelten $\underset{i}{\mathrm{Min}}\{8\,n\,p_i\} \gg 1$. Das kleinste Produkt der $(8\,n\,p_i)$ muß noch groß gegen 1 sein, praktisch muß etwa $n\,p_i \gtrsim 5$ gelten.

Die Kovarianz zwischen u_i und u_j für $i \neq j$ wird mit $u_i - M\{u_i\} = \Delta u_i$

$$C\{u_i\,;\,u_j\} = M\{\Delta u_i \Delta u_j\} \quad .$$

Dabei folgt aus $u_i^2 = x_i$ an der Stelle $M\{u_i\} = a_i$ in erster Näherung $2\,a_i\Delta u_i = \Delta x_i$ oder

$$(21.5.23) \quad \Delta u_i = \frac{\Delta x_i}{2\,M\{u_i\}} = \frac{x_i - n\,p_i}{2\sqrt{n\,p_i}} \quad .$$

Damit wird

$$C\{u_i\,;\,u_j\} = M\left\{\frac{\Delta x_i \Delta x_j}{4\,n\sqrt{p_i\,p_j}}\right\} = \frac{C\{x_i\,;\,x_j\}}{4\,n\sqrt{p_i\,p_j}} \quad .$$

Setzt man $C\{x_i\,;\,x_j\}$ aus (21.5.12) ein, so hat man

$$(21.5.24) \quad C\{u_i\,;\,u_j\} = -\frac{1}{4}\sqrt{p_i\,p_j} \quad .$$

Damit sind Mittelwerte, Varianzen und Kovarianzen der transformierten Zufallsgrößen u_i bekannt.

Der Endpunkt E des Vektors $\mathfrak{b}$ mit den Komponenten $M\{u_i\} = \sqrt{n\,p_i} = a_i$ nach den k Achsenrichtungen der u_i hat vom Ursprung den Abstand $|\mathfrak{b}|$, wobei

$$|\mathfrak{b}|^2 = \sum_{i=1}^{k} a_i^2 = \sum_{i=1}^{k} n\,p_i = n \sum_{i=1}^{k} p_i = n$$

ist. Mithin gilt $|\mathfrak{b}| = \sqrt{n}$; der Endpunkt $E\{a_i\}$ des genannten Vektors, der Bildpunkt der Mittelwerte im Raum der u_i , liegt auf der eingangs genannten Teilkugel vom Halbmesser $\sqrt{n}$.

Bezeichnet man mit $\mathfrak{n}_i$ einen Einheitsvektor in Richtung der u_i-Achse des k-dimensionalen Raumes, so hat der Vektor $\Delta\mathfrak{b}$ mit den Komponenten Δu_i die Gestalt

$$(21.5.25) \qquad \Delta\mathfrak{b} = \sum_{i=1}^{k} \mathfrak{n}_i \, \Delta u_i \; .$$

Wegen $M\{\Delta u_i\} = 0$ verschwindet auch der Vektor $M\{\Delta\mathfrak{b}\}$.

Für die Länge $\ell = |\Delta\mathfrak{b}|$ des Vektors $\Delta\mathfrak{b}$ gilt

$$\ell^2 = \sum_{i=1}^{k} (\Delta u_i)^2 \; .$$

Der Mittelwert $M\{\ell^2\}$ wird mit (21.5.22)

$$M\{\ell^2\} = \sum_{i=1}^{k} M\{(\Delta u_i)^2\} = \sum_{i=1}^{k} V\{u_i\} = \frac{1}{4} \sum_{i=1}^{k} (1-p_i)$$

oder mit $\sum_i p_i = 1$

$$(21.5.26) \qquad M\{\ell^2\} = \frac{k-1}{4} \; .$$

$M\{\ell^2\}$ ist unabhängig von den Ausgangswahrscheinlichkeiten p_i und der Probengröße n . Der Mittelwert von ℓ^2 hat demnach im ganzen k-dimensionalen Stichprobenraum der transformierten Zufallsgrößen $(u_1 ; \dots ; u_k)$ den festen Wert $(k-1)/4$. Die letzte Beziehung entspricht der Gleichung (21.4.17) der dreidimensionalen Wurzeltransformation.

Aus (21.5.23) folgt für die Differenzen $\Delta u_i = u_i - \sqrt{n\,p_i}$ die Beziehung

$$(21.5.27) \qquad \sum_{i=1}^{k} \sqrt{n\,p_i}\,\Delta u_i = 0 \; .$$

Der Vektor $\mathfrak{b}\{\sqrt{n\,p_i}\}$ mit den Komponenten $a_i = \sqrt{n\,p_i}$ ist orthogonal zum Vektor $\Delta\mathfrak{b}\{\Delta u_i\}$, da das innere Produkt (21.5.27) der beiden Vektoren verschwindet. Da der Endpunkt E des Vektors $\mathfrak{b}\{\sqrt{n\,p_i}\}$ auf der k-dimensionalen Kugeloberfläche mit dem Halbmesser $\sqrt{n}$ liegt, so fällt der Vektor $\Delta\mathfrak{b}\{u_i\}$ in die "Tangentialebene" der Kugel im Punkte E .

Die Verteilung von ℓ^2.

Um die Verteilung der Zufallsgröße ℓ^2 zu untersuchen, legt man in der eben genannten "Tangentialebene" der Kugel durch den Berührungspunkt $E\{\sqrt{n\,p_i}\}$ mit der Kugel einen Einheitsvektor $\mathbf{n}_0(\alpha_i)$, der nach den k Achsenrichtungen der u_i die Komponenten α_i hat. Es gilt

$$(21.5.28) \qquad \sum_{i=1}^{k} \alpha_i^2 = 1 \ .$$

Da $\mathbf{n}_0\{\alpha_i\}$ zum Vektor $\delta\{\sqrt{n\,p_i}\}$ orthogonal ist, muß das innere Produkt $(\mathbf{n}_0\,\delta)$ verschwinden,

$$(21.5.29) \qquad (\mathbf{n}_0\,\delta) = \sqrt{n}\ \sum_{i=1}^{k} \alpha_i \sqrt{p_i} = 0 \ .$$

Die Projektion des kleinen Vektors $\Delta\delta$ mit dem Betrag $|\Delta\delta| = \ell$ in die Richtung $\mathbf{n}_0$ ist

$$v_0 = (\Delta\delta\ \mathbf{n}_0) = \sum_{i=1}^{k} \alpha_i \Delta u_i \ .$$

Daraus folgt mit $M\{\Delta u_i\} = 0$ der Mittelwert

$$(21.5.30) \qquad M\{v_0\} = 0 \ .$$

Die Varianz wird

$$V\{v_0\} = M\{v_0^2\} = M\left\{ \left(\sum_{i=1}^{k} \alpha_i \Delta u_i \right)^2 \right\}$$

$$= M\left\{ \sum_{i=1}^{k}\sum_{j=1}^{k} \alpha_i \alpha_j \Delta u_i \Delta u_j \right\} = \sum_{i=1}^{k}\sum_{j=1}^{k} \alpha_i \alpha_j\ M\{\Delta u_i \Delta u_j\} \ .$$

Mit

$$M\{\Delta u_i \Delta u_j\} = V\{u_i\} = (1-p_i)/4 \qquad\qquad \text{für}\quad i = j$$

und

$$M\{\Delta u_i \Delta u_j\} = C\{u_i\,;\,u_j\} = -\sqrt{p_i\,p_j}/4 \qquad\qquad \text{für}\quad i \neq j$$

gilt zunächst für die Glieder mit $i = j$

$$\sum_{i=1}^{k} \alpha_i^2\, V\{u_i\} = \frac{1}{4} \sum_{i=1}^{k} \alpha_i^2 (1-p_i) = \frac{1}{4} - \frac{1}{4} \sum_{i=1}^{k} (\alpha_i \sqrt{p_i})^2 \ .$$

Damit wird weiter

$$V\{v_0\} = \frac{1}{4} - \frac{1}{4} \sum_{i=1}^{k} (\alpha_i \sqrt{p_i})^2 - \frac{1}{4} \sum_{\substack{i=1 \\ i\neq j}}^{k}\sum_{j=1}^{k} \alpha_i \alpha_j \sqrt{p_i\,p_j}$$

oder

$$V\{v_0\} = \frac{1}{4} - \frac{1}{4} \sum_{i=1}^{k}\sum_{j=1}^{k} \alpha_i \sqrt{p_i}\ \alpha_j \sqrt{p_j} = \frac{1}{4} - \frac{1}{4} \left(\sum_{i=1}^{k} \alpha_i \sqrt{p_i} \right)^2 \ .$$

Da die letzte Summe nach (21.5.29) verschwindet, hat man

(21.5.31) $V\{v_0\} = \dfrac{1}{4}$ und $\sigma\{v_0\} = \dfrac{1}{2}$.

Die Zufallsgröße v_0 hat in der "Tangentialebene" der Kugel, d.h. in einem (k-1)-dimensionalen Unterraum, unabhängig von der Richtung des Vektors π_0 , d.h. in jeder Richtung, unabhängig von den Grundwahrscheinlichkeiten p_i und unabhängig von der Probengröße n im ganzen Stichprobenraum der u_i den Mittelwert $M\{v_0\} = 0$, die Varianz $V\{v_0\} = 1/4$ und die Standardabweichung $\sigma\{v_0\} = 1/2$. In dieser "Tangentialebene" der k-dimensionalen Kugel, d.h. in einem (k-1)-dimensionalen Unterraum, gibt es (k-1) zueinander orthogonale Richtungen π_j ; j = 1 ; 2 ; ... ; k-1 . Bezeichnet man die Komponenten des Vektors $\Delta\delta$ (bzw. seiner Länge ℓ) nach diesen Richtungen mit v_j , so gilt für jede dieser Komponenten nach (21.5.30) und (21.5.31)

$$M\{v_j\} = 0 \quad \text{und} \quad V\{v_j\} = \frac{1}{4} .$$

Wegen der Orthogonalität der Vektoren π_j verschwindet die Kovarianz zwischen v_j und v_k für j $\neq$ k ,

(21.5.32) $C\{v_j ; v_k\} = 0$ für j $\neq$ k .

Damit läßt sich die "Prüfgröße" $4|\Delta\delta|^2 = (2\ell)^2$ in (k-1) Komponenten $(2\,v_j)$ zerlegen, deren Kovarianzen verschwinden und deren Varianzen den von allen Parametern unabhängigen Wert 1 haben,

$$(21.5.33) \quad 4\ell^2 = \sum_{j=1}^{k-1} (2\,v_j)^2 .$$

Der Mittelwert wird $M\{4\ell^2\} = \sum_{j=1}^{k-1} V\{2\,v_j\} = k-1$, was bereits aus (21.5.26) bekannt ist. Mit wachsender Probengröße n strebt die Verteilung der v_j gegen die standardisierte Normalverteilung, was sich ähnlich zeigen läßt wie bei Binomial- und Trinomialverteilung. Infolgedessen ist $4\ell^2$ nach (21.5.33) als Summe von (k-1) standardisiert normal verteilten Zufallsgrößen verteilt wie χ^2 mit f = k-1 Freiheitsgraden. Praktisch gilt dieses Ergebnis, wenn $n\,p_i \gtrless 5$ für alle i ist.

Der Test.

Aus den Beobachtungen x_i bildet man mit (21.5.23) die Prüfgröße

$$(21.5.34) \quad 4\ell^2 = \sum_{i=1}^{k} (2\Delta u_i)^2 = \sum_{i=1}^{k} \frac{(x_i - n\,p_{i0})^2}{n\,p_{i0}} \equiv B .$$

Wenn die Hypothese $p_1 = p_{10}$; $\cdots$; $p_k = p_{k0}$ gilt, dann ist B nach (21.5.33) verteilt wie χ^2_{k-1} . Man vergleicht deshalb B mit dem Schwellenwert $\chi^2_{k-1;1-\alpha}$ der χ^2-Verteilung mit $f = k-1$ Freiheitsgraden und entscheidet folgendermaßen:

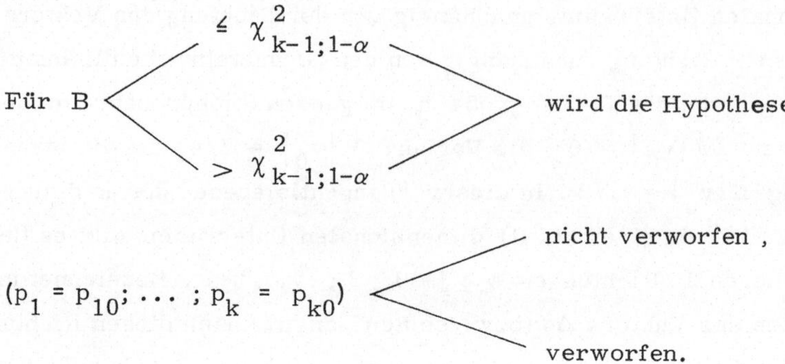

Der χ^2-Anpassungstest.

Im vorausgehenden sind A_i , $i = 1$; 2 ; $\cdots$; k , sich gegenseitig ausschließende Merkmale mit den Wahrscheinlichkeiten p_i . Die Ueberlegungen bleiben ungeändert, wenn man unter A_i unterschiedliche Ausprägungen des gleichen Merkmals A versteht, beispielsweise die Ereigniszahlen $A_i \equiv x_i$ $\left[\text{mit } 0 \le x_i \le n\right]$ einer Binomialverteilung oder die Ereigniszahlen $A_i \equiv x_i$ $\left[\text{mit } 0 \le x_i < \infty\right]$ einer Poisson-Verteilung oder die Klassenmitten $A_i \equiv x_i$ der Häufigkeitstafel eines stetig verteilten Merkmals x .

Bei der Auswertung von Meßreihen taucht häufig die Frage auf, ob eine vorliegende Meßreihe aus einer Verteilung mit einer ganz bestimmten Summenfunktion $\Psi(x) = \Psi_0(x)$ stammt. Beispielsweise setzen zahlreiche Testverfahren voraus, daß die Beobachtungen einer Normalverteilung $\Phi(x)$ entnommen worden sind. Wenn man einen Test machen will, der nur unter dieser Voraussetzung gültig ist, so muß man streng genommen vorher prüfen, ob die Voraussetzung $\Psi(x) = \Phi(x)$ zutrifft. Wenn man für die Verteilung der x_i aus Zahlentafel 21.5.1 einen Vertrauensbereich für den Mittelwert u mit Hilfe der t-Verteilung in der Gestalt

$$\bar{x} - t_{f;1-(\alpha/2)}\,(s/\sqrt{n}) \;\le\; \mu \;\le\; \bar{x} + t_{f;1-(\alpha/2)}\,(s/\sqrt{n})$$

angeben will, so muß man sich vorher fragen, ob die Beobachtungen x_i (bzw. die entsprechenden Werte x_ν der Urliste) aus einer Normalverteilung $\Psi(x) = \Phi(x)$ stammen. Andernfalls ist die oben gegebene Abgrenzung nicht gültig.

Bei der Fragestellung $\Psi(x) = \Psi_0(x)$ können die Parameter μ ; σ^2 ; ... der Verteilung $\Psi_0(x)$ fest vorgegebene Werte $\mu = \mu_0$; $\sigma^2 = \sigma_0^2$; ... sein. Man

Zahlentafel 21.5.1		
Klassen- Nr. mitte i $x_i\,[\mathrm{mm}]$	Besetzungs- zahl n_i	Summen- häufigkeit $F_i\,[\%]$
1 13,13	2	1,0
2 20	6	4,0
3 27	22	15,0
4 34	38	34,0
5 41	54	61,0
6 48	39	80,5
7 55	28	94,5
8 62	9	99,0
9 13,69	2	100,0
	200 = n	

kann aber (wie im Beispiel) auch einfach fragen, ob die Ausgangsverteilung der x-Werte normal ist,

$$\Psi_0(x) = \Phi(x\,|\,\mu\,;\,\sigma^2)\ .$$

In dem Falle hat man vor dem Test auf Normalverteilung die unbekannten Parameter $(\mu\,;\,\sigma^2)$ der hypothetischen Verteilung $\Phi(x)$ durch die Stichprobenwerte $(\bar{x}\,;\,s^2)$ zu schätzen. Im Beispiel der Zahlentafel 21.5.1 findet man $\bar{x} = 13,42$ mm und $s^2 = (0,108)^2\ \mathrm{mm}^2$, was später gebraucht wird.

Bei der Fragestellung $\Psi(x) = \Psi_0(x)$ ist es gleichgültig, ob das Merkmal x sprunghaft oder stetig veränderlich ist. Wenn x stetig verteilt ist, so muß die Verteilung allerdings in der Gestalt einer <u>klassifizierten</u> Wahrscheinlichkeits- bzw. Häufigkeitstafel vorliegen, damit der folgende Test angewandt werden kann.

Die unbekannte Summenfunktion der Ausgangsverteilung (der Grundgesamtheit) sei $\Psi(x)$. Die zu testende Hypothese H_0 über $\Psi(x)$ lautet $\Psi(x) = \Psi_0(x)$; die Gegenhypothese H ist $\Psi(x) \neq \Psi_0(x)$. Verfahren, welche die Prüfung der Hypothese H_0 gestatten, heißen Anpassungsteste. Dazu gehört der χ^2-Anpassungstest, der im folgenden erörtert wird, und der Kolmogoroff-Smirnow-Einstichprobentest, auf den hier nur hingewiesen sei.

Wenn die Hypothese H_0 bzw. $\Psi(x) = \Psi_0(x)$ gilt, dann wird sich die beobachtete Summenfunktion $F(x)$ einer Stichprobe der Größe n nur zufällig von der hypothetischen Summenfunktion $\Psi_0(x)$ unterscheiden. Es gilt, eine zur Beurteilung geeignete Prüfgröße zu finden.

Es sei k die Zahl der Klassen des stetig verteilten Merkmals x (bzw. der "Gruppen" bei sprunghaft veränderlichem Merkmal). Die beobachtete Besetzungszahl in der Klasse i sei n_i. Die bei Gültigkeit der Hypothese $\Psi(x) = \Psi_0(x)$ zu erwartende Besetzungszahl,

$$M\left\{n_i\right\} = n_{i0} \; ,$$

läßt sich aus $\Psi_0(x)$ berechnen. Für die Klasse i sei der Bereich

$$(21.5.35) \quad x'_{i-1} < x \leqq x'_i \; ; \; i = 1 ; 2 ; \ldots ; k$$

gegeben, wobei x'_{i-1} die untere (linke) und x'_i die obere (rechte) Klassengrenze darstellt. Mit der Wahrscheinlichkeit

$$(21.5.36) \quad W\left\{x'_{i-1} < x \leqq x'_i\right\} = \Psi_0(x'_i) - \Psi_0(x'_{i-1}) \equiv p_{i0}$$

fällt x in diesen Bereich. Mithin ist bei n Beobachtungen die zu erwartende Besetzungszahl der Klasse i

$$(21.5.37) \quad M\left\{n_i\right\} = n_{i0} = n\, p_{i0} \; .$$

Bei sprunghaft verteilten Merkmalwerten ist entsprechend

$$(21.5.38) \quad W\left\{x = x_i\right\} = \Psi_0(x_i) - \Psi_0(x_{i-1}) = p_{i0}$$

und $n_{i0} = n\, p_{i0}$ wie oben. Mit den Wertepaaren $(n_i \; ; n_{i0})$ bildet man nach (21.5.34) die Prüfgröße

$$(21.5.39) \quad \sum_{i=1}^{k} (n_i - n_{i0})^2 / n_{i0} = z \; .$$

Bei Gültigkeit der Hypothese H_0 ist z verteilt wie χ^2 mit $f = k-1$ Freiheitsgraden, sofern die Voraussetzung $n_{i0} \gtrapprox 5$ erfüllt ist. Diese Voraussetzung läßt sich durch Zusammenfassen von zwei (oder mehr) nebeneinander liegenden Klassen (Gruppen) mit "kleiner" Besetzungszahl stets erfüllen. Die Hypothese H_0 wird verworfen für

$$(21.5.40) \quad z > \chi^2_{f;1-\alpha} \quad \text{mit } f = k-1 \; .$$

Gelegentlich ist es vorteilhaft, die Prüfgröße (21.5.39) in etwas anderer Gestalt zu berechnen. Mit $(n_i - n_{i0})^2 = n_i^2 - 2\, n_i\, n_{i0} + n_{i0}^2$ gilt

$$z = \sum_{i=1}^{k} (n_i^2 / n_{i0}) - 2 \sum_{i=1}^{k} n_i + \sum_{i=1}^{k} n_{i0} \; .$$

Wegen $\sum_i n_i = \sum_i n_{i0} = n$ wird daraus

$$(21.5.41) \qquad z = \sum_{i=1}^{k} (n_i^2/n_{i0}) - n \; .$$

Wenn die Hypothese H_0 <u>nur die Gestalt</u> $\Psi_0(x)$ <u>aber nicht die Parameter</u> der Verteilung bestimmt, muß man die unbekannten Parameter aus der Stichprobe schätzen, beispielsweise das Wertepaar $(\mu\,;\sigma^2)$ durch $(\bar{x}\,;\,s^2)$. Dann hat man mit $\sum_i n_i - n = 0$ und den zwei Schätzgleichungen

$$(21.5.42) \qquad \sum_{i=1}^{k} x_i\, n_i - n\bar{x} = 0$$

und

$$(21.5.43) \qquad \sum_{i=1}^{k} (x_i - \bar{x})^2\, n_i - (n-1)\, s^2 = 0$$

insgesamt drei einschränkende Bedingungen für die beobachteten Besetzungszahlen n_i . Damit gehen weitere zwei Freiheitsgrade für die n_i verloren. Die Prüfgröße z genügt dann einer χ^2-Verteilung mit $f = (k-1)-2$ Freiheitsgraden. Hat man insgesamt a unbekannte Parameter der Summenfunktion $\Psi_0(x)$ zu schätzen, so ist in (21.5.40) $f = (k-1)-a$. Im übrigen bleibt der Test ungeändert.

<u>Die Wahl von k</u> .

Im allgemeinen liegen die n Beobachtungen x_ν zunächst <u>nicht</u> klassifiziert vor. Da man sie für den vorliegenden Test klassifizieren muß, ist die Frage, wieviele Klassen man wählt. Wird k "zu groß" gewählt, so werden die Besetzungszahlen n_{i0} "klein" , und man verstößt gegen die Voraussetzung $n_{i0} \geqq c$, wobei c nicht unter 5 liegen sollte , damit das bei der Wurzeltransformation in Gleichung (21.5.21) vernachlässigte Verbesserungsglied

$$(21.5.44) \qquad (1-p_{i0})/(8n\,p_{i0}) < 1/(8n\,p_{i0}) = 1/(8\,n_{i0})$$

klein gegen 1 bleibt. Auf Grund dieser Forderung sollte man k möglichst klein machen, damit die n_{i0} groß werden. Wird k jedoch "zu klein" gewählt, so erfaßt man mit wenigen Klassen die Gestalt der Verteilung nur unzureichend. Unter dem letzten Gesichtspunkt sollte k möglichst groß sein. Ist die Gesamtzahl n der Beobachtungen x_ν gegeben, so folgt aus der Bedingung $n_{i0} \geqq c$ für alle i

$$\sum_{i=1}^{k} n_{i0} = n \geqq k\,c \qquad \text{oder} \qquad k \leqq n/c \; .$$

Das günstigste k , das beiden "Forderungen" gerecht wird, ist demnach

$$(21.5.45) \quad k = k^* = n/c \ .$$

Damit muß man so abgrenzen, daß die zu erwartenden Besetzungszahlen n_{i0} ,

$$(21.5.46) \quad n_{i0} = c = n/k^* = \text{konst} \ ,$$

für alle Klassen i übereinstimmen. Das erreicht man nach Abb. 21.5.1 .
Man bestimmt zu den <u>gleichabständigen</u> Werten $\Psi_0 = 0$; Ψ_1 ; Ψ_2 ; $\ldots$;
Ψ_{k-1} ; $\Psi_k = 1$ mit Hilfe der gegebenen Summenfunktion $\Psi_0(x)$ die Klas-

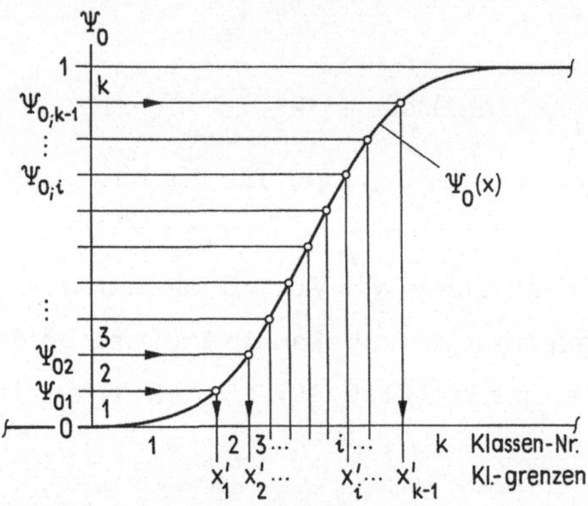

Abb. 21.5.1.   Zur Ermittlung einer Klassenteilung
mit der festen Wahrscheinlichkeit $(1/k^*)$ je Klasse .

sengrenzen x'_0 ; x'_1 ; $\ldots$; x'_{k-1} ; x'_k der k Klassen. Wenn alle Merkmalwerte des Bereichs $-\infty < x < \infty$ möglich sind, wird x'_0 zu $-\infty$ und x'_k
zu ∞ , wie es bei der Normalverteilung $\Psi_0(x) = \Phi(x)$ der Fall ist.

Als Beispiel wird im folgenden die Hypothese getestet: Die $n = 200$ Beobachtungen der Zahlentafel 21.5.1 stammen aus einer Normalverteilung,
$\Psi(x) = \Phi(x|\mu ; \sigma^2)$. Das unbekannte Wertepaar $(\mu ; \sigma^2)$ wird durch
$\bar{x} = 13,42$ mm und $s^2 = (0,108)^2$ mm^2 geschätzt. Damit ist die Zahl f
der Freiheitsgrade für den Test $f = k-3$.

In Zahlentafel 2.1.1 (Band I) stehen die 200 Meßwerte x_ν der Urliste
in verschlüsselter Gestalt als

$$y_\nu = (x_\nu - 13) \ 10^2$$

zur Verfügung. Infolgedessen läßt sich die Klassenteilung so bestimmen, daß
die zu erwartenden Besetzungszahlen n_{i0} unabhängig von i den festen Wert
$n_{i0} = c = 10$ haben. Damit wird nach (21.5.45) $k = 20$ und nach (21.5.44)

$(1-p_{i0})/(8n\,p_{i0}) < 1/80 \ll 1$. Die erforderliche Rechnung wird in Zahlentafel 21.5.2 erläutert. Zu den Summenhäufigkeiten $\Phi_0 = 0$; $\Phi_1 = 5\%$; $\Phi_2 = 10\%$; ... bestimmt man gemäß Abb. 21.5.1 die Klassengrenzen

Zahlentafel 21.5.2					
i	$\Phi_{0i}\,[\%]$	u_i'	y_i'	n_i	$(n_i - n_{i0})^2$
0	0	$-\infty$	$-\infty$	11	1
1	5	$-1,645$	$24,2$	11	1
2	10	$-1,282$	$28,2$	8	4
3	15	$-1,036$	$30,8$	12	4
4	20	$-0,842$	$32,9$	13	9
5	25	$-0,674$	$34,7$	7	9
6	30	$-0,524$	$36,3$	6	16
7	35	$-0,385$	$37,8$	17	49
8	40	$-0,253$	$39,3$	12	4
9	45	$-0,126$	$40,6$	10	0
10	50	$0,000$	$42,0$	9	1
11	55	$0,126$	$43,4$	6	16
12	60	$0,253$	$44,7$	14	16
13	65	$0,385$	$46,2$	3	49
14	70	$0,524$	$47,7$	10	0
15	75	$0,674$	$49,3$	12	4
16	80	$0,842$	$51,1$	9	1
17	85	$1,036$	$53,2$	7	9
18	90	$1,282$	$55,8$	14	16
19	95	$1,645$	$59,8$	9	1
20	100	∞	∞		
				200	210
				$\displaystyle\sum_i n_i$	$\displaystyle\sum_i (n_i - n_{i0})^2$

$u_0' = -\infty$; $u_1' = -1,645$; ... des standardisierten Merkmals $u = (x-\bar{x})/s$. Zu u_i' gehört

$$x_i' = \bar{x} + u_i'\, s \quad \text{bzw.} \quad y_i' = (x_i' - 13)\,10^2$$

oder zahlenmäßig

$$y_i' = \left[(\bar{x}-13) + u_i' s\right] 10^2 = 42 + 10,8\, u_i' .$$

Ordnet man die 200 Meßwerte y_ν in die durch y_i' gegebenen Klassen ein, so findet man die Besetzungszahlen n_i . Die Prüfgröße z wird nach (21.5.39) schließlich

$$z = \sum_{i=1}^{k} (n_i-n_{i0})^2/n_{i0} = \frac{1}{10} \sum_{i=1}^{20} (n_i-10)^2 = 21,0 .$$

Sie ist kleiner als der Schwellenwert $\chi^2_{17;95\%} = 27,6$. Damit wird die Hypothese H_0 nicht verworfen. Die Beobachtungen x_ν sind mit der Hypothese vereinbar, daß die x_ν aus einer Normalverteilung stammen. — Wenn die Urliste der Beobachtungen nicht mehr verfügbar ist, muß man die "gegebene" Klassenteilung verwenden. Dann hat man nur auf die Forderung $n_{i0} \gtrsim 5$ für alle i zu achten.

21.6 Die verallgemeinerte hypergeometrische Verteilung

Aufgabenstellung.

Der Sachverhalt ist ähnlich wie im Abschnitt 21.5 . Eine Gesamtheit N enthält X_i Merkmalträger A_i nach der folgenden Uebersicht.

Merk-mal	Gesamtheit N		Probe n	
	Zahl der vorhandenen Merkmal-träger	relativer Anteil der Merkmal-träger	Zahl der beobachteten Merkmal-träger	relativer Anteil der Merkmal-träger
A_1	X_1	$X_1/N = p_1$	x_1	$x_1/n = \hat{p}_1$
$\vdots$	$\vdots$	$\vdots$	$\vdots$	$\vdots$
A_i	X_i	$X_i/N = p_i$	x_i	$x_i/n = \hat{p}_i$
$\vdots$	$\vdots$	$\vdots$	$\vdots$	$\vdots$
A_k	X_k	$X_k/N = p_k$	x_k	$x_k/n = \hat{p}_k$
	$\sum_i X_i = N$	$\sum_i p_i = 1$	$\sum_i x_i = n$	$\sum_i \hat{p}_i = 1$

Man entnimmt der Gesamtheit N eine Zufallsprobe der Größe $n \leqq N$ <u>ohne die entnommenen Einheiten zurückzulegen</u>. In dieser Probe beobachtet man $x_i \leqq X_i$ Merkmalträger A_i . Während des Versuchs ändern sich die Wahrscheinlichkeiten für A_i . Bei Beginn ist $W\{A_i\} = X_i/N$. Nach dem ersten Zug hängen die Wahrscheinlichkeiten für A_i vom Ergebnis A_α des ersten Versuchs ab. Es gilt beim zweiten Zug

$$W\{A_i|A_\alpha\} = \frac{X_i}{N-1} \quad \text{für } i \neq \alpha \quad \text{und} \quad W\{A_i|A_\alpha\} = \frac{X_i-1}{N-1} \quad \text{für } i = \alpha .$$

Gesucht wird bei gegebenen X_i und gegebenem n die Wahrscheinlichkeit für das Ereignis $\{x_1 ; x_2 ; \dots ; x_k\}$, d.h. die Wahrscheinlichkeit, in einer Zufallsprobe der Größe n genau x_i Merkmalträger A_i zu finden, $i = 1$; $2 ; \dots ; k$, wenn die Zusammensetzung der Ausgangsgesamtheit bekannt ist,

$$W = W\{x_1 ; x_2 ; \dots ; x_k | X_1 ; X_2 ; \dots ; X_k\} .$$

Die Wahrscheinlichkeitsverteilung.

Für $k = 2$ hat man nach (16.1.5)

$$(21.6.1) \quad W\{x_1 ; x_2 | X_1 ; X_2\} = \frac{\binom{X_1}{x_1}\binom{X_2}{x_2}}{\binom{N}{n}} .$$

Allgemein gilt

$$(21.6.2) \quad W\{x_1 ; x_2 ; \dots ; x_k | X_1 ; X_2 ; \dots ; X_k\} = \frac{\prod_{i=1}^{k} \binom{X_i}{x_i}}{\binom{N}{n}} .$$

In dem Symbol $W\{\ \}$ darf man die <u>fest gegebenen</u> Größen $(X_i ; N ; n)$ weglassen, ferner wegen $\sum_i x_i = n$ auch eines der x_i , z.B. x_k, was im folgenden geschieht. Für $k = 2$ ist Gleichung (21.6.2) richtig. Durch vollständige Induktion zeigt man, daß aus der Gültigkeit von k die für $(k+1)$ folgt.

Für $(k+1)$ seien die Merkmale

$$A_1 ; A_2 ; \dots ; A_{k-1} ; \underbrace{A_k ; A_{k+1}}_{B}$$

mit den Besetzungszahlen in der Gesamtheit N

$$X_1 ; X_2 ; \dots ; X_{k-1} ; \underbrace{X_k ; X_{k+1}}_{Y} .$$

Die Merkmalträger mit A_k und A_{k+1} faßt man zu <u>einer</u> Gruppe mit dem Merkmal B und der Besetzungszahl $Y = X_k + X_{k+1}$ zusammen.

Die Probe n enthält x_i Merkmalträger A_i , $i = 1 ; 2 ; \ldots ; k-1$, und
$y = x_k + x_{k+1}$ Merkmalträger B . Für die k Merkmale $A_1 ; A_2 ; \ldots ;$
A_{k-1} , B ist (21.6.2) nach Voraussetzung richtig. Also gilt

$$(21.6.3) \qquad W\left\{ x_1 ; x_2 ; \ldots ; x_{k-1} \right\} = \frac{\binom{Y}{y} \prod\limits_{i=1}^{k-1} \binom{X_i}{x_i}}{\binom{N}{n}} .$$

Im folgenden denkt man sich $\left\{ x_1 ; x_2 ; \ldots ; x_{k-1} \right\}$ festgehalten und sucht
nach der <u>bedingten</u> Wahrscheinlichkeit für das Wertepaar $\left(x_k ; x_{k+1} \right)$ bei
gegebenen $\left\{ x_1 ; x_2 ; \ldots ; x_{k-1} \right\}$. Die folgende Uebersicht gibt die Zusammensetzung von Gesamtheit Y und Probe y zur Berechnung dieser <u>beding-</u>
<u>ten</u> Wahrscheinlichkeit.

Merkmal	Gesamtheit Y	Probe y
A_k	X_k	x_k
A_{k+1}	X_{k+1}	x_{k+1}
	$X_k + X_{k+1} = Y$	$x_k + x_{k+1} = y$

Die Wahrscheinlichkeit, aus einer Gesamtheit Y (der angegebenen Zusammensetzung) eine Probe y (der angegebenen Zusammensetzung) zu ziehen,
ist nach (21.6.1)

$$(21.6.4) \qquad W\left\{ x_k \middle| x_1 ; x_2 ; \ldots ; x_{k-1} \right\} = \frac{\binom{X_k}{x_k}\binom{X_{k+1}}{x_{k+1}}}{\binom{Y}{y}} .$$

Nach dem Produktsatz der Wahrscheinlichkeitsrechnung findet man die gesuchte Wahrscheinlichkeit als Produkt der Einzelwahrscheinlichkeiten (21.6.3)
und (21.6.4) . Es wird (ausführlich aufgeschrieben)

$$(21.6.5) \qquad W\left\{ x_1 ; x_2 ; \ldots ; x_{k+1} \middle| X_1 ; X_2 ; \ldots ; X_{k+1} \right\} = \frac{\prod\limits_{i=1}^{k+1} \binom{X_i}{x_i}}{\binom{N}{n}} .$$

Damit ist gezeigt, daß aus der Gültigkeit der Beziehung (21.6.2) für k
Merkmale die Gültigkeit für (k+1) Merkmale folgt.

Die Ereignispunkte x_i liegen für $0 \leq i \leq k$ als ganzzahlige Gitterpunkte
in der Ebene

$$(21.6.6) \qquad x_1 + x_2 + \ldots + x_k = n \leq N$$

des k-dimensionalen Raumes der x_i , jedoch kommen nur die x_i-Werte in Betracht, die der Ungleichung

$$(21.6.7) \qquad \mathrm{Max}\left[0 \; ; n + X_i - N\right] \leqq x_i \leqq \mathrm{Min}\left[X_i \; ; n\right]$$

genügen. Die linke Seite der Ungleichung folgt aus der Bedingung

$$N - X_i = \sum_{\substack{j=1 \\ j \neq i}}^{k} X_j \geqq \sum_{\substack{j=1 \\ j \neq i}}^{k} x_j = n - x_i$$

oder

$$N - X_i \geqq n - x_i$$

oder

$$x_i \geqq n + X_i - N \; .$$

Die rechte Seite der Ungleichung (21.6.7) ist klar, da eine Probe n nicht mehr Einheiten der Eigenschaft A_i enthalten kann, als in der Gesamtheit vorhanden sind. Summiert man die Wahrscheinlichkeiten (21.6.2) über alle möglichen Gitterpunkte $G(x_1 \; ; x_2 \; ; \ldots \; ; x_k)$ der Ebene (21.6.7) , so kommt

$$(21.6.8) \qquad \sum_{G} \frac{\displaystyle\prod_{i=1}^{k} \binom{X_i}{x_i}}{\dbinom{N}{n}} = 1 \; .$$

Mittelwerte, Varianzen und Kovarianzen.

Der Mittelwert $M\{x_i\}$ der Zufallsgröße x_i bei Wiederholung der Versuchsreihe n ist

$$(21.6.9) \qquad M\{x_i\} = \sum_{G} x_i \, \frac{\dbinom{X_i}{x_i}}{\dbinom{N}{n}} \prod_{j} \binom{X_j}{x_j} \; ,$$

wobei für die Laufzahl j hier und im folgenden (!) gilt $\left[1 \leqq j \leqq k \; ; j \neq i\right]$. Die Summation ist über alle Gitterpunkte G der Ebene (21.6.6) zu erstrecken. Da die Punkte G mit $x_i = 0$ keinen Beitrag liefern, so ist der Bereich für x_i durch

$$\mathrm{Max}\left[1 \; ; n + X_i - N\right] \leqq x_i \leqq \mathrm{Min}\left[X_i \; ; n\right]$$

gegeben.

Zweckmäßig formt man (21.6.9) mit

$$(21.6.10) \qquad \binom{X_i}{x_i} = \frac{X_i}{x_i} \binom{X_i - 1}{x_i - 1} \qquad \text{und} \qquad \binom{N}{n} = \frac{N}{n} \binom{N-1}{n-1}$$

um und zieht $n\,X_i/N$ vor das Summenzeichen. Dann wird

$$(21.6.11) \quad M\{x_i\} = \frac{n\,X_i}{N} \sum_G \frac{\binom{X_i-1}{x_i-1}}{\binom{N-1}{n-1}} \prod_j \binom{X_j}{x_j} \ .$$

Setzt man weiter

$$N-1 = N' \,, \quad n-1 = n' \,, \quad X_i-1 = X_i' \quad \text{und} \quad x_i-1 = x_i' \,,$$

so folgt aus der Ebenengleichung (21.6.6)

$$x_1 + x_2 + \dots + x_{i-1} + (x_i' + 1) + x_{i+1} + \dots + x_k = n$$

oder

$$\sum_j x_j + x_i' = n-1 = n' \ .$$

Entsprechend gilt

$$\sum_j X_j + X_i' = N-1 = N' \ .$$

Damit nimmt die Summe in (21.6.11) die Gestalt an

$$(21.6.12) \quad S = \sum_G \frac{\binom{X_i'}{x_i'}\prod_j \binom{X_j}{x_j}}{\binom{N'}{n'}} \ .$$

Ersetzt man in (21.6.8) das Wertetupel $(N\,;\,n\,;\,X_i\,;\,x_i)$ durch $(N'\,;\,n'\,;\,X_i'\,;\,x_i')$, so ist ersichtlich $S = 1$. Damit hat man

$$(21.6.13) \quad M\{x_i\} = n\,\frac{X_i}{N} = n\,p_i \ .$$

Zur Ermittlung der Varianz $V\{x_i\}$ berechnet man zunächst das auf $x_i = 0$ bezogene Moment zweiter Ordnung $\mu_{ii}(0)$ der x_i. Es wird

$$\mu_{ii}(0) = \sum_G x_i^2 \, \frac{\binom{X_i}{x_i}\prod_j \binom{X_j}{x_j}}{\binom{N}{n}} \ .$$

Wie bei der Berechnung des Mittelwerts formt man die Summe mit (21.6.10) um zu

$$\mu_{ii}(0) = \frac{n\,X_i}{N} \sum_G (x_i' + 1) \, \frac{\binom{X_i'}{x_i'}}{\binom{N'}{n'}} \prod_j \binom{X_j}{x_j} = \frac{n\,X_i}{N} \sum_G (x_i' + 1)\, W_G' \ .$$

Die erste Teilsumme der rechten Seite, $\sum\limits_{G} x_i^! \, W_G^!$, ist der Mittelwert von $x_i^!$, also nach (21.6.11)

$$\sum\limits_{G} x_i^! \, W_G^! = M\{x_i^!\} = \frac{n^! X_i^!}{N^!} = \frac{(n-1)(X_i-1)}{N-1} \ .$$

Die zweite Teilsumme, $\sum\limits_{G} W_G^!$, stimmt nach (21.6.11) mit S überein und hat demnach den Wert 1 .

Damit wird das gesuchte Moment

$$(21.6.14) \qquad \mu_{ii}(0) = \frac{n \, X_i \left[(N-X_i) + n \, (X_i-1) \right]}{N(N-1)} \ .$$

Aus dem Verschiebungssatz

$$V\{x_i\} = \mu_{ii}(0) - M^2\{x_i\}$$

folgt die Varianz bezüglich des Mittelwerts zu

$$(21.6.15) \qquad V\{x_i\} = n \, \frac{X_i}{N} \, \frac{N-X_i}{N} \, \frac{N-n}{N-1} = n \, p_i(1-p_i) \, \frac{N-n}{N-1} \ .$$

Zur Ermittlung der Kovarianz $C\{x_i \, ; \, x_j\}$ zwischen x_i und x_j für $i \neq j$ berechnet man zunächst das auf den Ursprung bezogene gemischte Moment zweiter Ordnung

$$\mu_{ij}(0) = \sum\limits_{G} x_i \, x_j \, \frac{\binom{X_i}{x_i}\binom{X_j}{x_j}\prod\limits_{\alpha}\binom{X_\alpha}{x_\alpha}}{\binom{N}{n}} \ ,$$

wobei für die Laufzahl α hier und im folgenden (!) gilt $\left[1 \leqq \alpha \leqq k \, ; \, \alpha \neq i \, ; \, j \right]$. Da alle Punkte G mit $x_i = 0$ und/oder $x_j = 0$ keinen Beitrag liefern, schließt man diese Punkte aus. Gestaltet man die Summe mit (21.6.10) um und zieht $(n \, X_i/N)$ und $(n-1)X_j/(N-1)$ heraus, so bleibt

$$(21.6.16) \qquad \mu_{ij}(0) = \frac{n \, X_i}{N} \, \frac{(n-1) \, X_j}{N-1} \sum\limits_{G} \frac{\binom{X_i - 1}{x_i - 1}\binom{X_j - 1}{x_j - 1}}{\binom{N-2}{n-2}} \prod\limits_{\alpha}\binom{X_\alpha}{x_\alpha} \ .$$

Mit

$$X_i - 1 = X_i^! \ ; \ X_j - 1 = X_j^! \ ; \ N-2 = N^! \ ; \ n-2 = n^!$$

gilt

$$\sum\limits_{\alpha} X_\alpha + X_i^! + X_j^! = N^! \quad \text{und} \quad \sum\limits_{\alpha} x_\alpha + x_i^! + x_j^! = n^! \ .$$

Mithin ist in $(21.6.16)$ $\sum\limits_{G} \ldots = 1$ und

$$(21.6.17) \quad \mu_{ij}(0) = \frac{n(n-1) X_i X_j}{N(N-1)} \, .$$

Aus dem Verschiebungssatz

$$C\{x_i ; x_j\} = \mu_{ij}(0) - M\{x_i\} M\{x_j\}$$

folgt die gesuchte Kovarianz schließlich zu

$$(21.6.18) \quad C\{x_i ; x_j\} = - n \, \frac{X_i}{N} \, \frac{X_j}{N} \, \frac{N-n}{N-1} = - n \, p_i p_j \, \frac{N-n}{N-1} \, .$$

Der Endlichkeitsfaktor.

Vergleicht man Mittelwerte, Varianzen und Kovarianzen nach $(21.6.13)$, $(21.6.15)$ und $(21.6.18)$ mit den entsprechenden Formeln $(21.5.10),(21.5.11)$ und $(21.5.12)$ bei der Polynomialverteilung, so besteht bei den Mittelwerten kein Unterschied. Bei Varianzen und Kovarianzen der hypergeometrischen Verteilung tritt der "Endlichkeitsfaktor" $(N-n)/(N-1)$ hinzu. Er berücksichtigt die Tatsache, daß mit wachsender Probengröße n die Gesamtheit N schließlich "ausgeschöpft" wird, wenn man die einzelnen Einheiten (Merkmalträger) ohne Zurücklegen zieht. Für $n = N$ erfaßt man die Gesamtheit vollständig und findet die "richtigen" Werte $x_i = X_i$ für alle i . Varianzen und Kovarianzen müssen demnach bei wiederholtem Versuch mit $n = N$ verschwinden, wie es mit dem Endlichkeitsfaktor $(N-n)/(N-1)$ in der Tat der Fall ist.

Angenähert ist der Endlichkeitsfaktor

$$\frac{N-n}{N-1} \approx \frac{N-n}{N} = 1 - \frac{n}{N} \, ,$$

wobei n/N der "Auswahlsatz" beim Versuch und $1 - (n/N)$ der relative Anteil der nicht geprüften Einheiten ist. Varianzen und Kovarianzen sind zu diesem Anteil verhältnisgleich. Bleibt der Auswahlsatz n/N unter $0,1 = 10\%$, so ist der Einfluß des Endlichkeitsfaktors im allgemeinen vernachlässigbar, und man darf bei der Auswertung und Deutung der Versuchsergebnisse anstelle der mehrdimensionalen hypergeometrischen Verteilung das einfachere Modell der Polynomialverteilung heranziehen.

Der Grenzübergang zur Polynomialverteilung.

Die Polynomialverteilung entsteht als Grenzfall der mehrdimensionalen hypergeometrischen Verteilung. Nach leichter Umgestaltung läßt sich $(21.6.2)$

in der Gestalt schreiben

$$W = W\{x_1 ; \ldots ; x_k | X_1 ; \ldots ; X_k\} = \frac{n!(N-n)!}{N!} \prod_{i=1}^{k} \frac{X_i!}{x_i!(X_i-x_i)!}$$

$$= \frac{n!}{\prod_i x_i!} \frac{\prod_i X_i(X_i-1)\ldots (X_i-x_i+1)}{N(N-1)\ldots (N-n+1)} \ .$$

Im Zähler und im Nenner stehen insgesamt je n Faktoren. Teilt man Zähler und Nenner durch N^n und setzt $X_i/N = p_i$, so wird

$$W = \frac{n!}{\prod_i x_i!} \frac{\prod_i p_i\left(p_i - \frac{1}{N}\right) \ldots \left(p_i - \frac{x_i-1}{N}\right)}{\left(1 - \frac{1}{N}\right)\left(1 - \frac{2}{N}\right)\ldots \left(1 - \frac{n-1}{N}\right)} \ .$$

Läßt man N über alle Grenzen wachsen, wobei die Grundwahrscheinlichkeiten $p_i = X_i/N = $ konst unverändert bleiben, so gilt für die (endlich vielen) Faktoren im Zähler

$$(p_i - \frac{\alpha}{N}) \to p_i \quad ; \quad \alpha = 1 ; 2 ; \ldots ; x_i - 1 \ ;$$

und im Nenner

$$(1 - \frac{\beta}{N}) \to 1 \quad ; \quad \beta = 1 ; 2 ; \ldots ; n - 1 \ .$$

Damit strebt W gegen die Grenzform

$$(21.6.19) \qquad W_* = n! \prod_{i=1}^{k} \frac{p_i^{x_i}}{x_i!} \ .$$

W_* stimmt nach (21.5.5) mit der Wahrscheinlichkeit der Polynomialverteilung überein. Die Polynomialverteilung geht aus der mehrdimensionalen hypergeometrischen Verteilung hervor, wenn die Größe N der Gesamtheit über alle Grenzen wächst und dabei die Grundwahrscheinlichkeiten $X_i/N = p_i$ fest bleiben.

22. Stichprobenverfahren

22.1 Die endlichen Modelle für „Zählen" und „Messen"

In den vorausgehenden Abschnitten wurde an verschiedenen Stellen (bei der ein- und zweidimensionalen Normalverteilung , bei der Binomial- und Trinomialverteilung, u.a.) darauf verwiesen, wie man die statistischen Modellvorstellungen benutzt, um eine Gesamtheit mit Hilfe einer Probe zu beurteilen. Das "einfachste Modell" mit endlich vielen Elementen bestand in folgender Vorstellung: Eine Gesamtheit der Größe N hat N_1 Einheiten oder "Merkmalträger" A und N_2 Einheiten Nicht-$A \equiv \overline{A}$. Es ist

$$(22.1.1) \qquad N_1 + N_2 = N \ .$$

Hat jede Einheit ν bei der zufälligen Entnahme aus der Gesamtheit die gleiche Wahrscheinlichkeit $W\{\nu\} = 1/N$ in die Probe zu gelangen, dann sind die "Wahrscheinlichkeiten" p für A und q für $\overline{A}$,

$$(22.1.2) \qquad p = \frac{N_1}{N} \quad \text{und} \quad q = \frac{N_2}{N} \quad \text{mit} \quad p + q = 1 \ .$$

Setzt man $A \equiv 1 \equiv$ (Merkmal vorhanden) und $\overline{A} \equiv 0 \equiv$ (Merkmal fehlt) , so hat man demnach eine Ausgangsverteilung für z , die nur die Werte $1 \equiv A$ bzw. $0 \equiv \overline{A}$ mit den Wahrscheinlichkeiten p bzw. q annehmen kann,

$$(22.1.3) \qquad W\{z\} = (1-z)\, q + z\, p \quad ; \quad z = 0 \, ; 1 \ .$$

Diese Verteilung hat nach Abb. 22.1.1 den Mittelwert

$$(22.1.4) \qquad M\{z\} = 0 \cdot q + 1 \cdot p = p$$

und die Varianz

$$(22.1.5) \qquad V\{z\} = p^2 q + q^2 p = pq \ .$$

Eine Probe der Größe n besteht dann aus einer Folge z_1, $z_2, \ldots, z_\nu$, $\ldots, z_n$ von Nullen und Einsen,

00110000101110001 .

Es ist $x = \sum_{\nu=1}^{n} z_\nu$ die Zahl der Merkmalträger $1 \equiv A$ und $y = (n-x)$ die Zahl der Merkmalträger $0 \equiv \bar{A}$. Die relativen Häufigkeiten für 1 und 0

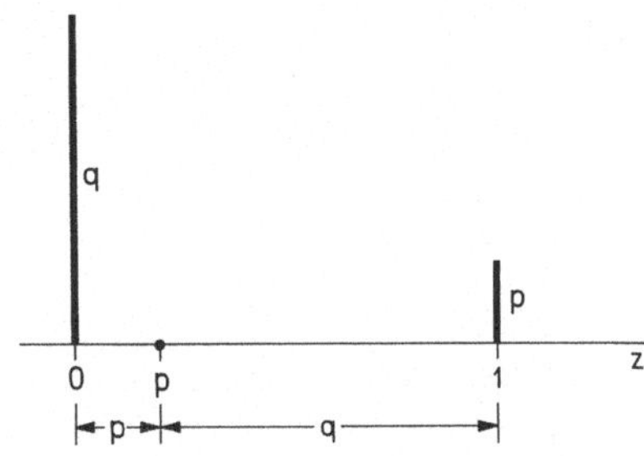

Abb. 22.1.1. Die $(0 ; 1)$ Ausgangsverteilung für
z mit $p + q = 1$.

in der Probe sind

(22.1.6) $\dfrac{x}{n} = \hat{p}$ und $\dfrac{y}{n} = \hat{q}$ mit $\hat{p} + \hat{q} = 1$.

Zieht man "Proben mit Zurücklegen", dann sind Mittelwert und Varianz von $\hat{p}$ nach (14.2.16) und (14.2.17)

(22.1.7) $M\{\hat{p}\} = p$ und $V\{\hat{p}\} = \dfrac{pq}{n}$.

Entnimmt man jedoch "Proben ohne Zurücklegen", so folgt aus (16.2.8) und (16.2.9)

(22.1.8) $M\{\hat{p}\} = p$ und $V\{\hat{p}\} = \dfrac{pq}{n} \dfrac{N-n}{N-1}$.

Die Gleichung für den Mittelwert ist von der Art der Probe unabhängig; bei der Varianz tritt der "Endlichkeitsfaktor" $(N-n)/(N-1)$ hinzu, wenn man gezogene Einheiten <u>nicht</u> zurücklegt.

Im vorausgehenden trifft man bezüglich der Einheiten (Merkmalträger) eine "Schwarz-Weiß-Entscheidung". Im folgenden werden die N Einheiten der Gesamtheit durch ein <u>meßbares</u> (oder "fast meßbares") Merkmal gekennzeichnet. Meßbare Merkmale sind beispielsweise das Lebensalter eines Menschen, der Durchmesser einer Bohrung, ... kurz alle Merkmale, die stetig auf einer (meist metrischen) Skala veränderlich sind. Ein "fast meßbares" Merkmal ist das Einkommen, das streng genommen sprunghaft veränderlich

ist, jedoch in allen Fällen als meßbares Merkmal behandelt werden kann, da
die praktisch vorkommenden Einkommen E "groß" gegen den Sprungwert
$\Delta E = 0,01$ DM sind. Die Einheit ν der Gesamtheit hat den Merkmalwert
a_ν. Der Mittelwert der Gesamtheit ist

$$(22.1.9) \qquad a = \frac{1}{N} \sum_{\nu=1}^{N} a_\nu \; .$$

Die Varianz der Merkmalwerte in der Gesamtheit ist

$$(22.1.10) \qquad \sigma^2 = \frac{1}{N} \sum_{\nu=1}^{N} (a_\nu - a)^2 \; .$$

Die Summe der quadrierten Abweichungen = S.d.q.A. auf der rechten Seite
der letzten Gleichung hat wegen der Beziehung

$$(22.1.11) \qquad \sum_{\nu=1}^{N} (a_\nu - a) = 0$$

nur f = N-1 Freiheitsgrade. Deshalb sollte man die Varianz der a_ν in
der Gesamtheit N durch

$$(22.1.12) \qquad \sigma_*^2 = \frac{1}{N-1} \sum_{\nu=1}^{N} (a_\nu - a)^2$$

erklären. Da jedoch im Schrifttum überwiegend die Definition (22.1.10) gewählt wird, soll sie auch im folgenden beibehalten werden. Die Umrechnung
der Ergebnisse von σ^2 auf σ_*^2 ist mit Hilfe von

$$(22.1.13) \qquad \sum_{\nu=1}^{N} (a_\nu - a)^2 = N \sigma^2 = (N-1) \sigma_*^2$$

leicht möglich und sollte im Zusammenhang mit Fragen der Varianzanalyse,
wo es auf die Zahl der Freiheitsgrade ankommt, stets vorgenommen werden.

Zieht man aus der Gesamtheit N eine Probe der Größe n mit den Einzelwerten

$$x_1, \; x_2, \; \ldots, \; x_i, \; \ldots, \; x_n \; ,$$

so ist der mittlere Merkmalwert der Probe

$$(22.1.14) \qquad \bar{x} = \frac{1}{n} \sum_{i=1}^{n} x_i \; .$$

Handelt es sich um "Proben mit Zurücklegen", so bleiben die Wahrscheinlichkeiten während der Entnahme einer Probe n ungeändert. In dem Falle
gilt für Mittelwert und Varianz von $\bar{x}$

$$(22.1.15) \qquad M\{\bar{x}\} = a \quad \text{und} \quad V\{\bar{x}\} = \frac{\sigma^2}{n} \; .$$

Zieht man jedoch "Proben ohne Zurücklegen", so gilt, ebenso wie in (22.1.8),

$$(22.1.16) \qquad M\{\bar{x}\} = a \quad \text{und} \quad V\{\bar{x}\} = \frac{\sigma^2}{n} \frac{N-n}{N-1} \; .$$

"Zählbare" und "meßbare" Merkmale unterscheiden sich demnach "formal"
nicht wesentlich.

Im folgenden werden die Gleichungen (22.1.16) bewiesen. Für $n\bar{x}$ gilt zunächst

$$(22.1.17) \quad M\{n\bar{x}\} = M\{x_1\} + M\{x_2\} + \ldots + M\{x_i\} + \ldots + M\{x_n\} \; .$$

Die Wahrscheinlichkeit, daß der (bestimmte) Merkmalwert a_α beim Zug i in die Probe gelangt, sei $W_i\{a_\alpha\}$. Wird beim ersten Zug der (bestimmte) Merkmalwert a_α nicht gezogen, sondern einer der übrigen $(N-1)$ Werte a_ν mit $\nu \neq \alpha$, so ist das Ereignis "Nicht-a_α" $\equiv \bar{a}_\alpha$ eingetreten.[1] Ist der erste Zug a_β mit $\beta \neq \alpha$ und wird auch beim zweiten Zug a_α nicht gezogen, sondern einer der übrigen $(N-2)$ Werte a_ν mit $\nu \neq (\alpha\,;\,\beta)$, so ist das Ereignis $\bar{\bar{a}}_\alpha$ eingetreten, usw.

Offensichtlich ist beim $\underline{\text{ersten}}$ Zug

$$(22.1.18) \quad W_1\{a_\alpha\} = \frac{1}{N} \; ; \quad W_1\{\bar{a}_\alpha\} = \frac{N-1}{N} \; .$$

Die Wahrscheinlichkeit $W_2\{a_\alpha\}$ für a_α , als $\underline{\text{zweite}}$ Einheit gezogen zu werden, ist gleich der Wahrscheinlichkeit der Merkmalverbindung $(\bar{a}_\alpha\,;\,a_\alpha)$, also

$$W_2\{a_\alpha\} = W\{\bar{a}_\alpha\,;\,a_\alpha\} = W_1\{\bar{a}_\alpha\} \cdot W_2\{a_\alpha\,|\,\bar{a}_\alpha\} \; .$$

Nach Abb. 22.1.2 ist

$$W_1\{\bar{a}_\alpha\} = \frac{N-1}{N} \quad \text{und} \quad W_2\{a_\alpha\,|\,\bar{a}_\alpha\} = \frac{1}{N-1} \; .$$

Damit wird

$$(22.1.19) \quad W_2\{a_\alpha\} = \frac{N-1}{N} \; \frac{1}{N-1} = \frac{1}{N} \; .$$

Die Wahrscheinlichkeit $W_3\{a_\alpha\}$ für a_α , als $\underline{\text{dritte}}$ Einheit in die Probe zu gelangen, ist gleich der Wahrscheinlichkeit der Merkmalverbindung $(\bar{a}_\alpha\,;$

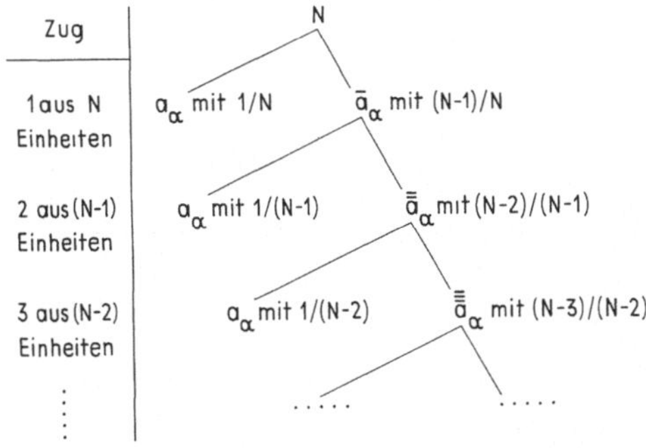

Abb. 22.1.2. Zur Berechnung der Wahrscheinlichkeit $W_i(a_\alpha)$.

---

[1] Der Querstrich über a_α bedeutet hier $\underline{\text{keine}}$ Mittelbildung.

$\bar{\bar{a}}_\alpha \; ; a_\alpha)$; also wird

$$W_3 \{ a_\alpha \} = W \{ \bar{a}_\alpha ; \bar{\bar{a}}_\alpha ; a_\alpha \} = W_1 \{ \bar{a}_\alpha \} \cdot W_2 \{ \bar{\bar{a}}_\alpha | \bar{a}_\alpha \} \cdot W_3 \{ a_\alpha | \bar{a}_\alpha ; \bar{\bar{a}}_\alpha \}$$

oder nach Abb. 22.1.2

$$(22.1.20) \qquad W_3 \{ a_\alpha \} = \frac{N-1}{N} \frac{N-2}{N-1} \frac{1}{N-2} = \frac{1}{N} \; .$$

In dieser Weise schließt man weiter und findet

$$(22.1.21) \qquad W_i \{ a_\alpha \} = \frac{1}{N} \quad \text{unabhängig von } i \qquad \text{für alle } \alpha \; .$$

Da jeder Merkmalwert a_α mit der gleichen Wahrscheinlichkeit $1/N$ als Probenwert x_i beim Zug Nr. i erscheinen kann, so ist der Mittelwert aller möglichen x_i-Werte bei festem i gleich a ,

$$\underset{i=\text{konst}}{M} \{ x_i \} = \sum_{\alpha=1}^{N} (1/N) \, a_\alpha = a \qquad \text{für alle } i \; .$$

Damit wird aus (22.1.17)

$$(22.1.22) \qquad M \{ \bar{x} \} = a \; .$$

Zum Beweise der Beziehung (22.1.16) für die Varianz $V \{ \bar{x} \}$ geht man aus von

$$V \{ \bar{x} \} = M \{ (\bar{x}-a)^2 \} = M \{ \bar{x}^2 \} - a^2 \; .$$

Daraus folgt

$$n^2 \left[V \{ \bar{x} \} + a^2 \right] = M \{ (n\bar{x})^2 \} = M \left\{ \left(\sum_{i=1}^{n} x_i \right)^2 \right\}$$

$$= M \left\{ \sum_{i=1}^{n} x_i \sum_{j=1}^{n} x_j \right\} = M \left\{ \sum_i \sum_j x_i x_j \right\}$$

oder

$$(22.1.23) \qquad n^2 \left[V \{ \bar{x} \} + a^2 \right] = \sum_{i=1}^{n} \sum_{j=1}^{n} M \{ x_i x_j \} \; .$$

Für $i = j$ ist $M \{ x_i x_j \} = M \{ x_i^2 \}$ der Mittelwert aller möglichen Werte a_α^2, die alle mit der Wahrscheinlichkeit $1/N$ auftreten. Damit wird

$$(22.1.24) \qquad M \{ x_i^2 \} = \sum_{\alpha=1}^{N} \frac{1}{N} \, a_\alpha^2 = \frac{1}{N} \sum_{\alpha=1}^{N} a_\alpha^2 = \sigma^2 + a^2 \; .$$

Für $i \neq j$ wird bei Proben <u>mit</u> Zurücklegen der Mittelwert aller möglichen Produkte $x_i x_j$ nach Abb. 22.1.3

$$(22.1.25) \qquad M \{ x_i x_j \} = \frac{1}{N^2} \sum_{\alpha=1}^{N} \sum_{\beta=1}^{N} a_\alpha \, a_\beta \; ,$$

da jedes a_α mit jedem a_β gepaart werden kann und jedem a_α und jedem a_β die gleiche Wahrscheinlichkeit $1/N$ zugeordnet wird. Mit

$$(22.1.26) \qquad \sum_{\alpha=1}^{N} \sum_{\beta=1}^{N} a_\alpha a_\beta = \sum_{\alpha=1}^{N} a_\alpha \sum_{\beta=1}^{N} a_\beta = \left(\sum_{\alpha=1}^{N} a_\alpha \right)^2 = (Na)^2$$

gilt

$$(22.1.27) \qquad M\left\{ x_i x_j \right\} = a^2 \qquad \text{für } i \neq j \; ,$$

oder

$$(22.1.28) \qquad M\left\{ (x_i - a)(x_j - a) \right\} = 0 \qquad \text{für } i \neq j \; .$$

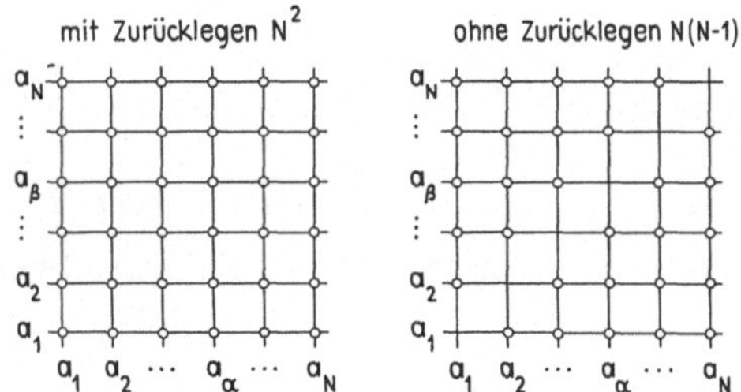

Abb. 22.1.3. Die möglichen Merkmalverbindungen $a_\alpha a_\beta$ bei Proben mit und ohne Zurücklegen der gezogenen Einheiten.

Die Kovarianz zwischen x_i und x_j verschwindet; x_i und x_j sind bei Proben __mit__ Zurücklegen unabhängig voneinander. Mit (22.1.24) und (22.1.27) folgt aus (22.1.23)

$$n^2 \left[V\left\{ \bar{x} \right\} + a^2 \right] = n(a^2 + \sigma^2) + n(n-1) \, a^2$$

oder

$$(22.1.29) \qquad V\left\{ \bar{x} \right\} = \frac{\sigma^2}{n} \quad \text{für Proben } \underline{\text{mit}} \text{ Zurücklegen.}$$

Für $i \neq j$ gilt bei Proben __ohne__ Zurücklegen für den Mittelwert aller möglichen Produkte $x_i x_j$ nach Abb. 22.1.3

$$\begin{aligned}
N(N-1) \, M\left\{ x_i x_j \right\} &= \sum_{\alpha=1}^{N} \sum_{\beta=1}^{N}{}' a_\alpha a_\beta \qquad \text{mit } \alpha \neq \beta \\
&= \sum_{\alpha=1}^{N} \sum_{\beta=1}^{N} a_\alpha a_\beta - \sum_{\alpha=1}^{N} a_\alpha^2 \\
&= \left(\sum_{\alpha=1}^{N} a_\alpha \right)^2 - \sum_{\alpha=1}^{N} a_\alpha^2 = (Na)^2 - \sum_{\alpha=1}^{N} a_\alpha^2 \; .
\end{aligned}$$

Mit (22.1.24) , $\sum_{\alpha=1}^{N} a_\alpha^2 = N(a^2 + \sigma^2)$, wird daraus

$$(22.1.30) \qquad M\left\{ x_i x_j \right\} = a^2 - \frac{1}{N-1} \, \sigma^2 \qquad \text{für } i \neq j \; ,$$

oder

$$(22.1.31) \quad M\left\{(x_i-a)(x_j-a)\right\} = \frac{-1}{N-1}\, \sigma^2 \qquad \text{für } i \neq j \ .$$

Die Kovarianz zwischen x_i und x_j verschwindet nicht; x_i und x_j sind bei Proben <u>ohne</u> Zurücklegen nicht unabhängig voneinander. Setzt man $M\left\{x_i^2\right\}$ und $M\left\{x_i x_j\right\}$ aus (22.1.24) und (22.1.30) in (22.1.23) ein, so findet man

$$n^2\left[V\{\bar{x}\} + a^2\right] = n(a^2 + \sigma^2) + n(n-1)(a^2 - \frac{1}{N-1}\,\sigma^2) \ .$$

Die Glieder mit a^2 fallen (wie vorher) heraus. Es bleibt für Proben ohne Zurücklegen

$$(22.1.32) \quad V\{\bar{x}\} = \frac{\sigma^2}{n}\, \frac{N-n}{N-1} \ ,$$

was bewiesen werden sollte.

Aus (22.1.15) und (22.1.16) folgt, daß der Mittelwert $\bar{x}$ der Probe in beiden Fällen ein erwartungstreuer Schätzwert für den Mittelwert a der Gesamtheit ist. Einen Schätzwert X für $\sum_{\nu=1}^{N} a_\nu$ (beispielsweise für das "Gesamteinkommen" einer stichprobenmäßig untersuchten Gruppe oder für den gesamten Metallgehalt einer stichprobenmäßig untersuchten Liefermenge Erz) findet man durch "Hochrechnen" zu

$$(22.1.33) \quad X = N\bar{x} = \frac{N}{n}\sum_{i=1}^{n} x_i \ .$$

Es gilt mit (22.1.15/16) und (22.1.9)

$$(22.1.34) \quad M\{X\} = N\, M\{\bar{x}\} = N a = \sum_{\nu=1}^{n} a_\nu \ ;$$

auch X ist ein erwartungstreuer Schätzwert mit der Varianz

$$(22.1.35) \quad V\{X\} = N^2\, V\{\bar{x}\} \ .$$

Zahlreiche Fragen über die "Beschaffenheit" von Gesamtheiten (aus Wirtschaft und Technik) lassen sich mit Hilfe des hier behandelten einfachen (einstufigen) Modells befriedigend beantworten. Bei der Probenahme von "Massengütern" (wie Kohle, Erz, Zement, u.a.) versagt das einfache Modell. Es ist der Wirklichkeit nicht angepaßt, und man muß die Modellvorstellung in geeigneter Weise erweitern, was im folgenden geschieht.

22.2 Das mehrstufige Modell

Die Gesamtheit, beispielsweise die monatlich an einen Abnehmer gelie-
ferte Kohlenmenge G = 4 000 t , soll auf Aschegehalt, Wassergehalt u. a.
Merkmale untersucht werden. Sie besteht aus 200 Wagen zu je 20 t . Das
sind N = 200 "Einheiten erster Stufe". Zur Beurteilung der Liefermenge
kann man nicht eine Probe von n "Einheiten erster Stufe" prüfen. Der Aufwand ist nicht durchführbar. Vielmehr greift man aus den Wagen wieder eine
geeignete Teilmenge heraus, z. B. eine oder mehrere Einzelproben zu 5 kp .
Diese Einzelproben sind die "Einheiten zweiter Stufe". Aehnlich ist die Lage
bei der Beurteilung einer Liefermenge von N = 500 Platten für Bauzwecke,
von denen man Festigkeit, Wärmeleitfähigkeit usw. wissen will. Man kann
nicht eine Probe von n = 10 ganzen Platten prüfen, sondern man muß aus
diesen n Platten nach Abb. 22.2.1 "kleine" Probestücke herausschneiden,
die man untersuchen kann. Diese Probestücke sind die "Einheiten zweiter
Stufe".

Grundgesamtheit	Einheit 1.Stufe	Einheit 2.Stufe	Einheit 3.Stufe	Merkmal
Monatl. gelieferte Kohlenmenge	Wagen zu 20 to	Einzelprobe zu 5kg	Veraschungs-probe zu 1g	Aschegehalt Wasserge-halt ...
Schiffsladung Baumwolle od. Wolle	Ballen zu 300 kg	Einzelprobe zu 400 g		Schmutz-gehalt
Eine Liefermenge Bauplatten	Platte	Probestück von $(10\,cm)^2$		Festigkeit Wärmeleit-vermögen...
Ein Los Transfor-matorenbleche	Einzelblech	Probestück		Hysteresis Wattverlust ...

Abb. 22.2.1. Zur Erläuterung des mehrstufigen Modells
der Probenahme.

Macht man sich von der besonderen Fragestellung frei, so gelangt man zu
der folgenden Modellvorstellung. Die Gesamtheit besteht aus N_1 Einheiten
erster Stufe, die durch die Laufzahl i , i = 1 ; 2 ; ... ; N_1 , gekennzeichnet
werden. Sie haben die Merkmalwerte a_i .

Jede dieser N_1 Einheiten erster Stufe wird in N_{2i} Einheiten zweiter Stufe unterteilt, die man durch den Index ij kenntlich macht, wobei $1 \leqq j \leqq N_{2i}$ ist. Die Merkmalwerte sind a_{ij} . Die Gesamtheit gliedert man nach praktischen Gesichtspunkten und Bedürfnissen in Untereinheiten verschiedener Stufen, deren Natur für die folgenden Ueberlegungen ganz offen bleiben kann.

Wenn man Stufenmodelle bei Erhebungen in den Sozial- und Wirtschaftswissenschaften verwendet, so sind die N_1 Einheiten erster Stufe häufig von unterschiedlicher Größe, d.h. alle N_{2i} sind voneinander verschieden. Beispielsweise sind bei einer stichprobenmäßigen Ertragserhebung die ausgewählten Landkreise nicht gleich groß. Sie enthalten eine unterschiedliche Zahl N_{2i} von Gemeinden usw. Für die Verwendung in der Technik läßt sich das Modell erheblich vereinfachen. Hier kann man alle Einheiten erster Stufe (nahezu) gleich groß wählen und jede dieser Einheiten in gleichviele Einheiten zweiter Stufe aufteilen. Die _erste_ Vereinfachung des allgemeinen Modells ist demnach

$$(22.2.1) \quad N_{2i} = \text{konst} = N_2 \ .$$

Die N_1 Einheiten erster Stufe haben den Mittelwert

$$(22.2.2) \quad a = \frac{1}{N_1} \sum_{i=1}^{N_1} a_i$$

und die Varianz

$$(22.2.3) \quad \sigma_1^2 = \frac{1}{N_1} \sum_{i=1}^{N_1} (a_i - a)^2 \ .$$

Die Einheit Nr. i wird weiter in N_2 Einheiten zweiter Stufe mit den Merkmalwerten a_{ij} geteilt. Diese N_2 Einheiten haben den Mittelwert

$$(22.2.4) \quad a_i = \frac{1}{N_2} \sum_{j=1}^{N_2} a_{ij}$$

und die Varianz

$$(22.2.5) \quad \sigma_{2i}^2 = \frac{1}{N_2} \sum_{j=1}^{N_2} (a_{ij} - a_i)^2 \ .$$

σ_{2i}^2 ist die Varianz zwischen den Merkmalwerten a_{ij} innerhalb der Einheit Nr. i . Diese Varianz ist im allgemeinsten Falle von Einheit zu Einheit erster Stufe unterschiedlich. Es gibt demnach für die N_1 Einheiten erster Stufe N_1 innere Varianzen

$$\sigma_{21}^2 \ ; \ \sigma_{22}^2 \ ; \ \sigma_{23}^2 \ ; \ \cdots \ ; \ \sigma_{2i}^2 \ ; \ \cdots \ ; \ \sigma_{2\,N_1}^2 \ .$$

Bei technischen Fragestellungen, bei denen die Einheiten durch einen Fertigungs- oder Aufbereitungsvorgang entstehen, darf man diese N_1 Varianzen als (angenähert) gleich voraussetzen, meist sogar in recht guter Näherung. Bei geringen Unterschieden ersetzt man alle σ_{2i}^2 durch den mittleren Wert

$$(22.2.6) \qquad \sigma_{2*}^2 = \frac{1}{N_1} \sum_{i=1}^{N_1} \sigma_{2i}^2 \ .$$

Die <u>zweite</u> Vereinfachung ist damit

$$(22.2.7) \qquad \sigma_{2i}^2 = \text{konst} = \sigma_2^2 \qquad \text{für alle } i \ .$$

Die erste Vereinfachung $N_{2i} = N_2$ läßt sich meist genügend genau verwirklichen. Geringe Schwankungen der N_{2i} sind bedeutungslos. Die zweite Vereinfachung $\sigma_{2i}^2 = \sigma_2^2$ liegt tiefer. Ihre Gültigkeit hat man im Zweifelsfalle durch den (hier nicht behandelten) Bartlett-Test nachzuprüfen. Das vereinfachte Modell hat demnach die folgende Gestalt, wenn man mehr als zwei Stufen in Betracht zieht:

Gesamtheit					
Nr. λ der Stufe	Zahl der vorhandenen Einheiten je Stufe	Merkmalwerte	Mittelwerte	Varianzen	Laufzahlen
1	N_1	a_i	a	σ_1^2	$1 \leqq i \leqq N_1$
2	N_2	a_{ij}	a_i	σ_2^2	$1 \leqq j \leqq N_2$
3	N_3	a_{ijk}	a_{ij}	σ_3^2	$1 \leqq k \leqq N_3$
⋮	⋮	⋮	⋮	⋮	⋮

Dabei gilt für $\lambda = 3$ in den einzelnen Stufen für die Mittelwerte und Varianzen

$$(22.2.8) \quad
\begin{array}{l}
1 \quad a = \dfrac{1}{N_1}\sum_{i=1}^{N_1} a_i \quad \text{und} \quad V\{a_i\} = \sigma_1^2 = \dfrac{1}{N_1}\sum_{i=1}^{N_1}(a_i - a)^2 \ , \\[3ex]
2 \quad a_i = \dfrac{1}{N_2}\sum_{j=1}^{N_2} a_{ij} \quad \text{und} \quad \underset{i=\text{konst}}{V\{a_{ij}\}} = \sigma_2^2 = \dfrac{1}{N_2}\sum_{j=1}^{N_2}(a_{ij} - a_i)^2 \\[1ex]
\hspace{23em} \text{für alle } i \ , \\[3ex]
3 \quad a_{ij} = \dfrac{1}{N_3}\sum_{k=1}^{N_3} a_{ijk} \quad \text{und} \quad \underset{(i,j)=\text{konst}}{V\{a_{ijk}\}} = \sigma_3^2 = \dfrac{1}{N_3}\sum_{k=1}^{N_3}(a_{ijk} - a_{ij})^2 \\[1ex]
\hspace{23em} \text{für alle } i \ ; \ j \ .
\end{array}$$

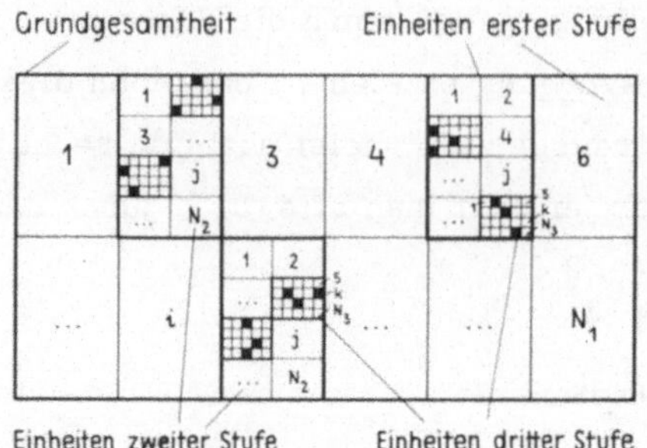

Abb. 22.2.2. Zur Probenahme bei einem mehrstufigen Modell (Schachtelmodell).

Der so aufgegliederten Gesamtheit entnimmt man zur Beurteilung die folgende Probe (Abb. 22.2.2)

	P r o b e				
Nr. λ der Stufe	Zahl der entnommenen Einheiten	Merkmalwerte	Mittelwerte	Varianzen	Laufzahlen
1	n_1	x_i	x	s_1^2	$1 \leqq i \leqq n_1$
2	n_2	x_{ij}	x_i	s_2^2	$1 \leqq j \leqq n_2$
3	n_3	x_{ijk}	x_{ij}	s_3^2	$1 \leqq k \leqq n_3$
$\vdots$	$\vdots$	$\vdots$	$\vdots$	$\vdots$	$\vdots$

(22.2.9)

In Stufe 1 wählt man zufallsmäßig n_1 Einheiten, daraus weiter je n_2 Einheiten, insgesamt also $n_1 n_2$ Einheiten zweiter Stufe, daraus weiter je n_3 Einheiten, insgesamt also $n_1 n_2 n_3$ Einheiten dritter Stufe, usw. In Abb. 22.2.2 ist $n_1 = 3$, $n_2 = 2$ und $n_3 = 3$. Nur die Einheiten $x_{ijk}\ldots$ der letzten Stufe werden wirklich gemessen.

Für drei Stufen gelten für die Mittelwerte und für die Summen der quadrierten Abweichungen (S.d.q.A.) die folgenden Gleichungen:

$$1 \quad x = \frac{1}{n_1} \sum_{i=1}^{n_1} x_i \quad \text{und} \quad S_1 = n_2 n_3 \sum_{i=1}^{n_1} (x_i - x)^2 ,$$

(22.2.10)

$$2 \quad x_i = \frac{1}{n_2} \sum_{j=1}^{n_2} x_{ij} \quad \text{und} \quad S_2 = n_3 \sum_{i=1}^{n_1} \sum_{j=1}^{n_2} (x_{ij} - x_i)^2 ,$$

$$3 \quad x_{ij} = \frac{1}{n_3} \sum_{k=1}^{n_3} x_{ijk} \quad \text{und} \quad S_3 = \sum_{i=1}^{n_1} \sum_{j=1}^{n_2} \sum_{k=1}^{n_3} (x_{ijk} - x_{ij})^2 .$$

Die den S.d.q.A. zugeordnete Zahl von Freiheitsgraden ist $f_1 = n_1 - 1$,
$f_2 = n_1(n_2-1)$ und $f_3 = n_1 n_2(n_3-1)$.

Der Schätzwert x für den gesuchten unbekannten (mittleren) Merkmalwert a der Gesamtheit ist der Mittelwert aller Beobachtungen x_{ijk} , also

$$(22.2.11) \quad x = \frac{1}{n_1 n_2 n_3} \sum_{i=1}^{n_1} \sum_{j=1}^{n_2} \sum_{k=1}^{n_3} x_{ijk} \ .$$

Die Varianz $V\{x\}$ dieses Schätzwertes x ist (wie später bewiesen wird)

$$(22.2.12) \quad V\{x\} = \frac{\sigma_1^2}{n_1} \frac{N_1 - n_1}{N_1 - 1} + \frac{\sigma_2^2}{n_1 n_2} \frac{N_2 - n_2}{N_2 - 1} + \frac{\sigma_3^2}{n_1 n_2 n_3} \frac{N_3 - n_3}{N_3 - 1} \ .$$

Die Varianz σ_λ^2 jeder Stufe λ wird demnach im Verhältnis zur Gesamtzahl $\prod_{\alpha=1}^{\lambda} n_\alpha$ der in dieser Stufe ausgewählten Einheiten herabgesetzt. Die Endlichkeitsfaktoren $(N_\lambda - n_\lambda)/(N_\lambda - 1)$ berücksichtigen die Tatsache, daß die einzelnen Stufen der Gesamtheit mit wachsender Probenzahl n_λ schließlich ausgeschöpft werden. Man muß diese Faktoren gelegentlich in der ersten Stufe berücksichtigen, wenn die Gesamtheit aus nur "wenigen" Einheiten a_i besteht. In den folgenden Stufen ist der Einfluß dieser Faktoren fast immer so klein, daß man sie durch 1 ersetzen darf. Die "Genauigkeit" des Schätzwertes x für a hängt nach (22.2.12) ab: In geringem Maße von den Zahlen N_λ der in den einzelnen Stufen vorhandenen Einheiten, ganz wesentlich von den Zahlen n_λ der in diesen Stufen ausgewählten Einheiten, ferner von den Varianzen σ_λ^2 , die in diesen Stufen herrschen. Bei mehr als drei Stufen tritt für jede weitere Stufe ein entsprechend gebauter Summand in (22.2.12) hinzu.

Bei der praktischen Verwendung eines mehrstufigen Modells muß man beachten, daß die Varianzen σ_λ^2 an eine ganz bestimmte Aufteilung der Einheiten gebunden sind, und daß sie sich mit Aenderung der Aufteilung ebenfalls ändern, häufig in nicht übersehbarer Weise. Im allgemeinen muß man die Varianzen σ_λ^2 beim Uebergang zu einer anderen Aufteilung durch Versuche neu bestimmen. Bei der Beurteilung von "Massengütern" sind die Abweichungen $a_i - a$, $a_{ij} - a_i$, $a_{ijk} - a_{ij}$, ... als Zufallsgrößen aufzufassen.

Ein paar Sonderfälle der Gleichung (22.2.12) sind nützlich:

(a) Prüft man alle überhaupt vorhandenen Einheiten dritter Stufe, dann ist in allen Stufen $n_\lambda = N_\lambda$ und damit

(22.2.12a) $V\{x\} = 0$.

Man findet (wie es sein muß) den genauen Wert a der Gesamtheit.

(b) Entnimmt man jeder Stufe λ nur eine Einheit, dann ist für alle Stufen $n_\lambda = 1$ und

(22.2.12b) $V\{x\} = \sigma_1^{\,2} + \sigma_2^{\,2} + \sigma_3^{\,2}$.

Das ist die bekannte Gleichung für die Ueberlagerung von Varianzen bei drei Merkmalen, die unabhängig voneinander streuen.

(c) Prüft man in <u>einer</u> Stufe, z.B. der zweiten, vollständig, dann ist $n_2 = N_2$, und die Varianz dieser Stufe hat keinen Einfluß auf die Varianz des Ergebnisses.

Soweit die Sonderfälle.

Vor dem Beweise der Gleichung (22.2.12) wird zunächst gezeigt, daß alle <u>Mittelwerte erwartungstreu</u> sind. Da jede Einheit ijk bei festem Wertepaar $(i ; j) = \text{konst}$ die (bedingte) Wahrscheinlichkeit $1/N_3$ hat, so wird mit (22.2.8)

$$(22.2.13)\qquad \underset{(i,j)=\text{konst}}{M\{x_{ijk}\}} = \frac{1}{N_3} \sum_{k=1}^{N_3} a_{ijk} = a_{ij} \ .$$

Weiter wird mit $x_{ij} = \left(\sum_{i=1}^{n_3} x_{ijk} \right) \big/ n_3$ und (22.2.13)

$$\underset{(i,j)=\text{konst}}{M\{x_{ij}\}} = \frac{1}{n_3} \sum_{i=1}^{n_3} \underset{(i,j)=\text{konst}}{M\{x_{ijk}\}} = \frac{1}{n_3}\, n_3\, a_{ij} = a_{ij}$$

oder

$$(22.2.14)\qquad \underset{(i,j)=\text{konst}}{M\{x_{ij}-a_{ij}\}} = 0 \ .$$

Aus der Zerlegung

$$x_{ij} = a_{ij} + (x_{ij}-a_{ij})$$

folgt weiter für die Mittelwerte bei festem $i = \text{konst}$

$$\underset{i=\text{konst}}{M\{x_{ij}\}} = \frac{1}{N_2} \sum_{j=1}^{N_2} a_{ij} + \underset{(i,j)=\text{konst}}{M\{x_{ij}-a_{ij}\}}$$

oder mit (22.2.8) und (22.2.14)

$$(22.2.15)\qquad \underset{i=\text{konst}}{M\{x_{ij}\}} = a_i \ .$$

Weiter wird mit $x_i = \sum\limits_{j=1}^{n_2} x_{ij}/n_2$ und (22.2.15)

$$\underset{\substack{/ \\ i=konst}}{M}\{x_i\} = \frac{1}{n_2} \sum_{j=1}^{n_2} \underset{\substack{/ \\ i=konst}}{M}\{x_{ij}\} = \frac{1}{n_2}\, n_2\, a_i = a_i$$

oder

$$(22.2.16) \quad \underset{\substack{/ \\ i=konst}}{M}\{x_i - a_i\} = 0 \; .$$

Aus der Zerlegung

$$x_i = a_i + (x_i - a_i)$$

folgt für die Mittelwerte mit (22.2.8) und (22.2.16)

$$(22.2.17) \quad M\{x_i\} = \frac{1}{N_1} \sum_{i=1}^{N_1} a_i + \underset{\substack{/ \\ i=konst}}{M}\{x_i - a_i\} = a \; .$$

Aus $x = \sum\limits_{i=1}^{n_1} x_i/n_1$ folgt schließlich

$$(22.2.18) \quad M\{x\} = \frac{1}{n_1} \sum_{i=1}^{n_1} M\{x_i\} = \frac{1}{n_1}\, n_1\, a = a \; .$$

Aus (22.2.14 ; 16 ; 18) folgt, daß $(x_{ij} \; ; x_i \; ; x)$ erwartungstreue Schätzwerte für $(a_{ij} \; ; a_i \; ; a)$ sind.

Zum Beweise der Gleichung (22.2.12) für die Varianz $V\{x\}$ zerlegt man den Merkmalwert a_{ijk} der Stufe 3 nach Abb. 22.2.3 in folgender Weise

$$a_{ijk} = a + \underbrace{(a_i - a)}_{\alpha_i} + \underbrace{(a_{ij} - a_i)}_{\beta_{ij}} + \underbrace{(a_{ijk} - a_{ij})}_{\gamma_{ijk}}$$

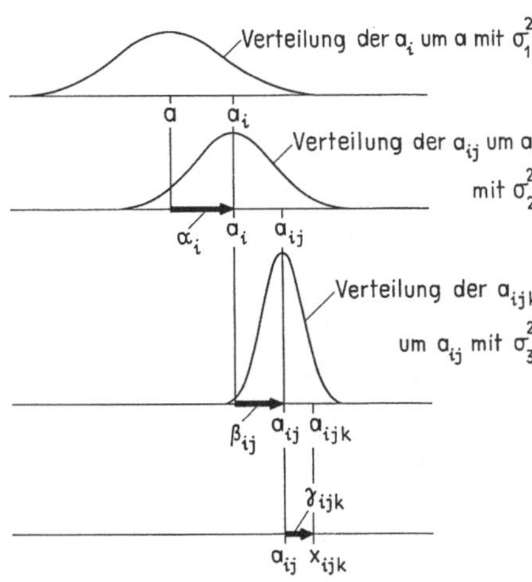

Abb. 22.2.3. Zur Veranschaulichung der Mittelwerte und Varianzen für die drei Stufen eines Schachtelmodells.

oder

$$(22.2.19) \quad a_{ijk} = a + \underset{\text{Stufe 1}}{\underbrace{\alpha_i}} + \underset{\text{Stufe 2}}{\underbrace{\beta_{ij}}} + \underset{\text{Stufe 3}}{\underbrace{\gamma_{ijk}}} .$$

Die Merkmalwerte a_{ijk} entstehen, indem man dem Mittelwert a in den einzelnen Stufen die Zufallsgrößen α_i , β_{ij} und γ_{ijk} unabhängig voneinander überlagert. Der Meßwert x_{ijk} der letzten Stufe ist demnach

$$(22.2.20) \quad x_{ijk} = a + \alpha_i + \beta_{ij} + \gamma_{ijk} .$$

Summiert man über k , $1 \leq k \leq n_3$, und teilt durch n_3 , so wird

$$(22.2.21) \quad x_{ij} = a + \alpha_i + \beta_{ij} + \gamma_{ij.} .$$

Dabei ist $\gamma_{ij.}$ eine "mittlere Abweichung" in Stufe 3 , die nach (22.1.32) die Varianz

$$(22.2.22) \quad V\{\gamma_{ij.}\} = \frac{\sigma_3^2}{n_3} \frac{N_3 - n_3}{N_3 - 1}$$

hat, denn es werden bei festem Wertepaar $(i ; j)$ aus N_3 vorhandenen Abweichungen γ_{ijk} genau n_3 ohne Wiederholung ausgewählt.

Summiert man (22.2.21) weiter über j , $1 \leq j \leq n_2$, und teilt durch n_2 , so findet man

$$(22.2.23) \quad x_i = a + \alpha_i + \beta_{i.} + \gamma_{i..} .$$

Dabei ist $\beta_{i.}$ eine "mittlere Abweichung" in Stufe 2 , die ebenfalls nach (22.1.32) die Varianz

$$(22.2.24) \quad V\{\beta_{i.}\} = \frac{\sigma_2^2}{n_2} \frac{N_2 - n_2}{N_2 - 1}$$

besitzt. Die Komponente $\gamma_{i..}$ hat als Mittelwert von n_2 Einzelwerten $\gamma_{ij.}$ die Varianz

$$(22.2.25) \quad V\{\gamma_{i..}\} = \frac{1}{n_2} V\{\gamma_{ij.}\} = \frac{\sigma_3^2}{n_2 n_3} \frac{N_3 - n_3}{N_3 - 1} .$$

Summiert man schließlich (22.2.23) über i , $1 \leq i \leq n_1$, und teilt durch n_1 , so kommt

$$(22.2.26) \quad x = a + \alpha_{.} + \beta_{..} + \gamma_{...} .$$

Dabei ist $\alpha_{.}$ eine "mittlere Abweichung" in Stufe 1 , die nach $(22.1.32)$ die Varianz

$$(22.2.27) \quad V\{\alpha_{.}\} = \frac{\sigma_1^2}{n_1} \frac{N_1 - n_1}{N_1 - 1}$$

hat. Die Varianzen der Komponenten $\beta_{..}$ und $\gamma_{...}$ sind

$$(22.2.28) \quad V\{\beta_{..}\} = \frac{1}{n_1} V\{\beta_{i.}\} = \frac{\sigma_2^2}{n_1 n_2} \frac{N_2 - n_2}{N_2 - 1} \ ,$$

und

$$(22.2.29) \quad V\{\gamma_{...}\} = \frac{1}{n_1} V\{\gamma_{i..}\} = \frac{\sigma_3^2}{n_1 n_2 n_3} \frac{N_3 - n_3}{N_3 - 1} \ .$$

Da die Komponenten $\alpha_{.}$ in Stufe 1 , $\beta_{..}$ in Stufe 2 und $\gamma_{...}$ in Stufe 3 unabhängig voneinander sind, so folgt schließlich aus $(22.2.26)$

$$V\{x\} = V\{\alpha_{.}\} + V\{\beta_{..}\} + V\{\gamma_{...}\}$$

oder mit $(22.2.27, \ 28 \ \text{und} \ 29)$

$$V\{x\} = \frac{\sigma_1^2}{n_1} \frac{N_1 - n_1}{N_1 - 1} + \frac{\sigma_2^2}{n_1 n_2} \frac{N_2 - n_2}{N_2 - 1} + \frac{\sigma_3^2}{n_1 n_2 n_3} \frac{N_3 - n_3}{N_3 - 1} \ ,$$

was in $(22.2.12)$ behauptet wurde.

Wenn die Zahl N_λ der vorhandenen Einheiten in allen Stufen sehr groß gegen die Zahl n_λ der ausgewählten Einheiten bleibt,

$$N_\lambda \gg n_\lambda \quad \text{oder} \quad \frac{n_\lambda}{N_\lambda} \ll 1 \ ,$$

oder wenn die Einheiten "mit Wiederholung" gezogen werden, dann darf man alle Endlichkeitsfaktoren durch 1 ersetzen und findet aus $(22.2.12)$

$$(22.2.30) \quad V\{x\} = \frac{\sigma_1^2}{n_1} + \frac{\sigma_2^2}{n_1 n_2} + \frac{\sigma_3^2}{n_1 n_2 n_3} \ .$$

Die Modellvarianzen σ_λ^2 in den einzelnen Stufen schätzt man aus einer Versuchsreihe $(n_1 \ ; n_2 \ ; n_3)$, indem man die S.d.q.A. S_λ aus $(22.2.10)$ bzw. $(22.2.31)$ durch die ihnen zugeordnete Zahl f_λ der Freiheitsgrade teilt.

<table>
<tr><td colspan="5" align="center">(22.2.31)</td></tr>
<tr><td>Stufe
λ</td><td>S. d. q. A.
S_λ</td><td>Zahl der
Freiheitsgrade f_λ</td><td>Quotient
S_λ/f_λ</td><td>Der Quotient ist ein
Schätzwert für</td></tr>
<tr><td>1</td><td>S_1</td><td>$f_1 = n_1 - 1$</td><td>s_{III}^2</td><td>$\sigma_3^{\,2} + n_3\,\sigma_2^{\,2} + n_3 n_2\,\sigma_1^{\,2}$</td></tr>
<tr><td>2</td><td>S_2</td><td>$f_2 = n_1(n_2 - 1)$</td><td>s_{II}^2</td><td>$\sigma_3^{\,2} + n_3\,\sigma_2^{\,2}$</td></tr>
<tr><td>3</td><td>S_3</td><td>$f_3 = n_1 n_2(n_3 - 1)$</td><td>s_I^2</td><td>$\sigma_3^{\,2}$</td></tr>
</table>

Als Beispiel soll die erste Beziehung (22.2.31),

$$s_{III}^2 = S_1/f_1 \quad \text{schätzt} \quad \sigma_3^{\,2} + n_3\,\sigma_2^{\,2} + n_3 n_2\,\sigma_1^{\,2} \;,$$

bewiesen werden. Nach (22.2.10) ist

$$(22.2.32) \quad \frac{1}{n_1 - 1} \sum_{i=1}^{n_1} (x_i - x)^2 = \frac{S_1}{n_2 n_3 (n_1 - 1)}$$

die <u>beobachtete</u> Varianz der x_i . Die Differenz $(x_i - x)$ wird mit (22.2.23) und (22.2.26)

$$x_i - x = (\alpha_i - \alpha_.) + (\beta_{i.} - \beta_{..}) + (\gamma_{i..} - \gamma_{...}) \;.$$

Für die Varianzen gilt infolgedessen

$$V\{x_i - x\} = V\{\alpha_i\} + V\{\beta_{i.}\} + V\{\gamma_{i..}\} \;.$$

Mit $V\{\alpha_i\} = \sigma_1^{\,2}$, (22.2.24) und (22.2.25) wird daraus in erster Näherung (ohne Endlichkeitsfaktoren)

$$(22.2.33) \quad V\{x_i - x\} = \sigma_1^{\,2} + \frac{\sigma_2^{\,2}}{n_2} + \frac{\sigma_3^{\,2}}{n_2 n_3} \;.$$

Die beobachtete Varianz (22.2.32) schätzt die theoretische Varianz (22.2.33). Mithin ist

$$\frac{S_1}{n_2 n_3 (n_1 - 1)} \quad \text{ein Schätzwert für} \quad \sigma_1^{\,2} + \frac{\sigma_2^{\,2}}{n_2} + \frac{\sigma_3^{\,2}}{n_2 n_3} \;,$$

und

$$\frac{S_1}{n_1 - 1} = \frac{S_1}{f_1} = s_{III}^2 \quad \text{schätzt} \quad \sigma_3^{\,2} + n_3\,\sigma_2^{\,2} + n_3 n_2\,\sigma_1^{\,2} \;,$$

wie in der Uebersicht (22.2.31) behauptet wurde. In derselben Weise werden die übrigen Beziehungen (22.2.31) ,

$$s_{II}^2 = S_2/f_2 \quad \text{schätzt} \quad \sigma_3^2 + n_3 \sigma_2^2 \ ,$$

$$s_I^2 = S_3/f_3 \quad \text{schätzt} \quad \sigma_3^2 \ ,$$

bewiesen. Die Schätzwerte für die Varianzen σ_λ^2 ergeben sich nach (22.2.31) aus der folgenden Zusammenstellung:

Die Varianz	wird geschätzt durch
σ_1^2	$s_1^2 = \dfrac{1}{n_2 n_3} \left(s_{III}^2 - s_{II}^2 \right)$
σ_2^2	$s_2^2 = \dfrac{1}{n_3} \left(s_{II}^2 - s_I^2 \right)$
σ_3^2	$s_3^2 = s_I^2$

(22.2.34)

    Zur Berechnung der Summen S_λ der Zerlegungstafel (22.2.31) ist die folgende <u>Rechentechnik</u> zweckmäßig:

Aus den Meßwerten x_{ijk} bildet man

für jede Einheit ij

$$(22.2.35) \quad A_{ij} = \sum_{k=1}^{n_3} x_{ijk} \quad \text{und} \quad D_{ij} = \sum_{k=1}^{n_3} x_{ijk}^2 \ ,$$

ferner für jede Einheit i

$$(22.2.36) \quad \sum_{j=1}^{n_2} A_{ij} = A_i \ , \quad \sum_{j=1}^{n_2} A_{ij}^2 = C_i \quad \text{und} \quad \sum_{j=1}^{n_2} D_{ij} = D_i$$

und insgesamt

$$(22.2.37) \quad \sum_{i=1}^{n_1} A_i = A \ , \quad \sum_{i=1}^{n_1} A_i^2 = B \ , \quad \sum_{i=1}^{n_1} C_i = C \ ; \quad \sum_{i=1}^{n_1} D_i = D \ .$$

Dann ist

$$(22.2.38) \quad x_{ij} = \frac{1}{n_3} A_{ij} \ ; \quad x_i = \frac{1}{n_2 n_3} A_i \ ; \quad x = \frac{1}{n_1 n_2 n_3} A$$

und

$$S_1 = \frac{B}{n_2 n_3} - \frac{A^2}{n_1 n_2 n_3} \; ,$$

$$S_2 = \frac{C}{n_3} - \frac{B}{n_2 n_3} \; ,$$

$$S_3 = D - \frac{C}{n_3} \; ,$$

(22.2.39)

$$S = D - \frac{A^2}{n_1 n_2 n_3} \; ,$$

mit

$$(22.2.40) \qquad S = S_1 + S_2 + S_3 = \sum_{i=1}^{n_1} \sum_{j=1}^{n_2} \sum_{k=1}^{n_3} (x_{ijk} - x)^2 \; .$$

Die Gleichungen (22.2.38) für x_{ij} , x_i und x folgen sofort aus (22.2.10),

$$\sum_i \sum_j \sum_k x_{ijk} = n_3 \sum_i \sum_j x_{ij} = n_3 n_2 \sum_i x_i = n_3 n_2 n_1 \, x \; ,$$

in Verbindung mit den Rechengleichungen für A_{ij} , A_i und A ,

$$\sum_i \sum_j \sum_k x_{ijk} = \sum_i \sum_j A_{ij} = \sum_i A_i = A \; .$$

Zum Beweise der Gleichungen für S_λ , $\lambda = 1$, 2 , 3, und S drückt man die Hilfsgrößen A , B , C , D durch die ursprünglich gegebenen Meßwerte x_{ijk} und die daraus hergeleiteten x_{ij} und x_i aus; dann ist

$$A = \sum_{i=1}^{n_1} \sum_{j=1}^{n_2} \sum_{k=1}^{n_3} x_{ijk} \; ,$$

$$B = \sum_{i=1}^{n_1} (n_2 n_3 x_i)^2 = n_2^2 n_3^2 \sum_{i=1}^{n_1} x_i^2 \; ,$$

$$(22.2.41) \qquad C = \sum_{i=1}^{n_1} \sum_{j=1}^{n_2} (n_3 \, x_{ij})^2 = n_3^2 \sum_{i=1}^{n_1} \sum_{j=1}^{n_2} x_{ij}^2 \; ,$$

$$D = \sum_{i=1}^{n_1} \sum_{j=1}^{n_2} \sum_{k=1}^{n_3} x_{ijk}^2 \; .$$

Mit Hilfe der Definitionsgleichungen bestätigt man leicht die Beziehungen für die S_λ ; beispielsweise ist nach (22.2.10)

$$S_3 = \sum_i \sum_j \sum_k (x_{ijk} - x_{ij})^2 = \sum_i \sum_j \sum_k x_{ijk}^2 - n_3 \sum_i \sum_j x_{ij}^2$$

$$= D - \frac{1}{n_3} C \; .$$

22.3 Die kostengünstigste Gesamtprobe

Mit Hilfe der Gleichung (22.2.12) für die Varianz $V\{x\}$ des Schätzwertes x für a kann man die praktisch wichtige Frage beantworten, wieviele Einheiten erster, zweiter, dritter, ... Stufe man "zweckmäßig" in die Untersuchung einbezieht.

Die Kosten für die Handhabung einer Einheit erster Stufe seien $c_1\,[\text{DM/Einheit}]$. Hierzu gehört beispielsweise das Bereitstellen, Bewegen und Oeffnen von Behältern, um an die Einheiten zweiter Stufe heranzukommen. Die Kosten für die Handhabung einer Einheit zweiter Stufe seien $c_2\,[\text{DM/Einheit}]$, usw. Für die nach (22.2.9) entnommene Gesamtprobe n_1, n_2, n_3 lautet die Kostenfunktion bei Beschränkung auf drei Stufen

$$(22.3.1) \quad K(n_1\,;\,n_2\,;\,n_3) = c_1\,n_1 + c_2\,n_1 n_2 + c_3\,n_1 n_2 n_3 \;.$$

Bei gegebenen Kosten hängt die Größe der Varianz $V\{x\}$ wesentlich davon ab, wie man den Gesamtaufwand auf die einzelnen Stufen verteilt. Im folgenden wird untersucht, wie man die Probengröße n_λ der Stufe λ wählen muß, damit bei

	fest vorgegebenen Gesamtkosten	vorgeschriebener Varianz
(22.3.2)	$K = K_0$	$V\{x\} = V_0$
(22.3.3)	der Untersuchung die Varianz $V\{x\}$ des Schätzwertes x möglichst klein wird; $V\{x\} = \text{Min}$	des Schätzwertes x die Gesamtkosten K der Untersuchung möglichst klein werden; $K = \text{Min}\,.$

Beurteilung der Fertigung; Näherungslösung für $n_\lambda \ll N_\lambda$.

Wenn die Zahl n_λ der in der Stufe λ entnommenen Einheiten klein gegen die Zahl N_λ der dort vorhandenen Einheiten bleibt, oder wenn nicht die Liefermenge, sondern der Fertigungsvorgang (aus dem die Liefermenge stammt) beurteilt werden soll, so gilt

$$(22.3.4) \quad V\{x\} = \frac{\sigma_1^{\,2}}{n_1} + \frac{\sigma_2^{\,2}}{n_1 n_2} + \frac{\sigma_3^{\,2}}{n_1 n_2 n_3} \;.$$

Die weitere Rechnung wird wie bisher auf ein dreistufiges Modell beschränkt,
da alle Gesetzmäßigkeiten bereits damit gut zum Ausdruck kommen. Mehr
Stufen erfordern nicht mehr Denkaufwand, sondern nur mehr Schreibarbeit.
Die Auswahlzahlen $(n_1 ; n_2 ; n_3)$ werden vorerst mit $(x ; y ; z)$ bezeichnet
und als stetige Veränderliche betrachtet. Dann ist

$$(22.3.5) \quad V(x ; y ; z) = \frac{\sigma_1^2}{x} + \frac{\sigma_2^2}{xy} + \frac{\sigma_3^2}{xyz}$$

die Varianzfunktion und

$$(22.3.6) \quad K(x ; y ; z) = c_1 x + c_2 xy + c_3 xyz$$

die Kostenfunktion.

Die beiden eingangs gestellten Aufgaben lauten damit

$$(22.3.7) \quad V(x ; y ; z) = \text{Min} \quad \bigg| \quad K(x ; y ; z) = \text{Min}$$

unter der Nebenbedingung

$$(22.3.8) \quad K(x ; y ; z) - K_0 = 0 \bigg| \quad V(x ; y ; z) - V_0 = 0 \ .$$

Bezeichnet man mit $\varkappa_K^2$ und $\varkappa_V^2$ den jeweiligen Multiplikator (von
Lagrange), so findet man die notwendigen Bedingungen für ein Minimum aus
der Gleichung

$$(22.3.9) \quad V + \varkappa_K^2 K = \text{Min} \quad \bigg| \quad K + \varkappa_V^2 V = \text{Min} \ .$$

Setzt man

$$(22.3.10) \quad \varkappa_K^2 \varkappa_V^2 = 1 \quad \text{und} \quad \varkappa_K^2 = \varkappa^2 \quad \text{mit} \quad \varkappa^2 \neq 0 \ ,$$

so muß in beiden Fällen gelten

$$V_x + \varkappa^2 K_x = 0 \ ,$$

$$(22.3.11) \quad V_y + \varkappa^2 K_y = 0 \ ,$$

$$V_z + \varkappa^2 K_z = 0 \ ,$$

wobei V_x , V_y , V_z und K_x , K_y , K_z die partiellen Ableitungen der Funktionen $V(x ; y ; z)$ und $K(x ; y ; z)$ nach x , y und z bedeuten.

Die drei Gleichungen (22.3.11) liefern der Reihe nach

$$\frac{\sigma_1^2}{x} + \frac{\sigma_2^2}{xy} + \frac{\sigma_3^2}{xyz} = \kappa^2(c_1 x + c_2 xy + c_3 xyz) \; ;$$

$$(22.3.12) \qquad \frac{\sigma_2^2}{xy} + \frac{\sigma_3^2}{xyz} = \kappa^2(\qquad c_2 xy + c_3 xyz) \; ;$$

$$\frac{\sigma_3^2}{xyz} = \kappa^2(\qquad\qquad c_3 xyz) \; .$$

Bildet man die Differenzen, so findet man

$$\sigma_1^2 = c_1(\kappa x)^2 \qquad \text{oder} \quad \kappa x \quad = \frac{\sigma_1}{\sqrt{c_1}} \; ;$$

$$(22.3.13) \qquad \sigma_2^2 = c_2(\kappa xy)^2 \qquad \text{oder} \quad \kappa xy \quad = \frac{\sigma_2}{\sqrt{c_2}} \; ;$$

$$\sigma_3^2 = c_3(\kappa xyz)^2 \qquad \text{oder} \quad \kappa xyz \quad = \frac{\sigma_3}{\sqrt{c_3}} \; .$$

Bildet man schließlich die Quotienten, so lassen sich $y = n_2$ und $z = n_3$ sofort bestimmen zu

$$y = n_2 = \sqrt{\frac{c_1}{c_2}} \; \frac{\sigma_2}{\sigma_1} \; ;$$

$$(22.3.14)$$

$$z = n_3 = \sqrt{\frac{c_2}{c_3}} \; \frac{\sigma_3}{\sigma_2} \; .$$

Das Wertepaar $(y \, ; \, z) = (n_2 \, ; \, n_3)$ hängt nur vom Verhältnis $(c_{\lambda-1}/c_\lambda)$ der Kostenparameter und vom Verhältnis $(\sigma_\lambda/\sigma_{\lambda-1})$ der Standardabweichungen ab, die für die Stufen 1 , 2 und 3 des Modells gelten. n_2 und n_3 sind unabhängig von den für die Gesamtkosten K oder für die Varianz $V\{x\}$ vorgeschriebenen Werten K_0 oder V_0 .

Zur Berechnung von κ setzt man die Ausdrücke für (κx) , (κxy) und (κxyz) aus (22.3.13) in die

Kostenfunktion (22.3.8) $\quad\Big|\quad$ Varianzfunktion (22.3.8)

ein und findet

$$(22.3.15) \quad \sqrt{c_1}\,\sigma_1 + \sqrt{c_2}\,\sigma_2 + \sqrt{c_3}\,\sigma_3 = \kappa K_0 \;\Big|\; \kappa(\sqrt{c_1}\,\sigma_1 + \sqrt{c_2}\,\sigma_2 + \sqrt{c_3}\,\sigma_3) = V_0 \; .$$

Erklärt man die Hilfsgröße S_{123} durch

$$(22.3.16) \qquad S_{123} = \sqrt{c_1}\,\sigma_1 + \sqrt{c_2}\,\sigma_2 + \sqrt{c_3}\,\sigma_3 \;,$$

dann wird $\varkappa$ zu

$$(22.3.17) \qquad \varkappa = \frac{S_{123}}{K_0} \qquad\Bigg|\qquad \varkappa = \frac{V_0}{S_{123}} \;.$$

Damit läßt sich nunmehr aus (22.3.13) auch $x = n_1$ berechnen. Man findet

$$(22.3.18) \qquad x = n_1 = \frac{\sigma_1}{\sqrt{c_1}}\,\frac{K_0}{S_{123}} \qquad\Bigg|\qquad x = n_1 = \frac{\sigma_1}{\sqrt{c_1}}\,\frac{S_{123}}{V_0} \;.$$

Zur Ermittlung der kleinsten

| Varianz bei vorgegebenen Gesamtkosten $K = K_0$ | Gesamtkosten bei vorgeschriebener Varianz $V\{x\} = V_0$ |

berechnet man aus (22.3.13) zweckmäßig auch noch die Produkte xy und xyz . Es wird

$$xy = n_1 n_2 = \frac{\sigma_2}{\sqrt{c_2}}\,\frac{K_0}{S_{123}} \qquad\Bigg|\qquad xy = n_1 n_2 = \frac{\sigma_2}{\sqrt{c_2}}\,\frac{S_{123}}{V_0}$$

$$(22.3.19)$$

$$xyz = n_1 n_2 n_3 = \frac{\sigma_3}{\sqrt{c_3}}\,\frac{K_0}{S_{123}} \qquad\Bigg|\qquad xyz = n_1 n_2 n_3 = \frac{\sigma_3}{\sqrt{c_3}}\,\frac{S_{123}}{V_0} \;.$$

Setzt man diese Ausdrücke in die

| Varianzfunktion (22.3.5) | Kostenfunktion (22.3.6) |

ein, so findet man schließlich die erreichbaren Minimalwerte zu

$$(22.3.20) \qquad V_{min}\{x\} = \frac{S_{123}^2}{K_0} \qquad\Bigg|\qquad K_{min} = \frac{S_{123}^2}{V_0} \;.$$

| Je größer der verfügbare Gesamtbetrag K_0 ist, umso genauer läßt sich x aus der Untersuchung bestimmen. | Je genauer man den Mittelwert x erfassen will, umso größer ist der aufzuwendende Gesamtbetrag K_{min} für die Untersuchung. |

In beiden Fällen hat das Produkt aus dem vorgegebenen Wert und dem erreichbaren Minimum den gleichen Betrag

$$(22.3.21) \qquad V_{min} \cdot K_0 = K_{min} \cdot V_0 = S_{123}^2 = \text{konst} \;.$$

Das kommt bereits in der ersten Gleichung (22. 3. 12) zum Ausdruck, denn
man kann ihr die Form geben

$$(22.3.22) \qquad V\{x\} = \varkappa^2 K \ .$$

Setzt man hier $\varkappa$ aus (22. 3. 17) ein, so kommt man auf die Gleichung
(22. 3. 21) zurück.

Ersetzt man die Standardabweichungen σ_λ durch $\alpha\,\sigma_\lambda$ und die Kostenparameter c_λ durch $\beta^2 c_\lambda$, wobei die Faktoren α und β^2 fest gewählte
positive Werte darstellen, so geht

$$V \qquad \text{über in } V' = \alpha^2 V \ ,$$
$$K \qquad \text{in } K' = \beta^2 K$$
$$\text{und} \quad S_{123} \qquad \text{in } S'_{123} = \alpha\beta S_{123} \ .$$

Aus den Gleichungen (22. 3. 14) und (22. 3. 18) entnimmt man, daß die Lösung dabei völlig ungeändert bleibt; es gilt $n'_\lambda = n_\lambda$.

Die wirtschaftlich günstigsten Verhältnisse erreicht man, wenn man den
Aufwand n_2 und n_3 für die Stufen 2 und 3 aus der Gleichung (22. 3. 14)
berechnet. Zu dem Zweck müssen die Varianzen σ_λ^2 entweder aus früheren
Versuchen bekannt sein, oder man muß Schätzwerte für σ_λ^2 aus einem Vorversuch bestimmen, bei dem man die $n_\lambda \geqq 2$ an sich beliebig wählen darf.
Damit jedoch bei der "Varianzanalyse" (22. 2. 31) die den drei Stufen zugeordneten Freiheitsgrade wenigstens "von gleicher Größenordnung" werden,
setzt man im Vorversuch zweckmäßig $n_2 = 2$ und $n_3 = 2$. Dann werden die
den Stufen 1 , 2 und 3 zugeordneten Zahlen der Freiheitsgrade nach (22. 2. 31)

$$f_1 = n_1 - 1 \ \ ; \ \ f_2 = n_1(n_2-1) = n_1 \ \ ; \ \ f_3 = n_1 n_2(n_3-1) = 2\,n_1 \ .$$

Während $y = n_2$ und $z = n_3$ feste Werte sind, die durch die Modellparameter bestimmt werden, wächst $x = n_1$ linear mit K_0 an oder sinkt mit
dem Kehrwert $1/V_0$. In beiden Fällen kann $x = n_1$ (rechnerisch) schließlich über alle Grenzen wachsen. Die im vorstehenden hergeleitete Lösung
bleibt jedoch nur sinnvoll, wenn alle $n_\lambda \ll N_\lambda$ sind. Wird diese Bedingung
verletzt, was in der ersten Stufe bei n_1 mit wachsendem K_0 oder abnehmendem V_0 immer möglich ist, so muß man auf die Lösung unter Berücksichtigung der Endlichkeitsfaktoren zurückgreifen.

<u>Ein Sonderfall.</u>

Gilt für die Parameter beispielsweise

$$(22.3.23) \qquad \sigma_1 \geqslant \sigma_2 \geqslant \sigma_3 \quad \text{und} \quad c_1 \leqslant c_2 \leqslant c_3 \; ,$$

was in den Anwendungen durchaus vorkommt, dann folgt aus (22.3.14) sofort

$$y \leqslant 1 \quad \text{und} \quad z \leqslant 1 \; .$$

Verwirklichen kann man jedoch nur

$$n_2 = 1 \quad \text{und} \quad n_3 = 1 \; .$$

In der vorausgehenden Rechnung wurden die Auswahlzahlen x , y und z als stetige Veränderliche betrachtet. In Wirklichkeit ändern sie sich natürlich sprunghaft von 1 zu 1 . Man kann also nicht immer die günstigste Lösung V_{min} für die Varianz bei gegebenem K_0 (oder K_{min} für die Kosten bei gegebenem V_0) erreichen, sondern dieser Lösung nur mehr oder weniger nahe kommen. Sind $(x \; ; \; y \; ; \; z)$ alle größer als 1 , so wählt man für $(n_1 \; ; \; n_2 \; ; \; n_3)$ die zu $(x \; ; \; y \; ; \; z)$ benachbarten ganzen Zahlen. Ist jedoch (auf Grund der Modellparameter σ_λ und der Kostenfaktoren c_λ) y und z kleiner als 1 , so muß man die "rechnerische" Kostenfunktion

$$K = c_1 x + c_2 xy + c_3 xyz$$

durch die "wirkliche" Kostenfunktion

$$(22.3.24) \qquad K = (c_1 + c_2 + c_3)x$$

ersetzen, da man in den Stufen 2 und 3 mindestens eine Einheit auswählen muß. Anstelle von (22.3.18) tritt dann

$$(22.3.25) \qquad x = \frac{K_0}{c_1 + c_2 + c_3} = n_1 \; .$$

Rechnerisch ist für $(x \; ; \; y \; ; \; z)$ nach (22.3.20)

$$(22.3.26) \qquad V_{min}\{x\} = \frac{S_{123}^2}{K_0} = \frac{1}{K_0}\left(\sqrt{c_1}\,\sigma_1 + \sqrt{c_2}\,\sigma_2 + \sqrt{c_3}\,\sigma_3\right)^2 \; .$$

Tatsächlich kann man mit $(n_1 \; ; \; 1 \; ; \; 1)$ aber nur

$$(22.3.27) \qquad V_{err}\{x\} = \frac{1}{n_1}(\sigma_1^2 + \sigma_2^2 + \sigma_3^2) = \frac{1}{K_0}(c_1+c_2+c_3)(\sigma_1^2 + \sigma_2^2 + \sigma_3^2)$$

erreichen. Für den Sonderfall $\sigma_\lambda = \text{konst} = \sigma$ und $c_\lambda = \text{konst} = c$ gilt

$$(22.3.28) \qquad V_{min}\{x\} = \frac{9\,c\,\sigma^2}{K_0} = V_{err}\{x\} \; .$$

Da beide Ausdrücke übereinstimmen, ist das Minimum erreichbar. Im allgemeinen Falle kann jedoch der Unterschied $\Delta = (V_{err} - V_{min})$ oder

$$(22.3.29) \quad \Delta = \frac{1}{K_0}\left[\left(\sqrt{c_1}\,\sigma_2 - \sqrt{c_2}\,\sigma_1\right)^2 + \left(\sqrt{c_2}\,\sigma_3 - \sqrt{c_3}\,\sigma_2\right)^2 + \left(\sqrt{c_3}\,\sigma_1 - \sqrt{c_1}\,\sigma_3\right)^2\right]$$

beträchtlich werden, wenn das Modell durch $\sigma_1 > \sigma_2 > \sigma_3$ und gleichzeitig $c_1 < c_2 < c_3$ gekennzeichnet ist.

Hat man bespielsweise

$$\sigma_1 = 4 \; ; \; \sigma_2 = 2 \; ; \; \sigma_3 = 1 \quad \text{und} \quad c_1 = 1 \; ; \; c_2 = 4 \; ; \; c_3 = 16 \; ,$$

so wird $y = \frac{1}{4}$ und $z = \frac{1}{4}$. Man muß also $n_2 = 1$ und $n_3 = 1$ wählen und hat als wirkliche Kostenfunktion (22.3.24)

$$K = 21 \; x \; .$$

Es wird bei gegebenem K_0

$$V_{min}\{x\} = \frac{S_{123}^2}{K_0} = \frac{144}{K_0} \quad \text{und} \quad V_{err}\{x\} = \frac{441}{K_0} \; ,$$

also

$$V_{err} \approx 3 \; V_{min} \; .$$

Ist dagegen "umgekehrt"

$$\sigma_1 = 1 \; ; \; \sigma_2 = 2 \; ; \; \sigma_3 = 4 \quad \text{und} \quad c_1 = 16 \; ; \; c_2 = 4 \; ; \; c_3 = 1 \; ,$$

so wird $y = 4 = n_2$ und $z = 4 = n_3$. Jetzt darf man die "rechnerische" Kostenfunktion verwenden und findet mit $S_{123} = 12$

$$K = 48 \, x \quad \text{und} \quad V_{min}\{x\} = V_{err}\{x\} = \frac{144}{K_0} \; .$$

Für $K_0 = 144$ ist $x = 3 = n_1$ und $V_{min}\{x\} = 1$.

Die Gesamtkosten $K_0 = 144$ sind durch die in der Zahlentafel 22.3.1 zusammengestellten Wertetripel $(n_1 \; ; \; n_2 \; ; \; n_3)$ zu verwirklichen. Ersichtlich ist bei allen diesen Lösungen die Varianz größer als der günstigste Wert $V_{min}\{x\} = 1$, der für das Wertetripel $(3 \; ; \; 4 \; ; \; 4)$ zustande kommt. Jedoch sind die Lösungen $(2 \; ; \; 7 \; ; \; 4)$, $(2 \; ; \; 8 \; ; \; 3)$ und $(4 \; ; \; 2 \; ; \; 6)$ der besten Lösung nahezu gleichwertig.

<table>
<tr><td colspan="4" align="center">Zahlentafel 22.3.1</td></tr>
<tr><td colspan="4" align="center">$c_1 = 16 \; ; \; c_2 = 4 \; ; \; c_3 = 1$</td></tr>
<tr><td colspan="4" align="center">$\sigma_1^{\,2} = 1 \; ; \; \sigma_2^{\,2} = 4 \; ; \; \sigma_3^{\,2} = 16$</td></tr>
<tr><td align="center">n_1</td><td align="center">n_2</td><td align="center">n_3</td><td align="center">$V\{x\}$</td></tr>
<tr><td align="center">1</td><td align="center">1</td><td align="center">124</td><td align="center">5,13</td></tr>
<tr><td></td><td align="center">2</td><td align="center">60</td><td align="center">3,13</td></tr>
<tr><td></td><td align="center">4</td><td align="center">28</td><td align="center">2,14</td></tr>
<tr><td></td><td align="center">8</td><td align="center">12</td><td align="center">1,67</td></tr>
<tr><td></td><td align="center">16</td><td align="center">4</td><td align="center">1,50</td></tr>
<tr><td align="center">2</td><td align="center">1</td><td align="center">52</td><td align="center">2,65</td></tr>
<tr><td></td><td align="center">2</td><td align="center">24</td><td align="center">1,67</td></tr>
<tr><td></td><td align="center">4</td><td align="center">10</td><td align="center">1,20</td></tr>
<tr><td></td><td align="center">7</td><td align="center">4</td><td align="center">1,07</td></tr>
<tr><td></td><td align="center">8</td><td align="center">3</td><td align="center">1,08</td></tr>
<tr><td align="center">3</td><td align="center">1</td><td align="center">28</td><td align="center">1,86</td></tr>
<tr><td></td><td align="center">2</td><td align="center">12</td><td align="center">1,22</td></tr>
<tr><td></td><td align="center">4</td><td align="center">4</td><td align="center">$\boxed{1,00}$</td></tr>
<tr><td align="center">4</td><td align="center">1</td><td align="center">16</td><td align="center">1,50</td></tr>
<tr><td></td><td align="center">2</td><td align="center">6</td><td align="center">1,08</td></tr>
<tr><td></td><td align="center">4</td><td align="center">1</td><td align="center">1,50</td></tr>
<tr><td align="center">6</td><td align="center">1</td><td align="center">4</td><td align="center">1,50</td></tr>
</table>

Beurteilung der Liefermenge. Lösung für beliebige $n_\lambda \leqq N_\lambda$.

In diesem Falle geht man von Gleichung (22.2.12) aus. Ersetzt man $(n_1 \, ; \, n_2 \, ; \, n_3)$ zunächst wieder durch $(x \, ; \, y \, ; \, z)$, so lautet die Varianzfunktion jetzt

$$(22.3.30) \quad V(x \, ; \, y \, ; \, z) = \frac{\sigma_1^{\,2}}{N_1 - 1}\left(\frac{N_1}{x} - 1\right) + \frac{1}{x}\,\frac{\sigma_2^{\,2}}{N_2 - 1}\left(\frac{N_2}{y} - 1\right) +$$

$$+ \frac{1}{xy}\,\frac{\sigma_3^{\,2}}{N_3 - 1}\left(\frac{N_3}{z} - 1\right) .$$

Die Kostenfunktion $K(x \, ; \, y \, ; \, z)$ bleibt gegen (22.3.6) ungeändert. Jedoch sei vorausgesetzt, daß der verfügbare Gesamtbetrag

$$(22.3.31) \quad K_0 \leqq c_1 N_1 + c_2 N_1 N_2 + c_3 N_1 N_2 N_3 = K_N$$

bleibt. Ist im Grenzfalle $K_0 = K_N$, so wählt man $x = N_1 \, ; \, y = N_2 \, ; \, z = N_3$ und findet $V\{x\} = 0$. Man wäre für $K_0 = K_N$ in der Lage, in allen Stufen alle Einheiten zu prüfen (Vollprüfung) und würde damit den richtigen Mittel-wert $x = a$ finden. Für $K_0 > K_N$ bliebe sogar noch Geld übrig. In allen praktischen Fällen ist K_0 <u>wesentlich kleiner</u> als K_N . Die Gleichung (22.3.11) liefert jetzt der Reihe nach

$$(22.3.32) \quad \frac{1}{x} \frac{\sigma_1^2}{(N_1-1)} N_1 + \frac{1}{x} \frac{\sigma_2^2}{(N_2-1)} \left(\frac{N_2}{y} - 1 \right) + \frac{1}{xy} \frac{\sigma_3^2}{(N_3-1)} \left(\frac{N_3}{z} - 1 \right) =$$

$$= \kappa^2 (c_1 x + c_2 xy + c_3 xyz) \; ;$$

$$(22.3.33) \quad \frac{1}{xy} \frac{\sigma_2^2}{(N_2-1)} N_2 + \frac{1}{xy} \frac{\sigma_3^2}{(N_3-1)} \left(\frac{N_3}{z} - 1 \right) = \kappa^2 (c_2 xy + c_3 xyz) \; ;$$

$$(22.3.34) \quad \frac{1}{xyz} \frac{\sigma_3^2}{(N_3-1)} N_3 = \kappa^2 (c_3 xyz) \; .$$

Für später ist es zweckmäßig, Gleichung (22.3.32) in der Form

$$(22.3.35) \quad V\{x\} + \frac{\sigma_1^2}{N_1-1} = \kappa^2 K$$

zu schreiben.
Bildet man die Differenzen $\left[(22.3.32)-(22.3.33)\right]$ und $\left[(22.3.33)-(22.3.34)\right]$, so findet man

$$(22.3.36) \quad \frac{N_1}{N_1-1} \sigma_1^2 - \frac{\sigma_2^2}{N_2-1} = c_1 (\kappa x)^2 \qquad ;$$

$$(22.3.37) \quad \frac{N_2}{N_2-1} \sigma_2^2 - \frac{\sigma_3^2}{N_3-1} = c_2 (\kappa xy)^2 \qquad ;$$

$$(22.3.38) \quad \frac{N_3}{N_3-1} \sigma_3^2 = c_3 (\kappa xyz)^2 \qquad .$$

Erklärt man die Hilfsgrößen W_λ^2 durch die Gleichungen

$$W_1^2 = \frac{N_1}{N_1-1} - \frac{(\sigma_2/\sigma_1)^2}{N_2-1} \approx 1 + \frac{1}{N_1} - \frac{(\sigma_2/\sigma_1)^2}{N_2} \; ;$$

$$(22.3.39) \quad W_2^2 = \frac{N_2}{N_2-1} - \frac{(\sigma_3/\sigma_2)^2}{N_3-1} \approx 1 + \frac{1}{N_2} - \frac{(\sigma_3/\sigma_2)^2}{N_3} \; ;$$

$$W_3^2 = \frac{N_3}{N_3-1} \approx 1 + \frac{1}{N_3} \; ,$$

wobei

$$(22.3.40) \qquad \lim_{N_\lambda \,;\, N_{\lambda+1} \to \infty} W_\lambda^2 = 1$$

ist, so gilt

$$(22.3.41) \qquad \sigma_1 W_1 = \sqrt{c_1}\,\kappa x \quad ,$$

$$(22.3.42) \qquad \sigma_2 W_2 = \sqrt{c_2}\,(\kappa xy) \quad ,$$

$$(22.3.43) \qquad \sigma_3 W_3 = \sqrt{c_3}\,(\kappa xyz) \quad .$$

Auch die Varianzfunktion (22.3.30) läßt sich mit den Hilfsgrößen W_λ umgestalten zu

$$(22.3.44) \qquad V(x\,;\,y\,;\,z) + \frac{\sigma_1^2}{N_1 - 1} = \frac{\sigma_1^2}{x}\,W_1^2 + \frac{\sigma_2^2}{xy}\,W_2^2 + \frac{\sigma_3^2}{xyz}\,W_3^2 \quad .$$

Bildet man die Quotienten (22.3.42)/(22.3.41) und (22.3.43/(22.3.42), so lassen sich $y = n_2$ und $z = n_3$ sofort berechnen zu

$$(22.3.45) \qquad y = n_2 = \sqrt{\frac{c_1}{c_2}}\;\frac{\sigma_2}{\sigma_1}\;\frac{W_2}{W_1} = \frac{W_2}{W_1}\,y_\infty \quad ,$$

$$(22.3.46) \qquad z = n_3 = \sqrt{\frac{c_2}{c_3}}\;\frac{\sigma_3}{\sigma_2}\;\frac{W_3}{W_2} = \frac{W_3}{W_2}\,z_\infty \quad .$$

Man muß demnach die Näherungswerte aus (22.3.14) , die hier mit y_∞ und z_∞ bezeichnet wurden, mit den Verhältnissen $W_\lambda / W_{\lambda-1}$ multiplizieren. Da die Hilfsgrößen W_λ meist nahe bei 1 liegen, sind die Unterschiede zwischen den Näherungswerten $(y_\infty\,;\,z_\infty)$ und den genauen Werten $(y\,;\,z)$ im allgemeinen nicht groß und praktisch ohne Bedeutung. Auch jetzt hängt das Wertepaar $(n_2\,;\,n_3)$ nicht von den vorgegebenen Werten K_0 oder V_0 ab, sondern nur von den Verhältnissen $(c_{\lambda-1}/c_\lambda)$, $(\sigma_\lambda/\sigma_{\lambda-1})$ und $(\sigma_{\lambda+1}/\sigma_\lambda)$. Zur Berechnung von κ setzt man die Ausdrücke für (κx) , (κxy) und (κxyz) aus (22.3.41) bis (22.3.43) in die

$$\text{Kostenfunktion (22.3.6)} \quad \Big| \quad \text{Varianzfunktion (22.3.44)}$$

ein und findet

$$(22.3.47) \qquad \kappa = \frac{T_{123}}{K_0} \qquad \Big| \qquad \kappa = \frac{V_0 + \left[\sigma_1^2/(N_1 - 1)\right]}{T_{123}} \quad ,$$

wobei die Hilfsgröße T_{123} durch

$$(22.3.48) \qquad T_{123} = \sqrt{c_1}\, \sigma_1\, W_1 + \sqrt{c_2}\, \sigma_2\, W_2 + \sqrt{c_3}\, \sigma_3\, W_3$$

erklärt ist. Aus (22.3.41) folgt schließlich mit (22.3.47)

$$(22.3.49) \qquad x = n_1 = \frac{\sigma_1}{\sqrt{c_1}}\, W_1\, \frac{K_0}{T_{123}} \quad\bigg|\quad x = n_1 = \frac{\sigma_1}{\sqrt{c_1}}\, W_1\, \frac{T_{123}}{V_0 + \left[\sigma_1^{\,2}/(N_1-1)\right]} \;.$$

Aus (22.3.35) erhält man mit dem jeweils entsprechenden $\varkappa^2$ aus (22.3.47) die

<table>
<tr><td>kleinste Varianz</td><td>kleinsten Gesamtkosten</td></tr>
<tr><td>V_{min} bei vorgegebenen</td><td>K_{min} bei vorgeschriebener</td></tr>
<tr><td>Gesamtkosten $K = K_0$</td><td>Varianz $V\{x\} = V_0$,</td></tr>
</table>

$$(22.3.50) \qquad V_{min}\{x\} = \frac{T_{123}^2}{K_0} - \frac{\sigma_1^{\,2}}{N_1-1} \quad\bigg|\quad K_{min} = \frac{T_{123}^2}{V_0 + \left[\sigma_1^{\,2}/(N_1-1)\right]} \;.$$

Das Verhalten von

$$V_{min}\{x\} \ \text{für} \ K_0 \longrightarrow K_N \quad\bigg|\quad K_{min} \ \text{für} \ V_0 \longrightarrow 0$$

wird später noch untersucht.

Ersetzt man die Standardabweichungen σ_λ durch $\sigma_\lambda' = \alpha\,\sigma_\lambda$ mit $\alpha =$ konst und die Kostenfaktoren c_λ durch $c_\lambda' = \beta^2 c_\lambda$ mit $\beta^2 =$ konst , so ändern sich die Hilfsgrößen W_λ nach (22.3.39) nicht. Aus K wird $K' = \beta^2 K$, aus V wird $V' = \alpha^2 V$ und aus T_{123} wird $T'_{123} = \alpha\beta T_{123}$. Auch jetzt bleibt demnach $n'_\lambda = n_\lambda$ ungeändert, wie man unmittelbar aus (22.3.45), (22.3.46) und (22.3.49) erkennt.

Die Grenzübergänge $K_0 \longrightarrow K_N$ und $V_0 \longrightarrow 0$.

Die bisher mit $K(x\,;\,y\,;\,z)$ und $V(x\,;\,y\,;\,z)$ bezeichneten Funktionen für die Kosten und die Varianz und die fest vorgegebenen Sollwerte K_0 und V_0 werden im folgenden mit $K_1(x\,;\,y\,;\,z)$, $V_1(x\,;\,y\,;\,z)$, K_{10} und V_{10} bezeichnet. Der zusätzliche Index 1 weist auf die Stufe hin, die mit wachsenden Kosten K_{10} oder abnehmender Varianz V_{10} abgebaut wird.

Läßt man

$$K_0 \equiv K_{10} \ \text{unbegrenzt wachsen,} \quad\bigg|\quad V_0 \equiv V_{10} \ \text{unbegrenzt abnehmen,}$$

so wächst $x = n_1$ nach (22.3.49) monoton an. Das ist möglich, bis n_1 den

Grenzwert N_1 erreicht. Für $n_1 = N_1$ verschwindet der Varianzanteil der Stufe 1 , denn

$$(22.3.51) \qquad \frac{\sigma_1^2}{n_1} \frac{N_1 - n_1}{N_1 - 1} = 0 \qquad \text{für } n_1 = N_1 \; .$$

Dann ist

$$(22.3.52) \qquad K_{10} = K_{10}^* = \frac{\sqrt{c_1}\, N_1}{\sigma_1\, W_1}\, T_{123} \;\Bigg|\; V_{10} = V_{10}^* = \frac{\sigma_1\, W_1}{\sqrt{c_1}\, N_1}\, T_{123} - \frac{\sigma_1^2}{N_1 - 1} \; .$$

Läßt man jetzt K_{10} noch weiter wachsen oder V_{10} noch weiter abnehmen, so bleibt n_1 fest,

$$(22.3.53) \qquad n_1 = \text{konst} = N_1 \; ,$$

und das Minimalproblem geht in die entsprechende Aufgabe für ein Modell mit nur zwei Stufen über. Es übernimmt y jetzt die Rolle von x und z die von y , wobei die Varianz der Stufe 2 abgebaut wird. Für die neue Varianzfunktion $V_2(y\,;\,z)$ erhält man aus (22.3.30) mit $x = N_1$

$$(22.3.54) \qquad N_1 V_1(N_1\,;\,y\,;\,z) = V_2(y\,;\,z) = \frac{\sigma_2^2}{N_2 - 1}\left(\frac{N_2}{y} - 1\right) + \frac{1}{y}\,\frac{\sigma_3^2}{N_3 - 1}\left(\frac{N_3}{z} - 1\right).$$

Die neue Kostenfunktion $K_2(y\,;\,z)$ folgt aus

$$(22.3.55) \qquad K_1(N_1\,;\,y\,;\,z) = c_1 N_1 + N_1(c_2 y + c_3 yz)$$

zu

$$(22.3.56) \qquad K_2(y\,;\,z) = c_2 y + c_3 yz = \frac{K_1(N_1\,;\,y\,;\,z)}{N_1} - c_1 \; .$$

Die Lösung dieses Zwei-Stufen-Problems findet man aus den vorausgehenden Gleichungen, wenn man den Index 1 durch 2 , 2 durch 3 , ferner x durch y und y durch z ersetzt. Man findet aus (22.3.49) und (22.3.45)

$$(22.3.57) \qquad y = n_2 = \frac{\sigma_2}{\sqrt{c_2}}\, W_2\, \frac{K_{20}}{T_{23}} \;\Bigg|\; y = n_2 = \frac{\sigma_2}{\sqrt{c_2}}\, W_2\, \frac{T_{23}}{V_{20} + \left[\sigma_2^2/(N_2 - 1)\right]}$$

$$(22.3.58) \qquad z = n_3 = \sqrt{\frac{c_2}{c_3}}\,\frac{\sigma_3}{\sigma_2}\,\frac{W_3}{W_2} \; .$$

Dabei ist $T_{23} = \sqrt{c_2}\,\sigma_2\, W_2 + \sqrt{c_3}\,\sigma_3\, W_3$. Die Probenzahl $z = n_3$ bleibt gegenüber der dreistufigen Lösung zunächst ungeändert.

Läßt man jetzt

$$K_{20} \text{ weiter wachsen,} \qquad \Big| \qquad V_{20} \text{ weiter abnehmen,}$$

so wächst y monoton an, bis es den Grenzwert $y = n_2 = N_2$ erreicht. Dann ist nach (22.3.57)

$$(22.3.59) \quad K_{20} = K_{20}^{*} = \frac{\sqrt{c_2}\, N_2}{\sigma_2\, W_2}\, T_{23} \quad \Big| \quad V_{20} = V_{20}^{*} = \frac{\sigma_2\, W_2}{\sqrt{c_2}\, N_2}\, T_{23} - \frac{\sigma_2^{\,2}}{(N_2-1)} \; .$$

Jetzt verschwindet auch noch der Varianzanteil der zweiten Stufe,

$$(22.3.60) \quad \frac{\sigma_2^{\,2}}{n_2}\, \frac{N_2-n_2}{N_2-1} = 0 \qquad \text{für } y = n_2 = N_2 \; .$$

Es bleibt allein übrig

$$(22.3.61) \quad N_2 V_2(N_2 \, ; \, z) = V_3(z) = \frac{\sigma_3^{\,2}}{N_3-1} \left(\frac{N_3}{z} - 1 \right)$$

und

$$K_2(N_2 \, ; \, z) = c_2 N_2 + N_2 c_3 z$$

oder

$$(22.3.62) \quad K_3(z) = c_3 z = \frac{K_2(N_2 \, ; \, z)}{N_2} - c_2 \; .$$

Bei vorgegebenem Wert $K_3 = K_{30}$ bzw. $V_3 = V_{30}$ wird z

$$(22.3.63) \quad z = n_3 = \frac{K_{30}}{c_3} \quad \Big| \quad z = n_3 = \frac{N_3\, \sigma_3^{\,2}/(N_3-1)}{V_{30} + \left[\sigma_3^{\,2}/(N_3-1)\right]}$$

oder nach (22.3.49) mit 3 als Index anstelle von 1 und $T_3 = \sqrt{c_3}\, \sigma_3\, W_3$

$$(22.3.64) \quad z = \frac{\sigma_3}{\sqrt{c_3}}\, W_3\, \frac{K_{30}}{T_3} \qquad \Big| \qquad z = \frac{\sigma_3}{\sqrt{c_3}}\, W_3\, \frac{T_3}{V_{30} + \left[\sigma_3^{\,2}/(N_3-1)\right]} \; .$$

$$\qquad K_{30} \text{ darf anwachsen bis} \qquad \Big| \qquad V_{30} \text{ darf abnehmen bis}$$
$$\qquad \text{zum Grenzwert} \qquad\qquad \Big| \qquad\qquad \text{zum Grenzwert}$$

$$(22.3.65) \quad K_{30} = K_{30}^{*} = c_3 N_3 \; . \qquad \Big| \qquad V_{30} = V_{30}^{*} = 0 \; .$$

Dann wird $z = n_3 = N_3$.

Damit verschwindet auch noch der Varianzanteil der letzten Stufe,

$$(22.3.66) \qquad \frac{\sigma_3^{\,2}}{n_3} \; \frac{N_3 - n_3}{N_3 - 1} \; = \; 0 \qquad \text{für} \quad z = n_3 = N_3 \; .$$

Wenn der Grenzzustand $z = n_3 = N_3$ erreicht ist, so berechnet man die Gesamtkosten der Reihe nach aus (22.3.62) und (22.3.56). Man findet

$$K_3(N_3) \qquad = \; c_3 N_3 \; ,$$

$$K_2(N_2 \; ; \; N_3) \quad = \; c_2 N_2 + c_3 N_2 N_3 \; ,$$

$$K_1(N_1 \; ; \; N_2 \; ; \; N_3) = \; c_1 N_1 + c_2 N_1 N_2 + c_3 N_1 N_2 N_3 = K_N \; ,$$

wie es selbstverständlich sein muß.

Der beschriebene Grenzübergang muß (mindestens in der ersten Stufe) durchgeführt werden, wenn die Zahl N_1 der Einheiten in dieser Stufe nur "klein" ist. Das Verhalten der Lösung beim Grenzübergang ist aus Abb. 22.3.1 ersichtlich. Meist liegen die Kosten K, die man verwirklichen kann, noch erheblich unter K_{10}^{*}, so daß der beschriebene Grenzübergang nur theoretische Bedeutung hat.

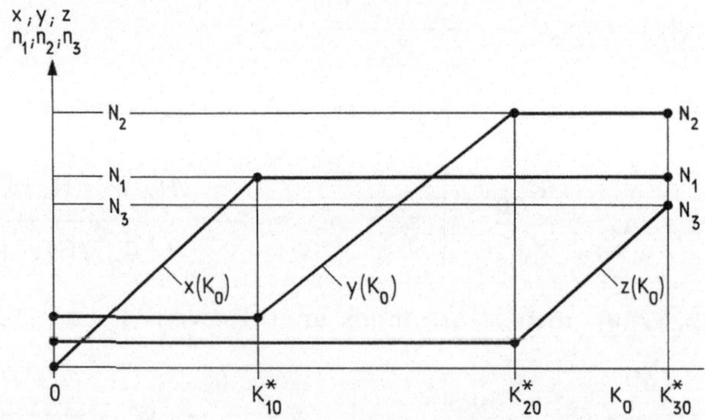

Abb. 22.3.1. Das Verhalten der Probengrößen x , y , z bei wachsendem K_0 .

22.4 Beispiele

Die vorausgehend entwickelte Theorie der mehrstufigen Probenahme
findet u.a. Anwendung bei der Beurteilung von "Massengütern", wie Kohle,
Erz, Zement, Zucker, Wolle, ... Die Endlichkeitsfaktoren

$$(22.4.1) \quad E_\lambda = \frac{N_\lambda - n_\lambda}{N_\lambda - 1} \approx 1 - \frac{n_\lambda}{N_\lambda}$$

werden dabei ersetzt durch

$$(22.4.2) \quad E_\lambda = 1 - \frac{g_\lambda}{G_\lambda} \; ,$$

wobei G_λ das Gewicht (oder die Masse oder den Rauminhalt) einer Einheit
der Stufe λ bedeutet und g_λ das Gewicht (oder die Masse oder der Rauminhalt) der aus G_λ gezogenen Probe ist. In den meisten Fällen begnügt man
sich mit zwei Stufen. In Stufe 2 darf der Endlichkeitsfaktor E_2 bei (fast)
allen praktischen Anwendungen durch 1 ersetzt werden, da die gezogene
Probe g_2 (fast) immer sehr klein gegen die vorhandene Menge G_2 bleibt.

Ein Beispiel ist die Beurteilung von aufbereitetem Wolframerz. Es hat
Hirsekorn- bis Erbsengröße und wird in Säcken zu je 50 kp verpackt. Eine
Liefermenge umfaßt (etwa) 2 bis 30 t , d.h. $N_1 = 40$ bis 600 Säcke oder
Einheiten erster Stufe.

Ein weiteres Beispiel ist Molybdänerz. Es wird in mehlfeinem Zustand
in Eisen- oder Holzfässer verpackt und in Liefermengen von etwa 20 t ge-
liefert. Die Rohprobe aus den Einheiten erster Stufe wird mit einem Schlan-
genbohrer entnommen, dessen Länge der gesamten Schichthöhe der Fässer
entspricht. Wo und wie oft gebohrt wird, bedarf einer besonderen Verein-
barung.

Für zwei Stufen liefert (22.3.45) mit (22.3.39) und $N_\lambda - 1 \approx N_\lambda$

$$(22.4.3) \quad y = \sqrt{\frac{c_1}{c_2}} \; \frac{1}{\sqrt{(\sigma_1/\sigma_2)^2 - (1/N_2)}} \approx \sqrt{\frac{c_1}{c_2}} \; \frac{\sigma_2}{\sigma_1} \; .$$

Eine sinnvolle Lösung für y setzt voraus, daß

$$(22.4.4) \quad \left(\frac{\sigma_1}{\sigma_2}\right)^2 > \frac{1}{N_2} \quad \text{oder} \quad \sigma_1^2 > \frac{\sigma_2^2}{N_2}$$

ist. Diese Bedingung ist anschaulich klar : Jede Einheit (a_i) der Stufe 1 besteht aus N_2 Einheiten (a_{ij}) der Stufe 2 mit der Varianz σ_2^2 . Die Varianz der "Mittelwerte"

$$a_i = \frac{1}{N_2} \sum_{j=1}^{N_2} a_{ij} \; ,$$

die von den Schwankungen der a_{ij} herkommt, ist infolgedessen

$$(22.4.5) \quad V'\{a_i\} = \frac{\sigma_2^2}{N_2} \; .$$

Wenn $\sigma_1^2 = \sigma_2^2/N_2$ ist, so läßt sich die Variabilität der Einheiten erster Stufe (a_i) <u>allein</u> durch die Variabilität der Einheiten zweiter Stufe (a_{ij}) erklären. Es gibt keine "echten" Unterschiede zwischen den Einheiten (a_i) in Stufe 1 . In den Anwendungen ist die Bedingung (22.4.4) erfüllt.

Prüfung von Wolle auf Schmutzgehalt.

Als Beispiel wird im folgenden die Prüfung von Wolle auf "Schmutzgehalt" erläutert. Wolle wird in "Ballen" vom Gewicht 100 kp bis 500 kp verpackt und verladen. Die Ballen sind die Einheiten erster Stufe. Die "Einzelproben" aus den Ballen sind die Einheiten der Stufe 2 . Sie haben bei der in USA gebräuchlichen Probenahme einen Durchmesser von etwa 2 inch und eine Länge von 8 bis 18 inches ; sie werden in der "Druckrichtung" der gepreßten Ballen entnommen, da in dieser Richtung die größte Variabilität herrscht. Die Einzelproben werden während der Entladung (eines Schiffes) gezogen, wenn die Ballen leicht zugänglich sind. [1] Dann werden die Proben einem chemischen Untersuchungsverfahren unterworfen, das den "Reingehalt" bzw. "Schmutzgehalt" der Probe liefert. Gesucht wird u.a. der "Reingehalt" bzw. "Schmutzgehalt" a $\left[\text{Gew.-\%}\right]$ der <u>gesamten</u> Liefermenge, weil sich danach Steuern und Verkaufspreis richten. Der Schätzwert x für a soll eine Standardabweichung $\sigma\{x\}$ haben, die $1/3 \left[\text{Gew.-\%}\right]$ nicht überschreitet.

Die Varianz σ_1^2 in Stufe 1 mißt die Variabilität des Schmutzgehalts von Ballen zu Ballen; die Varianz σ_2^2 in Stufe 2 mißt die Variabilität

---

1) Deming, W.E. Some Theory of Sampling. Wiley, New York 1961, S.161. Any hope that a shipment of 1000 bales, once in a warehouse, will be sampled at random is a vain one indeed, unless it is all loaded again later for reshipment.

des Schmutzgehalts der Proben innerhalb der Ballen. Nach (22.2.12) wird im vorliegenden Falle mit dem Endlichkeitsfaktor $E_2 = 1$ die Varianz des Schätzwertes x

$$(22.4.6) \qquad V\{x\} = \frac{N_1 - n_1}{N_1 - 1} \frac{\sigma_1^2}{n_1} + \frac{\sigma_2^2}{n_1 n_2} \; .$$

Dabei ist N_1 die Zahl der Ballen, aus denen die Schiffsladung besteht; n_1 ist die Zahl der Ballen, aus denen man je n_2 Einzelproben zufällig entnimmt.

In einem Zahlenbeispiel[1] sei

$$(22.4.7) \qquad \sigma_1 = 2 \left[\text{Gew.-}\% \right] \quad \text{und} \quad \sigma_2 = 1 \left[\text{Gew.-}\% \right] \; .$$

Ferner seien die Kosten für die Bereitstellung eines Ballens (zur Entnahme der Einzelproben) und seine "Wiedereingliederung" in die Ladung

$$(22.4.8) \qquad c_1 = 1,0 \; \$ \; .$$

Die Kosten für die Entnahme und Untersuchung einer Einzelprobe seien

$$(22.4.9) \qquad c_2 = 0,7 \; \$ \; .$$

Aus (22.4.3) folgt dann

$$(22.4.10) \qquad y \approx \sqrt{\frac{10}{7}} \; \frac{1}{2} = 0,6 \quad \text{bzw.} \quad n_2 = 1 \; ,$$

unabhängig von der Größe der Ladung N_1 , der Größe der Probe n_1 und der geforderten "Genauigkeit" $\sigma\{x\}$. Es genügt demnach, aus n_1 Ballen je <u>eine</u> Einzelprobe zu entnehmen.

Da der Sonderfall $y < 1$ bzw. $n_2 = 1$ vorliegt, geht man zur Berechnung von x bzw. n_1 auf die "wirkliche" Varianzfunktion (22.4.6) zurück. Mit $V\{x\} = V_0$ und $n_2 = 1$ findet man "asymptotisch" in erster Näherung (falls $n_1 \ll N_1$ ist)

$$(22.4.11) \qquad V_0 = \frac{\sigma_1^2 + \sigma_2^2}{n_1} \quad \text{oder} \quad n_1 = \frac{\sigma_1^2 + \sigma_2^2}{V_0} = \frac{\sigma^2}{V_0} \; .$$

Zahlenmäßig wird

$$(22.4.12) \qquad n_1 = \frac{4 + 1}{1/9} = 45 \; ,$$

gültig für "große" Liefermengen mit $N_1 \gtrsim 1000$.

---

1) Deming, W.E. ; a.a.O. S. 161 .

Für kleinere Liefermengen N_1 muß man den Endlichkeitsfaktor in (22.4.6) berücksichtigen. Dann gibt die Auflösung nach n_1 genau

$$(22.4.13) \qquad n_1 = \frac{N_1 \, \sigma_1^{\;2} + \left[(N_1-1)/n_2\right]\sigma_2^{\;2}}{(N_1-1)\,V_0 + \sigma_1^{\;2}} \; .$$

Mit $N_1-1 \approx N_1$ gilt angenähert (aber ausreichend genau)

$$(22.4.14) \qquad n_1 \approx \frac{\sigma_1^{\;2} + (\sigma_2^{\;2}/n_2)}{V_0 + (\sigma_1^{\;2}/N_1)} \; .$$

Der Auswahlsatz n_1/N_1 wird

$$(22.4.15) \qquad \frac{n_1}{N_1} \approx \frac{\sigma_1^{\;2} + (\sigma_2^{\;2}/n_2)}{\sigma_1^{\;2} + N_1 \, V_0} \; .$$

Solange

$$(22.4.16) \qquad N_1 \, V_0 \;\leqq\; \sigma_2^{\;2}/n_2$$

bleibt, ist der Nenner der rechten Seite in (22.4.15) nicht größer als der Zähler. Damit wird $n_1/N_1 \geqq 1$. Man hat also für $N_1 \, V_0 \leqq \sigma_2^{\;2}/n_2$ __alle__ Einheiten erster Stufe zur Prüfung bereit zu stellen. Im Zahlenbeispiel mit $n_2 = 1$, $V_0 = 1/9$ und $\sigma_2^{\;2} = 1$ ist das für $N_1 \leqq 9$ der Fall.

In Abb. 22.4.1 ist der Verlauf von n_1 in Abhängigkeit von N_1 dargestellt, wenn $\sigma_1^{\;2} = 4$, $\sigma_2^{\;2} = 1$, $V_0 = 1/9$ und $n_2 = 1$ ist. Für $N_1 = 1000$

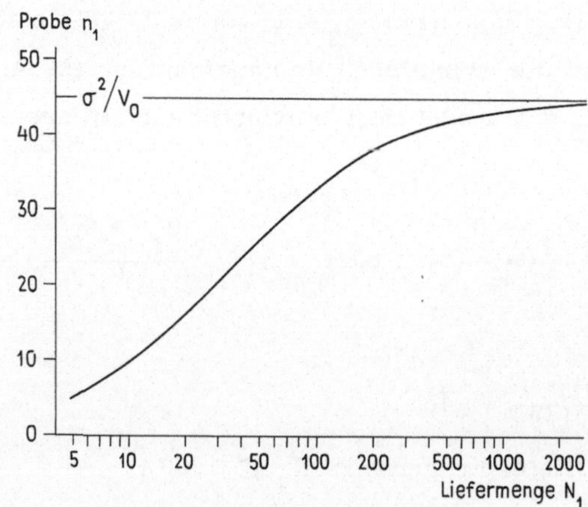

Abb. 22.4.1. Die Größe n_1 der Probe in Stufe 1 in Abhängigkeit von der Größe N_1 der Liefermenge für ein Beispiel ($\sigma_1 = 2$; $\sigma_2 = 1$; $c_1 = 1,0$; $c_2 = 0,7$; $n_2 = 1$) .

hat man beispielsweise aus n_1 = 43 Ballen je eine Einzelprobe zu entnehmen. Streng genommen müßte man die n_1 Ballen zufällig (etwa mit Hilfe von dreistelligen Zufallszahlen) aus der Liefermenge N_1 auswählen. Praktisch beginnt man für N_1 = 1000 mit einem "Zufallsstart" im Bereich $1 \leq i \leq 20$ und stellt dann jeden zwanzigsten Ballen zur Probenahme bereit, z.B. die Nr. 7 , 27 , 47 , 67 , ... , 987 , wobei es nicht schadet, wenn der feste Probenabstand Δi = 20 nicht genau eingehalten wird. Man entnimmt also anstelle der Zufallsprobe eine "systematische Probe mit Zufallsstart", deren Varianz jedenfalls nicht größer ist als die Varianz einer "reinen Zufallsprobe" gleicher Größe.

Um einen "kostengünstigen" Prüfplan in Gang zu setzen, braucht man Zahlenwerte für die Kostenparameter c_1 ; c_2 ; ... und für die Varianzen σ_1^2 ; σ_2^2 ; ... . Die Ermittlung der c_λ ist normalerweise nicht schwierig; Schätzwerte s_λ^2 für σ_λ^2 findet man mit Hilfe der in Gleichung (22.2.34) gegebenen "Varianzanalyse". In bestimmten Zeitabständen hat man nachzuprüfen, ob die dem Plan zugrunde liegenden Varianzen σ_λ^2 noch zutreffen.

Die Theorie setzt voraus, daß die Varianz $V\{a_i\}$ = σ_1^2 der Einheiten a_i in Stufe 1 <u>unabhängig</u> von der Größe N_1 der Liefermenge ist. Wenn das zu prüfende Gut aus einem Erzeugungsvorgang "mit Erhaltungsneigung" stammt, so ist diese Bedingung nicht erfüllt. Vielmehr ist dann die Varianz nach Abschnitt 17.12 von N_1 abhängig, im allgemeinen in dem Sinne, daß $V\{a_i\}$ mit wachsendem N_1 einem Grenzwert zustrebt, wie aus Abb. 17.12.5 hervorgeht, mit dem die gesamte bei dem Vorgang mögliche Variabilität der Einflußgrößen erfaßt wird. Auf den damals erörterten (und praktisch oft vorhandenen) Einfluß von N_1 auf σ_1^2 nimmt das hier behandelte Modell keine Rücksicht.

Prüfung von Rohkohle auf Aschegehalt.

In vielen Fällen der Praxis zieht man bei der Beurteilung der Probenahme (irrtümlich) nur die letzte Stufe des Verfahrens in Betracht. Zur Untersuchung der Merkmalwerte x_{ijk} (bei drei Stufen) stehen physikalische und/oder chemische Prüfverfahren bereit, die mit großer Genauigkeit arbeiten und die Endwerte x_{ijk} mit sehr kleiner Varianz σ_3^2 (in Stufe 3) liefern. Man mißt im Labor mit großer Sorgfalt in der Endstufe und vergißt dabei, daß die hier erreichbare "Genauigkeit" σ_3^2 <u>nicht</u> für die Beurteilung einer Liefermenge maßgebend ist. In (fast) allen Fällen der Praxis sind die Varianzen σ_1^2 und σ_2^2 der ersten beiden Stufen weit größer als in der Endstufe, in der man mißt. Der Rückschluß von der Probe auf die Gesamtheit ist aber nur dann möglich,wenn man die Varianzen <u>aller</u> Stufen beherrscht. Fragt beispielsweise ein kritischer Kaufmann einen Chemiker, wie genau man den Aschegehalt von Kohle bestimmen kann, so wird die Antwort (auf Grund der im Labor gewonnenen Erfahrung) lauten :"Mit einem mittleren Fehler von etwa $0,03\left[\text{Gew.-\%}\right]$". Der Kaufmann ist beruhigt, daß die Meßtechnik weit mehr an Genauigkeit verbürgt, als er zur Beurteilung seiner wirtschaftlichen Fragen braucht. In Wirklichkeit ist das ein Trugschluß. Beide Gesprächspartner haben aneinander vorbei geredet, ohne sich dieser Tatsache bewußt zu werden. Die im Labor erreichbare hohe Analysengenauigkeit der "Endstufe" ist kein Maß dafür, daß man die gesuchten Eigenschaften einer Liefermenge auf Grund einer Probe genau erfaßt, wie das folgende Beispiel zeigt. Dabei soll nicht die Liefermenge beurteilt werden, sondern der Zweck des Versuchs ist die Ermittlung der Varianzen σ_λ^2 der einzelnen Stufen.

Eine Liefermenge von G = 1000 t Rohkohle besteht aus N_1 = 20 Wagen zu G_1 = 50 t . Zur Probenahme werden n_1 = 10 Wagen ausgewählt, etwa jeder zweite. Während des Ladens über ein Förderband wird diesen 10 Wagen in (nahezu) gleichen Abständen dreimal eine Probe von G_2 = 1,6 kg entnommen. Jede Wagenladung (von 50 t) besteht demnach in Stufe 2 aus rund N_2 = 31000 Einheiten zu G_2 = 1,6 kg , von denen n_2 = 3 als Probe gezogen werden.

Diese Proben zu 1,6 kg werden zerkleinert, bis die Korngröße unter 2 mm liegt (dabei bleibt natürlich der Aschegehalt unverändert). Mit einem Riffelprobenteiler werden sie in vier Schritten nach Abb. 22.4.2 von 1600 über 800 , 400 , 200 auf G_3 = 100 g "geviertelt". Das gibt N_3 = 16 Einheiten der Stufe 3 , von denen n_3 = 2 als Probe gewählt werden. Dabei darf der "Stammbaum" der ausgewählten zwei Einheiten erst in der Ausgangsstufe 2 bei 1600 g zusammenlaufen. Die Einheiten α und ϵ oder γ und δ in Abb. 22.4.2 erfüllen diese Bedingung, die Paare $(\alpha ; \beta)$ und $(\delta ; \epsilon)$ jedoch nicht.

Die n_3 Proben zu 100 g der Stufe 3 werden einzeln bis zur Korngröße < 0,2 mm gemahlen. In der Endstufe 4 werden aus den N_4 = 100 vorhandenen Einheiten zu 1 g schließlich n_4 = 2 Proben zu G_4 = 1 g gezogen und im Muffelofen getrennt verascht.

Insgesamt hat man demnach $n = n_1 n_2 n_3 n_4 = 10 \cdot 3 \cdot 2 \cdot 2 = 120$ Meßwerte $x_{ijk\ell}$ zur Verfügung, die man mit den varianzanalytischen Methoden

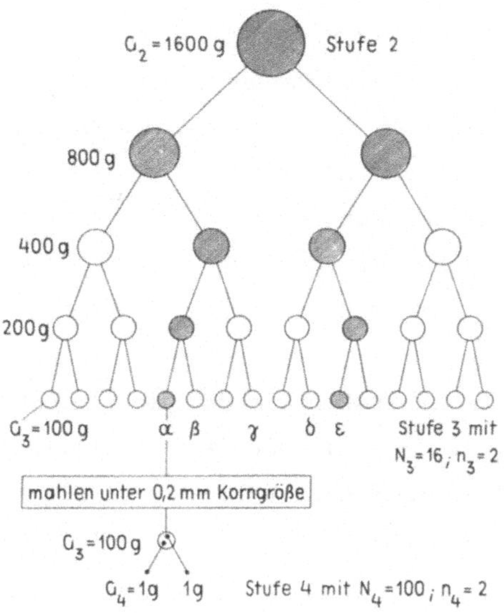

Abb. 22.4.2. Die Teilung einer Probe $G_2 = 1600$ g von Stufe 2
über Stufe 3 zu Stufe 4 mit $G_4 = 1$ g .

des Abschnitts 22.2 auswertet. Damit findet man die Varianzen und Standardabweichungen der folgenden Zahlentafel, die sich auf einen wirklich durchge-
führten Versuch beziehen:

Stufe	Varianz	Standardabweichung
λ	$s_\lambda^2 \left[\text{Gew.-\%}\right]^2$	$s_\lambda \left[\text{Gew.-\%}\right]$
1	20,0	4,5
2	5,0	2,2
3	0,09	0,3
4	0,0016	0,04

Setzt man die Zahlenwerte N_λ , n_λ und s_λ^2 (für σ_λ^2) in Gleichung (22.2.12)
ein, so findet man

$$V\{x\} = 1,22 \left[\text{Gew.-\%}\right]^2 \quad \text{und} \quad \sigma\{x\} = 1,10 \left[\text{Gew.-\%}\right] .$$

Bei einer Aussagesicherheit S von etwa 95% ist im vorliegenden Falle der
gesuchte mittlere Aschegehalt a der Liefermenge nur mit der "Genauigkeit"

$$x \pm 2\,\sigma\{x\} = x \pm 2,2 \left[\text{Gew.-\%}\right]$$

bestimmbar. Das ist für den großen Versuchsaufwand von insgesamt n = 120
Analysen ein ziemlich dürftiges Ergebnis.

Ueber die mit bestimmtem Aufwand erreichbare Genauigkeit macht man
sich oft ein zu günstiges Bild, wenn man die Varianzen in den Anfangsstufen
nicht kennt. Im Beispiel tragen die Varianzen der Stufen 3 und 4 kaum zur
"Unsicherheit" des Mittelwerts x bei. Der in diesen Stufen getriebene Aufwand (Zerkleinerung) ist zu hoch. Selbst bei

$$10 \text{ facher Varianz} \quad 10 \cdot 0,09 \ = 0,9 \quad \text{in Stufe } 3$$
$$\text{und} \quad 100 \text{ facher Varianz} \quad 100 \cdot 0,0016 = 0,16 \text{ in Stufe } 4$$

ist der Einfluß dieser Stufen auf x noch zu vernachlässigen (!) . Man kann
demnach die "Reduktion" der Proben wesentlich gröber vornehmen, eine
Erkenntnis, gegen die fast überall in der Praxis verstoßen wird.

Setzt man bei bekannten Varianzen den Analysenaufwand von n = 120 auf
n' = 20 herab, wobei man die Einzelwerte

$$n'_1 = 20 \ ; \ n'_2 = n'_3 = n'_4 = 1$$

wählt, so sinkt die Standardabweichung vom Wert $\sigma\{x\} = 1,1\left[\text{Gew.-\%}\right]$
auf $\sigma'\{x\} = 0,50\left[\text{Gew.-\%}\right]$ab. Man erreicht also bei wesentlich geringerem
Aufwand eine bedeutend höhere Genauigkeit. Die übliche Aussage, daß die
"Bildschärfe" einer Probe mit wachsendem Aufwand besser wird, gilt hier
nur eingeschränkt. Wenn man den größeren Aufwand unzweckmäßig auf die
Stufen verteilt, kann man leicht das Gegenteil erreichen. Wie man die Prüf-
zahlen n_λ im gegebenen Falle zu wählen hat, ist nur bei Kenntnis der Varianzen σ_λ^2 zu entscheiden. Ohne Einblick in die Veränderlichkeit der Merkmalwerte in jeder Stufe ist ein arbeitsparendes Prüfverfahren nicht zu verwirklichen.

Will man ein solches Prüfverfahren zur Beurteilung von Massengütern einführen, so hat man etwa in folgenden Einzelschritten vorzugehen:

(1) Auf Grund der bisher vorliegenden Erfahrungen und im Hinblick auf die
praktische Verwendung hat man die wichtigsten "Grundgesamtheiten"
(Liefermengen) in Einheiten erster, zweiter, dritter, ... Stufe aufzu-
gliedern. Die Werte G_λ und N_λ sind damit bekannt.

(2) Die Art der Entnahme (z.B. beim Laden über ein Förderband) und die
"Reduktion" der Proben (das Mischen, Zerkleinern, Vierteln) ist festzulegen.

3) Man muß mit Hilfe geeigneter Versuche für die wichtigen Merkmale die kennzeichnenden Varianzen σ_λ^2 jeder Stufe ermitteln. Hier steckt die Hauptarbeit, die zu leisten ist. Die Auswertung der Versuchsreihen ist eine Aufgabe der Streuungszerlegung.

4) Man muß sich vergewissern, ob diese Varianzen bei "normalen" Betriebsverhältnissen (wenigstens der Größenordnung nach) unveränderlich oder stabil sind.

5) Erst dann läßt sich ein Prüfplan (n_λ) aufstellen, der mit vorgeschriebener Genauigkeit zu geringsten Kosten bzw. bei vorgeschriebenen Kosten zu kleinster Varianz (d.h. höchster Genauigkeit) der zu beurteilenden Merkmalwerte führt.

22.5 Geschichtete Stichproben

Bei einer "geschichteten" Stichprobe wird die zu untersuchende Gesamtheit in Teilmengen oder Schichten zerlegt, die in Bezug auf das Untersuchungsmerkmal "homogener" als die Gesamtheit sind; d.h. innerhalb der Schicht sollen die Merkmalwerte geringe Varianz aufweisen. Die Varianz zwischen den Mittelwerten der Schichten kann (und soll) dagegen erheblich sein.

Beispielsweise hat eine Firma ein Verzeichnis ihrer zahlreichen Einzelkunden, aufgegliedert nach dem Wert der jährlichen Bestellmenge $[\text{DM/Jahr}]$. Dieser "Absatzwert" y streut in weiten Grenzen, von 500 DM/Jahr bei Kleinkunden bis 20 000 DM/Jahr bei Großabnehmern. Auf Grund einer Stichprobe will man eine Aussage über den wertmäßigen Lagerbestand x bei den Kunden an einem Stichtag machen. Die Merkmale x und y sind (vermutlich) hoch miteinander korreliert, so daß man anstelle der unbekannten x-Werte die bekannten y-Werte als Schichtungsmerkmal nehmen darf. Man teilt infolgedessen die Gesamtheit der Kunden nach dem Wert des Absatzes y in eine Reihe von Schichten, beispielsweise so

Schicht Nr.	1	2	3	4	5
Absatzwert $[10^3 \text{ DM/Jahr}]$	bis 1	über 1 bis 2	über 2 bis 5	über 5 bis 10	über 10 bis 20

Die Einzelschichten sind bezüglich y sicher und bezüglich x vermutlich wesentlich homogener als die Gesamtheit.

Die Liefermenge eines "Massengutes" kann man beispielsweise nach der Herstellungszeit oder nach der Größe der "Ballen" oder nach der Farbe des Erzeugnisses schichten. Bei der Beurteilung von Flüssigkeiten, die in Tankwagen (der Eisenbahn) angeliefert werden, läßt man beispielsweise die Wagen vor der Probenahme einen Tag lang ruhig stehen, so daß sich "Schichten" unterschiedlicher Zusammensetzung ausbilden. Dann zieht man Proben aus der unteren, der mittleren und der oberen Schicht (was hier ganz wörtlich zu nehmen ist).

Allgemein hat das "Schichten-Modell" die folgende Gestalt:

		Gesamtheit	Probe
	Zahl der Schichten	M	M
	laufende Nr. der Schicht	i mit $1 \le i \le M$	i mit $1 \le i \le M$
	Zahl der Einheiten in der Schicht i	N_i	n_i
(22.5.1)	Gesamtzahl der Einheiten	$\sum_{i=1}^{M} N_i = N$	$\sum_{i=1}^{M} n_i = n$
	Merkmalwert der Einheit j in der Schicht i	a_{ij} mit $1 \le j \le N_i$	x_{ij} mit $1 \le j \le n_i$
(22.5.2)	mittlerer Merkmal- wert (je Einheit) in der Schicht i	$\dfrac{1}{N_i} \sum_{j=1}^{N_i} a_{ij} = a_i$	$\dfrac{1}{n_i} \sum_{j=1}^{n_i} x_{ij} = x_i$
(22.5.3)	Varianz der Merkmal- werte in der Schicht i	$\dfrac{1}{N_i} \sum_{j=1}^{N_i} (a_{ij}-a_i)^2 = \sigma_i^2$	$\dfrac{1}{n_i} \sum_{j=1}^{n_i} (x_{ij}-x_i)^2 = s_i^2$

Der Mittelwert aller Einheiten in der Gesamtheit ist

$$(22.5.4) \qquad a = \frac{1}{N} \sum_{i=1}^{M} \sum_{j=1}^{N_i} a_{ij} = \frac{1}{N} \sum_{i=1}^{M} N_i a_i = \sum_{i=1}^{M} \frac{N_i}{N} a_i \ .$$

In der Probe gilt

$$(22.5.5) \qquad x' = \frac{1}{n} \sum_{i=1}^{M} \sum_{j=1}^{n_i} x_{ij} = \frac{1}{n} \sum_{i=1}^{M} n_i x_i = \sum_{i=1}^{M} \frac{n_i}{n} x_i \ .$$

Der Mittelwert x' wird nicht benutzt. Vielmehr bestimmt man einen Schätzwert x für a durch "Hochrechnung". Aus den x_{ij} folgt bei festem i der
Schätzwert $\sum_{j=1}^{n_i} x_{ij}/n_i = x_i$ für a_i. Mit x_i bildet man $\sum_{i=1}^{M} x_i N_i/N = x$. Der
unbekannte Mittelwert a wird durch den "hochgerechneten" Wert x ge-
schätzt,

$$(22.5.6) \quad x = \frac{1}{N} \sum_{i=1}^{M} N_i x_i = \frac{1}{N} \sum_{i=1}^{M} \frac{N_i}{n_i} \sum_{j=1}^{n_i} x_{ij} \; .$$

Daß x erwartungstreu für a ist, zeigt man folgendermaßen. Der Mittelwert von x_{ij} ist bei festem $i = $ konst mit $(22.5.2)$

$$(22.5.7) \quad \underset{i=\text{konst}}{M\{x_{ij}\}} = \frac{1}{N_i} \sum_{j=1}^{N_i} a_{ij} = a_i \; .$$

Daraus folgt bei festem i

$$\underset{i=\text{konst}}{M\{x_i\}} = \underset{i=\text{konst}}{M\left\{\frac{1}{n_i} \sum_{j=1}^{n_i} x_{ij}\right\}} = \frac{1}{n_i} \sum_{j=1}^{n_i} \underset{i=\text{konst}}{M\{x_{ij}\}}$$

oder mit $(22.5.7)$

$$(22.5.8) \quad \underset{i=\text{konst}}{M\{x_i\}} = \frac{1}{n_i} \sum_{j=1}^{n_i} a_i = \frac{1}{n_i} n_i a_i = a_i \; .$$

Aus $(22.5.6)$ folgt weiter mit $(22.5.4)$

$$(22.5.9) \quad M\{x\} = \frac{1}{N} \sum_{i=1}^{M} N_i \underset{i=\text{konst}}{M\{x_i\}} = \frac{1}{N} \sum_{i=1}^{M} N_i a_i = a \; .$$

x ist demnach in der Tat ein erwartungstreuer Schätzwert für a, was für
x' aus Gleichung $(22.5.5)$ nur unter besonderen (später genannten) Voraussetzungen gilt.

Für die Varianz $V\{x\}$ hat man nach $(22.5.6)$

$$N^2 V\{x\} = V\{Nx\} = V\left\{\sum_{i=1}^{M} N_i x_i\right\}$$

oder

$$N^2 V\{x\} = \sum_{i=1}^{M} N_i^2 V\{x_i\} \; ,$$

da die Probenmittelwerte x_i der verschiedenen Schichten unabhängig voneinander sind.

Nach $(22.5.2)$ ist x_i der Mittelwert von n_i Einzelwerten x_{ij}, die ohne
Wiederholung aus N_i vorhandenen Werten a_{ij} gezogen werden. Nach $(22.1.32)$
wird demnach die Varianz

$$(22.5.10) \quad V\{x_i\} = \frac{N_i - n_i}{N_i - 1} \; \frac{\sigma_i^2}{n_i} \; .$$

Damit wird die Varianz des Schätzwerts x schließlich

$$(22.5.11) \quad V\{x\} = \sum_{i=1}^{M} \left(\frac{N_i}{N}\right)^2 \frac{N_i - n_i}{N_i - 1} \frac{\sigma_i^2}{n_i} \ .$$

Eine wichtige Aufgabe ist die Bestimmung der Probengröße n_i für die Schicht i , wenn die Zahl N_i der in dieser Schicht vorhandenen Einheiten bekannt ist. Das kann auf verschiedene Weise geschehen.

Proportionale Auswahl.

Häufig wählt man n_i verhältnisgleich zu N_i . Dann gilt für alle i

$$(22.5.12) \quad n_i = b\,N_i \quad \text{mit} \quad b = \text{konst} \ .$$

Aus

$$n = \sum_{i=1}^{M} n_i = b \sum_{i=1}^{M} N_i = b\,N$$

folgt

$$b = \frac{n}{N}$$

und damit

$$(22.5.13) \quad n_i = \frac{N_i}{N}\,n \quad \text{oder} \quad \frac{n_i}{N_i} = \frac{n}{N} = \text{konst} \ .$$

Man zieht die Proben aus jeder Schicht mit dem gleichen Auswahlsatz n_i/N_i = b . Die Endlichkeitsfaktoren werden in dem Falle

$$(22.5.14) \quad \frac{N_i - n_i}{N_i - 1} \approx 1 - \frac{n_i}{N_i} = 1 - \frac{n}{N} = 1-b \ ,$$

also unabhängig von i . Die Gleichung (22.5.11) für die Varianz gibt mit der Näherung $N_i - 1 \approx N_i$

$$V\{x\} = V_{PROP} = \frac{1-b}{n} \sum_{i=1}^{M} (N_i/N)\,\sigma_i^2$$

oder

$$(22.5.15) \quad V_{PROP} = \left(\frac{1}{n} - \frac{1}{N}\right) \sum_{i=1}^{M} \frac{N_i}{N}\,\sigma_i^2 = \left(\frac{1}{n} - \frac{1}{N}\right)\sigma_m^2 \ .$$

Dabei ist die Summe auf der rechten Seite,

$$(22.5.16) \quad \sum_{i=1}^{M} \frac{N_i}{N}\,\sigma_i^2 = \sigma_m^2 \ ,$$

die mittlere Varianz der Merkmalwerte innerhalb der Schichten, wobei jede Einzelvarianz σ_i^2 mit dem relativen Anteil (N_i/N) gewichtet wird, den die Schicht i mit (N_i) zur Gesamtheit (N) beiträgt.

Um den mit der Schichtung verbundenen "Gewinn an Genauigkeit" zu bestimmen, braucht man die Varianz σ^2 der Merkmalwerte a_{ij} in der ungeschichteten Gesamtheit. Aus

$$a_{ij} - a = (a_{ij} - a_i) + (a_i - a)$$

folgt durch Quadrieren und Summieren über i und j zunächst

$$(22.5.17) \qquad \sum_{i=1}^{M} \sum_{j=1}^{N_i} (a_{ij}-a)^2 = \sum_{i=1}^{M} \sum_{j=1}^{N_i} (a_{ij}-a_i)^2 + \sum_{i=1}^{M} N_i(a_i-a)^2 \; ,$$

da die Summe über j für das doppelte Produkt $2(a_i-a)(a_{ij}-a_j)$ verschwindet. Die Summe der linken Seite ist $N\,\sigma^2$. Auf der rechten Seite ist nach (22.5.3)

$$\sum_{j=1}^{N_i} (a_{ij}-a_i)^2 = N_i\,\sigma_i^2 \; .$$

Damit findet man die gesuchte "Gesamtvarianz" σ^2 in der Gestalt

$$(22.5.18) \qquad \sigma^2 = \sum_{i=1}^{M} \frac{N_i}{N} (a_i-a)^2 + \sum_{i=1}^{M} \frac{N_i}{N} \sigma_i^2 \; ,$$

ein Ergebnis, das man auch unmittelbar aus Gleichung (2.11.6) hätte folgern können, die für das "Zusammenwerfen von Meßreihen" gilt. Die Varianz σ^2 der Merkmalwerte a_{ij} in der Gesamtheit ist die Summe aus der (gewogenen) Varianz zwischen und der (mittleren) Varianz innerhalb der Schichten. Bezeichnet man die gewogene Varianz zwischen den Schichtmittelwerten a_i mit $V\{a_i\}$,

$$(22.5.19) \qquad \sum_{i=1}^{M} \frac{N_i}{N} (a_i-a)^2 = V\{a_i\} \; ,$$

so gilt mit (22.5.16) einfach

$$(22.5.20) \qquad \sigma^2 = V\{a_i\} + \sigma_m^2 \; .$$

Entnimmt man der ungeschichteten Gesamtheit zufallsmäßig n Einheiten, so ist die Varianz des Mittelwerts x

$$(22.5.21) \qquad V\{x\} = V_{UNG} = \frac{N-n}{N-1} \frac{\sigma^2}{n} \approx \left(\frac{1}{n} - \frac{1}{N} \right) \sigma^2 \; .$$

Mit (22.5.20) und (22.5.15) folgt

$$(22.5.22) \qquad V_{UNG} = V_{PROP} + \left(\frac{1}{n} - \frac{1}{N} \right) V\{a_i\} \; .$$

Die Varianz des Mittelwerts einer ungeschichteten Zufallsprobe ist stets größer als die Varianz des Mittelwerts einer geschichteten Probe gleicher Größe mit proportionaler Zuteilung. Die Differenz der Varianzen $V_{UNG} - V_{PROP}$ wächst mit der Varianz $V\{a_i\}$ __zwischen__ den Schichtmittelwerten a_i . Die Schichtung mit festem Auswahlsatz "beseitigt" den Einfluß dieser Varianz auf den Schätzwert x für a . Aus $n_i/n = N_i/N$ folgt, daß die Schätzwerte x' aus (22.5.5) und x aus (22.5.6) übereinstimmen. Bei festem Auswahlsatz ist demnach nicht nur x , sondern auch x' ein erwartungstreuer Schätzwert für a .

__Kostenoptimale Auswahl.__

Entnimmt und prüft man aus der Schicht i die Einheit j , so entstehen (unabhängig von j) die Kosten c_i . Dann sind die Gesamtkosten K der Erhebung

$$(22.5.23) \quad K = \sum_{i=1}^{M} n_i c_i .$$

Man kann nun (wie im Abschnitt 22.3) entweder die Kosten K bei vorgeschriebener Varianz $V\{x\} = V_0$ oder die Varianz $V\{x\}$ bei vorgegebenen Kosten $K = K_0$ möglichst klein machen. Gibt man $K = K_0$ vor, so hat man die Probezahlen n_i aus der Bedingung

$$(22.5.24) \quad V\{x\} = \sum_{i=1}^{M} \left(\frac{N_i}{N}\right)^2 \frac{1}{N_i-1} \left(\frac{N_i}{n_i} - 1\right) \sigma_i^2 = \text{Min}$$

zu bestimmen, wobei die Nebenbedingung

$$(22.5.25) \quad \sum_{i=1}^{M} n_i c_i - K_0 = 0$$

eingehalten werden muß. Aus (22.5.24) und (22.5.25) findet man die notwendigen Bedingungen für ein Minimum von $V(n_i)$ bei gegebenem $K = K_0$ zu

$$(22.5.26) \quad \frac{\partial V(n_i)}{\partial n_i} + \varkappa^2 \frac{\partial K(n_i)}{\partial n_i} = 0 , \quad i = 1 ; 2 ; \dots ; M ,$$

oder

$$\left(\frac{N_i}{N}\right)^2 \frac{N_i}{N_i - 1} \frac{1}{n_i^2} \sigma_i^2 = \varkappa^2 c_i ,$$

wobei $\varkappa^2$ der Multiplikator von Lagrange ist. Ersetzt man $N_i/(N_i-1)$ durch 1 , so gibt die letzte Gleichung (ausreichend genau)

$$(22.5.27) \quad n_i = \frac{1}{\varkappa} \frac{N_i}{N} \frac{\sigma_i}{\sqrt{c_i}} .$$

Den noch unbekannten Faktor $(1/\varkappa)$ findet man aus der Bedingung $(22.5.25)$.
Danach gilt mit $(22.5.27)$

$$\varkappa K_0 = \varkappa \sum_{i=1}^{M} n_i c_i = \sum_{i=1}^{M} \frac{N_i}{N} \sigma_i \sqrt{c_i} \ .$$

Erklärt man die aus den Modellparametern N_i , σ_i , c_i bestimmbare Hilfsgröße S durch

$$(22.5.28) \quad S = \sum_{i=1}^{M} \frac{N_i}{N} \sigma_i \sqrt{c_i} \ ,$$

so wird $\varkappa = S/K_0$ und nach $(22.5.27)$

$$(22.5.29) \quad n_i = \frac{K_0}{S} \frac{N_i}{N} \frac{\sigma_i}{\sqrt{c_i}} \quad \text{oder} \quad \frac{n_i}{N_i} = \frac{K_0}{SN} \frac{\sigma_i}{\sqrt{c_i}} \ .$$

Man muß demnach bei der Probenahme eine Schicht i umso stärker berücksichtigen, je größer ihr Anteil (N_i/N) an der Gesamtheit und je größer ihre
Standardabweichung σ_i ist. Man muß sie umso schwächer berücksichtigen,
je größer die Kosten c_i für die Entnahme und Prüfung einer Einheit sind. Im
übrigen wächst n_i verhältnisgleich zu dem für die Erhebung verfügbaren Gesamtbetrag K_0 .

Die zugehörige "kleinste" Varianz $V\{x\}$ bei optimaler Zuteilung folgt
aus $(22.5.24)$ mit $N_i - 1 \approx N_i$ zu

$$V\{x\} = V_{OPT} = \frac{1}{N^2} \sum_{i=1}^{M} N_i \left(\frac{N_i}{n_i} - 1 \right) \sigma_i^2$$

$$= \frac{1}{N} \left[\sum_{i=1}^{M} \frac{N_i^2}{N n_i} \sigma_i^2 - \sum_{i=1}^{M} \frac{N_i}{N} \sigma_i^2 \right] \ .$$

Setzt man in der ersten Summe der rechten Seite n_i aus $(22.5.27)$ ein und
berücksichtigt bei der zweiten Summe die Gleichung $(22.5.16)$, so findet man

$$(22.5.30) \quad V_{OPT} = \varkappa \sum_{i=1}^{M} \frac{N_i}{N} \sigma_i \sqrt{c_i} - \frac{1}{N} \sigma_m^2 \ .$$

Mit $(22.5.28)$ und $\varkappa = S/K_0$ gilt schließlich

$$(23.5.31) \quad V_{OPT} = \frac{S^2}{K_0} - \frac{1}{N} \sigma_m^2 \ .$$

Die optimal erreichbare Varianz des Schätzwerts x nimmt mit $(1/K_0)$ ab.
Je mehr man bei der Erhebung investiert, umso genauer ist x bestimmbar.
Die Lösung setzt voraus, daß K_0 <u>nicht</u> so groß wird, daß mit $n_\alpha = N_\alpha$ eine

Schicht (oder mehrere) ausgeschöpft wird. Der Auswahlsatz (n_i/N_i) aus der Schicht i ist nach (22.5.29)

$$(22.5.32) \quad \frac{n_i}{N_i} = \frac{1}{SN} \frac{\sigma_i}{\sqrt{c_i}} K_0 \; .$$

Aus $n_i/N_i \leqq 1$ folgt, daß für den Aufwand K_0 die Ungleichung

$$(22.5.33) \quad K_0 \leqq SN \frac{\sqrt{c_i}}{\sigma_i} \quad \text{für alle } i$$

gelten muß, wobei S den in (22.5.28) erklärten Modellparameter darstellt. Ist die Bedingung (22.5.33) für $i = \alpha$ verletzt, so kann die Schicht α voll erhoben werden und scheidet aus den Ueberlegungen aus. Die Gesamtheit besteht dann nur noch aus $(M-1)$ Schichten mit $(N - N_\alpha)$ Einheiten, für welche die Rechnung neu durchzuführen ist.

Neyman-Auswahl mit $c_i = \text{konst}$.

Sind im <u>Sonderfall</u> alle Kostenparameter c_i einander gleich, so hat man

$$(22.5.34) \quad c_i = c \quad \text{für alle } i \quad \text{und} \quad K_0 = nc \; .$$

Nach (22.5.28) wird die Hilfsgröße S jetzt

$$(22.5.35) \quad S = \sqrt{c} \sum_{i=1}^{M} \frac{N_i}{N} \sigma_i = \sqrt{c} \; \sigma_w \; ,$$

wobei

$$(22.5.36) \quad \sigma_w = \sum_{i=1}^{M} \frac{N_i}{N} \sigma_i$$

die mittlere Standardabweichung <u>innerhalb</u> (<u>within</u>) der Schichten ist, die aus den mit (N_i/N) gewichteten Einzelwerten σ_i gebildet wird. Für den Auswahlsatz (n_i/N_i) gilt nach (22.5.29) jetzt

$$(22.5.37) \quad \frac{n_i}{N_i} = \frac{n}{N} \frac{\sigma_i}{\sigma_w} \quad \text{mit} \quad n = \frac{K_0}{c} \; .$$

Die mit diesem Auswahlsatz erreichbare Varianz $V\{x\}$ findet man aus (22.5.24) mit $N_i - 1 \approx N_i$ zu

$$(22.5.38) \quad V\{x\} = V_{NEYM} = \sum_{i=1}^{M} \frac{N_i}{N} \left(\frac{\sigma_w}{n} - \frac{\sigma_i}{N} \right) \sigma_i$$

oder

$$V_{NEYM} = \frac{\sigma_w}{n} \sum_{i=1}^{M} \frac{N_i}{N} \sigma_i - \frac{1}{N} \sum_{i=1}^{M} \frac{N_i}{N} \sigma_i^2 \; .$$

Mit (22.5.36) und (22.5.16) wird daraus

$$(22.5.39) \quad V_{NEYM} = \frac{1}{n} \sigma_w^2 - \frac{1}{N} \sigma_m^2 \; .$$

Haben die Merkmalwerte a_{ij} in allen Schichten (nahezu) die gleiche Standardabweichung $\sigma_i = \text{konst} = \sigma_w$, so folgt aus (22.5.37) für diesen Sonderfall

$$(22.5.40) \quad \frac{n_i}{N_i} = \frac{n}{N} = \text{konst} \quad \text{für} \; \sigma_i = \text{konst} \; .$$

Die Neyman-Probe geht in eine Probe mit festem Auswahlsatz über. Aus (22.5.16) folgt dann weiter $\sigma_m^2 = \sigma_w^2$. Damit wird die Varianz (22.5.39) bei $\sigma_i = \text{konst}$

$$(22.5.41) \quad V_{NEYM}^* = \left(\frac{1}{n} - \frac{1}{N} \right) \sigma_m^2 = V_{PROP} \; ,$$

wie es sein muß. Man wird also eine (schwieriger zu handhabende) Neyman-Probe nur dann heranziehen, wenn die Standardabweichungen σ_i der Schichten sich wesentlich voneinander unterscheiden. Um den möglichen "Gewinn an Genauigkeit" bei $V\{x\}$ abzuschätzen, setzt man

$$(22.5.42) \quad \sigma_i = \sigma_w + \epsilon_i \; .$$

Aus

$$\sum_{i=1}^{M} \frac{N_i}{N} \sigma_i = \sigma_w + \sum_{i=1}^{M} \frac{N_i}{N} \epsilon_i$$

folgt dann mit (22.5.36)

$$(22.5.43) \quad \sum_{i=1}^{M} \frac{N_i}{N} \epsilon_i = 0 \; .$$

Damit wird weiter

$$\sum_{i=1}^{M} \frac{N_i}{N} \sigma_i^2 = \sigma_w^2 + \sum_{i=1}^{M} \frac{N_i}{N} \epsilon_i^2 \; .$$

Nach (22.5.16) ist die Summe der linken Seite gleich σ_m^2 . Die Summe auf der rechten Seite ist die "Varianz" der Standardabweichungen σ_i bezüglich ihres Mittelwerts σ_w . Damit hat man aus der letzten Gleichung

$$(22.5.44) \quad \sigma_m^2 = \sigma_w^2 + V\{\sigma_i\} \; .$$

Setzt man σ_w^2 aus dieser Gleichung in (22.5.39) ein, so findet man als Varianz $V\{x\}$ der Neyman-Probe

$$(22.5.45) \quad V_{NEYM} = \left(\frac{1}{n} - \frac{1}{N} \right) \sigma_m^2 - \frac{1}{n} V\{\sigma_i\}$$

oder mit (22.5.15) bei gleichem n

$$(22.5.46) \quad V_{NEYM} = V_{PROP} - \frac{1}{n} V\{\sigma_i\} \; .$$

Eine Neyman-Probe ist demnach für $\sigma_i \neq$ konst stets besser als eine Probe gleicher Größe n mit festem Auswahlsatz. Jedoch sollte man vor Einsatz einer Neyman-Probe mit Hilfe der Varianz $V\{\sigma_i\}$ entscheiden, ob sie eine merklich kleinere Varianz des Schätzwertes x liefert. Wenn der "Gewinn an Genauigkeit" unbedeutend ist, sind Proben mit festem Auswahlsatz n_i/N_i = konst vorzuziehen.

Lösung bei vorgeschriebener Varianz $V\{x\} = V_0$.

Im vorausgehenden wurde bei gegebenen Kosten $K = K_0$ der Erhebung die Varianz $V\{x\}$ möglichst klein gemacht, $V\{x\} = $ Min . Ist umgekehrt eine bestimmte "Genauigkeit" durch $V\{x\} = V_0$ vorgeschrieben, so wird man die Probezahlen n_i so bestimmen, daß die Kosten K möglichst gering werden; K = Min . Die Bestimmungsgleichungen für die n_i bleiben gegen (22.5.27) völlig ungeändert. Nur hat man jetzt den Faktor $\varkappa$ aus der Bedingung $V\{x\} = V_0$ zu bestimmen. Dazu setzt man die Probezahlen n_i ,

$$(22.5.47) \qquad n_i = \frac{1}{\varkappa} \frac{N_i}{N} \frac{\sigma_i}{\sqrt{c_i}} \ ,$$

aus (22.5.27) in (22.5.11) ein und findet mit $N_i - 1 \approx N_i$ aus

$$V\{x\} = \sum_{i=1}^{M} \left(\frac{N_i}{N}\right)^2 \left(\frac{1}{n_i} - \frac{1}{N_i}\right) \sigma_i^2 = V_0$$

zunächst

$$(22.5.48) \qquad V_0 + \frac{1}{N} \sum_{i=1}^{M} \frac{N_i}{N} \sigma_i^2 = \varkappa \sum_{i=1}^{M} \frac{N_i}{N} \sigma_i \sqrt{c_i} \ .$$

Mit (22.5.16) und (22.5.28) wird daraus $V_0 + (\sigma_m^2/N) = \varkappa S$ oder

$$(22.5.49) \qquad \varkappa = \frac{V_0 + (\sigma_m^2/N)}{S} \ .$$

Setzt man diesen Ausdruck für $\varkappa$ in (22.5.47) ein, so lassen sich die Probezahlen n_i bestimmen. Die "kleinsten" Kosten der Untersuchung werden

$$K_{min} = \sum_{i=1}^{M} n_i c_i = \frac{1}{\varkappa} \sum_{i=1}^{M} \frac{N_i}{N} \sigma_i \sqrt{c_i} = \frac{S}{\varkappa}$$

oder mit (22.5.49)

$$(22.5.50) \qquad K_{min} = \frac{S^2}{V_0 + (\sigma_m^2/N)} \ .$$

Je kleiner man $V\{x\} = V_0$ vorschreibt, umso teurer wird die Erhebung.

Wenn man die Endlichkeitsfaktoren $(N_i-n_i)/(N_i-1)$ in allen Schichten durch 1 ersetzen darf, dann fällt der Ausdruck (σ_m^2/N) aus Gleichung (22.5.48) heraus. Es gilt dann ausreichend genau

$$(22.5.51) \qquad \varkappa \approx \frac{V_0}{S} \qquad\qquad \text{für } n_i \ll N_i \ ,$$

und damit

$$(22.5.52) \qquad n_i \approx \frac{S}{V_0} \ \frac{N_i}{N} \ \frac{\sigma_i}{\sqrt{c_i}} \qquad\qquad \text{für } n_i \ll N_i$$

und

$$(22.5.53) \qquad K_{min} \approx \frac{S^2}{V_0} \qquad\qquad \text{für } n_i \ll N_i \ .$$

Sind überdies alle Kostenparameter c_i einander gleich, $c_i = \text{konst} = c$, so wird nach (22.5.35) $S = \sqrt{c}\,\sigma_w$. Infolgedessen gilt jetzt

$$(22.5.54) \qquad n_i \approx \frac{\sigma_w \sigma_i}{V_0} \ \frac{N_i}{N} \quad \text{und} \quad K_{min} \approx \frac{\sigma_w^2}{V_0} \ c \ .$$

Die Gesamtzahl n der Beobachtungen wird in diesem Sonderfall mit $\sum_i (N_i/N)\sigma_i = \sigma_w$

$$(22.5.55) \qquad \sum_{i=1}^{M} n_i = n \approx \frac{\sigma_w^2}{V_0} \approx \frac{K_{min}}{c} \ .$$

Die im Abschnitt 22.5 entwickelte Modellvorstellung setzt voraus, daß die Schichten mit den Besetzungszahlen N_i <u>fest vorgegeben</u> sind. Außerdem muß man (wenigstens angenähert) die Varianzen σ_i^2 und die Kostenparameter c_i kennen, gegebenenfalls aus einer "Vor-Erhebung" (pilot-study) mit kleiner Versuchszahl n' .

22.6 Die beste Schichtung einer Gesamtheit

Die Frage, wie man die Schichten <u>zweckmäßig bildet</u>, wenn man bei einer vorgegebenen Gesamtheit freie Wahl hat, wird im folgenden nur gestreift. Die Aufgabe, eine Gesamtheit von Merkmalträgern <u>vor Entnahme von Proben</u> mög-
lichst <u>günstig</u> zu schichten, wurde von Dalenius behandelt[1] und zwar für Pro-

1) Dalenius, T. The problem of optimum stratification. Skandinavisk Aktuarie-tidskrift 1950, S. 203 und 1951, S. 133. Vergl. auch Stange,K. Die zeichnerische Ermittlung der besten Schichtung einer Gesamtheit (bei proportionaler Aufteilung der Probe) mit Hilfe der Lorenzkurve. Unternehmensforschung 1960 , S. 156 . Die beste Schichtung einer Gesamtheit bei optimaler Aufteilung der Probe. Unternehmensforschung 1961 , S. 15 .

ben mit festem Auswahlsatz und für Proben mit optimaler Auswahl. Gegeben ist dabei eine Gesamtheit von N positiven (endlichen) Merkmalwerten a_ν' mit dem Mittelwert a und der Varianz σ_a^2. Es sei ξ_0^* der kleinste und ξ_M^* der größte Merkmalwert, also

$$(22.6.1) \qquad 0 \leqq \xi_0^* \leqq a_\nu' \leqq \xi_M^* \; .$$

Beispielsweise ist a_ν' das Einkommen und N die Zahl der Steuerpflichtigen in einem bestimmten abgegrenzten Gebiet. Die Gesamtheit der a_ν' soll nach Abb. 22.6.1 durch die $(M+1)$ Merkmalwerte, die Schichtgrenzen ξ_0^*, ξ_1,

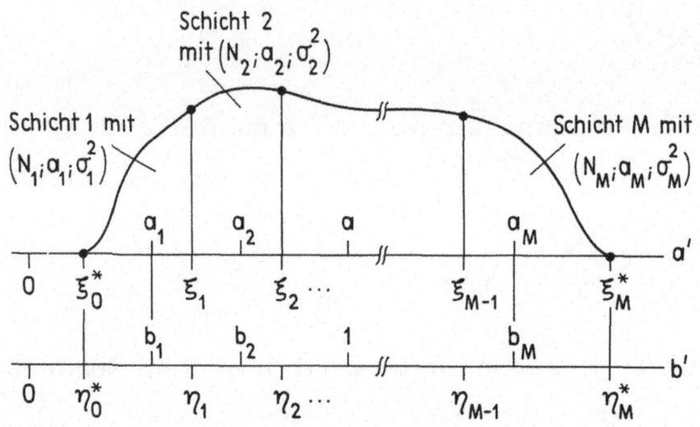

Abb. 22.6.1. Zur besten Schichtung einer Gesamtheit.

$\xi_2, \ldots, \xi_{M-1}, \xi_M^*$ so geschichtet werden, daß die Varianz $V\{x\}$ des Mittelwerts x einer geschichteten Probe möglichst klein wird,

(a) für proportionale Auswahl,

(b) für optimale Auswahl

der zu prüfenden Einheiten aus den M Schichten.

Die Summenfunktion für die Verteilung der Merkmalwerte a_ν' sei <u>bekannt.</u> Bezeichnet man die Schichten der Reihe nach mit $1; 2; \ldots; i; \ldots; M$ und sind (N_i, a_i, σ_i^2) wie bisher Besetzungszahl, Mittelwert und Varianz der Merkmalwerte in der Schicht i, so muß für die günstigste Schichtung (nach Dalenius) die Gleichungskette gelten

im Falle (a)

$$
\begin{aligned}
&\xi_0^* \text{ gegeben }, \\
&2\,\xi_1 = a_1 + a_2, \\
&2\,\xi_2 = a_2 + a_3, \\
(22.6.2)\qquad & \qquad \vdots \\
&2\,\xi_{M-1} = a_{M-1} + a_M, \\
&\xi_M^* \text{ gegeben }.
\end{aligned}
$$

Im Falle (b)

geht man zunächst durch die Transformation

$$b'_\nu = a'_\nu / a$$

zu dem dimensionslosen Merkmal b' mit dem Mittelwert $M\{b'_\nu\} = 1$ und der Varianz $V\{b'_\nu\} = \sigma_a^2 / a^2 \equiv \sigma^2$ über. Die Größen N_i , b_i und σ_i^2 haben für das Merkmal b' die gleiche Bedeutung wie früher N_i , a_i und σ_i^2 für a' . Die beste Schichtung folgt jetzt aus der Gleichungskette

$$\eta_0^* \text{ gegeben } ;$$

$$\frac{\sigma_1^2 + (\eta_1 - b_1)^2}{\sigma_1} = \frac{\sigma_2^2 + (\eta_1 - b_2)^2}{\sigma_2} \;,$$

$$\frac{\sigma_2^2 + (\eta_2 - b_2)^2}{\sigma_2} = \frac{\sigma_3^2 + (\eta_2 - b_3)^2}{\sigma_3} \;,$$

(22.6.3)

$$\vdots$$

$$\frac{\sigma_{M-1}^2 + (\eta_{M-1} - b_{M-1})^2}{\sigma_{M-1}} = \frac{\sigma_M^2 + (\eta_{M-1} - b_M)^2}{\sigma_M} \;,$$

$$\eta_M^* \text{ gegeben } .$$

Erklärt man die Quotienten Q_i und $Q_{i+1;j}$ durch die Gleichungen

$$(22.6.4) \quad Q_i = \frac{\sigma_i^2 + (\eta_i - b_i)^2}{\sigma_i} \quad ; \quad i = 1 ; 2 ; \dots ; M-1 ;$$

$$(22.6.5) \quad Q_{i+1;j} = \frac{\sigma_{i+1}^2 + (\eta_j - b_{i+1})^2}{\sigma_{i+1}} \quad ; \quad \begin{array}{l} i = 1 ; 2 ; 3 ; \dots ; M-1 ; \\ j = i ; \end{array}$$

so hat die Gleichungskette (22.6.3) die Gestalt

$$\eta_0^* \text{ gegeben } ;$$

$$Q_1 = Q_{21} \;,$$

$$Q_2 = Q_{32} \;,$$

(22.6.6)

$$\vdots$$

$$Q_{M-1} = Q_{M;M-1} \;,$$

$$\eta_M^* \text{ gegeben } .$$

Zur Lösung des Gleichungssystems (22.6.3) überlegt man, daß mit der oberen Schichtgrenze η_i einer Schicht (und der vorausgehenden Schichtgrenze η_{i-1}) auch ihr Mittelwert b_i und ihre Varianz σ_i^2 gegeben sind, da die Summenfunktion der Verteilung bekannt ist. Die Quotienten Q_i aus (22.6.4) sind demnach Funktionen von η_i ,

(22.6.7) $Q_i = Q_i(\eta_i)$.

Die Quotienten $Q_{i+1;j}$ aus (22.6.5) sind bei gegebenem $\eta_j = \eta_i$ Funktionen der veränderlich gedachten oberen Schichtgrenze η_{i+1} . Man kann zeigen, daß diese Funktionen (unter sehr allgemeinen Voraussetzungen, die praktisch keine Einschränkung bedeuten) <u>monoton</u> mit $\eta_{i+1} - \eta_j \equiv \eta_{i+1} - \eta_i \equiv \delta_{i+1}$ wachsen,

(22.6.8) $Q_{i+1;j} = Q_{i+1;j}(\delta_{i+1})$; $\eta_j = \eta_i = $ konst .

Natürlich ist

$\qquad Q_{i+1;j}(0) = 0$,

wie man leicht nachweist.

Zur Lösung des Systems wählt man $\eta_1 = \eta_1'$ "beliebig". Dann ist der Quotient Q_1 nach (22.6.7) bekannt ,

(22.6.9) $Q_1 = Q_1(\eta_1') = Q_1'$.

Weiter berechnet man aus (22.6.8) bei gegebenem $\eta_1 = \eta_1'$ den Verlauf der Funktion

(22.6.10) $Q_{21} = Q_{21}(\delta_2')$ mit $\delta_2' = \eta_2 - \eta_1'$,

wobei man sich η_2 bzw. δ_2' veränderlich zu denken hat. Für das weitere vergleiche der Leser Abb. 22.6.2 . Die Waagerechte durch den Punkt $(\eta_1' ; Q_1')$

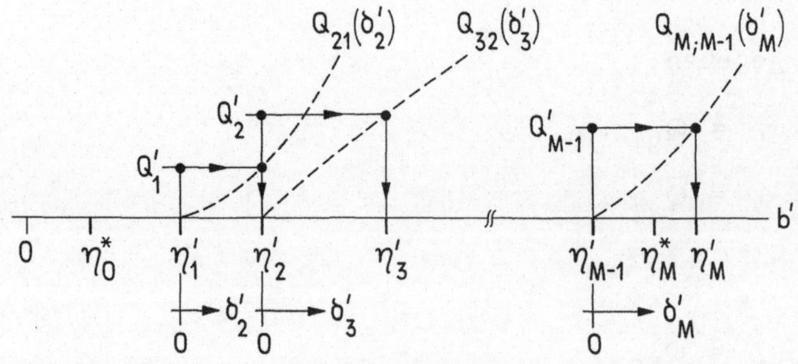

Abb. 22.6.2. Zur iterativen Lösung des Systems aus Gleichung (22.6.3) .

schneidet man mit der Kurve $Q_{21} = Q_{21}(\delta_2')$. Der Schnittpunkt bestimmt die nächste Klassengrenze $\eta_2 = \eta_2'$, denn es gilt für das Wertepaar $(\eta_1' \, ; \, \eta_2')$

(22.6.11) $Q_1 = Q_{21}$.

Mit $\eta_2 = \eta_2'$ ist nach (22.6.7) der Quotient Q_2 bekannt,

(22.6.12) $Q_2 = Q_2(\eta_2') = Q_2'$.

Weiter berechnet man nach (22.6.8) bei gegebenem $\eta_2 = \eta_2'$ den Verlauf der Funktion

(22.6.13) $Q_{32} = Q_{32}(\delta_3')$ mit $\delta_3' = \eta_3 - \eta_2'$.

Die Waagerechte durch den Punkt $(\eta_2' \, ; \, Q_2')$ schneidet man mit der Kurve $Q_{32} = Q_{32}(\delta_3')$. Der Schnittpunkt bestimmt die nächste Klassengrenze η_3' , denn es gilt für das Wertepaar $(\eta_2' \, ; \, \eta_3')$

(22.6.14) $Q_2 = Q_{32}$.

In dieser Weise setzt man das Verfahren fort, bis man die Schichtgrenze η_{M-1}' erreicht hat. Mit $\eta_{M-1} = \eta_{M-1}'$ ist der Quotient Q_{M-1} nach (22.6.7) bekannt,

$$Q_{M-1} = Q_{M-1}(\eta_{M-1}') = Q_{M-1}' \ .$$

Die Waagerechte durch den Punkt $(\eta_{M-1}' \, ; \, Q_{M-1}')$ schneidet man mit der Kurve

$$Q_{M;M-1} = Q_{M;M-1}(\delta_M') \ ; \quad \delta_M' = \eta_M - \eta_{M-1}' \ ,$$

wobei η_M <u>veränderlich</u> zu denken ist. Der Schnittpunkt bestimmt die letzte Klassengrenze η_M' . Ist η_M' gleich der vorgegebenen Klassengrenze η_M^* , so hat man die richtige Lösung gefunden. Das wird auf Anhieb nicht der Fall sein. Im allgemeinen wird man

$$\eta_M' < \eta_M^* \quad \text{oder} \quad \eta_M' > \eta_M^*$$

finden. Man wiederholt den Rechengang für eine Reihe von η_1-Werten η_{11}' , η_{12}' , η_{13}' , ... und findet auf diese Weise den Abstand $D = \eta_M' - \eta_M^*$ in Abhängigkeit von η_1' , wie es in Abb. 22.6.3 angedeutet ist. Der Schnittpunkt der Kurve $D = D(\eta_1')$ mit der waagerechten Achse gibt den endgültigen Wert $\eta_1' = \eta_1^*$ der ersten Klassengrenze. Mit $\eta_1' = \eta_1^*$ hat man den ganzen Rechengang noch einmal zu durchlaufen, damit man auch für die übrigen Schichten 2 ; 3 ; ... ; M-1 die endgültigen Grenzen η_2^* ; η_3^* ; ... ; η_{M-1}^* findet.

Es sei dem Leser überlassen, den Gedankengang auf die wesentlich einfachere Gleichungskette (22.6.2) zu übertragen, zu deren Lösung man nur die Mittelwerte der Schichten braucht, während die Varianzen keine Rolle spielen.

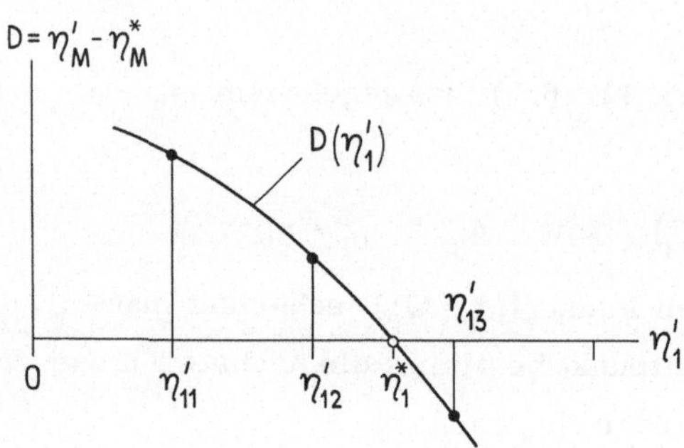

Abb. 22.6.3.   Zur Bestimmung des endgültigen Wertes $\eta'_1 = \eta^*_1$ der ersten Klassengrenze η_1 .

Wenn die Gesamtheit der N Merkmalträger bekannt ist, so braucht man im Grunde keine Erhebung mit Stichproben durchzuführen, um den Mittelwert a zu bestimmen. Man kann also mit Recht fragen, wo der praktische Wert der vorausgehenden Ueberlegungen liegt. Um künftige Stichprobenerhebungen über eine Gesamtheit sinnvoll zu planen, benutzt man zur Schichtung entweder die Ergebnisse einer Vollerhebung aus der Vergangenheit oder man schichtet mit Hilfe eines Merkmals z(a') , dessen Verteilung man kennt und von dem man weiß (oder vermutet), daß es mit a' hoch korreliert ist, wie es zu Beginn des Abschnitts 22.5 erwähnt wurde.

23. Monte-Carlo-Verfahren

Das Monte-Carlo-Verfahren verwendet "statistische Versuche", um mathematische oder physikalische Probleme zu lösen. Wenn die strenge Lösung mit funktionalen Methoden nicht gelingt, so liefert die numerische Durchrechnung des Problems mit Hilfe von Wahrscheinlichkeitsmodellen immerhin brauchbare Näherungslösungen für den Einzelfall. Es gibt solche Modellvorstellungen zur Berechnung von bestimmten Integralen (insbesondere in mehrdimensionalen Räumen), zur Lösung von partiellen Differentialgleichungen, von Integralgleichungen, Eigenwertproblemen u.a. Die Grundgedanken werden für einige einfache Fälle im folgenden erörtert.

23.1 Die Berechnung bestimmter Integrale

Die ungeschichtete Zufallsprobe.

Es sei das Integral

$$(23.1.1) \qquad \eta = \int\limits_{-\infty}^{\infty} y(x)\, f(x)\, dx \quad ,$$

dessen Existenz vorausgesetzt wird, zu berechnen, wobei $f(x)$ eine Dichtefunktion mit

$$\int\limits_{-\infty}^{\infty} f(x)\, dx = 1$$

ist. Ist der Integrationsbereich $a \leqq x \leqq b$ endlich, so kann man

$$f(x) = \text{konst} = \frac{1}{b-a}$$

wählen. Aus der Verteilung von x mit der Dichte $f(x)$ zieht man mit Hilfe von Zufallszahlen eine Probe $x_1, x_2, \dots, x_\nu, \dots, x_n$ der Größe n. (Wie man x_ν-Werte verwirklicht, die einer vorgegebenen Verteilung genügen, wird im Abschnitt 23.4 erörtert.) Zu x_ν berechnet man $y(x_\nu) = y_\nu$.

Dann ist

$$(23.1.2) \quad \frac{1}{n} \sum_{\nu=1}^{n} y(x_\nu) = \frac{1}{n} \sum_{\nu=1}^{n} y_\nu = \bar{y}$$

ein Schätzwert für das gesuchte Integral η . Der Beweis ist einfach. Der Mittelwert aller möglichen $\bar{y}$-Werte ist

$$(23.1.3) \quad M\{\bar{y}\} = \frac{1}{n} \sum_{\nu=1}^{n} M\{y(x_\nu)\} \ .$$

Der Mittelwert $M\{y\}$ ist nach Definition

$$(23.1.4) \quad M\{y(x)\} = \int_{-\infty}^{\infty} y(x) \, f(x) \, dx = \eta \ .$$

Damit hat man

$$(23.1.5) \quad M\{\bar{y}\} = \frac{1}{n} \sum_{\nu=1}^{n} \eta = \eta \ ,$$

d.h. η wird durch $\bar{y}$ erwartungstreu geschätzt. Die Varianz von y wird

$$V\{y\} = M\{(y-\eta)^2\} = M\{y^2\} - \eta^2$$

oder

$$(23.1.6) \quad V\{y\} = \sigma_y^2 = \int_{-\infty}^{\infty} y^2(x) \, f(x) \, dx - \eta^2 \ .$$

Auch dafür liefert das Verfahren einen Schätzwert, die beobachtete Varianz der y-Werte ,

$$(23.1.7) \quad s_y^2 = \frac{1}{n-1} \sum_{\nu=1}^{n} (y_\nu - \bar{y})^2 \ .$$

Die Mittelwerte $\bar{y}$ sind nach dem zentralen Grenzwertsatz für nicht zu kleine Proben n nahezu normal verteilt mit dem Mittelwert η und der Varianz σ_y^2/n . Infolgedessen genügt

$$(23.1.8) \quad \frac{\bar{y}-\eta}{\sigma_y/\sqrt{n}} = u$$

einer standardisierten Normalverteilung und

$$(23.1.9) \quad \frac{\bar{y}-\eta}{s_y/\sqrt{n}} = t_{n-1}$$

einer t-Verteilung mit $f = n-1$ Freiheitsgraden. Damit kann man den Unterschied zwischen dem gesuchten Wert η und dem Schätzwert $\bar{y}$ abschätzen. Es gilt mit der Wahrscheinlichkeit $S = 1-\alpha$

$$(23.1.10) \quad |\bar{y}-\eta| \leqq \frac{1}{\sqrt{n}} \, s_y \, t_{n-1;1-(\alpha/2)} \quad \cdot$$

$\underline{\text{B}}$. Es sei $\eta = \int_0^1 x^2\, dx = \frac{1}{3} = 0,333\ldots$ mit Hilfe der Monte-Carlo-Methode zu berechnen. Dann ist in (23.1.1) $y(x) \equiv x^2$; im Bereich $0 \leqq x \leqq 1$ hat man $f(x) \equiv 1$. Die x-Werte genügen demnach im Integrationsbereich $0 \leqq x \leqq 1$ einer Gleichverteilung. Solche x-Werte lassen sich (ausreichend genau) durch gleichverteilte zweistellige Zufallszahlen $00 \leqq z \leqq 99$ verwirklichen, die man durch 100 teilt und damit als $0,00 ; \ldots ; 0,99$ deutet. Für $n = 10$ findet man beispielsweise die Werte $z_\nu = x_\nu 10^2$ der Zahlentafel[1] 23.1.1 .

		Zahlentafel 23. 1. 1		
ν	$z_\nu = x_\nu \cdot 10^2$	$x_\nu^2 \cdot 10^4 = 10^4 y_\nu$	$(y_\nu - \bar{y})\,10^4$	$(y_\nu - \bar{y})^2\,10^4$
1	69	4761	1111	0123
2	83	6889	3239	1049
3	30	0900	-2750	0756
4	99	9801	6151	3783
5	69	4761	1111	0123
6	54	2916	-0734	0054
7	57	3249	-0401	0016
8	01	0001	-3649	1332
9	43	1849	-1801	0324
10	37	1369	-2281	0520
Summe		36496		8080

Daraus folgt

$$\sum_{\nu=1}^n x_\nu^2 = 3,65 \quad ; \quad \frac{1}{10} \sum_{\nu=1}^n x_\nu^2 = \bar{y} = 0,365$$

und

$$s_y^2 = \frac{1}{9} \sum_{\nu=1}^n (y_\nu - \bar{y})^2 = 0,090 \ .$$

Für die geringe Zahl von Beobachtungen ist $\bar{y} = 0,365$ ein durchaus brauchbarer Schätzwert für $\eta = 0,333$ mit etwa 10% Abweichung ; $s_y^2 = 0,090$ schätzt σ_y^2 , wobei man hier leicht σ_y^2 aus (23.1.6) zu

$$\sigma_y^2 = \int_0^1 x^4\, dx - \eta^2 = 0,089$$

____

1) Tabelle C 19 , S. 494 , erste "Halbspalte".

berechnet. Die Ungleichung (23.1.10) liefert mit $S = 95\%$ und $t_{9;97,5\%} = 2,262$ die Abschätzung $|\bar{y} - \eta| \lessgtr 0,21$.

Die geschichtete Zufallsprobe.

Das Ergebnis läßt sich erheblich verbessern, wenn man die im Abschnitt 22.4 erläuterten "geschichteten Proben" heranzieht. Man teilt beispielsweise den Bereich $0 \lessgtr x \lessgtr 1$ in $k = 10$ gleich breite "Schichten" mit $\Delta x = 0,1$. Nach Abschnitt 22.4 entnimmt man im einfachsten Falle mit

Schicht Nr. i	Bereich		
1	$0,0$	$\lessgtr x <$	$0,1$
2	$0,1$	$\lessgtr x <$	$0,2$
3	$0,2$	$\lessgtr x <$	$0,3$
⋮	⋮	⋮	⋮
i	$(i-1)/10$	$\lessgtr x <$	$i/10$
⋮	⋮	⋮	⋮
k = 10	$0,9$	$\lessgtr x <$	$1,0$

N_i = konst aus jeder Schicht i die gleiche Zahl n_i = konst von Beobachtungen. Hier sei $n_i = 1$. Teilt man die zweistelligen Zufallszahlen z des Bereichs $00 ; \ldots ; 99$ durch $(k\,10^2)$ und addiert $(i-1)/k$, so liegen die so gefundenen Werte

$$x_i = \frac{i-1}{k} + \frac{z}{100\,k} \ , \quad i = 1 ; 2 ; \ldots ; k \ ,$$

im Bereich $\quad \frac{1}{k}(i-1) \lessgtr x \lessgtr \frac{1}{k}\left(i - \frac{1}{100}\right)$

oder ausreichend genau gleich verteilt

im Bereich $\quad \frac{i-1}{k} \lessgtr x < \frac{i}{k}$, also in der Schicht i .

Legt man die $k = 10$ (schon einmal benutzten) zweistelligen Zufallszahlen $(x_\nu\,10^2) = z_\nu$ aus Zahlentafel 23.1.1 zugrunde, so findet man die geschichtete Probe der Zahlentafel 23.1.2 . Daraus findet man

$$\sum_{i=1}^{10} x_i^2 = 3,29 \quad \text{und} \quad \frac{1}{10}\sum_{i=1}^{10} x_i^2 = \bar{y} = 0,329 \ ,$$

was vom richtigen Wert $\eta = 0,333$ nur noch um etwa $1,2\%$ abweicht. Einen Schätzwert für die Varianz <u>innerhalb</u> der k Schichten kann man nur dann berechnen, wenn man in jeder Schicht mindestens $n_i = 2$ Beobachtungen ge-

Zahlentafel 23.1.2				
Schicht Nr. i	$x_i\,10^3$	$x_i^2\,10^3 = y_i\,10^3$	$x_i'\,10^3$	$x_i'^2\,10^3 = y_i'\,10^3$
1	069	005	015	000
2	183	033	133	018
3	230	053	215	046
4	399	159	394	155
5	469	220	423	179
6	554	307	581	338
7	657	432	684	468
8	701	491	776	602
9	843	711	824	679
10	937	878	914	835
Summe	5042	3289	4959	3320

macht hat. Die Zufallszahlen x_i ergänzt man deshalb durch eine zweite Reihe x_i'. Mit x_i und x_i' wird die Varianz s_i^2 in der Schicht i

$$s_i^2 = (y_i - \bar{y}_i)^2 + (y_i' - \bar{y}_i)^2 = \frac{1}{2}(y_i - y_i')^2 \; ;$$

s_i^2 besitzt einen Freiheitsgrad $f_i = 1$. Daraus folgt als Schätzwert s_m^2 für die mittlere Varianz σ_m^2 der Merkmalverteilung innerhalb der k Schichten

$$(23.1.11) \qquad s_m^2 = \frac{1}{k} \sum_{i=1}^{k} s_i^2 = \frac{1}{20} \sum_{i=1}^{10} (y_i - y_i')^2 = 9,7 \cdot 10^{-4} \;.$$

Den zugehörigen Mittelwert $M\{s_m^2\} = \sigma_m^2$ findet man aus

$$(23.1.12) \qquad \sigma_m^2 = \frac{1}{k} \sum_{i=1}^{k} \sigma_i^2 = \frac{1}{k} \sum_{i=1}^{k} V_i\{y\} \;,$$

wobei $V_i\{y\} \equiv \sigma_i^2$ die Varianz der y-Werte in der Schicht i bedeutet. Die gleichverteilten x-Werte der Schicht i mit der Breite Δx haben die Varianz $V_i\{x\} = (\Delta x)^2/12$ unabhängig von i. Mit $y = y(x)$ und $dy/dx = y'(x)$ wird ausreichend genau

$$(23.1.13) \qquad \sigma_i^2 = V_i\{y\} \approx \frac{(\Delta x)^2}{12}\left[y'(\xi_i)\right]^2 \;,$$

wobei

$$(23.1.14) \qquad \xi_i = \frac{1}{k}\left(i - \frac{1}{2}\right) = \frac{2i-1}{2k} \;; \quad i = 1; 2; \ldots ; k$$

der mittlere x-Wert in der Schicht i ist. Im vorliegenden Falle ist $y = x^2$
und $y' = 2x$. Damit wird

$$\sigma_i^2 = V_i\{y\} \approx \frac{(\Delta x)^2}{3}\,\xi_i^2 = \frac{(\Delta x)^2}{12}\left(\frac{2i-1}{k}\right)^2$$

und nach (23.1.12)

$$\sigma_m^2 \approx \frac{(\Delta x)^2}{12\,k^3}\sum_{i=1}^{k}(2i-1)^2 \ .$$

Mit $\sum_{i=1}^{k}(2i-1)^2 = \frac{k}{3}(2k-1)(2k+1) \approx \frac{4\,k^3}{3}$ findet man schließlich in Abhängigkeit
von der Breite Δx bzw. der Zahl k der Schichten

$$(23.1.15) \quad \sigma_m^2 \approx \left(\frac{\Delta x}{3}\right)^2 = \frac{1}{(3\,k)^2} \ .$$

Nach (22.5.15) wird für $N \to \infty$ die Varianz des Schätzwerts $\overline{y}$

$$(23.1.16) \quad V\{\overline{y}\} = \frac{1}{n}\,\sigma_m^2 \approx \frac{1}{n}\left(\frac{\Delta x}{3}\right)^2 \ .$$

Für $k = 10$ bzw. $\Delta x = 0,1$ und $n_i = 1$ bzw. $n = 10$ hat man zahlenmäßig
bei der geschichteten Probe

$$V\{\overline{y}\} \approx \frac{1}{9000} \quad \text{und} \quad \sigma\{\overline{y}\} \equiv \sigma_G\{\overline{y}\} \approx 0,0105 \ ,$$

im Vergleich zur ungeschichteten Zufallsprobe mit

$$\sigma_U\{\overline{y}\} = \left(\sigma_y/\sqrt{n}\right)_U = \sqrt{0,0089} = 0,094 \approx 9\,\sigma_G\{\overline{y}\} \ .$$

Die mit der Schichtung des Bereichs $0 \leq x \leq 1$ erreichbare Standardabweichung für $\overline{y}$ ist bei gleichem Aufwand n wesentlich geringer als ohne Schichtung.

Im Schrifttum über Monte-Carlo-Methoden findet man anstelle von (23.1.15)
gelegentlich den Ausdruck

$$(23.1.17) \quad \sigma_m^2 = \int_0^1 y^2(x)\,dx - \frac{1}{k}\sum_{i=1}^{k}\eta_i^2$$

für die mittlere Varianz innerhalb der Schichten. Gleichung (23.1.17) wird
im folgenden hergeleitet. Nach (22.5.20) ist die mittlere Varianz der Merkmalwerte y innerhalb der Schichten

$$(23.1.18) \quad \sigma_m^2 = \sigma^2 - V\{a_i\} \ ,$$

wobei der mittlere Merkmalwert a_i der Schicht Nr. i hier dem Wert η_i
entspricht. Nach Abb. 23.1.1 gilt für η_i die Beziehung

$$(23.1.19) \quad \eta_i\,\Delta x = \int_{\xi_i-\varepsilon}^{\xi_i+\varepsilon} y(x)\,dx \ .$$

Die Varianz σ^2 der y-Werte im Gesamtbereich $0 \leqq x \leqq 1$ ist

$$\sigma^2 \equiv \sigma_y^2 = \int_0^1 \left[y(x) - \eta \right]^2 dx = \int_0^1 y^2(x)\, dx - \eta^2 \ .$$

Die Varianz $V\{a_i\} \equiv V\{\eta_i\}$ der η_i ist

$$V\{\eta_i\} = \frac{1}{k} \sum_{i=1}^{k} (\eta_i - \eta)^2 = \frac{1}{k} \sum_{i=1}^{k} \eta_i^2 - \eta^2$$

mit

$$\eta = \sum_{i=1}^{k} \eta_i \Delta x = \frac{1}{k} \sum_{i=1}^{k} \eta_i \ .$$

Setzt man $\sigma^2 \equiv \sigma_y^2$ und $V\{a_i\} \equiv V\{\eta_i\}$ in (23. 1. 18) ein, so findet man (23. 1. 17) . Diese Gleichung gibt σ_m^2 als Differenz von zwei nahezu gleichen Größen und ist deshalb numerisch ungünstiger als die Nähe-
rung (23. 1. 15) $\sigma_m^2 \approx (\Delta x/3)^2$
$= 1/(9\,k^2)$. Soweit das Bei-
spiel.

Die Berechnung von Inte-
gralen mit Hilfe einer geschichteten Stichprobe entspricht bereits weitgehend
den üblichen Verfahren der
angewandten Mathematik.
Wenn sich die Funktion $y(x)$
nicht "elementar" integrieren
läßt, so muß man numerische
Integrationsmethoden heran-

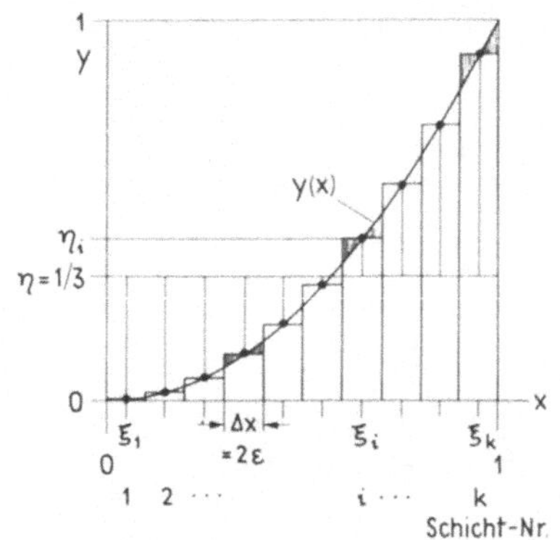

Abb. 23. 1. 1. Zur Berechnung des Integrals $\int_0^1 y(x)\, dx$ nach der Monte-Carlo-Methode wird der Integrationsbereich $0 \leqq x \leqq 1$ "geschichtet".

ziehen. Diese Verfahren verwenden anstelle von ungeschichteten oder geschichteten Zufallsproben für x systematische Proben der Größe n . Dabei
verteilt man die x_ν meist gleichabständig über den Integrationsbereich und
macht über die Differenzierbarkeit der Funktion $y(x)$ im Teilbereich $x_\nu - \epsilon \leqq$
$\leqq x \leqq x_\nu + \epsilon$ mit $\epsilon = \Delta x/2$ bestimmte Voraussetzungen. Auch die Ergebnisse einer solchen Rechnung sind mit einer gewissen "Unsicherheit" behaf-
tet, die von der Zahl k der Teilpunkte, den Rundungsfehlern, der Abschätzung bei unendlichem Integrationsbereich u. a. abhängt. Während man bei
den Verfahren der numerischen Mathematik unter bestimmten Voraussetzungen über das Verhalten der Funktion $y(x)$ im Integrationsbereich eine feste

obere Schranke für die Differenz zwischen dem gesuchten Integralwert η und dem gefundenen Schätzwert $\hat{\eta}$ angeben kann,

$$\left| \eta - \hat{\eta} \right| < c \; ,$$

muß man sich bei den Zufallsproben mit Wahrscheinlichkeitsaussagen der Form (23.1.10) begnügen. Allerdings sind diese Aussagen weitgehend unabhängig von dem Verhalten der Funktion $y(x)$ im Integrationsbereich.

<u>Einführung einer neuen Dichtefunktion $h(x)$</u> .

Durch "Schichtung" des Bereichs läßt sich die Wirksamkeit eines statistischen Integrationsverfahrens erheblich steigern. Ein anderer Weg zur Herabsetzung der Varianz des Schätzwertes ist die Einführung einer <u>neuen Dichtefunktion</u> $h(x)$ anstelle von $f(x)$. Es sei das Integral

$$(23.1.20) \qquad \int_a^b y(x) \, f(x) \, dx \; = \; \eta$$

zu berechnen, wobei $f(x)$ im Bereich $a \leqq x \leqq b$ eine Dichtefunktion darstellt. Es sei ferner $h(x)$ eine zweite für $a \leqq x \leqq b$ erklärte Dichtefunktion, die ebenso wie $f(x)$ der Normierungsbedingung

$$(23.1.21) \qquad \int_a^b h(x) \, dx \; = \; 1$$

genügt. Dann setzt man für $h(x) \neq 0$

$$(23.1.22) \qquad \frac{y(x) \, f(x)}{h(x)} \; = \; z(x) \; .$$

An den Nullstellen von $y(x)$ und $f(x)$ darf $h(x)$ ebenfalls verschwinden, falls der Quotient $z(x)$ dort existiert. Mit (23.1.22) hat man

$$(23.1.23) \qquad \eta \; = \; \int_a^b z(x) \, h(x) \, dx \; .$$

Jetzt übernehmen $z(x)$ und $h(x)$ die Rollen von $y(x)$ und $f(x)$. Wie vorher bestimmt man n Zufallszahlen x_ν , die der Verteilung $h(x)$ genügen, und berechnet die Funktionswerte $z(x_\nu) = z_\nu$ des Integranden. Dann ist

$$(23.1.24) \qquad \frac{1}{n} \sum_{\nu=1}^{n} z_\nu \; = \; \bar{z}$$

ebenfalls ein Schätzwert für η , denn der Mittelwert von z ist wegen (23.1.22)

$$(23.1.25) \qquad M\left\{ z \right\} \; = \; \int_a^b z(x) \, h(x) \, dx \; = \; \int_a^b y(x) \, f(x) \, dx \; = \; \eta \; .$$

Auch das neue Schätzverfahren ist erwartungstreu bezüglich des gesuchten Wertes η . Jedoch haben die Schätzwerte $\bar{z}$ eine andere Varianz als $\bar{y}$.

Es gilt

$$\sigma_z^2 = V\{z\} = \int_a^b (z-\eta)^2 \, h(x) \, dx = \int_a^b z^2(x) \, h(x) \, dx - \eta^2$$

oder mit (23.1.22)

$$(23.1.26) \qquad \sigma_z^2 = \int_a^b \frac{y^2(x) \, f^2(x)}{h(x)} \, dx - \eta^2 \ .$$

Bei geeigneter Wahl von $h(x)$ kann $V\{z\} \equiv \sigma_z^2$ (oft erheblich) kleiner als $V\{y\} \equiv \sigma_y^2$ sein, so daß man eine vorgeschriebene Genauigkeit für η mit einer kleineren Probe, das heißt mit weniger Rechenschritten erreicht. Dieser Sachverhalt soll an dem bereits behandelten Beispiel

$$\int_0^1 x^2 \, dx = \eta$$

erläutert werden. Im vorausgehenden wurde

$$f(x) \equiv 1 \quad \text{und} \quad y(x) = x^2 \quad \text{mit} \quad \sigma_y^2 = 0,089$$

gewählt. Die erforderlichen Zufallszahlen x_ν sind im Bereich $0 \leqq x \leqq 1$ gleichverteilt. Im folgenden wird zur Berechnung des Integrals die Dichtefunktion

$$h(x) = 2x \quad \text{mit} \quad \int_0^1 2x \, dx = 1$$

benutzt. Man muß also jetzt Zufallszahlen x_ν aus einer Dreieckverteilung erzeugen, was später erläutert wird. Nach (23.1.22) wird die neue Integrationsfunktion

$$z(x) = \frac{x^2}{2x} = \frac{x}{2} \ .$$

Für die Varianz $V\{z\}$ von z gilt nach (23.1.26)

$$\sigma_z^2 + \eta^2 = \int_0^1 \frac{x^4}{2x} \, dx = \frac{1}{2} \int_0^1 x^3 \, dx = \frac{1}{8} \ .$$

Daraus folgt mit $\eta = 1/3$

$$\sigma_z^2 = \frac{1}{8} - \frac{1}{9} = \frac{1}{72} = 0,014 \ ,$$

was in der Tat erheblich kleiner als $\sigma_y^2 = 0,089$ ist. Infolgedessen ist das Schätzverfahren über die Dichtefunktion $h(x)$ mit Hilfe von $\bar{z}$ besser als über $f(x) \equiv 1$ mit $\bar{y}$.

Man kann "theoretisch" noch einen Schritt weiter gehen, indem man die Dichtefunktion

$$h_*(x) = 3x^2 \quad \text{mit} \quad \int_0^1 h_*(x) \, dx = 1$$

wählt. Dann wird

$$z_*(x) = \frac{1}{3} = \text{konst} \ .$$

$z_*(x)$ hat in diesem Sonderfall überhaupt keine Varianz mehr. Jedem x-Wert x_ν der parabolischen Verteilung mit der Dichte $h_*(x) = 3\,x^2$ wird im Bereich $0 \leqq x \leqq 1$ der gleiche z-Wert $z = 1/3$ zugeordnet. Praktisch ist das Verfahren natürlich nicht zu verwirklichen, da man dazu η bereits kennen müßte. Allgemein wäre die günstigste Dichtefunktion

$$(23.1.27) \qquad h_*(x) = \frac{y(x)\,f(x)}{\eta}$$

mit $z_*(x) = \text{konst} = \eta$, was natürlich praktisch nicht geht. Man kann jedoch oft —wenn man einen Näherungswert η_0 von η kennt— h(x) so bestimmen, daß die Varianz $\sigma_z^2 \ll \sigma_y^2$ wird. Kennt man beispielsweise eine "in der Nähe" von y(x) verlaufende Funktion $y_0(x)$, die sich mit der Dichtefunktion f(x) im Bereich $a \leqq x \leqq b$ analytisch integrieren läßt,

$$(23.1.28) \qquad \int_a^b y_0(x)\,f(x)\,dx = \eta_0 \ ,$$

dann ist

$$(23.1.29) \qquad \frac{y_0(x)\,f(x)}{\eta_0} = h(x)$$

im Bereich $a \leqq x \leqq b$ eine Dichtefunktion . Der zugehörige "Integrand" z(x) wird nach (23.1.22)

$$(23.1.30) \qquad z(x) = \eta_0 \frac{y(x)}{y_0(x)} \ .$$

Je besser die Funktion y(x) und ihre Näherung $y_0(x)$ übereinstimmen, umso kleiner ist die Varianz von z im Bereich $a \leqq x \leqq b$.

Im Beispiel kann man für $0 \leqq x \leqq 1$ etwa $y_0(x) = x$ als "Näherung" für $y(x) = x^2$ wählen. Es ist

$$\int_0^1 y_0(x)\,f(x)\,dx = \eta_0 = \int_0^1 x\,dx = 1/2 \ .$$

Dann ist nach (23.1.29)

$$\frac{y_0(x)\,f(x)}{\eta_0} = 2\,x$$

im Bereich $0 \leqq x \leqq 1$ eine Dichte, und nach (23.1.30) ist

$$z(x) = \frac{\eta_0\,y(x)}{y_0(x)} = \frac{1}{2}\frac{x^2}{x} = x/2$$

der zugehörige "Integrand" , der eingangs gewählt wurde. Die Variabilität
der Funktionen $y(x) = x^2$ und $z(x) = x/2$ des Beispiels geht anschaulich
aus Abb. 23.1.2 hervor. In der Tat ist σ_z^2 erheblich kleiner als σ_y^2 .

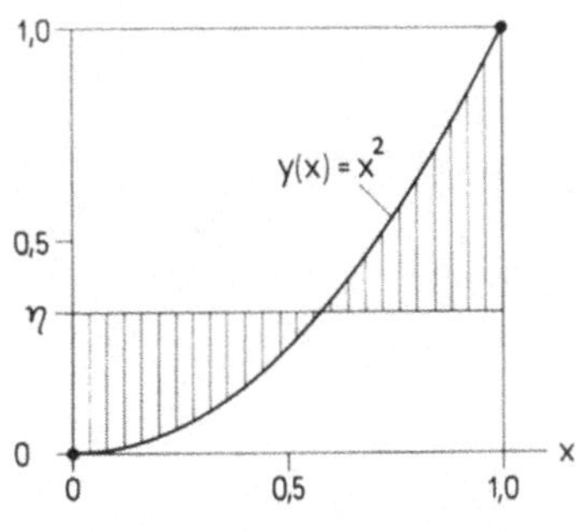

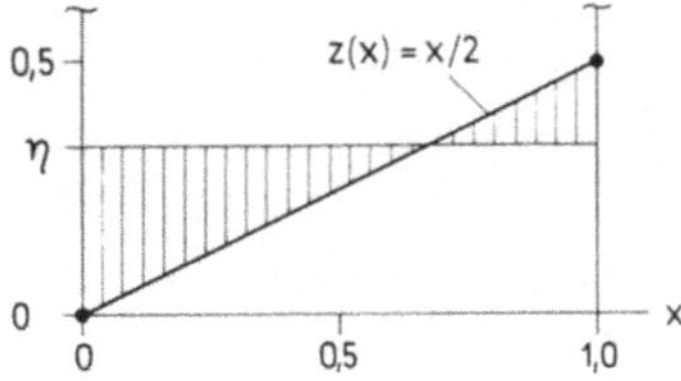

Abb. 23.1.2. Zur Veranschaulichung der "Variabilität"
von $y(x)$ und $z(x)$.

<u>B.</u> Es sei

$$\int_0^\infty y(x)\, dx = \int_0^\infty \frac{1}{1 + x + x^2}\, dx = \eta$$

zu berechnen. Bekannt ist das Integral über die Näherung $y_0(x) = 1/(1+x^2)$,

$$\int_0^\infty y_0(x)\, dx = \int_0^\infty \frac{1}{1 + x^2}\, dx = \eta_0 = \frac{\pi}{2} \ .$$

Dann ist nach (23.1.29)

$$\frac{2}{\pi} \ \frac{1}{1 + x^2} = h(x)$$

für $0 \leq x < \infty$ eine Dichtefunktion. Dazu gehört nach (23.1.30)

$$z(x) = \frac{\pi}{2} \ \frac{1 + x^2}{1 + x + x^2} \ .$$

Die Funktion $z(x)(2/\pi) = g(x)$,

$$g(x) = \frac{1 + x^2}{1 + x + x^2} = 1 - \frac{x}{1 + x + x^2} \ ,$$

schwankt im Bereich $0 \leqq x < \infty$ nur "wenig". Es ist $g(0) = 1$; $\lim\limits_{x \to \infty} g(x) = 1$ und $g_{min} = g_0 = 2/3$ für $x_0 = 1$. Der Verlauf von $g(x)$ für $x \geqq 0$ ist in Abb. 23.1.3 dargestellt.

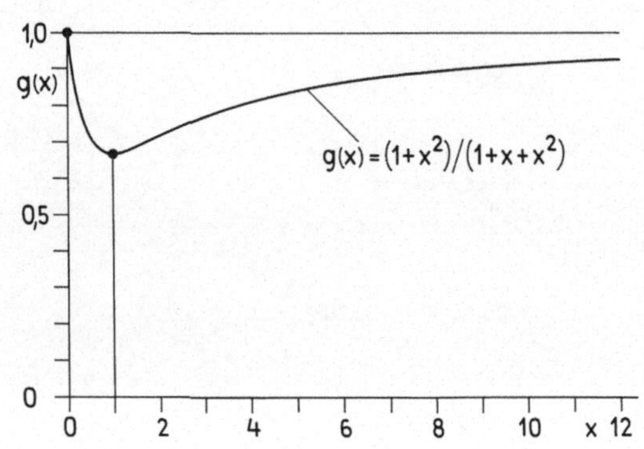

Abb. 23.1.3. Die Funktion $g(x)$ für $x \geqq 0$.

Zufallszahlen mit der Dichte $h(x)$ erzeugt man nach Abb. 23.1.4 . Die Zufallsgröße w sei auf dem Viertelkreis $0 \leqq w \leqq \pi/2$ <u>gleichmäßig verteilt</u> mit der Dichte $2/\pi$. Dann gilt für die Dichte $h(x)$ von $x = \tan w$ die Beziehung

$$h(x)\, dx = \frac{2}{\pi}\, dw \ .$$

Mit $x = \tan w$ hat man $(1+x^2) = 1/\cos^2 w$ und

$$\frac{dx}{dw} = \frac{1}{\cos^2 w} \quad \text{oder} \quad h(x) = \frac{1}{1+x^2}\, \frac{2}{\pi} \ .$$

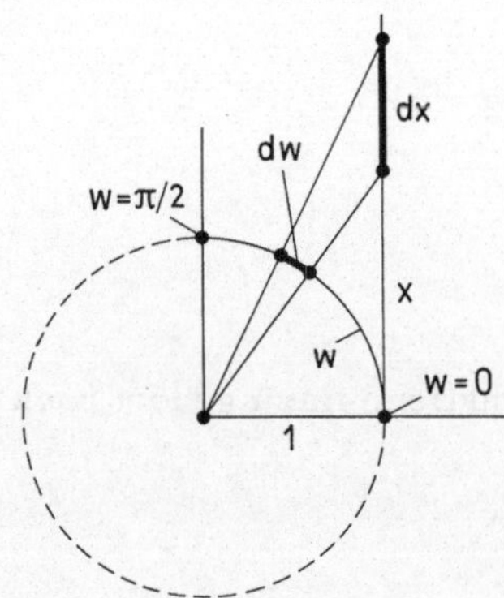

Abb. 23.1.4. Zur Erzeugung von Zufallszahlen
mit der Dichte $h(x)$.

Man wählt auf dem Viertelkreis $0 \leqq w \leqq \pi/2$ bzw. $0 \leqq w' \leqq 90^{\circ}$, also k gleichverteilte Werte w'_1 , w'_2 , ... , w'_k . In Zahlentafel 23.1.3 ist $k = 9$. Zu w'_ν bestimmt man $x_\nu = \tan w'_\nu$ und zu x_ν berechnet man $g_\nu = (1+x_\nu^2)/(1+x_\nu + x_\nu^2)$. Nach (23.1.24) und (23.1.25) ist

$$\bar{z} = \frac{1}{n} \sum_{\nu=1}^{n} z_\nu = \left(\frac{1}{n} \sum_{\nu=1}^{n} g_\nu \right) \frac{\pi}{2}$$

ein Schätzwert für das gesuchte Integral.

		Zahlentafel 23.1.3	
ν	w'_ν (Altgrad)	$x_\nu = \tan w'_\nu$	$\dfrac{1 + x_\nu^2}{1 + x_\nu + x_\nu^2} = g_\nu$
1	05	0,08749	0,92011
2	15	0,26795	0,80000
3	25	0,46631	0,72305
4	35	0,70021	0,68034
5	45	1,00000	0,66667
6	55	1,42815	0,68034
7	65	2,14451	0,72305
8	75	3,73205	0,80000
9	85	11,43005	0,92011

$$\sum_\nu g_\nu = 6,9137$$

$$\sum_\nu z_\nu = \left(\sum_\nu g_\nu \right) \cdot \frac{\pi}{2} = 10,8600$$

$$\left(\sum_\nu z_\nu \right) : 9 = 1,207$$

Zahlenmäßig wird

$$\bar{z} = 1,207 .$$

Genau gilt (wie sich durch elementare Integration zeigen läßt)

$$\eta = \frac{2\pi}{3\sqrt{3}} = 1,209 .$$

Mit nur $n = 9$ im Bereich $0 \leqq w \leqq \pi/2$ gleichverteilten "Zufallszahlen" (die man hier als <u>systematische</u> Probe auswählt) läßt sich η auf etwa 2%o genau bestimmen. Soweit das Beispiel.

Alle vorausgehenden Ueberlegungen bleiben auch bei mehrfachen Integralen gültig, was jedoch hier nur ohne Beweis erwähnt werden kann. In dem

Falle ist die Funktion z von k "Einflußgrößen" x_1 , x_2 , ... , x_i , ... , x_k abhängig,

$$z = z(x_1 ; x_2 ; \dots ; x_k) \ .$$

Legt man bei der Berechnung eines k-fachen Integrals über die x_i im Bereich $a_i \leqq x_i \leqq b_i$ für jedes i genau n Teilpunkte mit $\Delta x_i = (b_i - a_i)/n$ zugrunde, so besteht das "Raumgitter" der Probepunkte $\mathcal{v}_\nu \equiv (x_{1\nu} ; x_{2\nu} ; \dots ; x_{k\nu})$ im k-dimensionalen Raum aus n^k Punkten. Für $k = 5$ und $n = 20$ hat man bereits $3,2 \cdot 10^6$ Funktionswerte z_ν zu berechnen. Das ist selbst bei Einsatz eines Rechengeräts oft zu aufwendig. Mit der Monte-Carlo-Methode läßt sich die Zahl der Versuchspunkte erheblich reduzieren.

<u>B.</u>   Es wird beispielsweise eine Liefermenge vom Rauminhalt R zur Beurteilung vorgelegt. Gesucht wird der relative Anteil A/R $[\text{Vol.-}\%]$ mit einer bestimmten Eigenschaft E (z.B. Schmutzgehalt, Wassergehalt oder dergl.) Es sei $R = abc$, wobei a , b und c die Seiten eines Rechtkants (Bunkers) sind, in dem die Liefermenge liegt. Teilt man R in N gleiche Raumelemente $\Delta R = R/N$ mit dem Anteil ΔA_ν , $\nu = 1 ; 2 ; 3 ; \dots ; N$, so ist

$$(23.1.31) \quad A = \sum_{\nu=1}^{N} \Delta A_\nu \quad \text{und} \quad \frac{A}{R} = \sum_{\nu=1}^{N} \frac{\Delta A_\nu}{\Delta R} \frac{\Delta R}{R} \ .$$

Bezeichnet man den Grenzwert des Quotienten $\Delta A_\nu / \Delta R$ mit Q ,

$$\lim_{\Delta R \to 0} \frac{\Delta A_\nu}{\Delta R} = Q \ ,$$

so ist Q im allgemeinen (d.h. bei nicht homogenem Gut) eine von den Ortskoordinaten x , y , z abhängige Funktion. Es wird für $N \to \infty$ bzw. $\Delta R \to 0$ der gesuchte Anteil

$$(23.1.32) \quad \frac{A}{R} = \int_0^a \int_0^b \int_0^c Q(x ; y ; z) \frac{dx\,dy\,dz}{abc} \ .$$

Mit

$$\frac{x}{a} = u \quad ; \quad \frac{y}{b} = v \quad ; \quad \frac{z}{c} = w$$

und

$$0 \leqq u \leqq 1 \quad ; \quad 0 \leqq v \leqq 1 \quad ; \quad 0 \leqq w \leqq 1$$

wird

$$(23.1.33) \quad \frac{A}{R} = \int_0^1 \int_0^1 \int_0^1 Q(au ; bv ; cw)\, du\,dv\,dw \ .$$

Einen Schätzwert $\hat{A}/R$ für A/R findet man mit Hilfe einer ungeschichteten Zufallsprobe der Größe n , indem man zunächst n Tripel von Zufallszahlen $(u_\nu ; v_\nu ; w_\nu)$ bestimmt, die im Bereich $0 \leqq (u ; v ; w) \leqq 1$ gleichförmig verteilt sind. Damit sind die Stellen $(x_\nu = a\, u_\nu ; y_\nu = b\, v_\nu ; z_\nu = c\, w_\nu)$ für die Probenahme aus R festgelegt. An dieser Stelle bestimmt man (experimentell) die Funktionswerte Q_ν , d.h. die relativen Anteile $\Delta A_\nu / \Delta R$ in "kleinen" Raumteilen ΔR . Der gesuchte Schätzwert ist dann

$$(23.1.34)\qquad \hat{A}/R = \frac{1}{n} \sum_{\nu=1}^{n} Q_\nu \ .$$

Wiederum gilt

$$(23.1.35)\qquad M\{\hat{A}/R\} = \frac{1}{n} \sum_{\nu=1}^{n} M\{Q_\nu\}$$

und

$$(23.1.36)\qquad M\{Q\} = \int_{0}^{1}\int_{0}^{1}\int_{0}^{1} Q\ du\ dv\ dw = A/R \ ,$$

mithin

$$(23.1.37)\qquad M\{\hat{A}/R\} = A/R \ ,$$

so daß der Anteil A/R durch den Probenwert $\hat{A}/R$ ohne systematischen Fehler geschätzt wird.

Auch hier läßt sich die Varianz der Funktion $Q(x ; y ; z)$,

$$(23.1.38)\qquad V\{Q\} = \int_{0}^{1}\int_{0}^{1}\int_{0}^{1} \left[Q - (A/R)\right]^{2} du\ dv\ dw \ ,$$

und damit auch die Varianz des Schätzwertes $\hat{A}/R$ durch Schichtung meist erheblich verkleinern (wenn inhomogenes Gut vorliegt), indem man beispielsweise R in $4 \cdot 4 \cdot 4 = 64$ "Schichten", d.h. Rechtkante gleicher Größe $(abc/64)$, unterteilt und aus jeder dieser Schichten eine oder zwei Proben entnimmt.

23.2 Die Berechnung bestimmter Integrale mit Hilfe von Ja-Nein-Entscheidungen

Im folgenden wird ein zweites Verfahren zur Berechnung von einfachen Integralen erläutert, bei dem nur von Ja-Nein-Entscheidungen Gebrauch gemacht wird. Gesucht sei das Integral

$$(23.2.1)\qquad \gamma = \int_{0}^{1} g(x)\ dx \ ,$$

wobei die Funktion $g(x)$ für $0 \leqq x \leqq 1$ im Bereich $0 \leqq g(x) \leqq 1$ verläuft, wie es in Abb. 23.2.1 dargestellt ist. Ist allgemein $G(x)$ im Bereich $A \leqq G \leqq B$ erklärt, so definiert man $g(x)$ durch $g(x) = [G(x) - A]/(B-A)$ mit $0 \leqq g(x) \leqq 1$. Dann ist

$$\int\limits_0^1 G(x)\, dx = \int\limits_0^1 \left[A + (B-A)\, g(x) \right] dx = A + (B-A) \int\limits_0^1 g(x)\, dx = A + (B-A)\gamma .$$

Es seien x_ν bzw. y_ν im Bereich $0 \leqq x \leqq 1$ bzw. $0 \leqq y \leqq 1$ gleichverteilte Zufallszahlen. Dann hat die zweidimensionale Wahrscheinlichkeitsverteilung der Wertepaare $(x_\nu; y_\nu)$ über dem "Einheitsquadrat" der x; y-Ebene die feste Dichte $f(x; y) = 1$. Ist γ der gesuchte Flächeninhalt "unter" der Kurve $g(x)$ und $(1-\gamma)$ die Ergänzung zum Einheitsquadrat, so ist die Wahrscheinlichkeit, daß ein zufällig realisiertes Wertepaar $(x_\nu; y_\nu)$ in γ liegt, gleich γ. Die Entscheidung, ob das der Fall ist, trifft man folgendermaßen. Man beobachtet ein Paar von gleichverteilten Zufallszahlen $(x_\nu; y_\nu)$. Zu x_ν berechnet man $g(x_\nu)$.

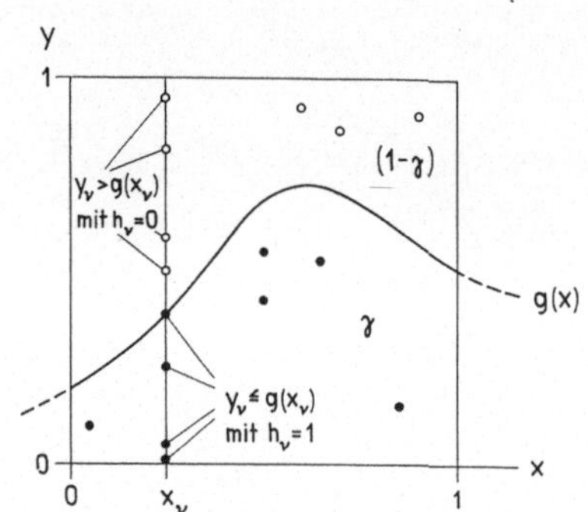

Abb. 23.2.1. Zur Berechnung des Integrals $\int\limits_0^1 g(x)\, dx$ mit Hilfe von Ja-Nein-Entscheidungen.

Ist

$$y_\nu > g(x_\nu) \;, \quad \text{so liegt } P_\nu\,(x_\nu; y_\nu) \text{ nicht in } \gamma \;; \text{ offene Punkte}$$
$$\text{in Abb. 23.2.1 };$$
$$y_\nu \leqq g(x_\nu) \;, \quad \text{so liegt } P_\nu\,(x_\nu; y_\nu) \text{ in } \gamma \; \bigl[\text{oder auf dem Rand}$$
$$\text{der begrenzenden Kurve } y = g(x)\bigr] \;; \text{ volle Punkte}$$
$$\text{in Abb. 23.2.1 }.$$

Es liegt demnach der Sachverhalt der Binomialverteilung vor, wobei zwei Ereignisse A und $\overline{A}$ mit den Wahrscheinlichkeiten $p \equiv \gamma$ und $q \equiv (1-\gamma)$ eintreten. Man definiert die Funktion $h = h(x; y)$ durch

$$h(x_\nu; y_\nu) = h_\nu = 0 \qquad \text{für } y_\nu > g(x_\nu) \;;$$
(23.2.2)
$$h(x_\nu; y_\nu) = h_\nu = 1 \qquad \text{für } y_\nu \leqq g(x_\nu) \;.$$

Dann ist die Zahl n_1 der in γ beobachteten Punkte P_ν

$$(23.2.3) \quad n_1 = \sum_{\nu=1}^n h_\nu .$$

Der Schätzwert für die unbekannte Grundwahrscheinlichkeit bzw. das gesuchte Integral γ ist

$$(23.2.4) \quad \hat{\gamma} = \frac{n_1}{n} \; .$$

Dabei ist nach (14.2.4) und (14.2.6)

$$(23.2.5) \quad M\{n_1\} = n\gamma \qquad \text{und} \quad V\{n_1\} = n\gamma(1-\gamma) \; ;$$

$$(23.2.6) \quad M\{\hat{\gamma}\} = \frac{1}{n} M\{n_1\} = \gamma \quad \text{und} \quad V\{\hat{\gamma}\} = \frac{1}{n^2} V\{n_1\} = \frac{1}{n}\gamma(1-\gamma) \; .$$

Während die im Abschnitt 23.1 erläuterte Monte–Carlo–Methode der "messenden" Prüfung entspricht, arbeitet das hier beschriebene Verfahren ebenso wie "Gut–Schlecht–Prüfung" nur mit Ja–Nein–Entscheidungen. Infolgedessen ist die Probengröße n im letzten Falle meist erheblich größer als im ersten. Im Beispiel des Abschnitts 23.1 ,

$$(23.2.7) \quad \gamma = \eta = \int_0^1 x^2 \, dx = \frac{1}{3} \; ,$$

ist die Varianz des Schätzwertes $\bar{y}$ bei einer ungeschichteten Zufallsprobe der Größe n_U

$$(23.2.8) \quad V\{\bar{y}\} = \frac{\sigma_y^2}{n_U} \qquad \text{mit} \quad \sigma_y^2 = \int_0^1 x^4 \, dx - \eta^2 = \frac{4}{45} \; .$$

Im vorliegenden Falle ist

$$(23.2.9) \quad V\{\hat{\gamma}\} = \frac{1}{n}\gamma(1-\gamma) \quad \text{mit} \quad \gamma(1-\gamma) = \frac{1}{3} \cdot \frac{2}{3} = \frac{2}{9} \; .$$

Gleiche Varianzen $V\{\bar{y}\} = V\{\hat{\gamma}\}$ erreicht man mit dem Verhältnis der Probengrößen

$$(23.2.10) \quad \frac{n}{n_U} = \frac{\gamma(1-\gamma)}{\sigma_y^2} = 2,5 \; .$$

In Abb. 23.2.2 ist das Ergebnis einer Versuchsreihe mit insgesamt 200 Meßpunkten $(x_\nu ; y_\nu)$ zur Berechnung von $\gamma = \int_0^1 x^2 \, dx = 1/3$ dargestellt. Abb. 23.2.3 zeigt in Abhängigkeit von n die Schätzwerte $\hat{\gamma} = n_1/n$ mit den zu $\hat{\gamma}$ gehörenden Vertrauensgrenzen für γ , die nach Gleichung (14.4.7) und (14.4.9) zur Sicherheit S = 95% mit Hilfe der F–Verteilung berechnet worden sind. Es gilt

$$\gamma_U = \frac{n_1}{n_1 + (n-n_1+1)\, F_{1-(\alpha/2)}(f_2''\,;\,f_1'')} \qquad \text{mit} \begin{cases} f_1'' = 2\,n_1\;; \\[2ex] f_2'' = 2\,(n-n_1+1)\;; \end{cases}$$

$$\gamma_O = \frac{n_1 + 1}{(n_1+1) + (n-n_1)\, F_{\alpha/2}(f_2'\,;\,f_1')} \qquad \text{mit} \begin{cases} f_1' = 2\,(n_1+1)\;; \\[2ex] f_2' = 2\,(n-n_1)\;. \end{cases}$$

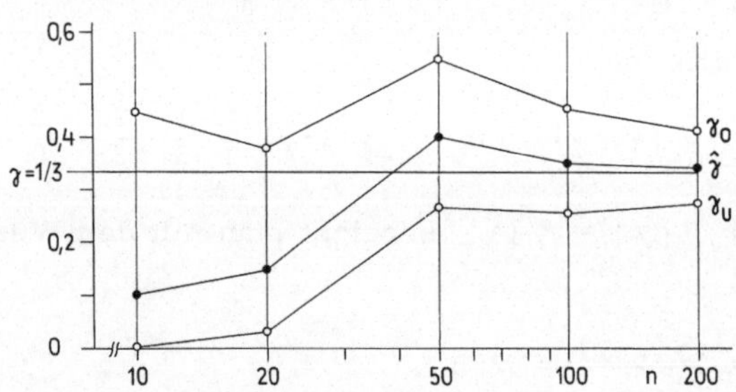

Abb. 23.2.2. Zur Berechnung des Integrals $\int\limits_0^1 x^2\,dx = \gamma$ nach der Monte-Carlo-Methode mit Ja-Nein-Entscheidungen .

Abb. 23.2.3. Der Schätzwert $\hat{\gamma}$ mit Vertrauensgrenzen für γ in Abhängigkeit von der Schrittzahl n . Sicherheit S = 95% (vergl. Abb. 23.2.2) .

Die vorausgehenden Ueberlegungen werden im folgenden auf mehrfache Integrale übertragen. Es sei das k-fache Integral

$$(23.2.11) \qquad \int\limits_0^1 \int\limits_0^1 \dots \int\limits_0^1 g(x_1\,;\,x_2\,;\,\dots\,;\,x_k)\,dx_1\,dx_2\,\dots\,dx_k = \gamma$$

zu berechnen, wobei $0 \leqq g \leqq 1$ ist, was man gegebenenfalls durch Transformation der nach unten und oben beschränkten Funktion g mit

$$g_{min} \leqq g(x_1\,;\,x_2\,;\,\dots\,;\,x_k) \leqq g_{max}$$

erreicht. Aus $0 \leqq g \leqq 1$ folgt $0 \leqq \gamma \leqq 1$. Es seien $x_{i\nu}$ für $i = 1 ; 2 ;$ ... ; k und $\nu = 1 ; 2 ; \ldots ; n$ und y_ν für $\nu = 1 ; 2 ; \ldots ; n$ gleichverteilte Zufallszahlen aus den Bereichen

$$0 \leqq x_i \leqq 1 \qquad \text{bzw.} \qquad 0 \leqq y \leqq 1 \; .$$

Ferner sei der Funktionswert von g an der Stelle $P_\nu (x_{1\nu} ; \ldots ; x_{k\nu})$ gleich g_ν ,

$$(23.2.12) \qquad g(x_{1\nu} ; x_{2\nu} ; \ldots ; x_{k\nu}) = g_\nu \; .$$

Bei einem Versuch mit k gleichverteilten Zufallszahlen $(x_1 ; \ldots ; x_k)$ sei der Punkt $P_\nu (x_{1\nu} ; \ldots ; x_{k\nu})$ realisiert worden. Die <u>bedingte</u> Wahrscheinlichkeit bei gegebenem $P = P_\nu$, daß $y_\nu \leqq g_\nu$ ausfällt, hat wegen der Gleichverteilung der y_ν im Bereich $0 \leqq y \leqq 1$ den Wert

$$(23.2.13) \qquad W\left\{ y_\nu \leqq g_\nu \middle| x_{1\nu} ; x_{2\nu} ; \ldots ; x_{k\nu} \right\} = g_\nu \; .$$

Die Gesamtwahrscheinlichkeit für das Ereignis $y \leqq g$ findet man, indem man über den k-dimensionalen Einheitswürfel der $(x_1 ; x_2 ; \ldots ; x_k)$ integriert. Dann wird

$$(23.2.14) \qquad W\{y \leqq g\} = \int_0^1 \int_0^1 \ldots \int_0^1 g(x_1 ; x_2 ; \ldots ; x_k) \, dx_1 \, dx_2 \ldots dx_k = \gamma.$$

Das gesuchte Integral γ ist demnach gleich der Wahrscheinlichkeit, bei einem Zufallsversuch der beschriebenen Art ein $y \leqq g$ zu beobachten. Man findet infolgedessen einen Schätzwert $\hat{\gamma}$ für γ , indem man bei n Versuchen die relative Häufigkeit n_1/n des Ereignisses

$$y_\nu \leqq g_\nu$$

beobachtet. Dann gilt wie in (23.2.4)

$$(23.2.15) \qquad \hat{\gamma} = \frac{n_1}{n} \; .$$

Nach (23.2.6) ist die Standardabweichung $\sigma\{\hat{\gamma}\}$ des Schätzwertes $\hat{\gamma}$

$$(23.2.16) \qquad \sigma\{\hat{\gamma}\} = \frac{\sqrt{\gamma(1-\gamma)}}{\sqrt{n}} \; .$$

Mit der Wahrscheinlichkeit $S = 1-\alpha$ ist der Betrag $|\hat{\gamma} - \gamma|$ des Unterschieds zwischen dem beobachteten Schätzwert $\hat{\gamma}$ und dem gesuchten Integralwert γ kleiner als $u_{1-(\alpha/2)} \, \sigma\{\hat{\gamma}\}$, sofern $n\gamma(1-\gamma) \gtrapprox 9$ ist, was vorausgesetzt werden soll,

$$(23.2.17) \qquad |\hat{\gamma} - \gamma| \leqq u_{1-(\alpha/2)} \, \frac{\sqrt{\gamma(1-\gamma)}}{\sqrt{n}} \; .$$

Soll die Abweichung $\left|\hat{\gamma}-\gamma\right|$ mit der Wahrscheinlichkeit $(1-\alpha)$ unter einer vorgegebenen "Genauigkeitsschranke" ϵ liegen, so muß gelten

$$u_{1-(\alpha/2)}\ \frac{\sqrt{\gamma(1-\gamma)}}{\sqrt{n}}\ \leq\ \epsilon$$

oder

$$(23.2.18)\quad n\ \geq\ \frac{u^2_{1-(\alpha/2)}\ \gamma(1-\gamma)}{\epsilon^2}\ .$$

Damit ist der kleinste Wert von n bestimmbar, mit dem die Forderung $\left|\hat{\gamma}-\gamma\right|\ \leq\ \epsilon$ erfüllt werden kann. Im Bereich $0<\gamma<1$ ist $\gamma(1-\gamma)\ \leq\ 1/4$. Für eine "Sicherheit" von 95% wird $u_{1-(\alpha/2)}\ =\ 1,96\approx 2$. Damit ist n von der Größenordnung

$$(23.2.19)\quad n\ \approx\ 1/\epsilon^2\ .$$

Der Aufwand n ist nach (23.2.18) unabhängig von der Dimensionszahl k des Integrals. Für jeden der n Zufallsversuche mit dem Ergebnis $(x_{1\nu};\ x_{2\nu};\ \dots;\ x_{k\nu})$ hat man den Funktionswert $g(x_{1\nu};\ x_{2\nu};\ \dots;\ x_{k\nu})$ zu berechnen. Dazu seien a Rechenschritte erforderlich. Dann ist der Gesamtaufwand S an Rechenschritten beim statistischen Integrationsverfahren von der Größenordnung na oder

$$(23.2.20)\quad S(\epsilon)\ \approx\ \frac{a}{\epsilon^2}\ .$$

Im folgenden soll die Leistungsfähigkeit dieses Integrationsverfahrens gegen die üblichen "Quadraturformeln" mit dem Aufwand $Q(\epsilon)$ abgeschätzt werden, wenn man in beiden Fällen die gleiche Genauigkeitsschranke ϵ nicht überschreiten will.

Zunächst sei ein einfaches Integral der Gestalt

$$(23.2.21)\quad J\ =\ \int_0^1 f(x)\ dx$$

betrachtet. Man berechnet J numerisch nach einer der bekannten Formeln mit der Schrittweite $h = 1/m$ und findet den Näherungswert

$$(23.2.22)\quad \hat{J}\ =\ \sum_{\mu=0}^{m} B_\mu f_\mu\ .$$

Dabei ist $(m+1)$ die Zahl der "Stützstellen" x_μ , μ deren laufende Nummer und $f_\mu = f(x_\mu)$. Der Näherungswert $\hat{J}$ ist ein gewogener Mittelwert der systematisch ausgewählten Funktionswerte f_μ , wobei der Faktor B_μ das Gewicht des Funktionswertes f_μ darstellt, mit dem dieser in die Mittelbildung eingeht. Die Gewichte B_μ hängen von der Art der Quadraturformel ab (Rechteckregel ; Trapezregel ; Simpson-Regel). Beschränkt man sich auf die Rechteckregel, die bei mehrfachen Integralen fast allein in Betracht kommt, dann gilt für den "Integrationsfehler" $|J - \hat{J}|$ die Abschätzung

$$(23.2.23) \qquad |J - \hat{J}| \leqq c_1 h = \frac{c_1}{m} \ .$$

Die Konstante c_1 entspricht (im wesentlichen) dem Höchstbetrag $|f'_{max}|$ der ersten Ableitung $f'(x)$ der Funktion $f(x)$ im Bereich $0 \leqq x \leqq 1$. Die Bedingung $|J - \hat{J}| \leqq \epsilon$ wird eingehalten, wenn $c_1/m \leqq \epsilon$ oder

$$(23.2.24) \qquad m \geqq \frac{c_1}{\epsilon}$$

gewählt wird.

Bei der Berechnung des k-fachen Integrals γ aus (23.2.11) muß die Bedingung (23.2.24) für jede Veränderliche x_i eingehalten werden. Mit $m_i \geqq c_i/\epsilon$ wird die Gesamtzahl der Stützstellen

$$\prod_{i=1}^{k} m_i \geqq \prod_{i=1}^{k} (c_i/\epsilon) = C_k/\epsilon^k \ .$$

Für jede dieser Stützstellen hat man mit a Rechenschritten den Funktionswert $g(x_1 ; x_2 ; \dots ; x_k)$ zu berechnen. Bei einer Quadraturformel hat die Zahl der insgesamt erforderlichen Rechenschritte demnach die Größenordnung

$$(23.2.25) \qquad Q(\epsilon) = \frac{a\,C_k}{\epsilon^k} \ .$$

Das Aufwandverhältnis S/Q zur Genauigkeitsschranke ϵ wird mit (23.2.20) und (23.2.25) infolgedessen

$$(23.2.26) \qquad \frac{S(\epsilon)}{Q(\epsilon)} \approx \text{konst} \cdot \epsilon^{k-2} \ .$$

Zur Berechnung einfacher Integrale (k=1) ist das statistische Verfahren wegen $S/Q \sim 1/\epsilon$ meist unterlegen. Für Doppelintegrale (k=2) ist der Aufwand bei beiden Verfahren der Größenordnung nach gleich. Für $k = 3$ ist das statistische Verfahren wegen $S/Q \sim \epsilon$ meist besser. Diese Ueberlegenheit wächst mit der Dimensionszahl k des Integrals rasch an, so daß man für $k \geqq 4$ nur noch statistische Verfahren zur numerischen Integration verwenden sollte.

23.3 Zufallsweg und partielle Differentialgleichung

Die $(X;Y)$-Ebene sei mit einem rechteckigen Gitter mit der Maschenweite ΔX in waagerechter und ΔY in senkrechter Richtung überdeckt. Führt
man die auf $(X_0;Y_0)$ bezogenen dimensionslosen Koordinaten

$$(23.3.1) \quad x = \frac{X - X_0}{\Delta X} \quad \text{und} \quad \frac{Y - Y_0}{\Delta Y}$$

ein, so geht das Gitter der $(X;Y)$-Ebene in ein quadratisches Netz mit der

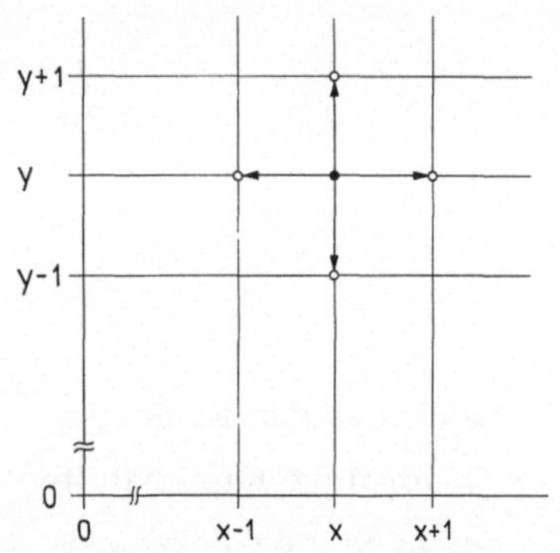

Abb. 23.3.1. Zur Erklärung des
Zufallsweges in der $(x;y)$-Ebene.

Maschenweite $\Delta x = \Delta y = 1$ in der
$(x;y)$-Ebene über. Im Punkte $(x;y)$
denkt man sich ein Massenteilchen M ,
das sich nach Abb. 23.3.1 in der
$(x;y)$-Ebene nur sprunghaft in der x-
oder y-Richtung bewegen kann und zwar
mit der Sprungweite $\Delta x = \Delta y = 1$. Bei
einem Schritt gelangt das Teilchen vom
Ausgangspunkt $(x;y)$ zu einem der
benachbarten Punkte
$(x + 1 ; y)$ oder $(x - 1 ; y)$ oder
$(x ; y + 1)$ oder $(x ; y - 1)$.

Die Wahrscheinlichkeit für jeden dieser Schritte sei $p = 1/4$. Das Teilchen
M beschreibt dann in der $(x;y)$-Ebene einen Zufallsweg aus geradlinigen
Stücken der Länge 1 , bei dem jeder folgende Schritt von der jeweiligen Lage
und den vorausgegangenen Schritten unabhängig ist. Das Teilchen soll im
Punkte $(X_0;Y_0)$ bzw. $(x = 0 ; y = 0)$ starten.

Es sei $W(x;y;z+1)$ die Wahrscheinlichkeit, daß das Teilchen M nach
$(z+1)$ Schritten den Punkt $(x;y)$ erreicht. Damit M nach $(z+1)$ Schritten
im Punkte $(x;y)$ eintrifft, muß es nach z Schritten in einem der oben genannten vier Punkte liegen, was mit den Wahrscheinlichkeiten

$$W(x+1 ; y ; z) , \quad W(x-1 ; y ; z) , \quad W(x ; y+1 ; z) , \quad W(x ; y-1 ; z)$$

der Fall ist. Infolgedessen gilt für W die Rekursionsformel

$$W(x;y;z+1) = \frac{1}{4}\Big[W(x+1;y;z) + W(x-1;y;z) + W(x;y+1;z) + W(x;y-1;z)\Big] .$$

Die letzte Gleichung läßt sich umgestalten zu

$$4\left[W(x;y;z+1) - W(x;y;z)\right] = \left[W(x+1;y;z) - 2\,W(x;y;z) + W(x-1;y;z)\right]$$

(23.3.2)

$$+ \left[W(x;y+1;z) - 2\,W(x;y;z) + W(x;y-1;z)\right].$$

Links steht die erste Differenz der Funktion W bezüglich z ; rechts steht
die Summe der zweiten Differenzen bezüglich x und y .

Die Differenzengleichung (23.3.2) nähert wegen $\Delta x = \Delta y = \Delta z = 1$
die partielle Differentialgleichung

$$(23.3.3) \qquad \frac{\partial W}{\partial z} = \frac{1}{4}\left(\frac{\partial^2 W}{\partial x^2} + \frac{\partial^2 W}{\partial y^2}\right)$$

an. Die in Physik und Technik als "Differentialgleichung der Wärmeleitung"
bekannte Gleichung

$$(23.3.4) \qquad \frac{\partial W}{\partial t} = k^2\left(\frac{\partial^2 W}{\partial X^2} + \frac{\partial^2 W}{\partial Y^2}\right)$$

läßt sich für $\Delta X = \Delta Y$ mit Hilfe der Transformation

$$\frac{X - X_0}{\Delta X} = x \quad ; \quad \frac{Y - Y_0}{\Delta Y} = y \quad ; \quad \left(\frac{2\,k}{\Delta X}\right)^2 (t - t_0) = z$$

in der Gestalt (23.3.3) schreiben. Der Schrittweite $\Delta X = \Delta Y$ in der
(X ; Y)-Ebene entspricht die Schrittweite $\Delta x = \Delta y = 1$ in der (x ; y)-Ebe-
ne. Zur Schrittweite $\Delta z = 1$ gehört der Zeitabstand $\Delta t = (\Delta X/2\,k)^2$. Die
Wahrscheinlichkeitsverteilung W(x;y;z) für die Lage (x ; y) des Teilchens
in Abhängigkeit von der Schrittzahl z genügt einer Differenzengleichung, die
der partiellen Differentialgleichung (23.3.4) zugeordnet werden kann.

Wenn man das Teilchen im Punkte (x = 0 ; y = 0) starten läßt, so liegt es
zu Beginn der Beobachtung mit Sicherheit im Nullpunkt, d.h. für z = 0 ist
die Wahrscheinlichkeit W = 1 im Nullpunkt konzentriert. Man kann aber für
z = 0 auch eine Wahrscheinlichkeitsverteilung W(x;y;0) auf dem Gitternetz
vorgeben, die der Bedingung

$$(23.3.5) \qquad \sum_{x=-\infty}^{\infty}\ \sum_{y=-\infty}^{\infty} W(x;y;0) = 1$$

genügt. W(x;y;0) ist die Wahrscheinlichkeit, das Teilchen am Beginn seiner
Wanderung für z = 0 im Punkte (x ; y) anzutreffen oder anschaulich gedeutet: Von einer großen Zahl N von Teilchen liegen für z = 0 genau NW(x;y;0)
über dem Gitterpunkt (x ; y) . Die Funktion W(x;y;z) läßt sich jetzt genau
so deuten wie vorher ; sie genügt nach wie vor der Differenzengleichung

(23.3.2) . Die Ausgangsverteilung $W(x;y;0)$ entspricht dem "Anfangszustand", durch den eine besondere Lösung der Differentialgleichung gegeben ist.

Ist insbesondere bei der Wanderung des Teilchens $Y = \text{konst} = Y_0$, so verläuft der Zufallsweg in der x-Richtung . Aus (23.3.2) wird dann die Differenzengleichung

$$(23.3.6) \quad 2\left[W(x;z+1) - W(x;z)\right] = W(x+1;z) - 2W(x;z) + W(x-1;z) \ ,$$

die der Differentialgleichung

$$(23.3.7) \quad \frac{\partial W}{\partial z} = \frac{1}{2} \frac{\partial^2 W}{\partial x^2}$$

entspricht.

Anfangs (für $z = 0$) sollen beispielsweise über jedem ganzzahligen Wert ξ_i des Bereichs $-50 \le \xi_i \le 50$ je $N_i = 100$ Teilchen liegen; insgesamt ist dann $N = \sum_i N_i = 10\ 100$. Von diesen N Teilchen greift man eine "Probe" der Größe $n = 1\ 010$ heraus. Man kann diese n Teilchen entweder zufällig (mit Hilfe von gleichverteilten Zufallszahlen) auswählen oder man zieht eine "systematische" Probe, die an jeder Stelle ξ_i die Größe $n_i = 10$ hat. Jedes der n Teilchen läßt man einen Zufallsweg längs der x-Achse durchlaufen. Für $p = 1/2$ genügen dazu einstellige gleichverteilte Zufallszahlen, die entweder gerade (0 , 2 , 4 , 6 , 8) oder ungerade (1 , 3 , 5 , 7 , 9) sind. Erscheint eine gerade Zufallszahl, so wandert das Teilchen um 1 nach rechts, erscheint eine ungerade Zufallszahl, so wandert es um 1 nach links. Die Verteilung der n Teilchen über die Gitterpunkte x_ν der x-Achse nach einer festen Zahl von Schritten, für $z = z_1$, wird durch die Teilchenzahl $n(x_\nu ; z_1)$, d.h. durch die Besetzungszahl der Stelle x_ν nach z_1 Schritten, gegeben. Die relative Häufigkeit $n(x_\nu ; z_1)/n$ ist ein Schätzwert für die gesuchte Wahrscheinlichkeit $W(x_\nu ; z_1)$, d.h. für die Funktion W , die der partiellen Differentialgleichung (23.3.7) genügt.

<u>Die Potentialgleichung.</u>

Auch für das folgende sei die (x ; y)-Ebene mit einem quadratischen Gitter überdeckt, dessen Maschenweite $\Delta x = \Delta y = 1$ ist. In der (x ; y)-Ebene sei das "geschlossene Gebiet" G nach Abb. 23.3.2 abgegrenzt. Einer der inneren (offenen) Punkte von G sei $P(x ; y)$; von hier aus startet ein Zufallsweg in der vorhin beschriebenen Art. Ferner sei $P_i(\xi_i ; \eta_i)$ einer der Randpunkte von Γ , die das Gebiet G "ohne Lücke" einschließen. Erreicht der

vom Innenpunkt P(x ; y) ausgehende Zufallsweg zum ersten Mal einen Randpunkt $P_i(\xi_i ; \eta_i)$, so ist die Wanderung zu Ende. Der Randpunkt P_i absor-
biert das wandernde Teilchen. Jedem Startpunkt P(x ; y) wird die Wahrscheinlichkeit W(ξ ; η ; x ; y) zugeordnet, mit der die Wanderung im Randpunkt (ξ ; η) endet, wenn sie im Startpunkt (x ; y) anfing.

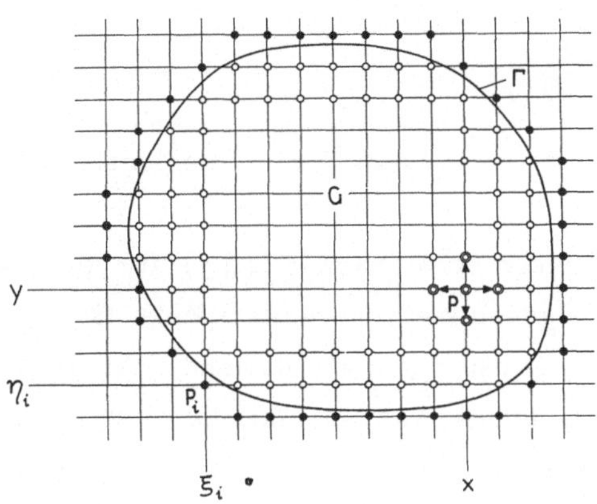

Abb. 23.3.2. Zur Integration der Potentialgleichung.

Ferner sei in den Randpunkten $(\xi_i ; \eta_i)$ eine Funktion $H(\xi_i ; \eta_i)$ vorgegeben. Dann ist der Mittelwert von H bei festgehaltenem Wertepaar (x ; y)
gegeben durch

$$(23.3.8) \quad M\{H\} = \sum_i H(\xi_i ; \eta_i) \, W(\xi_i ; \eta_i ; x ; y) = F(x ; y) ,$$

wobei die Summation über i sich über alle Randpunkte erstreckt. Ersichtlich ist M$\{H\}$ eine Funktion F(x ; y) des Startpunktes (x ; y) .

Da das wandernde Teilchen von P(x ; y) aus jeden "Nachbarpunkt"

(x+1 ; y)   ,   (x-1 ; y)   ,   (x ; y+1)   und   (x ; y-1)

mit der gleichen Wahrscheinlichkeit p = 1/4 ansteuert, so gilt für W bei
fest gewähltem Randpunkt $(\xi_i ; \eta_i)$ [der als Argument für W zur Vereinfachung der Schreibweise weggelassen wird], die Beziehung

$$W(x;y) = \frac{1}{4}\left[W(x+1;y) + W(x-1;y) + W(x;y+1) + W(x;y-1)\right] .$$

Multipliziert man diese Gleichung mit $H(\xi_i ; \eta_i)$ und summiert über i , so
findet man mit (23.3.8)

$$4\,F(x;y) = F(x+1;y) + F(x-1;y) + F(x;y+1) + F(x;y-1) .$$

Daraus folgt

(23.3.9)

$$\left[F(x+1;y) - 2\,F(x;y) + F(x-1;y) \right] + \left[F(x;y+1) - 2\,F(x;y) + F(x;y-1) \right] = 0 \ .$$

Die Summe der zweiten Differenzen der Funktion F nach x und y verschwindet für alle inneren Punkte $(x\,;\,y)$. Die entsprechende partielle Differentialgleichung (Potentialgleichung) lautet

$$(23.3.10) \qquad \frac{\partial^2 F}{\partial x^2} + \frac{\partial^2 F}{\partial y^2} = 0 \ ,$$

wobei die Werte der Funktion auf dem Rand Γ des geschlossenen Gebiets vorgeschrieben sind.

Man findet demnach einen Schätzwert $\hat{F}(x\,;\,y)$ für die gesuchte Potentialfunktion $F(x\,;\,y)$ auf folgende Weise. Im Startpunkt $(x\,;\,y)$ läßt man n Zufallswege beginnen, von denen $n_i(x\,;\,y)$ im Randpunkt $P_i(\xi_i\,;\,\eta_i)$ enden. Dann ist n_i/n ein Schätzwert für die Wahrscheinlichkeit $W(\xi_i\,;\,\eta_i\,;\,x\,;\,y)$. Aus (23.3.8) folgt dann der Schätzwert $\hat{F}(x\,;\,y)$ für $F(x\,;\,y)$ zu

$$(23.3.11) \qquad \hat{F}(x\,;\,y) = \frac{1}{n} \sum_i H(\xi_i\,;\,\eta_i)\,n_i(x\,;\,y) \ .$$

Das "statistische" Integrationsverfahren liefert einen Schätzwert $\hat{F}(x\,;\,y)$ für einen Punkt $(x\,;\,y)$ im Innern, ohne daß man die Differentialgleichung im ganzen Gebiet G lösen muß. Das ist zuweilen ein Vorteil im Vergleich zu den "Differenzenverfahren", mit denen man die Lösung der Differentialgleichung sonst annähert.

Hat man (für genügend großes fest gewähltes n) und für ein fest gewähltes Gebiet G die Besetzungszahlen $n_i(x\,;\,y)$ der Randpunkte von Γ mit Hilfe statistischer Verfahren einmal bestimmt, so findet man aus (23.3.11) die Schätzwerte $\hat{F}$ für alle möglichen Randbedingungen $H(\xi_i\,;\,\eta_i)$ auf sehr einfache Weise, da die vorgegebenen Funktionswerte $H(\xi_i\,;\,\eta_i) = H_i$ nur mit den Besetzungszahlen n_i zu multiplizieren sind.

Die Wahrscheinlichkeitsverteilung $W(\xi\,;\,\eta\,;\,x\,;\,y)$ bzw. die Verteilung der relativen Häufigkeiten $n_i(x\,;\,y)/n$ auf dem Rand ist grundlegend für die allgemeine Lösung der Potentialgleichung. Die zu vorgegebenen Randwerten H_i gehörende Lösung ist dann einfach

$$F(x;y) = \sum_i H(\xi_i\,;\,\eta_i)\,W(\xi_i\,;\,\eta_i\,;\,x\,;\,y) \ .$$

23.4 Die Erzeugung von Zufallszahlen

Im vorausgehenden waren mehrfach Zufallszahlen mit vorgeschriebener Verteilung zur Lösung von Aufgaben erforderlich. Solche Zufallszahlen lassen sich leicht erzeugen, wenn man gleichverteilte Zufallszahlen y aus dem Bereich $0 \leq y \leq 1$ zur Verfügung hat. Gleichverteilte Zufallszahlen erzeugt man entweder mit einem "Zufallsgerät" (Zufallswalze ; Roulette ; Lotteriespiel oder dergl.) oder mit einem Rechengerät nach einem bestimmten Rechengang, der Zahlenwerte liefert (oder liefern soll), die sich (nahezu) wie Zufallszahlen verhalten und die man Pseudo-Zufallszahlen nennt.

Abb. 23.4.1 zeigt den Querschnitt einer "Walze" in Gestalt eines regelmäßigen Zehnecks, dessen Seiten mit 0 bis 9 beziffert sind. Läßt man diese Walze mit beliebigem Anfangsimpuls und beliebiger Ausgangslage y_0 über eine waagerechte ebene Fläche "rollen", so gibt die Endlage eine einstellige Zufallszahl y des Bereichs $0 \leq y \leq 9$. In Abb. 23.4.1 ist y = 2 .

Mit dem Aufkommen der Hochgeschwindigkeitsrechner hat man mathematische Verfahren entwickelt, um beispielsweise für Monte-Carlo-Verfahren laufend "Pseudo-Zufallszahlen"

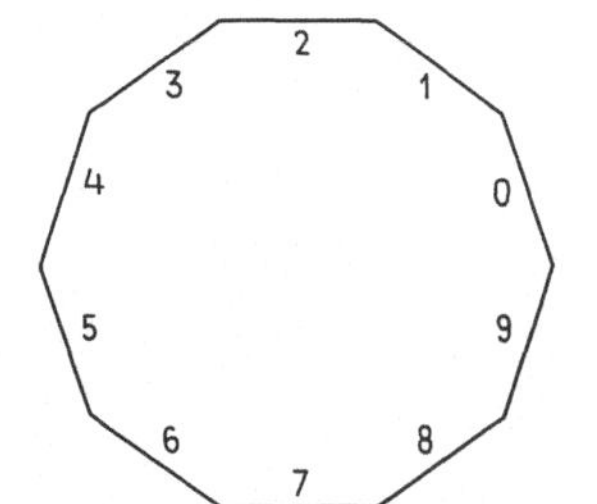

Abb. 23.4.1. Querschnitt einer "Zufallswalze" zur Erzeugung einstelliger Zufallszahlen aus dem Bereich $0 \leq y \leq 9$.

während der Rechnung zu erzeugen. Ein Verfahren beruht darauf, eine k-stellige Zahl (k $\gtrless$ 8) zu quadrieren, aus dem 2 k-stelligen Ergebnis die k mittleren Stellen beizubehalten und diesen Vorgang beliebig oft zu wiederholen.

Für Rechnungen geringen Umfangs genügen im allgemeinen die Zufallszahlen, die man vorhandenen Tafelwerken entnehmen kann.

Ob eine bestimmte "Quelle" wirklich gleichverteilte Zufallszahlen des Bereichs $0 \leq y \leq 1$ liefert, kann man im allgemeinen nicht im voraus bestimmen. Wenn die eingangs erwähnte "Zufallswalze" mit großer Sorgfalt so homogen hergestellt worden ist, daß der Schwerpunkt auf der Mittelachse liegt, so wird man erwarten, daß die realisierten Werte dem theoretischen

Modell weitgehend entsprechen: daß keine der Zahlen von 0 bis 9 bevorzugt wird und daß die erzeugten Endwerte wirklich nur "vom Zufall" abhängen.

In allen Fällen muß man eine lange Serie erzeugter Werte daraufhin testen, ob die Hypothesen der Gleichverteilung und des zufälligen Auftretens von y auf Grund der Versuchsergebnisse y_1 ; y_2 ; $\ldots$; y_N haltbar sind oder nicht. Die Zufallszahlen der Tafelwerke haben diese Testprobe "bestanden". Auch die Hochgeschwindigkeitsrechner sind zur Erzeugung gleichverteilter Zufallszahlen heute im allgemeinen mit Rechenprogrammen ausgestattet, die man vorher erprobt hat.

Stehen gleichverteilte Zufallszahlen aus dem Bereich $0 \leqq y \leqq 1$ zur Verfügung, so findet man Zufallszahlen, die mit einer vorgegebenen Dichtefunktion $f(x)$ bzw. der zugehörigen Summenfunktion

$$(23.4.1) \quad F(x) = \int_{-\infty}^{x} f(t)\, dt$$

verteilt sind, indem man nach Abb. 23.4.2

$$(23.4.2) \quad F(x) = y$$

setzt. Die Wahrscheinlichkeit, daß y im Bereich $0 \leqq y \leqq y_\nu$ liegt, ist

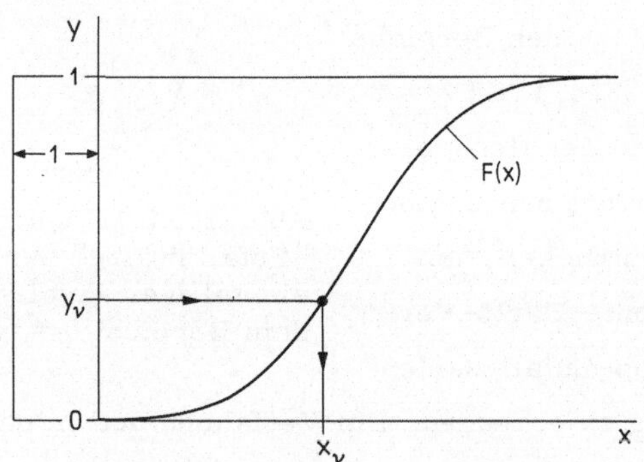

Abb. 23.4.2. Zur Erzeugung von Zufallszahlen x mit der Summenfunktion F(x) aus gleichverteilten Zufallszahlen y des Bereichs $0 \leqq y \leqq 1$.

wegen der Gleichverteilung der y im Bereich $0 \leqq y \leqq 1$ einfach

$$W\left\{ 0 \leqq y \leqq y_\nu \right\} = y_\nu \quad .$$

Da man nach (23.4.2) x monoton zu $y = F(x)$ transformiert, so gilt nach Abb. 23.4.2

$$W\left\{ 0 \leqq y \leqq y_\nu \right\} = W\left\{ -\infty < x \leqq x_\nu \right\}$$

oder

$$(23.4.3) \quad y_\nu = F(x_\nu) \ .$$

Diese Gleichung löst man bei beobachteter Zufallszahl y_ν nach x_ν auf und findet damit Zufallszahlen x_ν mit der vorgeschriebenen Summenfunktion $F(x)$ bzw. der Verteilungsdichte $f(x)$ [falls $F(x)$ zu $f(x)$ differenzierbar ist] .

(a) <u>Exponentiell verteilte Zufallszahlen.</u>

Dichte $f(x)$ und Summenfunktion $F(x)$ sind für $0 \leqq x < \infty$ durch

$$(23.4.4) \quad f(x) = e^{-x} \quad \text{und} \quad F(x) = 1 - e^{-x}$$

erklärt, Abb. 23.4.3 .

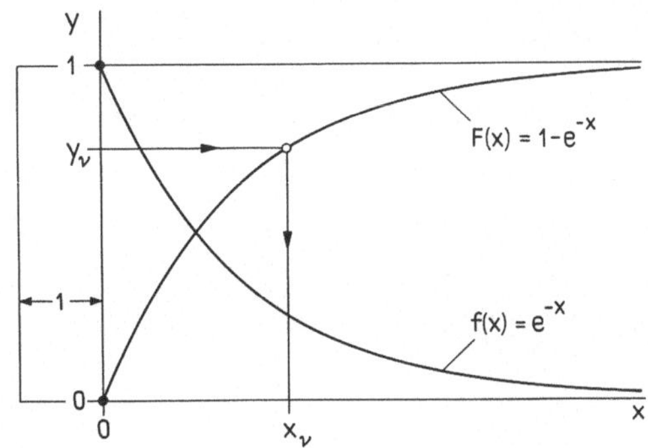

Abb. 23.4.3. Zur Erzeugung exponentiell verteilter Zufallszahlen x aus gleichverteilten Zufallszahlen y des Bereichs $0 \leqq y \leqq 1$.

Die Auflösung von $y = F(x)$ nach x gibt

$$(23.4.5) \quad x = \ln \frac{1}{1-y} \ ; \quad x \geqq 0 \ .$$

(b) <u>Zufallszahlen mit einer Cauchy-Verteilung.</u>

Nach Abb. 23.4.4 sei y im Bereich $-\pi/2 \leqq y \leqq \pi/2$ auf dem Halbkreis mit dem Halbmesser 1 gleichverteilt mit der Dichte $1/\pi$. Ferner sei $x = \tan y$ im Bereich $-\infty < x < \infty$ verteilt mit der Dichte $f(x)$. Dann folgt aus

$$\frac{1}{\pi} \ dy = f(x) \ dx$$

mit $dx/dy = 1 + x^2$ die Dichte

(23.4.6) $f(x) = \dfrac{1}{\pi}\ \dfrac{1}{1+x^2}$;

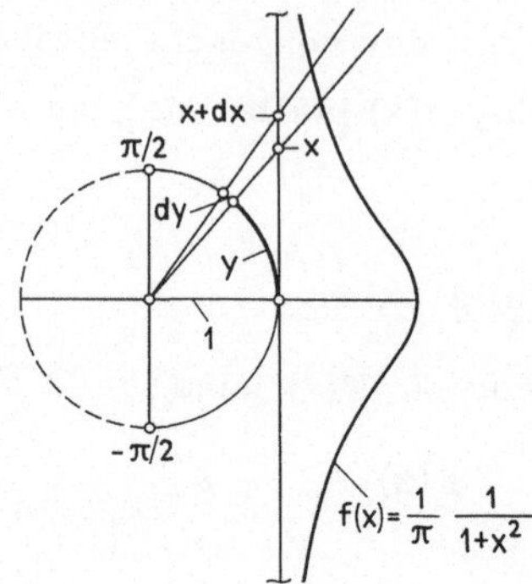

Abb. 23.4.4. Zur Erzeugung von Zufallszahlen x ,
die einer Cauchy-Verteilung genügen .

die Zufallsgröße $x = \tan y$ genügt der Cauchy-Verteilung (23.4.6) mit dem
Mittelwert $M\{x\} = 0$, wenn die y-Werte im Bereich $-(\pi/2) \leqq y \leqq (\pi/2)$
gleichverteilt sind. Die Varianz

$$V\{x\} = \frac{1}{\pi}\ \int\limits_{-\infty}^{\infty} \frac{x^2}{1+x^2}\ dx$$

der x-Verteilung ·existiert nicht.

(c) <u>Normal verteilte Zufallszahlen.</u>

Es sei $\Phi(u)$ die Summenfunktion der standardisierten Normalverteilung.
Bei gegebenem y hat man dann die Beziehung

(23.4.7) $y = \Phi(u)$

nach u aufzulösen, was für "vielstellige" Zufallszahlen y nur mit Hilfe
eines Rechengeräts möglich ist.

Ferner lassen sich normal verteilte Zufallszahlen auf Grund des zentralen Grenzwertsatzes der Wahrscheinlichkeitsrechnung erzeugen, indem man
laufend die Summe Y_k von je k gleichverteilten Zufallszahlen y_1 , y_2 ,
... , y_k des Bereichs (0 ; 1) bildet. Für ausreichend große Werte von k
(etwa für $k \gtrsim 10$) ist $Y_k = \sum\limits_{\kappa=1}^{k} y_\kappa$ (nahezu) normal verteilt mit dem Mittelwert

$$M\{Y_k\} = k\ M\{y_\kappa\} = k/2$$

und der Varianz

$$V\{Y_k\} = k\, V\{y_\kappa\} = k/12 \ .$$

Für praktische Zwecke kommt man häufig mit den dreistelligen Zufallszahlen 001 bis 999 aus, die man als $y = 0,001$ bis $y = 0,999$ deutet.
Man schneidet damit von der Normalverteilung der u-Werte jedoch links
und rechts den Anteil 1‰ , insgesamt also 2‰ , ab. Wenn es bei der Untersuchung auf die "Extremwerte" von Zufallsproben nicht ankommt, ist diese Vernachlässigung meist erlaubt. Die Zufallszahl $u = u(y)$ zu einer dreistelligen Zufallszahl y findet man dann ohne Rechnung aus Table III des
in der Fußnote genannten Werkes. [1] Beispielsweise gehört zu $y_\nu = 0,698$
der u-Wert $u_\nu = 0,519$.

Braucht man normal verteilte Zufallszahlen x mit dem Mittelwert μ
und der Varianz σ^2 , so geht man von

$$(23.4.8) \quad u_\nu = \frac{x_\nu - \mu}{\sigma} \quad \text{zu} \quad x_\nu = \mu + u_\nu\, \sigma$$

über.

Für praktische Zwecke gibt es Tafelwerke mit standardisiert normal verteilten Zufallszahlen u_ν , die am Ende des Abschnitts 23.4 genannt werden.

(d) Zufallszahlen mit einer Dreieckverteilung.

Im Bereich $-a \leqq x \leqq 0$ ist die Dichtefunktion der x-Werte nach Abb.
23.4.5

$$f_I(x) = \frac{1}{a^2}\, (x+a) = \frac{1}{a}\left(1 + \frac{x}{a}\right) .$$

Dazu gehört die Summenfunktion

$$(23.4.9) \quad F_I(x) = \frac{1}{2}\left(\frac{x+a}{a}\right)^2 = \frac{1}{2}\left(1 + \frac{x}{a}\right)^2$$

mit $0 \leqq F_I(x) \leqq 1/2$. Liegt die Zufallszahl y_I im Bereich $0 \leqq y_I \leqq 1/2$,
so ist ihr die Zufallsgröße

$$(23.4.10) \quad x_I = \left(\sqrt{2\, y_I} - 1\right) a = -\left(1 - \sqrt{2\, y_I}\right) a$$

des Bereichs $-a \leqq x_I \leqq 0$ zugeordnet.

---

1) A. Hald. Statistical Tables and Formulas. Wiley, New York. S. 36

Im Bereich $0 < x \leqq a$ gilt

$$f_{II}(x) = \frac{a-x}{a^2} = \frac{1}{a}\left(1 - \frac{x}{a}\right)$$

und

$$F_{II}(x) = \frac{1}{2} + \frac{1}{a^2} \int_0^x (a-t)\,dt$$

oder

$$(23.4.11) \qquad F_{II}(x) = \frac{1}{2}\left[1 + \frac{x}{a}\left(2 - \frac{x}{a}\right)\right]$$

mit $1/2 < F_{II}(x) \leqq 1$. Liegt die Zufallszahl y_{II} im Bereich $1/2 < y_{II} \leqq 1$, so ist ihr die Zufallsgröße

$$(23.4.12) \qquad x_{II} = \left[1 - \sqrt{2(1-y_{II})}\right] a$$

des Bereichs $0 < x_{II} \leqq a$ zugeordnet.

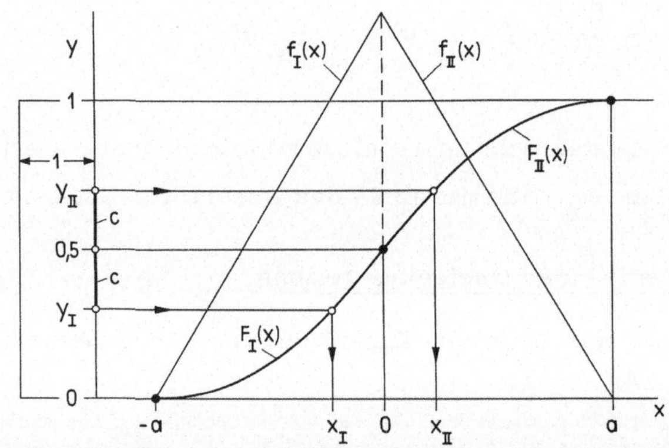

Abb. 23.4.5. Zur Erzeugung von Zufallszahlen x, die
einer Dreieckverteilung im Bereich $-a \leqq x \leqq a$ genügen.

Da die Summenfunktion $F(x)$ der Dreieckverteilung punktsymmetrisch bezüglich des "Wendepunktes" $(x = 0 \,;\, F = 1/2)$ verläuft, so gehören zu $y_I = (1/2) - c$ und $y_{II} = (1/2) + c$ zwei x-Werte , die sich zu 0 ergänzen,

$$(23.4.13) \qquad x_I + x_{II} = 0 \quad \text{falls} \quad y_I + y_{II} = 1 \;.$$

Infolgedessen läßt sich x_{II} zu y_{II} auch dadurch bestimmen, daß man von $y_{II} > 1/2$ zu $y_I = 1 - y_{II} < 1/2$ übergeht, x_I aus (23.4.10) bestimmt und $x_{II} = -x_I$ setzt.

__(e) Zufallszahlen, die auf der Oberfläche der Einheitskugel gleichverteilt sind.__

Betrachtet man zunächst einen <u>Kreis</u> vom Halbmesser $\rho = 1$ und sucht Zufallszahlen ω , die auf dem Kreisumfang im Bereich $0 \leqq \omega \leqq 2\pi$ gleichverteilt sind, so setzt man

(23.4.14) $\omega = 2\pi y$,

wobei y einer Gleichverteilung im Bereich $0 \leqq y \leqq 1$ genügt. Auf diese Weise findet man zu jedem ω einen Einheitsvektor $\boldsymbol{n}$. Die Richtungswinkel ω sind in der Tat gleichverteilt im Bereich $0 \leqq \omega \leqq 2\pi$.

Man kann diese Einheitsvektoren $\boldsymbol{n}$ aber noch auf ganz andere Weise erzeugen. In Abb. 23.4.6 seien u und v voneinander unabhängige standardisiert normal verteilte Zufallsgrößen mit den Dichtefunktionen

$$\varphi(u) = \frac{1}{\sqrt{2\pi}} \, e^{-u^2/2} \quad \text{bzw.} \quad \varphi(v) = \frac{1}{\sqrt{2\pi}} \, e^{-v^2/2}$$

und der gemeinsamen zweidimensionalen Dichtefunktion

(23.4.15) $\varphi(u)\,\varphi(v) = \dfrac{1}{2\pi} \, e^{-(u^2+v^2)/2}$

über der $(u\,;v)$-Ebene. Man erzeugt zufallsmäßig Wertepaare $(u_\gamma\,;v_\gamma)$, und ordnet jedem Wertepaar $(u_\gamma;v_\gamma)$ einen Einheitsvektor $\boldsymbol{n}_\gamma$ zu, der mit der u-Achse den Winkel ω_γ bildet. Dann genügen die ω_γ auf dem Umfang des Einheitskreises einer Gleichverteilung. Anschaulich folgt diese Behauptung aus der Tatsache, daß die zweidimensionale Normalverteilung die <u>drehsymmetrische</u> Dichtefunktion (23.4.15) besitzt, und alle Wertepaare $(u\,;v)$ auf einem vom Nullpunkt $(0\,;0)$ ausgehenden Strahl denselben Zufallsvektor liefern.

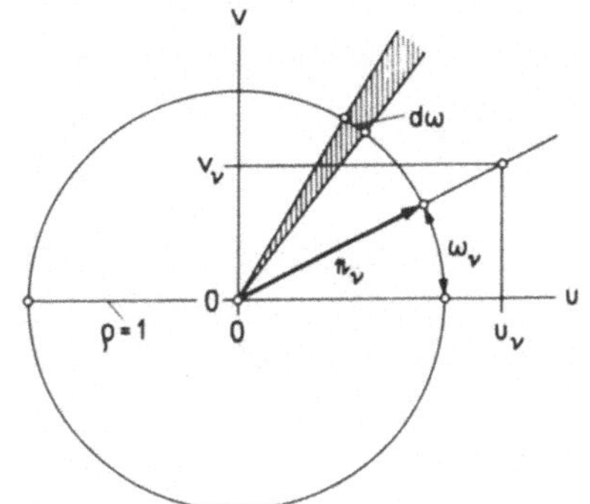

Abb. 23.4.6. Zur Erzeugung von Einheitsvektoren $\boldsymbol{n}$ mit gleichverteiltem Richtungswinkel ω mit Hilfe normal verteilter Zufallszahlen $(u\,;v)$.

Rechnet man das Wahrscheinlichkeitselement $\varphi(u)\,\varphi(v)\,du\,dv$ der $(u\,;v)$-Ebene mit Hilfe von

$$u = r\cos\omega \quad \text{und} \quad v = r\sin\omega$$

auf Polarkoordinaten $(r\,;\omega)$ um, so wird

(23.4.16) $\varphi(u)\,\varphi(v)\,du\,dv = \psi(\omega)\,\chi(r)\,d\omega\,dr$, wobei $\psi(\omega)$ und $\chi(r)$ die Dichtefunktionen für ω und r sind. Mit $u^2 + v^2 = r^2$ findet man aus (23.4.15)

$$\psi(\omega)\,\chi(r)\,d\omega\,dr = \frac{1}{2\pi}\left(e^{-r^2/2}\,r\,dr\right)d\omega\ .$$

Nun ist

$$\int_0^\infty r\,e^{-r^2/2}\,dr = \int_0^\infty e^{-t}\,dt = 1\ ,$$

infolgedessen ist

$$(23.4.17)\qquad \chi(r) = r\,e^{-r^2/2}$$

die Dichte von r und

$$(23.4.18)\qquad \psi(\omega) = \frac{1}{2\pi} = \text{konst}$$

die Dichte von ω. Die Richtungswinkel ω sind auf dem Umfang des Einheitskreises $\rho = 1$ gleichförmig verteilt.

Diese Lösung läßt sich leicht auf $k = 3$ und mehr Dimensionen übertragen. Sucht man beispielsweise Zufallsvektoren $\mathfrak{r}$, deren Endpunkte auf der Oberfläche 4π der Einheitskugel vom Halbmesser $\rho = 1$ gleichverteilt liegen, so kennzeichnet man $\mathfrak{r}$ durch die drei Richtungswerte $(\alpha\,;\,ß\,;\gamma)$ mit $\alpha^2 + ß^2 + \gamma^2 = 1$. Man erzeugt $\mathfrak{r}(\alpha\,;\,ß\,;\gamma)$ mit Hilfe eines Tripels standardisiert normal verteilter Zufallszahlen $(u\,;\,v\,;\,w)$, wobei

$$r^2 = u^2 + v^2 + w^2 \quad \text{und} \quad \alpha = u/r\ ;\quad ß = v/r\ ;\quad \gamma = w/r$$

ist.

Das Wahrscheinlichkeitselement im $(u\,;\,v\,;\,w)$-Raum wird

$$(23.4.19)\qquad \varphi(u)\,\varphi(v)\,\varphi(w)\,du\,dv\,dw = \frac{1}{(2\pi)^{3/2}}\,e^{-(u^2+v^2+w^2)/2}\,du\,dv\,dw\ .$$

Alle Wertetripel $(u\,;\,v\,;\,w)$, die in einem festen <u>räumlichen</u> Winkel $d\omega$ liegen, liefern denselben Vektor. Für $(\omega\,;\,r)$ hat das Raumelement die Gestalt $(r^2\,d\omega)\,dr$. Rechnet man das Wahrscheinlichkeitselement (23.4.19) auf $(\omega\,;\,r)$ um, so findet man mit $u^2 + v^2 + w^2 = r^2$

$$(23.4.20)\qquad \psi(\omega)\,\chi(r)\,d\omega\,dr = \frac{1}{(2\pi)^{3/2}}\left(e^{-r^2/2}\,r^2\,dr\right)d\omega\ .$$

Nun gilt

$$\int_0^\infty r^2\,e^{-r^2/2}\,dr = \sqrt{2}\int_0^\infty t^{1/2}\,e^{-t}\,dt = \sqrt{2}\,\Gamma(3/2) = \sqrt{\pi/2}\ .$$

Infolgedessen ist

$$(23.4.21) \qquad \sqrt{2/\pi}\, r^2\, e^{-r^2/2} = \chi(r)$$

die Dichte von r und

$$(23.4.22) \qquad \psi(\omega) = \frac{1}{4\pi} = \text{konst}$$

die Dichte von ω. Die Endpunkte der mit Hilfe von (u ; v ; w) erzeugten Einheitsvektoren $\mathfrak{n}$ sind auf der Oberfläche $4\pi\rho^2 = 4\pi$ der Einheitskugel gleichverteilt. Das Ergebnis läßt sich auf vieldimensionale Räume ausdehnen.

(f) **Diskret verteilte Zufallszahlen.**

Als Beispiel seien Zufallszahlen x gesucht, die einer Poisson-Verteilung $p(x|\mu)$ mit dem Mittelwert μ genügen. Abb. 23.4.7 zeigt die Sum-

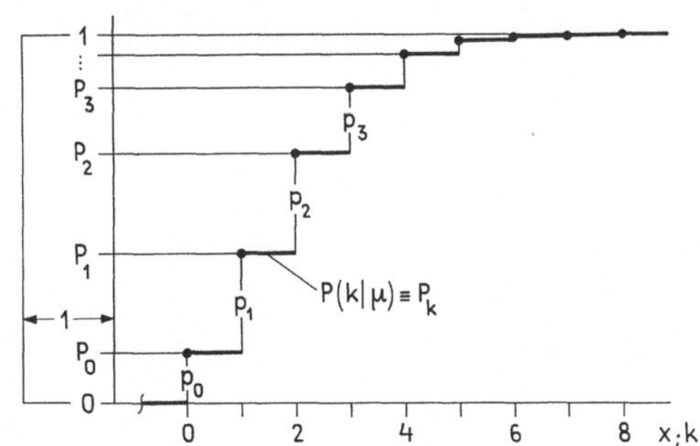

Abb. 23.4.7. Zur Erzeugung von Poisson-verteilten Zufallszahlen x mit dem Mittelwert $\mu = 2$.

menfunktion $P(x|\mu)$ der Poisson-Verteilung mit den Sprunghöhen $p(0|\mu)$ $= p_0 ; p_1 ; p_2 ; \dots$ an den Stellen x = 0 ; 1 ; 2 ; ... . Projiziert man die Summenwerte $P_0 = p_0$, $P_1 = p_0 + p_1$, $P_2 = p_0 + p_1 + p_2$, ... , die man als bekannt voraussetzen muß, auf den Bereich $0 \leqq y \leqq 1$ der y-Achse, so gilt

$$W\{0 < y \leqq P_0\} = P_0 \qquad\quad = p_0 = p(0|\mu) \ ,$$

$$(23.4.23) \qquad W\{P_0 < y \leqq P_1\} = P_1 - P_0 = p_1 = p(1|\mu) \ ,$$

$$W\{P_1 < y \leqq P_2\} = P_2 - P_1 = p_2 = p(2|\mu) \ ,$$

$$\text{usw.}$$

Wenn die realisierte Zufallszahl y_ν der Ungleichung

$$(23.4.24) \quad P_{k-1} < y_\nu \leq P_k , \quad k \geq 0 \text{ mit } P_{-1} \equiv 0 ,$$

genügt, so wird ihr die Zufallszahl $x_\nu = k$ zugeordnet.

In ähnlicher Weise erzeugt man Zufallszahlen x , die einer vorgegebenen Binomialverteilung $B_n(x|p)$ genügen, indem man den Bereich $0 \leq y \leq 1$ mit Hilfe der bekannten Summenwerte $B_n(k|p) \equiv B(k) \equiv B_k$ aufteilt. Wenn das realisierte y_ν der Ungleichung

$$(23.4.25) \quad B_{k-1} < y \leq B_k , \quad 0 \leq k \leq n \text{ mit } B_{-1} \equiv 0 \text{ und } B_n \equiv 1 ,$$

genügt, so lautet der zugeordnete Wert $x_\nu = k$. Wegen

$$(23.4.26) \quad W\left\{ B_{k-1} < y \leq B_k \right\} = B_k - B_{k-1} = b_k$$

ist

$$(23.4.27) \quad W\left\{ x = k \right\} = b_k = b(k) = b_n(k|p) ,$$

wie es sein muß.

23.5 Beispiele zur Simulation

(a) Ein einfaches Lagerhaltungsmodell.

Die Monte-Carlo-Methode ist hervorragend geeignet, um praktisch auftretende Probleme aus der Wirtschaftsmathematik zu lösen. Dort kommt es meist nicht auf sehr hohe Genauigkeit an, da die in das Modell eingehenden Zahlenwerte weder sehr genau bekannt sind noch über lange Zeit stabil bleiben.

Als ein ganz einfaches Beispiel soll die im Abschnitt 15.8 unter (e) genau gegebene optimale Lösung für ein Lagerhaltungsmodell im folgenden mit Monte-Carlo-Methoden angenähert bestimmt werden. Wegen der Bezeichnungen wird auf Abschnitt 15.8 verwiesen.

Die Häufigkeit n_x , mit der x Kunden täglich nach der Ware fragen, wird auf folgende Weise bestimmt: Man entnimmt einem Tafelwerk[1] mit gleichverteilten Zufallszahlen insgesamt n solcher Zahlen y_ν , $1 \leq \nu \leq n$, und ordnet jedem y_ν gemäß Abb. 23.4.7 eine Poisson-verteilte Zahl x_ν zu .

---

1) Tabelle C 19, S. 494 und 495 , Spalte 1 ; S. 494 und 495, Spalte 2 .

Zahlentafel 23.5.1							
1	2	3	4	5	6	7	8
Zahl der täglichen Kunden	Zahl der Tage mit x simuliert mit		Kunden genau nach	Gewinne für a=2 ; b=3 und			
	Poisson-	Normal- V e r t e i l u n g	Poisson-	k=8	k=9	k=10	k=11
x	n_x	n'_x	n^*_x	$g(x\mid 8)$	$g(x\mid 9)$	$g(x)\mid 10)$	$g(x\mid 11)$
0	0	0	0	-16	-18	-20	-22
1	0	0	0	-13	-15	-17	-19
2	1	0	0	-10	-12	-14	-16
3	1	2	2	-7	-9	-11	-13
4	0	4	4	-4	-6	-8	-10
5	7	9	8	-1	-3	-5	-7
6	12	9	13	2	0	-2	-4
7	18	19	18	5	3	1	-1
8	20	18	22	8	6	4	2
9	27	20	25	8	9	7	5
10	25	20	25	.	9	10	8
11	19	24	23	.	.	10	11
12	25	16	19	.	.	.	11
13	17	20	15		.	.	.
14	9	18	10			.	.
15	9	13	7				.
16	6	2	4				
17	2	3	3				
18	2	2	1				
19	0	0	1				
20	0	1	0				
	$n = 200$	$n' = 200$	$n^* = 200$	60	54	45	33
		$\bar{g}(k) \equiv \bar{g}_k$		6,9	7,0	6,7	6,1
		$s^2\{g(x\mid k)\} \equiv s^2_k$		7,4	14,0	23,0	34,1

Der Mittelwert der Poisson-Verteilung wird zu $\mu = 10$ gewählt, da nach Erfahrung im Mittel täglich 10 Kunden nach der Ware fragen. Dann zählt man aus, wie oft bei diesem Zufallsvorgang die Werte $x = 0$, $x = 1$, $x = 2$, ... aufgetreten sind. Die zugehörigen Besetzungszahlen seien n_0 , n_1 , n_2 , ... mit

$$(23.5.1) \qquad \sum_{x=0}^{\infty} n_x = n \ .$$

Die Zahlentafel 23.5.1 gibt in Spalte 2 die Ergebnisse n_x von $n = 200$ Versuchen.

Da eine Poisson-Verteilung mit dem Mittelwert $\mu = 10$ bereis recht gut durch eine Normalverteilung angenähert werden kann, so findet man geeignete Wertepaare $(x \ ; \ n_x)$ auch auf folgende Weise: Man entnimmt einem Tafelwerk[1] mit standardisiert normal verteilten Zufallszahlen u insgesamt n Werte u_ν , berechnet zu jedem u_ν den nicht standardisierten Wert

$$(23.5.2) \qquad x'_\nu = \mu + u_\nu \sqrt{\mu} = 10 + u_\nu \sqrt{10}$$

und rundet x'_ν zur nächst gelegenen ganzen Zahl x_ν . Dann bestimmt man ebenso wie vorher die Besetzungszahlen n'_0 , n'_1 , n'_2 , ... zu $x = 0$, $x = 1$, $x = 2$, ... Die Ergebnisse n'_x eines Versuchs mit $n' = 200$ sind in Zahlentafel 23.5.1 , Spalte 3 , enthalten. Ersichtlich ist die Uebereinstimmung der auf beiden Wegen durch Simulation erzeugten Besetzungszahlen n_x bzw. n'_x befriedigend.

Die weitere Auswertung wird mit den Besetzungszahlen n_x der Spalte 2 vorgenommen. In den Spalten 5 bis 8 stehen die für $k = 8$; 9 ; 10 ; 11 geltenden Gewinne $g(x|k)$ und zwar

$$g_{I}(x|k) = bx - ak \qquad\qquad \text{für } x \leqq k$$
$$(23.5.3)$$
$$g_{II}(x|k) = (b-a)k \qquad\qquad \text{für } x > k \ .$$

Die Zahlenwerte gelten für $a = 2$ und $b = 3$. Man hat für $b = 3$ bei festem $k = \text{konst}$ die Differenz

$$(23.5.4) \qquad (\Delta g_I)_{k=\text{konst}} = b\Delta x = b = 3$$

---

1) W.Wetzel/M.-D. Jöhnk/P.Naeve. Statistische Tabellen. Berlin 1967 .
   Seite 44 , 1. bis 5. Zeile , Seite 45 , 1. bis 5. Zeile , Seite 45 ,
   6. bis 10. Zeile , jeweils bis zur 10. Spalte.

von Zeile zu Zeile bis $x = k$ mit

$$(23.5.5) \qquad g_I(k\,;\,k) = (b-a)\,k = k \ .$$

Der Schätzwert für den mittleren Gewinn ist

$$(23.5.6) \qquad \bar{g}(k) \equiv \bar{g}_k = \frac{1}{n} \sum_{x=0}^{20} g(x\,|\,k)\,n_x \ .$$

Der Schätzwert für die Varianz der täglichen Gewinne $g(x\,|\,k)$ wird

$$(23.5.7) \qquad s_k^2 = \frac{1}{n-1} \sum_{x=0}^{20} \left[g(x\,|\,k) - \bar{g}(k) \right]^2 n_x$$

oder nach dem Verschiebungssatz

$$(23.5.8) \qquad s_k^2 = \frac{1}{n-1} \sum_{x=0}^{20} g^2(x\,|\,k)\,n_x - \frac{n}{n-1}\,\bar{g}^2(k) \ .$$

Der <u>mittlere</u> auf n Beobachtungen beruhende Gewinn $\bar{g}_k$ ist mit der Varianz bzw. Standardabweichung

$$(23.5.9) \qquad s^2\left\{\bar{g}_k\right\} = \frac{s_k^2}{n} \qquad \text{bzw.} \qquad s\left\{\bar{g}_k\right\} = \frac{s_k}{\sqrt{n}}$$

bestimmt.

Der Schätzwert $\bar{y}_k$ für die mittlere Zahl η_k nicht befriedigter Kunden wird

$$(23.5.10) \qquad \bar{y}(k) \equiv \bar{y}_k = \frac{1}{n} \sum_{x=0}^{20} y(x\,|\,k)\,n_x \ ,$$

wobei

$$(23.5.11) \qquad y(x\,|\,k) = \begin{cases} 0 & \text{für } x \leq k \ , \\ (x-k) & \text{für } x \geq k+1 \end{cases}$$

ist. Damit hat man

$$(23.5.12) \qquad \bar{y}_k = \frac{1}{n} \sum_{x=k+1}^{20} (x-k)\,n_x \ .$$

In Abb. 23.5.1 ist der mittlere Gewinn und die mittlere Zahl nicht be-

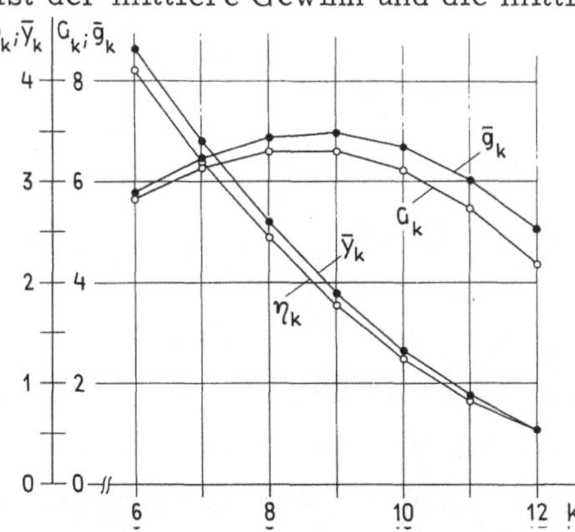

Abb. 23.5.1. Die Gewinnfunktionen G_k bzw. $\bar{g}_k$ und
die mittlere Zahl der nicht befriedigten Kunden η_k bzw.
$\bar{y}_k$ über der Bestellmenge k für $\mu = 10$ und $a/b = 2/3$.

friedigter Kunden in Abhängigkeit von der täglichen Bestellmenge k dargestellt. Die offenen Punkte entsprechen der genauen Lösung G_k bzw. η_k des Abschnitts 15.8 (vergl. Abb. 15.8.7) ; die vollen Punkte entsprechen der Monte-Carlo-Näherung $\bar{g}_k$ bzw. $\bar{y}_k$. Ersichtlich ist die Uebereinstimmung recht gut.

(b) Korrelation zwischen Mittelwert und Zentralwert und zwischen Standardabweichung und Spannweite.

Die im Abschnitt 17.11 berechneten Korrelationszahlen $\rho_n(\bar{x} ; \tilde{x})$ und $\rho_n(s ; R)$ werden im folgenden durch Simulation bestimmt. Mit dem Rechengerät erzeugt man zunächst <u>laufend</u> gleichverteilte Zufallszahlen x_ν , $\nu = 1$; 2 ; 3 ; ... aus dem Bereich $0 \leqslant x < 1$; je $k=8$ aufeinanderfolgende Werte $x_{\alpha k+1}$, $x_{\alpha k+2}$, ... , $x_{(\alpha+1)k}$ der Folge x_ν werden gemittelt zu

$$(23.5.13) \qquad y_\alpha = \frac{1}{k} \sum_{\kappa=1}^{k} x_{\alpha k+\kappa} \; ; \quad \alpha = 0 ; 1 ; 2 ; 3 ; \ldots .$$

Nach dem zentralen Grenzwertsatz sind die y_α (nahezu) normal verteilt mit

$$M\{y_\alpha\} = \frac{1}{2} \quad \text{und} \quad V\{y_\alpha\} = \frac{1}{12\,k} \, .$$

Die transformierten Werte

$$(23.5.14) \qquad z_\alpha = \sqrt{12\,k} \; (y_\alpha - 0,5)$$

sind schließlich standardisiert und (nahezu) normal mit

$$(23.5.15) \qquad M\{z_\alpha\} = 0 \quad \text{und} \quad V\{z_\alpha\} = 1 \, .$$

Je $n = 2m+1$ aufeinanderfolgende Zufallszahlen z_α faßt man zu einer "Gruppe" zusammen. Die n Einzelwerte einer Gruppe beziffert man mit $(i ; j)$. Dabei ist i mit $i = 1 ; 2 ; 3 ; \ldots$ die laufende Nr. der "Gruppe" , und $j = 1 ; 2 ; \ldots ; n$ ist die Laufzahl innerhalb der Gruppe. Die z_{ij} bilden die Probe Nr.i der <u>festen</u> Größe n . Diese hat den Mittelwert

$$\bar{z}_i = \frac{1}{n} \sum_{j=1}^{n} z_{ij} \, ,$$

den Zentralwert

$$\tilde{z}_i = z_{i;m+1} \, ,$$

die Standardabweichung s_i und die Spannweite $R_i = z_{i;(n)} - z_{i;(1)}$. Insgesamt stehen M Proben zur Verfügung. Für die Punktwolken der M Wertepaare $(\bar{z}_i ; \tilde{z}_i)$ und $(s_i ; R_i)$ berechnet man in bekannter Weise die Mittelwerte, Varianzen und Kovarianzen, beispielsweise für $(s_i ; R_i)$ die Mittelwerte

$$\overline{s} = \frac{1}{M} \sum_{i=1}^{M} s_i \quad \text{und} \quad \overline{R} = \frac{1}{M} \sum_{i=1}^{M} R_i \; ;$$

die Varianzen

$$V_s = \frac{1}{M-1} \sum_{i=1}^{M} (s_i - \overline{s})^2 \quad \text{und} \quad V_R = \frac{1}{M-1} \sum_{i=1}^{M} (R_i - \overline{R})^2$$

und die Kovarianz

$$C_{sR} = \frac{1}{M-1} \sum_{i=1}^{M} (s_i - \overline{s})(R_i - \overline{R}) \; .$$

Die gesuchten Korrelationszahlen zwischen $(\overline{x} \; ; \; \tilde{x})$ und $(s \; ; \; R)$ findet man schließlich aus

$$(23.5.16) \quad r_n^2(\overline{x} \; ; \; \tilde{x}) = \frac{C_{\overline{x}\tilde{x}}^2}{V_{\overline{x}} V_{\tilde{x}}} \quad \text{und} \quad r_n^2(s \; ; \; R) = \frac{C_{sR}^2}{V_s V_R} \; ,$$

wobei der Index n auf die Größe n der Proben hinweist, aus denen die Parameter $\overline{x}$, $\tilde{x}$, s und R berechnet worden sind. Für $n \leqq 20$ wurde $M \approx 5\,000$, für $n > 20$ wurde $M \approx 2\,000$ gewählt.

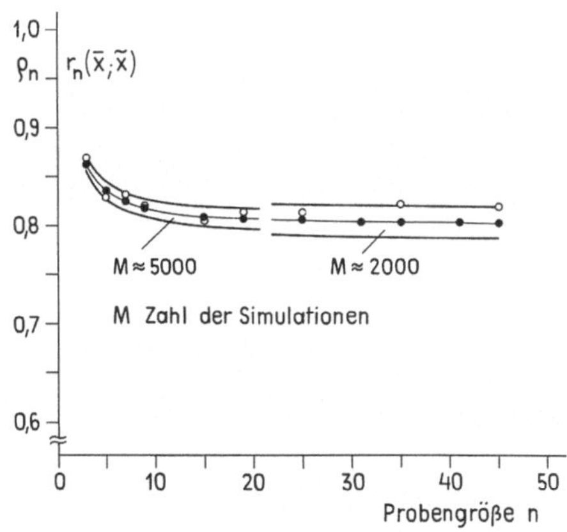

Abb. 23.5.2. Korrelation zwischen $\overline{x}$ und $\tilde{x}$;
die vollen Punkte sind genau ; die offenen Punkte sind simuliert.

In Abb. 23.5.2 und 23.5.3 sind die Ergebnisse in Abhängigkeit von n dargestellt. Die offenen Punkte $r_n(\overline{x} \; ; \; \tilde{x})$ bzw. $r_n(s \; ; \; R)$ wurden durch Simulation gefunden, die vollen Punkte entsprechen den Werten $\rho_n(\overline{x} \; ; \; \tilde{x}) = 1/c_n$ der Gleichung (17.11.30) bzw. $\rho_n(s \; ; \; R) = \rho_n(s_1 \; ; \; s_2)$ der Gleichung (17.11.41).

Da die Mittelwerte $\overline{x}_n$ (genau) und die Zentralwerte $\tilde{x}_n$ (nahezu) normal verteilt sind, so genügen die Wertepaare $(\overline{x}_n \; ; \; \tilde{x}_n)$ einer zweidimensionalen Nor-

malverteilung mit der Korrelationszahl ρ_n . Entnimmt man einer zweidimensionalen Normalverteilung mit der Korrelationszahl ρ Meßreihen bzw. "Punkt-

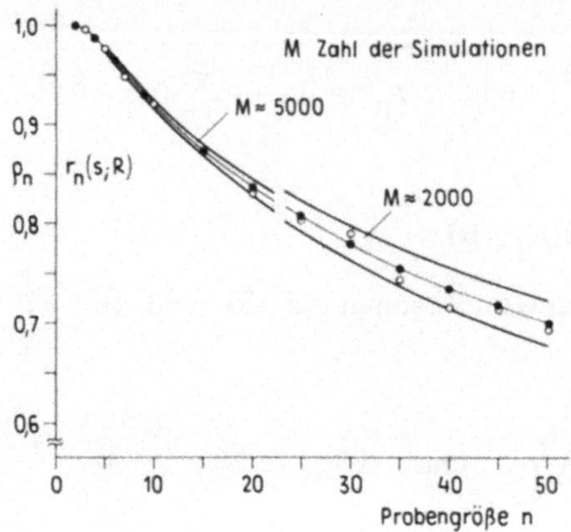

Abb. 23.5.3. Korrelation zwischen s und R ;
die vollen Punkte sind genau; die offenen Punkte sind simuliert.

wolken" der Größe M , so haben die beobachteten Korrelationszahlen r
dieser Meßreihen (wie hier ohne Beweis mitgeteilt wird) den Mittelwert

$$M\{r\} = \rho\left[1 - \frac{1-\rho^2}{2\,M}\right] \approx \rho \; ,$$

die Varianz

$$V\{r\} = \frac{1}{M}(1 - \rho^2)^2$$

und die Standardabweichung

$$(23.5.17)\quad \sigma\{r\} = \frac{1}{\sqrt{M}}(1 - \rho^2)\; .$$

Da die Punktwolken der simulierten Wertepaare $(\bar{x}\,;\,\tilde{x})$ je etwa $M \approx 2\,000$
bis $5\,000$ Wertepaare umfaßten, ist der Zufallsbereich $r_U \lessgtr r_n \lessgtr r_O$ zur
Sicherheit $S = 1-\alpha \approx 95\%$ angenähert durch

$$(23.5.18)\quad r_{U;O} \approx \rho_n \mp \frac{2}{\sqrt{M}}(1-\rho_n^2)$$

gegeben. Beim Wertepaar $(s_n\,;\,R_n)$ ist zwar s_n (für $n \gtrless 10$ nahezu)
normal verteilt, nicht aber R_n . Infolgedessen ist Gleichung (23.5.18) für
die Korrelationszahl r_n des Wertepaares $(s_n\,;\,R_n)$ nur angenähert gültig.
Ersichtlich liegen alle simulierten Werte $r_n(\bar{x}\,;\,\tilde{x})$ und $r_n(s\,;\,R)$ innerhalb
des Zufallsstreifens, so daß man die Uebereinstimmung zwischen genauer
Rechnung und Simulation als befriedigend bezeichnen kann.

24. Tabellen

Tabellen für Zufallszahlen.

(1) L.H.C. Tippett. Random Sampling Numbers (1st series) ; Tracts for
Computers XV , Cambridge University Press 1959 .

(2) M.G. Kendall and B. Babington Smith. Tables of Random Sampling
Numbers (2nd series) ; Tracts for Computers XXIV , Cambridge
University Press 1961 .

(3) H. Wold. Random Normal Deviates ; Tracts for Computers XXV ,
Cambridge University Press 1955 .

(4) E.C. Fieller, T. Lewis and E.S. Pearson. Correlated Random Normal
Deviates ; Tracts for Computers XXVI , Cambridge University Press
1957 .

(5) H. Hyrenius and R. Gustafsson. Tables of Normal and Log-Normal
Random Deviates ; Part I and Part II , Göteborg 1962 .

(6) C.E. Clark and B. Weber Holz. Exponentially Distributed Random
Numbers ; The Johns Hopkins Press, Baltimore 1960 .

Die folgenden Tabellen wurden einschließlich der Bezeichnung C 1 usw.
unverändert entnommen aus dem Buch GRAF/HENNING/STANGE , Formeln und Tabellen der mathematischen Statistik, Berlin/Heidelberg/New
York 1966 .

Tabelle C 1. *Dichtefunktion*

$$\varphi(u) = \frac{1}{\sqrt{2\pi}}\, e^{-u^2/2}; \qquad \varphi(u) = \varphi(-u)$$

Ablesebeispiel: $\varphi(0,39) = 0,3697$

u	0,00	0,01	0,02	0,03	0,04
0,0	0,3989	0,3989	0,3989	0,3988	0,3986
0,1	,3970	,3965	,3961	,3956	,3951
0,2	,3910	,3902	,3894	,3885	,3876
0,3	,3814	,3802	,3790	,3778	,3765
0,4	,3683	,3668	,3653	,3637	,3621
0,5	,3521	,3503	,3485	,3467	,3448
0,6	,3332	,3312	,3292	,3271	,3251
0,7	,3123	,3101	,3079	,3056	,3034
0,8	,2897	,2874	,2850	,2827	,2803
0,9	,2661	,2637	,2613	,2589	,2565
1,0	,2420	,2396	,2371	,2347	,2323
1,1	,2179	,2155	,2131	,2107	,2083
1,2	,1942	,1919	,1895	,1872	,1849
1,3	,1714	,1691	,1669	,1647	,1626
1,4	,1497	,1476	,1456	,1435	,1415
1,5	,1295	,1276	,1257	,1238	,1219
1,6	,1109	,1092	,1074	,1057	,1040
1,7	,09405	,09246	,09089	,08933	,08780
1,8	,07895	,07754	,07614	,07477	,07341
1,9	,06562	,06438	,06316	,06195	,06077
2,0	,05399	,05292	,05186	,05082	,04980
2,1	,04398	,04307	,04217	,04128	,04041
2,2	,03547	,03470	,03394	,03319	,03246
2,3	,02833	,02768	,02705	,02643	,02582
2,4	,02239	,02186	,02134	,02083	,02033
2,5	,01753	,01709	,01667	,01625	,01585
2,6	,01358	,01323	,01289	,01256	,01223
2,7	,01042	,01014	,009871	,009606	,009347
2,8	,007915	,007697	,007483	,007274	,007071
2,9	0,005953	0,005782	0,005616	0,005454	0,005296

u	3,0	3,5	4,0	4,5	5,0	u
$\varphi(u)$	$4{,}432 \cdot 10^{-3}$	$8{,}727 \cdot 10^{-4}$	$1{,}338 \cdot 10^{-4}$	$1{,}598 \cdot 10^{-5}$	$1{,}487 \cdot 10^{-6}$	$\varphi(u)$

u	6,0	7,0	8,0	9,0	10,0	u
$\varphi(u)$	$6{,}076 \cdot 10^{-9}$	$9{,}135 \cdot 10^{-12}$	$5{,}052 \cdot 10^{-15}$	$1{,}028 \cdot 10^{-18}$	$7{,}695 \cdot 10^{-23}$	$\varphi(u)$

der Normalverteilung

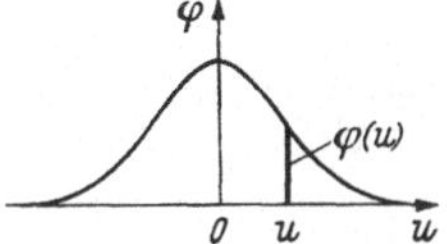

0,05	0,06	0,07	0,08	0,09	u
0,3984	0,3982	0,3980	0,3977	0,3973	0,0
,3945	,3939	,3932	,3925	,3918	0,1
,3867	,3857	,3847	,3836	,3825	0,2
,3752	,3739	,3725	,3712	,3697	0,3
,3605	,3589	,3572	,3555	,3538	0,4
,3429	,3410	,3391	,3372	,3352	0,5
,3230	,3209	,3187	,3166	,3144	0,6
,3011	,2989	,2966	,2943	,2920	0,7
,2780	,2756	,2732	,2709	,2685	0,8
,2541	,2516	,2492	,2468	,2444	0,9
,2299	,2275	,2251	,2227	,2203	1,0
,2059	,2036	,2012	,1989	,1965	1,1
,1826	,1804	,1781	,1758	,1736	1,2
,1604	,1582	,1561	,1539	,1518	1,3
,1394	,1374	,1354	,1334	,1315	1,4
,1200	,1182	,1163	,1145	,1127	1,5
,1023	,1006	,09893	,09728	,09566	1,6
,08628	,08478	,08329	,08183	,08038	1,7
,07206	,07074	,06943	,06814	,06687	1,8
,05959	,05844	,05730	,05618	,05508	1,9
,04879	,04780	,04682	,04586	,04491	2,0
,03955	,03871	,03788	,03706	,03626	2,1
,03174	,03103	,03034	,02965	,02898	2,2
,02522	,02463	,02406	,02349	,02294	2,3
,01984	,01936	,01888	,01842	,01797	2,4
,01545	,01506	,01468	,01431	,01394	2,5
,01191	,01160	,01130	,01100	,01071	2,6
,009094	,008846	,008605	,008370	,008140	2,7
,006873	,006679	,006491	,006307	,006127	2,8
0,005143	0,004993	0,004847	0,004705	0,004567	2,9

Näherungswerte zum Zeichnen der Glockenkurve der $NV(\mu; \sigma^2)$

$x =$	μ	$\mu \pm \dfrac{1}{2}\sigma$	$\mu \pm \sigma$	$\mu \pm \dfrac{3}{2}\sigma$	$\mu \pm 2\sigma$	$\mu \pm 3\sigma$
$y =$	y_{max}	$\dfrac{7}{8}\,y_{max}$	$\dfrac{5}{8}\,y_{max}$	$\dfrac{2,5}{8}\,y_{max}$	$\dfrac{1}{8}\,y_{max}$	$\dfrac{1}{80}\,y_{max}$

Die Glockenkurve $NV(\mu; \sigma^2)$ kann mit verschiedenen Abszissen- und Ordinaten-
maßstäben unter Benutzung eines geeigneten Nomogramms (vgl. E. F. TAYLOR:
Chart aid for drawing normal curves, Industrial Quality Control, XIX, No. 9, 1963,
S. 33) einfach gezeichnet werden.

Tabelle C 2. *Summenfunktion*

$$\Phi(u) = \frac{1}{\sqrt{2\pi}} \int_{-\infty}^{u} e^{-t^2/2}\, dt; \qquad \Phi(u) = 1 - \Phi(-u)$$

Ablesebeispiel: $\Phi(0{,}76) = 0{,}776\,373$

u	0,00	0,01	0,02	0.03	0,04
0,0	0,500000	0,503989	0.507978	0,511966	0,515953
0,1	.539828	,543795	,547758	,551717	,555670
0,2	,579260	,583166	,587064	,590954	,594835
0,3	,617911	,621720	,625516	,629300	,633072
0,4	,655422	.659097	.662757	,666402	,670031
0,5	,691462	.694974	,698468	,701944	,705401
0,6	,725747	,729069	,732371	,735653	,738914
0,7	,758036	,761148	,764238	,767305	,770350
0,8	,788145	,791030	.793892	,796731	,799546
0,9	,815940	,818589	,821214	,823814	,826391
1,0	,841345	,843752	,846136	,848495	,850830
1,1	,864334	,866500	,868643	.870762	,872857
1,2	,884930	,886861	,888768	,890651	,892512
1,3	,903200	.904902	,906582	,908241	,909877
1,4	,919243	,920730	,922196	,923641	,925066
1,5	.933193	,934478	,935745	,936992	,938220
1,6	,945201	.946301	,947384	,948449	,949497
1,7	.955435	,956367	,957284	,958185	,959070
1,8	,964070	.964852	,965620	,966375	,967116
1,9	,971283	,971933	,972571	,973197	,973810
2,0	.977250	,977784	,978308	,978822	,979325
2,1	,982136	,982571	.982997	.983414	,983823
2,2	.986097	,986447	,986791	,987126	,987455
2,3	,989276	.989556	,989830	,990097	,990358
2,4	,991802	.992024	,992240	,992451	,992656
2,5	,993790	.993963	,994132	,994297	,994457
2,6	,995339	,995473	,995604	,995731	,995855
2,7	,996533	,996636	,996736	,996833	,996928
2,8	,997445	,997523	,997599	,997673	,997744
2,9	0,998134	0.998193	0.998250	0.998305	0,998359

u	3,0	3,5	4,0	4,5	5,0
$\Phi(u)$	$1 - 1{,}350 \cdot 10^{-3}$	$1 - 2{,}326 \cdot 10^{-4}$	$1 - 3{,}167 \cdot 10^{-5}$	$1 - 3{,}398 \cdot 10^{-6}$	$1 - 2{,}867 \cdot 10^{-7}$

$\Phi(u)$	50 %	60 %	70 %	80 %	90 %	95 %
u	0	0,253	0,524	0,842	1,282	1,645

Für $\Phi(u) = 1 - \alpha$ ergeben sich für u die Werte $u_{1-\alpha}$. Zahlenwerte $u_{1-\alpha} + 5$
Tafelwerks: FISHER and YATES. Statistical Tables for Biological, Agricultural and

der Normalverteilung

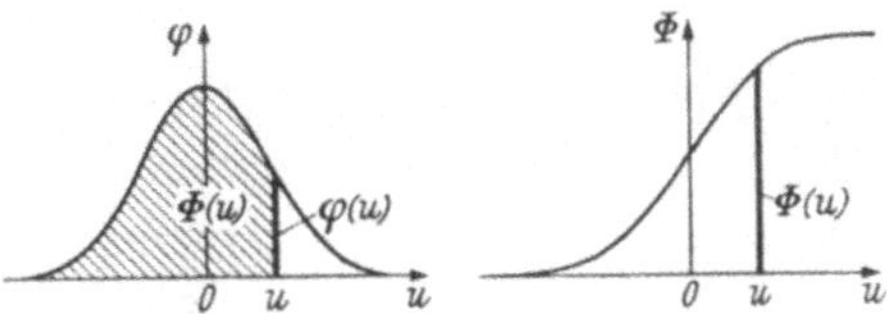

0,05	0,06	0,07	0,08	0,09	u
0,519939	0,523922	0,527903	0,531881	0,535856	0,0
,559618	,563559	,567495	,571424	,575345	0,1
,598706	,602568	,606420	,610261	,614092	0,2
,636831	,640576	,644309	,648027	,651732	0,3
,673645	,677242	,680822	,684386	,687933	0,4
,708840	,712260	,715661	,719043	,722405	0,5
,742154	,745373	,748571	,751748	,754903	0,6
,773373	,776373	,779350	,782305	,785236	0,7
,802337	,805105	,807850	,810570	,813267	0,8
,828944	,831472	,833977	,836457	,838913	0,9
,853141	,855428	,857690	,859929	,862143	1,0
,874928	,876976	,879000	,881000	,882977	1,1
,894350	,896165	,897958	,899727	,901475	1,2
,911492	,913085	,914657	,916207	,917736	1,3
,926471	,927855	,929219	,930563	,931888	1,4
,939429	,940620	,941792	,942947	,944083	1,5
,950529	,951543	,952540	,953521	,954486	1,6
,959941	,960796	,961636	,962462	,963273	1,7
,967843	,968557	,969258	,969946	,970621	1,8
,974412	,975002	,975581	,976148	,976705	1,9
,979818	,980301	,980774	,981237	,981691	2,0
,984222	,984614	,984997	,985371	,985738	2,1
,987776	,988089	,988396	,988696	,988989	2,2
,990613	,990863	,991106	,991344	,991576	2,3
,992857	,993053	,993244	,993431	,993613	2,4
,994614	,994766	,994915	,995060	,995201	2,5
,995975	,996093	,996207	,996319	,996427	2,6
,997020	,997110	,997197	,997282	,997365	2,7
,997814	,997882	,997948	,998012	,998074	2,8
0,998411	0,998462	0,998511	0,998559	0,998605	2,9

6,0	7,0	8,0	9,0	10,0	u
$1 - 9{,}866 \cdot 10^{-10}$	$1 - 1{,}280 \cdot 10^{-12}$	$1 - 6{,}221 \cdot 10^{-16}$	$1 - 1{,}129 \cdot 10^{-19}$	$1 - 7{,}620 \cdot 10^{-24}$	$\Phi(u)$

97,5%	99%	99,5%	99,75%	99,9%	99,95%	$\Phi(u)$
1,960	2,326	2,576	2,807	3,090	3,291	u

(Probits) zum Summenwert $\Phi(u) = 1 - \alpha$ erhält man einfach bei Benutzung des
Medical Research. Edinburgh: Oliver and Boyd 1963, Table IX.

Tabelle C 3. *Fläche unter*

$$\Phi*(u) = \frac{1}{\sqrt{2\pi}} \int\limits_{-u}^{+u} e^{-t^2/2}\, dt = 2\,\Phi(u) - 1; \;\; \Phi*(u) = -\,\Phi*(-u)$$

Ablesebeispiel: $\Phi*(1{,}22) = 0{,}777\,535$

u	0,00	0,01	0,02	0,03	0,04
0,0	0,0	0,007979	0,015957	0,023933	0,031907
0,1	,079656	,087591	,095517	,103434	,111340
0,2	,158519	,166332	,174129	,181908	,189670
0,3	,235823	,243439	,251032	,258600	,266143
0,4	,310843	,318194	,325515	,332804	,340063
0,5	,382925	,389949	,396936	,403888	,410803
0,6	,451494	,458138	,464742	,471305	,477827
0,7	,516073	,522296	,528475	,534610	,540700
0,8	,576289	,582060	,587784	,593461	,599092
0,9	,631880	,637177	,642427	,647629	,652782
1,0	,682689	,687505	,692272	,696990	,701660
1,1	,728668	,733001	,737286	,741524	,745714
1,2	,769861	,773721	,777535	,781303	,785025
1,3	,806399	,809804	,813165	,816482	,819755
1,4	,838487	,841460	,844392	,847283	,850133
1,5	,866386	,868957	,871489	,873983	,876440
1,6	,890401	,892602	,894768	,896899	,898995
1,7	,910869	,912734	,914568	,916370	,918141
1,8	,928139	,929704	,931241	,932750	,934232
1,9	,942567	,943867	,945142	,946393	,947620
2,0	,954500	,955569	,956617	,957643	,958650
2,1	,964271	,965142	,965994	,966828	,967645
2,2	,972193	,972895	,973581	,974253	,974909
2,3	,978552	,979112	,979659	,980194	,980716
2,4	,983605	,984047	,984479	,984901	,985313
2,5	,987581	,987927	,988265	,988594	,988915
2,6	,990678	,990946	,991207	,991462	,991709
2,7	,993066	,993272	,993472	,993667	,993856
2,8	,994890	,995046	,995198	,995345	,995489
2,9	0,996268	0,996386	0,996500	0,996610	0,996718

u	3,0	3,5	4,0	4,5	5,0
$\Phi*(u)$	$1 - 2{,}700 \cdot 10^{-3}$	$1 - 4{,}653 \cdot 10^{-4}$	$1 - 6{,}334 \cdot 10^{-5}$	$1 - 6{,}795 \cdot 10^{-6}$	$1 - 5{,}733 \cdot 10^{-7}$

$\Phi*(u)$	50%	60%	70%	80%	90%	95%
u	0,675	0,842	1,036	1,282	1,645	1,960

Für $\Phi*(u) = 1 - \alpha$ ergeben

der Normalverteilung

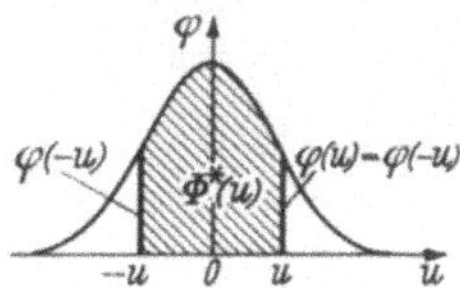

0,05	0,06	0,07	0,08	0,09	u
0,039878	0,047844	0,055806	0,063763	0,071713	0,0
,119235	,127119	,134990	,142847	,150691	0,1
,197413	,205136	,212840	,220522	,228184	0,2
,273661	,281153	,288618	,296055	,303463	0,3
,347290	,354484	,361645	,368773	,375866	0,4
,417681	,424521	,431322	,438085	,444809	0,5
,484308	,490746	,497142	,503496	,509806	0,6
,546745	,552745	,558700	,564609	,570472	0,7
,604675	,610211	,615700	,621141	,626534	0,8
,657888	,662945	,667954	,672914	,677826	0,9
,706282	,710855	,715381	,719858	,724287	1,0
,749856	,753951	,757999	,762000	,765954	1,1
,788700	,792331	,795915	,799455	,802949	1,2
,822984	,826170	,829313	,832413	,835471	1,3
,852941	,855710	,858438	,861127	,863776	1,4
,878858	,881240	,883585	,885893	,888165	1,5
,901057	,903086	,905081	,907043	,908972	1,6
,919882	,921592	,923273	,924924	,926546	1,7
,935686	,937114	,938516	,939892	,941242	1,8
,948824	,950004	,951162	,952296	,953409	1,9
,959636	,960601	,961548	,962474	,963382	2,0
,968445	,969227	,969993	,970743	,971476	2,1
,975551	,976179	,976792	,977392	,977979	2,2
,981227	,981725	,982212	,982687	,983152	2,3
,985714	,986106	,986489	,986862	,987226	2,4
,989228	,989533	,989830	,990120	,990402	2,5
,991951	,992186	,992415	,992638	,992855	2,6
,994040	,994220	,994394	,994564	,994729	2,7
,995628	,995764	,995895	,996023	,996148	2,8
0,996822	0,996924	0,997022	0,997118	0,997210	2,9

6,0	7,0	8,0	9,0	10,0	u
$1 - 1{,}973 \cdot 10^{-9}$	$1 - 2{,}560 \cdot 10^{-12}$	$1 - 1{,}244 \cdot 10^{-15}$	$1 - 2{,}257 \cdot 10^{-19}$	$1 - 1{,}524 \cdot 10^{-23}$	$\Phi^*(u)$

97,5 %	99 %	99,5 %	99,75 %	99,9 %	99,95 %	$\Phi^*(u)$
2,241	2,576	2,807	3,023	3,291	3,481	u

sich für u die Werte $u_{1-(\alpha/2)}$.

Tabelle C 4.[1] *Schwellenwerte* $t_{1-\alpha;f}$ *der* t*-Verteilung zur statistischen Sicherheit* $S = 1 - \alpha$ *(bei einseitiger Abgrenzung) in Abhängigkeit vom Freiheitsgrad* f

$$t_{1-\alpha} = -t_\alpha$$

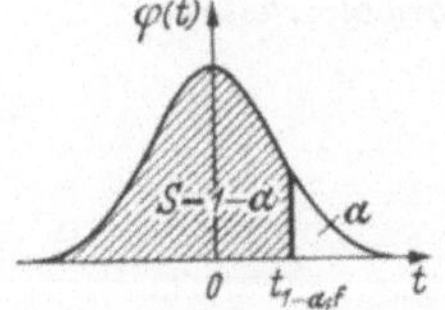

Freiheits-grad f	Statistische Sicherheit $S = 1 - \alpha$							Freiheits-grad f
	90 %	95 %	97,5 %	99 %	99,5 %	99,9 %	99,95 %	
1	3,078	6,314	12,71	31,82	63,66	318,3	636,6	1
2	1,886	2,920	4,303	6,965	9,925	22,33	31,60	2
3	1,638	2,353	3,182	4,541	5,841	10,21	12,92	3
4	1,533	2,132	2,776	3,747	4,604	7,173	8,610	4
5	1,476	2,015	2,571	3,365	4,032	5,893	6,869	5
6	1,440	1,943	2,447	3,143	3,707	5,208	5,959	6
7	1,415	1,895	2,365	2,998	3,499	4,785	5,408	7
8	1,397	1,860	2,306	2,896	3,355	4,501	5,041	8
9	1,383	1,833	2,262	2,821	3,250	4,297	4,781	9
10	1,372	1,812	2,228	2,764	3,169	4,144	4,587	10
11	1,363	1,796	2,201	2,718	3,106	4,025	4,437	11
12	1,356	1,782	2,179	2,681	3,055	3,930	4,318	12
13	1,350	1,771	2,160	2,650	3,012	3,852	4,221	13
14	1,345	1,761	2,145	2,624	2,977	3,787	4,140	14
15	1,341	1,753	2,131	2,602	2,947	3,733	4,073	15
16	1,337	1,746	2,120	2,583	2,921	3,686	4,015	16
17	1,333	1,740	2,110	2,567	2,898	3,646	3,965	17
18	1,330	1,734	2,101	2,552	2,878	3,610	3,922	18
19	1,328	1,729	2,093	2,539	2,861	3,579	3,883	19
20	1,325	1,725	2,086	2,528	2,845	3,552	3,850	20
21	1,323	1,721	2,080	2,518	2,831	3,527	3,819	21
22	1,321	1,717	2,074	2,508	2,819	3,505	3,792	22
23	1,319	1,714	2,069	2,500	2,807	3,485	3,768	23
24	1,318	1,711	2,064	2,492	2,797	3,467	3,745	24
25	1,316	1,708	2,060	2,485	2,787	3,450	3,725	25
26	1,315	1,706	2,056	2,479	2,779	3,435	3,707	26
27	1,314	1,703	2,052	2,473	2,771	3,421	3,690	27
28	1,313	1,701	2,048	2,467	2,763	3,408	3,674	28
29	1,311	1,699	2,045	2,462	2,756	3,396	3,659	29
30	1,310	1,697	2,042	2,457	2,750	3,385	3,646	30
40	1,303	1,684	2,021	2,423	2,704	3,307	3,551	40
50	1,299	1,676	2,009	2,403	2,678	3,261	3,496	50
60	1,296	1,671	2,000	2,390	2,660	3,232	3,460	60
80	1,292	1,664	1,990	2,374	2,639	3,195	3,416	80
100	1,290	1,660	1,984	2,364	2,626	3,174	3,390	100
200	1,286	1,652	1,972	2,345	2,601	3,131	3,340	200
500	1,283	1,648	1,965	2,334	2,586	3,107	3,310	500
∞	1,282	1,645	1,960	2,326	2,576	3,090	3,291	∞

[1] Tab. C 4 und C 5 nach E. T. FEDERIGHI: Extended tables of the percentage points of Student's t-distribution. J. Am. Stat. Ass. 54, 1959, S. 683.

Tabelle C 5. *Schwellenwerte* $t_{1-(\alpha/2);f}$ *der t-Verteilung zur statistischen Sicherheit* $S = 1 - \alpha$ *(bei zweiseitiger Abgrenzung) in Abhängigkeit vom Freiheitsgrad f*

$$t_{1-(\alpha/2)} = -t_{\alpha/2}$$

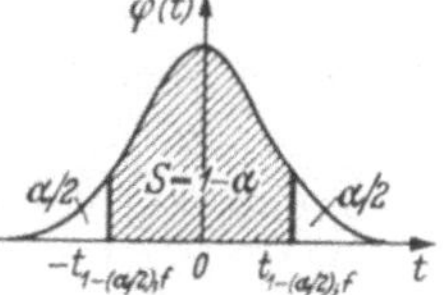

Freiheits-grad f	Statistische Sicherheit $S = 1 - \alpha$							Freiheits-grad f
	80 %	90 %	95 %	98 %	99 %	99,8 %	99,9 %	
1	3,078	6,314	12,71	31,82	63,66	318,3	636,6	1
2	1,886	2,920	4,303	6,965	9,925	22,33	31,60	2
3	1,638	2,353	3,182	4,541	5,841	10,21	12,92	3
4	1,533	2,132	2,776	3,747	4,604	7,173	8,610	4
5	1,476	2,015	2,571	3,365	4,032	5,893	6,869	5
6	1,440	1,943	2,447	3,143	3,707	5,208	5,959	6
7	1,415	1,895	2,365	2,998	3,499	4,785	5,408	7
8	1,397	1,860	2,306	2,896	3,355	4,501	5,041	8
9	1,383	1,833	2,262	2,821	3,250	4,297	4,781	9
10	1,372	1,812	2,228	2,764	3,169	4,144	4,587	10
11	1,363	1,796	2,201	2,718	3,106	4,025	4,437	11
12	1,356	1,782	2,179	2,681	3,055	3,930	4,318	12
13	1,350	1,771	2,160	2,650	3,012	3,852	4,221	13
14	1,345	1,761	2,145	2,624	2,977	3,787	4,140	14
15	1,341	1,753	2,131	2,602	2,947	3,733	4,073	15
16	1,337	1,746	2,120	2,583	2,921	3,686	4,015	16
17	1,333	1,740	2,110	2,567	2,898	3,646	3,965	17
18	1,330	1,734	2,101	2,552	2,878	3,610	3,922	18
19	1,328	1,729	2,093	2,539	2,861	3,579	3,883	19
20	1,325	1,725	2,086	2,528	2,845	3,552	3,850	20
21	1,323	1,721	2,080	2,518	2,831	3,527	3,819	21
22	1,321	1,717	2,074	2,508	2,819	3,505	3,792	22
23	1,319	1,714	2,069	2,500	2,807	3,485	3,768	23
24	1,318	1,711	2,064	2,492	2,797	3,467	3,745	24
25	1,316	1,708	2,060	2,485	2,787	3,450	3,725	25
26	1,315	1,706	2,056	2,479	2,779	3,435	3,707	26
27	1,314	1,703	2,052	2,473	2,771	3,421	3,690	27
28	1,313	1,701	2,048	2,467	2,763	3,408	3,674	28
29	1,311	1,699	2,045	2,462	2,756	3,396	3,659	29
30	1,310	1,697	2,042	2,457	2,750	3,385	3,646	30
40	1,303	1,684	2,021	2,423	2,704	3,307	3,551	40
50	1,299	1,676	2,009	2,403	2,678	3,261	3,496	50
60	1,296	1,671	2,000	2,390	2,660	3,232	3,460	60
80	1,292	1,664	1,990	2,374	2,639	3,195	3,416	80
100	1,290	1,660	1,984	2,364	2,626	3,174	3,390	100
200	1,286	1,652	1,972	2,345	2,601	3,131	3,340	200
500	1,283	1,648	1,965	2,334	2,586	3,107	3,310	500
∞	1,282	1,645	1,960	2,326	2,576	3,090	3,291	∞

Tabelle C 6[1]. *Schwellenwerte $\chi^2_{1-\alpha;f}$ der χ^2-Verteilung zur Wahrscheinlichkeit $1-\alpha$ in Abhängigkeit vom Freiheitsgrad f*

Für $f > 30$ gilt in guter Näherung $\quad \chi^2_{1-\alpha;f} \approx \frac{1}{2}(\sqrt{2f-1} + u_{1-\alpha})^2$;
Zahlenwerte für $u_{1-\alpha}$ s. Tab. C 2.

Freiheits-grad f	Wahrscheinlichkeit $1-\alpha$						
	0,1 %	0,5 %	1 %	2,5 %	5 %	10 %	30 %
1	$0,0^5157$	$0,0^4393$	$0,0^3157$	$0,0^3982$	$0,0^2393$	0,0158	0,148
2	$0,0^2200$	0,0100	0,0201	0,0506	0,103	0,211	0,713
3	0,0243	0,0717	0,115	0,216	0,352	0,584	1,42
4	0,0908	0,207	0,297	0,484	0,711	1,06	2,20
5	0,210	0,412	0,554	0,831	1,15	1,61	3,00
6	0,381	0,676	0,872	1,24	1,64	2,20	3,83
7	0,598	0,989	1,24	1,69	2,17	2,83	4,67
8	0,857	1,34	1,65	2,18	2,73	3,49	5,53
9	1,15	1,74	2,09	2,70	3,33	4,17	6,39
10	1,48	2,16	2,56	3,25	3,94	4,87	7,27
11	1,83	2,60	3,05	3,82	4,58	5,58	8,15
12	2,21	3,07	3,57	4,40	5,23	6,30	9,03
13	2,62	3,57	4,11	5,01	5,89	7,04	9,93
14	3,04	4,08	4,66	5,63	6,57	7,79	10,8
15	3,48	4,60	5,23	6,26	7,26	8,55	11,7
16	3,94	5,14	5,81	6,91	7,96	9,31	12,6
17	4,42	5,70	6,41	7,56	8,67	10,1	13,5
18	4,91	6,27	7,02	8,23	9,39	10,9	14,4
19	5,41	6,84	7,63	8,91	10,1	11,7	15,4
20	5,92	7,43	8,26	9,59	10,9	12,4	16,3
21	6,45	8,03	8,90	10,3	11,6	13,2	17,2
22	6,98	8,64	9,54	11,0	12,3	14,0	18,1
23	7,53	9,26	10,2	11,7	13,1	14,8	19,0
24	8,09	9,89	10,9	12,4	13,8	15,7	19,9
25	8,65	10,5	11,5	13,1	14,6	16,5	20,9
26	9,22	11,2	12,2	13,8	15,4	17,3	21,8
27	9,80	11,8	12,9	14,6	16,2	18,1	22,7
28	10,4	12,5	13,6	15,3	16,9	18,9	23,6
29	11,0	13,1	14,3	16,0	17,7	19,8	24,6
30	11,6	13,8	15,0	16,8	18,5	20,6	25,5
40	17,9	20,7	22,2	24,4	26,5	29,1	34,9
50	24,7	28,0	29,7	32,4	34,8	37,7	44,3
60	31,7	35,5	37,5	40,5	43,2	46,5	53,8
70	39,0	43,3	45,4	48,8	51,7	55,3	63,3
80	46,5	51,2	53,5	57,2	60,4	64,3	72,9
90	54,2	59,2	61,8	65,6	69,1	73,3	82,5
100	61,9	67,3	70,1	74,2	77,9	82,4	92,1

[1] Nach A. HALD and S. A. SINDBAEK: A table of percentage points of the χ^2-distribution. Skandinavisk Aktuarietidskrift 33, 1950, S. 168.

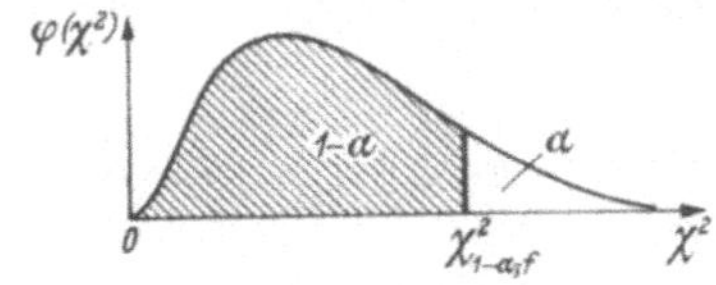

Wahrscheinlichkeit $1 - \alpha$								Freiheits-grad f
50 %	70 %	90 %	95 %	97,5 %	99 %	99,5 %	99,9 %	
0,455	1,07	2,71	3,84	5,02	6,64	7,88	10,8	1
1,39	2,41	4,61	5,99	7,38	9,21	10,6	13,8	2
2,37	3,67	6,25	7,82	9,35	11,3	12,8	16,3	3
3,36	4,88	7,78	9,49	11,1	13,3	14,9	18,5	4
4,35	6,06	9,24	11,1	12,8	15,1	16,8	20,5	5
5,35	7,23	10,6	12,6	14,4	16,8	18,5	22,5	6
6,35	8,38	12,0	14,1	16,0	18,5	20,3	24,3	7
7,34	9,52	13,4	15,5	17,5	20,1	22,0	26,1	8
8,34	10,7	14,7	16,9	19,0	21,7	23,6	27,9	9
9,34	11,8	16,0	18,3	20,5	23,2	25,2	29,6	10
10,3	12,9	17,3	19,7	21,9	24,7	26,8	31,3	11
11,3	14,0	18,5	21,0	23,3	26,2	28,3	32,9	12
12,3	15,1	19,8	22,4	24,7	27,7	29,8	34,5	13
13,3	16,2	21,1	23,7	26,1	29,1	31,3	36,1	14
14,3	17,3	22,3	25,0	27,5	30,6	32,8	37,7	15
15,3	18,4	23,5	26,3	28,8	32,0	34,3	39,3	16
16,3	19,5	24,8	27,6	30,2	33,4	35,7	40,8	17
17,3	20,6	26,0	28,9	31,5	34,8	37,2	42,3	18
18,3	21,7	27,2	30,1	32,9	36,2	38,6	43,8	19
19,3	22,8	28,4	31,4	34,2	37,6	40,0	45,3	20
20,3	23,9	29,6	32,7	35,5	38,9	41,4	46,8	21
21,3	24,9	30,8	33,9	36,8	40,3	42,8	48,3	22
22,3	26,0	32,0	35,2	38,1	41,6	44,2	49,7	23
23,3	27,1	33,2	36,4	39,4	43,0	45,6	51,2	24
24,3	28,2	34,4	37,7	40,6	44,3	46,9	52,6	25
25,3	29,2	35,6	38,9	41,9	45,6	48,3	54,1	26
26,3	30,3	36,7	40,1	43,2	47,0	49,6	55,5	27
27,3	31,4	37,9	41,3	44,5	48,3	51,0	56,9	28
28,3	32,5	39,1	42,6	45,7	49,6	52,3	58,3	29
29,3	33,5	40,3	43,8	47,0	50,9	53,7	59,7	30
39,3	44,2	51,8	55,8	59,3	63,7	66,8	73,4	40
49,3	54,7	63,2	67,5	71,4	76,2	79,5	86,7	50
59,3	65,2	74,4	79,1	83,3	88,4	92,0	99,6	60
69,3	75,7	85,5	90,5	95,0	100,4	104,2	112,3	70
79,3	86,1	96,6	101,9	106,6	112,3	116,3	124,8	80
89,3	96,5	107,6	113,1	118,1	124,1	128,3	137,2	90
99,3	106,9	118,5	124,3	129,6	135,8	140,2	149,4	100

Tabelle C 7.[1] *Schwellenwerte* $F_{1-\alpha}(f_1; f_2)$ *der F-Verteilung zur statistischen Sicherheit* *graden* f_1 *und* f_2

$$F_{95\%}(f_1; f_2) = \frac{1}{F_{5\%}(f_2; f_1)}$$

[1] Tab. C 7 bis C 10 nach A. HALD: Statistical Tables and Formulas. New York: Wiley 1960, S. 50.

f_2 \ f_1	1	2	3	4	5	6	7	8	9	10	11	12	13	14	15
1	161	200	216	225	230	234	237	239	241	242	243	244	245	245	246
2	18,5	19,0	19,2	19,2	19,3	19,3	19,4	19,4	19,4	19,4	19,4	19,4	19,4	19,4	19,4
3	10,1	9,55	9,28	9,12	9,01	8,94	8,89	8,85	8,81	8,79	8,76	8,74	8,73	8,71	8,70
4	7,71	6,94	6,59	6,39	6,26	6,16	6,09	6,04	6,00	5,96	5,94	5,91	5,89	5,87	5,86
5	6,61	5,79	5,41	5,19	5,05	4,95	4,88	4,82	4,77	4,74	4,70	4,68	4,66	4,64	4,62
6	5,99	5,14	4,76	4,53	4,39	4,28	4,21	4,15	4,10	4,06	4,03	4,00	3,98	3,96	3,94
7	5,59	4,74	4,35	4,12	3,97	3,87	3,79	3,73	3.68	3,64	3,60	3,57	3,55	3,53	3,51
8	5,32	4,46	4,07	3,84	3.69	3,58	3,50	3,44	3,39	3,35	3,31	3,28	3,26	3,24	3,22
9	5,12	4,26	3,86	3,63	3,48	3,37	3,29	3,23	3,18	3,14	3,10	3,07	3,05	3,03	3,01
10	4,96	4,10	3,71	3,48	3,33	3,22	3,14	3,07	3,02	2,98	2,94	2,91	2,89	2,86	2,85
11	4,84	3,98	3,59	3,36	3,20	3,09	3,01	2,95	2,90	2,85	2,82	2,79	2,76	2,74	2,72
12	4,75	3,89	3,49	3,26	3,11	3,00	2,91	2,85	2,80	2,75	2,72	2,69	2,66	2,64	2,62
13	4,67	3,81	3,41	3,18	3,03	2,92	2,83	2,77	2,71	2,67	2,63	2,60	2,58	2,55	2,53
14	4,60	3,74	3,34	3,11	2,96	2,85	2,76	2,70	2,65	2,60	2,57	2,53	2,51	2,48	2,46
15	4,54	3,68	3,29	3,06	2,90	2,79	2,71	2,64	2,59	2,54	2,51	2,48	2,45	2,42	2,40
16	4,49	3,63	3,24	3,01	2,85	2,74	2,66	2,59	2,54	2,49	2,46	2,42	2,40	2,37	2,35
17	4,45	3,59	3,20	2,96	2,81	2,70	2,61	2,55	2,49	2,45	2,41	2,38	2,35	2,33	2,31
18	4,41	3,55	3,16	2,93	2,77	2,66	2,58	2.51	2,46	2,41	2,37	2,34	2,31	2,29	2,27
19	4,38	3,52	3,13	2,90	2,74	2,63	2,54	2,48	2,42	2,38	2,34	2,31	2,28	2,26	2,23
20	4,35	3,49	3,10	2,87	2,71	2,60	2,51	2,45	2,39	2,35	2,31	2,28	2,25	2,22	2,20
22	4,30	3,44	3,05	2,82	2,66	2,55	2,46	2,40	2,34	2,30	2,26	2,23	2,20	2,17	2,15
24	4,26	3,40	3,01	2,78	2,62	2,51	2,42	2,36	2,30	2,25	2,21	2,18	2,15	2,13	2,11
26	4,23	3,37	2,98	2,74	2,59	2,47	2,39	2,32	2,27	2,22	2,18	2,15	2,12	2,09	2,07
28	4,20	3,34	2,95	2,71	2,56	2,45	2,36	2,29	2,24	2,19	2,15	2,12	2,09	2,06	2,04
30	4,17	3,32	2,92	2,69	2,53	2,42	2,33	2,27	2,21	2,16	2,13	2,09	2,06	2,04	2,01
32	4,15	3,29	2,90	2,67	2,51	2,40	2,31	2,24	2,19	2,14	2,10	2,07	2,04	2,01	1,99
34	4,13	3,28	2,88	2,65	2,49	2,38	2,29	2,23	2,17	2,12	2,08	2,05	2,02	1,99	1,97
36	4,11	3,26	2,87	2,63	2,48	2,36	2,28	2,21	2,15	2,11	2,07	2,03	2,00	1,98	1,95
38	4,10	3,24	2,85	2,62	2,46	2,35	2,26	2,19	2,14	2,09	2,05	2,02	1,99	1,96	1,94
40	4,08	3,23	2,84	2,61	2,45	2,34	2,25	2,18	2,12	2,08	2,04	2,00	1,97	1,95	1,92
50	4,03	3,18	2,79	2.56	2,40	2,29	2,20	2,13	2,07	2.03	1,99	1,95	1,92	1,89	1,87
60	4,00	3,15	2,76	2,53	2,37	2,25	2,17	2,10	2,04	1,99	1,95	1,92	1,89	1,86	1,84
70	3,98	3,13	2,74	2,50	2,35	2,23	2,14	2,07	2,02	1,97	1,93	1,89	1,86	1,84	1,81
80	3,96	3,11	2,72	2,49	2,33	2,21	2,13	2,06	2,00	1,95	1,91	1,88	1,84	1,82	1,79
100	3,94	3,09	2,70	2,46	2,31	2,19	2,10	2,03	1,97	1,93	1,89	1,85	1,82	1,79	1,77
200	3,89	3,04	2,65	2,42	2,26	2,14	2,06	1,98	1,93	1,88	1,84	1,80	1,77	1,74	1,72
300	3,87	3,03	2,63	2,40	2,24	2,13	2,04	1,97	1,91	1,86	1,82	1,78	1,75	1,72	1,70
500	3,86	3,01	2,62	2,39	2,23	2,12	2,03	1,96	1,90	1,85	1,81	1,77	1,74	1,71	1.69
1000	3,85	3,00	2,61	2,38	2,22	2,11	2,02	1,95	1,89	1,84	1,80	1,76	1,73	1,70	1,68
∞	3,84	3,00	2,60	2,37	2,21	2,10	2,01	1,94	1,88	1,83	1,79	1,75	1,72	1,69	1,67

$S = 1 - \alpha = 95\%$ *(bei einseitiger Abgrenzung) in Abhängigkeit von den Freiheits-*

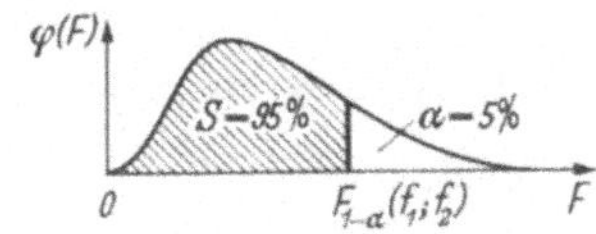

16	17	18	19	20	24	30	40	50	60	80	100	200	500	∞	f_1 / f_2
246	247	247	248	248	249	250	251	252	252	252	253	254	254	254	1
19,4	19,4	19,4	19,4	19,4	19,5	19,5	19,5	19,5	19,5	19,5	19,5	19,5	19,5	19,5	2
8,69	8,68	8,67	8,67	8,66	8.64	8,62	8,59	8,58	8,57	8,56	8,55	8,54	8 53	8,53	3
5,84	5,83	5,82	5,81	5,80	5,77	5,75	5,72	5,70	5,69	5,67	5,66	5,65	5,64	5,63	4
4,60	4,59	4,58	4,57	4,56	4,53	4,50	4,46	4,44	4.43	4,41	4,41	4,39	4,37	4,37	5
3,92	3,91	3,90	3,88	3,87	3,84	3,81	3,77	3,75	3,74	3,72	3,71	3,69	3,68	3,67	6
3,49	3,48	3,47	3,46	3,44	3,41	3,38	3,34	3,32	3,30	3,29	3,27	3,25	3,24	3,23	7
3,20	3,19	3,17	3,16	3,15	3,12	3,08	3,04	3,02	3,01	2,99	2,97	2,95	2.94	2,93	8
2,99	2,97	2,96	2,95	2,94	2,90	2,86	2,83	2,80	2 79	2,77	2,76	2,73	2,72	2,71	9
2,83	2,81	2,80	2,78	2,77	2,74	2,70	2,66	2,64	2,62	2,60	2,59	2,56	2,55	2,54	10
2,70	2,69	2,67	2,66	2,65	2,61	2,57	2,53	2,51	2,49	2,47	2,46	2,43	2,42	2.40	11
2,60	2,58	2,57	2,56	2,54	2,51	2,47	2,43	2,40	2,38	2,36	2,35	2,32	2,31	2,30	12
2,51	2,50	2,48	2,47	2,46	2,42	2,38	2,34	2,31	2,30	2,27	2,26	2,23	2,22	2,21	13
2,44	2,43	2,41	2,40	2,39	2,35	2,31	2,27	2,24	2,22	2,20	2,19	2,16	2,14	2,13	14
2,38	2,37	2,35	2,34	2,33	2,29	2,25	2,20	2,18	2,16	2,14	2,12	2,10	2,08	2,07	15
2,33	2,32	2,30	2,29	2,28	2,24	2,19	2,15	2,12	2,11	2,08	2,07	2,04	2,02	2,01	16
2,29	2,27	2,26	2,24	2,23	2,19	2,15	2,10	2,08	2,06	2,03	2.02	1,99	1,97	1,96	17
2,25	2,23	2 22	2,20	2,19	2,15	2,11	2,06	2,04	2,02	1,99	1.98	1 95	1,93	1,92	18
2,21	2,20	2,18	2,17	2,16	2,11	2,07	2,03	2,00	1,98	1,96	1,94	1,91	1,89	1,88	19
2,18	2,17	2,15	2,14	2,12	2,08	2,04	1,99	1,97	1,95	1,92	1,91	1,88	1,86	1,84	20
2,13	2,11	2,10	2,08	2,07	2,03	1,98	1,94	1,91	1,89	1,86	1,85	1,82	1,80	1,78	22
2,09	2,07	2,05	2,04	2,03	1,98	1,94	1,89	1,86	1,84	1,82	1,80	1,77	1,75	1,73	24
2,05	2,03	2,02	2,00	1,99	1,95	1,90	1,85	1,82	1,80	1,78	1,76	1,73	1,71	1,69	26
2,02	2,00	1,99	1,97	1,96	1,91	1,87	1,82	1,79	1,77	1,74	1,73	1,69	1,67	1,65	28
1,99	1,98	1,96	1,95	1,93	1,89	1,84	1,79	1,76	1,74	1,71	1,70	1,66	1,64	1,62	30
1,97	1,95	1,94	1,92	1,91	1,86	1,82	1,77	1,74	1,71	1,69	1,67	1,63	1,61	1,59	32
1,95	1,93	1,92	1,90	1,89	1,84	1,80	1,75	1,71	1,69	1,66	1,65	1,61	1,59	1,57	34
1,93	1,92	1,90	1,88	1,87	1,82	1,78	1,73	1,69	1,67	1,64	1,62	1,59	1,56	1,55	36
1,92	1,90	1,88	1,87	1,85	1,81	1,76	1,71	1,68	1,65	1,62	1,61	1,57	1,54	1,53	38
1,90	1,89	1,87	1,85	1,84	1,79	1,74	1,69	1,66	1,64	1,61	1,59	1,55	1,53	1,51	40
1,85	1,83	1,81	1,80	1,78	1,74	1,69	1,63	1,60	1,58	1,54	1,52	1,48	1,46	1,44	50
1,82	1,80	1,78	1,76	1,75	1,70	1,65	1,59	1,56	1,53	1,50	1,48	1,44	1,41	1,39	60
1,79	1,77	1,75	1,74	1,72	1,67	1,62	1,57	1,53	1,50	1,47	1,45	1.40	1,37	1,35	70
1,77	1,75	1,73	1,72	1,70	1,65	1,60	1,54	1,51	1,48	1,45	1,43	1,38	1,35	1,32	80
1,75	1,73	1,71	1,69	1,68	1,63	1,57	1,52	1,48	1,45	1,41	1,39	1,34	1,31	1,28	100
1,69	1,67	1,66	1,64	1,62	1,57	1,52	1,46	1,41	1,39	1,35	1,32	1,26	1,22	1,19	200
1,68	1,66	1,64	1,62	1,61	1,55	1,50	1,43	1,39	1,36	1,32	1,30	1,23	1,19	1,15	300
1,66	1,64	1,62	1,61	1,59	1,54	1,48	1,42	1,38	1,34	1,30	1,28	1,21	1,16	1,11	500
1,65	1,63	1,61	1,60	1,58	1,53	1,47	1,41	1,36	1,33	1,29	1,26	1,19	1,13	1,08	1000
1,64	1,62	1,60	1,59	1,57	1,52	1,46	1,39	1,35	1,32	1,27	1,24	1,17	1,11	1,00	∞

Tabelle C 8. *Schwellenwerte $F_{1-\alpha}(f_1; f_2)$ der F-Verteilung zur statistischen Sicherheit heitsgraden f_1 und f_2*

$$F_{97,5\,\%}(f_1; f_2) = \frac{1}{F_{2,5\,\%}(f_2; f_1)}$$

f_2 \ f_1	1	2	3	4	5	6	7	8	9	10	11	12	13	14	15
1	648	800	864	900	922	937	948	957	963	969	973	977	980	983	985
2	38,5	39,0	39,2	39,2	39,3	39,3	39,4	39,4	39,4	39,4	39,4	39,4	39,4	39,4	39,4
3	17,4	16,0	15,4	15,1	14,9	14,7	14,6	14,5	14,5	14,4	14,4	14,3	14,3	14,3	14,3
4	12,2	10,6	9,98	9,60	9,36	9,20	9,07	8,98	8,90	8,84	8,79	8,75	8,72	8,69	8,66
5	10,0	8,43	7,76	7,39	7,15	6,98	6,85	6,76	6,68	6,62	6,57	6,52	6,49	6,46	6,43
6	8,81	7,26	6,60	6,23	5,99	5,82	5,70	5,60	5,52	5,46	5,41	5,37	5,33	5,30	5,27
7	8,07	6,54	5,89	5,52	5,29	5,12	4,99	4,90	4,82	4,76	4,71	4,67	4,63	4,60	4,57
8	7,57	6,06	5,42	5,05	4,82	4,65	4,53	4,43	4,36	4,30	4,24	4,20	4,16	4,13	4,10
9	7,21	5,71	5,08	4,72	4,48	4,32	4,20	4,10	4,03	3,96	3,91	3,87	3,83	3,80	3,77
10	6,94	5,46	4,83	4,47	4,24	4,07	3,95	3,85	3,78	3,72	3,66	3,62	3,58	3,55	3,52
11	6,72	5,26	4,63	4,28	4,04	3,88	3,76	3,66	3,59	3,53	3,47	3,43	3,39	3,36	3,33
12	6,55	5,10	4,47	4,12	3,89	3,73	3,61	3,51	3,44	3,37	3,32	3,28	3,24	3,21	3,18
13	6,41	4,97	4,35	4,00	3,77	3,60	3,48	3,39	3,31	3,25	3,20	3,15	3,12	3,08	3,05
14	6,30	4,86	4,24	3,89	3,66	3,50	3,38	3,29	3,21	3,15	3,09	3,05	3,01	2,98	2,95
15	6,20	4,76	4,15	3,80	3,58	3,41	3,29	3,20	3,12	3,06	3,01	2,96	2,92	2,89	2,86
16	6,12	4,69	4,08	3,73	3,50	3,34	3,22	3,12	3,05	2,99	2,93	2,89	2,85	2,82	2,79
17	6,04	4,62	4,01	3,66	3,44	3,28	3,16	3,06	2,98	2,92	2,87	2,82	2,79	2,75	2,72
18	5,98	4,56	3,95	3,61	3,38	3,22	3,10	3,01	2,93	2,87	2,81	2,77	2,73	2,70	2,67
19	5,92	4,51	3,90	3,56	3,33	3,17	3,05	2,96	2,88	2,82	2,76	2,72	2,68	2,65	2,62
20	5,87	4,46	3,86	3,51	3,29	3,13	3,01	2,91	2,84	2,77	2,72	2,68	2,64	2,60	2,57
22	5,79	4,38	3,78	3,44	3,22	3,05	2,93	2,84	2,76	2,70	2,65	2,60	2,56	2,53	2,50
24	5,72	4,32	3,72	3,38	3,15	2,99	2,87	2,78	2,70	2,64	2,59	2,54	2,50	2,47	2,44
26	5,66	4,27	3,67	3,33	3,10	2,94	2,82	2,73	2,65	2,59	2,54	2 49	2,45	2,42	2,39
28	5,61	4,22	3,63	3,29	3,06	2,90	2,78	2,69	2,61	2,55	2,49	2,45	2,41	2,37	2,34
30	5,57	4,18	3,59	3,25	3,03	2,87	2,75	2,65	2,57	2,51	2,46	2,41	2,37	2,34	2,31
32	5,53	4,15	3,56	3,22	3,00	2,84	2,72	2,62	2,54	2,48	2,43	2,38	2,34	2,31	2,28
34	5,50	4,12	3,53	3,19	2,97	2,81	2,69	2,59	2,52	2,45	2,40	2,35	2,31	2,28	2,25
36	5,47	4,09	3,51	3,17	2,94	2,79	2,66	2,57	2,49	2,43	2,37	2,33	2,29	2,25	2,22
38	5,45	4,07	3,48	3,15	2,92	2,76	2,64	2,55	2,47	2,41	2,35	2,31	2,27	2,23	2,20
40	5,42	4,05	3,46	3,13	2,90	2,74	2,62	2,53	2,45	2,39	2,33	2,29	2,25	2,21	2,18
50	5,34	3,98	3,39	3,06	2,83	2,67	2,55	2,46	2,38	2,32	2,26	2,22	2,18	2,14	2,11
60	5,29	3,93	3,34	3,01	2,79	2,63	2,51	2,41	2,33	2,27	2,22	2,17	2,13	2,09	2,06
70	5,25	3,89	3,31	2,98	2,75	2,60	2,48	2,38	2,30	2,24	2,18	2,14	2,10	2,06	2,03
80	5,22	3,86	3,28	2,95	2,73	2,57	2,45	2,36	2,28	2,21	2,16	2,11	2,07	2,03	2,00
100	5,18	3,83	3,25	2,92	2,70	2,54	2,42	2,32	2,24	2,18	2,12	2,08	2,04	2,00	1,97
200	5,10	3,76	3,18	2,85	2,63	2,47	2,35	2,26	2,18	2,11	2,06	2,01	1,97	1,93	1,90
300	5,08	3,74	3,16	2,83	2,61	2,45	2,33	2,23	2,16	2,09	2,04	1,99	1,95	1,91	1,88
500	5,05	3,72	3,14	2,81	2,59	2,43	2,31	2,22	2,14	2,07	2,02	1,97	1,93	1,89	1,86
1000	5,04	3,70	3,13	2,80	2,58	2,42	2,30	2,20	2,13	2,06	2,01	1,96	1,92	1,88	1,85
∞	5,02	3,69	3,12	2,79	2,57	2,41	2,29	2,19	2,11	2,05	1,99	1,94	1,90	1,87	1,83

$S = 1 - \alpha = 97{,}5\%$ *(bei einseitiger Abgrenzung) in Abhängigkeit von den Frei-*

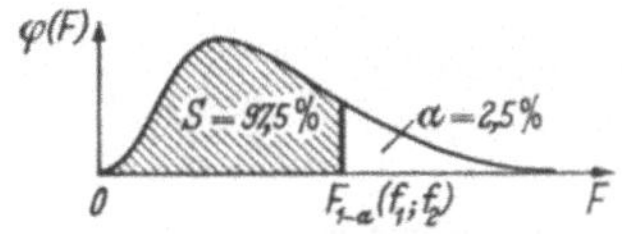

16	17	18	19	20	24	30	40	50	60	80	100	200	500	∞	f_1 / f_2
987	989	990	992	993	997	1001	1006	1008	1010	1012	1013	1016	1017	1018	1
39,4	39,4	39,4	39,4	39,4	39,5	39,5	39,5	39,5	39,5	39,5	39,5	39,5	39,5	39,5	2
14,2	14,2	14,2	14,2	14,2	14,1	14,1	14,0	14,0	14,0	14,0	14,0	13,9	13,9	13,9	3
8,64	8,62	8,60	8,58	8,56	8,51	8,46	8,41	8,38	8,36	8,33	8,32	8,29	8,27	8,26	4
6,41	6,39	6,37	6,35	6,33	6,28	6,23	6,18	6,14	6,12	6,10	6,08	6,05	6,03	6,02	5
5,25	5,23	5,21	5,19	5,17	5,12	5,07	5,01	4,98	4,96	4,93	4,92	4,88	4,86	4,85	6
4,54	4,52	4,50	4,48	4,47	4,42	4,36	4,31	4,28	4,25	4,23	4,21	4,18	4,16	4,14	7
4,08	4,05	4,03	4,02	4,00	3,95	3,89	3,84	3,81	3,78	3,76	3,74	3,70	3,68	3,67	8
3,74	3,72	3,70	3,68	3,67	3,61	3,56	3,51	3,47	3,45	3,42	3,40	3,37	3,35	3,33	9
3,50	3,47	3,45	3,44	3,42	3,37	3,31	3,26	3,22	3,20	3,17	3,15	3,12	3,09	3,08	10
3,30	3,28	3,26	3,24	3,23	3,17	3,12	3,06	3,03	3,00	2,97	2,96	2,92	2,90	2,88	11
3,15	3,13	3,11	3,09	3,07	3,02	2,96	2,91	2,87	2,85	2,82	2,80	2,76	2,74	2,72	12
3,03	3,00	2,98	2,96	2,95	2,89	2,84	2,78	2,74	2,72	2,69	2,67	2,63	2,61	2,60	13
2,92	2,90	2,88	2,86	2,84	2,79	2,73	2,67	2,64	2,61	2,58	2,56	2,53	2,50	2,49	14
2,84	2,81	2,79	2,77	2,76	2,70	2,64	2,58	2,55	2,52	2,49	2,47	2,44	2,41	2,40	15
2,76	2,74	2,72	2,70	2,68	2,63	2,57	2,51	2,47	2,45	2,42	2,40	2,36	2,33	2,32	16
2,70	2,67	2,65	2,63	2,62	2,56	2,50	2,44	2,41	2,38	2,35	2,33	2,29	2,26	2,25	17
2,64	2,62	2,60	2,58	2,56	2,50	2,44	2,38	2,35	2,32	2,29	2,27	2,23	2,20	2,19	18
2,59	2,57	2,55	2,53	2,51	2,45	2,39	2,33	2,30	2,27	2,24	2,22	2,18	2,15	2,13	19
2,55	2,52	2,50	2,48	2,46	2,41	2,35	2,29	2,25	2,22	2,19	2,17	2,13	2,10	2,09	20
2,47	2,45	2,43	2,41	2,39	2,33	2,27	2,21	2,17	2,14	2,11	2,09	2,05	2,02	2,00	22
2,41	2,39	2,36	2,35	2,33	2,27	2,21	2,15	2,11	2,08	2,05	2,02	1,98	1,95	1,94	24
2,36	2,34	2,31	2,29	2,28	2,22	2,16	2,09	2,05	2,03	1,99	1,97	1,92	1,90	1,88	26
2,32	2,29	2,27	2,25	2,23	2,17	2,11	2,05	2,01	1,98	1,94	1,92	1,88	1,85	1,83	28
2,28	2,26	2,23	2,21	2,20	2,14	2,07	2,01	1,97	1,94	1,90	1,88	1,84	1,81	1,79	30
2,25	2,22	2,20	2,18	2,16	2,10	2,04	1,98	1,93	1,91	1,87	1,85	1,80	1,77	1,75	32
2,22	2,19	2,17	2,15	2,13	2,07	2,01	1,95	1,90	1,88	1,84	1,82	1,77	1,74	1,72	34
2,20	2,17	2,15	2,13	2,11	2,05	1,99	1,92	1,88	1,85	1,81	1,79	1,74	1,71	1,69	36
2,17	2,15	2,13	2,11	2,09	2,03	1,96	1,90	1,85	1,82	1,79	1,76	1,71	1,68	1,66	38
2,15	2,13	2,11	2,09	2,07	2,01	1,94	1,88	1.83	1,80	1,76	1,74	1,69	1,66	1,64	40
2,08	2,06	2,03	2,01	1,99	1,93	1,87	1,80	1,75	1,72	1,68	1,66	1,60	1,57	1,55	50
2,03	2,01	1,98	1,96	1,94	1,88	1,82	1,74	1,70	1,67	1,62	1,60	1,54	1,51	1,48	60
2,00	1,97	1,95	1,93	1,91	1,85	1,78	1,71	1,66	1,63	1,58	1,56	1,50	1,46	1,44	70
1,97	1,95	1,93	1,90	1,88	1,82	1,75	1,68	1,63	1,60	1,55	1,53	1,47	1,43	1,40	80
1,94	1,91	1,89	1,87	1,85	1,78	1,71	1,64	1,59	1,56	1,51	1,48	1,42	1,38	1,35	100
1,87	1,84	1,82	1,80	1,78	1,71	1,64	1,56	1,51	1,47	1,42	1,39	1,32	1,27	1,23	200
1,85	1,82	1,80	1,77	1,75	1,69	1,62	1,54	1,48	1,45	1,39	1,36	1,28	1,23	1,18	300
1,83	1,80	1,78	1,76	1,74	1,67	1,60	1,51	1,46	1,42	1,37	1,34	1,25	1,19	1,14	500
1,82	1,79	1,77	1,74	1,72	1,65	1,58	1,50	1,44	1,41	1,35	1,32	1,23	1,16	1,09	1000
1,80	1,78	1,75	1,73	1,71	1,64	1,57	1,48	1,43	1,39	1,33	1,30	1,21	1,13	1,00	∞

Tabelle C 9. *Schwellenwerte $F_{1-\alpha}(f_1; f_2)$ der F-Verteilung zur statistischen Sicherheit graden f_1 und f_2*

$$F_{99\%}(f_1; f_2) = \frac{1}{F_{1\%}(f_2; f_1)}$$

f_2 \\ f_1	1	2	3	4	5	6	7	8	9	10	11	12	13	14	15
	Man multipliziere die Zahlen der ersten Zeile ($f_2 = 1$) mit 10														
1	405	500	540	563	576	586	593	598	602	606	608	611	613	614	616
2	98,5	99,0	99,2	99,2	99,3	99,3	99,4	99,4	99,4	99,4	99,4	99,4	99,4	99,4	99,4
3	34,1	30,8	29,5	28,7	28,2	27,9	27,7	27,5	27,3	27,2	27,1	27,1	27,0	26,9	26,9
4	21,2	18,0	16,7	16,0	15,5	15,2	15,0	14,8	14,7	14,5	14,4	14,4	14,3	14,2	14,2
5	16,3	13,3	12,1	11,4	11,0	10,7	10,5	10,3	10,2	10,1	9,96	9,89	9,82	9,77	9,72
6	13,7	10,9	9,78	9,15	8,75	8,47	8,26	8,10	7,98	7,87	7,79	7,72	7,66	7,60	7,56
7	12,2	9,55	8,45	7,85	7,46	7.19	6,99	6,84	6,72	6,62	6,54	6,47	6,41	6,36	6,31
8	11,3	8,65	7,59	7,01	6,63	6,37	6,18	6,03	5,91	5,81	5,73	5,67	5,61	5,56	5,52
9	10,6	8,02	6,99	6,42	6,06	5,80	5,61	5,47	5,35	5,26	5,18	5,11	5,05	5,00	4,96
10	10,0	7,56	6,55	5,99	5,64	5,39	5,20	5,06	4,94	4,85	4,77	4,71	4,65	4,60	4,56
11	9,65	7,21	6,22	5,67	5,32	5,07	4,89	4,74	4,63	4,54	4,46	4,40	4,34	4,29	4,25
12	9,33	6,93	5,95	5,41	5,06	4,82	4,64	4,50	4,39	4,30	4,22	4,16	4,10	4,05	4,01
13	9,07	6,70	5,74	5,21	4,86	4,62	4,44	4,30	4,19	4,10	4,02	3,96	3,91	3,86	3,82
14	8,86	6,51	5,56	5,04	4,70	4,46	4,28	4,14	4,03	3,94	3,86	3,80	3,75	3,70	3,66
15	8,68	6,36	5,42	4,89	4,56	4,32	4,14	4,00	3,89	3,80	3,73	3,67	3,61	3,56	3,52
16	8,53	6,23	5,29	4,77	4,44	4,20	4,03	3,89	3,78	3,69	3,62	3,55	3,50	3,45	3,41
17	8,40	6,11	5,18	4,67	4,34	4,10	3,93	3,79	3,68	3,59	3,52	3,46	3,40	3,35	3,31
18	8,29	6,01	5,09	4,58	4,25	4,01	3,84	3,71	3,60	3,51	3,43	3,37	3,32	3,27	3,23
19	8,18	5,93	5,01	4,50	4,17	3,94	3,77	3,63	3,52	3,43	3,36	3,30	3,24	3,19	3,15
20	8,10	5,85	4,94	4,43	4,10	3,87	3,70	3,56	3,46	3,37	3,29	3,23	3,18	3,13	3,09
22	7,95	5,72	4,82	4,31	3,99	3,76	3,59	3,45	3,35	3,26	3,18	3,12	3,07	3,02	2,98
24	7,82	5,61	4,72	4,22	3,90	3,67	3,50	3,36	3,26	3,17	3,09	3,03	2,98	2,93	2,89
26	7,72	5,53	4,64	4,14	3,82	3,59	3,42	3,29	3,18	3,09	3,02	2,96	2,90	2,86	2,82
28	7,64	5,45	4,57	4,07	3,75	3,53	3,36	3,23	3,12	3,03	2,96	2,90	2,84	2,79	2,75
30	7,56	5,39	4,51	4,02	3,70	3,47	3,30	3,17	3,07	2,98	2,91	2,84	2,79	2,74	2,70
32	7,50	5,34	4,46	3,97	3,65	3,43	3,26	3,13	3,02	2,93	2,86	2,80	2,74	2,70	2,66
34	7,44	5,29	4,42	3,93	3,61	3,39	3,22	3,09	2,98	2,89	2,82	2,76	2,70	2,66	2,62
36	7,40	5,25	4,38	3,89	3,57	3,35	3,18	3,05	2,95	2,86	2,79	2,72	2,67	2,62	2,58
38	7,35	5,21	4,34	3,86	3,54	3,32	3,15	3,02	2,92	2,83	2,75	2,69	2,64	2,59	2,55
40	7,31	5,18	4,31	3,83	3,51	3,29	3,12	2,99	2,89	2,80	2,73	2,66	2,61	2,56	2,52
50	7,17	5,06	4,20	3,72	3,41	3,19	3,02	2,89	2,79	2,70	2,63	2,56	2,51	2,46	2,42
60	7,08	4,98	4,13	3,65	3,34	3,12	2,95	2,82	2,72	2,63	2,56	2,50	2,44	2,39	2,35
70	7,01	4,92	4,08	3,60	3,29	3,07	2,91	2,78	2,67	2,59	2,51	2,45	2,40	2,35	2,31
80	6,96	4,88	4,04	3,56	3,26	3,04	2,87	2,74	2,64	2,55	2,48	2,42	2,36	2,31	2,27
100	6,90	4,82	3,98	3,51	3,21	2,99	2,82	2,69	2,59	2,50	2,43	2,37	2,31	2,26	2,22
200	6,76	4,71	3,88	3,41	3,11	2,89	2,73	2,60	2,50	2,41	2,34	2,27	2,22	2,17	2,13
300	6,72	4,68	3,85	3,38	3,08	2,86	2,70	2,57	2,47	2,38	2,31	2,24	2,19	2,14	2,10
500	6,69	4,65	3,82	3,36	3,05	2,84	2,68	2,55	2,44	2,36	2,28	2,22	2,17	2,12	2,07
1000	6,66	4,63	3,80	3,34	3,04	2,82	2,66	2,53	2,43	2,34	2,27	2,20	2,15	2,10	2,06
∞	6,63	4,61	3,78	3,32	3,02	2,80	2,64	2,51	2,41	2,32	2,25	2,18	2,13	2,08	2,04

S = 1 − α = **99%** (*bei einseitiger Abgrenzung*) *in Abhängigkeit von den Freiheits-*

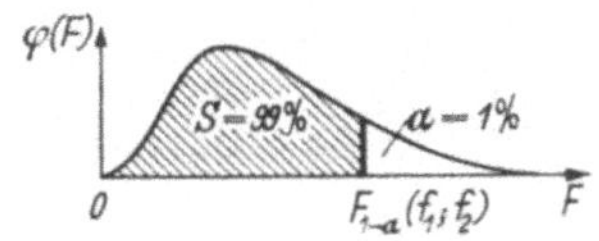

16	17	18	19	20	24	30	40	50	60	80	100	200	500	∞	f_1 / f_2
Man multipliziere die Zahlen der ersten Zeile ($f_2 = 1$) mit 10															
617	618	619	620	621	623	626	629	630	631	633	633	635	636	637	1
99,4	99,4	99,4	99,4	99,4	99,5	99,5	99,5	99,5	99,5	99,5	99,5	99,5	99,5	99,5	2
26,8	26,8	26,8	26,7	26,7	26,6	26,5	26,4	26,4	26,3	26,3	26,2	26,2	26,1	26,1	3
14,2	14,1	14,1	14,0	14,0	13,9	13,8	13,7	13,7	13,7	13,6	13,6	13,5	13,5	13,5	4
9,68	9,64	9,61	9,58	9,55	9,47	9,38	9,29	9,24	9,20	9,16	9,13	9,08	9,04	9,02	5
7,52	7,48	7,45	7,42	7,40	7,31	7,23	7,14	7,09	7,06	7,01	6,99	6,93	6,90	6,88	6
6,27	6,24	6,21	6,18	6,16	6,07	5,99	5,91	5,86	5,82	5,78	5,75	5,70	5,67	5,65	7
5,48	5,44	5,41	5,38	5,36	5,28	5,20	5,12	5,07	5,03	4,99	4,96	4,91	4,88	4,86	8
4,92	4,89	4,86	4,83	4,81	4,73	4,65	4,57	4,52	4,48	4,44	4,42	4,36	4,33	4,31	9
4,52	4,49	4,46	4,43	4,41	4,33	4,25	4,17	4,12	4,08	4,04	4,01	3,96	3,93	3,91	10
4,21	4,18	4,15	4,12	4,10	4,02	3,94	3,86	3,81	3.78	3,73	3,71	3,66	3,62	3,60	11
3,97	3,94	3,91	3,88	3,86	3,78	3,70	3,62	3,57	3.54	3.49	3,47	3.41	3,38	3,36	12
3,78	3,75	3,72	3,69	3,66	3,59	3,51	3,43	3.38	3.34	3.30	3,27	3,22	3,19	3,17	13
3,62	3,59	3,56	3,53	3,51	3,43	3,35	3,27	3.22	3,18	3.14	3,11	3.06	3,03	3,00	14
3,49	3,45	3,42	3,40	3,37	3,29	3,21	3,13	3,08	3,05	3.00	2,98	2,92	2,89	2,87	15
3,37	3,34	3,31	3,28	3,26	3,18	3,10	3,02	2,97	2,93	2.89	2.86	2,81	2,78	2,75	16
3,27	3,24	3,21	3,18	3,16	3,08	3,00	2,92	2,87	2,83	2,79	2,76	2,71	2,68	2,65	17
3,19	3,16	3,13	3,10	3,08	3,00	2,92	2,84	2,78	2.75	2.70	2,68	2,62	2,59	2,57	18
3,12	3,08	3,05	3,03	3,00	2,92	2,84	2,76	2,71	2,67	2,63	2,60	2,55	2.51	2,49	19
3,05	3,02	2,99	2,96	2,94	2,86	2,78	2,69	2,64	2,61	2,56	2,54	2,48	2,44	2,42	20
2,94	2,91	2,88	2,85	2,83	2,75	2,67	2,58	2,53	2,50	2,45	2,42	2,36	2,33	2,31	22
2,85	2,82	2,79	2,76	2,74	2,66	2,58	2,49	2,44	2,40	2,36	2,33	2,27	2,24	2,21	24
2,78	2,74	2,72	2,69	2,66	2,58	2,50	2,42	2,36	2,33	2,28	2,25	2,19	2,16	2,13	26
2,72	2,68	2,65	2,63	2,60	2,52	2,44	2,35	2,30	2,26	2,22	2,19	2,13	2,09	2,06	28
2,66	2,63	2,60	2,57	2,55	2,47	2,39	2,30	2,25	2,21	2,16	2,13	2,07	2,03	2,01	30
2,62	2,58	2,55	2,53	2,50	2,42	2,34	2,25	2,20	2,16	2,11	2,08	2,02	1,98	1,96	32
2,58	2,55	2,51	2,49	2,46	2,38	2,30	2,21	2,16	2.12	2.07	2,04	1,98	1,94	1,91	34
2,54	2,51	2,48	2,45	2,43	2,35	2,26	2,17	2,12	2.08	2.03	2,00	1,94	1,90	1,87	36
2,51	2,48	2,45	2,42	2,40	2,32	2,23	2,14	2,09	2,05	2.00	1,97	1,90	1,86	1,84	38
2,48	2,45	2,42	2,39	2,37	2,29	2,20	2,11	2,06	2,02	1,97	1,94	1,87	1,83	1,80	40
2,38	2,35	2,32	2,29	2,27	2,18	2,10	2,01	1.95	1,91	1,86	1,82	1,76	1,71	1,68	50
2,31	2,28	2,25	2,22	2,20	2,12	2,03	1,94	1,88	1,84	1,78	1,75	1,68	1,63	1,60	60
2,27	2,23	2,20	2,18	2,15	2,07	1,98	1,89	1,83	1.78	1,73	1,70	1,62	1,57	1,54	70
2,23	2,20	2,17	2,14	2,12	2,03	1,94	1,85	1,79	1.75	1.69	1,66	1.58	1.53	1,49	80
2,19	2,15	2,12	2,09	2,07	1,98	1,89	1,80	1,73	1,69	1,63	1,60	1,52	1,47	1,43	100
2,09	2,06	2,02	2,00	1,97	1,89	1,79	1,69	1,63	1,58	1.52	1.48	1,39	1.33	1.28	200
2,06	2,03	1,99	1,97	1,94	1,85	1,76	1,66	1,59	1,55	1,48	1,44	1,35	1,28	1.22	300
2,04	2,00	1,97	1,94	1,92	1,83	1,74	1,63	1,56	1,52	1,45	1,41	1,31	1,23	1.16	500
2,02	1,98	1,95	1,92	1,90	1,81	1,72	1,61	1,54	1,50	1,43	1,38	1,28	1,19	1,11	1000
2,00	1,97	1,93	1,90	1,88	1,79	1,70	1,59	1,52	1.47	1.40	1.36	1,25	1,15	1,00	∞

Tabelle C 10. *Schwellenwerte $F_{1-\alpha}(f_1; f_2)$ der F-Verteilung zur statistischen Sicherheit graden f_1 und f_2*

$$F_{99,5\%}(f_1; f_2) = \frac{1}{F_{0,5\%}(f_2; f_1)}$$

f_2 \ f_1	1	2	3	4	5	6	7	8	9	10	11	12	13	14	15
	Man multipliziere die Zahlen der ersten Zeile ($f_2 = 1$) mit 100														
1	162	200	216	225	231	234	237	239	241	242	243	244	245	246	246
2	198	199	199	199	199	199	199	199	199	199	199	199	199	199	199
3	55,6	49,8	47,5	46,2	45,4	44,8	44,4	44,1	43,9	43,7	43,5	43,4	43,3	43,2	43,1
4	31,3	26,3	24,3	23,2	22,5	22,0	21,6	21,4	21,1	21,0	20,8	20,7	20,6	20,5	20,4
5	22,8	18,3	16,5	15,6	14,9	14,5	14,2	14,0	13,8	13,6	13,5	13,4	13,3	13,2	13,1
6	18,6	14,5	12,9	12,0	11,5	11,1	10,8	10,6	10,4	10,2	10,1	10,0	9,95	9,88	9,81
7	16,2	12,4	10,9	10,0	9,52	9,16	8,89	8,68	8,51	8,38	8,27	8,18	8,10	8,03	7,97
8	14,7	11,0	9,60	8,81	8,30	7,95	7,69	7,50	7,34	7,21	7,10	7,01	6,94	6,87	6,81
9	13,6	10,1	8,72	7,96	7,47	7,13	6,88	6,69	6,54	6,42	6,31	6,23	6,15	6,09	6,03
10	12,8	9,43	8,08	7,34	6,87	6,54	6,30	6,12	5,97	5,85	5,75	5,66	5,59	5,53	5,47
11	12,2	8,91	7,60	6,88	6,42	6,10	5,86	5,68	5,54	5,42	5,32	5,24	5,16	5,10	5,05
12	11,8	8,51	7,23	6,52	6,07	5,76	5,52	5,35	5,20	5,09	4,99	4,91	4,84	4,77	4,72
13	11,4	8,19	6,93	6,23	5,79	5,48	5,25	5,08	4,94	4,82	4,72	4,64	4.57	4,51	4,46
14	11,1	7,92	6,68	6,00	5,56	5,26	5,03	4,86	4,72	4,60	4,51	4,43	4,36	4,30	4,25
15	10,8	7,70	6,48	5,80	5,37	5,07	4,85	4,67	4,54	4,42	4,33	4,25	4,18	4,12	4,07
16	10,6	7,51	6,30	5,64	5,21	4,91	4,69	4,52	4,38	4,27	4,18	4,10	4,03	3,97	3,92
17	10,4	7,35	6,16	5,50	5,07	4,78	4,56	4,39	4,25	4,14	4,05	3,97	3,90	3,84	3,79
18	10,2	7,21	6,03	5,37	4,96	4,66	4,44	4,28	4,14	4,03	3,94	3,86	3,79	3,73	3,68
19	10,1	7,09	5,92	5,27	4,85	4,56	4,34	4,18	4,04	3,93	3,84	3,76	3,70	3,64	3,59
20	9,94	6,99	5,82	5,17	4,76	4,47	4,26	4,09	3,96	3,85	3,76	3,68	3,61	3,55	3,50
22	9,73	6,81	5,65	5,02	4,61	4,32	4,11	3,94	3,81	3,70	3,61	3,54	3,47	3,41	3,36
24	9,55	6,66	5,52	4,89	4,49	4,20	3,99	3,83	3,69	3,59	3,50	3,42	3,35	3,30	3,25
26	9,41	6,54	5,41	4,79	4,38	4,10	3,89	3,73	3,60	3,49	3,40	3,33	3,26	3,20	3,15
28	9,28	6,44	5,32	4,70	4,30	4,02	3,81	3,65	3,52	3,41	3,32	3,25	3,18	3,12	3,07
30	9,18	6,35	5,24	4,62	4,23	3,95	3,74	3,58	3,45	3,34	3,25	3,18	3,11	3,06	3,01
32	9,09	6,28	5,17	4,56	4,17	3,89	3,68	3,52	3,39	3,29	3,20	3,12	3,06	3,00	2,95
34	9,01	6,22	5,11	4,50	4,11	3,84	3,63	3,47	3,34	3,24	3,15	3,07	3,01	2,95	2,90
36	8,94	6,16	5,06	4,46	4,06	3,79	3,58	3,42	3,30	3,19	3,10	3,03	2,96	2,90	2,85
38	8,88	6,11	5,02	4,41	4,02	3,75	3,54	3,39	3,25	3,15	3,06	2,99	2,92	2,87	2,82
40	8,83	6,07	4,98	4,37	3,99	3,71	3,51	3,35	3,22	3,12	3,03	2,95	2,89	2,83	2,78
50	8,63	5,90	4,83	4,23	3,85	3,58	3,38	3,22	3,09	2,99	2,90	2,82	2,76	2,70	2,65
60	8,49	5,80	4,73	4,14	3,76	3,49	3,29	3,13	3,01	2,90	2,82	2,74	2,68	2,62	2,57
70	8,40	5,72	4,65	4,08	3,70	3,43	3,23	3,08	2,95	2,85	2,76	2,68	2,62	2,56	2,51
80	8,33	5,67	4,61	4,03	3,65	3.39	3,19	3,03	2,91	2,80	2,72	2,64	2,58	2,52	2,47
100	8,24	5,59	4,54	3,96	3,59	3,33	3,13	2,97	2,85	2,74	2,66	2,58	2,52	2,46	2,41
200	8,06	5,44	4,41	3,84	3,47	3,21	3,01	2,85	2,73	2,63	2,54	2,47	2,40	2,35	2,30
300	8,00	5,39	4,37	3,80	3,43	3,17	2,97	2,81	2,69	2,59	2,51	2,43	2,37	2,31	2,26
500	7,95	5,36	4,33	3,76	3,40	3,14	2,94	2,79	2,66	2,56	2,48	2,40	2,34	2,28	2,23
1000	7,92	5,33	4,31	3,74	3,37	3,11	2,92	2,77	2,64	2,54	2,45	2,38	2,32	2,26	2,21
∞	7,88	5,30	4,28	3,72	3,35	3,09	2,90	2,74	2,62	2,52	2,43	2,36	2,29	2,24	2,19

$S = 1 - \alpha = 99{,}5\%$ *(bei einseitiger Abgrenzung) in Abhängigkeit von den Freiheits-*

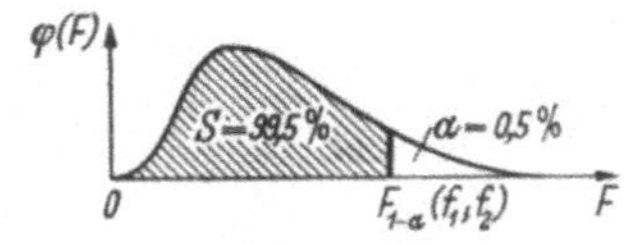

16	17	18	19	20	24	30	40	50	60	80	100	200	500	∞	$f_1 \backslash f_2$

Man multipliziere die Zahlen der ersten Zeile ($f_2 = 1$) mit 100

16	17	18	19	20	24	30	40	50	60	80	100	200	500	∞	$f_1 \backslash f_2$
247	247	248	248	248	249	250	251	252	253	253	253	254	254	255	1
199	199	199	199	199	199	199	199	199	199	199	199	199	200	200	2
43,0	42,9	42,9	42,8	42,8	42,6	42,5	42,3	42,2	42,1	42,1	42,0	41,9	41,9	41,8	3
20,4	20,3	20,3	20,2	20,2	20,0	19,9	19,8	19,7	19,6	19,5	19,5	19,4	19,4	19,3	4
13,1	13,0	13,0	12,9	12,9	12,8	12,7	12,5	12,5	12,4	12,3	12,3	12,2	12,2	12,1	5
9,76	9,71	9,66	9,62	9,59	9,47	9,36	9,24	9,17	9,12	9,06	9,03	8,95	8,91	8,88	6
7,93	7,87	7,83	7,79	7,75	7,64	7,53	7,42	7,35	7,31	7,25	7,22	7,15	7,10	7,08	7
6,76	6,72	6,68	6,64	6,61	6,50	6,40	6,29	6,22	6,18	6,12	6,09	6,02	5,98	5,95	8
5,98	5,94	5,90	5,86	5,83	5,73	5,62	5,52	5,45	5,41	5,36	5,32	5,26	5,21	5,19	9
5,42	5,38	5,34	5,30	5,27	5,17	5,07	4,97	4,90	4,86	4,80	4,77	4,71	4,67	4,64	10
5,00	4,96	4,92	4,89	4,86	4,76	4,65	4,55	4,49	4,44	4,39	4,36	4,29	4,25	4,23	11
4,67	4,63	4,59	4,56	4,53	4,43	4,33	4,23	4,17	4,12	4,07	4,04	3,97	3,93	3,90	12
4,41	4,37	4,33	4,30	4,27	4,17	4,07	3,97	3,91	3,87	3,81	3,78	3,71	3,67	3,65	13
4,20	4,16	4,12	4,09	4,06	3,96	3,86	3,76	3,70	3,66	3,60	3,57	3,50	3,46	3,44	14
4,02	3,98	3,95	3,91	3,88	3,79	3,69	3,58	3,52	3,48	3,43	3,39	3,33	3,29	3,26	15
3,87	3,83	3,80	3,76	3,73	3,64	3,54	3,44	3,37	3,33	3,28	3,25	3,18	3,14	3,11	16
3,75	3,71	3,67	3,64	3,61	3,51	3,41	3,31	3,25	3,21	3,15	3,12	3,05	3,01	2,98	17
3,64	3,60	3,56	3,53	3,50	3,40	3,30	3,20	3,14	3,10	3,04	3,01	2,94	2,90	2,87	18
3,54	3,50	3,46	3,43	3,40	3,31	3,21	3,11	3,04	3,00	2,95	2,91	2,85	2,80	2,78	19
3,46	3,42	3,38	3,35	3,32	3,22	3,12	3,02	2,96	2,92	2,86	2,83	2,76	2,72	2,69	20
3,31	3,27	3,24	3,20	3,18	3,08	2,98	2,88	2,82	2,77	2,72	2,69	2,62	2,57	2,55	22
3,20	3,16	3,12	3,09	3,06	2,97	2,87	2,77	2,70	2,66	2,60	2,57	2,50	2,46	2,43	24
3,11	3,07	3,03	3,00	2,97	2,87	2,77	2,67	2,61	2,56	2,51	2,47	2,40	2,36	2,33	26
3,03	2,99	2,95	2,92	2,89	2,79	2,69	2,59	2,53	2,48	2,43	2,39	2,32	2,28	2,25	28
2,96	2,92	2,89	2,85	2,82	2,73	2,63	2,52	2,46	2,42	2,36	2,32	2,25	2,21	2,18	30
2,90	2,86	2,83	2,80	2,77	2,67	2,57	2,47	2,40	2,36	2,30	2,26	2,19	2,15	2,11	32
2,85	2,81	2,78	2,75	2,72	2,62	2,52	2,42	2,35	2,30	2,25	2,21	2,14	2,09	2,06	34
2,81	2,77	2,73	2,70	2,67	2,58	2,48	2,37	2,30	2,26	2,20	2,17	2,09	2,04	2,01	36
2,77	2,73	2,70	2,66	2,63	2,54	2,44	2,33	2,27	2,22	2,16	2,12	2,05	2,00	1,97	38
2,74	2,70	2,66	2,63	2,60	2,50	2,40	2,30	2,23	2,18	2,12	2,09	2,01	1,96	1,93	40
2,61	2,57	2,53	2,50	2,47	2,37	2,27	2,16	2,10	2,05	1,99	1,95	1,87	1,82	1,79	50
2,53	2,49	2,45	2,42	2,39	2,29	2,19	2,08	2,01	1,96	1,90	1,86	1,78	1,73	1,69	60
2,47	2,43	2,39	2,36	2,33	2,23	2,13	2,02	1,95	1,90	1,84	1,80	1,71	1,66	1,62	70
2,43	2,39	2,35	2,32	2,29	2,19	2,08	1,97	1,90	1,85	1,79	1,75	1,66	1,60	1,56	80
2,37	2,33	2,29	2,26	2,23	2,13	2,02	1,91	1,84	1,79	1,72	1,68	1,59	1,53	1,49	100
2,25	2,21	2,18	2,14	2,11	2,01	1,91	1,79	1,71	1,66	1,59	1,54	1,44	1,37	1,31	200
2,21	2,17	2,14	2,10	2,07	1,97	1,87	1,75	1,67	1,61	1,54	1,50	1,39	1,31	1,25	300
2,19	2,14	2,11	2,07	2,04	1,94	1,84	1,72	1,64	1,58	1,51	1,46	1,35	1,26	1,18	500
2,16	2,12	2,09	2,05	2,02	1,92	1,81	1,69	1,61	1,56	1,48	1,43	1,31	1,22	1,13	1000
2,14	2,10	2,06	2,03	2,00	1,90	1,79	1,67	1,59	1,53	1,45	1,40	1,28	1,17	1,00	∞

Tabelle C 11[1]. *Schwellenwerte $w_{1-\alpha}(n)$ der Verteilung der*

1	2	3	4						
Proben-größe n	$M\{w\}$	$\sigma\{w\}$	σ/M	0,1	0,5	1,0	2,5	5,0	10,0
	$\alpha_n \equiv d_2(n)$	β_n	γ_n						
2	1,128	0,853	0,756	0,00	0,01	0,02	0,04	0,09	0,18
3	1,693	0,888	0,525	0,06	0,13	0,19	0,30	0,43	0,62
4	2,059	0,880	0,427	0,20	0,34	0,43	0,59	0,76	0,98
5	2,326	0,864	0,371	0,37	0,55	0,67	0,85	1,03	1,26
6	2,534	0,848	0,335	0,53	0,75	0,87	1,07	1,25	1,49
7	2,704	0,833	0,308	0,69	0,92	1,05	1,25	1,44	1,68
8	2,847	0,820	0,288	0,83	1,08	1,20	1,41	1,60	1,84
9	2,970	0,808	0,272	0,97	1,21	1,34	1,55	1,74	1,97
10	3,078	0,797	0,259	1,08	1,33	1,47	1,67	1,86	2,09
11	3,173	0,787	0,248	1,19	1,45	1,58	1,78	1,97	2,20
12	3,258	0,778	0,239	1,29	1,55	1,68	1,88	2,07	2,30
13	3,336	0,770	0,231	1,39	1,64	1,77	1,98	2,16	2,39
14	3,407	0,762	0,224	1,47	1,72	1,86	2,06	2,24	2,47
15	3,472	0,755	0,217	1,55	1,80	1,93	2,14	2,32	2,54
16	3,532	0,749	0,212	1,62	1,88	2,01	2,21	2,39	2,61
17	3,588	0,743	0,207	1,69	1,94	2,07	2,27	2,45	2,67
18	3,640	0,738	0,203	1,76	2,01	2,14	2,34	2,52	2,73
19	3,689	0,733	0,199	1,82	2,07	2,20	2,39	2,57	2,79
20	3,735	0,729	0,195	1,88	2,13	2,25	2,45	2,63	2,84

[1] Tab. C 11 bis C 13 nach H. L. HARTER: Tables of range and studentized range. Ann. Math. Stat. 31, 1960, S. 1122.

standardisierten Spannweite $w = w(n) = \dfrac{R}{\sigma} = \dfrac{x_{(n)} - x_{(1)}}{\sigma} = u_{(n)} - u_{(1)}$

5									1
Wahrscheinlichkeit $(1 - \alpha)$ in %									Proben-größe n
30,0	50,0	70,0	90,0	95,0	97,5	99,0	99,5	99,9	
	$\widetilde{d}_2(n)$								
0,54	0,95	1,47	2,33	2,77	3,17	3,64	3,97	4,65	2
1,14	1,59	2,09	2,90	3,31	3,68	4,12	4,42	5,06	3
1,53	1,98	2,47	3,24	3,63	3,98	4,40	4,69	5,31	4
1,82	2,26	2,73	3,48	3,86	4,20	4,60	4,89	5,48	5
2,04	2,47	2,94	3,66	4,03	4,36	4,76	5,03	5,62	6
2,22	2,65	3,10	3,81	4,17	4,49	4,88	5,15	5,73	7
2,38	2,79	3,24	3,93	4,29	4,60	4,99	5,25	5,82	8
2,51	2,92	3,35	4,04	4,39	4,70	5,08	5,34	5,90	9
2,62	3,02	3,46	4,13	4,47	4,78	5,16	5,42	5,97	10
2,72	3,12	3,55	4,21	4,55	4,86	5,23	5,49	6,04	11
2,82	3,21	3,63	4,28	4,62	4,92	5,29	5,55	6,09	12
2,90	3,28	3,70	4,35	4,68	4,99	5,35	5,60	6,14	13
2,97	3,36	3,77	4,41	4,74	5,04	5,40	5,65	6,19	14
3,04	3,42	3,83	4,47	4,80	5,09	5,45	5,70	6,23	15
3,11	3,48	3,89	4,52	4,85	5,14	5,49	5,74	6,27	16
3,17	3,54	3,94	4,57	4,89	5,18	5,54	5,78	6,31	17
3,22	3,59	3,99	4,61	4,93	5,22	5,57	5,82	6,35	18
3,27	3,64	4,03	4,65	4,97	5,26	5,61	5,86	6,38	19
3,32	3,69	4,08	4,69	5,01	5,30	5,65	5,89	6,41	20

Tabelle C 15. *Werte für $y(p)$ zur Transformation $y = \arcsin \sqrt{p}$ (y in Radiant).*
In der Tabelle stehen die Werte von y zu dem p, das durch die Summe der Werte
der linken und der oberen Randspalte gebildet wird (z. B. $\arcsin \sqrt{0,78} = 1,0826$).

p	0,00	0,01	0,02	0,03	0,04	0,05	0,06	0,07	0,08	0,09
0,0	0,0000	0,1002	0,1419	0,1741	0,2014	0,2255	0,2475	0,2678	0,2868	0,3047
0,1	0,3218	0,3381	0,3537	0,3689	0,3835	0,3977	0,4115	0,4250	0,4381	0,4510
0,2	0,4636	0,4760	0,4882	0,5002	0,5120	0,5236	0,5351	0,5464	0,5576	0,5687
0,3	0,5796	0,5905	0,6013	0,6119	0,6225	0,6331	0,6435	0,6539	0,6642	0,6745
0,4	0,6847	0,6949	0,7051	0,7152	0,7253	0,7353	0,7454	0,7554	0,7654	0,7754
0,5	0,7854	0,7954	0,8054	0,8154	0,8254	0,8355	0,8455	0,8556	0,8657	0,8759
0,6	0,8861	0,8963	0,9066	0,9169	0,9273	0,9377	0,9483	0,9589	0,9695	0,9803
0,7	0,9912	1,0021	1,0132	1,0244	1,0357	1,0472	1,0588	1,0706	1,0826	1,0948
0,8	1,1071	1,1198	1,1326	1,1458	1,1593	1,1731	1,1873	1,2019	1,2171	1,2327
0,9	1,2490	1,2661	1,2840	1,3030	1,3233	1,3453	1,3694	1,3967	1,4289	1,4706
1,0	1,5708									

Tabelle C 15_1. *Werte für $p(y) = \sin^2 y$ zur arc-sin-Transformation. Beispielsweise*
gehört zu $y = 0,43$ der Wert $p(y) = 0,1738 = 17,38\%$.

y	0,00	0,01	0,02	0,03	0,04	0,05	0,06	0,07	0,08	0,09
0,0	0,0000	0,0001	0,0004	0,0009	0,0016	0,0025	0,0036	0,0049	0,0064	0,0081
0,1	0,0100	0,0120	0,0143	0,0168	0,0195	0,0223	0,0254	0,0286	0,0320	0,0357
0,2	0,0395	0,0435	0,0476	0,0520	0,0565	0,0612	0,0661	0,0711	0,0764	0,0818
0,3	0,0873	0,0931	0,0989	0,1050	0,1112	0,1176	0,1241	0,1308	0,1376	0,1445
0,4	0,1516	0,1589	0,1663	0,1738	0,1814	0,1892	0,1971	0,2051	0,2132	0,2215
0,5	0,2298	0,2383	0,2469	0,2556	0,2643	0,2732	0,2822	0,2912	0,3003	0,3095
0,6	0,3188	0,3282	0,3376	0,3471	0,3566	0,3662	0,3759	0,3856	0,3954	0,4052
0,7	0,4150	0,4249	0,4348	0,4447	0,4547	0,4646	0,4746	0,4846	0,4946	0,5046
0,8	0,5146	0,5246	0,5346	0,5445	0,5545	0,5644	0,5743	0,5842	0,5940	0,6038
0,9	0,6136	0,6233	0,6330	0,6426	0,6521	0,6616	0,6711	0,6804	0,6897	0,6989
1,0	0,7081	0,7171	0,7261	0,7349	0,7437	0,7524	0,7610	0,7695	0,7778	0,7861
1,1	0,7942	0,8023	0,8102	0,8180	0,8256	0,8331	0,8405	0,8478	0,8549	0,8619
1,2	0,8687	0,8754	0,8819	0,8883	0,8945	0,9006	0,9065	0,9122	0,9178	0,9232
1,3	0,9284	0,9335	0,9384	0,9431	0,9477	0,9520	0,9562	0,9602	0,9640	0,9677
1,4	0,9711	0,9744	0,9774	0,9803	0,9830	0,9855	0,9878	0,9899	0,9918	0,9935
1,5	0,9950	0,9963	0,9974	0,9983	0,9990	0,9996	0,9999	1,0000		

Tabelle C 17 [1]. *Faktoren r und v zur Abgrenzung zweiseitiger Toleranzbereiche bei Normalverteilung*

| | $r(n; 1-\gamma)$ | | | $v(f; 1-\alpha)$ | | |
| | $1-\gamma$ | | | $S = 1-\alpha$ | | |
n	0,90	0,95	0,99	0,95	0,99	f
1	2,2844	2,6463	3,3266	15,9472	79,7863	1
2	2,0078	2,3624	3,0368	4,4154	9,9749	2
3	1,8979	2,2457	2,9128	2,9200	5,1113	3
4	1,8388	2,1815	2,8422	2,3724	3,6692	4
5	1,8019	2,1408	2,7963	2,0893	3,0034	5
6	1,7768	2,1127	2,7640	1,9154	2,6230	6
7	1,7587	2,0922	2,7399	1,7972	2,3769	7
8	1,7448	2,0765	2,7211	1,7110	2,2043	8
9	1,7340	2,0641	2,7066	1,6452	2,0762	9
10	1,7253	2,0541	2,6945	1,5931	1,9771	10
11	1,7182	2,0459	2,6845	1,5506	1,8980	11
12	1,7122	2,0390	2,6760	1,5153	1,8332	12
13	1,7071	2,0331	2,6688	1,4854	1,7792	13
14	1,7027	2,0280	2,6625	1,4597	1,7332	14
15	1,6990	2,0236	2,6571	1,4373	1,6936	15
16	1,6956	2,0197	2,6523	1,4176	1,6592	16
17	1,6926	2,0163	2,6480	1,4001	1,6288	17
18	1,6901	2,0132	2,6441	1,3845	1,6019	18
19	1,6877	2,0105	2,6407	1,3704	1,5778	19
20	1,6855	2,0080	2,6376	1,3576	1,5560	20
21	1,6837	2,0058	2,6348	1,3460	1,5363	21
22	1,6819	2,0037	2,6322	1,3353	1,5184	22
23	1,6803	2,0018	2,6298	1,3255	1,5020	23
24	1,6788	2,0001	2,6276	1,3165	1,4868	24
25	1,6775	1,9985	2,6256	1,3081	1,4729	25
26	1,6762	1,9971	2,6238	1,3002	1,4600	26
27	1,6750	1,9957	2,6221	1,2929	1,4479	27
28	1,6740	1,9945	2,6205	1,2861	1,4367	28
29	1,6730	1,9933	2,6190	1,2797	1,4263	29
30	1,6721	1,9922	2,6176	1,2737	1,4164	30
31	1,6712	1,9912	2,6163	1,2680	1,4072	31
32	1,6704	1,9902	2,6150	1,2627	1,3985	32
33	1,6696	1,9893	2,6138	1,2575	1,3903	33
34	1,6689	1,9885	2,6128	1,2528	1,3825	34
35	1,6682	1,9877	2,6118	1,2482	1,3751	35
36	1,6676	1,9869	2,6108	1,2438	1,3681	36
37	1,6670	1,9862	2,6098	1,2397	1,3615	37
38	1,6664	1,9855	2,6090	1,2358	1,3552	38
39	1,6658	1,9848	2,6082	1,2320	1,3491	39
40	1,6653	1,9842	2,6074	1,2284	1,3434	40

[1] nach A. WEISSBERG and G. H. BEATTY: Tables of tolerance-limit factors for normal distributions. Technometrics 2, 1960, S. 483.

Tabelle C 17. (Fortsetzung)

| | $r(n; 1-\gamma)$ | | | $v(f; 1-\alpha)$ | | |
| | $1-\gamma$ | | | $S=1-\alpha$ | | |
n	0,90	0,95	0,99	0,95	0,99	f
42	1,6643	1,9831	2,6059	1,2216	1,3326	42
44	1,6635	1,9820	2,6045	1,2154	1,3227	44
46	1,6627	1,9811	2,6033	1,2096	1,3136	46
48	1,6619	1,9802	2,6022	1,2042	1,3052	48
50	1,6612	1,9794	2,6012	1,1993	1,2973	50
52	1,6606	1,9787	2,6002	1,1946	1,2900	52
54	1,6600	1,9780	2,5993	1,1903	1,2832	54
56	1,6595	1,9773	2,5985	1,1862	1,2768	56
58	1,6590	1,9767	2,5977	1,1823	1,2708	58
60	1,6585	1,9762	2,5970	1,1787	1,2651	60
62	1,6581	1,9757	2,5963	1,1752	1,2598	62
64	1,6577	1,9752	2,5957	1,1720	1,2548	64
66	1,6573	1,9747	2,5951	1,1689	1,2500	66
68	1,6569	1,9743	2,5945	1,1660	1,2455	68
70	1,6566	1,9739	2,5940	1,1631	1,2411	70
72	1,6562	1,9735	2,5935	1,1605	1,2371	72
74	1,6559	1,9731	2,5930	1,1579	1,2331	74
76	1,6557	1,9728	2,5926	1,1555	1,2294	76
78	1,6554	1,9725	2,5921	1,1532	1,2258	78
80	1,6551	1,9722	2,5917	1,1510	1,2224	80
82	1,6548	1,9719	2,5914	1,1488	1,2191	82
84	1,6546	1,9716	2,5910	1,1467	1,2159	84
86	1,6544	1,9713	2,5906	1,1448	1,2129	86
88	1,6542	1,9711	2,5903	1,1429	1,2100	88
90	1,6540	1,9708	2,5900	1,1410	1,2072	90
92	1,6538	1,9706	2,5897	1,1393	1,2045	92
94	1,6536	1,9703	2,5894	1,1376	1,2019	94
96	1,6534	1,9701	2,5891	1,1359	1,1994	96
98	1,6532	1,9699	2,5889	1,1343	1,1970	98
100	1,6531	1,9697	2,5886	1,1328	1,1947	100
110	1,6523	1,9689	2,5874	1,1258	1,1841	110
120	1,6517	1,9681	2,5865	1,1198	1,1750	120
130	1,6512	1,9675	2,5857	1,1145	1,1670	130
140	1,6507	1,9670	2,5850	1,1098	1,1601	140
150	1,6503	1,9665	2,5844	1,1057	1,1539	150
160	1,6500	1,9661	2,5838	1,1020	1,1483	160
170	1,6497	1,9657	2,5834	1,0986	1,1433	170
180	1,6494	1,9654	2,5829	1,0956	1,1387	180
190	1,6492	1,9651	2,5826	1,0928	1,1345	190
200	1,6490	1,9649	2,5822	1,0902	1,1307	200

Tabelle C 17. (Fortsetzung)

	$r(n;1-\gamma)$			$v(f;1-\alpha)$		
n	$1-\gamma$			$S=1-\alpha$		f
	0,90	0,95	0,99	0,95	0,99	
220	1,6486	1,9644	2,5817	1,0856	1,1239	220
240	1,6483	1,9640	2,5812	1,0816	1,1181	240
260	1,6480	1,9637	2,5808	1,0782	1,1129	260
280	1,6478	1,9635	2,5804	1,0751	1,1084	280
300	1,6476	1,9632	2,5801	1,0724	1,1044	300
350	1,6472	1,9628	2,5795	1,0666	1,0959	350
400	1,6469	1,9624	2,5790	1,0620	1,0892	400
450	1,6467	1,9621	2,5787	1,0583	1,0837	450
500	1,6465	1,9619	2,5784	1,0551	1,0791	500
600	1,6462	1,9616	2,5780	1,0500	1,0717	600
700	1,6460	1,9614	2,5777	1,0461	1,0661	700
800	1,6459	1,9612	2,5774	1,0430	1,0616	800
900	1,6458	1,9611	2,5773	1,0405	1,0579	900
1000	1,6457	1,9609	2,5771	1,0383	1,0547	1000
2000	1,6453	1,9605	2,5765	1,0268	1,0381	2000
3000	1,6451	1,9603	2,5763	1,0217	1,0309	3000
4000	1,6450	1,9602	2,5761	1,0188	1,0267	4000
5000	1,6450	1,9602	2,5761	1,0168	1,0238	5000
10000	1,6449	1,9601	2,5760	1,0118	1,0167	10000
∞	1,6449	1,9600	2,5758	1,0000	1,0000	∞

Tabelle C 19[1]. *Zufallszahlen*

(Anm.: Neben der direkten Verwendung der Zufallszahlen sind abkürzende Verfahren möglich. Um beispielsweise n (numerierte) Objekte in eine zufällige Reihenfolge zu bringen, wird die erste Zufallszahl durch n geteilt und das erste Objekt mit dem gefundenen Rest ausgewählt. Für das zweite Objekt wird die nächste Zufallszahl durch $(n-1)$ geteilt und die Auswahl des zweiten Objekts mit dem dabei erhaltenen Rest unter den verbliebenen $(n-1)$ Objekten getroffen u. s. f.)

6977	6081	6733	6363	7124	2985	3434	8499	1989	3109
8377	8357	3350	4595	6235	6532	6556	8575	3370	1992
3034	9586	1765	8717	2363	4741	8509	4710	4886	2410
9903	9539	5787	8692	3367	8343	0942	5605	4772	4438
6955	8569	2111	7416	8660	9795	6551	2171	4123	5869
5483	0587	8690	2422	7334	3626	6218	3210	6876	2500
5733	4729	1443	6895	7864	3421	3390	6435	2518	5483
0126	9533	3548	2999	0951	1381	6696	6250	9404	3552
4329	9158	9291	2629	1976	5815	9556	9016	6604	5456
3776	8729	0478	4410	0551	0223	4173	8312	7975	6768
1539	0850	5347	2268	5847	3227	0650	8474	5658	7783
3390	5370	0046	5861	5215	0102	1071	6404	9787	8271
1562	6106	5840	8594	8217	5062	0410	7008	1476	0788
9408	3412	3881	4737	9370	1603	0916	6167	4329	9370
2306	4439	5476	3383	8966	8757	0861	1202	8422	4241
8196	8288	9236	8022	1886	1765	8925	6413	5370	0463
8489	5702	8822	5071	8599	2016	3681	2403	6983	0307
7652	6009	5347	2476	2345	9456	0441	4013	1246	3582
2450	3068	3892	7924	4594	5814	9135	1562	9506	7492
1464	2104	2222	4195	5376	7292	0876	3923	1368	9830
9256	5105	3984	1032	5298	4652	2534	8515	7818	1676
2337	5302	3016	7027	4269	7610	0337	7981	9892	0878
6127	2754	9052	6676	7836	5739	7486	2727	9952	7943
7703	5246	5965	7505	7656	0439	3194	3642	1598	6388
2380	8220	0781	5001	5831	0052	9742	3222	4256	5206
4934	0027	0957	8223	8835	6847	4963	4948	2015	3262
5658	7890	9610	4052	2378	7462	4422	2014	2629	2152
6628	4078	1603	1126	4666	1626	1835	0553	1377	5172
4022	8875	8190	1670	2429	6103	4391	8594	8410	2939
6969	0067	2907	9407	8325	9885	6218	2993	6816	1394
1936	8890	0633	4732	3074	0701	7147	9311	9060	5571
7533	7325	5710	6848	5280	0586	8167	3573	6810	4675
8545	7774	9637	6347	3831	7486	1553	2762	0008	7850
9191	3756	1190	2500	1048	9191	3495	2218	0800	0224
9651	2710	6095	8724	9870	3558	7113	2313	6895	1360
9210	8794	4376	0999	2186	0242	0341	8131	8013	3842
6579	6563	3003	3722	5070	8389	9928	9598	0942	5397
4706	3243	1047	7912	7290	2963	1499	6809	3941	5642
9916	7802	3249	6768	1470	4810	5634	9691	4261	6742
1766	8626	5498	5400	6187	9337	8545	9589	3318	6202
7033	9265	0140	1512	7125	5604	4247	4757	1612	9822
7608	9274	8733	5800	6832	2033	7325	8045	1446	5874
7860	3940	5331	2152	2743	0397	0002	2234	3623	9424
2108	3520	7825	8851	8164	2000	0431	7804	6695	5481
8131	8119	6655	4141	1524	8368	7519	0684	3119	5906
1646	4333	2559	7642	3995	9567	7486	2410	1202	8424
8135	9798	7880	7593	0972	3726	9904	9474	4503	5809

[1] nach D. B. Owen: Handbook of Statistical Tables. Reading, Mass.: Addison-Wesley 1962.

Tabelle C 19. (Fortsetzung)

4504	6317	6686	9799	8522	0263	0513	1232	3876	4689
6992	8960	1661	6955	8806	1820	1094	4449	2647	7032
7980	9474	4505	6737	8649	0260	4149	9547	5404	8054
9320	4692	0980	6212	8754	2656	2176	3618	2889	5056
4095	6550	1222	5071	8535	8915	0627	1278	9953	8740
1748	5279	5238	8754	2758	3071	4537	0408	3172	5864
9499	3649	8940	9451	6729	0584	7325	8256	3036	0813
4032	5945	8642	5506	4231	1404	5878	8886	4903	6983
0556	2822	3230	8247	7350	7186	5982	6155	3284	3129
2098	7991	3518	7761	8583	8441	8702	2517	4957	5450
7478	7461	3680	6107	6363	7017	8183	5191	1208	2977
7569	7655	5563	1499	7333	3311	3568	5062	0407	9708
0982	6840	4171	7387	7059	8947	3896	1428	4075	0262
6588	2958	6768	1709	0240	7609	9906	1174	7980	9157
3541	4892	9553	7565	5788	9109	7127	6145	7074	0802
3978	0755	1561	7850	8043	9185	9273	8103	3513	0738
6807	3074	0441	6711	9357	5627	1918	8617	6695	5377
4465	4907	5278	3479	5519	9740	4684	5860	6711	9120
6086	4619	5233	3980	6986	1871	4643	3638	1176	2387
3874	3751	2274	5384	2555	5351	8463	6268	0628	3250
0342	8660	9586	1765	8822	5069	7550	3275	7727	1272
4767	0418	6234	6324	5946	3686	9023	1787	6578	0545
8624	1120	4126	3277	8568	8975	4278	9870	3475	5242
1622	5612	0780	2711	6806	2492	5541	3906	4173	0951
8911	4110	8482	5838	7227	0222	0199	5175	8999	2583
1459	9816	7206	3453	5933	1031	4664	0494	7658	7008
1000	0465	2736	5739	7487	3146	6717	3114	0036	9442
3392	6604	5774	7099	3018	6235	6848	5173	9732	6907
0497	8904	4390	8068	7813	0390	5580	5250	7625	0327
0874	2929	2301	5618	6445	3090	1666	0457	7468	5742
2299	4202	9583	4311	5312	7982	9366	0117	1149	8733
4416	7488	3569	5167	2614	5529	2092	7068	6381	4797
4264	8400	7041	6713	3819	3073	8349	7980	9266	0563
5281	0828	5537	6161	3739	8713	0496	8653	5528	1586
7100	0641	4474	0478	6780	4497	9996	3459	8261	5321
7804	7032	6243	2113	0422	1780	4360	8180	5355	3028
5981	5104	3494	8037	7981	9896	2846	1741	2824	4696
1294	5844	1885	1451	1853	7985	2872	1388	2389	3986
4749	9640	1313	5475	2959	9821	8455	5580	5353	9208
3290	3608	6890	7752	0099	9386	0513	1807	5952	5723
2232	2816	9869	2785	3080	5250	7939	7072	9992	9660
1796	1888	2800	6833	2664	3503	4498	9353	9975	5835
1024	1013	0502	4407	0747	3017	5603	3302	8093	6712
7597	4956	9892	0983	7470	5569	8620	7828	7462	4426
1667	1399	2687	8019	6567	5020	6301	8216	1294	0082
1620	4690	0037	7308	4399	3543	6024	1015	1521	9420
2147	5719	2534	8509	4901	5936	2664	2775	6873	4189
7033	2977	3589	1894	9727	0458	5480	9265	3067	3785
7949	3159	4296	2094	5605	4561	2611	9372	0216	9201
5408	1029	3929	8691	0353	5290	9595	6774	8520	4537
7082	2284	1678	7460	3292	8516	8446	2694	6893	2257
9564	4284	9054	7319	1319	0788	5310	7058	7585	7851
7866	7259	6678	1814	6540	5222	7347	5401	6436	0971